全国优秀教材
二等奖

高等学校教材

数学分析

第三版（上册）

陈纪修 於崇华 金路

高等教育出版社·北京

内容提要

本书是教育部"高等教育面向 21 世纪教学内容和课程体系改革计划"和教育部"理科基础人才培养基地创建优秀名牌课程数学分析"项目的成果,是面向 21 世纪课程教材。 本书以复旦大学数学科学学院 30 多年中陆续出版的《数学分析》为基础,为适应数学教学改革的需要而编写的。 作者结合了多年来教学实践的经验体会,从体系、内容、观点、方法和处理上,对教材作了有益的改革。 本次修订适当补充了数字资源(以图标 ■ 示意)。

本书分上、下两册出版。

上册内容包括:集合与映射、数列极限、函数极限与连续函数、微分、微分中值定理及其应用、不定积分、定积分、反常积分八章。

本书可以作为高等学校数学类专业数学分析课程的教科书,也可供其他有关专业选用。

图书在版编目(CIP)数据

数学分析. 上册 / 陈纪修,於崇华,金路编.--3版.--北京:高等教育出版社,2019.5(2024.12重印)
ISBN 978-7-04-051571-8

Ⅰ.①数… Ⅱ.①陈…②於…③金… Ⅲ.①数学分析-高等学校-教材 Ⅳ.①017

中国版本图书馆 CIP 数据核字(2019)第 042781 号

项目策划 李艳馥 李 蕊 兰莹莹
策划编辑 李 蕊   责任编辑 张晓丽   封面设计 王凌波   版式设计 杜微言
插图绘制 于 博   责任校对 刘娟娟   责任印制 赵 佳

出版发行	高等教育出版社	网　　址	http://www.hep.edu.cn
社　　址	北京市西城区德外大街 4 号		http://www.hep.com.cn
邮政编码	100120	网上订购	http://www.hepmall.com.cn
印　　刷	北京中科印刷有限公司		http://www.hepmall.com
开　　本	787mm×1092mm　1/16		http://www.hepmall.cn
印　　张	24	版　　次	1999 年 9 月第 1 版
字　　数	550 千字		2019 年 5 月第 3 版
购书热线	010-58581118	印　　次	2024 年 12 月第 10 次印刷
咨询电话	400-810-0598	定　　价	51.00 元

本书如有缺页、倒页、脱页等质量问题,请到所购图书销售部门联系调换
版权所有　侵权必究
物料号　51571-00

数学分析
第三版（上册）

陈纪修 於崇华 金路

1. 计算机访问 http://abook.hep.com.cn/1257651，或手机扫描二维码、下载并安装 Abook 应用。
2. 注册并登录，进入"我的课程"。
3. 输入封底数字课程账号（20位密码，刮开涂层可见），或通过 Abook 应用扫描封底数字课程账号二维码，完成课程绑定。
4. 单击"进入课程"按钮，开始本数字课程的学习。

课程绑定后一年为数字课程使用有效期。受硬件限制，部分内容无法在手机端显示，请按提示通过计算机访问学习。

如有使用问题，请发邮件至 abook@hep.com.cn。

扫描二维码
下载 Abook 应用

数学分析简史（上）

数学分析简史（下）

第一版序

摆在我们面前的这本书,是复旦大学数学系的几位教师根据面向 21 世纪教学内容和课程体系改革的要求,结合自身的教学实践,在近年内编写出来的数学分析教材。

说数学分析(或微积分)是数学系最重要的一门基础课程,恐怕并非过誉。因为它不仅是大学数学系学生进校后首先面临的一门重要课程,而且大学本科乃至研究生阶段的很多后继课程在本质上都可以看作是它的延伸、深化或应用,至于它的基本概念、思想和方法,更可以说是无处不在。正因为如此,大家把关注的目光投射到这门课程及其教材的改革上,并从不同的角度付诸实践,实在是很自然的。然而,自牛顿、莱布尼茨建立微积分,并经柯西、魏尔斯特拉斯等人为之奠定了相当严格的基础以来,二三百年中经过众多科学家的努力,微积分的基本理论框架及表达方式已历经了一个千锤百炼的过程。大厦早已建成,格局已经布就,改革谈何容易。尽管国内外已经出版的微积分教材为数颇多,但严格说来,真正能体现特色、符合改革精神的却太少。这门课程的改革既举足轻重,又颇具难度,是一个攻坚战。对这门课程的改革设想和实践,就像"每个读者心中都有自己的林妹妹"那样,也往往见仁见智,看来在相当长的一段时间内难以(也没必要)完全取得共识。

那么,不管特点如何各异,比较理想的微积分教材是否应该具有某些共性呢?我想利用这个机会,谈一些粗浅的认识,作为一家之言,就正于方家与读者。

首先,任何一门学问,就其本质来说,关键的内容、核心的概念,往往就不过那么几条;而发挥开来,就成了洋洋大观的巨著。理解了这些核心和关键,并通过严格的训练将其真正学到手,就掌握了这门课程的精髓,就能得心应手地加以应用和发挥,也就达到了学习这门课程的目的,并为培养创新人才打下了良好的基础。微积分也不例外。要让学生把主要的精力集中到那些最基本、最主要的内容上,真正学深学透,一生受用不尽。将简单的东西故弄玄虚,讲得复杂、烦琐,使学生莫测高深的,绝不是一个水平高的好教师;相反,将复杂的内容,抓住实质讲得明白易懂,使学生觉得自然亲切、趣味盎然的,才是一个高水平的良师。不仅对那些无关大局、学了将来永远用不上、而且很快就会忘个精光的东西要尽量精简,而且对那些掌握了基本内容与方法之后、将来要用的时候很容易学会、甚至可以自己创造出来的东西,也要尽量精简。不突出重点,事无巨细,面面俱到,搞烦琐哲学,看似认真负责,其实不仅加重了学生的负担,影响了学生的深入理解,而且束缚了学生的思路,这似乎是现有不少教材的一个通病。"少而精"的原则讲了好多年,看来要真正贯彻,还得花大力气。返璞归真,是一种很高的境界,也是编写教材的一个重要的原则。微积分作为最重要的一门基础课程,更应该在这方面树立一个榜样。

其次,任何一门学科的产生与发展,都离不开外部世界的推动,数学也是如此。牛顿、莱布尼茨当年发明微积分,就是和解决力学与几何学中的问题紧密联系着的。直到今天,微积分这个威力无比的武器仍在各方面不断发挥着重要的作用。这不仅为微积分增添了光彩,而且实际上也为编写微积分教材提供了丰富的原材料。可惜的是,以往的很多微积分教材往往过分地追求"数学上的完美",板着面孔讲理论,割裂了微积分与外部世界的生动活泼的联系,也显示不出微积分的巨大生命力和应用价值。学生学了一大堆定义、定理和公式,可能还是没搞清楚为什么要学习微积分,不知道学了微积分究竟有什么用。现在大家强调要加强对学生数学建模的训练,不少学校开设了种种有关数学模型的课程,固然是一件很好的举措,但如果能在基础课的教学中充分体现数学建模的思想,在讲述有关内容时与相应的数学模型有机结合,在看来枯燥的数学内容与丰富多彩的外部世界之间架设起桥梁,而不是额外添加课程,岂不是可以收到事半功倍的效果?! 作为一门基础课,微积分是最有条件也最应该体现这一原则的。这样做,不应该视为对其他课程的支持和援助,而是微积分课程自身合理建设的需要。否则,不关注模型,不重视应用,割断了来龙去脉,抽去了数学思想发展的线索,微积分就成了无源之水,无本之木,也就失去了生命力。重视并兼顾模型和应用,应是微积分这门课程的应有之义,也是体现返璞归真原则的一个重要的内涵。

第三,任何一门课程的内容,都不应该故步自封,一成不变,而应该顺应时代的发展和科技的进步,及时地弃旧图新,在概念及方法的引进上,在教材内容的取舍上,体现现代化的精神。从这个意义上说,在微积分课程中汲取一些现代数学思想和概念,对内容进行增删和调整,都是完全可能且必要的,并要下大力气去做。但是,每门课程都应有自己明确的内涵和范围,决不能"抢跑道",通过把后继课程内容下放的办法来提高本门课程的档次和水平,从而打乱整个课程有机体系的阵脚。微积分这门大学低年级的基础课程,讲的是具有良好性质的函数("好"的函数)的微积分。这是朴素的微积分,是学习中的一个阶段性标志。将研究相应于"坏"的函数的微积分的一些后继课程的内容提前到微积分中来讲授,看来是不相宜的。应该提倡教一样,像一样;学一样,精一样,一步一个脚印地打好必要的基础。至于计算机的出现和飞速发展,不仅使数学的应用在广度和深度两方面都达到前所未有的程度,而且深刻地影响了数学的发展进程和思维模式。微积分的课程内容应该反映这一重要的趋势。如果画地为牢,围于微积分的传统框架不敢越雷池一步,在实际计算或应用时就会感到力不从心,甚至束手无策;而借助于数值计算及相应的软件,却往往可以使问题迎刃而解。此外,微积分本身又正是有关计算方法的理论基础,在微积分课程中介绍有关数值计算的基本思想和方法,是顺理成章的。这一有机的结合,可以使学人如虎添翼,也将会对数学课程体系的改革提供有益的启示。

第四,学习的目的在于应用。如前所述,微积分的基本原理和公式并不多,但如能得心应手地加以运用,却可以发挥出神奇的威力。要做到这一点,关键在于要使学生接受严格而充分的训练,单靠课堂上的讲授是绝对不够的。现在往往老师讲得多,同学练得少。其实,熟能生巧,多讲不如多练。只有通过严格而充分地训练,才能使学生达到学好数学的两个基本要求——理解与熟练。苏步青老师说他自己曾做过一万道微积分题,他在数学上的深厚功底和卓越成就,由此也可见端倪。事实上,做一千道题有一千道题的体会,做一万道题有一万道题的体会。如果每种题型只蜻蜓点水地做上那么一二道题,加起来总共不过二三百道题,又怎么谈得上牢固掌握、并在需要时能做到"运用之妙,存乎一心"呢?! 只有在编写教材时在量和质两方面认真兼顾到习题(包括借助于计算机求解的习题)的配置,使课堂教学与课后训练有机配合、相得益彰,提高微积分课程的教学质量才会有一个可靠的保障。

我高兴地看到,正是在以上四个方面,这本教材做了有益的尝试及认真的实践。其中,有将微分与不定积分视为一对矛盾来展开后继内容的精彩段落,有将微积分与数值数学综合处理、有别于传统教材的章节,有从模型出发引入概念、深化主题和体现应用的众多实例,同时,也可看到对传统教材内容删繁就简、精雕细凿的种种努力。尽管有些地方还略嫌粗糙,一些内容还有加工和改进的余地,但总的来说,这是一本颇具特色的教材。它的出版,实在是一件令人高兴的事,特为之序。

李大潜

1999 年 6 月 27 日

于上海

第三版前言

  本教材第一版于 1999 年出版,入选"面向 21 世纪课程教材",2002 年获得全国普通高等学校优秀教材一等奖。2004 年,作为教育部"理科基础人才培养基地创建优秀名牌课程数学分析"项目的成果,本教材第二版出版。与初版教材相比较,第二版教材做了较大的改进,增补了大量内容,给出了大部分习题的答案或提示,这些改进得到了读者充分的肯定。教材再版后,我们的课程得到高等教育出版社"高等教育百门精品课程教材建设计划项目"的资助,并于 2006 年被评为"国家级精品课程"。为配合读者使用本教材,我们制作了全部课程的教学视频,便于读者自主学习。

  第三版保留了第二版原有的结构与风格,仅在少数有异议的地方做了修正或修改。第三版主要的改进是新增了与教材配套的网上资源,如为学生撰写的拓展阅读资料与一定数量的补充习题,其中部分习题具有一定的难度,可供读者选用。

  限于编者的水平,本书仍难免有疏漏与不妥之处,欢迎广大读者批评指正。

编者

2018 年 11 月

第二版前言

本教材(《数学分析》上、下册,第二版)是教育部"理科基础人才培养基地创建优秀名牌课程数学分析"项目的成果。

《数学分析》(上、下册)自出版以来,得到了广大读者的肯定,同时许多读者也对教材提出了许多宝贵的改进意见。我们在使用教材时也发现不少需要改进与提高的地方,例如有些重要内容与背景材料需要补充,有些章节需要修改,例题与习题需要加强,教材内容的由浅入深方面需要作进一步的精雕细凿,等等。特别是有不少读者来信,希望我们对教材中的习题给出解答,以便利于他们学习时参考。

为了使教材更好地反映现代教育思想,体现先进性、科学性与适用性,有利于提高学生的综合素质与创新能力,同时也为了更好地便于广大读者学习使用,从 2002 年春天开始,经过两年的时间,我们对《数学分析》(上、下册)教材进行了修订。修订的内容包括:

增补一些重要而没有在初版中选入的内容,如:曲线的曲率问题;等周问题;Peano 曲线;计算曲面面积的 Schwarz 反例,等等。增加了一些数学模型的例子。

修改一些章节,如:插值多项式与 Taylor 多项式;函数的单调性与函数的极值问题;凸函数与凸区域的概念与应用;微分学与积分学的应用;Fourier 级数与 Fourier 变换,等等。

对教材的经典内容增加了背景材料;增加了有特色的综合性的例题与习题,特别注重与相邻学科有关的应用问题,并提出了一批探索性的问题供学生思考;在教材内容的由浅入深方面作了进一步的精雕细凿;等等。

对教材中的大部分习题给出了答案或提示。

在教材的修订过程中,我们自始至终得到了李大潜院士的关心与指导,得到了复旦大学副校长孙莱祥教授、蔡达峰教授和教务处处长陆靖教授的鼓励与支持。复旦大学数学系的领导童裕孙教授与邱维元教授更是多次与作者一起,对教材修订中的具体思路,内容安排与细节处理等进行了深入的研究与探讨。复旦大学数学系严金海副教授、徐惠平副教授和周渊副教授给我们提出了许多有益的建议。复旦大学数学研究所的多位研究生与复旦大学数学系 2002 级的多位学生帮助我们一起为教材的大部分习题给出了解答与提示。还有许多读者在来信中提出了宝贵意见,这对我们的教材修订工作给予了很大的帮助。在出版过程中,我们得到了高等教育出版社徐刚老师,李蕊老师,文小西老师的大力支持。在此谨向他们表示衷心的感谢。

第二版的编写工作由陈纪修和金路完成。尽管本教材经过了修订,但限于作者的水平,谬误之处在所难免,敬请广大读者继续给予批评与指正。

编者

2003 年 12 月

第一版前言

　　数学分析是数学系最重要的一门基础课,是几乎所有后继课程的基础,在培养具有良好素养的数学及其应用人才方面起着特别重要的作用。因此,数学分析教材改革成为理科大学数学系教改的一个重要环节,受到数学界的普遍关注。但究竟如何具体着手,则见仁见智,众说纷纭,目前尚难有比较一致的意见。

　　从 20 世纪 60 年代初开始,我校数学类系科一直沿用由陈传璋教授等编著的《数学分析》及以此为基础的几种修订版本。这套书曾获得"国家教委优秀教材一等奖",并在兄弟院校中有较广的使用面。近年来,随着改革的深入,人们对教育不断提出新的要求,教材也应当推陈出新,跟上时代发展的步伐。1997 年,复旦大学将数学分析课程立为"面向 21 世纪教学内容与课程体系改革"项目,并要求重新编写适应新世纪的教材。在老一代数学家和数学系领导的关心和支持下,我们依靠数学系的整体力量,集思广益,进行了总体构思,并逐渐形成以下的编写指导思想:

1. 对"数学分析"基本理论体系与阐述方式进行再思考,改革旧的体系,吸收先进的处理方法,反映当代数学的发展趋势。

　　诚然,从近代微积分思想的产生、发展到形成比较系统、成熟的"数学分析"课程用了大约 300 年,经过几代杰出数学家持续不懈的努力,精雕细凿,千锤百炼,已为其建立了严格的理论基础和逻辑体系。但是,当代科学技术(包括数学本身)发展也不断为数学的基础部分注入新的活力。所以数学分析的讲授方式也应推陈出新,同时,要注意采用现代数学的思想观点与方法,反映数学的发展趋势。

　　例如,在传统数学分析课程中,以导数作为"微分学"主线的做法不利于学生今后理解微分在数学分析乃至整个数学学科中的重要作用。我们重点突出了微分的地位,在导数和微分两者关系上,采取了先定义微分再引出导数的顺序。这不仅符合数学的发展历史(从而符合人类的认识规律),也使学生先入为主,对微分的重要性有较深的印象。而在导出计算法则时,则求微分和求导数并重。以微分为工具的推导过程可使得有些概念(如高阶无穷小量、中间变量的高阶微分形式等)更易于理解和应用。

　　特别是在微分与积分之间关系的阐述中,我们定义求不定积分是求微分(而不是求导数!)的逆运算,即:$F(x)(+C) \underset{\int}{\overset{\mathrm{d}}{\rightleftharpoons}} F'(x)\mathrm{d}x$。这个观念上的改变为后续内容的展开带来了极大的方便。过去将求不定积分 $\int f(x)\mathrm{d}x$ 定义为求导数的逆运算,其中的 $\mathrm{d}x$ 就很难解释得贴切;而将其视为求微分的逆运算,许多麻烦就会迎刃而解。这时,$\mathrm{d}x$

是自变量的微分,因此,关于微分的所有计算法则都可以畅通无阻,从而使不定积分和定积分(包括重积分、曲线曲面积分等)中的许多概念、公式的导出和理解变得简便而自然。此外,它还使得引入微分形式的外积和外微分运算,进而导出 Green 公式、Gauss公式和 Stokes 公式的统一形式成为一件顺理成章的事,为学生日后学习流形上的微积分打下基础。

由于当代数学科学(实际上整个科学技术领域)相互交叉融合的大趋势,从其他课程选取合适材料来充实和加强本课程,对于培养新型的通用数学人才是绝对必要的,但引入新思想和新观点并不意味着在理论上故意拔高。我们严格掌握了以下原则:所选视角必须有助于理解数学分析本身的理论和应用问题;有利于展开数学分析本身的内容;仅限于用数学分析的基本方法和技巧来处理。

2. 在回溯数学发展历史、强调数学与相邻学科联系的同时,加强建立数学模型的思想和训练,增加实际应用的内容,提高学生的数学素养和创新能力,使学生适应新世纪对数学人才的要求。

微积分的形成和发展直接得益于物理学、天文学、几何学等研究领域的进展和突破。在数学分析教学中,应适度回溯数学与其他学科相辅相成的发展历史和数学史上一些关键人物作出重大发现的思维轨迹,提高学生学习数学的兴趣,引导学生逐步理解数学的本质及数学研究的一般途径和规律。教材中适量介绍了微积分发展历史中与其他相关学科之间联系的一些重要背景材料,如从 Kepler 的行星运动三大定律到Newton 的万有引力、从 Kepler 发现行星运动中切向加速度为零的现象到 Fermat 对极值的研究再到微分中值定理的形成、宇宙速度和火箭运动方程的微分导出等等。

同时,微积分是一门极具应用活力的科学。为了造就大批具有良好基础、能用数学思想、方法和工具解决各个领域中实际问题的数学工作者和其他专门人才,数学分析教学应在传授基础理论和基本技能的同时,加强学生在分析实际问题、归结实际问题为数学问题、用微积分这一有力工具去解决实际问题等方面的能力。

我们在教材中努力加强了从微积分途径建立数学模型的思想,除了单列一节"微积分实际应用举例"外,建立和求解数学模型的例子散见于全书。通过对物理学、生物学、社会学、经济学与自然现象中许多数量变化关系的分析,建立简单的行星运动模型、引力场模型、人口模型、公共资源模型、经济问题模型等,再配以较多的习题,力图使学生拓宽知识面,初步具有数学来自实践、用于实践的认识和实际运作的本领。

3. 数学分析教学与高速发展的计算机技术相结合。

近一二十年来,计算机的软硬件技术突飞猛进,极大地改变了人们的生活方式、思维方式和科学研究的方式。数学分析教学应当顺应潮流,反映这一发展趋势。在教材的编写中,我们对一些随着计算机和软件技术的进步而失去了往日重要性的内容(如函数作图、某些复杂的积分技巧等)作了适度删削;而对日趋重要的内容则加以强化(如近似求根、数值积分等)或增加(如插值公式、外推方法、快速 Fourier 变换等)。同时,为了真正提高学生用数学和计算机解决实际问题的综合能力,我们在与数值计算有关的章节后面设计了"计算实习题",题目的难度适中,但不用计算机却难以解答,要求学生在教师指导下独立完成。这对提高学生的数学素养、应变能力和社会竞争力

(从而提高数学本身在社会上的地位)应当大有益处。

我们还在尝试利用电子计算机和较成熟的数学软件,对数学分析的某些内容采用多媒体技术辅助教学。

4. 使内容安排趋于更合理,更简洁,更适合学生的认识规律,在保证基本教学要求的前提下,尽可能减轻学生的负担。

改革的结果应使得课程和教材更加紧凑、更加简洁而不是相反。我们对原教材中保留的内容进行了认真细致的再处理,所有的陈述和证明都力求改写得更加简洁和完美,有些证明是我们自己给出的。对于原处理方法已显陈旧与落后的部分则推倒重写,新的处理方法必须观点新、立足点高,能承上启下,有助于学生的深入理解。

为符合人的认识规律和教材编写的特殊需要,我们对某些重要或涉及范围较广的内容,采用了在后续部分(包括一些结论的证明、例题)有意识地多次重复和应用,逐步深入的处理方法,以期收到较好的教学效果。如用微分导出不同人口模型的思想和方法前后出现于三处;用途极广的 Legendre 多项式也先后出现了三次,等等。

又如,我们对 Cauchy 中值定理给出了不同于 Lagrange 中值定理证明思路的新证明,通过这一证明让学生将有关反函数的结论(反函数的定义及存在定理、连续定理、求导定理)系统地复习了一遍。

富于启迪而精到的例题与习题是一本好教材不可缺少的有机部分。我们精选了全部例题,力求使例题不仅配合所讲授的理论,更使学生从中学到分析和解决问题的方法。教材中更新了大量习题,特别是增加了许多与应用有关的习题,力求让学生获得足够的训练。

本书的总体框架与编写大纲由编者反复讨论后确定。第 1、2、3、9、10 章由陈纪修执笔,第 4、5、6、7、8、16 章由於崇华执笔,第 11、12、13、14、15 章由金路执笔。初稿完成后,本书以讲义形式在复旦大学数学系本科生和理科基地班试用了两轮,同时在较大范围内听取了意见,再经集体多次推敲修改最后定稿。付梓前,由於崇华对教材的整体格式和行文作了统一处理,并对全书的文字进行了润色。

本教材可供全日制高等院校数学分析课程三学期使用。为了适应不同需要,我们将一些难度较大的或非基本的内容用小字排印,供教师选用。

中国科学院院士李大潜教授、复旦大学数学系学术委员会主任李训经教授自始至终关心和鼓励本书的编写工作并给予了指导性的意见;复旦大学数学系主任童裕孙教授多次参与了编者从构筑总体框架直到修改定稿过程中的讨论,提出不少建设性的意见和建议,并从行政方面为编写工作提供了切实的保障;姚允龙教授在复旦大学理科基地班试用了本教材,并提出大量有价值的意见;曹家鼎教授提供了 Korovkin 关于连续函数的多项式逼近的 Weierstrass 定理的漂亮证明;苏仰锋副教授与王彦博老师演算了本书中大部分的习题。此外,在本书的形成、定稿和出版过程中,复旦大学教务处孙莱祥研究员和方家驹研究员一直给我们以热情鼓励和帮助;复旦大学与兄弟院校的许多教师曾以各种形式向我们提出过许多颇有见地的修改意见;高等教育出版社也一如既往地支持我们的教材改革计划的最终落实。编者借本书出版之机,在此一并向他们表示衷心的谢意。

　　囿于学识,本书虽经实际授课试用和多次修改,错误和缺陷仍在所难免,恳请广大读者提出宝贵的批评和建议,以便今后再版时改进。

编者

1999 年 5 月于复旦园

目录 |

第一章
集合与映射

　　数学是一门研究数量关系和空间形式的科学,是一个范围广阔、分支众多、应用广泛的科学体系,是其他各门科学(包括自然科学、社会科学、管理科学与技术科学等)的基础和工具,在整个人类知识体系中占有特殊的地位.

　　数学起源于计数、测量和贸易等活动.17 世纪以来,随着物理学、力学等学科的发展和工业技术的崛起,尤其是 Newton 和 Leibniz 发明微积分这划时代的贡献,数学迅速发展起来,到 19 世纪已成为天体力学、弹性力学、流体力学、热学、电磁学和统计物理学中不可缺少的重要工具.20 世纪以来,数学与自然科学和生产技术的联系达到了新的高度.

　　20 世纪 70 年代后,随着电子计算机的迅猛发展和普及,数学理论、方法和工具更是以前所未有的广度、深度和速度进入了几乎所有的其他学科.马克思一百多年前的"一切科学,只有在成功地运用数学时,才算达到了真正完善的地步"的著名论断正在逐步成为现实.进入 21 世纪以后,随着高新技术的加速发展,数学在人类知识各个领域中愈加大显身手,在科学舞台上扮演更为令人瞩目的角色.

　　当今,随着学科内部高度发展交融以及与其他领域(尤其是计算机技术)间空前广泛的渗透,数学已成为一座巍峨的科学大厦.但是,万丈高楼平地起,就研究数量关系和空间形式而言,必须从变量间最本质的联系,即函数开始起步.数学分析正是讲述函数理论的最基本的课程,是几乎所有后继数学课程的奠基石,因此,它理所当然地被列为数学科学最重要的基础课之一,在培养具有良好的数学素养的人才方面,它所起的作用是任何别的课程无法相比的.

　　历史上,微积分的形成和发展直接得益于物理学、天文学、几何学等领域的研究,因而当微积分一旦形成为一门学科,它在这些应用领域中就极具应用活力.因此,学习数学分析不仅要循序渐进地深刻领会已抽象出来的普遍结论,更要切实掌握用数学工具分析问题、转化问题、解决问题的思想和方法——这是开设本课程的宗旨.

§1　集　　合

集合

　　面对浩瀚的大千世界,人们总要先把林林总总的客观事物按其某一方面的特性进行适当划分,再分门别类地加以研究.所谓的"物以类聚"在某种程度上反映出了人类普遍的思维模式,在各个领域中被广泛使用的**集合**的概念正是这一原则最基本的体现.

集合在数学领域更是具有无可比拟的特殊重要性.集合论的基础是由德国数学家 Cantor 在 19 世纪 70 年代奠定的,经过一大批卓越的数学家半个世纪的努力,到 20 世纪 20 年代已确立了其在现代数学理论体系中的基础地位,可以说,当今数学各个分支的几乎所有结果都构筑在严格的集合理论上.所以,学习现代数学,应该由集合入手.但集合论是一门深奥的理论,需要有专门的课程来讲述,我们下面谈的只是数学分析课程要涉及的有关集合的一些基本概念和问题.

集合又称集,是指具有某种特定性质的具体的或抽象的对象汇集成的总体,这些对象称为该集合的**元素**.我们通常用大写字母如 $A, B, S, T, \cdots$ 表示集合,而用小写字母如 $a, b, x, y, \cdots$ 表示集合的元素.

若 x 是集合 S 的元素,则称 x 属于 S,记为 $x \in S$.若 y 不是集合 S 的元素,则称 y 不属于 S,记为 $y \overline{\in} S$ 或 $y \notin S$.

全体正整数的集合,全体整数的集合,全体有理数的集合,全体实数的集合是我们常用的集合,习惯上分别用字母 $\mathbf{N}^+, \mathbf{Z}, \mathbf{Q}$ 和 $\mathbf{R}$ 来表示①.

表示集合的方式通常有两种.一种是**枚举法**,就是将集合的元素逐一列举出来的方式.例如,光学中的三基色可以用集合

$$\{红, 绿, 蓝\}$$

表示,由 a, b, c, d 四个字母组成的集合 A 可用

$$A = \{a, b, c, d\}$$

表示,如此等等.

枚举法还包括尽管集合的元素无法一一列举,但可以将它们的变化规律表示出来的情况.如正整数集 $\mathbf{N}^+$ 和整数集 $\mathbf{Z}$ 可以分别表示为

$$\mathbf{N}^+ = \{1, 2, 3, \cdots, n, \cdots\}$$

和

$$\mathbf{Z} = \{0, \pm 1, \pm 2, \pm 3, \cdots, \pm n, \cdots\}.$$

另一种表示集合的方式是**描述法**.设集合 S 是由具有某种性质 P 的元素全体所构成的,则可以采用描述集合中元素公共属性的方法来表示集合:

$$S = \{x \mid x \text{ 具有性质 } P\}.$$

例如,由 2 的平方根组成的集合 B 可表示为

$$B = \{x \mid x^2 = 2\},$$

而有理数集 $\mathbf{Q}$ 和正实数集 $\mathbf{R}^+$ 则可以分别表示为

$$\mathbf{Q} = \left\{ x \,\middle|\, x = \frac{q}{p}, \text{其中 } p \in \mathbf{N}^+ \text{ 并且 } q \in \mathbf{Z} \right\}$$

和

$$\mathbf{R}^+ = \{x \mid x \in \mathbf{R} \text{ 并且 } x > 0\}.$$

要注意的是,集合中的元素之间并没有次序关系,也就是说,在集合的表示中,同

---

① 在国家标准中规定,自然数的集合 $\{0, 1, 2, \cdots\}$ 用 $\mathbf{N}$ 表示,这里 $\mathbf{N}^+$ 表示正整数的集合.

一元素的重复出现或在不同位置上出现不具有任何特殊意义.例如,$\{a,b\}$、$\{b,a\}$ 和 $\{a,b,a\}$ 表示的是同一个集合.

有一类特殊的集合,它不包含任何元素,如 $\{x\mid x\in \mathbf{R}$ 并且 $x^2+1=0\}$,我们称之为**空集**,记为 $\varnothing$.要注意,空集并不由于其内部空空如也而失去存在价值,如在集合 $\{$红,绿,蓝$\}$ 中选取某些基色进行配色,三种基色都不选显然也同样是一种重要的配色方案,所以,空集具有很实际的意义.

设 S,T 是两个集合,如果 S 的所有元集都属于 T,即
$$x\in S \quad\Rightarrow\quad x\in T,$$
其中符号"$\Rightarrow$"称为"蕴含",即表示由左边的命题可以推出右边的命题,则称 S 是 T 的**子集**,记为 $S\subset T$.例如,对于正整数集 $\mathbf{N}^+$,整数集 $\mathbf{Z}$,有理数集 $\mathbf{Q}$ 与实数集 $\mathbf{R}$,成立
$$\mathbf{N}^+\subset\mathbf{Z}\subset\mathbf{Q}\subset\mathbf{R}.$$
显然,对任何集合 S,都有 $S\subset S$ 与 $\varnothing\subset S$.

如果 S 中至少存在一个元素 x 不属于 T,即 $x\in S$ 但 $x\in T$,那么 S 不是 T 的子集,记为 $S\not\subset T$.如
$$\{x\mid x^2-1=0\}\not\subset\mathbf{N}^+.$$

例 1.1.1 设 $T=\{a,b,c\}$,则 T 有如下 2^3 个子集:

$\varnothing$;

$\{a\}$,$\{b\}$,$\{c\}$;

$\{a,b\}$,$\{b,c\}$,$\{c,a\}$;

$\{a,b,c\}$.

容易证明,由 n 个元素组成的集合 $T=\{a_1,a_2,\cdots,a_n\}$ 共有 2^n 个子集.

如果 S 是 T 的一个子集,即 $S\subset T$,但在 T 中存在一个元素 x 不属于 S,即 $T\not\subset S$,则称 S 是 T 的一个**真子集**.在上面所举的集合 $T=\{a_1,a_2,\cdots,a_n\}$ 的 2^n 个子集中,有 2^n-1 个是真子集.

如果两个集合 S 与 T 的元素完全相同,则称 S 与 T 两集合相等,记为 $S=T$.显然我们有
$$S=T \quad\Leftrightarrow\quad S\subset T \quad 并且 \quad T\subset S,$$
其中符号"$\Leftrightarrow$"称为"当且仅当",表示左边的命题与右边的命题相互"蕴含",即两个命题"等价".

在数学分析课程中,最常遇到的实数集的子集是区间:

设 $a,b(a<b)$ 是两个实数,则满足不等式 $a<x<b$ 的所有实数 x 的集合称为以 a,b 为端点的开区间,记为
$$(a,b)=\{x\mid a<x<b\}.$$

满足不等式 $a\leqslant x\leqslant b$ 的所有实数 x 的集合称为以 a,b 为端点的闭区间,记为
$$[a,b]=\{x\mid a\leqslant x\leqslant b\}.$$

满足不等式 $a<x\leqslant b$ 或 $a\leqslant x<b$ 的所有实数 x 的集合称为以 a,b 为端点的半开半闭区间,分别记为
$$(a,b]=\{x\mid a<x\leqslant b\} \qquad 或 \qquad [a,b)=\{x\mid a\leqslant x<b\}.$$

上述几类区间的长度是有限的,称为有限区间.除此以外,还有下述几类无限区间:

$$(a,+\infty)=\{x\mid x>a\};\quad [a,+\infty)=\{x\mid x\geqslant a\};$$

$$(-\infty,b)=\{x\mid x<b\};\quad (-\infty,b]=\{x\mid x\leqslant b\};$$

和

$$(-\infty,+\infty)=\{x\mid x \text{ 为任意实数}\}(\text{即实数集 } \mathbf{R}).$$

集合运算

集合的基本运算有并、交、差、补四种(如图 1.1.1).

两个集合 S 和 T 的**并**是由 S 和 T 的元素汇集成的集合,记为 $S\cup T$,即:

$$S\cup T=\{x\mid x\in S \text{ 或者 } x\in T\}.$$

两个集合 S 和 T 的**交**是由 S 和 T 的公共元素组成的集合,记为 $S\cap T$,即:

$$S\cap T=\{x\mid x\in S \text{ 并且 } x\in T\}.$$

例如,设 $S=\{a,b,c\}$,$T=\{b,c,d,e\}$,则

$$S\cup T=\{a,b,c,d,e\},\quad S\cap T=\{b,c\}.$$

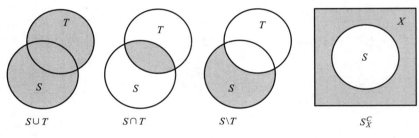

图 1.1.1

集合的并与交运算具有下列一些性质:

1. 交换律　$A\cup B=B\cup A,\quad A\cap B=B\cap A.$

2. 结合律　$A\cup(B\cup D)=(A\cup B)\cup D,\quad A\cap(B\cap D)=(A\cap B)\cap D.$

3. 分配律　$A\cap(B\cup D)=(A\cap B)\cup(A\cap D),\quad A\cup(B\cap D)=(A\cup B)\cap(A\cup D).$

作为一个例子,我们证明

$$A\cup(B\cap D)=(A\cup B)\cap(A\cup D).$$

第一步,证明 $A\cup(B\cap D)\subset(A\cup B)\cap(A\cup D)$.

设 $x\in A\cup(B\cap D)$,按照并的定义,或者 $x\in A$,或者 $x\in B\cap D$;再按照交的定义即为:或者 $x\in A$,或者 $x\in B$ 并且 $x\in D$.所以,不管怎么样,总有 $x\in A\cup B$ 并且 $x\in A\cup D$,即 $x\in(A\cup B)\cap(A\cup D)$.于是

$$x\in A\cup(B\cap D)\Rightarrow x\in(A\cup B)\cap(A\cup D).$$

第二步,证明 $(A\cup B)\cap(A\cup D)\subset A\cup(B\cap D)$.

设 $x\in(A\cup B)\cap(A\cup D)$,按照交的定义,$x\in A\cup B$ 并且 $x\in A\cup D$;再按照并的定义,或者 $x\in A$,或者 $x\in B$ 并且 $x\in D$,即 $x\in A\cup(B\cap D)$.于是

$$x\in(A\cup B)\cap(A\cup D)\Rightarrow x\in A\cup(B\cap D).$$

将上述两步结合起来,就得到结论

$$A\cup(B\cap D)=(A\cup B)\cap(A\cup D).$$

两个集合 S 和 T 的**差**是由属于 S 但不属于 T 的元素组成的集合,记为 $S\backslash T$(注意这里并不要求 $T\subset S$),即

$$S\backslash T=\{x\mid x\in S \text{ 并且 } x\in T\}.$$

例如

$$\{a,b,c\}\backslash\{b,c,d,e\}=\{a\},\quad \{x\mid x<1\}\backslash\{x\mid x>0\}=\{x\mid x\leqslant 0\}.$$

假设我们在集合 X 中讨论某一问题,S 是 X 的一个子集,则集合 S 关于 X 的补集 S_X^c 定义为

$$S_X^{c\,①}=X\backslash S.$$

例如偶数集 E 关于整数集 $\mathbf{Z}$ 的补集为奇数集 F,有理数集 $\mathbf{Q}$ 关于实数集 $\mathbf{R}$ 的补集为无理数集.

关于补集显然成立

$$S\cup S_X^c=X,\qquad S\cap S_X^c=\varnothing,$$

在不会发生混淆的前提下,通常将 S_X^c 简记为 S^c.

容易知道,集合补与差运算满足关系

$$S\backslash T=S\cap T^c.$$

集合补的运算具有如下性质:

4. 对偶律(De Morgan 公式)

$$(A\cup B)^c=A^c\cap B^c,\quad (A\cap B)^c=A^c\cup B^c.$$

我们证明第二个公式.

先设 $x\in(A\cap B)^c$,按照补的定义,有 $x\in A\cap B$.此式等价于或者 $x\in A$,或者 $x\in B$,于是得到 $x\in A^c\cup B^c$,即

$$x\in(A\cap B)^c\Rightarrow x\in A^c\cup B^c.$$

反过来,设 $x\in A^c\cup B^c$,按照并的定义,或者 $x\in A^c$,或者 $x\in B^c$.换言之,或者 $x\in A$,或者 $x\in B$,于是得到 $x\in A\cap B$,即

$$x\in A^c\cup B^c\Rightarrow x\in(A\cap B)^c.$$

将上述两方面结合起来,就得到结论

$$(A\cap B)^c=A^c\cup B^c.$$

有限集与无限集

若集合 S 由 n 个元素组成,这里 n 是确定的非负整数,则称集合 S 为**有限集**,如 $\{$红,绿,蓝$\}$、$\{a,b,c,d\}$ 和 $\{x\mid x^2-3x+2=0\}$ 都是有限集.

不是有限集的集合称为**无限集**,前面说的 $\mathbf{N},\mathbf{Z},\mathbf{Q},\mathbf{R}$ 都是无限集.

如果一个无限集中的元素可以按某种规律排成一个序列,或者说,这个集合可表示为

$$\{a_1,a_2,\cdots,a_n,\cdots\},$$

则称其为**可列集**.例如,正整数集 $\mathbf{N}^+$,$\{x\mid \sin x=0\}$ 都是可列集.

容易证明,每个无限集必包含可列子集.但是,无限集并非就一定是可列集(在 §2.4,

---

① 补集记号 S_X^c 在 GB3102.11—93 中为 $\complement_X S$.

我们将证明实数集 $\mathbf{R}$ 不是可列集).

显然,要证明一个无限集是可列集,关键在于设计出一种排列的规则,使集合中所有元素可以按此规则,既无重复也无遗漏地排成一列.

例 1.1.2 整数集 $\mathbf{Z}$ 是可列集.

解 因为整数全体可以按规则

$$0, 1, -1, 2, -2, \cdots, n, -n, \cdots$$

排成一列,由定义,即知整数集是可列集.

将整数全体排成一列的方法是多种多样的,这只是其中的一种.

设 $A_n (n = 1, 2, 3, \cdots)$ 是无限可列个集合,其中每个集合 A_n 都是可列集,定义它们的并为

$$\bigcup_{n=1}^{\infty} A_n = A_1 \cup A_2 \cup \cdots \cup A_n \cup \cdots = \{x \mid 存在\ n \in \mathbf{N}^+, 使\ x \in A_n\},$$

那么可以证明, $\bigcup\limits_{n=1}^{\infty} A_n$ 也是可列集.

定理 1.1.1 可列个可列集之并也是可列集.

证 对任意 $n \in \mathbf{N}^+$,设 A_n 可表示为

$$A_n = \{x_{n1}, x_{n2}, x_{n3}, \cdots, x_{nk}, \cdots\},$$

则 $\bigcup\limits_{n=1}^{\infty} A_n$ 的元素全体可排成如下的无穷方块阵:

$$
\begin{array}{ccccc}
x_{11} & x_{12} & x_{13} & x_{14} & \cdots \\
x_{21} & x_{22} & x_{23} & x_{24} & \cdots \\
x_{31} & x_{32} & x_{33} & x_{34} & \cdots \\
x_{41} & x_{42} & x_{43} & x_{44} & \cdots \\
\cdots & \cdots & \cdots & \cdots &
\end{array}
$$

把所有这些元素排成一列的规则可以有许多,常用的一种称为**对角线法则**:从最左面开始,顺着逐条"对角线"(图中箭头所示)将元素按从右上至左下的次序排列,也就是把所有的元素排列成

$$x_{11}, x_{12}, x_{21}, x_{13}, x_{22}, x_{31}, x_{14}, x_{23}, x_{32}, x_{41}, \cdots,$$

这样的规则保证了不会遗漏一个元素.

由于不同集合 A_i 与 $A_j (i \neq j)$ 的交可能不是空集,因此有些元素可能会在排列中多次出现,我们对此只保留一个而去掉多余的,这样得到的排列仍然表示集合 $\bigcup\limits_{n=1}^{\infty} A_n$,从而定理得到证明.

证毕

定理 1.1.2 有理数集 $\mathbf{Q}$ 是可列集.

证 由于区间 $(-\infty, +\infty)$ 可以表示为可列个区间 $(n, n+1]$ $(n \in \mathbf{Z})$ 的并,我们只须

证明区间$(0,1]$中的有理数是可列集即可.

由于区间$(0,1]$中的有理数可惟一地表示为既约分数$\dfrac{q}{p}$,其中$p\in\mathbf{N}^+,q\in\mathbf{N}^+,q\leqslant p$,并且$p,q$互素.我们按下列方式排列这些有理数:

分母$p=1$的既约分数只有一个:$\quad x_{11}=1$;

分母$p=2$的既约分数也只有一个:$\quad x_{21}=\dfrac{1}{2}$;

分母$p=3$的既约分数有两个:$\quad x_{31}=\dfrac{1}{3},\ x_{32}=\dfrac{2}{3}$;

分母$p=4$的既约分数也只有两个:$\quad x_{41}=\dfrac{1}{4},\ x_{42}=\dfrac{3}{4}$;

……

一般地,分母$p=n$的既约分数至多不超过$n-1$个,可将它们记为$x_{n1},x_{n2},\cdots,x_{nk(n)}$,其中$k(n)\leqslant n$.

于是区间$(0,1]$中的有理数全体可以排成

$$x_{11},x_{21},x_{31},x_{32},x_{41},x_{42},\cdots,x_{n1},x_{n2},\cdots,x_{nk(n)},\cdots.$$

这就证明了有理数集$\mathbf{Q}$是可列集.

证毕

Descartes 乘积集合

设A与B是两个集合.在集合A中任意取一个元素x,在集合B中任意取一个元素y,组成一个有序对(x,y).把这样的有序对作为新的元素,它们全体组成的集合称为集合A与集合B的 **Descartes 乘积集合**,记为$A\times B$,即

$$A\times B=\{(x,y)\mid x\in A \text{ 并且 } y\in B\}.$$

集合A与集合B可以相同也可以不相同,甚至其元素可以是完全不同类型的.

比如说,有一家生产窗帘的厂,所用的面料颜色有红、绿、蓝三种,所用的工艺有抽纱、提花、印染、刺绣等四种.若用

$$A=\{\text{红},\text{绿},\text{蓝}\}$$

表示面料颜色的集合,

$$B=\{\text{抽纱},\text{提花},\text{印染},\text{刺绣}\}$$

表示加工工艺的集合,那么它们的 Descartes 乘积集合

$$A\times B=\{(x,y)\mid x\in A \text{ 并且 } y\in B\}$$

表示的是该厂生产的所有的窗帘品种.集合$A\times B$中共有 12 个元素,如(红,提花)、(蓝,印染)、(绿,抽纱)等,每个元素均表示该厂所生产的窗帘品种之一.

特别地,当A与B都是实数集$\mathbf{R}$时,$\mathbf{R}\times\mathbf{R}$(记作$\mathbf{R}^2$)表示的是平面 Descartes 直角坐标系下用坐标表示的点的集合.(这也是"Descartes 乘积集合"一词的来历.)平面上任意一点P的坐标可以用有序实数对(x,y)表示,其中x和y分别为P点在横轴和纵轴上的投影坐标.反过来,任意一个实数对(x,y)也都能通过坐标的方式找到平面上惟一的对应点,这正是我们熟知的平面解析几何的理论基础.

读者不难举一反三地推出由更多个集合构成 Descartes 乘积集合的情况.作为一个

特例,容易知道 $\mathbf{R} \times \mathbf{R} \times \mathbf{R}$(记作 $\mathbf{R}^3$)表示的是空间 Descartes 直角坐标系下用坐标表示的点的集合.

例 1.1.3　设

$$A = \{x \mid x \in \mathbf{R} \text{ 并且 } a \leq x \leq b\},$$
$$B = \{y \mid y \in \mathbf{R} \text{ 并且 } c \leq y \leq d\},$$
$$C = \{z \mid z \in \mathbf{R} \text{ 并且 } e \leq z \leq f\},$$

则 $A \times B$ 就表示 Oxy 平面上一个闭矩形,而 $A \times B \times C$ 表示 $Oxyz$ 空间中的一个闭长方体(如图 1.1.2).

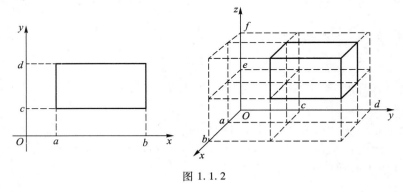

图 1.1.2

习　　题

1. 证明由 n 个元素组成的集合 $T = \{a_1, a_2, \cdots, a_n\}$ 有 2^n 个子集.

2. 证明:
   (1) 任意无限集必包含一个可列子集;
   (2) 设 A 与 B 都是可列集,证明 $A \cup B$ 也是可列集.

3. 指出下列表述中的错误:
   (1) $\{0\} = \varnothing$;
   (2) $a \subset \{a, b, c\}$;
   (3) $\{a, b\} \in \{a, b, c\}$;
   (4) $\{a, b, \{a, b\}\} = \{a, b\}$.

4. 用集合符号表示下列数集:
   (1) 满足 $\dfrac{x-3}{x+2} \leq 0$ 的实数全体;
   (2) 平面上第一象限的点的全体;
   (3) 大于 0 并且小于 1 的有理数全体;
   (4) 方程 $\sin x \cot x = 0$ 的实数解全体.

5. 证明下列集合等式:
   (1) $A \cap (B \cup D) = (A \cap B) \cup (A \cap D)$;
   (2) $(A \cup B)^c = A^c \cap B^c$.

6. 举例说明集合运算不满足消去律:

（1）$A \cup B = A \cup C \not\Rightarrow B = C$；

（2）$A \cap B = A \cap C \not\Rightarrow B = C$.

其中符号"$\not\Rightarrow$"表示左边的命题不能推出右边的命题.

7. 下述命题是否正确？不正确的话，请改正.

（1）$x \in A \cap B \Leftrightarrow x \in A$ 并且 $x \in B$；

（2）$x \in A \cup B \Leftrightarrow x \in A$ 或者 $x \in B$.

§2　映射与函数

映射

映射是指两个集合之间的一种对应关系.

定义 1.2.1　设 X,Y 是两个给定的集合，若按照某种规则 f，使得对集合 X 中的每一个元素 x，都可以找到集合 Y 中惟一确定的元素 y 与之对应，则称这个对应规则 f 是集合 X 到集合 Y 的一个**映射**，记为

$$f:X \rightarrow Y$$
$$x \mapsto y = f(x).$$

其中 y 称为在映射 f 之下 x 的**像**，x 称为在映射 f 之下 y 的一个**逆像**（也称为**原像**）. 集合 X 称为映射 f 的**定义域**，记为 D_f. 而在映射 f 之下，X 中元素 x 的像 y 的全体称为映射 f 的**值域**，记为 R_f，即

$$R_f = \{y \mid y \in Y \text{ 并且 } y = f(x), x \in X\}.$$

例 1.2.1　设 X 是平面上所有三角形的全体，Y 是平面上所有圆的全体. 因每个三角形都有惟一确定的外接圆，若定义对应规则

$$f:X \rightarrow Y$$
$$x \mapsto y \ (y \text{ 是三角形 } x \text{ 的外接圆}),$$

则 f 显然是一个映射，其定义域与值域分别为 $D_f = X$ 和 $R_f = Y$.

例 1.2.2　记 $X = \{\alpha, \beta, \gamma\}$，$Y = \{a, b, c, d\}$，下面所规定的对应关系 f 显然也是一个映射：

$$f(\alpha) = a, \ f(\beta) = d, \ f(\gamma) = b.$$

f 的定义域与值域分别为

$$D_f = X = \{\alpha, \beta, \gamma\}, \ R_f = \{a, b, d\} \subset Y.$$

在这个例子中，R_f 是 Y 的真子集.

概括起来，构成一个映射必须具备下列三个基本要素：

（1）集合 X，即定义域 $D_f = X$；

（2）集合 Y，即限制值域的范围：$R_f \subset Y$；

（3）对应规则 f，使每一个 $x \in X$，有惟一确定的 $y = f(x)$ 与之对应.

需要指出两点：

1. 映射要求元素的像必须是惟一的.

例如,设 $X = \mathbf{R}^+$,$Y = \mathbf{R}$,而对应规则 f 要求对每一个 $x \in \mathbf{R}^+$,它的像 $y \in \mathbf{R}$ 且满足关系 $y^2 = x$,这样的 f 是不是映射呢? 回答是否定的.因为对每个 $x > 0$,都可以有两个实数 $y_1 = \sqrt{x}$ 与 $y_2 = -\sqrt{x}$ 与之对应,即 f 不满足像的惟一性要求.

对于不满足像的惟一性要求的对应规则,一般只要对值域范围稍加限制,就能使它成为映射.

例 1.2.3　设 $X = \mathbf{R}^+$,$Y = \mathbf{R}^- = \{x \mid -x \in \mathbf{R}^+\}$,则对应关系

$$f : X \to Y$$
$$x \mapsto y\,(y^2 = x)$$

是一个映射.

2. 映射并不要求逆像也具有惟一性.

例 1.2.4　设 $X = Y = \mathbf{R}$,对应关系

$$f : X \to Y$$
$$x \mapsto y = x^2.$$

虽然 Y 中与 $x = 2$ 和 $x = -2$ 对应的元素都是 $y = 4$,但这并不影响 f 成为一个映射.

定义 1.2.2　设 f 是集合 X 到集合 Y 的一个映射,若 f 的逆像也具有惟一性,即对 X 中的任意两个不同元素 $x_1 \neq x_2$,它们的像 y_1 与 y_2 也满足 $y_1 \neq y_2$,则称 f 为**单射**;如果映射 f 满足 $R_f = Y$,则称 f 为**满射**;如果映射 f 既是单射,又是满射,则称 f 是**双射**(又称**一一对应**).

上面例 1.2.2 与例 1.2.3 中的映射是单射,例 1.2.1 与例 1.2.3 中的映射是满射,因而例 1.2.3 中的映射是双射.

设 $f : X \to Y$ 是单射,则由定义 1.2.2,对任一 $y \in R_f \subset Y$,它的逆像 $x \in X$(即满足方程 $f(x) = y$ 的 x)是惟一确定的.由定义 1.2.1,对应关系

$$g : R_f \to X$$
$$y \mapsto x\ (f(x) = y)$$

构成了 R_f 到 X 上的一个映射,我们把它称为 f 的**逆映射**,记为 f^{-1},其定义域为 $D_{f^{-1}} = R_f$,值域为 $R_{f^{-1}} = X$.

显然,只要逆映射 f^{-1} 存在,它就一定是 R_f 到 X 上的双射.

现设有如下两个映射

$$g : X \to U_1 \qquad\qquad f : U_2 \to Y$$
$$x \mapsto u = g(x) \qquad\text{和}\qquad u \mapsto y = f(u),$$

如果 $R_g \subset U_2 = D_f$,那就可以构造出一个新的对应关系

$$f \circ g : X \to Y$$
$$x \mapsto y = f(g(x)),$$

由定义 1.2.1,这还是一个映射,我们将之称为 f 和 g 的**复合映射**.

可以看出,复合映射 $f \circ g$ 的构成,实质上是引入了中间变量 u,因此关键在于 $R_g \subset D_f$ 是否成立.如果这一条件得不到满足,就不能构成复合映射.

例 1.2.5　设 $X = Y = U_1 = U_2 = \mathbf{R}$,映射 g 与 f 为

$$g: X \rightarrow U_1 \qquad\qquad f: U_2 \rightarrow Y$$
$$x \mapsto u = \sin x \qquad 和 \qquad u \mapsto y = \frac{u}{1+u^2}.$$

显然 $R_g = [-1, 1] \subset D_f$，因此可以构成复合映射

$$f \circ g: X \rightarrow Y$$
$$x \mapsto y = f(g(x)) = \frac{\sin x}{1 + \sin^2 x}.$$

例 1.2.6　设映射 g 与 f 为

$$g: \mathbf{R} \rightarrow \mathbf{R} \qquad\qquad f: \mathbf{R}^+ \rightarrow \mathbf{R}$$
$$x \mapsto u = 1 - x^2 \qquad 和 \qquad u \mapsto y = \lg u,$$

其中 $\lg x = \log_{10} x$. 则 $R_g = (-\infty, 1] \not\subset D_f$，因此不能构成复合映射 $f \circ g$.

但若将映射 g 的定义域作一限制，即换成映射 g^*

$$g^*: X = (-1, 1) \rightarrow \mathbf{R} \qquad\qquad f: \mathbf{R}^+ \rightarrow \mathbf{R}$$
$$x \mapsto u = 1 - x^2 \qquad 和 \qquad u \mapsto y = \lg u.$$

则 $R_{g^*} = (0, 1] \subset D_f$，于是可以构成复合映射

$$f \circ g^*: X = (-1, 1) \rightarrow \mathbf{R}$$
$$x \mapsto y = \lg(1 - x^2).$$

要注意，映射 f 和 g 的复合是有顺序的. 这就是说，$f \circ g$ 有意义并不意味 $g \circ f$ 也一定有意义，即使都有意义，即 $R_g \subset D_f$ 与 $R_f \subset D_g$ 都满足，复合映射 $f \circ g$ 与 $g \circ f$ 一般来讲也是不同的.

特别地，若将映射 f 与它的逆映射 f^{-1} 进行复合，则得到下述两恒等式：

$$f \circ f^{-1}(y) = y, \; y \in R_f; \quad f^{-1} \circ f(x) = x, \; x \in X.$$

例 1.2.7　$y = \sin x: \left[-\dfrac{\pi}{2}, \dfrac{\pi}{2} \right] \rightarrow [-1, 1]$ 是双射，它的逆映射是

$$x = \arcsin y: [-1, 1] \rightarrow \left[-\frac{\pi}{2}, \frac{\pi}{2} \right].$$

通过复合运算，可得到恒等式

$$\sin(\arcsin y) = y, \; y \in [-1, 1]; \quad \arcsin(\sin x) = x, \; x \in \left[-\frac{\pi}{2}, \frac{\pi}{2} \right].$$

一元实函数

若在定义 1.2.1 中特殊地取集合 $X \subset \mathbf{R}$，集合 $Y = \mathbf{R}$，则映射

$$f: X \rightarrow Y$$
$$x \mapsto y = f(x)$$

称为**一元实函数**，简称**函数**. 由于函数表示的必是实数集合与实数集合之间的对应关系，所以在其映射表示中，第一行是不需要的，只要写成

$$y = f(x), \; x \in X(\, = D_f)$$

就可以了，读作"函数 $y = f(x)$"或"函数 f". 这里 f 表示一种对应规则，对于每一个 $x \in$

D_f,它确定了惟一的 $y = f(x) \in \mathbf{R}$ 与 x 相对应.

例如,我们将一块边长为 a 的正方形铁皮,在四个角上各剪去一个边长为 x 的小正方形,做成一个无盖的方盒(如图 1.2.1),显然方盒的容积为 $V = x(a-2x)^2$,其中 x 的变化范围是 $\left(0, \dfrac{a}{2}\right)$.

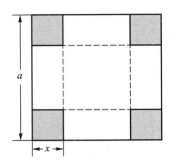

图 1.2.1

分析一下对应关系 $V = x(a-2x)^2$,其中变量 x 是主动变化的,我们称它为**自变量**.随着 x 的变化,容积 V 是被动地变化,我们称它为**因变量**.当自变量在定义域 $D_f = \left(0, \dfrac{a}{2}\right)$ 中取任一数值时,因变量 V 相应有惟一确定的数值.因变量对于自变量的这种依赖关系就叫做**函数关系**.

在观察自然现象和分析社会活动时,可以发现存在着许许多多的变量,它们在一定的约束关系制约下千变万化.前面已经指出,数学分析的根本任务是研究各种变量之间最基本的关系,即函数关系.这里给出的一元实函数是只含有一个自变量与一个因变量的函数关系,以后会进一步讨论多元函数(含有多个自变量的函数关系)与向量值函数(含有多个因变量的函数关系).

初等函数

我们对下面 6 类函数已经很熟悉了:

常数函数:　　　$y = c$;

幂函数:　　　　$y = x^\alpha (\alpha \in \mathbf{R})$;

指数函数:　　　$y = a^x (a > 0$ 且 $a \neq 1)$;

对数函数:　　　$y = \log_a x (a > 0$ 且 $a \neq 1)$;

三角函数:　　　如 $y = \sin x$,$y = \cos x$,$y = \tan x$,$y = \cot x$ 等;

反三角函数:　　如 $y = \arcsin x$,$y = \arccos x$,$y = \arctan x$ 等.

这 6 类函数统称为**基本初等函数**.

由基本初等函数经过有限次四则运算与复合运算所产生的函数称为**初等函数**.例如 $y = ax^2 + bx + c$,$y = \dfrac{\log_a(1+x)}{\sqrt{x^2+1}}$,$y = \sin\dfrac{1}{x} + \cos^2 x$,$y = \mathrm{e}^{-x^2} + \arctan\dfrac{1}{x}$ 等都是初等函数.

初等函数的**自然定义域**是指它的自变量的最大取值范围.例如 x^n(n 是正整数),$\sin x$,$\arctan x$,$a^x(a > 0, a \neq 1)$ 等函数的自然定义域都是 $\mathbf{R} = (-\infty, +\infty)$;$\log_a x(a > 0, a \neq 1)$ 的自然定义域是 $\mathbf{R}^+ = (0, +\infty)$;$\arcsin x$ 的自然定义域是 $[-1, 1]$;x^α 的自然定义域则

要视 α 而定,例如:$x^{\frac{1}{3}}$ 的自然定义域是 $\mathbf{R}=(-\infty,+\infty)$;$x^{-\frac{1}{3}}$ 的自然定义域是 $\mathbf{R}\setminus\{0\}=(-\infty,0)\cup(0,+\infty)$;$x^{\frac{3}{2}}$ 的自然定义域是 $[0,+\infty)$;$x^{-\frac{1}{4}}$ 的自然定义域是 $\mathbf{R}^{+}=(0,+\infty)$ 等.

一般说来,给出一个函数 $f(x)$ 的具体表达式的同时应该指出它的定义域,否则即表示默认该函数的自然定义域为其定义域.

例 1.2.8 求下列初等函数的自然定义域与值域.

(1) $y=x+\dfrac{1}{x}$;　　　　　　　(2) $y=\arcsin\dfrac{2x-1}{3}$;

(3) $y=\sqrt{3+2x-x^{2}}$;　　　　(4) $y=\log_{a}\dfrac{x-2}{x^{2}-3x-4}$ $(a>0,a\neq1)$.

解　(1) $D=(-\infty,0)\cup(0,+\infty)$,$R=(-\infty,-2]\cup[2,+\infty)$;

(2) $D=[-1,2]$,$R=\left[-\dfrac{\pi}{2},\dfrac{\pi}{2}\right]$;

(3) $D=[-1,3]$,$R=[0,2]$;

(4) $D=(-1,2)\cup(4,+\infty)$,$R=(-\infty,+\infty)$.

需要指出,即使两个函数关系看上去完全相同,也不一定能说这两个函数就是等同的,因为它们的定义域可能不相同.如函数 $f(x)=\sin x$ 与 $g(x)=\dfrac{x\sin x}{x}$,因为 $D_{f}=(-\infty,+\infty)$ 而 $D_{g}=(-\infty,0)\cup(0,+\infty)$,所以它们表示的是不同的函数.

当两个函数不仅函数关系相同,而且定义域也相同时(于是它们的值域必然相同),它们表示的是相同的函数,至于此时自变量与因变量采用什么符号倒是无关紧要的.例如 $y=\sin x,x\in(-\infty,+\infty)$ 与 $u=\sin v,v\in(-\infty,+\infty)$ 表示的是同一个函数.

函数的分段表示、隐式表示与参数表示

设 A,B 是两个互不相交的实数集合,$\varphi(x)$ 和 $\psi(x)$ 是分别定义在集合 A 和集合 B 上的函数,则

$$f(x)=\begin{cases}\varphi(x),&x\in A,\\\psi(x),&x\in B\end{cases}$$

是定义在集合 $A\cup B$ 上的函数.这样的表示方法称为**函数的分段表示**.这里函数 f 是分成两段来表示的,事实上,分段表示可以分成任意有限段,甚至无限多段.

例 1.2.9 设一辆汽车从甲城驶往乙城.先从出发地驶到高速公路,车速为 45 km/h,花了 40 分钟.然后在高速公路上以 100 km/h 的速度行驶了 1 小时 45 分钟.最后从高速公路出口行驶到乙城的目的地,车速为 40 km/h,花了 30 分钟.求汽车行驶的路程 s(单位:km)与行驶时间 t(单位:h)之间的函数关系.

解

$$s(t)=\begin{cases}45t,&0\leqslant t<\dfrac{2}{3},\\[2mm]30+100\left(t-\dfrac{2}{3}\right),&\dfrac{2}{3}\leqslant t<2\dfrac{5}{12},\\[2mm]205+40\left(t-2\dfrac{5}{12}\right),&2\dfrac{5}{12}\leqslant t\leqslant2\dfrac{11}{12}.\end{cases}$$

下面我们介绍几个常用的分段表示函数.

例 1.2.10　符号函数 $\operatorname{sgn} x$（如图 1.2.2）：

$$\operatorname{sgn} x = \begin{cases} 1, & x>0, \\ 0, & x=0, \\ -1, & x<0. \end{cases}$$

它的定义域是 $D=(-\infty,+\infty)$，值域是 $R=\{-1, 0,1\}$.

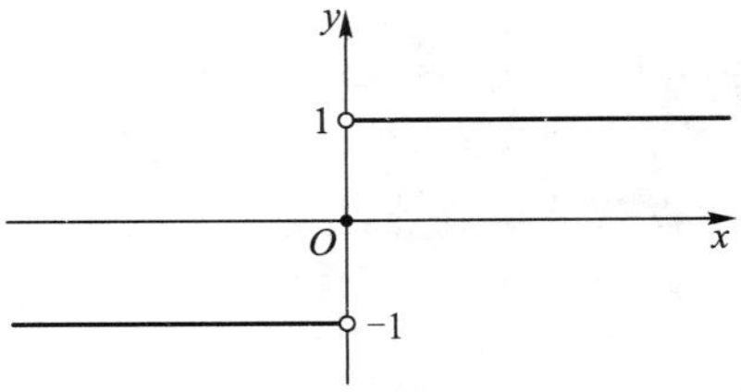

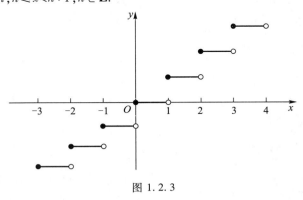

图 1.2.2

例 1.2.11　"整数部分"函数（如图 1.2.3）：$y=[x]=n, n\leqslant x<n+1, n\in \mathbf{Z}$.

图 1.2.3

它的定义域是 $D=(-\infty,+\infty)$，值域是 $R=\mathbf{Z}$.

例 1.2.12　"非负小数部分"函数（如图 1.2.4）：$y=(x)=x-[x]$，$x\in(-\infty,+\infty)$.

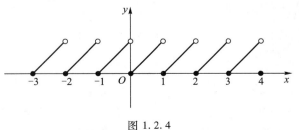

图 1.2.4

它的定义域是 $D=(-\infty,+\infty)$，值域是 $R=[0,1)$.

根据上面的定义，如对 $x=3.4$，有 $[x]=3,(x)=0.4$；对 $x=-2.7$，有 $[x]=-3,(x)=0.3$ 等.显然，对于任意实数 x，成立等式 $[x]+(x)=x$.

前面所举例子的共同特点是函数形式均为 $y=f(x)$，即因变量 y 单独放在等式的一边，而等式的另一边是只含有自变量 x 的表达式，这称为**函数的显式表示**.而所谓**函数的隐式表示**，是指通过方程 $F(x,y)=0$ 来确定变量 y 与 x 之间函数关系的方式，这也是一种重要的函数表示形式.

例 1.2.13　圆的标准方程 $x^2+y^2=R^2$ 反映了变量 x 与 y 之间的特定关系.由于当 $x\in(-R,R)$ 时，对应的 y 不是惟一确定的，所以从整体来讲，变量 y 还不能说是变量 x 的函数.

但在一定的条件下,如要求 $y \geqslant 0$(或 $y \leqslant 0$),即只考虑上半圆周(或下半圆周)时,变量 y 就是变量 x 的函数了,且可显式表示为 $y = \sqrt{R^2 - x^2}, x \in [-R, R]$(或 $y = -\sqrt{R^2 - x^2}, x \in [-R, R]$).此时 $x^2 + y^2 = R^2, y \geqslant 0$(或 $y \leqslant 0$)就是它的隐式表示形式.

例 1.2.14 天体力学中著名的 **Kepler 方程**:
$$y = x + \varepsilon \sin y,$$
其中 $\varepsilon \in (0, 1)$ 是一个常数,也反映了变量 x 与 y 之间的特定关系,以后我们会知道 y 确实是 x 的函数,因此 Kepler 方程就是这一函数关系的隐式表示形式.

在表示变量 x 与 y 的函数关系时,我们常常需要引入第三个变量(例如参数 t),通过建立 t 与 x、t 与 y 之间的函数关系,间接地确定 x 与 y 之间的函数关系,即
$$\begin{cases} x = x(t), \\ y = y(t), \end{cases} t \in [a, b].$$
这种方法称为**函数的参数表示**.

设 $X = \{x \mid x = x(t), t \in [a, b]\}, Y = \{y \mid y = y(t), t \in [a, b]\}$,上述参数表示所确定的函数关系即为
$$f: X \to Y$$
$$x = x(t) \longmapsto y = y(t).$$

例如,对于例 1.2.13 中的圆方程 $x^2 + y^2 = R^2$ 所确定的函数关系,可以引入参数 t 表示 x 轴正向按逆时针方向旋转至射线 $\overrightarrow{OP}$ 的角的弧度,其中 $P = P(x, y)$ 表示圆上任意一点(如图 1.2.5).则对于上半圆周(或下半圆周),x 与 y 的函数关系可表示成
$$\begin{cases} x = R\cos t, \\ y = R\sin t, \end{cases} t \in [0, \pi] \text{(或 } t \in [\pi, 2\pi]).$$

旋轮线又称**摆线**,顾名思义,它表示一只滚动的轮子的边缘上一点的运动轨迹.下面我们通过引入适当的参数,推导旋轮线所表示的函数关系的参数表示.

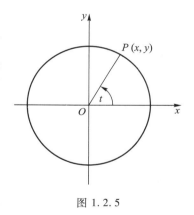

图 1.2.5

例 1.2.15 半径为 1 的轮子置于平地上,轮子边缘一点 A 与地面相接触.求当轮子滚动时,A 点运动的函数表示.

解 如图 1.2.6 建立坐标系.设轮子滚动时 A 点的坐标为 $A(x, y)$.当轮子滚动到 P 点时,线段 $\overline{OP}$ 的长度等于圆弧 $\overset{\frown}{A'P}$ 的长度,也等于轮子转过的角度的弧度(见例 2.4.5 的注).

令参数 t 表示轮子转过的角度的弧度,于是得到
$$\begin{cases} x = t - \sin t, \\ y = 1 - \cos t, \end{cases} t \in [0, \infty).$$
此即为旋轮线的参数表示.

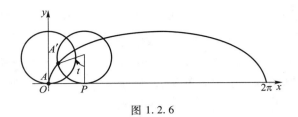

图 1.2.6

函数的简单特性

（1）有界性

定义 1.2.3　若存在两个常数 m 和 M，使函数 $y=f(x),x\in D$ 满足
$$m\leqslant f(x)\leqslant M,\quad x\in D,$$
则称函数 f 在 D **有界**. 其中 m 是它的**下界**，M 是它的**上界**.

注意，当一个函数有界时，它的上界与下界不惟一. 由上面定义可知，任意小于 m 的数也是 f 的下界，任意大于 M 的数也是 f 的上界.

有界函数的另一定义是

"存在常数 $M>0$，使函数 $y=f(x),x\in D$ 满足 $|f(x)|\leqslant M,x\in D$"，容易证明这两种定义是等价的.

（2）单调性

定义 1.2.4　对函数 $y=f(x),x\in D$，若对任意 $x_1,x_2\in D$，当 $x_1<x_2$ 时成立 $f(x_1)\leqslant f(x_2)$（或 $f(x_1)<f(x_2)$），则称函数 f 在 D **单调增加**（或**严格单调增加**），通常记作 $f\uparrow$（或 f 严格 $\uparrow$）；若对任意 $x_1,x_2\in D$，当 $x_1<x_2$ 时成立 $f(x_1)\geqslant f(x_2)$（或 $f(x_1)>f(x_2)$），则称函数 f 在 D **单调减少**（或**严格单调减少**），通常记作 $f\downarrow$（或 f 严格 $\downarrow$）.

例如，$y=x^3,y=a^x(a>1),y=\log_a x(a>1),y=\arctan x$ 等函数在它们的定义域中都是严格单调增加的；而 $y=a^x(0<a<1),y=\log_a x(0<a<1),y=\operatorname{arccot}x$ 等函数在它们的定义域中都是严格单调减少的；$y=[x]$ 是单调增加的，但不是严格单调增加的.

也有许多函数在它的自然定义域中并非单调，但在较小的范围内却具有单调性. 例如 $y=x^2$ 在 $(-\infty,+\infty)$ 不具有单调性，但在 $(-\infty,0]$ 是严格单调减少的，在 $[0,+\infty)$ 是严格单调增加的；$y=\sin x$ 在 $\left[2n\pi-\dfrac{\pi}{2},2n\pi+\dfrac{\pi}{2}\right]$（$n\in\mathbf{Z}$）是严格单调增加的，在 $\left[(2n+1)\pi-\dfrac{\pi}{2},(2n+1)\pi+\dfrac{\pi}{2}\right]$（$n\in\mathbf{Z}$）是严格单调减少的.

（3）奇偶性

定义 1.2.5　设函数 f 的定义域 D 关于原点对称，即 $x\in D\Leftrightarrow -x\in D$. 若对一切 $x\in D$，成立 $f(-x)=f(x)$，则称函数 f 是**偶函数**；若对一切 $x\in D$，成立 $f(-x)=-f(x)$，则称函数 f 是**奇函数**.

显然，奇函数的图像关于原点对称，偶函数的图像关于 y 轴对称. 了解了函数的奇偶性，我们只需在 $D\cap[0,+\infty)$ 上讨论函数的性质，再由对称性推出它在 $D\cap(-\infty,0]$ 上的性质.

例如，$y=x^3,y=\sin x,y=\tan x$ 等函数都是奇函数，而 $y=x^2,y=\cos x,y=|x|$ 等函数

都是偶函数.

例 1.2.16 判断函数 $f(x) = \dfrac{1}{1+a^x} - \dfrac{1}{2}$ $(a>0, a\neq 1)$ 的奇偶性.

解 因为

$$f(-x) = \frac{1}{1+a^{-x}} - \frac{1}{2} = \frac{a^x}{1+a^x} - \frac{1}{2} = \left(\frac{a^x}{1+a^x} - 1\right) + \frac{1}{2} = \frac{-1}{1+a^x} + \frac{1}{2} = -f(x),$$

所以 $f(x) = \dfrac{1}{1+a^x} - \dfrac{1}{2}$ 是奇函数.

（4）周期性

定义 1.2.6 若存在常数 $T>0$，使得对一切 $x \in D$，成立 $f(x+T) = f(x)$，则称函数 f 是**周期函数**，T 称为它的**周期**. 若存在满足上述条件的最小的 T，则称它为 f 的**最小周期**.

显然，周期函数 f 的定义域 D 必须满足条件：对一切 $x \in D$，有 $x \pm T \in D$.

例如 $y = \sin x$ 是 $(-\infty, +\infty)$ 上的周期函数，$2n\pi (n \in \mathbf{N}^+)$ 都是它的周期，其中 2π 是它的最小周期. $y = \tan x$ 也是周期函数，它的定义域是 $(-\infty, +\infty) \setminus \left\{ n\pi + \dfrac{\pi}{2}, n \in \mathbf{Z} \right\}$，$\pi$ 是它的最小周期.

但并非每个周期函数都有最小周期的.

例 1.2.17 Dirichlet 函数

$$D(x) = \begin{cases} 0, & x\text{ 为无理数}, \\ 1, & x\text{ 为有理数}. \end{cases}$$

容易判断这是一个周期函数，任何正有理数都是它的周期. 因为不存在最小正有理数，所以它不可能有最小周期.

对于周期函数，我们只需要研究它在一个周期上的性质，再根据周期性推出它在其他范围上的性质.

两个常用不等式

下面介绍两个简单但重要的不等式，它们不仅在数学分析的证明中频繁出现，而且在其他数学分支中也都有广泛的用途.

定理 1.2.1（三角不等式） 对于任意实数 a 和 b，都有

$$||a| - |b|| \leqslant |a+b| \leqslant |a| + |b|.$$

证 因为对于任意实数 a 和 b，都有

$$-|a||b| \leqslant ab \leqslant |a||b|,$$

所以

$$|a|^2 - 2|a||b| + |b|^2 \leqslant a^2 + 2ab + b^2 \leqslant |a|^2 + 2|a||b| + |b|^2,$$

开方后就得到上述不等式.

证毕

若将 a 和 b 理解为向量，则 $\boldsymbol{a}$、$\boldsymbol{b}$ 和 $\boldsymbol{a}+\boldsymbol{b}$ 正好构成一个三角形，定理 1.2.1 表示的

正是三角形任意两边之和大于第三边、任意两边之差小于第三边这一性质,这就是"三角不等式"名称的来源(如图 1.2.7).

以后我们会看到,对于整个数学领域,三角不等式可以说是无处不在.

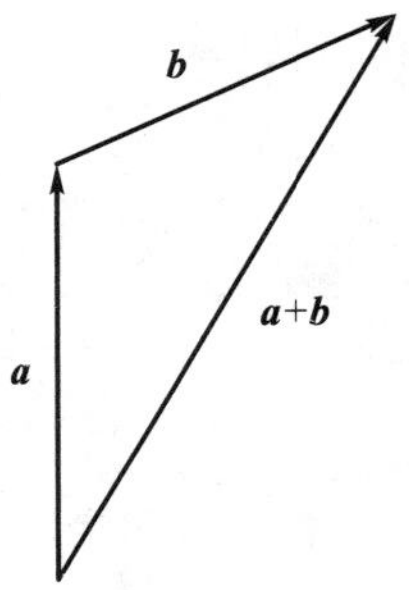

定义 1.2.7 设 $a_1, a_2, \cdots, a_n$ 是 n 个正数,则称 $\dfrac{a_1 + a_2 + \cdots + a_n}{n}$ 是它们的**算术平均值**;$\sqrt[n]{a_1 a_2 \cdots a_n}$ 是它们的**几何平均值**;$n \Big/ \left(\dfrac{1}{a_1} + \dfrac{1}{a_2} + \cdots + \dfrac{1}{a_n} \right)$ 是它们的**调和平均值**.

图 1.2.7

这三个平均值之间成立如下关系:

定理 1.2.2(平均值不等式) 对任意 n 个正数 $a_1, a_2, \cdots, a_n$,有

$$\frac{a_1 + a_2 + \cdots + a_n}{n} \geqslant \sqrt[n]{a_1 a_2 \cdots a_n} \geqslant n \Big/ \left(\frac{1}{a_1} + \frac{1}{a_2} + \cdots + \frac{1}{a_n} \right),$$

等号当且仅当 $a_1, a_2, \cdots, a_n$ 全部相等时成立.

这就是说,算术平均值不小于几何平均值,几何平均值不小于调和平均值.

证 先证明左边的不等式

$$\frac{a_1 + a_2 + \cdots + a_n}{n} \geqslant \sqrt[n]{a_1 a_2 \cdots a_n}.$$

当 $n = 1, 2$ 时,不等式显然成立.

当 $n = 2^k (k \in \mathbf{N}^+)$ 时,不等式是 $\dfrac{a+b}{2} \geqslant \sqrt{ab}$ 的直接推论.

当 $n \neq 2^k$ 时,取 $l \in \mathbf{N}^+$,使 $2^{l-1} < n < 2^l$.记

$$\sqrt[n]{a_1 a_2 \cdots a_n} = \bar{a},$$

在 $a_1, a_2, \cdots, a_n$ 后面加上 $(2^l - n)$ 个 $\bar{a}$,将其扩充成 2^l 个正数.对这 2^l 个正数应用不等式,得到

$$\frac{1}{2^l} [a_1 + a_2 + \cdots + a_n + (2^l - n) \bar{a}] \geqslant (a_1 a_2 \cdots a_n \bar{a}^{2^l - n})^{\frac{1}{2^l}} = \bar{a},$$

整理后即有

$$\frac{a_1 + a_2 + \cdots + a_n}{n} \geqslant \sqrt[n]{a_1 a_2 \cdots a_n}.$$

对 $\dfrac{1}{a_1}, \dfrac{1}{a_2}, \cdots, \dfrac{1}{a_n}$ 使用上面的结论,便得到右边的不等式.

证毕

习 题

1. 设 $S = \{\alpha, \beta, \gamma\}$,$T = \{a, b, c\}$,问有多少种可能的映射 $f: S \to T$,其中哪些是双射?

2. （1）建立区间 $[a,b]$ 与 $[0,1]$ 之间的一一对应；

   （2）建立区间 $(0,1)$ 与 $(-\infty,+\infty)$ 之间的一一对应.

3. 将下列函数 f 和 g 构成复合函数，并指出定义域与值域：

   （1）$y=f(u)=\log_a u$，$u=g(x)=x^2-3$；

   （2）$y=f(u)=\arcsin u$，$u=g(x)=3^x$；

   （3）$y=f(u)=\sqrt{u^2-1}$，$u=g(x)=\sec x$；

   （4）$y=f(u)=\sqrt{u}$，$u=g(x)=\dfrac{x-1}{x+1}$.

4. 指出下列函数是由哪些基本初等函数经过四则运算或复合而成的：

   （1）$y=\arcsin\dfrac{1}{\sqrt{x^2+1}}$；   （2）$y=\dfrac{1}{3}\log_a^3(x^2-1)$.

5. 求下列函数的自然定义域与值域：

   （1）$y=\log_a\sin x\ (a>1)$；   （2）$y=\sqrt{\cos x}$；

   （3）$y=\sqrt{4-3x-x^2}$；   （4）$y=x^2+\dfrac{1}{x^4}$.

6. 问下列函数 f 和 g 是否等同？

   （1）$f(x)=\log_a(x^2)$，$g(x)=2\log_a x$；

   （2）$f(x)=\sec^2 x-\tan^2 x$，$g(x)=1$；

   （3）$f(x)=\sin^2 x+\cos^2 x$，$g(x)=1$.

7. （1）设 $f(x+3)=2x^3-3x^2+5x-1$，求 $f(x)$；

   （2）设 $f\left(\dfrac{x}{x-1}\right)=\dfrac{3x-1}{3x+1}$，求 $f(x)$.

8. 设 $f(x)=\dfrac{1}{1+x}$，求 $f\circ f,f\circ f\circ f,f\circ f\circ f\circ f$ 的函数表达式.

9. 证明：定义于 $(-\infty,+\infty)$ 上的任何函数都可以表示成一个偶函数与一个奇函数之和.

10. 写出折线 $\overline{ABCD}$ 所表示的函数关系 $y=f(x)$ 的分段表示，其中 $A=(0,3),B=(1,-1),C=(3,2)$，$D=(4,0)$.

11. 设 $f(x)$ 表示图 1.2.8 中阴影部分面积，写出函数 $y=f(x),x\in[0,2]$ 的表达式.

12. 一玻璃杯装有汞、水、煤油三种液体，密度分别为 $13.6\ \mathrm{g/cm^3},1\ \mathrm{g/cm^3},0.8\ \mathrm{g/cm^3}$，上层煤油液体高度为 5 cm，中层水液体高度为 4 cm，下层汞液体高度为 2 cm（如图 1.2.9），试求压强 P 与液体深度 x 之间的函数关系.

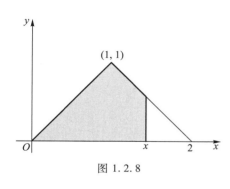

图 1.2.8

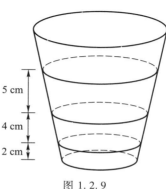

图 1.2.9

13. 试求定义在 $[0,1]$ 上的函数,它是 $[0,1]$ 与 $[0,1]$ 之间的一一对应,但在 $[0,1]$ 的任一子区间上都不是单调函数.

 补充习题

第二章
数列极限

§1 实数系的连续性

实数系

数学分析讨论的是实变量之间的函数关系.换言之,在数学分析中,变量的取值范围是限制在实数集合内的,因此有必要首先了解实数集合 **R** 的一个重要的基本性质——连续性.

我们先来考察一下数系的扩充历史.

人类对数的认识是从自然数开始的.若一个集合中的任意两个元素进行了某种运算后,所得的结果仍属于这个集合,我们称该集合对这种运算是**封闭**的.显然,任意两个自然数 $m,n \in \mathbf{N}$,其和与积必定还是自然数:$m+n \in \mathbf{N}, mn \in \mathbf{N}$,即自然数集合 **N** 对于加法与乘法运算是封闭的.但是 **N** 对于减法运算并不封闭,即任意两个自然数之差不一定还是自然数.

当数系由自然数集合扩充到整数集合 **Z** 后,关于加法、减法和乘法运算都封闭了,即对于任意两个整数 $p,q \in \mathbf{Z}$,其和、差、积必定还是整数:$p \pm q \in \mathbf{Z}, pq \in \mathbf{Z}$.但是,整数集 **Z** 关于除法运算是不封闭的,因此数系又由整数集合 **Z** 扩充为有理数集合 $\mathbf{Q} = \left\{ x \mid x = \dfrac{q}{p}, p \in \mathbf{N}^+, q \in \mathbf{Z} \right\}$.显然,有理数集合 **Q** 关于加法、减法、乘法与除法四则运算都是封闭的.

让我们从几何直观上来分析一下.取一水平直线,在上面取定一个原点 O,再在 O 的右方取一点 A,以线段 OA 作为单位长度,这样就建立了一个坐标轴.在这个坐标轴上,整数集合 **Z** 的每一个元素都能找到自己的对应点,这些点称为**整数点**.因为它们之间的最小间隔为 1,我们称整数系 **Z** 具有"离散性".

显然,有理数集合 **Q** 的每一个元素 $\dfrac{q}{p} (p \in \mathbf{N}^+, q \in \mathbf{Z})$ 也都能在这坐标轴上找到自己的对应点,这些点称为**有理点**.容易知道,在坐标轴的任意一段长度大于 0 的线段上,总存在无穷多个有理点.换句话说,在坐标轴上不存在有理点的"真空"地带,我们称有理数系 **Q** 具有"稠密性".

既然有理数系 **Q** 是稠密的,粗粗想来,它似乎已经是完美的了,其实不然.比如说,

若用 c 表示边长为 1 的正方形的对角线的长度,这个 c 就无法用有理数来表示.这可以通过反证法来论证:根据勾股定理,$c^2 = 2$.若 $c = \dfrac{q}{p}$,其中 $p, q \in \mathbf{N}^+$ 并且 p, q 互素,那么 $q^2 = 2p^2$.由于奇数的平方必为奇数,因此 q 是偶数.设 $q = 2r, r \in \mathbf{N}^+$,又得到 $p^2 = 2r^2$,也就是说 p 也是偶数,这就与 p, q 互素的假设发生矛盾,所以 c 不是有理数.换句话说,有理数集合 $\mathbf{Q}$ 对于开方运算是不封闭的.

所以,有理点虽然在坐标轴上密密麻麻,但并没有布满整条直线,其中留有许多"空隙",如与单位正方形对角线长度 c 对应的点就位于有理点集合的"空隙"中(如图 2.1.1).

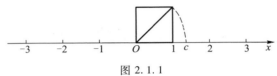

图 2.1.1

注意到有理数一定能表示成有限小数或无限循环小数,很自然会想到,扩充有理数集合 $\mathbf{Q}$ 最直接的方式之一,就是把所有的无限不循环小数(称为无理数)吸纳进来.我们将全体有理数和全体无理数所构成的集合称为实数集 $\mathbf{R}$:

$$\mathbf{R} = \{x \mid x \text{ 是有理数或无理数}\}.$$

下面将会了解,全体无理数所对应的点(称为**无理点**)确实填补了有理点在坐标轴上的所有"空隙",即实数铺满了整个数轴.这样,每个实数都可以在坐标轴上找到自己的对应点,而坐标轴上的每个点又可以通过自己的坐标表示惟一一个实数.实数集合的这一性质称为实数系 $\mathbf{R}$ 的"连续性".为了强调实数系所特有的这种连续性,$\mathbf{R}$ 又被称为**实数连续统**,而那条表示实数全体的坐标轴又称为**数轴**.

实数系的连续性是分析学的基础,对于我们将要学习的极限论、微积分乃至整个分析学具有无比的重要性.可以说,正是因为有了连续性,实数系才成为数学分析课程的"舞台".

实数系 $\mathbf{R}$ 的连续性,从几何角度理解,就是实数全体布满整个数轴而没有"空隙",但从分析学角度阐述,则有多种相互等价的表述方式.在本节中将要讲述的"确界存在定理"就是实数系 $\mathbf{R}$ 连续性的表述之一.

最大数与最小数

下面我们讨论实数集 $\mathbf{R}$ 的各种子集,简称为数集.

为了表达上的方便,引入两个记号:"$\exists$"表示"存在"或"可以找到","$\forall$"表示"对于任意的"或"对于每一个".例如

$$A \subset B \Leftrightarrow \forall x \in A, \text{有 } x \in B,$$
$$A \not\subset B \Leftrightarrow \exists x \in A, \text{使得 } x \notin B.$$

设 S 是一个数集,如果 $\exists \xi \in S$,使得 $\forall x \in S$,有 $x \leqslant \xi$,则称 ξ 是数集 S 的最大数,记为 $\xi = \max S$;如果 $\exists \eta \in S$,使得 $\forall x \in S$,有 $x \geqslant \eta$,则称 η 是数集 S 的最小数,记为 $\eta = \min S$.

当数集 S 是非空有限集,即 S 只含有有限个数时,$\max S$ 与 $\min S$ 显然存在,且

$\max S$ 是这有限个数中的最大者,$\min S$ 是这有限个数中的最小者.但是当 S 是无限集时,最大数及最小数就有可能不存在.

例 2.1.1　集合 $A=\{x\mid x\geqslant 0\}$ 没有最大数,但有最小数,$\min A=0.$

例 2.1.2　证明集合 $B=\{x\mid 0\leqslant x<1\}$ 没有最大数.

证　用反证法.假设集合 B 有最大数,记为 $\beta.$ 由 $\beta\in[0,1)$,可知 $\beta'=\dfrac{1+\beta}{2}\in[0,1).$ 但是 $\beta'>\beta$,这就与 β 是集合 B 的最大数发生矛盾.所以集合 B 没有最大数.

证毕

上确界与下确界

设 S 是一个非空数集,如果 $\exists M\in\mathbf{R}$,使得 $\forall x\in S$,有 $x\leqslant M$,则称 M 是 S 的一个上界;如果 $\exists m\in\mathbf{R}$,使得 $\forall x\in S$,有 $x\geqslant m$,则称 m 是 S 的一个下界.当数集 S 既有上界,又有下界时,称 S 为有界集.显然

$$S \text{ 为有界集 } \Longleftrightarrow \exists X>0,\text{使得 } \forall x\in S,\text{有 } |x|\leqslant X.$$

设数集 S 有上界,记 U 为 S 的上界全体所组成的集合,则显然 U 不可能有最大数,下面将证明:U 一定有最小数.设 U 的最小数为 β,就称 β 为数集 S 的**上确界**,即最小上界,记为

$$\beta=\sup S.$$

从上面的叙述,可知上确界 β 满足下述两个性质:

1. β 是数集 S 的上界:$\forall x\in S$,有 $x\leqslant\beta$;

2. 任何小于 β 的数不是数集 S 的上界:$\forall\varepsilon>0$,$\exists x\in S$,使得 $x>\beta-\varepsilon.$

又假若数集 S 有下界,记 L 为 S 的下界全体所组成的集合,则显然 L 不可能有最小数,同样可以证明:L 一定有最大数.设 L 的最大数为 α,就称 α 为数集 S 的**下确界**,即最大下界,记为

$$\alpha=\inf S.$$

类似地,下确界 α 满足下述两个性质:

1. α 是数集 S 的下界:$\forall x\in S$,有 $x\geqslant\alpha$;

2. 任何大于 α 的数不是数集 S 的下界:$\forall\varepsilon>0$,$\exists x\in S$,使得 $x<\alpha+\varepsilon.$

定理 2.1.1(确界存在定理——实数系连续性定理)　非空有上界的数集必有上确界,非空有下界的数集必有下确界.

证　由例 1.2.11 和例 1.2.12,任何一个实数 x 可表示成

$$x=[x]+(x),$$

其中 $[x]$ 表示 x 的整数部分,(x) 表示 x 的非负小数部分.我们将 (x) 表示成无限小数的形式:

$$(x)=0.a_1a_2\cdots a_n\cdots,$$

其中 $a_1,a_2,\cdots,a_n,\cdots$ 中的每一个都是数字 $0,1,2,\cdots,9$ 中的一个,若 (x) 是有限小数,则在后面接上无限个 0.这称为实数的无限小数表示.注意无限小数 $0.a_1a_2\cdots a_p000\cdots$ $(a_p\neq 0)$ 与无限小数 $0.a_1a_2\cdots(a_p-1)999\cdots$ 是相等的,为了保持表示的惟一性,我们约定在 (x) 的无限小数表示中不出现后者.这样,任何一个实数集合 S 就可以由一个确定

的无限小数的集合来表示：

$$\{a_0+0.\,a_1a_2\cdots a_n\cdots\mid a_0=[x],0.\,a_1a_2\cdots a_n\cdots=(x),x\in S\}.$$

设数集 S 有上界，则可令 S 中元素的整数部分的最大者为 α_0（α_0 一定存在，否则的话，S 就不可能有上界），并记

$$S_0=\{x\mid x\in S \text{ 并且 } [x]=\alpha_0\}.$$

显然 S_0 不是空集，并且对于任意 $x\in S$，只要 $x\in S_0$，就有 $x<\alpha_0$.

再考察数集 S_0 中元素的无限小数表示中第一位小数的数字，令它们中的最大者为 α_1，并记

$$S_1=\{x\mid x\in S_0 \text{ 并且 } x \text{ 的第一位小数为 } \alpha_1\}.$$

显然 S_1 也不是空集，并且对于任意 $x\in S$，只要 $x\in S_1$，就有 $x<\alpha_0+0.\,\alpha_1$.

一般地，考察数集 S_{n-1} 中元素的无限小数表示中第 n 位小数的数字，令它们中的最大者为 α_n，并记

$$S_n=\{x\mid x\in S_{n-1} \text{ 并且 } x \text{ 的第 } n \text{ 位小数为 } \alpha_n\}.$$

显然 S_n 也不是空集，并且对于任意 $x\in S$，只要 $x\in S_n$，就有 $x<\alpha_0+0.\,\alpha_1\alpha_2\cdots\alpha_n$.

不断地做下去，我们得到一列非空数集 $S\supset S_0\supset S_1\supset\cdots\supset S_n\supset\cdots$，和一列数 $\alpha_0,\alpha_1,\alpha_2,\cdots,\alpha_n,\cdots$，满足

$$\alpha_0\in\mathbf{Z};\alpha_k\in\{0,1,2,\cdots,9\},k\in\mathbf{N}^+.$$

令 $\beta=\alpha_0+0.\,\alpha_1\alpha_2\cdots\alpha_n\cdots$，下面我们分两步证明 β 就是数集 S 的上确界.

（1）设 $x\in S$，则或者存在整数 $n_0\geq0$，使得 $x\in S_{n_0}$，或者对任何整数 $n\geq0$ 有 $x\in S_n$.

若 $x\in S_{n_0}$，便有

$$x<\alpha_0+0.\,\alpha_1\alpha_2\cdots\alpha_{n_0}\leq\beta;$$

若 $x\in S_n(\forall n\in\mathbf{N})$，由 S_n 的定义并逐个比较 x 与 β 的整数部分及每一位小数，即知 $x=\beta$. 所以对任意的 $x\in S$，有 $x\leq\beta$，即 β 是数集 S 的上界.

（2）对于任意给定的 $\varepsilon>0$，只要将自然数 n_0 取得充分大，便有 $\dfrac{1}{10^{n_0}}<\varepsilon$. 取 $x_0\in S_{n_0}$，则 β 与 x_0 的整数部分及前 n_0 位小数是相同的，所以

$$\beta-x_0\leq\frac{1}{10^{n_0}}<\varepsilon,$$

即 $x_0>\beta-\varepsilon$，即任何小于 β 的数 $\beta-\varepsilon$ 不是数集 S 的上界.

同理可证非空有下界的数集必有下确界.

证毕

注意在上面的证明中，上确界 β 的无限小数表示可能不符合我们的约定，例如 $S=\{0.9,0.99,0.999,\cdots\}$，则 $\beta=0.999\cdots9\cdots$. 但这并不影响我们的证明，事实上，我们关心的只是上确界 β 这样一个实数的存在性.

关于数集的上（下）确界有下述的惟一性定理：

定理 2.1.2　非空有界数集的上（下）确界是惟一的.

定理的证明留给读者（见习题 5）.

确界存在定理反映了实数系连续性这一基本性质,这可以从几何上加以理解:假若实数全体不能布满整条数轴而是留有"空隙",则"空隙"左边的数集就没有上确界,"空隙"右边的数集就没有下确界.比如,由于有理数集合 $\mathbf{Q}$ 在数轴上有"空隙",它就不具备实数集合 $\mathbf{R}$ 所具有的"确界存在定理",也就是说:$\mathbf{Q}$ 内有上(下)界的集合 T 未必在 $\mathbf{Q}$ 内有它的上(下)确界.

例 2.1.3 设 $T=\{x\mid x\in\mathbf{Q}$ 并且 $x>0, x^2<2\}$,证明 T 在 $\mathbf{Q}$ 内没有上确界.

证 用反证法.假设 T 在 $\mathbf{Q}$ 内有上确界,记 $\sup T=\dfrac{n}{m}$($m, n\in\mathbf{N}^+$ 且 m, n 互素),则显然有

$$1<\left(\frac{n}{m}\right)^2<3.$$

由于有理数的平方不可能等于 2,于是只有下述两种可能:

(1) $1<\left(\dfrac{n}{m}\right)^2<2$:

记 $2-\dfrac{n^2}{m^2}=t$,则 $0<t<1$.令 $r=\dfrac{n}{6m}t$,显然 $\dfrac{n}{m}+r>0$,$\dfrac{n}{m}+r\in\mathbf{Q}$.由于 $r^2=\dfrac{n^2}{36m^2}t^2<\dfrac{1}{18}t$,及 $\dfrac{2n}{m}r=\dfrac{n^2}{3m^2}t<\dfrac{2}{3}t$,可以得到

$$\left(\frac{n}{m}+r\right)^2-2=r^2+\frac{2n}{m}r-t<0.$$

这说明 $\dfrac{n}{m}+r\in T$,与 $\dfrac{n}{m}$ 是 T 的上确界矛盾.

(2) $2<\left(\dfrac{n}{m}\right)^2<3$:

记 $\dfrac{n^2}{m^2}-2=t$,则 $0<t<1$.令 $r=\dfrac{n}{6m}t$,显然也有 $\dfrac{n}{m}-r>0$,$\dfrac{n}{m}-r\in\mathbf{Q}$.由于 $\dfrac{2n}{m}r=\dfrac{n^2}{3m^2}t<t$,可以得到

$$\left(\frac{n}{m}-r\right)^2-2=r^2-\frac{2n}{m}r+t>0.$$

这说明 $\dfrac{n}{m}-r$ 也是 T 的上界,与 $\dfrac{n}{m}$ 是 T 的上确界矛盾.

由此得到结论:T 在 $\mathbf{Q}$ 内没有上确界.

证毕

附录 Dedekind 切割定理

在本节中,我们利用实数的无限小数表示,证明了确界存在定理——实数系连续性定理,但由于实数的无限小数表示的严格阐述需要用到我们尚未学到的级数知识,上述证明有稍欠严格之嫌.

事实上,实数系连续性有多种等价的叙述方式.下面,我们改从有理数集的稠密性出发,介绍关于实数系连续性的另一个定理——Dedekind 定理.

Dedekind 是以有理数集合 $\mathbf{Q}$ 的切割为基础导出无理数定义,进而定义整个实数系的.

定义 1 设两个非空有理数集合 A 和 B 满足下述条件：$\mathbf{Q}=A\cup B$ 且对任意的 $a\in A$ 与任意的 $b\in B$，成立 $a<b$，则称 A 和 B 构成 $\mathbf{Q}$ 的一个切割，记为 A/B.

从逻辑上讲，对有理数集合 $\mathbf{Q}$ 的任何切割 A/B，下述四种情况有且仅有一种出现：

（1）集合 A 有最大数 a_0，集合 B 没有最小数；

（2）集合 A 没有最大数，集合 B 有最小数 b_0；

（3）集合 A 没有最大数，集合 B 没有最小数；

（4）集合 A 有最大数 a_0，集合 B 有最小数 b_0.

但情况（4）是不可能发生的. 因为根据切割的定义，可知 $a_0<b_0$. 而 $\dfrac{a_0+b_0}{2}$ 显然也是 $\mathbf{Q}$ 中的有理数，由 $a_0<\dfrac{a_0+b_0}{2}<b_0$，即得到 $\dfrac{a_0+b_0}{2}$ 既不属于 A，也不属于 B，这就与 $\mathbf{Q}=A\cup B$ 产生矛盾.

对情况（1），我们称切割 A/B 确定了有理数 a_0；对情况（2），我们称切割 A/B 确定了有理数 b_0. 而对情况（3），由于切割 A/B 没有确定任何有理数，即集合 A 与 B 之间存在一个"空隙"，因此有必要引进一个新的数（即无理数），作为这一切割的确定对象.

定义 2 设 A/B 是有理数集合 $\mathbf{Q}$ 的一个切割，如果 A 中没有最大数，B 中没有最小数，则称切割 A/B 确定了一个无理数 c，c 大于 A 中任何有理数，同时小于 B 中任何有理数.

例 设集合 A 由全部负有理数与满足 $x^2<2$ 的非负有理数构成，集合 B 由满足 $x^2>2$ 的正有理数构成，则 A 和 B 构成有理数集合 $\mathbf{Q}$ 的一个切割. 集合 A 没有最大数，集合 B 没有最小数，切割 A/B 确定的无理数就是 $\sqrt{2}$.

定义 3 由有理数全体与定义 2 确定的无理数全体所构成的集合称为实数集，记为 $\mathbf{R}$.

有理数中的四则运算可以通过以下方式移植到实数集合 $\mathbf{R}$ 上. 例如，加法运算定义如下：若 $c\in\mathbf{R}$ 由切割 A_1/B_1 确定，$d\in\mathbf{R}$ 由切割 A_2/B_2 确定，记

$$A=\{x_1+x_2\,|\,x_1\in A_1,x_2\in A_2\},\quad B=Q-A.$$

那么可以证明 A,B 构成有理数集合 $\mathbf{Q}$ 的一个切割，因此切割 A/B 确定了一个实数，定义这个实数为 $c+d$.

类似地，有理数中的大小关系也可以移植到实数集合 $\mathbf{R}$ 上. 例如，设 $c\in\mathbf{R}$，它由切割 A/B 确定，若 A 中存在大于零的数（有理数！），则定义实数 $c>0$. 对于任意 $c,d\in\mathbf{R}$，若 $c-d>0$，则定义 $c>d$.

我们知道有理数集有稠密性，但没有连续性，即有理数之间有许多"空隙". 下面叙述的 Dedekind 切割定理则将告诉我们，有理数集合加入了无理数后，就没有"空隙"了，也就是说，实数集 $\mathbf{R}$ 的任一切割，都不会出现上述的情况（3）.

定义 4 设两个非空实数集合 $\bar{A}$ 和 $\bar{B}$ 满足下述条件：$\mathbf{R}=\bar{A}\cup\bar{B}$，且对任意的 $a\in\bar{A}$ 与任意的 $b\in\bar{B}$，成立 $a<b$，则称 $\bar{A}$ 和 $\bar{B}$ 构成 $\mathbf{R}$ 的一个切割，记为 $\bar{A}/\bar{B}$.

定理（Dedekind 切割定理） 设 $\bar{A}/\bar{B}$ 是实数集 $\mathbf{R}$ 的一个切割，则或者 $\bar{A}$ 有最大数，或者 $\bar{B}$ 有最小数.

证 设 A 是 $\bar{A}$ 中所有有理数所构成的集合，B 是 $\bar{B}$ 中所有有理数所构成的集合，则 A/B 是有理数集合 $\mathbf{Q}$ 的一个切割. 由前面所述，对于切割 A/B，下述三种情况有且仅有一种出现：

（1）集合 A 有最大数 a_0，集合 B 没有最小数；

（2）集合 A 没有最大数，集合 B 有最小数 b_0；

（3）集合 A 没有最大数，集合 B 没有最小数.

对情况（1），可以证明此时 a_0 也是集合 $\bar{A}$ 的最大数，而集合 $\bar{B}$ 没有最小数.

用反证法. 若有 $\bar{a}\in\bar{A}$，成立 $a_0<\bar{a}$，则由有理数的稠密性，在区间 $(a_0,\bar{a})$ 中必存在有理数 a. 由 $a<\bar{a}$，

可知 $a \in A$,但 $a > a_0$ 与 a_0 是 A 的最大数发生矛盾.这说明 a_0 就是集合 A 的最大数.

对于任意的 $\bar{b} \in \bar{B}$,因为 $a_0 < \bar{b}$,于是在区间 $(a_0, \bar{b})$ 中必存在有理数 b.由 $a_0 < b$,可知 $b \in \bar{B}$,但 $b < \bar{b}$,这说明集合 $\bar{B}$ 没有最小数.

对情况(2),可类似证明此时 b_0 也是集合 $\bar{B}$ 的最小数,而集合 $\bar{A}$ 没有最大数.

对情况(3),由定义 2,切割 A/B 确定一个无理数,将该无理数记为 c,则对任意 $a \in A$ 与任意 $b \in B$,成立 $a < c < b$.

因为无理数 $c \in \mathbf{R} = \bar{A} \cup \bar{B}$,所以只有两种可能:或者 $c \in \bar{A}$,或者 $c \in \bar{B}$.若 $c \in \bar{A}$,则 c 必是 $\bar{A}$ 的最大数.若不然则存在 $\bar{a} \in \bar{A}$,成立 $c < \bar{a}$.在区间 $(c, \bar{a})$ 中取有理数 a,由 $a < \bar{a}$,可知 $a \in A$,但由 $c < a$,又可知 $a \in B$,这就产生矛盾.

同理.若 $c \in \bar{B}$,则 c 必是 $\bar{B}$ 的最小数.

综合情况(1)(2)(3),可知 Dedekind 定理成立.

证毕

下面我们从 Dedekind 定理出发,给出定理 2.1.1(确界存在定理——实数系连续性定理)的另一证明:

证 设非空实数集合 S 有上界,则令集合 S 的上界全体所成的集合为 $\bar{B}$:
$$\bar{B} = \{y \mid y \geqslant t, \forall t \in S\},$$
并令 $\bar{B}$ 的补集为 $\bar{A}$:
$$\bar{A} = \{x \mid x \in \bar{B}\},$$
于是 $\bar{A}/\bar{B}$ 构成了实数集 $\mathbf{R}$ 的一个切割.由 Dedekind 定理,或者 $\bar{A}$ 有最大数,或者 $\bar{B}$ 有最小数.

对任意的 $x \in \bar{A}$,x 不是集合 S 的上界,即存在 $t \in S$,使得 $x < t$.令 $x^* = \dfrac{x+t}{2}$,则 $x < x^* < t$,由 $x^* < t$,可知 x^* 也不是集合 S 的上界,于是 $x^* \in \bar{A}$.再由 $x < x^*$,即知 x 不是 $\bar{A}$ 的最大数.所以,$\bar{A}$ 没有最大数.

由此证得 $\bar{B}$ 有最小数,也即集合 S 必有最小上界,即上确界.

证毕

习　题

1.（1）证明 $\sqrt{6}$ 不是有理数;

（2）$\sqrt{3} + \sqrt{2}$ 是不是有理数?

2. 求下列数集的最大数、最小数,或证明它们不存在:

（1）$A = \{x \mid x \geqslant 0\}$;

（2）$B = \left\{\sin x \mid 0 < x < \dfrac{2\pi}{3}\right\}$;

（3）$C = \left\{\dfrac{n}{m} \,\middle|\, m, n \in \mathbf{N}^+ \text{并且} n < m\right\}$.

3. A, B 是两个有界集,证明:

（1）$A \cup B$ 是有界集;

（2）$S = \{x + y \mid x \in A, y \in B\}$ 也是有界集.

4. 设数集 S 有上界,则数集 $T = \{x \mid -x \in S\}$ 有下界,且 $\sup S = -\inf T$.

5. 证明有界数集的上、下确界惟一.

6. 对任何非空数集 S,必有 $\sup S \geqslant \inf S$.当 $\sup S = \inf S$ 时,数集 S 有什么特点?

7. 证明非空有下界的数集必有下确界.

8. 设 $S = \{x \mid x \in \mathbf{Q}$ 并且 $x^2 < 3\}$,证明:

(1) S 没有最大数与最小数;

(2) S 在 $\mathbf{Q}$ 内没有上确界与下确界.

§2 数 列 极 限

数列与数列极限

数列是指按正整数编了号的一串数:
$$x_1, x_2, \cdots, x_n, \cdots$$
通常表示成 $\{x_n\}$,其中 x_n 称为该数列的**通项**.在这个数列中,第一项(即第一个数)是 x_1,第二项是 x_2,$\cdots$,第 n 项是 x_n,等等.

下面是一些简单的数列的例子:

$$\left\{\frac{1}{n}\right\} : 1, \frac{1}{2}, \frac{1}{3}, \cdots, \frac{1}{n}, \cdots;$$

$$\left\{\frac{n}{n+3}\right\} : \frac{1}{4}, \frac{2}{5}, \frac{3}{6}, \cdots, \frac{n}{n+3}, \cdots;$$

$$\{n^2\} : 1, 4, 9, \cdots, n^2, \cdots;$$

$$\{(-1)^n\} : -1, 1, -1, 1, \cdots, (-1)^n, \cdots.$$

注意,尽管数列与数集的记号是类似的,但两者的概念有重大区别.在数集中,元素之间没有次序关系,所以重复出现的数看成是同一个元素;但在数列中,每一个数都有确定的编号,前后次序不能颠倒,重复出现的数不能随便舍去.例如上面例子中的数列 $\{(-1)^n\}$,是由两个数 1 与 -1 无限次重复交替出现而构成的,它反映的是这个变量的一种特殊的变化规律,显然不能把它仅仅看作是由 1 与 -1 所构成的一个数集.又譬如常数列,它是指数列 $\{x_n\}$ 中的每一项 x_n 都等于常数 C,表示出来就是
$$C, C, C, \cdots, C, \cdots.$$

在数学中,要计算一个无法直接求得的数值,经常采用**逼近**的方法,即计算出一列较容易求得、同时精确程度越来越好的数作为它的近似值.例如,古人为了求圆周率 π,即圆的周长与直径之比,采用单位圆(半径为 1 的圆)的内接正 n 边形(n 一般取成 $3 \cdot 2^m, m \in \mathbf{N}^+$)的半周长 L_n 去逼近它.可以想象,随着 n 的增大,正多边形的半周长就越来越接近圆的半周长,与 π 的近似程度也越来越好.正如我国古代数学家刘徽所说:"割之弥细,所失弥少;割之又割,以至于不可割,则与圆周合体而无所失矣."这就是说,你想让 L_n 与 π 的误差多小都是可以做得到的——只要将 n 取得足够大就行了.

下面我们对这种朴素的极限概念给出严格的定义.

定义 2.2.1　设 $\{x_n\}$ 是一给定数列,a 是一个实常数.如果对于任意给定的 $\varepsilon>0$,可以找到正整数 N,使得当 $n>N$ 时,成立

$$|x_n-a|<\varepsilon,$$

则称数列 $\{x_n\}$ **收敛于** a(或 a 是数列 $\{x_n\}$ 的**极限**),记为

$$\lim_{n\to\infty}x_n=a,$$

有时也记为

$$x_n\to a\ (n\to\infty).$$

如果不存在实数 a,使 $\{x_n\}$ 收敛于 a,则称数列 $\{x_n\}$ **发散**.

我们来看一下这个定义的几何意义(如图 2.2.1).如前所述,数列可以看成定义在正整数集上的一种特殊函数

$$x=f(t),\ t\in\mathbf{N}^+.$$

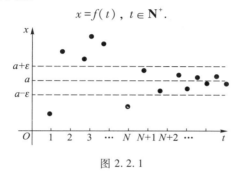

图 2.2.1

在平面直角坐标系 Otx 的 x 轴上取以 a 为中心,ε 为半径的一个开区间 $(a-\varepsilon,a+\varepsilon)$,称它为点 a 的 ε **邻域**,记为 $O(a,\varepsilon)$:

$$O(a,\varepsilon)=\{x\mid a-\varepsilon<x<a+\varepsilon\},$$

"当 $n>N$ 时,成立 $|x_n-a|<\varepsilon$"表示数列中从 $N+1$ 项起的所有项都落在点 a 的 ε 邻域中,即

$$x_n\in O(a,\varepsilon),\ n>N.$$

由于 ε 具有任意性,也就是说邻域 $O(a,\varepsilon)$ 的长度,即图 2.2.1 中上下两条横线的距离可以任意收缩.但不管收缩得多么小,数列一定会从某一项起全部落在由这两条线界定的范围中,不难理解,a 必为这个数列的极限值.

要注意在上述的收敛定义中,ε 既是任意的,又是给定的.因为只有当 ε 确定时,才能找到相应的正整数 N.

从极限的定义可知,一个数列 $\{x_n\}$ 收敛与否,收敛于哪个数,与这一数列的前面有限项无关.也就是说,改变数列前面的有限项,不影响数列的收敛性.例如数列

$$10,100,1\,000,10\,000,\frac{1}{5},\frac{1}{6},\cdots,\frac{1}{n},\cdots$$

的极限仍然是 0.

例 2.2.1　证明数列 $\left\{\dfrac{n}{n+3}\right\}$ 的极限为 1.

证　对任意给定的 $\varepsilon>0$,要使

$$\left|\frac{n}{n+3}-1\right|=\frac{3}{n+3}<\varepsilon,$$

只须 $n>\dfrac{3}{\varepsilon}-3$. N 可以取任意大于 $\dfrac{3}{\varepsilon}-3$ 的正整数,例如取 $N=\left[\dfrac{3}{\varepsilon}\right]+1$,其中 $[x]$ 表示 x 的

整数部分,则当 $n>N$ 时,必有 $n>\dfrac{3}{\varepsilon}-3$,于是成立

$$\left|\frac{n}{n+3}-1\right|=\frac{3}{n+3}<\varepsilon.$$

因此数列 $\left\{\dfrac{n}{n+3}\right\}$ 的极限为 1.

证毕

数列 $\{n^2\}:1,4,9,\cdots,n^2,\cdots$ 与数列 $\{(-1)^n\}:-1,1,-1,1,\cdots$ 是发散数列.事实上,随着 n 的增加,$x_n=n^2$ 无限增大,而 $x_n=(-1)^n$ 不断地在 1 与 -1 两个数值上跳跃,显然不能满足收敛数列的条件.

在收敛的数列中,我们称极限为 0 的数列为**无穷小量**,例如数列 $\left\{\dfrac{1}{n}\right\}$,$\left\{\dfrac{(-1)^n}{n^2+1}\right\}$ 都是无穷小量.要注意,无穷小量是一个变量,而不是一个"非常小的量"(如 10^{-100}).常数列

$$0,0,0,\cdots,0,\cdots$$

是一个特殊的无穷小量.

根据数列极限的定义,可直接得到

$$\lim_{n\to\infty}x_n=a\iff\{x_n-a\}\text{是无穷小量}.$$

例 2.2.2　证明 $\{q^n\}$ $(0<|q|<1)$ 是无穷小量.

证　对任意给定的 $\varepsilon>0$,要找正整数 N,使得当 $n>N$ 时,成立

$$|q^n-0|=|q|^n<\varepsilon,$$

对上式两边取对数,即得 $n>\dfrac{\lg\varepsilon}{\lg|q|}$.于是 N 只要取大于 $\dfrac{\lg\varepsilon}{\lg|q|}$ 的任意正整数即可.为保证

N 为正整数,可取 $N=\max\left\{\left[\dfrac{\lg\varepsilon}{\lg|q|}\right],1\right\}$,则当 $n>N$ 时,成立

$$|q^n-0|=|q|^n<|q|^{\frac{\lg\varepsilon}{\lg|q|}}=\varepsilon.$$

因此 $\lim\limits_{n\to\infty}q^n=0$,即 $\{q^n\}$ 是无穷小量.

证毕

注　根据前面对数列极限的定义的讨论,可以只考虑绝对值很小的 $\varepsilon>0$,不妨考虑任意给定的 $0<\varepsilon<|q|$,则 N 可取为 $\left[\dfrac{\lg\varepsilon}{\lg|q|}\right]$,当 $n>N$ 时,成立 $|q^n-0|<\varepsilon$.

根据数列极限的定义来证明某一数列收敛,其关键是对任意给定的 $\varepsilon>0$ 寻找正整数 N.在上面的两例题中,N 都是通过解不等式 $|x_n-a|<\varepsilon$ 而得出的.但在大多数情况下,这个不等式并不容易解.实际上,数列极限的定义并不要求取到最小的或最佳的正整

数 N,所以在证明中常常对 $|x_n-a|$ 适度地做一些放大处理,这是一种常用的技巧.

例 2.2.3 设 $a>1$,证明: $\lim\limits_{n\to\infty}\sqrt[n]{a}=1$.

证 令 $\sqrt[n]{a}=1+y_n$, $y_n>0$ ($n=1,2,3,\cdots$),应用二项式定理,

$$a=(1+y_n)^n=1+ny_n+\frac{n(n-1)}{2}y_n^2+\cdots+y_n^n>1+ny_n,$$

便得到

$$\left|\sqrt[n]{a}-1\right|=|y_n|<\frac{a-1}{n}.$$

于是,对于任意给定的 $\varepsilon>0$,取 $N=\left[\dfrac{a-1}{\varepsilon}\right]$,当 $n>N$ 时,成立

$$\left|\sqrt[n]{a}-1\right|<\frac{a-1}{n}<\varepsilon.$$

因此 $\lim\limits_{n\to\infty}\sqrt[n]{a}=1$.

证毕

例 2.2.4 证明: $\lim\limits_{n\to\infty}\sqrt[n]{n}=1$.

证 令 $\sqrt[n]{n}=1+y_n$, $y_n>0$ ($n=2,3,\cdots$),应用二项式定理得

$$n=(1+y_n)^n=1+ny_n+\frac{n(n-1)}{2}y_n^2+\cdots+y_n^n>1+\frac{n(n-1)}{2}y_n^2,$$

即得到

$$\left|\sqrt[n]{n}-1\right|=|y_n|<\sqrt{\frac{2}{n}}.$$

于是,对于任意给定的 $\varepsilon>0$,取 $N=\left[\dfrac{2}{\varepsilon^2}\right]$,当 $n>N$ 时,成立

$$\left|\sqrt[n]{n}-1\right|<\sqrt{\frac{2}{n}}<\varepsilon.$$

因此 $\lim\limits_{n\to\infty}\sqrt[n]{n}=1$.

类似地可证: $\lim\limits_{n\to\infty}\sqrt[n]{n^k}=1$ ($k\in\mathbf{N}^+$).

证毕

例 2.2.5 证明: $\lim\limits_{n\to\infty}\dfrac{n^2+1}{2n^2-7n}=\dfrac{1}{2}$.

证 首先我们有

$$\left|\frac{n^2+1}{2n^2-7n}-\frac{1}{2}\right|=\left|\frac{7n+2}{2n(2n-7)}\right|.$$

显然当 $n>6$ 时,

$$\left|\frac{7n+2}{2n(2n-7)}\right|<\frac{8n}{2n^2}=\frac{4}{n}.$$

于是,对任意给定的 $\varepsilon>0$,取 $N=\max\left\{6,\left[\dfrac{4}{\varepsilon}\right]\right\}$,当 $n>N$ 时,成立

$$\left|\frac{n^2+1}{2n^2-7n}-\frac{1}{2}\right|<\frac{4}{n}<\varepsilon.$$

因此 $\lim\limits_{n\to\infty}\dfrac{n^2+1}{2n^2-7n}=\dfrac{1}{2}$.

证毕

上述不等式的放大,是在条件"$n>6$"前提下才成立,所以在取 N 时,必须要求 $N\geq\left[\dfrac{4}{\varepsilon}\right]$ 与 $N\geq6$ 同时成立.

例 2.2.6 证明:若 $\lim\limits_{n\to\infty}a_n=a$,则

$$\lim_{n\to\infty}\frac{a_1+a_2+\cdots+a_n}{n}=a.$$

证 我们先假设 $a=0$,即 $\{a_n\}$ 是无穷小量,则对任意给定的 $\varepsilon>0$,存在正整数 N_1,当 $n>N_1$ 时,成立 $|a_n|<\dfrac{\varepsilon}{2}$.现在 $a_1+a_2+\cdots+a_{N_1}$ 已经是一个固定的数了,因此可以取 $N>N_1$,使得当 $n>N$ 时成立

$$\left|\frac{a_1+a_2+\cdots+a_{N_1}}{n}\right|<\frac{\varepsilon}{2}.$$

于是,利用三角不等式,就得到

$$\left|\frac{a_1+a_2+\cdots+a_n}{n}\right|=\left|\frac{a_1+a_2+\cdots+a_{N_1}}{n}+\frac{a_{N_1+1}+a_{N_1+2}+\cdots+a_n}{n}\right|$$

$$\leq\left|\frac{a_1+a_2+\cdots+a_{N_1}}{n}\right|+\left|\frac{a_{N_1+1}+a_{N_1+2}+\cdots+a_n}{n}\right|$$

$$<\frac{\varepsilon}{2}+\frac{\varepsilon}{2}=\varepsilon.$$

当 $a\neq0$ 时,则 $\{a_n-a\}$ 是无穷小量,于是

$$\lim_{n\to\infty}\left(\frac{a_1+a_2+\cdots+a_n}{n}-a\right)=\lim_{n\to\infty}\frac{(a_1-a)+(a_2-a)+\cdots+(a_n-a)}{n}=0,$$

此即

$$\lim_{n\to\infty}\frac{a_1+a_2+\cdots+a_n}{n}=a.$$

证毕

数列极限的性质

回顾关于数列 $\{x_n\}$ 收敛于 a 的定义 2.2.1,为了表达上的方便,通常采用前面已经介绍过的记号"$\forall$"与"$\exists$",将"对于任意给定的 $\varepsilon>0$"写成"$\forall\varepsilon>0$",将"可以找到正整数 N"(也就是"存在正整数 N")写成"$\exists N$",将"当 $n>N$ 时"(也就是"对于每一个 n

> N")写成"$\forall n > N$",于是就有下述的符号表述法:

$$\lim_{n \to \infty} x_n = a \Longleftrightarrow \forall \varepsilon > 0, \ \exists N, \ \forall n > N: |x_n - a| < \varepsilon.$$

（1）极限的惟一性

定理 2.2.1 收敛数列的极限必惟一.

证 假设 $\{x_n\}$ 有极限 a 与 b，根据极限的定义，

$$\forall \varepsilon > 0, \ \exists N_1, \ \forall n > N_1: |x_n - a| < \frac{\varepsilon}{2}; \text{且} \exists N_2, \ \forall n > N_2: |x_n - b| < \frac{\varepsilon}{2}.$$

取 $N = \max\{N_1, N_2\}$，利用三角不等式，则 $\forall n > N$:

$$|a - b| = |a - x_n + x_n - b| \leqslant |x_n - a| + |x_n - b| < \frac{\varepsilon}{2} + \frac{\varepsilon}{2} = \varepsilon.$$

由 ε 可以任意接近于 0，即知 $a = b$.

证毕

本定理证明中用的插项（加一项再减一项）并辅以三角不等式的方法，是一种极为常用而重要的技巧，请读者注意学习和掌握.

（2）数列的有界性

对于数列 $\{x_n\}$，如果存在实数 M，使数列的所有的项都满足

$$x_n \leqslant M, \quad n = 1, 2, 3, \cdots,$$

则称 M 是数列 $\{x_n\}$ 的上界. 如果存在实数 m，使数列的所有的项都满足

$$m \leqslant x_n, \quad n = 1, 2, 3, \cdots,$$

则称 m 是数列 $\{x_n\}$ 的下界.

一个数列 $\{x_n\}$，若既有上界又有下界，则称之为**有界数列**. 显然数列 $\{x_n\}$ 有界的一个等价定义是：存在正实数 X，使数列的所有项都满足

$$|x_n| \leqslant X, \quad n = 1, 2, 3, \cdots.$$

定理 2.2.2 收敛数列必有界.

证 设数列 $\{x_n\}$ 收敛，极限为 a，由极限的定义，取 $\varepsilon = 1$，则 $\exists N, \ \forall n > N: |x_n - a| < 1$，即

$$a - 1 < x_n < a + 1.$$

取 $M = \max\{x_1, x_2, \cdots, x_N, a + 1\}$，$m = \min\{x_1, x_2, \cdots, x_N, a - 1\}$，显然对 $\{x_n\}$ 所有的项，成立

$$m \leqslant x_n \leqslant M, \quad n = 1, 2, 3, \cdots.$$

证毕

要注意定理 2.2.2 的逆命题并不成立，即有界数列未必收敛，例如 $\{(-1)^n\}$ 是有界数列，但它并不收敛.

（3）数列的保序性

定理 2.2.3 设数列 $\{x_n\}$，$\{y_n\}$ 均收敛，若 $\lim_{n \to \infty} x_n = a$，$\lim_{n \to \infty} y_n = b$，且 $a < b$，则存在正整数 N，当 $n > N$ 时，成立

$$x_n < y_n.$$

证 取 $\varepsilon = \frac{b-a}{2} > 0$. 由 $\lim_{n \to \infty} x_n = a$，$\exists N_1, \ \forall n > N_1: |x_n - a| < \frac{b-a}{2}$，因而

$$x_n < a + \frac{b-a}{2} = \frac{a+b}{2};$$

而由 $\lim\limits_{n\to\infty} y_n = b$，$\exists N_2$，$\forall n > N_2 : |y_n - b| < \dfrac{b-a}{2}$，因而

$$y_n > b - \frac{b-a}{2} = \frac{a+b}{2}.$$

取 $N = \max\{N_1, N_2\}$，$\forall n > N$：

$$x_n < \frac{a+b}{2} < y_n.$$

证毕

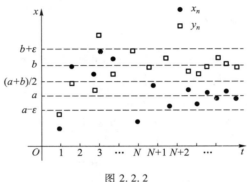

图 2.2.2

从几何图像看（如图 2.2.2），从某一项开始，x_n 与 y_n 分别落在两个不相交的区间 $\left(\dfrac{3a-b}{2}, \dfrac{a+b}{2}\right)$ 与 $\left(\dfrac{a+b}{2}, \dfrac{3b-a}{2}\right)$ 中，于是显然成立

$$x_n < y_n.$$

由定理 2.2.3,可以得到下面的推论:

推论　（1）若 $\lim\limits_{n\to\infty} y_n = b > 0$，则存在正整数 N，当 $n > N$ 时，

$$y_n > \frac{b}{2} > 0;$$

（2）若 $\lim\limits_{n\to\infty} y_n = b < 0$，则存在正整数 N，当 $n > N$ 时，

$$y_n < \frac{b}{2} < 0.$$

这说明若数列 $\{y_n\}$ 收敛且极限不为 0，则当 n 充分大时，y_n 与 0 的距离不能任意小. 这一事实在后面讨论极限的四则运算时会用到.

定理 2.2.3 的逆命题同样不成立.如果 $\lim\limits_{n\to\infty} x_n = a$，$\lim\limits_{n\to\infty} y_n = b$，且 $x_n < y_n$ 对 $n > N$ 成立，我们并不能得出 $a < b$ 的结论,这只要看数列 $x_n = \dfrac{1}{n}$ 与 $y_n = \dfrac{2}{n}$ 就可以了.事实上只能有如下结论:

"若 $\lim\limits_{n\to\infty} x_n = a$，$\lim\limits_{n\to\infty} y_n = b$，且 $x_n \leq y_n$ 对 $n > N$ 成立，则 $a \leq b$."

（4）极限的夹逼性

定理 2.2.4　若三个数列 $\{x_n\}$，$\{y_n\}$，$\{z_n\}$ 从某项开始成立

$$x_n \leqslant y_n \leqslant z_n, \quad n > N_0,$$

且 $\lim\limits_{n \to \infty} x_n = \lim\limits_{n \to \infty} z_n = a$，则 $\lim\limits_{n \to \infty} y_n = a$.

证 $\forall \varepsilon > 0$，由 $\lim\limits_{n \to \infty} x_n = a$，可知 $\exists N_1$，$\forall n > N_1$：$|x_n - a| < \varepsilon$，从而有

$$a - \varepsilon < x_n;$$

由 $\lim\limits_{n \to \infty} z_n = a$，可知 $\exists N_2$，$\forall n > N_2$：$|z_n - a| < \varepsilon$，从而有

$$z_n < a + \varepsilon.$$

取 $N = \max\{N_0, N_1, N_2\}$，$\forall n > N$：

$$a - \varepsilon < x_n \leqslant y_n \leqslant z_n < a + \varepsilon,$$

此即

$$|y_n - a| < \varepsilon,$$

所以 $\lim\limits_{n \to \infty} y_n = a$.

证毕

在应用夹逼性求极限时，$\{y_n\}$ 被看成要求极限的数列，而 $\{x_n\}$，$\{z_n\}$ 往往是通过适当缩小与适当放大而得到的数列.关键在于在适当缩小与适当放大过程中保持 $\{x_n\}$ 与 $\{z_n\}$ 具有相同极限.

例 2.2.7 求数列 $\{\sqrt{n+1} - \sqrt{n}\}$ 的极限.

解 首先我们有

$$\sqrt{n+1} - \sqrt{n} = \frac{(\sqrt{n+1} - \sqrt{n})(\sqrt{n+1} + \sqrt{n})}{\sqrt{n+1} + \sqrt{n}} = \frac{1}{\sqrt{n+1} + \sqrt{n}}.$$

取 $x_n = 0$，$y_n = \sqrt{n+1} - \sqrt{n}$，$z_n = \dfrac{1}{\sqrt{n}}$，则有

$$x_n < y_n < z_n,$$

且

$$\lim_{n \to \infty} x_n = \lim_{n \to \infty} z_n = 0.$$

利用极限的夹逼性，得到

$$\lim_{n \to \infty} (\sqrt{n+1} - \sqrt{n}) = 0.$$

例 2.2.8 证明：

$$\lim_{n \to \infty} (a_1^n + a_2^n + \cdots + a_p^n)^{\frac{1}{n}} = \max_{1 \leqslant i \leqslant p} \{a_i\},$$

其中 $a_i \geqslant 0 (i = 1, 2, 3, \cdots, p)$.

证 不失一般性，设 $a_1 = \max\limits_{1 \leqslant i \leqslant p} \{a_i\}$，于是

$$a_1 \leqslant (a_1^n + a_2^n + \cdots + a_p^n)^{\frac{1}{n}} \leqslant a_1 \sqrt[n]{p}.$$

因为 $\lim\limits_{n \to \infty} \sqrt[n]{p} = 1$，易知 $\lim\limits_{n \to \infty} a_1 \sqrt[n]{p} = a_1$（这个结论也可以利用下面定理 2.2.5(1) 直接得到），利用极限的夹逼性，得到

$$\lim_{n \to \infty} (a_1^n + a_2^n + \cdots + a_p^n)^{\frac{1}{n}} = a_1 = \max_{1 \leqslant i \leqslant p} \{a_i\}.$$

证毕

数列极限的四则运算

定理 2.2.5 设 $\lim\limits_{n\to\infty} x_n = a$，$\lim\limits_{n\to\infty} y_n = b$，则

（1） $\lim\limits_{n\to\infty} (\alpha x_n + \beta y_n) = \alpha a + \beta b$（$\alpha, \beta$ 是常数）；

（2） $\lim\limits_{n\to\infty} (x_n y_n) = a\,b$；

（3） $\lim\limits_{n\to\infty} \left(\dfrac{x_n}{y_n} \right) = \dfrac{a}{b}$（$b \neq 0$）.

证 由 $\lim\limits_{n\to\infty} x_n = a$，可知 $\exists X > 0$，使得 $|x_n| \leqslant X$，且 $\forall \varepsilon > 0$，$\exists N_1$，$\forall n > N_1 : |x_n - a| < \varepsilon$. 再由 $\lim\limits_{n\to\infty} y_n = b$，可知 $\exists N_2$，$\forall n > N_2 : |y_n - b| < \varepsilon$. 取 $N = \max\{N_1, N_2\}$，$\forall n > N$：

$$|(\alpha x_n + \beta y_n) - (\alpha\,a + \beta\,b)| \leqslant |\alpha| \cdot |x_n - a| + |\beta| \cdot |y_n - b| < (|\alpha| + |\beta|)\varepsilon,$$

以及

$$|x_n y_n - a\,b| = |x_n(y_n - b) + b(x_n - a)| < (X + |b|)\varepsilon,$$

因此（1）和（2）成立.

对于（3）式，利用定理 2.2.3 的推论，$\exists N_0$，$\forall n > N_0 : |y_n| > \dfrac{|b|}{2}$. 取 $N = \max\{N_0, N_1, N_2\}$，$\forall n > N$：

$$\left| \frac{x_n}{y_n} - \frac{a}{b} \right| = \left| \frac{b(x_n - a) - a(y_n - b)}{y_n b} \right| < \frac{2(|a| + |b|)}{b^2}\varepsilon,$$

因此（3）也成立.

证毕

在上面的证明中，最后所得到的关于 $|(\alpha x_n + \beta y_n) - (\alpha\,a + \beta\,b)|$，$|x_n y_n - a\,b|$ 和 $\left| \dfrac{x_n}{y_n} - \dfrac{a}{b} \right|$ 的不等式都不是小于任意给定的 $\varepsilon > 0$，而是小于 ε 乘上一个常数，如 $(|\alpha| + |\beta|)\varepsilon$，$(X + |b|)\varepsilon$ 和 $\dfrac{2(|a| + |b|)}{b^2}\varepsilon$. 请读者思考一下，为什么这样做并不违背数列极限的定义.

例 2.2.9 求极限 $\lim\limits_{n\to\infty} \dfrac{5^{n+1} - (-2)^n}{3 \cdot 5^n + 2 \cdot 3^n}$.

解

$$\lim_{n\to\infty} \frac{5^{n+1} - (-2)^n}{3 \cdot 5^n + 2 \cdot 3^n} = \lim_{n\to\infty} \frac{5 - \left(\dfrac{-2}{5} \right)^n}{3 + 2 \cdot \left(\dfrac{3}{5} \right)^n} = \frac{5}{3}.$$

例 2.2.10 证明：当 $a > 0$ 时，$\lim\limits_{n\to\infty} \sqrt[n]{a} = 1$.

证 我们已经证明当 $a > 1$ 时，$\lim\limits_{n\to\infty} \sqrt[n]{a} = 1$. 当 $a = 1$ 时，结论是平凡的. 现考虑 $0 < a < 1$，这时 $\dfrac{1}{a} > 1$，利用极限的四则运算，

$$\lim_{n\to\infty} \sqrt[n]{a} = \lim_{n\to\infty} \frac{1}{\sqrt[n]{\dfrac{1}{a}}} = 1.$$

证毕

例 2.2.11 求极限 $\lim\limits_{n\to\infty} n\left(\sqrt{n^2+1}-\sqrt{n^2-1}\right)$.

解 $\lim\limits_{n\to\infty} n\left(\sqrt{n^2+1}-\sqrt{n^2-1}\right) = \lim\limits_{n\to\infty}\dfrac{2n}{\sqrt{n^2+1}+\sqrt{n^2-1}} = \lim\limits_{n\to\infty}\dfrac{2}{\sqrt{1+\dfrac{1}{n^2}}+\sqrt{1-\dfrac{1}{n^2}}} = 1.$

这里用到了本节习题 6 的结论,即若 $x_n\geq 0$, $\lim\limits_{n\to\infty} x_n = a\geq 0$,则 $\lim\limits_{n\to\infty}\sqrt{x_n}=\sqrt{a}$.

值得注意的是数列极限的四则运算只能推广到有限个数列的情况,而不能随意推广到无限个数列或不定个数的数列上去.例如对极限

$$\lim\limits_{n\to\infty}\left(\frac{1}{\sqrt{n^2+1}}+\frac{1}{\sqrt{n^2+2}}+\cdots+\frac{1}{\sqrt{n^2+n}}\right),$$

若将定理 2.2.5 性质(1)随意推广,就会得出极限为 0 的错误结论.事实上,由于

$$\frac{n}{\sqrt{n^2+n}}<\frac{1}{\sqrt{n^2+1}}+\frac{1}{\sqrt{n^2+2}}+\cdots+\frac{1}{\sqrt{n^2+n}}<\frac{n}{\sqrt{n^2+1}},$$

利用极限的夹逼性,就可以得到极限为 1.

例 2.2.12 设 $a_n>0$,且 $\lim\limits_{n\to\infty} a_n = a$,证明:

$$\lim\limits_{n\to\infty}\sqrt[n]{a_1 a_2\cdots a_n}=a.$$

证 当 $a>0$ 时,应用平均值不等式(定理 1.2.2),有

$$\frac{a_1+a_2+\cdots+a_n}{n}\geq \sqrt[n]{a_1 a_2\cdots a_n}\geq n\left/\left(\frac{1}{a_1}+\frac{1}{a_2}+\cdots+\frac{1}{a_n}\right)\right..$$

将不等式的右端写成 $1\left/\left(\left(\dfrac{1}{a_1}+\dfrac{1}{a_2}+\cdots+\dfrac{1}{a_n}\right)\middle/n\right)\right.$,由 $\lim\limits_{n\to\infty} a_n = a>0$,可知 $\lim\limits_{n\to\infty}\dfrac{1}{a_n}=\dfrac{1}{a}$,由例 2.2.6 和极限的四则运算,即知上面不等式左、右两端的极限都是 a.应用极限的夹逼性,便得到

$$\lim\limits_{n\to\infty}\sqrt[n]{a_1 a_2\cdots a_n}=a.$$

当 $a=0$ 时,显然有

$$\frac{a_1+a_2+\cdots+a_n}{n}\geq \sqrt[n]{a_1 a_2\cdots a_n}>0=a.$$

同样可由极限的夹逼性推出结论成立.

证毕

习　　题

1. **按定义证明下列数列是无穷小量:**

(1) $\left\{\dfrac{n+1}{n^2+1}\right\}$;　　　　　　　　　(2) $\left\{(-1)^n(0.99)^n\right\}$;

（3）$\left\{\dfrac{1}{n}+5^{-n}\right\}$；
（4）$\left\{\dfrac{1+2+3+\cdots+n}{n^3}\right\}$；

（5）$\left\{\dfrac{n^2}{3^n}\right\}$；
（6）$\left\{\dfrac{3^n}{n!}\right\}$；

（7）$\left\{\dfrac{n!}{n^n}\right\}$；
（8）$\left\{\dfrac{1}{n}-\dfrac{1}{n+1}+\dfrac{1}{n+2}-\cdots+(-1)^n\dfrac{1}{2n}\right\}$.

2. 按定义证明下述极限：

（1）$\lim\limits_{n\to\infty}\dfrac{2n^2-1}{3n^2+2}=\dfrac{2}{3}$；
（2）$\lim\limits_{n\to\infty}\dfrac{\sqrt{n^2+n}}{n}=1$；

（3）$\lim\limits_{n\to\infty}(\sqrt{n^2+n}-n)=\dfrac{1}{2}$；
（4）$\lim\limits_{n\to\infty}\sqrt[n]{3n+2}=1$；

（5）$\lim\limits_{n\to\infty}x_n=1$，其中 $x_n=\begin{cases}\dfrac{n+\sqrt{n}}{n}, & n \text{ 是偶数}, \\ 1-10^{-n}, & n \text{ 是奇数}.\end{cases}$

3. 举例说明下列关于无穷小量的定义是不正确的：

（1）对任意给定的 $\varepsilon>0$，存在正整数 N，使当 $n>N$ 时成立 $x_n<\varepsilon$；

（2）对任意给定的 $\varepsilon>0$，存在无穷多个 x_n，使 $|x_n|<\varepsilon$.

4. 设 k 是一正整数，证明：$\lim\limits_{n\to\infty}x_n=a$ 的充分必要条件是 $\lim\limits_{n\to\infty}x_{n+k}=a$.

5. 设 $\lim\limits_{n\to\infty}x_{2n}=\lim\limits_{n\to\infty}x_{2n+1}=a$，证明：$\lim\limits_{n\to\infty}x_n=a$.

6. 设 $x_n\geqslant 0$，且 $\lim\limits_{n\to\infty}x_n=a\geqslant 0$，证明：$\lim\limits_{n\to\infty}\sqrt{x_n}=\sqrt{a}$.

7. $\{x_n\}$ 是无穷小量，$\{y_n\}$ 是有界数列，证明 $\{x_n y_n\}$ 也是无穷小量.

8. 利用夹逼法计算极限：

（1）$\lim\limits_{n\to\infty}\left(1+\dfrac{1}{2}+\dfrac{1}{3}+\cdots+\dfrac{1}{n}\right)^{\frac{1}{n}}$；

（2）$\lim\limits_{n\to\infty}\left(\dfrac{1}{n+\sqrt{1}}+\dfrac{1}{n+\sqrt{2}}+\cdots+\dfrac{1}{n+\sqrt{n}}\right)$；

（3）$\lim\limits_{n\to\infty}\sum\limits_{k=n^2}^{(n+1)^2}\dfrac{1}{\sqrt{k}}$；

（4）$\lim\limits_{n\to\infty}\dfrac{1\cdot 3\cdot 5\cdot\cdots\cdot(2n-1)}{2\cdot 4\cdot 6\cdot\cdots\cdot(2n)}$.

9. 求下列数列的极限：

（1）$\lim\limits_{n\to\infty}\dfrac{3n^2+4n-1}{n^2+1}$；
（2）$\lim\limits_{n\to\infty}\dfrac{n^3+2n^2-3n+1}{2n^3-n+3}$；

（3）$\lim\limits_{n\to\infty}\dfrac{3^n+n^3}{3^{n+1}+(n+1)^3}$；
（4）$\lim\limits_{n\to\infty}(\sqrt[n]{n^2+1}-1)\sin\dfrac{n\pi}{2}$；

（5）$\lim\limits_{n\to\infty}\sqrt{n}(\sqrt{n+1}-\sqrt{n})$；
（6）$\lim\limits_{n\to\infty}\sqrt{n}(\sqrt[4]{n^2+1}-\sqrt{n+1})$；

（7）$\lim\limits_{n\to\infty}\sqrt[n]{\dfrac{1}{n!}}$；
（8）$\lim\limits_{n\to\infty}\left(1-\dfrac{1}{2^2}\right)\left(1-\dfrac{1}{3^2}\right)\cdots\left(1-\dfrac{1}{n^2}\right)$；

（9）$\lim\limits_{n\to\infty}\sqrt[n]{n\lg n}$；
（10）$\lim\limits_{n\to\infty}\left(\dfrac{1}{2}+\dfrac{3}{2^2}+\cdots+\dfrac{2n-1}{2^n}\right)$.

10. 证明:若 $a_n>0$ $(n=1,2,\cdots)$,且 $\lim\limits_{n\to\infty}\dfrac{a_n}{a_{n+1}}=l>1$,则 $\lim\limits_{n\to\infty}a_n=0$.

11. 证明:若 $a_n>0$ $(n=1,2,\cdots)$,且 $\lim\limits_{n\to\infty}\dfrac{a_{n+1}}{a_n}=a$,则 $\lim\limits_{n\to\infty}\sqrt[n]{a_n}=a$.

12. 设 $\lim\limits_{n\to\infty}(a_1+a_2+\cdots+a_n)$ 存在,证明:

   (1) $\lim\limits_{n\to\infty}\dfrac{1}{n}(a_1+2a_2+\cdots+na_n)=0$;

   (2) $\lim\limits_{n\to\infty}(n!\cdot a_1a_2\cdots a_n)^{\frac{1}{n}}=0$ $(a_i>0,\ i=1,2,\cdots,n)$.

13. 已知 $\lim\limits_{n\to\infty}a_n=a$,$\lim\limits_{n\to\infty}b_n=b$,证明:

$$\lim_{n\to\infty}\frac{a_1b_n+a_2b_{n-1}+\cdots+a_nb_1}{n}=ab.$$

14. 设数列 $\{a_n\}$ 满足 $\lim\limits_{n\to\infty}\dfrac{a_1+a_2+\cdots+a_n}{n}=a$ $(-\infty<a<+\infty)$,证明 $\lim\limits_{n\to\infty}\dfrac{a_n}{n}=0$.

§3 无 穷 大 量

无穷大量

按数列收敛定义,$\{n^2\}$,$\{(-2)^n\}$,$\{-10^n\}$ 等数列无疑都是发散的,但它们与 $\{(-1)^n\}$ 之类发散数列有一个根本区别,即当 n 增大时,其各项的绝对值也无限制地增大.这样的数列我们称为**无穷大量**,其严格的分析定义可表述为:

定义 2.3.1 若对于任意给定的 $G>0$,可以找到正整数 N,使得当 $n>N$ 时成立

$$|x_n|>G,$$

则称数列 $\{x_n\}$ 是无穷大量,记为

$$\lim_{n\to\infty}x_n=\infty.$$

若采用符号表述法,"数列 $\{x_n\}$ 是无穷大量"可表示为:$\forall G>0,\ \exists N,\ \forall n>N:|x_n|>G$.

与极限定义中 ε 表示任意给定的很小的正数相类似,这里的 G 表示任意给定的很大的正数.

如果无穷大量 $\{x_n\}$ 从某一项开始都是正的(或负的),则称其为**正无穷大量**(或**负无穷大量**),统称为**定号无穷大量**,分别记为

$$\lim_{n\to\infty}x_n=+\infty\quad(\text{或}\ \lim_{n\to\infty}x_n=-\infty).$$

显然,$\{n^2\}$ 是正无穷大量,$\{-10^n\}$ 是负无穷大量,而 $\{(-2)^n\}$ 是(不定号)无穷大量.

例 2.3.1 设 $|q|>1$,证明 $\{q^n\}$ 是无穷大量.

证 $\forall G>1$,取 $N=\left[\dfrac{\lg G}{\lg|q|}\right]$,于是 $\forall n>N$,成立

$$|q|^n > |q|^{\frac{\lg G}{\lg|q|}} = G.$$

因此 $\{q^n\}$ 是无穷大量.

证毕

例 2.3.2 证明 $\left\{\dfrac{n^2-1}{n+5}\right\}$ 是正无穷大量.

证 当 $n>5$ 时,有不等式

$$\frac{n^2-1}{n+5} > \frac{n}{2},$$

于是 $\forall\, G>0$,取 $N=\max\{[2G],5\}$,$\forall\, n>N$,成立

$$\frac{n^2-1}{n+5} > \frac{n}{2} > G.$$

因此 $\left\{\dfrac{n^2-1}{n+5}\right\}$ 是正无穷大量.

证毕

无穷大量与无穷小量之间有如下的关系:

定理 2.3.1 设 $x_n \neq 0$,则 $\{x_n\}$ 是无穷大量的充分必要条件是 $\left\{\dfrac{1}{x_n}\right\}$ 是无穷小量.

证 设 $\{x_n\}$ 是无穷大量,$\forall\,\varepsilon>0$,取 $G=\dfrac{1}{\varepsilon}>0$,于是 $\exists N$,$\forall\, n>N$:$|x_n|>G=\dfrac{1}{\varepsilon}$,从而 $\left|\dfrac{1}{x_n}\right|<\varepsilon$,即 $\left\{\dfrac{1}{x_n}\right\}$ 是无穷小量.

反过来,设 $\left\{\dfrac{1}{x_n}\right\}$ 是无穷小量,$\forall\, G>0$,取 $\varepsilon=\dfrac{1}{G}>0$,于是 $\exists N$,$\forall\, n>N$:$\left|\dfrac{1}{x_n}\right|<\varepsilon=\dfrac{1}{G}$,从而 $|x_n|>G$,即 $\{x_n\}$ 是无穷大量.

证毕

关于无穷大量的运算,如下的性质是显然的:同号无穷大量之和仍然是该符号的无穷大量,而异号无穷大量之差是无穷大量,其符号与被减无穷大量的符号相同;无穷大量与有界量之和或差仍然是无穷大量;同号无穷大量之积为正无穷大量,而异号无穷大量之积为负无穷大量.进一步,我们有下述与 §2 中习题 7 相对应的结论.

定理 2.3.2 设 $\{x_n\}$ 是无穷大量,若当 $n>N_0$ 时,$|y_n|\geq\delta>0$ 成立,则 $\{x_n y_n\}$ 是无穷大量.

推论 设 $\{x_n\}$ 是无穷大量,$\lim\limits_{n\to\infty} y_n = b \neq 0$,则 $\{x_n y_n\}$ 与 $\left\{\dfrac{x_n}{y_n}\right\}$ 都是无穷大量.

请读者自己完成定理 2.3.2 及其推论的证明(习题 3).

根据上面的讨论与定理,可直接求出下列极限:

$$\lim_{n\to\infty}(10^n+\sqrt{n})=+\infty, \qquad \lim_{n\to\infty}\left(n-\lg\frac{1}{n}\right)=+\infty,$$

$$\lim_{n\to\infty}\sqrt{n}\arctan n=+\infty, \qquad \lim_{n\to\infty}\frac{n}{\sin n}=\infty.$$

例 2.3.3 讨论极限

$$\lim_{n\to\infty}\frac{a_0 n^k+a_1 n^{k-1}+\cdots+a_{k-1}n+a_k}{b_0 n^l+b_1 n^{l-1}+\cdots+b_{l-1}n+b_l},$$

其中 k,l 为正整数, $a_0\neq 0$, $b_0\neq 0$.

解

$$\frac{a_0 n^k+a_1 n^{k-1}+\cdots+a_{k-1}n+a_k}{b_0 n^l+b_1 n^{l-1}+\cdots+b_{l-1}n+b_l}=n^{k-l}\frac{a_0+\dfrac{a_1}{n}+\cdots+\dfrac{a_{k-1}}{n^{k-1}}+\dfrac{a_k}{n^k}}{b_0+\dfrac{b_1}{n}+\cdots+\dfrac{b_{l-1}}{n^{l-1}}+\dfrac{b_l}{n^l}}.$$

由于

$$\lim_{n\to\infty}\frac{a_0+\dfrac{a_1}{n}+\cdots+\dfrac{a_{k-1}}{n^{k-1}}+\dfrac{a_k}{n^k}}{b_0+\dfrac{b_1}{n}+\cdots+\dfrac{b_{l-1}}{n^{l-1}}+\dfrac{b_l}{n^l}}=\frac{a_0}{b_0}\neq 0,$$

可以得到

$$\lim_{n\to\infty}\frac{a_0 n^k+a_1 n^{k-1}+\cdots+a_{k-1}n+a_k}{b_0 n^l+b_1 n^{l-1}+\cdots+b_{l-1}n+b_l}=\begin{cases}0, & k<l,\\[2mm]\dfrac{a_0}{b_0}, & k=l,\\[2mm]\infty, & k>l.\end{cases}$$

待定型

例 2.3.3 是无穷大量与无穷大量的商的极限问题, 我们看到, 对于 k 与 l 的不同情况, 得出了截然不同的结果. 事实上, 若分别以 $+\infty$, $-\infty$, ∞, 0 表示正无穷大量、负无穷大量、无穷大量与无穷小量, 则很容易举出例子说明, 如 $\infty\pm\infty$, $(+\infty)-(+\infty)$, $(+\infty)+(-\infty)$, $0\cdot\infty$, $\dfrac{0}{0}$, $\dfrac{\infty}{\infty}$ 等极限, 其结果可以是无穷小量, 或非零极限, 或无穷大量, 也可以没有极限. 我们称这种类型的极限为**待定型**.

实际上, 我们前面已接触过不少求待定型极限的问题. 如 $\lim\limits_{n\to\infty}n(\sqrt{n+1}-\sqrt{n})$ 就是 $0\cdot\infty$ 待定型; 当 $\lim\limits_{n\to\infty}a_n=a\neq 0$ 时, $\lim\limits_{n\to\infty}\dfrac{a_1+a_2+\cdots+a_n}{n}$ 就是 $\dfrac{\infty}{\infty}$ 待定型. 讨论无穷大量 (及无穷小量) 之间运算的极限, 往往并不那么轻而易举, 而是需要针对具体情况来作具体讨论的.

下面介绍的 Stolz 定理将为求某些类型的待定型极限带来很大的方便. 在叙述定理前, 先给出单调数列的定义.

定义 2.3.2 如果数列 $\{x_n\}$ 满足

$$x_n\leqslant x_{n+1}, \qquad n=1,2,3,\cdots,$$

则称 $\{x_n\}$ 为**单调增加数列**; 若进一步满足

$$x_n<x_{n+1}, \qquad n=1,2,3,\cdots,$$

则称 $\{x_n\}$ 为**严格单调增加数列**.

可以类似地定义**单调减少数列**和**严格单调减少数列**.

因为数列前面有限项的变化不会影响它的收敛性,所以下面我们谈到单调数列的场合,都可以将"从某一项开始为单调的数列"统统包括在内.

定理 2.3.3(Stolz 定理) 设 $\{y_n\}$ 是严格单调增加的正无穷大量,且

$$\lim_{n \to \infty} \frac{x_n - x_{n-1}}{y_n - y_{n-1}} = a \quad (a \text{ 可以为有限量},+\infty \text{ 与} -\infty),$$

则

$$\lim_{n \to \infty} \frac{x_n}{y_n} = a.$$

证 先考虑 $a = 0$ 的情况.由 $\lim\limits_{n \to \infty} \dfrac{x_n - x_{n-1}}{y_n - y_{n-1}} = 0$,可知 $\forall \varepsilon > 0$, $\exists N_1$, $\forall n > N_1$:

$$|x_n - x_{n-1}| < \varepsilon (y_n - y_{n-1}).$$

由于 $\{y_n\}$ 是正无穷大量,显然可要求 $y_{N_1} > 0$,于是

$$|x_n - x_{N_1}| \leqslant |x_n - x_{n-1}| + |x_{n-1} - x_{n-2}| + \cdots + |x_{N_1+1} - x_{N_1}|$$

$$< \varepsilon (y_n - y_{n-1}) + \varepsilon (y_{n-1} - y_{n-2}) + \cdots + \varepsilon (y_{N_1+1} - y_{N_1}) = \varepsilon (y_n - y_{N_1}).$$

不等式两边同除以 y_n,得到

$$\left| \frac{x_n}{y_n} - \frac{x_{N_1}}{y_n} \right| \leqslant \varepsilon \left(1 - \frac{y_{N_1}}{y_n} \right) < \varepsilon,$$

对于固定的 N_1,又可以取到 $N > N_1$,使得 $\forall n > N$: $\left| \dfrac{x_{N_1}}{y_n} \right| < \varepsilon$,从而

$$\left| \frac{x_n}{y_n} \right| < \varepsilon + \left| \frac{x_{N_1}}{y_n} \right| < 2\varepsilon.$$

当 a 是非零有限数时,令 $x_n' = x_n - ay_n$,于是由

$$\lim_{n \to \infty} \frac{x_n' - x_{n-1}'}{y_n - y_{n-1}} = \lim_{n \to \infty} \frac{x_n - x_{n-1}}{y_n - y_{n-1}} - a = 0,$$

得到 $\lim\limits_{n \to \infty} \dfrac{x_n'}{y_n} = 0$,从而

$$\lim_{n \to \infty} \frac{x_n}{y_n} = \lim_{n \to \infty} \frac{x_n'}{y_n} + a = a.$$

对于 $a = +\infty$ 的情况,首先 $\exists N$, $\forall n > N$:

$$x_n - x_{n-1} > y_n - y_{n-1}.$$

这说明 $\{x_n\}$ 也严格单调增加,且从 $x_n - x_N > y_n - y_N$ 可知 $\{x_n\}$ 是正无穷大量.将前面的结论应用到 $\left\{ \dfrac{y_n}{x_n} \right\}$,得到

$$\lim_{n \to \infty} \frac{y_n}{x_n} = \lim_{n \to \infty} \frac{y_n - y_{n-1}}{x_n - x_{n-1}} = 0,$$

因而

$$\lim_{n\to\infty}\frac{x_n}{y_n}=+\infty .$$

对于 $a=-\infty$ 的情况,证明方法类同.

证毕

在例 2.2.6,我们证明过,若 $\lim_{n\to\infty}a_n=a$,则 $\lim_{n\to\infty}\dfrac{a_1+a_2+\cdots+a_n}{n}=a$.这只要在 Stolz 定理中令 $x_n=a_1+a_2+\cdots+a_n,y_n=n$ 即可直接得到.

例 2.3.4 求极限

$$\lim_{n\to\infty}\frac{1^k+2^k+\cdots+n^k}{n^{k+1}}\quad(k\ 为正整数).$$

解 令 $x_n=1^k+2^k+\cdots+n^k,y_n=n^{k+1}$,由

$$\lim_{n\to\infty}\frac{x_n-x_{n-1}}{y_n-y_{n-1}}=\lim_{n\to\infty}\frac{n^k}{n^{k+1}-(n-1)^{k+1}}=\lim_{n\to\infty}\frac{n^k}{(k+1)n^k-C_{k+1}^2 n^{k-1}+\cdots}=\frac{1}{k+1},$$

得到

$$\lim_{n\to\infty}\frac{1^k+2^k+\cdots+n^k}{n^{k+1}}=\frac{1}{k+1}.$$

例 2.3.5 设 $\lim_{n\to\infty}a_n=a$,求极限

$$\lim_{n\to\infty}\frac{a_1+2a_2+\cdots+na_n}{n^2}.$$

解 令 $x_n=a_1+2a_2+\cdots+na_n,y_n=n^2$,由

$$\lim_{n\to\infty}\frac{x_n-x_{n-1}}{y_n-y_{n-1}}=\lim_{n\to\infty}\frac{na_n}{n^2-(n-1)^2}=\lim_{n\to\infty}\frac{na_n}{2n-1}=\frac{a}{2},$$

得到

$$\lim_{n\to\infty}\frac{a_1+2a_2+\cdots+na_n}{n^2}=\frac{a}{2}.$$

习　　题

1. 按定义证明下述数列为无穷大量:

(1) $\left\{\dfrac{n^2+1}{2n+1}\right\}$;

(2) $\left\{\log_a\left(\dfrac{1}{n}\right)\right\}\quad(a>1)$;

(3) $\{n-\arctan n\}$;

(4) $\left\{\dfrac{1}{\sqrt{n+1}}+\dfrac{1}{\sqrt{n+2}}+\cdots+\dfrac{1}{\sqrt{2n}}\right\}$.

2. (1) 设 $\lim_{n\to\infty}a_n=+\infty$(或 $-\infty$),按定义证明:

$$\lim_{n\to\infty}\frac{a_1+a_2+\cdots+a_n}{n}=+\infty\ (或-\infty);$$

(2) 设 $a_n > 0, \lim\limits_{n\to\infty} a_n = 0$,利用(1)证明:

$$\lim_{n\to\infty}(a_1 a_2 \cdots a_n)^{\frac{1}{n}} = 0.$$

3. 证明:

(1) 设 $\{x_n\}$ 是无穷大量, $|y_n| \geqslant \delta > 0$,则 $\{x_n y_n\}$ 是无穷大量;

(2) 设 $\{x_n\}$ 是无穷大量, $\lim\limits_{n\to\infty} y_n = b \neq 0$,则 $\{x_n y_n\}$ 与 $\left\{\dfrac{x_n}{y_n}\right\}$ 都是无穷大量.

4. (1) 利用 Stolz 定理,证明:

$$\lim_{n\to\infty} \frac{1^2 + 3^2 + 5^2 + \cdots + (2n+1)^2}{n^3} = \frac{4}{3};$$

(2) 求极限 $\lim\limits_{n\to\infty} n\left[\dfrac{1^2 + 3^2 + 5^2 + \cdots + (2n+1)^2}{n^3} - \dfrac{4}{3}\right]$.

5. 利用 Stolz 定理,证明:

(1) $\lim\limits_{n\to\infty} \dfrac{\log_a n}{n} = 0 \quad (a > 1)$;

(2) $\lim\limits_{n\to\infty} \dfrac{n^k}{a^n} = 0 \quad (a > 1, k$ 是正整数$)$.

6. (1) 在 Stolz 定理中,若 $\lim\limits_{n\to\infty} \dfrac{x_n - x_{n-1}}{y_n - y_{n-1}} = \infty$,能否得出 $\lim\limits_{n\to\infty} \dfrac{x_n}{y_n} = \infty$ 的结论?

(2) 在 Stolz 定理中,若 $\lim\limits_{n\to\infty} \dfrac{x_n - x_{n-1}}{y_n - y_{n-1}}$ 不存在,能否得出 $\lim\limits_{n\to\infty} \dfrac{x_n}{y_n}$ 不存在的结论?

7. 设 $0 < \lambda < 1, \lim\limits_{n\to\infty} a_n = a$,证明

$$\lim_{n\to\infty}(a_n + \lambda a_{n-1} + \lambda^2 a_{n-2} + \cdots + \lambda^n a_0) = \frac{a}{1-\lambda}.$$

8. 设 $A_n = \sum\limits_{k=1}^{n} a_k$,当 $n \to \infty$ 时有极限. $\{p_n\}$ 为严格单调递增的正数数列,且 $p_n \to +\infty \ (n \to \infty)$.证明:

$$\lim_{n\to\infty} \frac{p_1 a_1 + p_2 a_2 + \cdots + p_n a_n}{p_n} = 0.$$

§4 收 敛 准 则

单调有界数列收敛定理

知道了收敛数列必定有界,而有界数列不一定收敛的结论之后,很自然会产生这样两个问题:

(1) 对有界数列加上什么条件,就可以保证它必定收敛?

(2) 若不对有界数列加任何条件,则能得到怎样的(比收敛稍弱一些的)结论?

我们先来回答第一个问题:只要对有界数列加上如定义 2.3.2 的单调性,那么它就一定收敛,而极限就是该数列所构成的数集的上确界(当数列单调增加时)或下确界(当数列单调减少时).

定理 2.4.1 单调有界数列必定收敛.

证 不妨设数列 $\{x_n\}$ 单调增加且有上界,根据确界存在定理,由 $\{x_n\}$ 构成的数集必有上确界 β,满足:

(1) $\forall n \in \mathbf{N}^+ : x_n \leqslant \beta$;

(2) $\forall \varepsilon > 0, \exists x_{n_0} : x_{n_0} > \beta - \varepsilon$.

取 $N = n_0$, $\forall n > N$:

$$\beta - \varepsilon < x_{n_0} \leqslant x_n \leqslant \beta,$$

因而 $|x_n - \beta| < \varepsilon$,于是得到

$$\lim_{n \to \infty} x_n = \beta.$$

证毕

在按极限定义证明一个数列收敛时,都必须先知道它的极限是什么.这个要求对于许多实际情况来说并不现实,因为一个数列即使收敛,其极限也往往无法事先得知.定理 2.4.1 的重要性在于,它使我们可以从数列本身出发去研究其敛散性,进而,在判断出数列收敛时,利用极限运算的性质去求出相应的极限.

下面我们举例来说明它的应用.

例 2.4.1 设 $x_1 > 0, x_{n+1} = 1 + \dfrac{x_n}{1 + x_n}, n = 1, 2, 3, \cdots$. 证明数列 $\{x_n\}$ 收敛,并求它的极限.

解 首先,应用数学归纳法可直接得到:当 $n \geqslant 2$ 时,

$$1 < x_n < 2.$$

然后由 $x_{n+1} = 1 + \dfrac{x_n}{1 + x_n}$ $(n = 1, 2, 3, \cdots)$ 可得

$$x_{n+1} - x_n = \frac{x_n - x_{n-1}}{(1 + x_n)(1 + x_{n-1})}.$$

这说明对一切 $n \geqslant 2$, $x_{n+1} - x_n$ 具有相同符号,从而 $\{x_n\}$ 是单调数列.由定理 2.4.1, $\{x_n\}$ 收敛.

设 $\{x_n\}$ 的极限为 a,在等式 $x_{n+1} = 1 + \dfrac{x_n}{1 + x_n}$ 两边同时求极限,得到方程

$$a = 1 + \frac{a}{1 + a},$$

解得方程的根为 $a = \dfrac{1 \pm \sqrt{5}}{2}$. 由 $x_n > 1$,舍去负值,即有

$$\lim_{n \to \infty} x_n = \frac{1 + \sqrt{5}}{2}.$$

例 2.4.2 设 $0 < x_1 < 1, x_{n+1} = x_n(1 - x_n), n = 1, 2, 3, \cdots$. 证明 $\{x_n\}$ 收敛,并求它的极限.

解 应用数学归纳法,可以得到对一切 $n \in \mathbf{N}^+$,

$$0 < x_n < 1.$$

然后由 $x_{n+1} = x_n(1 - x_n)$ $(n = 1, 2, \cdots)$,可得

$$x_{n+1} - x_n = -x_n^2 < 0,$$

这说明 $\{x_n\}$ 单调减少有下界，由定理 2.4.1，$\{x_n\}$ 收敛.

设它的极限为 a，在等式 $x_{n+1} = x_n(1-x_n)$ 两边同时求极限，得到方程 $a = a(1-a)$，解得 $a = 0$. 于是得到：

$$\lim_{n \to \infty} x_n = 0.$$

应用 Stolz 定理（定理 2.3.3），还可得到关于上述 $\{x_n\}$ 的一个有意义的结果：

$$\lim_{n \to \infty} (n x_n) = \lim_{n \to \infty} \frac{n}{\dfrac{1}{x_n}} = \lim_{n \to \infty} \frac{1}{\dfrac{1}{x_{n+1}} - \dfrac{1}{x_n}} = \lim_{n \to \infty} \frac{x_{n+1} x_n}{x_n - x_{n+1}} = \lim_{n \to \infty} \frac{x_n^2 (1 - x_n)}{x_n^2} = 1.$$

换言之，不管 $0 < x_1 < 1$ 如何选取，当 n 充分大时，无穷小量 $\{x_n\}$ 的变化规律与无穷小量 $\left\{\dfrac{1}{n}\right\}$ 愈来愈趋于一致，在许多场合，$\{x_n\}$ 可以用 $\left\{\dfrac{1}{n}\right\}$ 来代替.以后我们将知道这两个无穷小量称为是等价的.

例 2.4.3　设 $x_1 = \sqrt{2}$，$x_{n+1} = \sqrt{3 + 2x_n}$，$n = 1, 2, 3, \cdots$. 证明数列 $\{x_n\}$ 收敛，并求它的极限.

解　首先我们有 $0 < x_1 < 3$. 设 $0 < x_k < 3$，则

$$0 < x_{k+1} = \sqrt{3 + 2x_k} < 3,$$

由数学归纳法，可知对一切 n，

$$0 < x_n < 3.$$

于是

$$x_{n+1} - x_n = \sqrt{3 + 2x_n} - x_n = \frac{(3 - x_n)(1 + x_n)}{\sqrt{3 + 2x_n} + x_n} > 0,$$

这说明数列 $\{x_n\}$ 单调增加且有上界，由定理 2.4.1 可知 $\{x_n\}$ 收敛.设它的极限为 a，对 $x_{n+1} = \sqrt{3 + 2x_n}$ 两边求极限，得到

$$a = \sqrt{3 + 2a}.$$

解此方程，得到 $a = 3$，即

$$\lim_{n \to \infty} x_n = 3.$$

例 2.4.4　"Fibonacci 数列"与兔群增长率：设一对刚出生的小兔要经过两个季度，即经过成长期后到达成熟期，才能再产小兔，且每对成熟的兔子每季度产一对小兔.在不考虑兔子死亡的前提下，求兔群逐年增长率的变化趋势.

解　设开始只有 1 对刚出生的小兔，则在第一季与第二季，兔群只有 1 对兔子.在第三季，由于这对小兔成熟并产下 1 对小兔，兔群有 2 对兔子.在第四季，1 对大兔又产下 1 对小兔，而原来 1 对小兔处于成长期，所以兔群有 3 对兔子.在第五季，又有 1 对小兔成熟，并与原来的 1 对大兔各产下 1 对兔子，而原来 1 对小兔处于成长期，所以兔群有 5 对兔子.以此类推.各季兔群情况可见下表：

季度	小兔对数	成长期兔对数	成熟期兔对数	兔对总和
1	1	0	0	1

季度	小兔对数	成长期兔对数	成熟期兔对数	兔对总和
2	0	1	0	1
3	1	0	1	2
4	1	1	1	3
5	2	1	2	5
6	3	2	3	8
7	5	3	5	13

设 a_n 是第 n 季度兔对总数,则

$$a_1 = 1, a_2 = 1, a_3 = 2, a_4 = 3, a_5 = 5, \cdots.$$

数列 $\{a_n\}$ 称为 **Fibonacci 数列**.

注意这样的事实:到第 $n+1$ 季度,能产小兔的兔对数为 a_{n-1},而第 $n+1$ 季度兔对的总数应等于第 n 季度兔对的总数 a_n 加上新产下的小兔对数 a_{n-1},于是我们知道 $\{a_n\}$ 具有性质:

$$a_{n+1} = a_n + a_{n-1}, \quad n = 2, 3, 4, \cdots.$$

令 $b_n = \dfrac{a_{n+1}}{a_n}$,则 $b_n - 1$ 表示了兔群在第 $n+1$ 季度的增长率.显然有 $b_n > 0$,且

$$b_n = \frac{a_{n+1}}{a_n} = \frac{a_n + a_{n-1}}{a_n} = 1 + \frac{a_{n-1}}{a_n} = 1 + \frac{1}{b_{n-1}}.$$

容易发现,当 $b_n > \dfrac{\sqrt{5}+1}{2}$ 时,$b_{n+1} < \dfrac{\sqrt{5}+1}{2}$;而当 $b_n < \dfrac{\sqrt{5}+1}{2}$ 时,$b_{n+1} > \dfrac{\sqrt{5}+1}{2}$.由此可知 $\{b_n\}$ 并不是单调数列.

但是进一步探讨,可以发现有

$$b_{2k-1} \in \left(0, \frac{\sqrt{5}+1}{2}\right), \ b_{2k} \in \left(\frac{\sqrt{5}+1}{2}, +\infty\right), \quad k = 1, 2, 3, \cdots,$$

以及

$$b_{2k+2} - b_{2k} = 1 + \frac{1}{1 + \dfrac{1}{b_{2k}}} - b_{2k} = \frac{\left(\dfrac{\sqrt{5}+1}{2} - b_{2k}\right)\left(\dfrac{\sqrt{5}-1}{2} + b_{2k}\right)}{1 + b_{2k}} < 0,$$

和

$$b_{2k+1} - b_{2k-1} = 1 + \frac{1}{1 + \dfrac{1}{b_{2k-1}}} - b_{2k-1} = \frac{\left(\dfrac{\sqrt{5}+1}{2} - b_{2k-1}\right)\left(\dfrac{\sqrt{5}-1}{2} + b_{2k-1}\right)}{1 + b_{2k-1}} > 0.$$

于是 $\{b_{2k}\}$ 是单调减少的有下界的数列,而 $\{b_{2k+1}\}$ 是单调增加的有上界的数列,因而都

是收敛数列.记它们的极限分别为 a 与 b,显然有 $\dfrac{\sqrt{5}+1}{2} \leqslant a < +\infty$,$0 < b \leqslant \dfrac{\sqrt{5}+1}{2}$.

由 $\lim\limits_{k \to \infty} b_{2k+2} = \lim\limits_{k \to \infty} \dfrac{1+2b_{2k}}{1+b_{2k}}$ 得到

$$a = \frac{1+2a}{1+a};$$

以及由 $\lim\limits_{k \to \infty} b_{2k+1} = \lim\limits_{k \to \infty} \dfrac{1+2b_{2k-1}}{1+b_{2k-1}}$ 得到

$$b = \frac{1+2b}{1+b}.$$

这两个方程有相同的解 $a = b = \dfrac{1 \pm \sqrt{5}}{2}$,于是我们得出结论:在不考虑兔子死亡的前提下,

经过较长一段时间,兔群逐季增长率趋于 $\dfrac{1+\sqrt{5}}{2} - 1 \approx 0.618$.

π 和 e

下面我们利用数列的"单调有界必定收敛"性质,来导出最重要的两个无理数——π 和 e.

设单位圆内接正 n 边形的半周长为 L_n,则 $L_n = n\sin\dfrac{180°}{n}$.在本章 §2 中曾经指出,数列 $\{L_n\}$ 应该收敛于该圆的半周长,即圆周率 π.现在我们来严格证明 $\{L_n\}$ 的极限确实存在.

例 2.4.5　证明数列 $\left\{n\sin\dfrac{180°}{n}\right\}$ 收敛.

证　令 $t = \dfrac{180°}{n(n+1)}$,则当 $n \geqslant 3$ 时,$nt \leqslant 45°$.于是

$$\tan nt = \frac{\tan(n-1)t + \tan t}{1 - \tan(n-1)t\tan t} \geqslant \tan(n-1)t + \tan t \geqslant \cdots \geqslant n\tan t,$$

从而,

$$\sin(n+1)t = \sin nt\cos t + \cos nt\sin t = \sin nt\cos t\left(1 + \frac{\tan t}{\tan nt}\right) \leqslant \frac{n+1}{n}\sin nt,$$

所以,当 $n \geqslant 3$ 时,

$$L_n = n\sin\frac{180°}{n} \leqslant (n+1)\sin\frac{180°}{n+1} = L_{n+1}.$$

另一方面,单位圆内接正 n 边形的面积

$$S_n = n\sin\frac{180°}{n}\cos\frac{180°}{n} < 4,$$

因此当 $n \geqslant 3$ 时,

$$L_n = n\sin\frac{180°}{n} < \frac{4}{\cos\dfrac{180°}{n}} \leqslant \frac{4}{\cos 60°} = 8.$$

综上所述,数列 $\{L_n\}$ 单调增加且有上界,因而收敛.将这个极限用希腊字母 π 来记,就有

$$\lim_{n \to \infty} n \sin \frac{180°}{n} = \pi.$$

证毕

注 有了 π 的定义,就可以定义角度的弧度制了.由于单位圆的半周长为 π,我们就把半个圆周所对的圆心角(即 $180°$)的弧度定义为 π,其余角度的弧度则按比例得到.于是对单位圆来说,一个圆心角的弧度恰好等于它所对的圆弧的长度.

设单位圆的内接正 n 边形的面积为 S_n,则 S_n 的极限就是单位圆的面积.由于

$$\lim_{n \to \infty} S_n = \lim_{n \to \infty} n \sin \frac{180°}{n} \cos \frac{180°}{n} = \pi,$$

可知单位圆的一个扇形的面积等于其顶角弧度的一半.

在弧度制下,上例中的极限式又可以写成

$$\lim_{n \to \infty} \frac{\sin(\pi/n)}{\pi/n} = 1.$$

例 2.4.6 证明:数列 $\left\{\left(1+\dfrac{1}{n}\right)^n\right\}$ 单调增加,$\left\{\left(1+\dfrac{1}{n}\right)^{n+1}\right\}$ 单调减少,两者收敛于同一极限.

证 记 $x_n = \left(1+\dfrac{1}{n}\right)^n$,$y_n = \left(1+\dfrac{1}{n}\right)^{n+1}$,利用平均值不等式

$$\sqrt[n]{a_1 a_2 \cdots a_n} \leqslant \frac{a_1 + a_2 + \cdots + a_n}{n} \qquad (a_k > 0,\ k = 1, 2, 3, \cdots, n),$$

得到

$$x_n = \left(1+\frac{1}{n}\right)^n \cdot 1 \leqslant \left[\frac{n\left(1+\dfrac{1}{n}\right)+1}{n+1}\right]^{n+1} = x_{n+1},$$

和

$$\frac{1}{y_n} = \left(\frac{n}{n+1}\right)^{n+1} \cdot 1 \leqslant \left[\frac{(n+1)\dfrac{n}{n+1}+1}{n+2}\right]^{n+2} = \frac{1}{y_{n+1}}.$$

这表示 $\{x_n\}$ 单调增加,而 $\{y_n\}$ 单调减少.又由于

$$2 = x_1 \leqslant x_n < y_n \leqslant y_1 = 4,$$

可知数列 $\{x_n\}$,$\{y_n\}$ 都收敛.因为 $y_n = x_n\left(1+\dfrac{1}{n}\right)$,所以它们具有相同的极限.

证毕

习惯上用字母 e 来表示这一极限,即

$$\lim_{n \to \infty} \left(1+\frac{1}{n}\right)^n = \lim_{n \to \infty} \left(1+\frac{1}{n}\right)^{n+1} = e.$$

e = 2.718 281 828 459⋯ 是一个无理数.以 e 为底的对数称为**自然对数**,通常记为

$$\ln x(=\log_e x).$$

作为定理 2.4.1 的进一步应用,我们讨论数列 $\{a_n\}$,其中

$$a_n = 1 + \frac{1}{2^p} + \frac{1}{3^p} + \cdots + \frac{1}{n^p} \qquad (p>0).$$

例 2.4.7 当 $p>1$ 时,数列 $\{a_n\}$ 收敛;当 $0<p\le 1$ 时,数列 $\{a_n\}$ 是正无穷大量.

证 显然数列 $\{a_n\}$ 是单调增加的,它的收敛与否取决于其是否有界.

当 $p>1$ 时,记 $\frac{1}{2^{p-1}}=r$,则 $0<r<1$.由于

$$\frac{1}{2^p} + \frac{1}{3^p} < \frac{1}{2^p} + \frac{1}{2^p} = \frac{1}{2^{p-1}} = r,$$

$$\frac{1}{4^p} + \frac{1}{5^p} + \frac{1}{6^p} + \frac{1}{7^p} < \frac{1}{4^p} + \frac{1}{4^p} + \frac{1}{4^p} + \frac{1}{4^p} = r^2,$$

$$\cdots\cdots$$

$$\frac{1}{2^{kp}} + \frac{1}{(2^k+1)^p} + \cdots + \frac{1}{(2^{k+1}-1)^p} < \frac{2^k}{2^{kp}} = r^k,$$

可知

$$a_n \le a_{2^n-1} < 1 + r + r^2 + \cdots + r^{n-1} < \frac{1}{1-r},$$

这说明当 $p>1$ 时,数列 $\{a_n\}$ 收敛.

当 $p\le 1$ 时,我们有

$$\frac{1}{2^p} \ge \frac{1}{2},$$

$$\frac{1}{3^p} + \frac{1}{4^p} > \frac{1}{4} + \frac{1}{4} = \frac{1}{2},$$

$$\frac{1}{5^p} + \frac{1}{6^p} + \frac{1}{7^p} + \frac{1}{8^p} > \frac{4}{8} = \frac{1}{2},$$

$$\cdots\cdots$$

$$\frac{1}{(2^k+1)^p} + \frac{1}{(2^k+2)^p} + \cdots + \frac{1}{(2^{k+1})^p} > \frac{2^k}{2^{k+1}} = \frac{1}{2},$$

因而

$$a_{2^n} \ge 1 + \frac{n}{2}.$$

这说明当 $p\le 1$ 时,数列 $\{a_{2^n}\}$ 是正无穷大量.而数列 $\{a_n\}$ 是单调增加的,所以 $\{a_n\}$ 是正无穷大量.

证毕

在上例中,特别当 $p=1$ 时,$a_n = 1 + \frac{1}{2} + \frac{1}{3} + \cdots + \frac{1}{n}$ $(n=1,2,3,\cdots)$,$\{a_n\}$ 是无穷大量.

下面给出与此有关的几个重要的结果.

例 2.4.8 记 $b_n = 1 + \frac{1}{2} + \frac{1}{3} + \cdots + \frac{1}{n} - \ln n$,证明数列 $\{b_n\}$ 收敛.

证 由例 2.4.6,可知

$$\left(1+\frac{1}{n}\right)^n<\mathrm{e}<\left(1+\frac{1}{n}\right)^{n+1},$$

由此得到

$$\frac{1}{n+1}<\ln\frac{n+1}{n}<\frac{1}{n}.$$

于是有

$$b_{n+1}-b_n=\frac{1}{n+1}-\ln(n+1)+\ln n=\frac{1}{n+1}-\ln\frac{n+1}{n}<0,$$

$$b_n=1+\frac{1}{2}+\frac{1}{3}+\cdots+\frac{1}{n}-\ln n>\ln\frac{2}{1}+\ln\frac{3}{2}+\ln\frac{4}{3}+\cdots+\ln\frac{n+1}{n}-\ln n=\ln(n+1)-\ln n>0.$$

这说明数列 $\{b_n\}$ 单调减少有下界,从而收敛.

证毕

$\{b_n\}$ 的极限 $\gamma=0.577\ 215\ 664\ 90\cdots$ 称为 **Euler 常数**.

例 2.4.9 证明 $\lim\limits_{n\to\infty}\left(\frac{1}{n+1}+\frac{1}{n+2}+\cdots+\frac{1}{2n}\right)=\ln 2$.

证 记 $c_n=\frac{1}{n+1}+\frac{1}{n+2}+\cdots+\frac{1}{2n}$,则由例 2.4.8,显然有

$$c_n=b_{2n}-b_n+\ln(2n)-\ln n=b_{2n}-b_n+\ln 2.$$

由 $\lim\limits_{n\to\infty}b_n=\gamma$,易知也有

$$\lim\limits_{n\to\infty}b_{2n}=\gamma,$$

于是得到

$$\lim\limits_{n\to\infty}c_n=\lim\limits_{n\to\infty}\left(\frac{1}{n+1}+\frac{1}{n+2}+\cdots+\frac{1}{2n}\right)=\ln 2.$$

证毕

例 2.4.10 证明 $\lim\limits_{n\to\infty}\left[1-\frac{1}{2}+\frac{1}{3}-\cdots+(-1)^{n+1}\frac{1}{n}\right]=\ln 2$.

证 记 $d_n=1-\frac{1}{2}+\frac{1}{3}-\cdots+(-1)^{n+1}\frac{1}{n}$,由于

$$b_n=1+\frac{1}{2}+\frac{1}{3}+\cdots+\frac{1}{n-1}+\frac{1}{n}-\ln n\to\gamma\ (n\to\infty),$$

和

$$b_{2n}=1+\frac{1}{2}+\frac{1}{3}+\frac{1}{4}+\frac{1}{5}+\frac{1}{6}+\cdots+\frac{1}{2n-2}+\frac{1}{2n-1}+\frac{1}{2n}-\ln 2n\to\gamma\ (n\to\infty),$$

考虑 $b_{2n}-b_n$,用 b_{2n} 中的第 $2k$ 项与 b_n 中的第 k 项($k=1,2,\cdots,n$)对应相减,得到

$$b_{2n}-b_n=1-\frac{1}{2}+\frac{1}{3}-\frac{1}{4}+\cdots+\frac{1}{2n-1}-\frac{1}{2n}-\ln 2=d_{2n}-\ln 2\to 0\ (n\to\infty).$$

由于 $d_{2n+1}=d_{2n}+\frac{1}{2n+1}$ 及 $\lim\limits_{n\to\infty}\frac{1}{2n+1}=0$,即可得到

$$\lim\limits_{n\to\infty}d_n=\lim\limits_{n\to\infty}\left[1-\frac{1}{2}+\frac{1}{3}-\cdots+(-1)^{n+1}\frac{1}{n}\right]=\ln 2.$$

证毕

闭区间套定理

定义 2.4.1 如果一列闭区间$\{[a_n,b_n]\}$满足条件

(1) $[a_{n+1},b_{n+1}] \subset [a_n,b_n]$, $n=1,2,3,\cdots$;

(2) $\lim\limits_{n\to\infty}(b_n-a_n)=0$,

则称这列闭区间形成一个**闭区间套**.

定理 2.4.2(闭区间套定理) 如果$\{[a_n,b_n]\}$形成一个闭区间套,则存在惟一的实数ξ属于所有的闭区间$[a_n,b_n]$,且$\xi=\lim\limits_{n\to\infty}a_n=\lim\limits_{n\to\infty}b_n$.

证 由条件(1)可得

$$a_1 \leqslant \cdots \leqslant a_{n-1} \leqslant a_n < b_n \leqslant b_{n-1} \leqslant \cdots \leqslant b_1.$$

显然$\{a_n\}$单调增加而有上界b_1,$\{b_n\}$单调减少而有下界a_1,由定理2.4.1,$\{a_n\}$与$\{b_n\}$都收敛.

设$\lim\limits_{n\to\infty}a_n=\xi$,则

$$\lim\limits_{n\to\infty}b_n=\lim\limits_{n\to\infty}[(b_n-a_n)+a_n]=\lim\limits_{n\to\infty}(b_n-a_n)+\lim\limits_{n\to\infty}a_n=\xi.$$

由于ξ是$\{a_n\}$所构成的数集的上确界,也是$\{b_n\}$所构成的数集的下确界,于是有

$$a_n \leqslant \xi \leqslant b_n, \qquad n=1,2,3,\cdots,$$

即ξ属于所有闭区间$[a_n,b_n]$.若另有实数ξ'属于所有的闭区间$[a_n,b_n]$,则也有

$$a_n \leqslant \xi' \leqslant b_n, \qquad n=1,2,3,\cdots,$$

令$n\to\infty$,由极限的夹逼性得到

$$\xi'=\lim\limits_{n\to\infty}a_n=\lim\limits_{n\to\infty}b_n=\xi,$$

此即说明满足定理结论的实数ξ是惟一的.

证毕

需要指出,若将定理条件中的闭区间套改为开区间套,则数列$\{a_n\}$,$\{b_n\}$依然收敛于同一个极限ξ,但这个ξ可能不属于任何一个开区间(a_n,b_n),请读者自己举出例子.

在定理1.1.2我们证明了有理数集$\mathbf{Q}$是可列集,利用闭区间套定理,可以证明如下定理.

定理 2.4.3 实数集$\mathbf{R}$是不可列集.

证 用反证法.假设实数集$\mathbf{R}$是可列集,即可以找到一种排列的规则,使

$$\mathbf{R}=\{x_1,x_2,\cdots,x_n,\cdots\}.$$

先取闭区间$[a_1,b_1]$,使$x_1 \in [a_1,b_1]$,这总是可以做到的.然后将$[a_1,b_1]$三等分,则在闭区间$\left[a_1,\dfrac{2a_1+b_1}{3}\right]$,$\left[\dfrac{2a_1+b_1}{3},\dfrac{a_1+2b_1}{3}\right]$,$\left[\dfrac{a_1+2b_1}{3},b_1\right]$中,至少有一个不含有$x_2$,把它记为$[a_2,b_2]$.再将$[a_2,b_2]$三等分,同样,在闭区间$\left[a_2,\dfrac{2a_2+b_2}{3}\right]$,$\left[\dfrac{2a_2+b_2}{3},\dfrac{a_2+2b_2}{3}\right]$,$\left[\dfrac{a_2+2b_2}{3},b_2\right]$中,至少有一个不含有$x_3$,把它记为$[a_3,b_3]$.

这样的步骤可一直做下去,于是得到一个闭区间套$\{[a_n,b_n]\}$,满足

$$x_n \bar{\in} [a_n,b_n], \quad n=1,2,3,\cdots.$$

由闭区间套定理,存在惟一的实数 ξ 属于所有的闭区间 $[a_n, b_n]$,换言之,$\xi \neq x_n$ ($n = 1, 2, 3, \cdots$),这就与集合 $\{x_1, x_2, \cdots, x_n, \cdots\}$ 表示实数集 **R** 产生矛盾.

证毕

子列

为了回答本节一开始提出的第二个问题,先引入子列的概念.

定义 2.4.2 设 $\{x_n\}$ 是一个数列,而

$$n_1 < n_2 < \cdots < n_k < n_{k+1} < \cdots$$

是一列严格单调增加的正整数,则

$$x_{n_1}, x_{n_2}, \cdots, x_{n_k}, \cdots$$

也形成一个数列,称为数列 $\{x_n\}$ 的**子列**,记为 $\{x_{n_k}\}$.

这里,下标"n_k"表示子列中的第 k 项恰好是原数列中的第 n_k 项.例如在数列 $\{x_n\}$ 中,取其偶数项所构成的子列可表示为 $\{x_{2k}\}$.又若取 $n_k = 2^k$,则子列 $\{x_{n_k}\}$ 是通过依次选取原数列 $\{x_n\}$ 中的第 2 项,第 4 项,第 8 项,第 16 项……而构成的数列.

由于子列下标"n_k"的严格单调增加性质,可知成立

$$n_k \geq k, \quad k \in \mathbf{N}^+$$

和

$$n_j \geq n_k, \quad j \geq k, \quad j, k \in \mathbf{N}^+.$$

定理 2.4.4 若数列 $\{x_n\}$ 收敛于 a,则它的任何子列 $\{x_{n_k}\}$ 也收敛于 a,即

$$\lim_{n \to \infty} x_n = a \quad \Rightarrow \quad \lim_{k \to \infty} x_{n_k} = a.$$

证 由 $\lim\limits_{n \to \infty} x_n = a$,可知 $\forall \varepsilon > 0$,$\exists N$,$\forall n > N$:

$$|x_n - a| < \varepsilon.$$

取 $K = N$,于是当 $k > K$ 时,有 $n_k \geq k > N$,因而成立

$$|x_{n_k} - a| < \varepsilon.$$

证毕

定理 2.4.4 经常被用来判断一个数列的发散.

推论 若存在数列 $\{x_n\}$ 的两个子列 $\{x_{n_k}^{(1)}\}$ 与 $\{x_{n_k}^{(2)}\}$,分别收敛于不同的极限,则数列 $\{x_n\}$ 必定发散.

例 2.4.11 数列 $\left\{\sin\dfrac{n\pi}{4}\right\}$ 发散.

证 取 $n_k^{(1)} = 4k$,$n_k^{(2)} = 8k+2$,则子列 $\{x_{n_k}^{(1)}\}$ 收敛于 0,而子列 $\{x_{n_k}^{(2)}\}$ 收敛于 1,由上述推论可知 $\{x_n\}$ 发散.

证毕

Bolzano-Weierstrass 定理

现在我们来回答第二个问题:如果把单调这一条件去掉,只考虑数列是有界的,则只能得到下面稍弱的结论.

定理 2.4.5（Bolzano-Weierstrass 定理） 有界数列必有收敛子列.

证 设数列 $\{x_n\}$ 有界,于是存在实数 a_1, b_1,成立

$$a_1 \leqslant x_n \leqslant b_1, \quad n = 1, 2, 3, \cdots.$$

将闭区间 $[a_1, b_1]$ 等分为两个小区间 $\left[a_1, \dfrac{a_1+b_1}{2}\right]$ 与 $\left[\dfrac{a_1+b_1}{2}, b_1\right]$，则其中至少有一个含有数列 $\{x_n\}$ 中的无穷多项，把它记为 $[a_2, b_2]$. 再将闭区间 $[a_2, b_2]$ 等分为两个小区间 $\left[a_2, \dfrac{a_2+b_2}{2}\right]$ 与 $\left[\dfrac{a_2+b_2}{2}, b_2\right]$，同样其中至少有一个含有数列 $\{x_n\}$ 中的无穷多项，把它记为 $[a_3, b_3]$. 这样的步骤可以一直做下去，于是得到一个闭区间套 $\{[a_k, b_k]\}$，其中每一个闭区间 $[a_k, b_k]$ 中都含有数列 $\{x_n\}$ 中的无穷多项.

根据闭区间套定理，存在实数 ξ，满足

$$\xi = \lim_{k \to \infty} a_k = \lim_{k \to \infty} b_k.$$

现在证明数列 $\{x_n\}$ 必有一子列收敛于实数 ξ. 首先在 $[a_1, b_1]$ 中选取 $\{x_n\}$ 中某一项，记它为 x_{n_1}. 然后，因为在 $[a_2, b_2]$ 中含有 $\{x_n\}$ 中无穷多项，可以选取位于 x_{n_1} 后的某一项，记它为 x_{n_2}，$n_2 > n_1$. 继续这样做下去，在选取 $x_{n_k} \in [a_k, b_k]$ 后，因为在 $[a_{k+1}, b_{k+1}]$ 中仍含有 $\{x_n\}$ 中的无穷多项，可以选取位于 x_{n_k} 后的某一项，记它为 $x_{n_{k+1}}$，$n_{k+1} > n_k$. 这样就得到了数列 $\{x_n\}$ 的一个子列 $\{x_{n_k}\}$，满足

$$a_k \leqslant x_{n_k} \leqslant b_k, \quad k = 1, 2, 3, \cdots.$$

由 $\lim\limits_{k \to \infty} a_k = \lim\limits_{k \to \infty} b_k = \xi$，利用极限的夹逼性，得到

$$\lim_{k \to \infty} x_{n_k} = \xi.$$

证毕

当数列无界时，也有与定理 2.4.5 相对应的结论.

定理 2.4.6　若 $\{x_n\}$ 是一个无界数列，则存在子列 $\{x_{n_k}\}$，使得

$$\lim_{k \to \infty} x_{n_k} = \infty.$$

证　由于 $\{x_n\}$ 无界，因此对任意 $M > 0$，$\{x_n\}$ 中必存在无穷多个 x_n，满足

$$|x_n| > M,$$

否则可以得出 $\{x_n\}$ 有界的结论. 令 $M_1 = 1$，则存在 x_{n_1}，使得 $|x_{n_1}| > 1$；再令 $M_2 = 2$，因为在 $\{x_n\}$ 中有无穷多项满足 $|x_n| > 2$，可以取到排在 x_{n_1} 之后的 x_{n_2}，$n_2 > n_1$，使得 $|x_{n_2}| > 2$；继续令 $M_3 = 3$，同理可以取到 x_{n_3}，$n_3 > n_2$，使得 $|x_{n_3}| > 3$. 这样做下去便得到 $\{x_n\}$ 的一个子列 $\{x_{n_k}\}$，满足

$$|x_{n_k}| > k,$$

由定义，

$$\lim_{k \to \infty} x_{n_k} = \infty.$$

证毕

Cauchy 收敛原理

前面已经指出，从数列 $\{x_n\}$ 本身的特征直接判断它是否收敛是个很有意义的重要问题. 但"单调有界数列必定收敛"这一定理只是给出了判断数列收敛的一个充分而非必要的条件，事实上，许多收敛的数列并非是单调的，Fibonacci 数列的增长率数列即为一例.

所以,有必要从数列本身出发来寻找其收敛的充分必要条件,为此,先引进基本数列的概念.

定义 2.4.3 如果数列 $\{x_n\}$ 具有以下特性:对于任意给定的 $\varepsilon > 0$,存在正整数 N,使得当 $n,m > N$ 时成立

$$|x_n - x_m| < \varepsilon,$$

则称数列 $\{x_n\}$ 是一个**基本数列**.

例 2.4.12 设 $x_n = 1 + \dfrac{1}{2^2} + \dfrac{1}{3^2} + \cdots + \dfrac{1}{n^2}$,则 $\{x_n\}$ 是一个基本数列.

证 对任意正整数 n 与 m,不妨设 $m > n$,则

$$
\begin{aligned}
x_m - x_n &= \frac{1}{(n+1)^2} + \frac{1}{(n+2)^2} + \cdots + \frac{1}{m^2} \\
&< \frac{1}{n(n+1)} + \frac{1}{(n+1)(n+2)} + \cdots + \frac{1}{(m-1)m} \\
&= \left(\frac{1}{n} - \frac{1}{n+1} \right) + \left(\frac{1}{n+1} - \frac{1}{n+2} \right) + \cdots + \left(\frac{1}{m-1} - \frac{1}{m} \right) \\
&= \frac{1}{n} - \frac{1}{m} < \frac{1}{n},
\end{aligned}
$$

对任意给定的 $\varepsilon > 0$,取 $N = \left[\dfrac{1}{\varepsilon} \right]$,当 $m > n > N$ 时,成立

$$|x_m - x_n| < \varepsilon.$$

证毕

例 2.4.13 设 $x_n = 1 + \dfrac{1}{2} + \dfrac{1}{3} + \cdots + \dfrac{1}{n}$,则 $\{x_n\}$ 不是基本数列.

证 对任意正整数 n,有

$$x_{2n} - x_n = \frac{1}{n+1} + \frac{1}{n+2} + \cdots + \frac{1}{2n} > n \cdot \frac{1}{2n} = \frac{1}{2},$$

取 $\varepsilon_0 = \dfrac{1}{2}$,无论 N 多么大,总存在正整数 $n > N, m = 2n > N$,使得

$$|x_m - x_n| = |x_{2n} - x_n| > \varepsilon_0,$$

因此 $\{x_n\}$ 不是基本数列.

证毕

定理 2.4.7(Cauchy 收敛原理) 数列 $\{x_n\}$ 收敛的充分必要条件是:$\{x_n\}$ 是基本数列.

证 先证必要性.设 $\{x_n\}$ 收敛于 a,按照定义,$\forall \varepsilon > 0, \exists N, \forall n,m > N$:

$$|x_n - a| < \frac{\varepsilon}{2}, \quad |x_m - a| < \frac{\varepsilon}{2},$$

于是

$$|x_m - x_n| \leqslant |x_m - a| + |x_n - a| < \varepsilon.$$

再证充分性.先证明基本数列必定有界.取 $\varepsilon_0 = 1$,因为 $\{x_n\}$ 是基本数列,所以 $\exists N_0$,

$\forall\, n>N_0$：

$$|x_n-x_{N_0+1}|<1.$$

令 $M=\max\{|x_1|,|x_2|,\cdots,|x_{N_0}|,|x_{N_0+1}|+1\}$，则对一切 n，成立

$$|x_n|\leqslant M.$$

由 Bolzano-Weierstrass 定理，在 $\{x_n\}$ 中必有收敛子列：

$$\lim_{k\to\infty}x_{n_k}=\xi.$$

因为 $\{x_n\}$ 是基本数列，所以 $\forall\,\varepsilon>0,\exists N,\forall\,n,m>N$：

$$|x_n-x_m|<\frac{\varepsilon}{2}.$$

在上式中取 $x_m=x_{n_k}$，其中 k 充分大，满足 $n_k>N$，并且令 $k\to\infty$，于是得到

$$|x_n-\xi|\leqslant\frac{\varepsilon}{2}<\varepsilon,$$

此即表明数列 $\{x_n\}$ 收敛.

证毕

由 Cauchy 收敛原理可知，例 2.4.12 中数列 $\{x_n\}$ 收敛，而例 2.4.13 中数列 $\{x_n\}$ 发散.这与例 2.4.7 中得到的结论是一致的.

Cauchy 收敛原理表明，由实数构成的基本数列 $\{x_n\}$ 必存在实数极限，这一性质称为实数系的**完备性**.值得注意的是有理数集不具有完备性.例如 $\left\{\left(1+\dfrac{1}{n}\right)^n\right\}$ 是由有理数构成的基本数列，我们将在学习了微分之后严格证明，其极限 e 并不是有理数.

例 2.4.14 设数列 $\{x_n\}$ 满足压缩性条件：

$$|x_{n+1}-x_n|\leqslant k|x_n-x_{n-1}|,\quad 0<k<1,\quad n=2,3,\cdots,$$

则 $\{x_n\}$ 收敛.

证 只要证明 $\{x_n\}$ 是基本数列即可.首先对于一切 n，我们有

$$|x_{n+1}-x_n|\leqslant k|x_n-x_{n-1}|\leqslant k^2|x_{n-1}-x_{n-2}|\leqslant\cdots\leqslant k^{n-1}|x_2-x_1|.$$

设 $m>n$，则

$$
\begin{aligned}
|x_m-x_n| &\leqslant |x_m-x_{m-1}|+|x_{m-1}-x_{m-2}|+\cdots+|x_{n+1}-x_n|\\
&\leqslant k^{m-2}|x_2-x_1|+k^{m-3}|x_2-x_1|+\cdots+k^{n-1}|x_2-x_1|\\
&<\frac{k^{n-1}}{1-k}|x_2-x_1|\to 0\quad (n\to\infty),
\end{aligned}
$$

因此 $\{x_n\}$ 是基本数列，从而收敛.

证毕

实数系的基本定理

我们在 §1 中证明了实数系连续性定理——确界存在定理.在本节中，我们又依次证明了单调有界数列收敛定理、闭区间套定理、Bolzano-Weierstrass 定理与实数系完备性定理——Cauchy 收敛原理.通过分析它们的证明，可以发现它们之间的逻辑推理关系：

$$确界存在定理$$
$$\Downarrow$$
$$单调有界数列收敛定理$$
$$\Downarrow$$
$$闭区间套定理$$
$$\Downarrow$$
$$\text{Bolzano-Weierstrass 定理}$$
$$\Downarrow$$
$$\text{Cauchy 收敛原理}$$

也就是说,实数系的连续性包含了实数系的完备性.

下面我们证明实数系的完备性也包含了实数系的连续性.也就是说,在实数系中,完备性与连续性这两个概念是等价的.

定理 2.4.8 实数系的完备性等价于实数系的连续性.

证 我们分两步来证明实数系的完备性包含实数系的连续性,即证明:
$$\text{Cauchy 收敛原理} \Rightarrow 闭区间套定理 \Rightarrow 确界存在定理.$$

先证明:Cauchy 收敛原理 $\Rightarrow$ 闭区间套定理.

设 $\{[a_n, b_n]\}$ 是一列闭区间,满足条件

(i) $[a_{n+1}, b_{n+1}] \subset [a_n, b_n]$, $n = 1, 2, 3, \cdots$;

(ii) $\lim\limits_{n \to \infty} (b_n - a_n) = 0$.

设 $m > n$,则
$$0 \leqslant a_m - a_n < b_n - a_n \to 0 \quad (n \to \infty),$$
所以数列 $\{a_n\}$ 是一基本数列,从而有
$$\lim\limits_{n \to \infty} a_n = \xi,$$
并由此得到
$$\lim\limits_{n \to \infty} b_n = \lim\limits_{n \to \infty} (b_n - a_n) + \lim\limits_{n \to \infty} a_n = \xi.$$
由于数列 $\{a_n\}$ 单调增加,数列 $\{b_n\}$ 单调减少,可以知道 ξ 是属于所有闭区间 $[a_n, b_n]$ 的惟一实数.闭区间套定理得证.

再证明:闭区间套定理 $\Rightarrow$ 确界存在定理.

设 S 是非空有上界的实数集合,又设 T 是由 S 的所有上界所组成的集合,现证 T 含有最小数,即 S 有上确界.

取 $a_1 \in T, b_1 \in T$,显然 $a_1 < b_1$.现按下述的规则依次构造一列闭区间:

$$[a_2, b_2] = \begin{cases} \left[a_1, \dfrac{a_1 + b_1}{2}\right], & 若 \dfrac{a_1 + b_1}{2} \in T, \\[3mm] \left[\dfrac{a_1 + b_1}{2}, b_1\right], & 若 \dfrac{a_1 + b_1}{2} \bar\in T; \end{cases}$$

$$[a_3, b_3] = \begin{cases} \left[a_2, \dfrac{a_2 + b_2}{2}\right], & 若 \dfrac{a_2 + b_2}{2} \in T, \\[3mm] \left[\dfrac{a_2 + b_2}{2}, b_2\right], & 若 \dfrac{a_2 + b_2}{2} \bar\in T; \end{cases}$$

......

由此得到一个闭区间套 $\{[a_n,b_n]\}$,满足

$$a_n \in T, \ b_n \in T, \qquad n=1,2,3,\cdots.$$

由闭区间套定理,存在惟一的实数 ξ 属于所有的闭区间 $[a_n,b_n]$,且 $\lim\limits_{n\to\infty}a_n=\lim\limits_{n\to\infty}b_n=\xi$.现只需说明 ξ 是集合 T 的最小数,也就是集合 S 的上确界.

若 $\xi \in T$,即 ξ 不是集合 S 的上界,则存在 $x \in S$,使得 $\xi<x$.由 $\lim\limits_{n\to\infty}b_n=\xi$,可知当 n 充分大时,成立 $b_n<x$,这就与 $b_n \in T$ 发生矛盾,所以 $\xi \in T$.

若存在 $\eta \in T$,使得 $\eta<\xi$,则由 $\lim\limits_{n\to\infty}a_n=\xi$,可知当 n 充分大时,成立 $\eta<a_n$.由于 $a_n \in T$,于是存在 $y \in S$,使得 $\eta<a_n<y$,这就与 $\eta \in T$ 发生矛盾.从而得出 ξ 是集合 S 的上确界的结论.确界存在定理得证.

证毕

因此上述五个定理是等价的,即从其中任何一个定理出发都可以推断出其他的定理,所以,这五个定理中的每一个都可以称为是实数系的基本定理.

习　　题

1. 利用 $\lim\limits_{n\to\infty}\left(1+\dfrac{1}{n}\right)^n=e$ 求下列数列的极限:

(1) $\lim\limits_{n\to\infty}\left(1-\dfrac{1}{n}\right)^n$;　　　　　　(2) $\lim\limits_{n\to\infty}\left(1+\dfrac{1}{n+1}\right)^n$;

(3) $\lim\limits_{n\to\infty}\left(1+\dfrac{1}{2n}\right)^n$;　　　　　　(4) $\lim\limits_{n\to\infty}\left(1+\dfrac{1}{n^2}\right)^n$;

(5) $\lim\limits_{n\to\infty}\left(1+\dfrac{1}{n}-\dfrac{1}{n^2}\right)^n$.

2. 利用单调有界数列必定收敛的性质,证明下述数列收敛,并求出极限:

(1) $x_1=\sqrt{2}$, $x_{n+1}=\sqrt{2+x_n}$, $n=1,2,3,\cdots$;

(2) $x_1=\sqrt{2}$, $x_{n+1}=\sqrt{2x_n}$, $n=1,2,3,\cdots$;

(3) $x_1=\sqrt{2}$, $x_{n+1}=\dfrac{-1}{2+x_n}$, $n=1,2,3,\cdots$;

(4) $x_1=1$, $x_{n+1}=\sqrt{4+3x_n}$, $n=1,2,3,\cdots$;

(5) $0<x_1<1$, $x_{n+1}=1-\sqrt{1-x_n}$, $n=1,2,3,\cdots$;

(6) $0<x_1<1$, $x_{n+1}=x_n(2-x_n)$, $n=1,2,3,\cdots$.

3. 利用递推公式与单调有界数列的性质,证明:

(1) $\lim\limits_{n\to\infty}\dfrac{2}{3}\cdot\dfrac{3}{5}\cdot\dfrac{4}{7}\cdot\cdots\cdot\dfrac{n+1}{2n+1}=0$;

(2) $\lim\limits_{n\to\infty}\dfrac{a^n}{n!}=0$ $\quad(a>1)$;

(3) $\lim\limits_{n\to\infty}\dfrac{n!}{n^n}=0$.

4. 设 $x_{n+1} = \dfrac{1}{2}\left(x_n + \dfrac{2}{x_n}\right), n = 1, 2, 3, \cdots,$ 分 $x_1 = 1$ 与 $x_1 = -2$ 两种情况求 $\lim\limits_{n \to \infty} x_n.$

5. 设 $x_1 = a, x_2 = b, x_{n+2} = \dfrac{x_{n+1} + x_n}{2}(n = 1, 2, 3, \cdots),$ 求 $\lim\limits_{n \to \infty} x_n.$

6. 给定 $0 < a < b,$ 令 $x_1 = a, y_1 = b.$

（1）若 $x_{n+1} = \sqrt{x_n y_n}, y_{n+1} = \dfrac{x_n + y_n}{2}(n = 1, 2, 3, \cdots),$ 证明 $\{x_n\}, \{y_n\}$ 收敛，且 $\lim\limits_{n \to \infty} x_n = \lim\limits_{n \to \infty} y_n.$ 这个公共极限称为 a 与 b 的 **算术几何平均**；

（2）若 $x_{n+1} = \dfrac{x_n + y_n}{2}, y_{n+1} = \dfrac{2x_n y_n}{x_n + y_n}(n = 1, 2, 3, \cdots),$ 证明 $\{x_n\}, \{y_n\}$ 收敛，且 $\lim\limits_{n \to \infty} x_n = \lim\limits_{n \to \infty} y_n.$ 这个公共极限称为 a 与 b 的 **算术调和平均**.

7. 设 $x_1 = \sqrt{2}, x_{n+1} = \dfrac{1}{2 + x_n}(n = 1, 2, 3, \cdots),$ 证明数列 $\{x_n\}$ 收敛，并求极限 $\lim\limits_{n \to \infty} x_n.$

8. 设 $\{x_n\}$ 是一单调数列，证明 $\lim\limits_{n \to \infty} x_n = a$ 的充分必要条件是：存在 $\{x_n\}$ 的子列 $\{x_{n_k}\}$ 满足 $\lim\limits_{k \to \infty} x_{n_k} = a.$

9. 证明：若有界数列 $\{x_n\}$ 不收敛，则必存在两个子列 $\{x_{n_k}^{(1)}\}$ 与 $\{x_{n_k}^{(2)}\}$ 收敛于不同的极限，即 $\lim\limits_{k \to \infty} x_{n_k}^{(1)} = a, \lim\limits_{k \to \infty} x_{n_k}^{(2)} = b, a \neq b.$

10. 证明：若数列 $\{x_n\}$ 无界，但非无穷大量，则必存在两个子列 $\{x_{n_k}^{(1)}\}$ 与 $\{x_{n_k}^{(2)}\}$，其中 $\{x_{n_k}^{(1)}\}$ 是无穷大量，$\{x_{n_k}^{(2)}\}$ 是收敛子列.

11. 设 S 是非空有上界的数集，$\sup S = a \notin S.$ 证明在数集 S 中可取出严格单调增加的数列 $\{x_n\}$，使得 $\lim\limits_{n \to \infty} x_n = a.$

12. 设 $\{(a_n, b_n)\}$ 是一列开区间，满足条件：

（1）$a_1 < a_2 < \cdots < a_n < \cdots < b_n < \cdots < b_2 < b_1,$

（2）$\lim\limits_{n \to \infty}(b_n - a_n) = 0.$

证明：存在惟一的实数 ξ 属于所有的开区间 (a_n, b_n)，且 $\xi = \lim\limits_{n \to \infty} a_n = \lim\limits_{n \to \infty} b_n.$

13. 利用 Cauchy 收敛原理证明下述数列收敛：

（1）$x_n = a_0 + a_1 q + a_2 q^2 + \cdots + a_n q^n (|q| < 1, |a_k| \leqslant M)$；

（2）$x_n = 1 - \dfrac{1}{2} + \dfrac{1}{3} - \cdots + (-1)^{n+1} \dfrac{1}{n}.$

14. （1）设数列 $\{x_n\}$ 满足条件 $\lim\limits_{n \to \infty} |x_{n+1} - x_n| = 0,$ 问 $\{x_n\}$ 是否一定是基本数列；

（2）设数列 $\{x_n\}$ 满足条件 $|x_{n+1} - x_n| < \dfrac{1}{2^n}(n = 1, 2, 3, \cdots),$ 证明 $\{x_n\}$ 是基本数列.

15. 对于数列 $\{x_n\}$ 构造数集 A_k:

$$A_k = \{x_n \mid n \geqslant k\} = \{x_k, x_{k+1}, \cdots\}.$$

记 $\operatorname{diam} A_k = \sup\{|x_n - x_m|, x_n \in A_k, x_m \in A_k\},$ 证明数列 $\{x_n\}$ 收敛的充分必要条件是

$$\lim\limits_{k \to \infty} \operatorname{diam} A_k = 0.$$

16. 利用 Cauchy 收敛原理证明：单调有界数列必定收敛.

 补充习题

第三章
函数极限与连续函数

§1 函 数 极 限

函数极限的定义

我们在第二章讨论了数列的极限,现在来讨论另一类极限,即函数的极限.设 $y=f(x)$ 是一给定的函数,我们考虑这样的问题:当自变量趋于某个点 x_0 时,因变量 y 是否相应地趋于某个定值 A.

先看一个例子.在半径为 r 的圆上任取一小段圆弧,记它所对的圆心角的弧度为 $2x$,则圆弧长度为 $2xr$,而圆弧所对的弦的长度为 $2r\sin x$,弦长与弧长之比值 y 是 x 的函数,其关系式为 $y=\dfrac{\sin x}{x}$.现问当 x 趋于 0 时,y 是否趋于某个固定值?

如果我们分别取 x 为 $0.5,0.1,0.05,0.01,\cdots$,可求出 y 的相应值分别为 0.96,$0.998,0.9996,0.9998,\cdots$.可以看出,随着 x 越来越接近于 0,$y=\dfrac{\sin x}{x}$ 的值也越来越接近于 1.因此我们有理由猜测,当 x 趋于 0 时,$y=\dfrac{\sin x}{x}$ 趋于 1,并记为 $\lim\limits_{x\to 0}\dfrac{\sin x}{x}=1$.后面我们将对这一极限给出严格证明.

必须注意,在 x 趋于 0 的过程中,我们不取 $x=0$(事实上,当 $x=0$ 时,函数 $\dfrac{\sin x}{x}$ 没有意义).我们当前关心的是在 x 趋于 0 的过程中,函数 $y=\dfrac{\sin x}{x}$ 的变化趋势,而对函数在 $x=0$ 处是否有意义,以及如果有意义的话取值为多少之类的问题,暂时我们都不感兴趣.

下面我们给出函数极限的严格定义:

定义 3.1.1 设函数 $y=f(x)$ 在点 x_0 的某个去心邻域中有定义,即存在 $\rho>0$,使

$$O(x_0,\rho)\setminus\{x_0\}\subset D_f.$$

如果存在实数 A,对于任意给定的 $\varepsilon>0$,可以找到 $\delta>0$,使得当 $0<|x-x_0|<\delta$ 时,成立

$$|f(x)-A|<\varepsilon,$$

则称 A 是函数 $f(x)$ 在点 x_0 的极限,记为

$$\lim_{x \to x_0} f(x) = A, \text{ 或 } f(x) \to A \ (x \to x_0).$$

如果不存在具有上述性质的实数 A,则称函数 $f(x)$ 在点 x_0 的极限不存在.

图 3.1.1 表示了这个定义的几何意义.在平面直角坐标系 Oxy 的 y 轴上取以 A 为中心,ε 为半径的一个开区间 $(A-\varepsilon, A+\varepsilon)$,即 A 点的 ε 邻域 $O(A, \varepsilon)$;在 x 轴上存在一个以 x_0 为中心,δ 为半径的开区间 $(x_0-\delta, x_0+\delta)$,即 x_0 点的 δ 邻域 $O(x_0, \delta)$,"当 $0 < |x - x_0| < \delta$ 时,成立 $|f(x) - A| < \varepsilon$"表示 $O(x_0, \delta)$ 中除 x_0 之外的所有点的函数值都落在点 A 的 ε 邻域中.

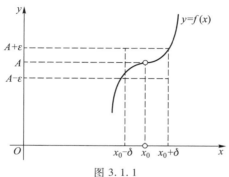

图 3.1.1

跟数列极限的情况类似,ε 既是任意的,又是给定的.一方面,只有当 ε 给定时,才能确定正数 δ(δ 是由 ε 决定的);另一方面,由于 ε 具有任意性,也就是说图 3.1.1 中上下两条横线的距离可以任意收缩.但无论收缩得多小,都能找到正数 δ,使得当 x 处于 x_0 的 δ 去心邻域时,$f(x)$ 落在由这两条线界定的范围中.将这两方面结合起来,就不难理解,A 必为 $x \to x_0$ 时 $f(x)$ 的极限值(如图 3.1.1).

上述函数极限的定义可利用符号表述为:

$$\lim_{x \to x_0} f(x) = A \Longleftrightarrow \forall \varepsilon > 0, \ \exists \delta > 0, \ \forall x (0 < |x - x_0| < \delta) : |f(x) - A| < \varepsilon.$$

例 3.1.1 证明 $\lim\limits_{x \to 0} e^x = 1$.

证 按极限定义,$\forall \varepsilon > 0$(不妨设 $0 < \varepsilon < 1$),要找 $\delta > 0$,使得当 $0 < |x| < \delta$ 时,成立

$$|e^x - 1| < \varepsilon.$$

由于上式等价于

$$\ln(1-\varepsilon) < x < \ln(1+\varepsilon),$$

于是我们取 $\delta = \min\{\ln(1+\varepsilon), -\ln(1-\varepsilon)\} > 0$,当 x 满足 $0 < |x| < \delta$ 时,显然成立

$$|e^x - 1| < \varepsilon.$$

从而证得 $\lim\limits_{x \to 0} e^x = 1$.

证毕

同样,对任意给定的 $\varepsilon > 0$,正数 δ 并不要求取最大的或最佳的值,所以对具体的函数极限问题,常常采用与数列极限证明时类似的适度放大技巧.

例 3.1.2 证明 $\lim\limits_{x \to 2} x^2 = 4$.

证 按极限的定义,对任意给定的 $\varepsilon > 0$,要找 $\delta > 0$,使当 $0 < |x - 2| < \delta$ 时成立

$$|x^2 - 4| < \varepsilon.$$

因为 $|x^2-4|=|x-2|\cdot|x+2|$，我们保留因子 $|x-2|$，而将因子 $|x+2|$ 放大，为此加上条件

$$|x-2|<1, \quad 即 \ 1<x<3,$$

于是 $|x+2|<5$，从而有

$$|x^2-4|<5|x-2|.$$

因此，取 $\delta=\min\left\{1,\dfrac{\varepsilon}{5}\right\}$，当 $0<|x-2|<\delta$ 时，成立

$$|x^2-4|=|x+2|\cdot|x-2|<5\cdot\dfrac{\varepsilon}{5}=\varepsilon,$$

从而证得 $\lim\limits_{x\to2}x^2=4$.

证毕

例 3.1.3 证明 $\lim\limits_{x\to1}\dfrac{x(x-1)}{x^2-1}=\dfrac{1}{2}$.

证 因为

$$\left|\dfrac{x(x-1)}{x^2-1}-\dfrac{1}{2}\right|=\dfrac{|x-1|}{2|x+1|},$$

我们保留因子 $|x-1|$，而将因子 $\dfrac{1}{2|x+1|}$ 放大. 为此，加上条件

$$0<|x-1|<1, \quad 即 \ 0<x<2,$$

于是有

$$\dfrac{1}{2|x+1|}<\dfrac{1}{2}.$$

取 $\delta=\min\{1,2\varepsilon\}$，当 $0<|x-1|<\delta$ 时，成立

$$\left|\dfrac{x(x-1)}{x^2-1}-\dfrac{1}{2}\right|=\dfrac{|x-1|}{2|x+1|}<\dfrac{1}{2}\cdot2\varepsilon=\varepsilon,$$

从而证得 $\lim\limits_{x\to1}\dfrac{x(x-1)}{x^2-1}=\dfrac{1}{2}$.

证毕

函数极限的性质

函数极限的许多性质及其证明方法都与数列极限有类似之处，请读者仔细领会，统一掌握，并注意区别它们不同的地方.

（1）极限的惟一性

定理 3.1.1 设 A 与 B 都是函数 $f(x)$ 在点 x_0 的极限，则 $A=B$.

证 根据函数极限的定义，可知：

$$\forall \varepsilon>0, \ \exists\delta_1>0, \ \forall x(0<|x-x_0|<\delta_1) : |f(x)-A|<\dfrac{\varepsilon}{2};$$

$$\exists\delta_2>0, \ \forall x(0<|x-x_0|<\delta_2) : |f(x)-B|<\dfrac{\varepsilon}{2}.$$

取 $\delta = \min\{\delta_1, \delta_2\}$, 当 $0 < |x - x_0| < \delta$ 时,

$$|A - B| \leqslant |f(x) - A| + |f(x) - B| < \varepsilon.$$

由于 ε 可以任意接近于 0, 可知 $A = B$.

（2）局部保序性

定理 3.1.2 若 $\lim_{x \to x_0} f(x) = A$, $\lim_{x \to x_0} g(x) = B$, 且 $A > B$, 则存在 $\delta > 0$, 当 $0 < |x - x_0| < \delta$ 时, 成立

$$f(x) > g(x).$$

证 取 $\varepsilon_0 = \dfrac{A - B}{2} > 0$. 由 $\lim_{x \to x_0} f(x) = A$, $\exists \delta_1 > 0$, $\forall x (0 < |x - x_0| < \delta_1)$:

$$|f(x) - A| < \varepsilon_0, \text{从而} \frac{A + B}{2} < f(x);$$

由 $\lim_{x \to x_0} g(x) = B$, $\exists \delta_2 > 0$, $\forall x (0 < |x - x_0| < \delta_2)$:

$$|g(x) - B| < \varepsilon_0, \text{从而} g(x) < \frac{A + B}{2}.$$

取 $\delta = \min\{\delta_1, \delta_2\}$, 当 $0 < |x - x_0| < \delta$, 成立

$$g(x) < \frac{A + B}{2} < f(x).$$

证毕

推论 1 若 $\lim_{x \to x_0} f(x) = A \neq 0$, 则存在 $\delta > 0$, 当 $0 < |x - x_0| < \delta$ 时, 成立

$$|f(x)| > \frac{|A|}{2}.$$

证 由 $\lim_{x \to x_0} f(x) = A$ 及 $||f(x)| - |A|| \leqslant |f(x) - A|$, 可知 $\lim_{x \to x_0} |f(x)| = |A|$. 令 $g(x) = \dfrac{|A|}{2}$, 由 $\dfrac{|A|}{2} < |A|$ 及定理 3.1.2, 可知存在 $\delta > 0$, 当 $0 < |x - x_0| < \delta$ 时, 成立

$$|f(x)| > \frac{|A|}{2}.$$

证毕

推论 2 若 $\lim_{x \to x_0} f(x) = A$, $\lim_{x \to x_0} g(x) = B$, 且存在 $r > 0$, 使得当 $0 < |x - x_0| < r$ 时, 成立 $g(x) \leqslant f(x)$, 则

$$B \leqslant A.$$

证 运用反证法. 若 $B > A$, 则由定理 3.1.2, 存在 $\delta > 0$, 当 $0 < |x - x_0| < \delta$ 时,

$$g(x) > f(x).$$

取 $\eta = \min\{\delta, r\}$, 则当 $0 < |x - x_0| < \eta$ 时, 既有 $g(x) > f(x)$, 又有 $g(x) \leqslant f(x)$, 从而产生矛盾.

证毕

注意, 即使将推论 2 的条件加强到当 $0 < |x - x_0| < r$ 时, 成立 $g(x) < f(x)$, 我们也只能得到 $B \leqslant A$ 的结论, 而不能得到 $B < A$ 的结论, 请读者自己举出例子.

推论 3（局部有界性） 若 $\lim_{x \to x_0} f(x) = A$, 则存在 $\delta > 0$, 使得 $f(x)$ 在 $O(x_0, \delta) \setminus \{x_0\}$ 中有界.

证　取常数 M 与 m，满足 $m<A<M$，令 $g(x)=m$，$h(x)=M$ 为两个常数函数，由定理 3.1.2 可知存在 $\delta>0$，当 $0<|x-x_0|<\delta$ 时，成立

$$m<f(x)<M.$$

证毕

顺便指出，如果 $f(x)$ 在 x_0 有定义，我们可以取

$$G=\max\{|m|,|M|,|f(x_0)|\},$$

则当 $|x-x_0|<\delta$ 时，成立

$$|f(x)|\leqslant G.$$

注意，δ 不能随意扩大.例如取 $f(x)=\dfrac{1}{x}$，$x_0=1$，则 $f(x)$ 在 $\left\{x\,|\,0<|x-1|<\dfrac{1}{2}\right\}$ 有界，但 $f(x)$ 在 $\{x\,|\,0<|x-1|<1\}$ 是无界的.

（3）夹逼性

定理 3.1.3　若存在 $r>0$，使得当 $0<|x-x_0|<r$ 时，成立

$$g(x)\leqslant f(x)\leqslant h(x),$$

且 $\lim\limits_{x\to x_0}g(x)=\lim\limits_{x\to x_0}h(x)=A$，则 $\lim\limits_{x\to x_0}f(x)=A$.

证　$\forall\varepsilon>0$，由 $\lim\limits_{x\to x_0}h(x)=A$，可知 $\exists\delta_1>0$，$\forall x(0<|x-x_0|<\delta_1)$：$|h(x)-A|<\varepsilon$，从而

$$h(x)<A+\varepsilon;$$

由 $\lim\limits_{x\to x_0}g(x)=A$，可知 $\exists\delta_2>0$，$\forall x(0<|x-x_0|<\delta_2)$：$|g(x)-A|<\varepsilon$，从而

$$A-\varepsilon<g(x).$$

取 $\delta=\min\{\delta_1,\delta_2,r\}$，$\forall x(0<|x-x_0|<\delta)$：

$$A-\varepsilon<g(x)\leqslant f(x)\leqslant h(x)<A+\varepsilon,$$

此即 $\lim\limits_{x\to x_0}f(x)=A$.

证毕

例 3.1.4　证明：$\lim\limits_{x\to 0}\dfrac{\sin x}{x}=1$.

证　（如图 3.1.2）设 $\angle AOB$ 的弧度为 x，$0<x<\dfrac{\pi}{2}$，由于

△OAB 面积<扇形 OAB 面积<△OBC 面积，可以得到（见例 2.4.5 的注）

$$\sin x<x<\tan x,\quad 0<x<\frac{\pi}{2}.$$

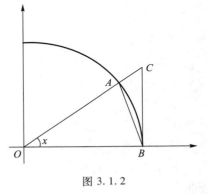

图 3.1.2

从而有

$$\cos x<\frac{\sin x}{x}<1,\quad 0<x<\frac{\pi}{2}.$$

显然上式对于 $-\dfrac{\pi}{2}<x<0$ 也成立.

由于

$$|\cos x - 1| = 2\sin^2\frac{x}{2} \leqslant \frac{x^2}{2},$$

可知 $\lim\limits_{x\to 0}\cos x = 1$. 应用极限的夹逼性, 得到

$$\lim_{x\to 0}\frac{\sin x}{x} = 1.$$

证毕

注 此极限亦可由例 2.4.5 的结果

$$\lim_{n\to\infty}\frac{\sin(\pi/n)}{\pi/n} = 1$$

直接导出:对任意 $x \in \left(-\dfrac{\pi}{2}, \dfrac{\pi}{2}\right)\backslash\{0\}$, 一定存在正整数 n, 满足

$$\frac{\pi}{n+1} < |x| \leqslant \frac{\pi}{n},$$

由此得到

$$\frac{\sin[\pi/(n+1)]}{\pi/(n+1)}\cdot\frac{n}{n+1} < \frac{\sin x}{x} < \frac{\sin(\pi/n)}{\pi/n}\cdot\frac{n+1}{n}.$$

当 $x\to 0$ 时有 $n\to\infty$, 利用极限的夹逼性, 即有

$$\lim_{x\to 0}\frac{\sin x}{x} = 1.$$

函数极限的四则运算

定理 3.1.4 设 $\lim\limits_{x\to x_0}f(x) = A$, $\lim\limits_{x\to x_0}g(x) = B$, 则

(1) $\lim\limits_{x\to x_0}(\alpha f(x) + \beta g(x)) = \alpha A + \beta B$ （α, β 是常数）;

(2) $\lim\limits_{x\to x_0}(f(x)g(x)) = AB$;

(3) $\lim\limits_{x\to x_0}\dfrac{f(x)}{g(x)} = \dfrac{A}{B}$ （$B\neq 0$）.

证 因 $\lim\limits_{x\to x_0}f(x) = A$, 由定理 3.1.2 的推论 3 可知, $\exists\delta_0 > 0$, $\forall x(0 < |x - x_0| < \delta_0)$:

$$|f(x)| \leqslant X,$$

且 $\forall\varepsilon > 0$, $\exists\delta_1 > 0$, $\forall x(0 < |x - x_0| < \delta_1)$:

$$|f(x) - A| < \varepsilon;$$

再由 $\lim\limits_{x\to x_0}g(x) = B$ 可知, $\exists\delta_2 > 0$, $\forall x(0 < |x - x_0| < \delta_2)$:

$$|g(x) - B| < \varepsilon.$$

取 $\delta = \min(\delta_0, \delta_1, \delta_2)$, 则 $\forall x(0 < |x - x_0| < \delta)$:

$$|(\alpha f(x) + \beta g(x)) - (\alpha A + \beta B)| \leqslant |\alpha|\cdot|f(x) - A| + |\beta|\cdot|g(x) - B| < (|\alpha| + |\beta|)\varepsilon;$$

及

$$|f(x)g(x) - AB| = |f(x)(g(x) - B) + B(f(x) - A)| < (X + |B|)\varepsilon,$$

因此 (1) 和 (2) 成立.

利用定理 3.1.2 的推论 1, 可知 $\exists\delta_* > 0$, $\forall x(0 < |x - x_0| < \delta_*)$:

$$|g(x)| > \frac{|B|}{2}.$$

取 $\delta = \min(\delta_*, \delta_1, \delta_2)$，$\forall x (0 < |x - x_0| < \delta)$：

$$\left| \frac{f(x)}{g(x)} - \frac{A}{B} \right| = \left| \frac{B(f(x) - A) - A(g(x) - B)}{Bg(x)} \right| < \frac{2(|A| + |B|)}{|B|^2} \varepsilon,$$

因此(3)也成立.

证毕

例 3.1.5 对于任意实数 $\alpha \neq 0$，有

$$\lim_{x \to 0} \frac{\sin \alpha x}{x} = \lim_{x \to 0} \alpha \left(\frac{\sin \alpha x}{\alpha x} \right) = \alpha;$$

对于任意实数 $\alpha, \beta \neq 0$，则有

$$\lim_{x \to 0} \frac{\sin \alpha x}{\sin \beta x} = \lim_{x \to 0} \left(\frac{\sin \alpha x}{x} \middle/ \frac{\sin \beta x}{x} \right) = \frac{\alpha}{\beta}.$$

函数极限与数列极限的关系

定理 3.1.5（Heine 定理） $\lim\limits_{x \to x_0} f(x) = A$ 的充分必要条件是：对于任意满足条件 $\lim\limits_{n \to \infty} x_n = x_0$，且 $x_n \neq x_0 (n = 1, 2, 3, \cdots)$ 的数列 $\{x_n\}$，相应的函数值数列 $\{f(x_n)\}$ 成立

$$\lim_{n \to \infty} f(x_n) = A.$$

证 必要性：由 $\lim\limits_{x \to x_0} f(x) = A$ 可知，

$$\forall \varepsilon > 0, \exists \delta > 0, \forall x (0 < |x - x_0| < \delta) : |f(x) - A| < \varepsilon.$$

因为 $\lim\limits_{n \to \infty} x_n = x_0$，且 $x_n \neq x_0 (n = 1, 2, 3, \cdots)$，对于上述 $\delta > 0$，$\exists N, \forall n > N$：

$$0 < |x_n - x_0| < \delta.$$

于是当 $n > N$ 时，成立

$$|f(x_n) - A| < \varepsilon,$$

即 $\lim\limits_{n \to \infty} f(x_n) = A$.

充分性：用反证法.

按函数极限定义，命题"$f(x)$ 在 x_0 点以 A 为极限"可以表述为

$$\forall \varepsilon > 0, \exists \delta > 0, \forall x (0 < |x - x_0| < \delta) : |f(x) - A| < \varepsilon.$$

于是它的否定命题"$f(x)$ 在 x_0 点不以 A 为极限"可以对偶地表述为

$$\exists \varepsilon_0 > 0, \forall \delta > 0, \exists x (0 < |x - x_0| < \delta) : |f(x) - A| \geq \varepsilon_0.$$

也就是说，存在某个固定正数 ε_0，不管 δ 取得多么小，总能在 $O(x_0, \delta) \setminus \{x_0\}$ 中找到一个 x，使 $f(x)$ 与 A 的差的绝对值不小于 ε_0，即 $|f(x) - A| \geq \varepsilon_0$.

现在取一列 $\{\delta_n\}$，$\delta_n = \frac{1}{n} (n = 1, 2, 3, \cdots)$.

对 $\delta_1 = 1$，存在 $x_1 (0 < |x_1 - x_0| < \delta_1)$，使 $|f(x_1) - A| \geq \varepsilon_0$；

对 $\delta_2 = \frac{1}{2}$，存在 $x_2 (0 < |x_2 - x_0| < \delta_2)$，使 $|f(x_2) - A| \geq \varepsilon_0$；

……

一般地,对 $\delta_k = \dfrac{1}{k}$,存在 $x_k(0<|x_k-x_0|<\delta_k)$,使 $|f(x_k)-A| \geqslant \varepsilon_0$.

于是得到数列 $\{x_n\}$,满足 $x_n \neq x_0$,$\lim\limits_{n\to\infty} x_n = x_0$,但相应的函数值数列 $\{f(x_n)\}$ 不可能以 A 为极限.

由此推翻假定,得到 $f(x)$ 在 x_0 点以 A 为极限.

证毕

这一性质被经常用于证明某个函数极限的不存在性.

例 3.1.6 证明 $\sin\dfrac{1}{x}$ 在 $x = 0$ 没有极限.

证 取 $x_n^{(1)} = \dfrac{1}{n\pi}$ $(n = 1,2,3,\cdots)$;$x_n^{(2)} = \dfrac{1}{2n\pi + \dfrac{\pi}{2}}$ $(n = 1,2,3,\cdots)$.

则显然有 $x_n^{(1)} \neq 0$,$\lim\limits_{n\to\infty} x_n^{(1)} = 0$ 与 $x_n^{(2)} \neq 0$,$\lim\limits_{n\to\infty} x_n^{(2)} = 0$.但由于 $\lim\limits_{n\to\infty} \sin\dfrac{1}{x_n^{(1)}} = 0$,而 $\lim\limits_{n\to\infty} \sin\dfrac{1}{x_n^{(2)}}$

$= 1$,根据定理 3.1.5,可知 $\sin\dfrac{1}{x}$ 在 $x = 0$ 没有极限(如图 3.1.3).

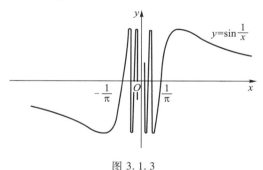

图 3.1.3

注 如果我们只关心函数 $f(x)$ 在点 x_0 的极限是否存在,而不管极限值是多少,则定理 3.1.5 有下述另一种表述:

定理 3.1.5' $\lim\limits_{x\to x_0} f(x)$ 存在的充分必要条件是:对于任意满足条件 $\lim\limits_{n\to\infty} x_n = x_0$ 且 $x_n \neq x_0(n = 1,2,3,\cdots)$ 的数列 $\{x_n\}$,相应的函数值数列 $\{f(x_n)\}$ 收敛.

对于定理 3.1.5' 充分性的证明,只要注意这样一个事实:若存在数列 $\{x_n'\}$ 与 $\{x_n''\}$,$x_n' \neq x_0$,$x_n'' \neq x_0$,且 $\lim\limits_{n\to\infty} x_n' = \lim\limits_{n\to\infty} x_n'' = x_0$,使得 $\lim\limits_{n\to\infty} f(x_n') \neq \lim\limits_{n\to\infty} f(x_n'')$,则取新的数列 $\{x_n\}$,使 $x_{2n-1} = x_n'$,$x_{2n} = x_n''(n = 1,2,3,\cdots)$,显然 $x_n \neq x_0$,$\lim\limits_{n\to\infty} x_n = x_0$,但是相应的函数值数列 $\{f(x_n)\}$ 必定不收敛.

单侧极限

在函数极限 $\lim\limits_{x\to x_0} f(x) = A$ 的定义中,自变量 x 可以按任意的方式趋于 x_0(只要 $x \neq x_0$).但有时候,$f(x)$ 只在 x_0 的一侧(左侧或右侧)有定义,或者需要分别研究 $f(x)$ 在 x_0 两侧的性态,这就有必要引入单侧极限的概念.

定义 3.1.2 设 $f(x)$ 在 $(x_0-\rho, x_0)$ 有定义 $(\rho>0)$. 如果存在实数 B, 对于任意给定的 $\varepsilon>0$, 可以找到 $\delta>0$, 使得当 $-\delta<x-x_0<0$ 时, 成立

$$|f(x)-B|<\varepsilon,$$

则称 B 是函数 $f(x)$ 在点 x_0 的**左极限**, 记为

$$\lim_{x\to x_0-}f(x)=f(x_0-)=B.$$

类似地, 如果 $f(x)$ 在 $(x_0, x_0+\rho)$ 有定义 $(\rho>0)$. 并且存在实数 C, 对于任意给定的 $\varepsilon>0$, 可以找到 $\delta>0$, 使得当 $0<x-x_0<\delta$ 时, 成立

$$|f(x)-C|<\varepsilon,$$

则称 C 是函数 $f(x)$ 在点 x_0 的**右极限**, 记为

$$\lim_{x\to x_0+}f(x)=f(x_0+)=C.$$

显然, 函数 $f(x)$ 在 x_0 极限存在的充分必要条件是 $f(x)$ 在 x_0 的左极限与右极限存在并且相等:

$$\lim_{x\to x_0}f(x)=A\Leftrightarrow \lim_{x\to x_0-}f(x)=\lim_{x\to x_0+}f(x)=A.$$

例 3.1.7 符号函数 $\operatorname{sgn}x$(见 §1.2) 在原点的单侧极限存在但不相等:

$$\lim_{x\to0-}\operatorname{sgn}x=-1, \qquad \lim_{x\to0+}\operatorname{sgn}x=1,$$

因此符号函数在 $x=0$ 处没有极限.

例 3.1.8 设

$$f(x)=\begin{cases}\dfrac{\sin 2x}{x}, & x<0, \\[2mm] 2\cos x^2, & x\geq0.\end{cases}$$

问当 x 趋于 0 时, $f(x)$ 的极限是否存在?

解 由于

$$\lim_{x\to0-}f(x)=\lim_{x\to0-}\frac{\sin 2x}{x}=2, \qquad \lim_{x\to0+}f(x)=\lim_{x\to0+}2\cos x^2=2,$$

因此当 x 趋于 0 时, $f(x)$ 的极限存在, 且 $\lim\limits_{x\to0}f(x)=2$.

函数极限定义的扩充

在本节中, 函数极限是对 $\lim\limits_{x\to x_0}f(x)=A$ 定义的, 表述为

$\forall\varepsilon>0, \exists\delta>0, \forall x(0<|x-x_0|<\delta):|f(x)-A|<\varepsilon$, 其中 x_0, A 都是有限实数.

但实际上, 自变量的极限过程有六种情况: $x\to x_0$、x_0+、x_0-、∞、$+\infty$、$-\infty$, 函数值的极限有四种情况: $f(x)\to A$、∞、$+\infty$、$-\infty$. 仔细分析一下 $\lim\limits_{x\to x_0}f(x)=A$ 的定义, 可以发现定义包含了两个方面: "$\forall\varepsilon>0, \cdots:|f(x)-A|<\varepsilon$" 描述的是函数值的极限情况 "$f(x)\to A$"; 而 "$\cdots, \exists\delta>0, \forall x(0<|x-x_0|<\delta):\cdots$" 描述的是自变量的极限过程 "$x\to x_0$". 而对于上述四种函数值的极限情况和六种自变量的极限过程, 分别有相应的表述方式:

"$f(x)\to A$(有限数)":   "$\forall\varepsilon>0, \cdots:|f(x)-A|<\varepsilon$";

"$f(x)\to\infty$":   "$\forall G>0, \cdots:|f(x)|>G$";

"$f(x)\to+\infty$":   "$\forall G>0, \cdots:f(x)>G$";

"$f(x)\rightarrow-\infty$"：　　　　　　　　"$\forall G>0,\cdots:f(x)<-G$"；

以及

"$x\rightarrow x_0$"：　　　　　　"$\cdots,\exists\delta>0,\forall x(0<|x-x_0|<\delta):\cdots$"；

"$x\rightarrow x_0+$"：　　　　　　"$\cdots,\exists\delta>0,\forall x(0<x-x_0<\delta):\cdots$"；

"$x\rightarrow x_0-$"：　　　　　　"$\cdots,\exists\delta>0,\forall x(-\delta<x-x_0<0):\cdots$"；

"$x\rightarrow\infty$"：　　　　　　"$\cdots,\exists X>0,\forall x(|x|>X):\cdots$"；

"$x\rightarrow+\infty$"：　　　　　　"$\cdots,\exists X>0,\forall x(x>X):\cdots$"；

"$x\rightarrow-\infty$"：　　　　　　"$\cdots,\exists X>0,\forall x(x<-X):\cdots$"．

理解了这一点,读者就不难举一反三,对任何一种函数极限立即写出相应的定义.例如：

$\lim\limits_{x\rightarrow x_0+}f(x)=\infty$ 的定义为

$$\forall G>0,\exists\delta>0,\forall x(0<x-x_0<\delta):|f(x)|>G;$$

$\lim\limits_{x\rightarrow+\infty}f(x)=A$ 的定义为

$$\forall\varepsilon>0,\exists X>0,\forall x(x>X):|f(x)-A|<\varepsilon;$$

$\lim\limits_{x\rightarrow-\infty}f(x)=+\infty$ 的定义为

$$\forall G>0,\exists X>0,\forall x(x<-X):f(x)>G.$$

例 3.1.9　证明 $\lim\limits_{x\rightarrow-\infty}\mathrm{e}^x=0.$

证　对于任意给定的 $\varepsilon\in(0,1)$,取 $X=\ln\dfrac{1}{\varepsilon}>0$,当 $x<-X$ 时成立

$$0<\mathrm{e}^x<\mathrm{e}^{-X}=\varepsilon,$$

于是得到 $\lim\limits_{x\rightarrow-\infty}\mathrm{e}^x=0.$

证毕

例 3.1.10　证明 $\lim\limits_{x\rightarrow1-}\dfrac{x^2}{x-1}=-\infty.$

证　对于任意给定的 $G>0$,要找 $\delta>0$,使当 $-\delta<x-1<0$ 时成立

$$\frac{x^2}{x-1}<-G.$$

为了适度放大不等式的左边,先加上条件 $-\dfrac{1}{2}<x-1<0$,于是 $x^2>\dfrac{1}{4}$,从而 $\dfrac{x^2}{x-1}<\dfrac{1}{4(x-1)}$.令 $\delta=\min\left\{\dfrac{1}{2},\dfrac{1}{4G}\right\}$,则当 $-\delta<x-1<0$ 时

$$\frac{x^2}{x-1}<\frac{1}{4(x-1)}<-\frac{1}{4\delta}\leqslant-G.$$

由此证得 $\lim\limits_{x\rightarrow1-}\dfrac{x^2}{x-1}=-\infty.$

证毕

例 3.1.11　容易证明 $\lim\limits_{y\rightarrow-\infty}\mathrm{e}^y=0,\ \lim\limits_{y\rightarrow+\infty}\mathrm{e}^y=+\infty.$ 令 $y=\dfrac{1}{x}$,可知函数 $f(x)=\mathrm{e}^{\frac{1}{x}}$（如图

3.1.4)在 $x=0$ 的左极限存在,且 $\lim\limits_{x\to 0-}e^{\frac{1}{x}}=0$;而当 $x\to 0+$ 时,函数 $f(x)$ 趋于 $+\infty$,即 $\lim\limits_{x\to 0+}e^{\frac{1}{x}}=+\infty$.

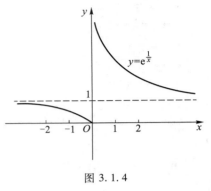

图 3.1.4

对于上述扩充了定义的函数极限,可以参照本节前半部分讨论其函数极限的性质、函数极限的四则运算以及函数极限与数列极限的关系,我们不一一作叙述了.请读者自己加以推导,并注意以下几点说明.

(1) 关于函数极限的性质,例如局部保序定理与夹逼性定理,只当函数极限 A 为有限数、$+\infty$ 与 $-\infty$ 时才是成立的.也就是说,讨论这些定理,须排除 A 是未定号无穷大 ∞ 的情况.这是因为我们无法将 ∞ 与任意有限数作大小的比较,而对于定号无穷大 $+\infty$ 或 $-\infty$,我们可以认为不等式 $-\infty<A<+\infty$ (A 为任意实数)成立.

(2) 关于函数极限的四则运算,只要不是待定型,如 $\infty\pm\infty$,$(+\infty)-(+\infty)$,$(+\infty)+(-\infty)$,$0\cdot\infty$,$\dfrac{0}{0}$,$\dfrac{\infty}{\infty}$ 等,定理 3.1.4 总是成立的.如果出现待定型,则需要对具体的函数极限作具体的讨论.

(3) 对于这些不同的函数极限,分别有相应的 Heine 定理,它们的叙述、证明方法和作用都是类似的.

例 3.1.12　讨论极限

$$L=\lim_{x\to\infty}\frac{a_n x^n+a_{n-1}x^{n-1}+\cdots+a_k x^k}{b_m x^m+b_{m-1}x^{m-1}+\cdots+b_j x^j}$$

与

$$l=\lim_{x\to 0}\frac{a_n x^n+a_{n-1}x^{n-1}+\cdots+a_k x^k}{b_m x^m+b_{m-1}x^{m-1}+\cdots+b_j x^j},$$

其中 a_n,a_k,b_m,b_j 都是非零实数.

解　(1) $x\to\infty$ 情形.

当 $n=m$ 时,

$$L=\lim_{x\to\infty}\frac{a_n+\dfrac{a_{n-1}}{x}+\cdots+\dfrac{a_k}{x^{n-k}}}{b_n+\dfrac{b_{n-1}}{x}+\cdots+\dfrac{b_j}{x^{n-j}}}=\frac{a_n}{b_n};$$

当 $n<m$ 时,

$$L=\lim_{x\to\infty}\left(\frac{1}{x^{m-n}}\cdot\frac{a_n+\dfrac{a_{n-1}}{x}+\cdots+\dfrac{a_k}{x^{n-k}}}{b_m+\dfrac{b_{m-1}}{x}+\cdots+\dfrac{b_j}{x^{m-j}}}\right)=0;$$

当 $n>m$ 时,

$$L = \lim_{x \to \infty} \left(x^{n-m} \cdot \frac{a_n + \dfrac{a_{n-1}}{x} + \cdots + \dfrac{a_k}{x^{n-k}}}{b_m + \dfrac{b_{m-1}}{x} + \cdots + \dfrac{b_j}{x^{m-j}}} \right) = \infty .$$

（2）$x \to 0$ 情形.

当 $k=j$ 时,

$$l = \lim_{x \to 0} \frac{a_n x^{n-k} + a_{n-1} x^{n-k-1} + \cdots + a_k}{b_m x^{m-k} + b_{m-1} x^{m-k-1} + \cdots + b_k} = \frac{a_k}{b_k} ;$$

当 $k>j$ 时,

$$l = \lim_{x \to 0} \left(x^{k-j} \cdot \frac{a_n x^{n-k} + a_{n-1} x^{n-k-1} + \cdots + a_k}{b_m x^{m-j} + b_{m-1} x^{m-j-1} + \cdots + b_j} \right) = 0 ;$$

当 $k<j$ 时,

$$l = \lim_{x \to 0} \left(\frac{1}{x^{j-k}} \cdot \frac{a_n x^{n-k} + a_{n-1} x^{n-k-1} + \cdots + a_k}{b_m x^{m-j} + b_{m-1} x^{m-j-1} + \cdots + b_j} \right) = \infty .$$

所以

$$L = \lim_{x \to \infty} \frac{a_n x^n + a_{n-1} x^{n-1} + \cdots + a_k x^k}{b_m x^m + b_{m-1} x^{m-1} + \cdots + b_j x^j} = \begin{cases} \dfrac{a_n}{b_n}, & n=m, \\[2mm] 0, & n<m, \\[2mm] \infty, & n>m; \end{cases}$$

$$l = \lim_{x \to 0} \frac{a_n x^n + a_{n-1} x^{n-1} + \cdots + a_k x^k}{b_m x^m + b_{m-1} x^{m-1} + \cdots + b_j x^j} = \begin{cases} \dfrac{a_k}{b_k}, & k=j, \\[2mm] 0, & k>j, \\[2mm] \infty, & k<j. \end{cases}$$

例 3.1.13　$\lim\limits_{x \to \infty} \left(1 + \dfrac{1}{x} \right)^x = \mathrm{e}.$

证　先证 $\lim\limits_{x \to +\infty} \left(1 + \dfrac{1}{x} \right)^x = \mathrm{e}.$ 首先, 对于任意 $x \geqslant 1$, 有

$$\left(1 + \frac{1}{[x]+1} \right)^{[x]} < \left(1 + \frac{1}{x} \right)^x < \left(1 + \frac{1}{[x]} \right)^{[x]+1} ,$$

其中 $[x]$ 表示 x 的整数部分. 当 $x \to +\infty$ 时, 不等式左、右两侧表现为两个数列极限

$$\lim_{n \to \infty} \left(1 + \frac{1}{n+1} \right)^n = \mathrm{e} \quad 与 \quad \lim_{n \to \infty} \left(1 + \frac{1}{n} \right)^{n+1} = \mathrm{e}.$$

利用函数极限的夹逼性, 得到

$$\lim_{x \to +\infty} \left(1 + \frac{1}{x} \right)^x = \mathrm{e}.$$

再证 $\lim\limits_{x \to -\infty} \left(1 + \dfrac{1}{x} \right)^x = \mathrm{e}.$ 为此令 $y = -x$, 于是当 $x \to -\infty$ 时, $y \to +\infty$, 从而有

$$\lim_{x \to -\infty} \left(1 + \frac{1}{x} \right)^x = \lim_{y \to +\infty} \left(1 - \frac{1}{y} \right)^{-y} = \lim_{y \to +\infty} \left[\left(1 + \frac{1}{y-1} \right)^{y-1} \cdot \left(1 + \frac{1}{y-1} \right) \right] = \mathrm{e}.$$

将 $\lim\limits_{x\to+\infty}\left(1+\dfrac{1}{x}\right)^{x}=e$ 与 $\lim\limits_{x\to-\infty}\left(1+\dfrac{1}{x}\right)^{x}=e$ 结合起来,就得到

$$\lim_{x\to\infty}\left(1+\frac{1}{x}\right)^{x}=e.$$

证毕

注 例 3.1.13 的证明中包含下述结果:

$$\lim_{x\to\infty}\left(1-\frac{1}{x}\right)^{x}=\frac{1}{e}.$$

在 §2.4 中讲述了数列收敛的 Cauchy 收敛原理.对于本节中最后所讨论的各类函数极限情况,同样也分别有相应的 Cauchy 收敛原理,而在证明中需要用到相应的 Heine 定理,下面仅举一例.

定理 3.1.6 函数极限 $\lim\limits_{x\to+\infty}f(x)$ 存在而且有限的充分必要条件是:对于任意给定的 $\varepsilon>0$,存在 $X>0$,使得对一切 $x',x''>X$,成立

$$|f(x')-f(x'')|<\varepsilon.$$

证 先证必要性.设 $\lim\limits_{x\to+\infty}f(x)=A$,按照定义,$\forall\varepsilon>0$,$\exists X>0$,$\forall x',x''>X$:

$$|f(x')-A|<\frac{\varepsilon}{2},\quad |f(x'')-A|<\frac{\varepsilon}{2},$$

于是

$$|f(x')-f(x'')|\leqslant|f(x')-A|+|f(x'')-A|<\varepsilon.$$

再证充分性.设 $\forall\varepsilon>0$,$\exists X>0$,$\forall x',x''>X$:

$$|f(x')-f(x'')|<\varepsilon.$$

任意选取数列 $\{x_n\}$,$\lim\limits_{n\to\infty}x_n=+\infty$,则对上述 $X>0$,$\exists N$,$\forall n>N$:$x_n>X$.于是当 $m>n>N$ 时,成立

$$|f(x_n)-f(x_m)|<\varepsilon.$$

这说明函数值数列 $\{f(x_n)\}$ 是基本数列,因而必定收敛.根据相应的 Heine 定理,可知 $\lim\limits_{x\to+\infty}f(x)$ 存在而且有限.

证毕

请读者写出函数极限 $\lim\limits_{x\to x_0}f(x)$,$\lim\limits_{x\to x_0^+}f(x)$,$\lim\limits_{x\to-\infty}f(x)$ 存在而且有限的 Cauchy 收敛原理,并加以证明.

今后,在建立反常积分的收敛性判别法则等方面,函数极限的 Cauchy 收敛原理将发挥重要的作用.

习 题

1. 按函数极限的定义证明:

(1) $\lim\limits_{x\to2}x^3=8$; (2) $\lim\limits_{x\to4}\sqrt{x}=2$;

（3）$\lim\limits_{x\to 3}\dfrac{x-1}{x+1}=\dfrac{1}{2}$；　　　　　　（4）$\lim\limits_{x\to\infty}\dfrac{x+1}{2x-1}=\dfrac{1}{2}$；

（5）$\lim\limits_{x\to 0+}\ln x=-\infty$；　　　　　　（6）$\lim\limits_{x\to+\infty}e^{-x}=0$；

（7）$\lim\limits_{x\to 2+}\dfrac{2x}{x^2-4}=+\infty$；　　　　　　（8）$\lim\limits_{x\to-\infty}\dfrac{x^2}{x+1}=-\infty$.

2. 求下列函数极限：

（1）$\lim\limits_{x\to 1}\dfrac{x^2-1}{2x^2-x-1}$；　　　　　　（2）$\lim\limits_{x\to\infty}\dfrac{x^2-1}{2x^2-x-1}$；

（3）$\lim\limits_{x\to 0}\dfrac{3x^5-5x^3+2x}{x^5-x^3+3x}$；　　　　　　（4）$\lim\limits_{x\to 0}\dfrac{(1+2x)(1+3x)-1}{x}$；

（5）$\lim\limits_{x\to 0}\dfrac{(1+x)^n-1}{x}$；　　　　　　（6）$\lim\limits_{x\to 0}\dfrac{(1+mx)^n-(1+nx)^m}{x^2}$；

（7）$\lim\limits_{x\to a}\dfrac{\sin x-\sin a}{x-a}$；　　　　　　（8）$\lim\limits_{x\to 0}\dfrac{x^2}{1-\cos x}$；

（9）$\lim\limits_{x\to 0}\dfrac{\cos x-\cos 3x}{x^2}$；　　　　　　（10）$\lim\limits_{x\to 0}\dfrac{\tan x-\sin x}{x^3}$.

3. 利用夹逼法求极限：

（1）$\lim\limits_{x\to 0}x\left[\dfrac{1}{x}\right]$；　　　　　　（2）$\lim\limits_{x\to+\infty}x^{\frac{1}{x}}$.

4. 利用夹逼法证明：

（1）$\lim\limits_{x\to+\infty}\dfrac{x^k}{a^x}=0$　（$a>1$，k 为任意正整数）；

（2）$\lim\limits_{x\to+\infty}\dfrac{\ln^k x}{x}=0$　（k 为任意正整数）.

5. 讨论单侧极限：

（1）$f(x)=\begin{cases}\dfrac{1}{2x}, & 0<x\leqslant 1,\\[2mm] x^2, & 1<x<2,\\[2mm] 2x & 2<x<3,\end{cases}$　在 $x=0,1,2$ 三点；

（2）$f(x)=\dfrac{2^{\frac{1}{x}}+1}{2^{\frac{1}{x}}-1}$，　在 $x=0$ 点；

（3）Dirichlet 函数

$$D(x)=\begin{cases}1, & x\text{ 为有理数},\\ 0, & x\text{ 为无理数},\end{cases}\text{在任意点；}$$

（4）$f(x)=\dfrac{1}{x}-\left[\dfrac{1}{x}\right]$，在 $x=\dfrac{1}{n}$（$n=1,2,3,\cdots$）.

6. 说明下列函数极限的情况：

（1）$\lim\limits_{x\to\infty}\dfrac{\sin x}{x}$；　　　　　　（2）$\lim\limits_{x\to\infty}e^x\sin x$；

（3）$\lim\limits_{x\to+\infty}x^\alpha\sin\dfrac{1}{x}$；　　　　　　（4）$\lim\limits_{x\to\infty}\left(1+\dfrac{1}{x}\right)^{x^2}$；

（5）$\lim\limits_{x\to\infty}\left(1+\dfrac{1}{x^2}\right)^x$；　　　　　　（6）$\lim\limits_{x\to 0+}\left(\dfrac{1}{x}-\left[\dfrac{1}{x}\right]\right)$.

7. 设函数

$$f(x) = \left(\frac{2+e^{\frac{1}{x}}}{1+e^{\frac{4}{x}}} + \frac{\sin x}{|x|} \right),$$

问当 $x \to 0$ 时,$f(x)$ 的极限是否存在?

8. 设 $\lim\limits_{x \to a} f(x) = A (a \geqslant 0)$,证明:$\lim\limits_{x \to \sqrt{a}} f(x^2) = A$.

9. (1) 设 $\lim\limits_{x \to 0} f(x^3) = A$,证明:$\lim\limits_{x \to 0} f(x) = A$.

   (2) 设 $\lim\limits_{x \to 0} f(x^2) = A$,问是否成立 $\lim\limits_{x \to 0} f(x) = A$?

10. 写出下述命题的"否定命题"的分析表述:

    (1) $\{x_n\}$ 是无穷小量;

    (2) $\{x_n\}$ 是正无穷大量;

    (3) $f(x)$ 在 x_0 的右极限是 A;

    (4) $f(x)$ 在 x_0 的左极限是正无穷大量;

    (5) 当 $x \to -\infty$,$f(x)$ 的极限是 A;

    (6) 当 $x \to +\infty$,$f(x)$ 是负无穷大量.

11. 证明 $\lim\limits_{x \to x_0^+} f(x) = +\infty$ 的充分必要条件是:对于任意从右方收敛于 x_0 的数列 $\{x_n\}$($x_n > x_0$),成立

    $$\lim\limits_{n \to \infty} f(x_n) = +\infty.$$

12. 证明 $\lim\limits_{x \to +\infty} f(x) = -\infty$ 的充分必要条件是:对于任意正无穷大量 $\{x_n\}$,成立

    $$\lim\limits_{n \to \infty} f(x_n) = -\infty.$$

13. 证明 $\lim\limits_{x \to +\infty} f(x)$ 存在而且有限的充分必要条件是:对于任意正无穷大量 $\{x_n\}$,相应的函数值数列 $\{f(x_n)\}$ 收敛.

14. 分别写出下述函数极限存在而且有限的 Cauchy 收敛原理,并加以证明:

    (1) $\lim\limits_{x \to x_0} f(x)$; (2) $\lim\limits_{x \to x_0^+} f(x)$; (3) $\lim\limits_{x \to -\infty} f(x)$.

15. 设 $f(x)$ 在 $(0, +\infty)$ 上满足函数方程 $f(2x) = f(x)$,且 $\lim\limits_{x \to +\infty} f(x) = A$,证明

    $$f(x) \equiv A, \quad x \in (0, +\infty).$$

§2 连 续 函 数

连续函数的定义

在本节中,我们讨论函数的连续性.

函数连续与否的概念源于对函数图像的直观分析.例如,函数 $y = f(x) = x^2$ 的图像是一条抛物线,图像上各点相互"连接"而不出现"间断",构成了曲线"连续"的外观.而符号函数 $y = \text{sgn } x$ 的图像(如图 1.2.2)也直观地告诉我们,它的"连续"在 $x = 0$ 处遭到破坏,也就是说在这一点出现了"间断".

用分析的观点来看,函数 $f(x)$ 在某点 x_0 处是否具有"连续"特性,就是指当 x 在 x_0 点附近作微小变化时,$f(x)$ 是否也在 $f(x_0)$ 附近作微小变化.借助于已经学过的函数极限的工具,就是看当自变量 x 趋于 $x_0(x \to x_0)$ 时,因变量 y 是否趋于 $f(x_0)(y \to f(x_0))$.

定义 3.2.1 设函数 $f(x)$ 在点 x_0 的某个邻域中有定义,并且成立

$$\lim_{x \to x_0} f(x) = f(x_0),$$

则称函数 $f(x)$ 在点 x_0 **连续**，而称 x_0 是函数 $f(x)$ 的**连续点**.

"函数 $f(x)$ 在点 x_0 连续"可以有以下的符号表述：

$$\forall \varepsilon > 0, \exists \delta > 0, \forall x(|x - x_0| < \delta): |f(x) - f(x_0)| < \varepsilon.$$

从定义可以看出，"$f(x)$ 在点 x_0 连续"只是函数极限 $\lim\limits_{x \to x_0} f(x) = A$ 当 A 为 $f(x_0)$ 时的特殊情况，所以表述中只需将极限值 A 换成 $f(x_0)$，并去掉 $|x - x_0| > 0$ 的要求——因为当 $x = x_0$ 时，显然有 $|f(x) - f(x_0)| < \varepsilon$.

同时可以知道，"连续"反映的是函数 $f(x)$ 在一点 x_0 邻域中的变化，因而只是局部性的概念.但它提示我们，可以通过逐点考察的办法，弄清函数 $f(x)$ 在一个区间上的连续情况.

开区间 (a,b) 的情形比较简单.

定义 3.2.2　若函数 $f(x)$ 在区间 (a,b) 的每一点都连续，则称函数 $f(x)$ 在**开区间** (a,b) **上连续**.

例 3.2.1　函数 $f(x) = \dfrac{1}{x}$ 在区间 $(0,1)$ 连续.

证　设 x_0 是 $(0,1)$ 中任意一点.对于任意给定的 $\varepsilon > 0$，要找 $\delta > 0$，使得当 $|x - x_0| < \delta$ 时，有

$$\left| \frac{1}{x} - \frac{1}{x_0} \right| = \left| \frac{x - x_0}{x x_0} \right| < \varepsilon.$$

为了将不等式左边放大，加上条件 $|x - x_0| < \dfrac{x_0}{2}$，于是 $x > \dfrac{x_0}{2}$，从而

$$x x_0 > \frac{x_0^2}{2}.$$

取 $\delta = \min\left\{ \dfrac{x_0}{2}, \dfrac{x_0^2}{2} \varepsilon \right\}$，当 $|x - x_0| < \delta$ 时，

$$\left| \frac{1}{x} - \frac{1}{x_0} \right| = \left| \frac{x - x_0}{x x_0} \right| < \frac{2|x - x_0|}{x_0^2} < \varepsilon,$$

所以 $f(x) = \dfrac{1}{x}$ 在 $(0,1)$ 连续.

证毕

为了讨论函数在闭区间上的连续性，需要**单侧连续**的概念：

定义 3.2.3　若 $\lim\limits_{x \to x_0^-} f(x) = f(x_0)$，则称函数 $f(x)$ 在 x_0 **左连续**；若 $\lim\limits_{x \to x_0^+} f(x) = f(x_0)$，则称函数 $f(x)$ 在 x_0 **右连续**.

$\lim\limits_{x \to x_0^-} f(x) = f(x_0)$ 可表述为：$\forall \varepsilon > 0, \exists \delta > 0, \forall x(-\delta < x - x_0 \leqslant 0): |f(x) - f(x_0)| < \varepsilon$；

$\lim\limits_{x \to x_0^+} f(x) = f(x_0)$ 可表述为：$\forall \varepsilon > 0, \exists \delta > 0, \forall x(0 \leqslant x - x_0 < \delta): |f(x) - f(x_0)| < \varepsilon$.

定义 3.2.4　若 $f(x)$ 在 (a,b) 连续，且在左端点 a 右连续，在右端点 b 左连续，则称函数 $f(x)$ 在**闭区间** $[a,b]$ **上连续**.

例 3.2.2 $f(x) = \sqrt{x(1-x)}$ 在闭区间 $[0,1]$ 上连续.

证 设 $x_0 \in (0,1)$ 是任意一点,令 $\eta = \min\{x_0, 1-x_0\} > 0$,当 $|x-x_0| < \eta$ 时,$x \in (0,1)$,因而

$$|\sqrt{x(1-x)} - \sqrt{x_0(1-x_0)}| = \frac{|1-x-x_0|}{\sqrt{x(1-x)} + \sqrt{x_0(1-x_0)}} |x-x_0| < \frac{1}{\sqrt{x_0(1-x_0)}} |x-x_0|.$$

对任意给定的 $\varepsilon > 0$,取 $\delta = \min\{\eta, \sqrt{x_0(1-x_0)}\varepsilon\}$,当 $|x-x_0| < \delta$ 时,成立

$$|\sqrt{x(1-x)} - \sqrt{x_0(1-x_0)}| < \frac{1}{\sqrt{x_0(1-x_0)}} |x-x_0| < \varepsilon,$$

所以 $f(x) = \sqrt{x(1-x)}$ 在 $(0,1)$ 上连续.

现考虑区间的端点,对任意给定的 $\varepsilon > 0$,取 $\delta = \varepsilon^2$,则当 $0 \leqslant x < \delta$ 时,

$$|f(x) - f(0)| \leqslant \sqrt{x} < \varepsilon;$$

而当 $-\delta < x-1 \leqslant 0$ 时,

$$|f(x) - f(1)| \leqslant \sqrt{1-x} < \varepsilon.$$

这说明 $f(x)$ 在 $x = 0$ 右连续,在 $x = 1$ 左连续.

由此得出 $f(x) = \sqrt{x(1-x)}$ 在闭区间 $[0,1]$ 上连续.

证毕

注 上述定义 3.2.1 至定义 3.2.4 可统一地表示为如下形式:设函数 $f(x)$ 定义在某区间 X 上(X 可以是开区间,闭区间或半开半闭区间).如果 $\forall x_0 \in X$ 与 $\forall \varepsilon > 0$,$\exists \delta > 0$,$\forall x \in X (|x-x_0| < \delta): |f(x) - f(x_0)| < \varepsilon$,则称函数 $f(x)$ 在区间 X 上连续.

例 3.2.3 $f(x) = \sin x$ 在 $(-\infty, +\infty)$ 上连续.

证 设 $x_0 \in (-\infty, +\infty)$ 是任意一点,由于

$$|\sin x - \sin x_0| = 2\left|\cos\frac{x+x_0}{2}\sin\frac{x-x_0}{2}\right| \leqslant |x-x_0|,$$

对任意给定的 $\varepsilon > 0$,取 $\delta = \varepsilon$,当 $|x-x_0| < \delta$ 时,成立

$$|\sin x - \sin x_0| \leqslant |x-x_0| < \varepsilon.$$

所以 $f(x) = \sin x$ 在 $(-\infty, +\infty)$ 上连续.

证毕

同样可以按定义证明 $f(x) = \cos x$ 在 $(-\infty, +\infty)$ 上连续.

例 3.2.4 指数函数 $f(x) = a^x (a>0, a \neq 1)$ 在 $(-\infty, +\infty)$ 上连续.

证 首先,对任意一点 $x_0 \in (-\infty, +\infty)$,有

$$a^x - a^{x_0} = a^{x_0}(a^{x-x_0} - 1).$$

所以证 $\lim\limits_{x \to x_0} a^x = a^{x_0}$ 就归结为证 $\lim\limits_{t \to 0} a^t = 1$.

若 $t \to 0+$,则当 $a > 1$ 时,成立

$$1 < a^t \leqslant a^{1/[\frac{1}{t}]},$$

因 $\lim\limits_{n \to \infty} \sqrt[n]{a} = 1$,由极限的夹逼性,得到

$$\lim\limits_{t \to 0+} a^t = 1.$$

当 $0<a<1$，由极限的除法运算，得到

$$\lim_{t\to 0+}a^t = \lim_{t\to 0+}1 \Big/ \left(\frac{1}{a}\right)^t = 1 \Big/ \lim_{t\to 0+}\left(\frac{1}{a}\right)^t = 1.$$

若 $t\to 0-$，则令 $u=-t$，于是

$$\lim_{t\to 0-}a^t = \lim_{u\to 0+}\frac{1}{a^u} = 1.$$

综合起来，得到 $\lim_{t\to 0}a^t = 1$，从而有 $\lim_{x\to x_0}a^x = a^{x_0}$.

证毕

连续函数的四则运算

根据函数极限的四则运算，对于连续函数，也有下述运算规则：

设 $\lim_{x\to x_0}f(x) = f(x_0)$，$\lim_{x\to x_0}g(x) = g(x_0)$，则

（1）$\lim_{x\to x_0}(\alpha f(x) + \beta g(x)) = \alpha f(x_0) + \beta g(x_0)$（$\alpha,\beta$ 是常数）；

（2）$\lim_{x\to x_0}(f(x)g(x)) = f(x_0)g(x_0)$；

（3）$\lim_{x\to x_0}\dfrac{f(x)}{g(x)} = \dfrac{f(x_0)}{g(x_0)}$ （$g(x_0)\neq 0$）.

由上述运算法则，设有有限个函数在某区间连续，则它们之间进行有限次加、减、乘、除四则运算，所得到的函数在该区间除去使分母为零的点后余下的范围连续.

例 3.2.5 对于常数函数 $f(x) = c$ 与恒等函数 $g(x) = x$，容易从定义出发证明它们的连续性，然后由上述的连续函数的四则运算规则，可以得到

（1）任意多项式 $p_n(x) = a_n x^n + a_{n-1}x^{n-1} + \cdots + a_1 x + a_0$ 在 $(-\infty,+\infty)$ 上连续；

（2）任意有理函数 $Q(x) = \dfrac{a_n x^n + a_{n-1}x^{n-1} + \cdots + a_1 x + a_0}{b_m x^m + b_{m-1}x^{m-1} + \cdots + b_1 x + b_0}$ 在其定义域上连续，即 $Q(x)$ 在 $(-\infty,+\infty)$ 去掉分母 $b_m x^m + b_{m-1}x^{m-1} + \cdots + b_1 x + b_0$ 的零点（至多 m 个点）的范围连续.

例 3.2.6 在例 3.2.3，我们证明了三角函数 $\sin x$ 与 $\cos x$ 的连续性，由连续函数的四则运算规则，可知正切函数 $\tan x = \dfrac{\sin x}{\cos x}$，正割函数 $\sec x = \dfrac{1}{\cos x}$ 在其定义域 $\{x\mid x\in \mathbf{R}, x\neq k\pi + \dfrac{\pi}{2}, k\in \mathbf{Z}\}$ 上连续；余切函数 $\cot x = \dfrac{\cos x}{\sin x}$，余割函数 $\csc x = \dfrac{1}{\sin x}$ 在其定义域 $\{x\mid x\in \mathbf{R}, x\neq k\pi, k\in \mathbf{Z}\}$ 上连续.

不连续点类型

按照连续性定义，函数 $f(x)$ 在点 x_0 连续必须满足：

（1）函数 $f(x)$ 在点 x_0 有定义，即 $f(x_0)$ 为有限值；

（2）函数 $f(x)$ 在点 x_0 有左极限，且 $f(x_0-) = f(x_0)$；

（3）函数 $f(x)$ 在点 x_0 有右极限，且 $f(x_0+) = f(x_0)$.

三者缺一不可. 否则，函数 $f(x)$ 在点 x_0 **不连续**，亦称 $f(x)$ 在点 x_0 **间断**；这时点 x_0 是函数 $f(x)$ 的**不连续点**，亦称**间断点**.

通常将不连续点分成三类.

第一类不连续点:函数 $f(x)$ 在点 x_0 的左、右极限都存在但不相等,即 $f(x_0+) \neq f(x_0-)$.

例如 $f(x) = \operatorname{sgn} x$, $x=0$ 是它的第一类不连续点:
$$f(0-) = \lim_{x \to 0-} \operatorname{sgn} x = -1, \quad f(0+) = \lim_{x \to 0+} \operatorname{sgn} x = 1.$$

在函数的第一类不连续点处,图像会出现一个跳跃,所以第一类不连续点又称为**跳跃点**,而右极限与左极限之差 $f(x_0+) - f(x_0-)$ 称为函数 $f(x)$ 在点 x_0 的**跃度**.例如符号函数 $\operatorname{sgn} x$ 在 $x=0$ 的跃度为 2.

第二类不连续点:函数 $f(x)$ 在点 x_0 的左、右极限中至少有一个不存在.

例如 $f(x) = \mathrm{e}^{\frac{1}{x}}$, $x=0$ 是它的第二类不连续点(如图 3.1.4):
$$f(0-) = \lim_{x \to 0-} \mathrm{e}^{\frac{1}{x}} = 0, \quad f(0+) = \lim_{x \to 0+} \mathrm{e}^{\frac{1}{x}} = +\infty.$$

又如 $f(x) = \sin \dfrac{1}{x}$, $x=0$ 也是它的第二类不连续点(如图 3.1.3),因为 $\sin \dfrac{1}{x}$ 在 $x=0$ 的左、右极限都不存在.

第三类不连续点:函数 $f(x)$ 在点 x_0 的左、右极限都存在而且相等,但不等于 $f(x_0)$ 或者 $f(x)$ 在点 x_0 无定义.

例如 $f(x) = x \sin \dfrac{1}{x}$,它在 $x=0$ 没有定义,但在 $x=0$ 的左、右极限都等于 0,所以 $x=0$ 是它的第三类不连续点.通过重新定义
$$f(x) = \begin{cases} x \sin \dfrac{1}{x}, & x \neq 0, \\ 0, & x = 0, \end{cases}$$

则 $f(x)$ 就是 $(-\infty, +\infty)$ 上的连续函数.

在函数的第三类不连续点,可以通过重新定义在该点的函数值,使之成为函数的连续点,因此第三类不连续点又称为**可去不连续点**或**可去间断点**.

例 3.2.7　设 **Riemann** 函数 $R(x)$ 定义如下:
$$R(x) = \begin{cases} \dfrac{1}{p}, & x = \dfrac{q}{p}\, (p \in \mathbf{N}^+, q \in \mathbf{Z} \backslash \{0\},\, p, q \text{ 互素}), \\ 1, & x = 0, \\ 0, & x \text{ 是无理数}, \end{cases}$$

其中定义 $R(0) = 1$ 是因为 $x=0$ 可写成 $x = \dfrac{0}{1}$,同时也保证了 $R(x)$ 的周期性.

证明:$R(x)$ 在任意点 x_0 的极限存在,且极限值为 0.换言之,一切无理点是 $R(x)$ 的连续点,而一切有理点是 $R(x)$ 的第三类不连续点.

证　$R(x)$ 是以 1 为周期的周期函数,所以只要讨论区间 $[0,1]$ 上的函数性质.

在 $[0,1]$ 上,分母为 1 的有理点只有两个:$\dfrac{0}{1}$ 和 $\dfrac{1}{1}$;分母为 2 的有理点只有一个:$\dfrac{1}{2}$;分母为 3 的有理点只有两个:$\dfrac{1}{3}$ 和 $\dfrac{2}{3}$;分母为 4 的有理点只有两个:$\dfrac{1}{4}$ 和 $\dfrac{3}{4}$;分母为

5 的有理点只有四个：$\dfrac{1}{5},\dfrac{2}{5},\dfrac{3}{5}$ 和 $\dfrac{4}{5}$……总之，对任意正整数 k，在 $[0,1]$ 上分母不超过 k 的有理点个数是有限的.

设 $x_0\in[0,1]$ 是任意一点，对任意给定的 $\varepsilon>0$，设 $k=\left[\dfrac{1}{\varepsilon}\right]$，因为在 $[0,1]$ 上分母不超过 k 的有理点个数有限，设它们为 $r_1,r_2,\cdots,r_n$. 令

$$\delta=\min_{\substack{1\leqslant i\leqslant n\\ r_i\neq x_0}}\{\,|r_i-x_0|\,\},$$

显然 $\delta>0$. 当 $x\in[0,1]$ 且 $0<|x-x_0|<\delta$ 时，若 x 是无理数，则 $R(x)=0$；若 x 是有理数，其分母必大于 $\left[\dfrac{1}{\varepsilon}\right]$，于是 $R(x)\leqslant\dfrac{1}{\left[\dfrac{1}{\varepsilon}\right]+1}<\varepsilon$，因此成立

$$|R(x)-0|<\varepsilon.$$

此即说明 $R(x)$ 在 x_0 的极限为 0（$x_0=0$ 时是指右极限，$x_0=1$ 时是指左极限）. 根据 $R(x)$ 的周期性，对一切 $x_0\in(-\infty,+\infty)$ 成立

$$\lim_{x\to x_0}R(x)=0.$$

证毕

例 3.2.8 区间 (a,b) 上单调函数的不连续点必为第一类不连续点.

证 不妨设 $f(x)$ 在 (a,b) 单调增加.

设 $x_0\in(a,b)$ 是任意一点. 显然集合 $\{f(x)\mid x\in(a,x_0)\}$ 有上界，由"确界存在定理"，必定存在上确界，记它为 α：

$$\alpha=\sup\{f(x)\mid x\in(a,x_0)\}.$$

对一切 $x\in(a,x_0)$，成立 $f(x)\leqslant\alpha$；而对任意给定的 $\varepsilon>0$，必存在 $x'\in(a,x_0)$，使得 $f(x')>\alpha-\varepsilon$. 取 $\delta=x_0-x'>0$，则当 $-\delta<x-x_0<0$ 时，有 $x'<x<x_0$，于是成立

$$-\varepsilon<f(x')-\alpha\leqslant f(x)-\alpha\leqslant 0,$$

这就说明 $\lim\limits_{x\to x_0^-}f(x)=\alpha$. 同理可证 $\lim\limits_{x\to x_0^+}f(x)=\beta$，其中

$$\beta=\inf\{f(x)\mid x\in(x_0,b)\}.$$

证毕

由例 3.2.8 可知，单调函数在任意点的左、右极限都存在. 换言之，单调函数的不连续点必定是跳跃点.

反函数连续性定理

在第一章 §2 中，我们曾指出，当 $f:X\to Y$ 是单射，即对任意 $y\in R_f\subset Y$，它的逆像 $x\in X$ 惟一，则存在 f 的逆映射 $f^{-1}:R_f\to X$. 对于函数来说，与之相对应的就是**反函数**.

定理 3.2.1（反函数存在性定理） 若函数 $y=f(x)$，$x\in D_f$ 是严格单调增加（减少）的，则存在它的反函数 $x=f^{-1}(y)$，$y\in R_f$，并且 $f^{-1}(y)$ 也是严格单调增加（减少）的.

证 不妨设 $y=f(x)$，$x\in D_f$ 严格单调增加. 对任意两点 $x',x''\in D_f$ 及它们相应的函数值 $y'=f(x')$，$y''=f(x'')$，由 $f(x)$ 严格单调增加，可知 $x'<x''\Rightarrow y'<y''$. 显然它保证了逆像的惟一性，所以存在反函数 $x=f^{-1}(y)$，$y\in R_f$.

设 $y_1, y_2 \in R_f, y_1 < y_2$，它们的逆像相应为 $x_1 = f^{-1}(y_1), x_2 = f^{-1}(y_2)$．则 x_1, x_2 的大小只有三种可能：(1) $x_1 > x_2$，(2) $x_1 = x_2$，(3) $x_1 < x_2$．但 $x_1 > x_2$ 违背 f 的严格单调增加性，$x_1 = x_2$ 违背 f 具有像的惟一性，于是必然有 $x_1 < x_2$，这表明 $f^{-1}(y)$ 也是严格单调增加的.

证毕

定理 3.2.2(反函数连续性定理)　设函数 $y = f(x)$ 在闭区间 $[a, b]$ 上连续且严格单调增加，$f(a) = \alpha, f(b) = \beta$，则它的反函数 $x = f^{-1}(y)$ 在 $[\alpha, \beta]$ 连续且严格单调增加.

证　首先，我们利用例 3.2.8 的结论，证明

$$f([a, b]) = [\alpha, \beta],$$

即 f 的值域(也就是 f^{-1} 的定义域)是 $[\alpha, \beta]$.

显然 $\alpha, \beta \in f([a, b])$．设 $\gamma \in (\alpha, \beta)$ 是任意一点，记

$$S = \{x \mid x \in [a, b], f(x) < \gamma\},$$

则集合 S 非空且有上界，由确界存在定理，S 必有上确界，记 $x_0 = \sup S$，则 $x_0 \in (a, b)$.

根据 $f(x)$ 的严格单调增加性，当 $x < x_0$ 时，$f(x) < \gamma$；当 $x > x_0$ 时，$f(x) > \gamma$．于是由例 3.2.8，得到

$$f(x_0-) \leqslant \gamma \leqslant f(x_0+).$$

由 $f(x)$ 在点 x_0 的连续性，得到 $f(x_0) = f(x_0+) = f(x_0-) = \gamma$．这就说明 $f(x)$ 的值域是闭区间 $[\alpha, \beta]$.

根据定理 3.2.1，在 $[\alpha, \beta]$ 上必定存在 f 的反函数 $x = f^{-1}(y)$，且 $f^{-1}(y)$ 也是严格单调增加函数.

现在只需要证明反函数 $x = f^{-1}(y)$ 在 $[\alpha, \beta]$ 上的连续性(如图 3.2.1).

设 $y_0 \in (\alpha, \beta)$，相应地有 $f^{-1}(y_0) = x_0 \in (a, b)$．对于任意给定的 $\varepsilon > 0$，要找出 $\delta > 0$，使当 $|y - y_0| < \delta$ 时，成立

$$|f^{-1}(y) - f^{-1}(y_0)| = |f^{-1}(y) - x_0| < \varepsilon,$$

即

$$x_0 - \varepsilon < f^{-1}(y) < x_0 + \varepsilon.$$

令 $y_1 = f(x_0 - \varepsilon), y_2 = f(x_0 + \varepsilon)$，取 $\delta = \min\{y_0 - y_1, y_2 - y_0\} > 0$，显然当 $|y - y_0| < \delta$ 时，成立

$$|f^{-1}(y) - f^{-1}(y_0)| < \varepsilon.$$

如果 $y_0 = \alpha$，则只要证明右连续性；如果 $y_0 = \beta$，则只要证明左连续性，请读者自己给出证明.

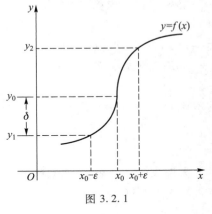

图 3.2.1

证毕

例 3.2.9　由例 3.2.3，例 3.2.6 与定理 3.2.2，可知下述反三角函数在它们的定义域连续：

$$y = \arcsin x, \quad x \in [-1, 1], \quad y \in \left[-\frac{\pi}{2}, \frac{\pi}{2}\right];$$

$$y = \arccos x, \quad x \in [-1, 1], \quad y \in [0, \pi];$$

$$y = \arctan x, \quad x \in (-\infty, +\infty), \quad y \in \left(-\frac{\pi}{2}, \frac{\pi}{2}\right);$$

$$y = \operatorname{arccot} x, \quad x \in (-\infty, +\infty), \quad y \in (0, \pi).$$

由例 3.2.4 与定理 3.2.2,可知指数函数 $y = a^x$ 的反函数 $y = \log_a x$ ($a > 0, a \neq 1$) 在 $(0, +\infty)$ 连续.

复合函数的连续性

设 $\lim\limits_{x \to x_0} g(x) = u_0$, $\lim\limits_{u \to u_0} f(u) = A$, 对于复合函数 $f \circ g(x)$, 我们不能得出 $\lim\limits_{x \to x_0} f \circ g(x) = A$ 的结论. 容易举出它的反例, 如:

$$y = f(u) = \begin{cases} 0, & u = 0, \\ 1, & u \neq 0, \end{cases} \quad u = g(x) = x \sin \frac{1}{x},$$

显然有

$$\lim_{x \to 0} g(x) = 0, \quad \lim_{u \to 0} f(u) = 1.$$

但是复合函数 $f \circ g(x)$ 在 $x = 0$ 没有极限 (请读者自己证明).

但是当 f 与 g 都是连续函数时, 则上述的结论是成立的.

定理 3.2.3 若 $u = g(x)$ 在点 x_0 连续, $g(x_0) = u_0$, 又 $y = f(u)$ 在点 u_0 连续, 则复合函数 $y = f \circ g(x)$ 在点 x_0 连续.

证 对于任意给定的 $\varepsilon > 0$, 由于 $\lim\limits_{u \to u_0} f(u) = f(u_0)$, 所以存在 $\eta > 0$, 当 $|u - u_0| < \eta$ 时, 成立

$$|f(u) - f(u_0)| < \varepsilon.$$

对上面这个 $\eta > 0$, 由于 $\lim\limits_{x \to x_0} g(x) = g(x_0) = u_0$, 所以存在 $\delta > 0$, 当 $|x - x_0| < \delta$ 时, 成立

$$|g(x) - u_0| < \eta.$$

由此得出, 当 $|x - x_0| < \delta$ 时,

$$|f \circ g(x) - f \circ g(x_0)| = |f \circ g(x) - f(u_0)| < \varepsilon,$$

即

$$\lim_{x \to x_0} f \circ g(x) = f \circ g(x_0).$$

证毕

例 3.2.10 双曲正弦函数 $\operatorname{sh} x = \dfrac{e^x - e^{-x}}{2}$ 与双曲余弦函数 $\operatorname{ch} x = \dfrac{e^x + e^{-x}}{2}$ 是实际问题中经常遇到的两个初等函数, 因为它们可以看成是由连续函数

$$y = f(u) = \frac{u \pm u^{-1}}{2}, D_f = (-\infty, 0) \cup (0, +\infty),$$

与

$$u = g(x) = e^x, D_g = (-\infty, +\infty), R_g = (0, +\infty),$$

复合而成, 所以它们在 $(-\infty, +\infty)$ 连续.

例 3.2.11 对于任意实数 α, 幂函数 $f(x) = x^\alpha$ 在 $(0, +\infty)$ 连续.

解 事实上, 幂函数 $f(x) = x^\alpha$ 是由

$$f(x) = x^\alpha = e^{\alpha \ln x}, x \in (0, +\infty)$$

定义的, 即它是由 $y = e^u, u \in (-\infty, +\infty)$ 与 $u = \alpha \ln x, x \in (0, +\infty)$ 复合而成. 根据定理 3.2.3, $f(x) = x^\alpha$ 在 $(0, +\infty)$ 连续.

注 对于具体给定的实数 α, $f(x)=x^\alpha$ 的定义域可以扩大. 例如当 α 是正整数 n 时, $f(x)=x^n$ 的定义域是 $(-\infty,+\infty)$; 当 α 是负整数 $-n$ 时, $f(x)=x^{-n}$ 的定义域是 $(-\infty,0)\cup(0,+\infty)$; 当 α 是正有理数 $\dfrac{q}{p}$ (既约分数), 若 p 是奇数, 则定义域是 $(-\infty,+\infty)$, 若 p 是偶数, 则定义域是 $[0,+\infty)$……总的来说, 幂函数 $f(x)=x^\alpha$ 在其定义域连续.

由上面的讨论, 我们不仅论证了常数函数、幂函数、指数函数、对数函数、三角函数、反三角函数这 6 类基本初等函数在它们的定义域上的连续性, 还进一步得到, 从这些基本初等函数出发, 经过有限次四则运算及复合运算所产生的函数即初等函数, 在它们各自的定义区间上也是连续的. 概括起来就是

定理 3.2.4 一切初等函数在其定义区间上连续.

在函数极限的计算中, 经常需要用到函数的连续性.

例 3.2.12 计算极限 $\lim\limits_{x\to 0}(\cos x)^{x^{-2}}$.

解 利用对数恒等式, 有 $(\cos x)^{x^{-2}}=\mathrm{e}^u$, 其中

$$u=g(x)=\frac{1}{x^2}\ln(\cos x)=\frac{1}{x^2}\ln\left(1-2\sin^2\frac{x}{2}\right)=\frac{2\sin^2\dfrac{x}{2}}{x^2}\ln\left(1-2\sin^2\frac{x}{2}\right)^{\frac{1}{2\sin^2\frac{x}{2}}},$$

由例 3.1.4, 例 3.1.12 和对数函数的连续性,

$$\lim_{x\to 0}g(x)=\lim_{x\to 0}\frac{2\sin^2\dfrac{x}{2}}{x^2}\ln\left(1-2\sin^2\frac{x}{2}\right)^{\frac{1}{2\sin^2\frac{x}{2}}}=\frac{1}{2}\ln\frac{1}{\mathrm{e}}=-\frac{1}{2}.$$

再由指数函数 e^u 的连续性, 得到

$$\lim_{x\to 0}(\cos x)^{\frac{1}{x^2}}=\lim_{u\to -\frac{1}{2}}\mathrm{e}^u=\frac{1}{\sqrt{\mathrm{e}}}.$$

例 3.2.13 放射性物质的质量变化规律.

设时刻 $t=0$ 时有质量为 m 的某种放射性物质, 它的瞬时放射速率与该时刻放射性物质的质量成正比, 比例系数为 k. 求时刻 t 时该放射性物质的质量 $m(t)$.

解 随着时间从 0 变到 t, 放射性物质的质量在连续不断地减少, 而放射速率也随之连续地减小. 为了便于进行计算, 我们采用下述处理方法:

将时间区间 $(0,t]$ 平均分成 n 个小区间

$$(0,t]=\bigcup_{i=1}^{n}\Delta_i,\quad \Delta_i=\left(\frac{(i-1)t}{n},\frac{it}{n}\right],$$

并在每个小区间 Δ_i 上, 将放射速率近似地取为常数 $km\left(\dfrac{(i-1)t}{n}\right)$.

在时间段 Δ_1 上, 因放射速率近似为 km, 于是

$$m\left(\frac{t}{n}\right)\approx m-km\frac{t}{n}=m\left(1-k\frac{t}{n}\right);$$

在时间段 Δ_2 上, 因放射速率近似为 $km\left(\dfrac{t}{n}\right)$, 于是

$$m\left(\frac{2t}{n}\right)\approx m\left(1-k\frac{t}{n}\right)-km\left(1-k\frac{t}{n}\right)\frac{t}{n}=m\left(1-k\frac{t}{n}\right)^2;$$

……继续不断地做下去,可得到 $m(t)$ 的近似值

$$m(t) \approx m\left(1-k\frac{t}{n}\right)^n.$$

很自然可以认为,分割的区间数 n 越大,近似值就越接近 $m(t)$ 的精确值.于是

$$m(t) = \lim_{n\to\infty} m\left(1-k\frac{t}{n}\right)^n = m\lim_{n\to\infty} \mathrm{e}^{\ln\left(1-k\frac{t}{n}\right)^n} = m\mathrm{e}^{-kt}.$$

例 3.2.13 说明放射性物质的质量函数是时间 t 的指数函数.自然界中这类函数关系是很普遍的,例如一类物种在不考虑种种灾难性因素的前提下,它的数量函数也是时间 t 的指数函数.需要指出,例题中采用的方法反映了"微积分"的基本思想,关于它的严格性,我们在学习了积分学后就能有充分的认识.

习　题

1. 按定义证明下列函数在其定义域连续:

(1) $y=\sqrt{x}$;　　　　　　　　　(2) $y=\sin\dfrac{1}{x}$;

(3) $y=\begin{cases}\dfrac{\sin x}{x}, & x\neq 0,\\ 1, & x=0.\end{cases}$

2. 确定下列函数的连续范围:

(1) $y=\tan x+\csc x$;　　　　　　(2) $y=\dfrac{1}{\sqrt{\cos x}}$;

(3) $y=\sqrt{\dfrac{(x-1)(x-3)}{x+1}}$;　　　(4) $y=[x]\ln(1+x)$;

(5) $y=\left[\dfrac{1}{x}\right]$;　　　　　　　(6) $y=\mathrm{sgn}(\sin x)$.

3. 若 $f(x)$ 在点 x_0 连续,证明 $f^2(x)$ 与 $|f(x)|$ 在点 x_0 也连续.反之,若 $f^2(x)$ 或 $|f(x)|$ 在点 x_0 连续,能否断言 $f(x)$ 在点 x_0 连续?

4. 若 $f(x)$ 在点 x_0 连续,$g(x)$ 在点 x_0 不连续,能否断言 $f(x)\cdot g(x)$ 在点 x_0 不连续? 又若 $f(x)$ 与 $g(x)$ 在点 x_0 都不连续,则上面的断言是否成立?

5. 若 f,g 在 $[a,b]$ 上连续,则 $\max\{f,g\}$ 与 $\min\{f,g\}$ 在 $[a,b]$ 上连续,其中
$$\max\{f,g\}=\max\{f(x),g(x)\},x\in[a,b];\min\{f,g\}=\min\{f(x),g(x)\},x\in[a,b].$$

6. 若对任意 $\delta>0$,f 在 $[a+\delta,b-\delta]$ 上连续,能否得出

(1) f 在 (a,b) 上连续?

(2) f 在 $[a,b]$ 上连续?

7. 设 $\lim\limits_{x\to x_0} f(x)=\alpha>0$,$\lim\limits_{x\to x_0} g(x)=\beta$,证明:$\lim\limits_{x\to x_0} f(x)^{g(x)}=\alpha^\beta$;并求下列极限:

(1) $\lim\limits_{x\to\infty}\left(\dfrac{x+1}{x-1}\right)^{\frac{2x-1}{x+1}}$;　　　(2) $\lim\limits_{x\to\infty}\left(\dfrac{x+1}{x-1}\right)^x$;

(3) $\lim\limits_{x\to a}\left(\dfrac{\sin x}{\sin a}\right)^{\frac{1}{x-a}}(\sin a\neq 0)$;　(4) $\lim\limits_{n\to\infty}\left(\dfrac{n+x}{n-1}\right)^n$;

（5）$\lim\limits_{n\to\infty}\tan^n\left(\dfrac{\pi}{4}+\dfrac{1}{n}\right)$.

8. 指出下列函数的不连续点,并确定其不连续的类型:

（1）$y=\dfrac{x^2-1}{x^3-3x+2}$;

（2）$y=[\,x\,]\sin\dfrac{1}{x}$;

（3）$y=\dfrac{x}{\sin x}$;

（4）$y=[\,2x\,]-2[\,x\,]$;

（5）$y=\dfrac{1}{x^n}\mathrm{e}^{-\frac{1}{x^2}}$;

（6）$y=x\ln^n|x|$;

（7）$y=\dfrac{x^2-x}{|x|\,(x^2-1)}$;

（8）$y=\dfrac{\sqrt{1+3x}-1}{\sqrt{1+2x}-1}$;

（9）$y=\begin{cases}\sin\pi x, & x\text{ 为有理数,}\\ 0, & x\text{ 为无理数;}\end{cases}$

（10）$y=\begin{cases}\sin\dfrac{\pi}{p}, & x=\dfrac{q}{p}(p,q\text{ 互素},p>0),\\ 0, & x\text{ 为无理数.}\end{cases}$

9. 设 $f(x)$ 在 $(0,+\infty)$ 上连续,且满足 $f(x^2)=f(x)$,$x\in(0,+\infty)$,证明 $f(x)$ 在 $(0,+\infty)$ 上为常数函数.

§3 无穷小量与无穷大量的阶

无穷小量的比较

与数列极限类似,在函数极限中同样也有无穷小量与无穷大量的概念,这里先讨论无穷小量.

定义 3.3.1 若 $\lim\limits_{x\to x_0}f(x)=0$,则称当 $x\to x_0$ 时 $f(x)$ 是**无穷小量**.

就是说,无穷小量是以零为极限的变量.这里的极限过程 $x\to x_0$ 可以扩充到 $x\to x_0+$、x_0-、∞、$+\infty$、$-\infty$ 等情况.

设 $u(x),v(x)$ 是两个变量,当 $x\to x_0$ 时,它们都是无穷小量.为了比较两者趋于零的速度快慢,我们讨论 $\dfrac{u(x)}{v(x)}$ 的极限情况:

（1）若 $\lim\limits_{x\to x_0}\dfrac{u(x)}{v(x)}=0$,则表示当 $x\to x_0$ 时,$u(x)$ 趋于零的速度比 $v(x)$ 快.我们称当 $x\to x_0$ 时,$u(x)$ 关于 $v(x)$ 是**高阶无穷小量**（或 $v(x)$ 关于 $u(x)$ 是**低阶无穷小量**）,记为

$$u(x)=o(v(x)) \quad (x\to x_0).$$

例如

$$\lim_{x\to 0}\frac{1-\cos x}{x}=\lim_{x\to 0}\frac{2\sin^2\dfrac{x}{2}}{x}=0,$$

可表示为

$$1-\cos x=o(x) \quad (x\to 0).$$

又如

$$\lim_{x \to 0} \frac{\tan x - \sin x}{x^2} = \lim_{x \to 0}\left(\frac{\sin x}{x\cos x} \cdot \frac{1-\cos x}{x} \right) = 0,$$

可表示为

$$\tan x - \sin x = o\left(x^2 \right) \quad (x \to 0).$$

（2）若存在 $A>0$，当 x 在 x_0 的某个去心邻域中，成立

$$\left| \frac{u\left(x \right)}{v\left(x \right)} \right| \leq A,$$

则称当 $x \to x_0$ 时，$\dfrac{u\left(x \right)}{v\left(x \right)}$ 是有界量，记为

$$u\left(x \right) = O\left(v\left(x \right) \right) \quad (x \to x_0).$$

例如当 $x \to 0$ 时，$x\sin \dfrac{1}{x}$ 与 x 都是无穷小量，且 $\left| \dfrac{x\sin \dfrac{1}{x}}{x} \right| \leq 1$，从而有表示式

$$x\sin \frac{1}{x} = O\left(x \right) \quad (x \to 0).$$

若又存在 $a>0$，当 x 在 x_0 的某个去心邻域中，成立

$$a \leq \left| \frac{u\left(x \right)}{v\left(x \right)} \right| \leq A,$$

则称当 $x \to x_0$ 时，$u\left(x \right)$ 与 $v\left(x \right)$ 是**同阶无穷小量**.

显然，若 $\lim\limits_{x \to x_0} \dfrac{u\left(x \right)}{v\left(x \right)} = c \neq 0$，则 $u\left(x \right)$ 与 $v\left(x \right)$ 必是同阶无穷小量.

（3）若 $\lim\limits_{x \to x_0} \dfrac{u\left(x \right)}{v\left(x \right)} = 1$，称当 $x \to x_0$ 时，$u\left(x \right)$ 与 $v\left(x \right)$ 是**等价无穷小量**，记为

$$u\left(x \right) \sim v\left(x \right) \quad (x \to x_0).$$

上式也可写成

$$u\left(x \right) = v\left(x \right) + o\left(v\left(x \right) \right) \quad (x \to x_0),$$

它表示当 $x \to x_0$ 时，$u\left(x \right)$ 与 $v\left(x \right)$ 并不一定相等，两者相差一个关于 $v\left(x \right)$ 的高阶无穷小量.

例如 $\lim\limits_{x \to 0} \dfrac{\sin x}{x} = 1$ 可表示为

$$\sin x \sim x \ (x \to 0) \ \text{或者} \ \sin x = x + o\left(x \right) \quad (x \to 0);$$

$$\lim_{x \to 0} \frac{1-\cos x}{\dfrac{1}{2}x^2} = \lim_{x \to 0} \frac{2\sin^2 \dfrac{x}{2}}{\dfrac{x^2}{2}} = 1 \ \text{可表示为}$$

$$1 - \cos x \sim \frac{1}{2}x^2 \quad (x \to 0) \ \text{或者} \ 1 - \cos x = \frac{1}{2}x^2 + o\left(x^2 \right) \quad (x \to 0);$$

$$\lim_{x \to 0} \frac{\tan x - \sin x}{\dfrac{1}{2}x^3} = \lim_{x \to 0}\left(\frac{\sin x}{x\cos x} \cdot \frac{1-\cos x}{\dfrac{x^2}{2}} \right) = 1 \ \text{可表示为}$$

$$\tan x-\sin x\sim\frac{1}{2}x^3\quad(x\to0)\text{或者}\ \tan x-\sin x=\frac{1}{2}x^3+o(x^3)\quad(x\to0).$$

需要注意的是,记号"o""O"和"$\sim$"都是相对于一定的极限过程的,一般来说,在使用时应附上记号"$(x\to x_0)$",以说明相应的极限过程.只有在意义明确,不会发生误解的前提下才能省略.

从上面例子可以看出,我们往往选取 $v(x)=(x-x_0)^k$ 作为与 $u(x)$ 进行比较的无穷小量(如果极限过程是 $x\to\infty$,则选取 $v(x)=\dfrac{1}{x^k}$),这样便于得出$u(x)$作为无穷小量的确切阶数.例如由 $1-\cos x\sim\dfrac{1}{2}x^2(x\to0)$ 可知当 $x\to0$ 时,$1-\cos x$ 是二阶无穷小量;由 $\tan x-\sin x\sim\dfrac{1}{2}x^3(x\to0)$ 可知当 $x\to0$ 时,$\tan x-\sin x$ 是三阶无穷小量.

我们常用
$$u(x)=o(1)\quad(x\to x_0)$$
表示当 $x\to x_0$时,$u(x)$是无穷小量;用
$$u(x)=O(1)\quad(x\to x_0)$$
表示当 $x\to x_0$时,$u(x)$是有界量.

例如当 $x\to0+$时,$\dfrac{-1}{\ln x}$是无穷小量,但它关于无穷小量 x^α(α 为任意小的正数)总是低阶无穷小量(见下面的例 3.3.1),所以它只能表示为
$$\frac{-1}{\ln x}=o(1)\quad(x\to0+).$$

又如当 $x\to0$ 时,$e^x\sin\dfrac{1}{x}$是有界量,所以可表示为
$$e^x\sin\frac{1}{x}=O(1)\quad(x\to0).$$

无穷大量的比较

定义 3.3.2　若 $\lim\limits_{x\to x_0}f(x)=\infty$（或 $\pm\infty$），则称当 $x\to x_0$时,$f(x)$是**无穷大量**(或**正、负无穷大量**).

定义中的极限过程同样可以扩充到 $x\to x_0+$、x_0-、∞、$+\infty$、$-\infty$ 等情况.

设 $u(x)$,$v(x)$是两个变量,当 $x\to x_0$时它们都是无穷大量,为了比较两者趋于无穷大的速度,同样我们讨论 $\dfrac{u(x)}{v(x)}$的极限情况:

(1) 若 $\lim\limits_{x\to x_0}\dfrac{u(x)}{v(x)}=\infty$,则表示当 $x\to x_0$时,$u(x)$ 趋于无穷大的速度比$v(x)$快.我们称之为当 $x\to x_0$时,$u(x)$关于 $v(x)$是**高阶无穷大量**(或 $v(x)$关于$u(x)$是**低阶无穷大量**).

由于对任意正整数 k,有 $\lim\limits_{x\to+\infty}\dfrac{a^x}{x^k}=\infty$($a>1$)和 $\lim\limits_{x\to+\infty}\dfrac{\ln^k x}{x}=0$(见 §1 习题4),所以当

$x \to +\infty$ 时, $a^x (a>1)$ 关于 x^k 是高阶无穷大量, $\ln^k x$ 关于 x 是低阶无穷大量.

（2）若存在 $A>0$, 当 x 在 x_0 的某个去心邻域中, 成立

$$\left| \frac{u(x)}{v(x)} \right| \leqslant A,$$

则称当 $x \to x_0$ 时, $\dfrac{u(x)}{v(x)}$ 是有界量, 记为

$$u(x) = O(v(x)) \quad (x \to x_0).$$

例如当 $x \to +\infty$ 时, $x(\arctan x + \sin x)$ 与 x 都是无穷大量, 且 $\left| \dfrac{x(\arctan x + \sin x)}{x} \right| \leqslant$ 3, 从而有表示式

$$x(\arctan x + \sin x) = O(x) \quad (x \to +\infty).$$

若又存在 $a>0$, 当 x 在 x_0 的某个去心邻域中, 成立

$$a \leqslant \left| \frac{u(x)}{v(x)} \right| \leqslant A,$$

则称当 $x \to x_0$ 时, $u(x)$ 与 $v(x)$ 是**同阶无穷大量**.

显然, 若 $\lim\limits_{x \to x_0} \dfrac{u(x)}{v(x)} = c \neq 0$, 则 $u(x)$ 与 $v(x)$ 必是同阶无穷大量.

（3）若 $\lim\limits_{x \to x_0} \dfrac{u(x)}{v(x)} = 1$, 称当 $x \to x_0$ 时, $u(x)$ 与 $v(x)$ 是**等价无穷大量**, 记为

$$u(x) \sim v(x) \quad (x \to x_0).$$

例如 $\lim\limits_{x \to \infty} \dfrac{x^3 \sin \dfrac{1}{x}}{x^2} = \lim\limits_{x \to \infty} \dfrac{\sin \dfrac{1}{x}}{\dfrac{1}{x}} = 1$ 可表示为

$$x^3 \sin \frac{1}{x} \sim x^2 \quad (x \to \infty).$$

对于极限 $\lim\limits_{x \to \frac{\pi}{2}^-} \left(\dfrac{\pi}{2} - x \right) \tan x$, 令 $y = \dfrac{\pi}{2} - x$, 得到

$$\lim\limits_{x \to \frac{\pi}{2}^-} \left(\frac{\pi}{2} - x \right) \tan x = \lim\limits_{y \to 0+} \frac{y \cos y}{\sin y} = 1,$$

此即可表示为

$$\tan x \sim \frac{1}{\dfrac{\pi}{2} - x} \quad \left(x \to \frac{\pi}{2}^- \right).$$

需注意的是, 在进行无穷大量阶的比较时, 习惯上不使用记号"o", 但仍使用记号 "O" 和 "$\sim$".

例 3.3.1 证明: 当 $x \to 0 +$ 时, 对任意的正整数 k, $\left(\dfrac{-1}{\ln x} \right)^k$ 关于 x 是低阶无穷小量.

证 令 $y = -\ln x$, 则当 $x \to 0 +$ 时, $y \to +\infty$, 于是

$$\lim_{x\to 0+}\frac{x}{\left(\dfrac{-1}{\ln x}\right)^k}=\lim_{y\to+\infty}\frac{y^k}{e^y}=0.$$

证毕

例 3.3.2 证明:当 $x\to 0+$ 时,对任意的正整数 k,$e^{-\frac{1}{x}}$ 关于 x^k 是高阶无穷小量.

证 令 $y=\dfrac{1}{x}$,则当 $x\to 0+$ 时,$y\to+\infty$,于是

$$\lim_{x\to 0+}\frac{e^{-\frac{1}{x}}}{x^k}=\lim_{y\to+\infty}\frac{y^k}{e^y}=0.$$

证毕

等价量

所谓**等价量**,就是指等价无穷小量或等价无穷大量.在极限计算中,等价量起着举足轻重的作用.下面我们通过例题,导出一些基本的等价量,并讨论它们在计算极限时的应用.

例 3.3.3 证明:$\ln(1+x)\sim x$ $(x\to 0)$.

证 在 §3.1 中证明了 $\lim_{x\to\infty}\left(1+\dfrac{1}{x}\right)^x=e$,此式等价于 $\lim_{x\to 0}(1+x)^{\frac{1}{x}}=e$.利用对数函数的连续性,得到

$$\lim_{x\to 0}\frac{\ln(1+x)}{x}=\lim_{x\to 0}\ln(1+x)^{\frac{1}{x}}=1.$$

证毕

例 3.3.4 证明:$e^x-1\sim x$ $(x\to 0)$.

证 令 $y=e^x-1$,则当 $x\to 0$ 时,$y\to 0$,且 $x=\ln(1+y)$,于是

$$\lim_{x\to 0}\frac{e^x-1}{x}=\lim_{y\to 0}\frac{y}{\ln(1+y)}=1.$$

证毕

例 3.3.5 证明:$(1+x)^\alpha-1\sim\alpha x$ $(x\to 0)$.

证 令 $(1+x)^\alpha-1=y$,则当 $x\to 0$ 时,$y\to 0$.于是

$$\lim_{x\to 0}\frac{(1+x)^\alpha-1}{x}=\lim_{x\to 0}\frac{(1+x)^\alpha-1}{\ln(1+x)^\alpha}\cdot\frac{\alpha\ln(1+x)}{x}=\lim_{y\to 0}\frac{y}{\ln(1+y)}\cdot\lim_{x\to 0}\frac{\alpha\ln(1+x)}{x}=\alpha.$$

证毕

这三个等价关系连同已经知道的 $\sin x\sim x(x\to 0)$,是计算极限时最常用的关系式.

例 3.3.6 设 $u(x)=\sqrt{x+\sqrt{x}}$.

当 $x\to+\infty$ 时,$\lim_{x\to+\infty}\dfrac{\sqrt{x+\sqrt{x}}}{\sqrt{x}}=\lim_{x\to+\infty}\sqrt{1+\dfrac{1}{\sqrt{x}}}=1$,所以有 $u(x)\sim x^{\frac{1}{2}}$ $(x\to+\infty)$;

当 $x\to 0+$ 时,$\lim_{x\to 0+}\dfrac{\sqrt{x+\sqrt{x}}}{\sqrt[4]{x}}=\lim_{x\to 0+}\sqrt{1+\sqrt{x}}=1$,所以有 $u(x)\sim x^{\frac{1}{4}}$ $(x\to 0+)$.

例 3.3.7　设 $v(x) = 2x^3 + 3x^5$.

当 $x \to \infty$ 时, $\lim\limits_{x \to \infty} \dfrac{2x^3 + 3x^5}{3x^5} = 1$, 所以有 $v(x) \sim 3x^5$ $(x \to \infty)$;

当 $x \to 0$ 时, $\lim\limits_{x \to 0} \dfrac{2x^3 + 3x^5}{2x^3} = 1$, 所以有 $v(x) \sim 2x^3$ $(x \to 0)$.

考察例 3.3.6 中的变量 $u^2(x)$ 和例 3.3.7 中的变量 $v(x)$, 可以得出这样一个结论: 设一个变量是由几个相互不同阶的成分相加而成的, 则当它是无穷大量时, 它与阶数最高的那个无穷大量成分等价; 当它是无穷小量时, 它与阶数最低的那个无穷小量成分等价.

下面的定理告诉我们, 在计算具体的函数极限时, 可以用等价的无穷小量(或无穷大量)作代换. 这往往会给计算带来很大的方便.

定理 3.3.1　设 $u(x)$, $v(x)$ 和 $w(x)$ 在 x_0 的某个去心邻域 U 上有定义, 且 $\lim\limits_{x \to x_0} \dfrac{v(x)}{w(x)}$ $= 1$ (即 $v(x) \sim w(x)$ $(x \to x_0)$), 那么

(1) 当 $\lim\limits_{x \to x_0} u(x)w(x) = A$ 时, $\lim\limits_{x \to x_0} u(x)v(x) = A$;

(2) 当 $\lim\limits_{x \to x_0} \dfrac{u(x)}{w(x)} = A$ 时, $\lim\limits_{x \to x_0} \dfrac{u(x)}{v(x)} = A$.

定理的证明可以由极限的四则运算法则直接得到. 定理中的极限过程 $x \to x_0$ 可以相应地改变为 $x \to x_0+$、x_0-、∞、$+\infty$、$-\infty$ 等情况.

例 3.3.8　应用定理 3.3.1 得

$$\lim_{x \to \infty} \frac{a_n x^n + a_{n+1} x^{n+1} + \cdots + a_m x^m}{b_n x^n + b_{n+1} x^{n+1} + \cdots + b_m x^m} = \lim_{x \to \infty} \frac{a_m x^m}{b_m x^m} = \frac{a_m}{b_m} \quad (a_m, b_m \neq 0);$$

及

$$\lim_{x \to 0} \frac{a_n x^n + a_{n+1} x^{n+1} + \cdots + a_m x^m}{b_n x^n + b_{n+1} x^{n+1} + \cdots + b_m x^m} = \lim_{x \to 0} \frac{a_n x^n}{b_n x^n} = \frac{a_n}{b_n} \quad (a_n, b_n \neq 0).$$

例 3.3.9　计算 $\lim\limits_{x \to 0} \dfrac{\ln(1+x^2)}{(e^{2x} - 1)\tan x}$.

解　由于 $\tan x \sim x$, $e^{2x} - 1 \sim 2x$, $\ln(1+x^2) \sim x^2$ $(x \to 0)$, 由定理 3.3.1 得

$$\lim_{x \to 0} \frac{\ln(1+x^2)}{(e^{2x} - 1)\tan x} = \lim_{x \to 0} \frac{x^2}{2x \cdot x} = \frac{1}{2}.$$

例 3.3.10　计算 $\lim\limits_{x \to 0} \dfrac{\sqrt{1+x} - e^{\frac{x}{3}}}{\ln(1+2x)}$.

解
$$\lim_{x \to 0} \frac{\sqrt{1+x} - e^{\frac{x}{3}}}{\ln(1+2x)} = \lim_{x \to 0} \frac{(\sqrt{1+x} - 1) - (e^{\frac{x}{3}} - 1)}{\ln(1+2x)}$$

$$= \lim_{x \to 0} \frac{\left[\dfrac{x}{2} + o(x)\right] - \left[\dfrac{x}{3} + o(x)\right]}{2x} = \lim_{x \to 0} \frac{\dfrac{x}{6} + o(x)}{2x} = \frac{1}{12}.$$

例 3.3.11　计算 $\lim\limits_{x \to \infty} x\left(\sqrt[3]{x^3 + x} - \sqrt[3]{x^3 - x}\right)$.

解
$$\lim_{x\to\infty} x\left(\sqrt[3]{x^3+x}-\sqrt[3]{x^3-x}\right) = \lim_{x\to\infty} x^2\left[\left(\sqrt[3]{1+\frac{1}{x^2}}-1\right)-\left(\sqrt[3]{1-\frac{1}{x^2}}-1\right)\right]$$
$$= \lim_{x\to\infty} x^2\left\{\left[\frac{1}{3x^2}+o\left(\frac{1}{x^2}\right)\right]-\left[-\frac{1}{3x^2}+o\left(\frac{1}{x^2}\right)\right]\right\}$$
$$= \lim_{x\to\infty} x^2\left[\frac{2}{3x^2}+o\left(\frac{1}{x^2}\right)\right] = \frac{2}{3}.$$

例 3.3.12 计算 $\lim\limits_{x\to 0}(\cos x)^{\frac{1}{x^2}}$.

解 $\lim\limits_{x\to 0}(\cos x)^{\frac{1}{x^2}} = \lim\limits_{x\to 0}\left[1-(1-\cos x)\right]^{\frac{1}{x^2}} = \lim\limits_{x\to 0}\left(1-\frac{x^2}{2}\right)^{\frac{1}{x^2}} = \lim\limits_{x\to 0}\left[\left(1-\frac{x^2}{2}\right)^{-\frac{2}{x^2}}\right]^{-\frac{1}{2}} = \frac{1}{\sqrt{e}}.$

上例即例 3.2.12,读者可以发现,利用等价关系 $1-\cos x \sim \dfrac{x^2}{2}$ ($x\to 0$),问题就变得简单多了.

必须注意的是,当计算中出现无穷小量(或无穷大量)相加或相减时(见例 3.3.10 与例 3.3.11),就不能不加考虑便用等价量直接进行代换.例如,在求极限 $\lim\limits_{x\to 0}\dfrac{\tan x-\sin x}{x^3}$ 时,若贸然用 $\tan x \sim x(x\to 0)$ 与 $\sin x \sim x(x\to 0)$ 进行代换,就会得到

$$\lim_{x\to 0}\frac{\tan x-\sin x}{x^3} = \lim_{x\to 0}\frac{x-x}{x^3} = 0$$

的错误结论——我们已经知道 $\lim\limits_{x\to 0}\dfrac{\tan x-\sin x}{x^3} = \dfrac{1}{2}$.

事实上,虽然当 $x\to 0$ 时,$\tan x$ 与 $\sin x$ 分别等价于 x,但这是省略了关于 x 的高阶无穷小量部分后得到的等价关系,所以 $\tan x-\sin x$ 并不等于 0,而是等价于 x 的高阶无穷小量 $\dfrac{x^3}{2}$.对这一问题,如果我们用 $\tan x = x+o(x)$ 和 $\sin x = x+o(x)$ 进行代换,则得到

$$\lim_{x\to 0}\frac{\tan x-\sin x}{x^3} = \lim_{x\to 0}\frac{o(x)}{x^3},$$

虽然不能据此判断极限是否存在,但至少可以避免出现上述错误.这也就是我们在例 3.3.10 和例 3.3.11 的计算中保留高阶无穷小量的缘故.

再比如,在求极限 $\lim\limits_{x\to 0}\dfrac{\sqrt{1+x}-1-\frac{1}{2}x}{x^2}$ 时,也不能直接用 $x\to 0$ 时的等价关系 $\sqrt{1+x}-1\sim\dfrac{1}{2}x$ 代入,事实上,

$$\lim_{x\to 0}\frac{\sqrt{1+x}-1-\frac{1}{2}x}{x^2} = \lim_{x\to 0}\frac{(1+x)-\left(1+\frac{1}{2}x\right)^2}{x^2\left(\sqrt{1+x}+1+\frac{1}{2}x\right)} = \lim_{x\to 0}\frac{-\frac{1}{4}x^2}{x^2\left(\sqrt{1+x}+1+\frac{1}{2}x\right)} = -\frac{1}{8}.$$

(学了微分学后,可知本题要用等价无穷小量 $\sqrt{1+x}-1\sim\dfrac{1}{2}x-\dfrac{1}{8}x^2$ ($x\to 0$)来作代换.)

习　题

1. 确定 a 与 α, 使下列各无穷小量或无穷大量等价于 $(\sim) ax^{\alpha}$:

(1) $u(x) = x^5 - 3x^4 + 2x^3$ $(x \to 0, x \to \infty)$;

(2) $u(x) = \dfrac{x^5 + 2x^2}{3x^4 - x^3}$ $(x \to 0, x \to \infty)$;

(3) $u(x) = \sqrt{x^3} + \sqrt[3]{x^2}$ $(x \to 0+, x \to +\infty)$;

(4) $u(x) = \sqrt{x + \sqrt{x + \sqrt{x}}}$ $(x \to 0+, x \to +\infty)$;

(5) $u(x) = \sqrt{1 + 3x} - \sqrt[3]{1 + 2x}$ $(x \to 0, x \to +\infty)$;

(6) $u(x) = \sqrt{x^2 + 1} - x$ $(x \to +\infty)$;

(7) $u(x) = \sqrt{x^3 + x} - x^{\frac{3}{2}}$ $(x \to 0+)$;

(8) $u(x) = \sqrt{1 + x\sqrt{x}} - e^{2x}$ $(x \to 0+)$;

(9) $u(x) = \ln \cos x - \arctan x^2$ $(x \to 0)$;

(10) $u(x) = \sqrt{1 + \tan x} - \sqrt{1 - \sin x}$ $(x \to 0)$.

2. (1) 当 $x \to +\infty$ 时, 下列变量都是无穷大量, 将它们从低阶到高阶进行排列, 并说明理由:
$$a^x (a > 1), x^x, x^{\alpha} (\alpha > 0), \ln^k x (k > 0), [x]!;$$

(2) 当 $x \to 0+$ 时, 下列变量都是无穷小量, 将它们从高阶到低阶进行排列, 并说明理由:
$$x^{\alpha} (\alpha > 0), \frac{1}{\left[\dfrac{1}{x}\right]!}, a^{-\frac{1}{x}} (a > 1), \left(\frac{1}{x}\right)^{-\frac{1}{x}}, \ln^{-k}\left(\frac{1}{x}\right) (k > 0).$$

3. 计算下列极限:

(1) $\lim\limits_{x \to 0} \dfrac{\sqrt{1+x} - \sqrt[3]{1 + 2x^2}}{\ln(1 + 3x)}$;

(2) $\lim\limits_{x \to 0+} \dfrac{1 - \sqrt{\cos x}}{1 - \cos\sqrt{x}}$;

(3) $\lim\limits_{x \to +\infty} \left(\sqrt{x + \sqrt{x + \sqrt{x}}} - \sqrt{x}\right)$;

(4) $\lim\limits_{x \to +\infty} \left(\sqrt{1 + x + x^2} - \sqrt{1 - x + x^2}\right)$;

(5) $\lim\limits_{x \to \alpha} \dfrac{a^x - a^{\alpha}}{x - \alpha}$ $(a > 0)$;

(6) $\lim\limits_{x \to a} \dfrac{x^{\alpha} - a^{\alpha}}{x - a}$ $(a > 0)$;

(7) $\lim\limits_{x \to +\infty} x(\ln(1 + x) - \ln x)$;

(8) $\lim\limits_{x \to a} \dfrac{\ln x - \ln a}{x - a}$ $(a > 0)$;

(9) $\lim\limits_{x \to 0} (x + e^x)^{\frac{1}{x}}$;

(10) $\lim\limits_{x \to 0} \left(\cos x - \dfrac{x^2}{2}\right)^{\frac{1}{x^2}}$;

(11) $\lim\limits_{n \to \infty} n(\sqrt[n]{x} - 1)$ $(x > 0)$;

(12) $\lim\limits_{n \to \infty} n^2(\sqrt[n]{x} - \sqrt[n+1]{x})$ $(x > 0)$.

§4　闭区间上的连续函数

闭区间上的连续函数具有一些重要的性质, 这些性质是开区间上的连续函数不一定具有的.它们在今后的学习中有重要的应用.

有界性定理

定理 3.4.1 若函数 $f(x)$ 在闭区间 $[a,b]$ 上连续,则它在 $[a,b]$ 上有界.

证 用反证法.

若 $f(x)$ 在 $[a,b]$ 上无界,将 $[a,b]$ 等分为两个小区间 $\left[a,\dfrac{a+b}{2}\right]$ 与 $\left[\dfrac{a+b}{2},b\right]$,则 $f(x)$ 至少在其中之一上无界,把它记为 $[a_1,b_1]$;再将闭区间 $[a_1,b_1]$ 等分为两个小区间 $\left[a_1,\dfrac{a_1+b_1}{2}\right]$ 与 $\left[\dfrac{a_1+b_1}{2},b_1\right]$,同样 $f(x)$ 至少在其中之一上无界,把它记为 $[a_2,b_2]$……这样的步骤一直做下去,便得到一个闭区间套 $\{[a_n,b_n]\}$,$f(x)$ 在其中任何一个闭区间 $[a_n,b_n]$ 上都是无界的.

根据闭区间套定理,存在惟一的实数 ξ 属于所有的闭区间 $[a_n,b_n]$,并且

$$\xi=\lim_{n\to\infty}a_n=\lim_{n\to\infty}b_n.$$

因为 $\xi\in[a,b]$,而 $f(x)$ 在点 ξ 连续,由定理 3.1.2 的推论 3,存在 $\delta>0,M>0$,对于一切 $x\in O(\xi,\delta)\cap[a,b]$,成立

$$|f(x)|\leqslant M.$$

由于 $\lim_{n\to\infty}a_n=\lim_{n\to\infty}b_n=\xi$,我们又可知道对于充分大的 n,

$$[a_n,b_n]\subset O(\xi,\delta)\cap[a,b],$$

于是得到 $f(x)$ 在这些闭区间 $[a_n,b_n]$(n 充分大)上有界的结论,从而产生矛盾.

这说明所作的假设不能成立,即函数 $f(x)$ 在 $[a,b]$ 上必定有界.

证毕

开区间上的连续函数就不一定是有界的.例如 $f(x)=\dfrac{1}{x}$ 在开区间 $(0,1)$ 上连续,但显然是无界的.

最值定理

定理 3.4.2 若函数 $f(x)$ 在闭区间 $[a,b]$ 上连续,则它在 $[a,b]$ 上必能取到最大值与最小值,即存在 ξ 和 $\eta\in[a,b]$,对于一切 $x\in[a,b]$ 成立

$$f(\xi)\leqslant f(x)\leqslant f(\eta).$$

证 由上述定理 3.4.1,集合

$$R_f=\{f(x)\mid x\in[a,b]\}$$

是一个有界数集,所以必有上确界与下确界,记

$$\alpha=\inf R_f,\qquad \beta=\sup R_f.$$

现在证明存在 $\xi\in[a,b]$,使得 $f(\xi)=\alpha$.

按照下确界的定义,一方面对一切 $x\in[a,b]$,成立 $f(x)\geqslant\alpha$;另一方面对任意给定的 $\varepsilon>0$,存在 $x\in[a,b]$,使得 $f(x)<\alpha+\varepsilon$.于是取 $\varepsilon_n=\dfrac{1}{n}$($n=1,2,3,\cdots$),相应地得到一个数列 $\{x_n\}$,$x_n\in[a,b]$,并且满足

$$\alpha \leqslant f(x_n) < \alpha + \frac{1}{n}.$$

因为 $\{x_n\}$ 是有界数列,应用 Bolzano-Weierstrass 定理,存在收敛子列 $\{x_{n_k}\}$:

$$\lim_{k \to \infty} x_{n_k} = \xi, \text{且 } \xi \in [a, b].$$

考虑不等式

$$\alpha \leqslant f(x_{n_k}) < \alpha + \frac{1}{n_k}, \quad k = 1, 2, 3, \cdots,$$

令 $k \to \infty$,由极限的夹逼性与 $f(x)$ 在点 ξ 的连续性,得到

$$f(\xi) = \alpha.$$

这说明 $f(x)$ 在 $[a, b]$ 上取到最小值 α,即 $\alpha = \min R_f$.

同样可以证明存在 $\eta \in [a, b]$,使得 $f(\eta) = \beta = \max R_f$.

证毕

同样,开区间上的连续函数即使有界,也不一定能取到它的最大(小)值.例如,$f(x) = x$ 在 $(0, 1)$ 连续而且有界,因而有上、下确界

$$\alpha = \inf\{f(x) \mid x \in (0, 1)\} = 0 \text{ 和 } \beta = \sup\{f(x) \mid x \in (0, 1)\} = 1,$$

但是,$f(x)$ 在区间 $(0, 1)$ 上取不到 $\alpha = 0$ 与 $\beta = 1$.

零点存在定理

定理 3.4.3 若函数 $f(x)$ 在闭区间 $[a, b]$ 连续,且 $f(a) \cdot f(b) < 0$,则一定存在 $\xi \in (a, b)$,使 $f(\xi) = 0$.

证 不失一般性,设 $f(a) < 0, f(b) > 0$,定义集合 V:

$$V = \{x \mid f(x) < 0, x \in [a, b]\}.$$

显然,集合 V 有界,非空,所以必有上确界.令

$$\xi = \sup V,$$

现证 $\xi \in (a, b)$,且 $f(\xi) = 0$.

由 $f(x)$ 的连续性及 $f(a) < 0$,$\exists \delta_1 > 0$,$\forall x \in [a, a + \delta_1]$:$f(x) < 0$;再由 $f(b) > 0$,$\exists \delta_2 > 0$,$\forall x \in (b - \delta_2, b]$:$f(x) > 0$.于是可知

$$a + \delta_1 \leqslant \xi \leqslant b - \delta_2,$$

即 $\xi \in (a, b)$.

取 $x_n \in V(n = 1, 2, \cdots)$,$x_n \to \xi(n \to \infty)$,因 $f(x_n) < 0$,可以得到

$$f(\xi) = \lim_{n \to \infty} f(x_n) \leqslant 0.$$

若 $f(\xi) < 0$,由 $f(x)$ 在点 ξ 的连续性,$\exists \delta > 0$,$\forall x \in O(\xi, \delta)$:

$$f(x) < 0,$$

这就与 $\xi = \sup V$ 产生矛盾.于是必然有

$$f(\xi) = 0.$$

证毕

例 3.4.1 讨论多项式 $p(x) = 2x^3 - 3x^2 - 3x + 2$ 零点(亦称为方程 $f(x) = 0$ 的"根")的位置.

解 通过简单的计算,可以得到

x	-2	0	1	3
$p(x)$	-20	2	-2	20

由此得知 $p(x)$ 的三个零点(或根)分别落在区间 $(-2,0)$,$(0,1)$ 与 $(1,3)$ 内.事实上,$p(x)=2(x+1)\left(x-\dfrac{1}{2}\right)(x-2)$,它的三个零点为 $x_1=-1$,$x_2=\dfrac{1}{2}$,$x_3=2$.

例 3.4.2　设函数 $f(x)$ 在闭区间 $[a,b]$ 上连续,且 $f([a,b])\subset[a,b]$,则存在 $\xi\in[a,b]$,使 $f(\xi)=\xi$.(这样的 ξ 称为 $f(x)$ 的一个**不动点**.)

证　设 $g(x)=f(x)-x$,则 $g(x)$ 在 $[a,b]$ 上连续,由 $f([a,b])\subset[a,b]$,可知 $g(a)\geqslant 0$,$g(b)\leqslant 0$.

若 $g(a)=0$,则有 $\xi=a$;若 $g(b)=0$,则有 $\xi=b$;若 $g(a)>0$,$g(b)<0$,则由定理 3.4.3,必存在 $\xi\in(a,b)$,使得 $g(\xi)=0$,即 $f(\xi)=\xi$.

证毕

本例中闭区间 $[a,b]$ 不能改为开区间.例如 $f(x)=\dfrac{x}{2}$ 在开区间 $(0,1)$ 上连续,且 $f((0,1))\subset(0,1)$,但 $f(x)$ 在开区间 $(0,1)$ 中没有不动点.

中间值定理

定理 3.4.4　若函数 $f(x)$ 在闭区间 $[a,b]$ 上连续,则它一定能取到最大值 $M=\max\{f(x)\mid x\in[a,b]\}$ 和最小值 $m=\min\{f(x)\mid x\in[a,b]\}$ 之间的任何一个值.

证　由最值定理,存在 $\xi,\eta\in[a,b]$,使得
$$f(\xi)=m,\quad f(\eta)=M.$$
不妨设 $\xi<\eta$,对任何一个中间值 C,$m<C<M$,考察辅助函数
$$\varphi(x)=f(x)-C.$$
因为 $\varphi(x)$ 在闭区间 $[\xi,\eta]$ 上连续,$\varphi(\xi)=f(\xi)-C<0$,$\varphi(\eta)=f(\eta)-C>0$,由零点存在定理,必有 $\zeta\in(\xi,\eta)$,使得
$$\varphi(\zeta)=0,\quad 即\ f(\zeta)=C.$$

证毕

推论　若函数 $f(x)$ 在闭区间 $[a,b]$ 连续,m 是最小值,M 是最大值,则 $f(x)$ 的值域是闭区间
$$R_f=[m,M].$$

在定理 3.2.2 中,我们利用确界存在定理证明了在 $[a,b]$ 上严格单调增加的连续函数的值域是闭区间 $[f(a),f(b)]$,显然这一结论包含在上述定理与推论中.

一致连续概念

在第二节中,我们已经指出,函数 $f(x)$ 在某个区间 X 上连续,是指 $f(x)$ 在区间 X 上的每一点连续(对区间端点是指左连续与右连续).而 $f(x)$ 在一点 $x_0\in X$ 的连续性,可以表述为
$$\forall\,\varepsilon>0,\ \exists\,\delta>0,\ \forall\,x\in X(\,|x-x_0|<\delta):|f(x)-f(x_0)|<\varepsilon.$$

需要强调的是,这里的 $\delta>0$ 与两个因素有关:它既依赖于 ε,同时也依赖于所讨论的点 x_0.也就是说,δ 应表述为 $\delta=\delta(x_0,\varepsilon)$.

这样就产生一个问题:对任意给定的 $\varepsilon>0$,能否找到一个只与 ε 有关,而对区间 X 上一切点都适用的 $\delta=\delta(\varepsilon)>0$? 也就是说,对区间 X 上任意两点 x',x'',只要满足 $|x'-x''|<\delta(\varepsilon)$,就能保证不等式 $|f(x')-f(x'')|<\varepsilon$ 成立?

这一问题的答案是不一定的,它不仅与所讨论的函数 $f(x)$ 有关,也与所讨论的区间 X 有关.如果对给定的点 $x_0\in X$ 与给定的 $\varepsilon>0$,将所允许的 $\delta(x_0,\varepsilon)$ 的最大值(或上确界)记为 $\delta^*(x_0,\varepsilon)$,则显然,上述统一的 $\delta=\delta(\varepsilon)>0$ 的存在性等价于对于区间 X 上的一切点 x_0,$\delta^*(x_0,\varepsilon)$ 有非零下确界.但实际上,对 $\delta^*(x_0,\varepsilon)$ 在区间 X 上取下确界,得到的结果有可能是 $\inf_{x_0\in X}\delta^*(x_0,\varepsilon)=0$(见例 3.4.4).

下面我们就这一关于函数在某区间上整体性质的问题作严格的叙述.下文中提到的区间 X 表示任意一种有限或无限的区间,如闭区间 $[a,b]$,开区间 (a,b)、$(a,+\infty)$、$(-\infty,b)$、$(-\infty,+\infty)$,半开半闭区间 $[a,b)$、$(a,b]$、$(-\infty,b]$、$[a,+\infty)$ 等.

定义 3.4.1 设函数 $f(x)$ 在区间 X 上定义,若对于任意给定的 $\varepsilon>0$,存在 $\delta>0$,只要 $x',x''\in X$ 满足 $|x'-x''|<\delta$,就成立 $|f(x')-f(x'')|<\varepsilon$,则称函数 $f(x)$ 在区间 X 上**一致连续**.

在上面定义中,若固定 $x''=x_0\in X$,就得到 $f(x)$ 在点 x_0 的连续性.由于 x_0 可以是 X 中的任意一点,于是得到

$$f(x)\text{在区间}X\text{上一致连续}\Rightarrow f(x)\text{在区间}X\text{上连续}.$$

至于反向的命题,就不一定成立.下面先看几个例子.

例 3.4.3 $f(x)=\sin x$ 在 $(-\infty,+\infty)$ 上连续,且一致连续.

证 由不等式

$$|\sin x'-\sin x''|=2\left|\cos\frac{x'+x''}{2}\sin\frac{x'-x''}{2}\right|\leqslant|x'-x''|,$$

对于任意给定的 $\varepsilon>0$,取 $\delta=\varepsilon$,则对于任意两点 $x',x''\in(-\infty,+\infty)$,只要 $|x'-x''|<\delta$,就一定成立

$$|\sin x'-\sin x''|\leqslant|x'-x''|<\delta=\varepsilon.$$

由定义,$\sin x$ 在 $(-\infty,+\infty)$ 上是一致连续的.

证毕

例 3.4.4 $f(x)=\dfrac{1}{x}$ 在 $(0,1)$ 上连续,但非一致连续.

证 对于任意给定的 $\varepsilon,0<\varepsilon<1$,我们通过精确地解出 $\delta(x_0,\varepsilon)$,来说明不存在适用于整个区间 $(0,1)$ 的 $\delta(\varepsilon)>0$.

对任意 $x,x_0\in(0,1)$,关系式 $\left|\dfrac{1}{x}-\dfrac{1}{x_0}\right|<\varepsilon$ 即为

$$\frac{1}{x_0}-\varepsilon<\frac{1}{x}<\frac{1}{x_0}+\varepsilon,$$

它等价于

$$\frac{x_0}{1+x_0\varepsilon}<x<\frac{x_0}{1-x_0\varepsilon},$$

即

$$\frac{-x_0^2\varepsilon}{1+x_0\varepsilon}<x-x_0<\frac{x_0^2\varepsilon}{1-x_0\varepsilon},$$

由此得到

$$\delta(x_0,\varepsilon)=\min\left\{\frac{x_0^2\varepsilon}{1+x_0\varepsilon},\frac{x_0^2\varepsilon}{1-x_0\varepsilon}\right\}=\frac{x_0^2\varepsilon}{1+x_0\varepsilon}.$$

显然,这就是 $\delta^*(x_0,\varepsilon)$.

但是当 $x_0\to0$ 时,有 $\delta^*(x_0,\varepsilon)\to0$,换言之,不存在对区间 $(0,1)$ 中一切点都适用的 $\delta(\varepsilon)>0$,因此 $f(x)=\dfrac{1}{x}$ 在 $(0,1)$ 上非一致连续.

证毕

需要指出,对于大部分函数,要精确解出 $\delta^*(x_0,\varepsilon)$ 往往非常困难,因而这种方法对于判断某一函数在某一区间上是否一致连续是不实用的.下面给出的定理则为判断非一致连续性提供了很便利的方法.

定理 3.4.5 设函数 $f(x)$ 在区间 X 上定义,则 $f(x)$ 在 X 上一致连续的充分必要条件是:对任何点列 $\{x_n'\}$ ($x_n'\in X$) 和 $\{x_n''\}$ ($x_n''\in X$),只要满足 $\lim\limits_{n\to\infty}(x_n'-x_n'')=0$,就成立 $\lim\limits_{n\to\infty}(f(x_n')-f(x_n''))=0$.

证 必要性:

函数 $f(x)$ 在 X 上的一致连续性可表述为

$$\forall\varepsilon>0,\exists\delta>0,\forall x',x''\in X(|x'-x''|<\delta):|f(x')-f(x'')|<\varepsilon.$$

对上述的 $\delta>0$,由 $\lim\limits_{n\to\infty}(x_n'-x_n'')=0$,可知 $\exists N,\forall n>N:|x_n'-x_n''|<\delta$,从而得到

$$|f(x_n')-f(x_n'')|<\varepsilon,$$

这就证明了 $\lim\limits_{n\to\infty}(f(x_n')-f(x_n''))=0$.

充分性:采用反证法.函数 $f(x)$ 在 X 上的非一致连续性可表述为

$$\exists\varepsilon_0>0,\forall\delta>0,\exists x',x''\in X(|x'-x''|<\delta):|f(x')-f(x'')|\geqslant\varepsilon_0.$$

取 $\delta_n=\dfrac{1}{n}$ ($n=1,2,3,\cdots$),于是存在 $x_n',x_n''\in X$,满足

$$|x_n'-x_n''|<\frac{1}{n},\quad |f(x_n')-f(x_n'')|\geqslant\varepsilon_0.$$

显然,$\lim\limits_{n\to\infty}(x_n'-x_n'')=0$,但 $\{f(x_n')-f(x_n'')\}$ 不可能收敛于 0,这就产生矛盾.

证毕

对例 3.4.4,只要取 $x_n'=\dfrac{1}{2n},x_n''=\dfrac{1}{n}$,就有 $\lim\limits_{n\to\infty}(x_n'-x_n'')=0$,但

$$\lim\limits_{n\to\infty}(f(x_n')-f(x_n''))=\lim\limits_{n\to\infty}(2n-n)=\infty,$$

由定理 3.4.5,即可知道 $f(x)=\dfrac{1}{x}$ 在 $(0,1)$ 上非一致连续.

但是若将区间 $(0,1)$ 换成 $[\eta,1)$，$\eta>0$，则 $f(x)=\dfrac{1}{x}$ 就在 $[\eta,1)$ 上一致连续. 这是因为

$$\left|\frac{1}{x'}-\frac{1}{x''}\right|=\frac{|x'-x''|}{x'x''}\leqslant\frac{|x'-x''|}{\eta^2},$$

对于任意给定的 $\varepsilon>0$，只要取 $\delta=\eta^2\varepsilon>0$ 即可.

例 3.4.5 $f(x)=x^2$ 在 $[0,+\infty)$ 上非一致连续，但是在 $[0,A]$ 上一致连续（A 为任意有限正数）.

证 取 $x'_n=\sqrt{n+1}$，$x''_n=\sqrt{n}$（$n=1,2,3,\cdots$），于是

$$\lim_{n\to\infty}(x'_n-x''_n)=\lim_{n\to\infty}(\sqrt{n+1}-\sqrt{n})=0,$$

但是 $\lim\limits_{n\to\infty}(f(x'_n)-f(x''_n))=1$，由定理 3.4.5 可知 $f(x)$ 在 $[0,+\infty)$ 上非一致连续.

当区间限制在 $[0,A]$ 时，有

$$|x'^2-x''^2|=|(x'+x'')(x'-x'')|\leqslant 2A|x'-x''|,$$

对于任意给定的 $\varepsilon>0$，可以取 $\delta=\dfrac{\varepsilon}{2A}>0$，对任意 $x',x''\in[0,A]$，只要 $|x'-x''|<\delta$，就成立 $|x'^2-x''^2|<\varepsilon$，即 $f(x)=x^2$ 在 $[0,A]$ 上一致连续.

证毕

通过上面几个例子可以知道，长度无限的区间，如 $[a,+\infty)$ 上的连续函数不一定一致连续；长度有限的开区间 (a,b) 上的连续函数也不一定一致连续. 但是对于长度有限的闭区间 $[a,b]$ 上的连续函数，我们有下面的著名定理：

定理 3.4.6（Cantor 定理） 若函数 $f(x)$ 在闭区间 $[a,b]$ 上连续，则它在 $[a,b]$ 上一致连续.

证 采用反证法.

假设 $f(x)$ 在 $[a,b]$ 上非一致连续，由定理 3.4.5 的证明过程，可知存在 $\varepsilon_0>0$ 及两列点列 $\{x'_n\}$ 和 $\{x''_n\}$，$x'_n,x''_n\in[a,b]$，满足

$$|x'_n-x''_n|<\frac{1}{n}，且 |f(x'_n)-f(x''_n)|\geqslant\varepsilon_0\quad(n=1,2,3,\cdots).$$

因为 $\{x'_n\}$ 有界，由 Bolzano-Weierstrass 定理，存在收敛子列 $\{x'_{n_k}\}$：

$$\lim_{k\to\infty}x'_{n_k}=\xi,\ \xi\in[a,b].$$

在点列 $\{x''_n\}$ 中取子列 $\{x''_{n_k}\}$，其下标与 $\{x'_{n_k}\}$ 下标相同，则由 $|x'_{n_k}-x''_{n_k}|<\dfrac{1}{n_k}$，$k=1,2,3,\cdots$，又得到

$$\lim_{k\to\infty}x''_{n_k}=\lim_{k\to\infty}[x'_{n_k}+(x''_{n_k}-x'_{n_k})]=\lim_{k\to\infty}x'_{n_k}=\xi.$$

由于函数 $f(x)$ 在点 ξ 连续，因而有

$$\lim_{k\to\infty}f(x'_{n_k})=\lim_{k\to\infty}f(x''_{n_k})=f(\xi),$$

于是得到：

$$\lim_{k\to\infty}(f(x'_{n_k})-f(x''_{n_k}))=0,$$

但这与 $|f(x'_n)-f(x''_n)|\geqslant\varepsilon_0$ 产生矛盾，从而推翻假设，得到 $f(x)$ 在 $[a,b]$ 上的一致连续

性结论.

证毕

我们已经知道,有限开区间(a,b)上的连续函数$f(x)$不一定一致连续.那么要具备怎样的条件,才能保证它在(a,b)上一致连续呢? 下面给出函数本身应具有的特征.

定理 3.4.7　函数$f(x)$在有限开区间(a,b)连续,则$f(x)$在(a,b)上一致连续的充分必要条件是:$f(a+)$与$f(b-)$存在.

证　充分性:设$f(a+)=A$,$f(b-)=B$,定义函数$\tilde{f}(x)$:

$$\tilde{f}(x)=\begin{cases}A, & x=a,\\ f(x), & a<x<b,\\ B, & x=b,\end{cases}$$

则$\tilde{f}(x)$是闭区间$[a,b]$上的连续函数.

由 Cantor 定理,$\tilde{f}(x)$在$[a,b]$上一致连续.显然,对于一致连续的函数,当定义域缩小时,其一致连续性仍然保持.于是函数$\tilde{f}(x)$在开区间(a,b)上也是一致连续的,这就说明函数$f(x)$在(a,b)上一致连续.

必要性:设函数$f(x)$在开区间(a,b)上一致连续,则$\forall \varepsilon>0$,$\exists \delta>0$,$\forall x',x''\in(a,b)$($|x'-x''|<\delta$):

$$|f(x')-f(x'')|<\varepsilon.$$

在区间(a,b)上任意选取数列$\{x_n\}$,$x_n\in(a,b)$且$\lim\limits_{n\to\infty}x_n=a$.因数列$\{x_n\}$是基本数列,对于上述$\delta>0$,$\exists N$,$\forall n,m>N$:$|x_n-x_m|<\delta$,从而

$$|f(x_n)-f(x_m)|<\varepsilon.$$

这说明了函数值数列$\{f(x_n)\}$也是基本数列,因而必定收敛.

由定理 3.1.5′,可知$f(a+)=\lim\limits_{x\to a+}f(x)$存在.

同理可以证明$f(b-)=\lim\limits_{x\to b-}f(x)$存在.

证毕

定理 3.4.7 不适用于无限开区间的情况.例如:$f(x)=\sin x$在$(-\infty,+\infty)$上是一致连续的,但$f(-\infty)$与$f(+\infty)$都不存在.请读者分析一下,在无限开区间的情况下,证明中哪一步不能通过.

最后我们指出两点:

1. 本节中给出的 5 个定理:有界性定理、最值定理、零点存在定理、中间值定理、Cantor 定理(即一致连续定理),是闭区间上连续函数最重要的分析性质,请读者务必牢记并熟练掌握.

2. 在证明这 5 个定理时,我们分别采用了确界存在定理、闭区间套定理、Bolzano-Weierstrass 定理和 Cauchy 收敛原理.事实上,由于实数系的 5 个基本定理是等价的,所以在理论上,可以采用从实数系的连续性到实数系的完备性中的任何一个定理,来证明上述的闭区间上连续函数的任何一个性质,只是证明的难度稍有差别罢了.

作为对这些重要内容的一种很好的复习和总结方式,建议读者能自行试着用各种不同的方法重新证明这几个性质(参见习题 4 和 5).

习　题

1. 证明:设函数 $f(x)$ 在 $[a,+\infty)$ 上连续,且 $\lim\limits_{x\to+\infty}f(x)=A$(有限数),则 $f(x)$ 在 $[a,+\infty)$ 有界.

2. 证明:若函数 $f(x)$ 在开区间 (a,b) 上连续,且 $f(a+)$ 和 $f(b-)$ 存在,则它可取到介于 $f(a+)$ 和 $f(b-)$ 之间的一切中间值.

3. 证明:若闭区间 $[a,b]$ 上的单调有界函数 $f(x)$ 能取到 $f(a)$ 和 $f(b)$ 之间的一切值,则 $f(x)$ 是 $[a,b]$ 上的连续函数.

4. 应用 Bolzano-Weierstrass 定理证明闭区间上连续函数的有界性定理.

5. 应用闭区间套定理证明零点存在定理.

6. 证明方程 $x=a\sin x+b\,(a,b>0)$ 至少有一个正根.

7. 证明方程 $x^3+px+q=0\,(p>0)$ 有且仅有一个实根.

8. 证明:

(1) $\sin\dfrac{1}{x}$ 在 $(0,1)$ 上不一致连续,但在 $(a,1)\,(a>0)$ 上一致连续;

(2) $\sin x^2$ 在 $(-\infty,+\infty)$ 上不一致连续,但在 $[0,A]$ 上一致连续;

(3) $\sqrt{x}$ 在 $[0,+\infty)$ 上一致连续;

(4) $\ln x$ 在 $[1,+\infty)$ 上一致连续;

(5) $\cos\sqrt{x}$ 在 $[0,+\infty)$ 上一致连续.

9. 证明:对椭圆内的任意一点 P,存在过 P 的一条弦,使得 P 是该弦的中点.

10. 设函数 $f(x)$ 在 $[0,2]$ 上连续,且 $f(0)=f(2)$,证明:存在 $x,y\in[0,2]$,$y-x=1$,使得 $f(x)=f(y)$.

11. 若函数 $f(x)$ 在有限开区间 (a,b) 上一致连续,则 $f(x)$ 在 (a,b) 上有界.

12. 证明:

(1) 某区间上两个一致连续函数之和必定一致连续;

(2) 某区间上两个一致连续函数之积不一定一致连续.

13. 设函数 $f(x)$ 在 $[a,b]$ 上连续,且 $f(x)\neq0$,$x\in[a,b]$,证明 $f(x)$ 在 $[a,b]$ 上恒正或恒负.

14. 设函数 $f(x)$ 在 $[a,b]$ 上连续,$a\le x_1<x_2<\cdots<x_n\le b$,证明:在 $[a,b]$ 中必有 ξ,使得

$$f(\xi)=\frac{1}{n}[f(x_1)+f(x_2)+\cdots+f(x_n)].$$

15. 若函数 $f(x)$ 在 $[a,+\infty)$ 上连续,且 $\lim\limits_{x\to+\infty}f(x)=A$(有限数),则 $f(x)$ 在 $[a,+\infty)$ 上一致连续.

 补充习题

第四章

微分

§1 微分和导数

微分概念的导出背景

人们通常所说的"微积分"实际上包含了微分和积分两个部分,这一章我们先来谈谈微分.

当一个函数的自变量有微小的改变时,它的因变量一般说来也会有一个相应的改变.微分的原始思想在于去寻找一种方法,当因变量的改变也是很微小的时候,能够简便而又比较精确地估计出这个改变量.

我们先来看一个简单的例子.

维持物体围绕地球作永不着地(理论上)的飞行所需要的最低速度称为第一宇宙速度.在中学里,利用计算向心加速度的办法已经求出这个速度约为7.9 km/s,现在我们改用另一种思路去推导它.

设卫星当前时刻在地球表面附近的 A 点沿着水平方向飞行,假如没有外力影响的话,那么它在一秒钟后本应到达 B 点.但事实上它要受到地球的引力,因而实际到达的并非是 B 点而是 C 点, $BC = 4.9$ m 是自由落体在重力加速度的作用下,第一秒中所走过的距离.

容易看出,若卫星在沿地球的一个同心圆轨道运行,也就是作环绕地球的飞行,则 C 点与地心 O 的距离与 A 点到 O 的距离相等,由此可以推断出卫星每秒飞行距离至少为直线段 AB 的长度,此即卫星应具有的最低速度.由于 $\triangle AOB$ 是直角三角形, OA 和 OC 可近似地取为地球的平均半径 6 371 km,也就是6 371 000 m,于是由勾股定理得到

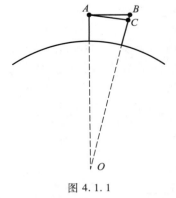

图 4.1.1

$$AB^2 = (6\ 371\ 000 + 4.9)^2 - (6\ 371\ 000)^2.$$

显然,按上式去计算 AB^2 是不可取的——这将导致两个 $O(10^{13})$ 量级的数直接相减,工作量大且不说,在字长较短的计算机上还可能产生较大的误差.

利用乘法公式

$$a^2 - b^2 = (a+b)(a-b),$$

可将上式改写为

$$AB^2 = (6\ 371\ 000+4.9+6\ 371\ 000)(6\ 371\ 000+4.9-6\ 371\ 000)$$
$$= 2\times6\ 371\ 000\times4.9+4.9^2.$$

由于 4.9^2 这一项与 $2\times6\ 371\ 000\times4.9$ 这一项相比可以忽略不计,于是可以把计算简化为

$$AB^2 \approx 2\times6\ 371\ 000\times4.9.$$

由此算出

$$AB \approx 7.9\ \text{km}.$$

这就是说,卫星的速度至少要达到每秒 $7.9\ \text{km}$ 才能维持其围绕地球的飞行,此即所要求的第一宇宙速度.

上面所计算的 AB^2,实际上就是函数 $y=x^2$ 在 $x=6\ 371\ 000$ 处,自变量出现了一个微小的改变量 4.9 之后,函数值的相应改变量.然而在计算过程中,我们并没有完全精确地去算

$$AB^2 = 2\times6\ 371\ 000\times4.9+4.9^2,$$

而是抛弃了最后那一项对整个计算结果而言可以忽略的量,得到了具有足够精度的计算值.这样的思想方法和处理过程恰恰就是微分概念的应用.

微分的定义

下面我们来考察一般情况.如图 4.1.2 所示,设

$$y=f(x)$$

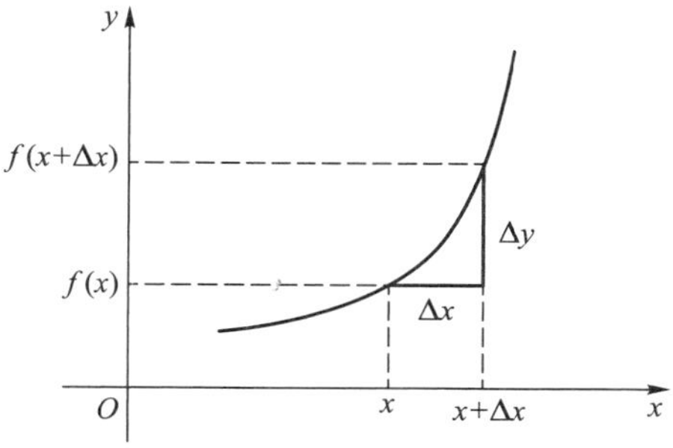

图 4.1.2

是一个给定的函数,在点 x 附近有定义.若 $f(x)$ 的自变量在 x 处产生了某个增量 Δx 变成了 $x+\Delta x$(增量 Δx 可正可负,但不为零),那么它的函数值也相应地产生了一个增量

$$\Delta y(x)=f(x+\Delta x)-f(x),$$

这里的增量 Δx 和 $\Delta y(x)$ 分别称为自变量和因变量的**差分**.(在不会发生混淆的场合,或者是无需特别指明自变量的时候,我们一般就将 $\Delta y(x)$ 简单地记为 Δy.)

定义 4.1.1 对函数 $y=f(x)$ 定义域中的一点 x_0,若存在一个只与 x_0 有关,而与 Δx 无关的数 $g(x_0)$,使得当 $\Delta x \to 0$ 时恒成立关系式

$$\Delta y = g(x_0)\Delta x + o(\Delta x),$$

则称 $f(x)$ 在 x_0 处的微分存在,或称 $f(x)$ 在 x_0 处**可微**.

若函数 $y = f(x)$ 在某一区间上的每一点都可微,则称 $f(x)$ 在该区间上**可微**.

由定义 4.1.1 知道,若 $f(x)$ 在 x 处是可微的,那么当 $\Delta x \to 0$ 时 Δy 也是无穷小量,且当 $g(x) \neq 0$ 时,成立等价关系

$$\Delta y \sim g(x)\Delta x.$$

"$g(x)\Delta x$"这一项也被称为 Δy 的**线性主要部分**.很明显,当 $|\Delta x|$ 充分小的时候,干脆就用"$g(x)\Delta x$"这一项来代替因变量的增量 Δy,所产生的偏差将是很微小的.

于是,当 $f(x)$ 在 x 处是可微且 $\Delta x \to 0$ 时,我们将 Δx 称为自变量的微分,记作 $\mathrm{d}x$,而将 Δy 的线性主要部分 $g(x)\mathrm{d}x$(即 $g(x)\Delta x$)称为**因变量的微分**,记作 $\mathrm{d}y$ 或 $\mathrm{d}f(x)$,这样就有了以下的微分关系式

$$\mathrm{d}y = g(x)\mathrm{d}x.$$

例 4.1.1　设 $y = f(x) = x^2$,对于在任意一点 $x \in (-\infty, +\infty)$ 处所产生的增量 Δx,有

$$\Delta y = (x + \Delta x)^2 - x^2 = 2x\Delta x + \Delta x^2,$$

由定义,函数 $y = x^2$ 在 x 处是可微的,它的微分为

$$\mathrm{d}y = \mathrm{d}(x^2) = 2x\mathrm{d}x,$$

这正是我们前面用来求出第一宇宙速度所用的近似式.

例 4.1.2　设 $y = f(x) = \sqrt[3]{x^2}$,在 $x = 0$ 处,有

$$\Delta y = f(\Delta x) - f(0) = \sqrt[3]{(\Delta x)^2},$$

当 $\Delta x \to 0$ 时,$\sqrt[3]{(\Delta x)^2}$ 趋于 0 的阶比 Δx 的阶低,因而 Δy 绝不可能表示成 Δx 的线性项与高阶项的和.由定义,函数 $y = \sqrt[3]{x^2}$ 在 $x = 0$ 处是不可微的.

函数 $y = \sqrt[3]{x^2}$ 虽然不是 $(-\infty, +\infty)$ 上的可微函数,但它在 $(-\infty, 0)$ 和 $(0, +\infty)$ 上却都是可微的(留作习题).

需要注意的是,若函数 $f(x)$ 在 x 处是可微的,那么当 $\Delta x \to 0$ 时必有 $\Delta y \to 0$,即 $f(x)$ 在 x 处连续,所以我们有**可微必定连续**的结论.但要注意该结论的逆命题不成立,如上例中的函数 $y = \sqrt[3]{x^2}$,它在 $x = 0$ 处显然连续,但我们已经知道它在这一点处不可微.

微分和导数

若 $f(x)$ 在 x_0 处可微,则有关系式

$$\Delta y = g(x_0)\Delta x + o(\Delta x),$$

由于 $g(x_0)$ 与 Δx 无关,即知 $g(x_0)$ 是当 $\Delta x \to 0$ 时,因变量的差分与自变量的差分之比 $\dfrac{\Delta y}{\Delta x}$(称为差商)的极限值.

定义 4.1.2　若函数 $y = f(x)$ 在其定义域中的一点 x_0 处极限

$$\lim_{\Delta x \to 0}\frac{\Delta y}{\Delta x} = \lim_{\Delta x \to 0}\frac{f(x_0 + \Delta x) - f(x_0)}{\Delta x}$$

存在,则称 $f(x)$ 在 x_0 处**可导**,并称这个极限值为 $f(x)$ 在 x_0 处的**导数**,记为 $f'(x_0)$ $\Big($ 或 $y'(x_0)$,$\dfrac{\mathrm{d}f}{\mathrm{d}x}\Big|_{x=x_0}$,$\dfrac{\mathrm{d}y}{\mathrm{d}x}\Big|_{x=x_0}\Big)$.

若函数 $y=f(x)$ 在某一区间上的每一点都可导,则称 $f(x)$ 在该区间上可导.

显然,$f(x)$ 在 x_0 处的导数还有如下的等价定义

$$f'(x_0) = \lim_{x \to x_0} \frac{f(x) - f(x_0)}{x - x_0}.$$

函数 $f(x)$ 的所有可导点的集合是 $f(x)$ 定义域的子集,定义 4.1.2 中的导数值 $f'(x)$ 可看成定义在这一子集上的一个新的函数,我们将它称为函数 $f(x)$ 的**导函数**,记为 $f'(x)$ $\Big($ 或 $y'(x)$,$\dfrac{\mathrm{d}f}{\mathrm{d}x}$,$\dfrac{\mathrm{d}y}{\mathrm{d}x}\Big)$.导函数一般就简称为导数.

由上面的讨论可以知道,若 $f(x)$ 在 x 处可微,则它必定在 x 处可导,而前面所述的函数 $g(x)$ 不是别的,正是它在这一点的导数值 $f'(x)$.于是,差分的无穷小量关系式和微分关系式分别成为

$$\Delta y = f'(x)\Delta x + o(\Delta x)$$

和

$$\mathrm{d}y = f'(x)\mathrm{d}x.$$

因此,导数也可以看成是函数在可微的情况下,因变量的微分与自变量的微分之比,所以导数又被称为"微商".这样,$\dfrac{\mathrm{d}y}{\mathrm{d}x}$ 既可以看成是一个完整的记号,也可以看成是微分之间的一种除法运算——这种观点有助于更深刻地理解微分和导数的本质及其相互关系.

反过来,$f(x)$ 在 x 处可导也足以保证它在 x 处可微.由定义 4.1.2,这时存在极限

$$\lim_{\Delta x \to 0} \frac{\Delta y}{\Delta x} = f'(x),$$

即

$$\lim_{\Delta x \to 0} \left[\frac{\Delta y}{\Delta x} - f'(x) \right] = 0.$$

由无穷小量的定义,有

$$\frac{\Delta y}{\Delta x} - f'(x) = o(1),$$

也就是

$$\Delta y - f'(x)\Delta x = o(1)\Delta x = o(\Delta x),$$

由定义 4.1.1,$f(x)$ 在 x 处可微.

上述结果可以表述为以下定理:

定理 4.1.1 函数 $y=f(x)$ 在 x 处可微的充分必要条件是它在 x 处可导.

定理 4.1.1 告诉我们,对一元函数来说,它在任一点的可微性与可导性是等价的.因此,一元函数的微分与导数总是形影相随,是密切难分的"孪生兄弟".

<h1 style="text-align:center">习　　题</h1>

1. 半径为 1 cm 的铁球表面要镀一层厚度为 0.01 cm 的铜,试用求微分的方法算出每只球需要用铜多少克?（铜的密度为 8.9 g/cm³.）

2. 用定义证明:函数 $y = \sqrt[3]{x^2}$ 在它的整个定义域中,除了 $x=0$ 这一点之外都是可微的.

<h2 style="text-align:center">§2　导数的意义和性质</h2>

产生导数的实际背景

从数学的发展历史来看,导数是伴随着微分的诞生而顺理成章地产生的,也就是说,人们先是有了微分的概念,随后才发现,对于处理微分问题来说,像

$$\lim_{\Delta x \to 0} \frac{\Delta y}{\Delta x} = \lim_{\Delta x \to 0} \frac{f(x+\Delta x) - f(x)}{\Delta x}$$

这么一种特定形式的极限,即导数,是一个有力的工具.

说导数是处理微分问题的有力工具,是因为一方面从微分形式

$$dy = f'(x)dx$$

来看,函数在任一点处的微分事实上都必须通过函数在这一点的导数来表达和计算;另一方面,在比较复杂的情况下（比如以后会学到的高阶微分和高阶导数,以及多元函数的微分和导数等）,无论是形式地思考还是实际地处理问题,由导数入手都要比由微分入手更容易和简洁一些.以后,人们进一步认识到,导数有它本身的意义,在数学研究及其实际应用方面都扮演着重要的角色.

微积分的发明人之一——Newton 最早用导数研究的是如何确定力学中运动物体的瞬时速度问题.

设一个运动物体在时刻 t 的位移可以用函数 $s = s(t)$ 来描述,那么如何来求出它在这一时刻的速度呢?

因为它在时间段 $[t, t+\Delta t]$ 中位移的改变量为 $\Delta s = s(t+\Delta t) - s(t)$,所以当 Δt 很小的时候,它在时刻 t 的瞬时速度可以近似地用它在 $[t, t+\Delta t]$ 中的平均速度

$$\bar{v}(t) = \frac{\Delta s}{\Delta t} = \frac{s(t+\Delta t) - s(t)}{\Delta t}$$

来代替.但是,对于任意给定的 $\Delta t > 0$,这么算出的都只是平均速度而不是瞬时速度,真正的瞬时速度显然是当 $\Delta t \to 0$ 时 $\bar{v}(t)$ 的极限值,即

$$v(t) = \lim_{\Delta t \to 0} \frac{\Delta s}{\Delta t} = \lim_{\Delta t \to 0} \frac{s(t+\Delta t) - s(t)}{\Delta t}.$$

于是

$$v(t) = s'(t),$$

也即运动物体的速度是它的位移函数的导数.

我们可以将"速度"这个概念加以推广——凡是牵涉某个量的变化快慢的,诸如物理学中的光热磁电的各种传导率、化学中的反应速率、经济学中的资金流动速率、人口学中的人口增长速率,等等,统统都可以看成是广义的"速度",因而都可以用导数来表达.换句话说,导数实际上是因变量关于自变量的变化率.

比如,设函数 $p = p(t)$ 表示某个地区在时刻 t 的人口数量,那么在时刻 $t+\Delta t$ 的人口数量就是 $p(t+\Delta t)$ 了,因此这个地区在从 t 到 $t+\Delta t$ 的时段中,增加的人口数应为

$$\Delta p = p(t+\Delta t) - p(t).$$

将单位时间中的人口增长数称为人口的增长速率,于是在 $[t, t+\Delta t]$ 时段中,该地区的人口平均增长速率为

$$\frac{\Delta p}{\Delta t} = \frac{p(t+\Delta t) - p(t)}{\Delta t},$$

当 $\Delta t \to 0$ 时,便求得了该地区在时刻 t 的人口增长速率为

$$p'(t) = \lim_{\Delta t \to 0} \frac{\Delta p}{\Delta t} = \lim_{\Delta t \to 0} \frac{p(t+\Delta t) - p(t)}{\Delta t},$$

即人口增长速率是人口数量函数的导数.

导数的几何意义

导数研究的另一重大动力来自于数学本身——如何求出一条给定的曲线在曲线上某一点处的切线?

这个问题的起源可以追溯到古希腊时代对圆锥曲线的切线的研究.到了 17 世纪前叶,在法国数学家 Descartes 和 Fermat 分别独立完成了解析几何的发明之后,它便转化成了如何确定方程为 $y = f(x)$ 的曲线在某一点处的切线斜率问题.

Descartes 和 Fermat 本人以及英国的数学和物理学家 Barrow(Newton 的老师)都对这一问题进行过深入的研究并取得一定的成果,而最终对此找到了系统而行之有效的分析方法的是微积分的另一位发明人、德国数学家 Leibniz.

我们首先来定义什么是切线.

在中学的解析几何里,我们学过圆和椭圆的切线(如图 4.2.1).那时的定义是:若一条直线与圆(椭圆)只相交于一点,那么称这条直线为该圆(椭圆)的切线.但是要将这个定义运用到一般的曲线上去是不行的.例如,对任意常数 a,直线 $x = a$ 与抛物线 $y = x^2$ 只有一个交点(如图 4.2.2),但它显然不是切线.

设 $y = f(x)$ 是平面上的一条光滑的连续曲线,$(x, f(x))$ 是曲线上的一个定点,而 $(x+\Delta x, f(x+\Delta x))$ 是曲线上的一个动点(一般假定它就在点 $(x, f(x))$ 的附近).显然,过 $(x, f(x))$ 和 $(x+\Delta x, f(x+\Delta x))$ 两点可以惟一确定曲线的一条过点 $(x, f(x))$ 的割线,并且,当点 $(x+\Delta x, f(x+\Delta x))$ 在曲线上移动时将引起

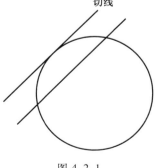

切线

图 4.2.1

割线位置的不断变化.曲线的切线的严格定义应该是这样的:如果在点$(x+\Delta x,f(x+\Delta x))$沿着曲线无限趋近于点$(x,f(x))$(即 $\Delta x\to0$)时,这些变化的割线存在着惟一的极限位置,则处于这个极限位置的直线就被称为曲线 $y=f(x)$ 在点$(x,f(x))$处的切线(如图 4.2.3).

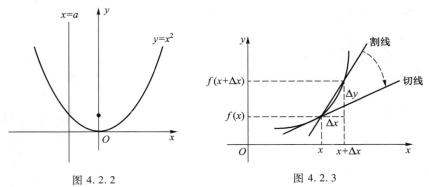

图 4.2.2　　　　　　　　图 4.2.3

设过点$(x,f(x))$的切线已经作出,我们来求它的斜率.从图中可以看出,割线的斜率为

$$\frac{\Delta y}{\Delta x}=\frac{f(x+\Delta x)-f(x)}{\Delta x},$$

随着 Δx 越来越接近于 0,$\dfrac{\Delta y}{\Delta x}$ 也就越来越接近切线的斜率.因此,过点$(x,f(x))$的切线斜率就是极限

$$\lim_{\Delta x\to0}\frac{\Delta y}{\Delta x}=\lim_{\Delta x\to0}\frac{f(x+\Delta x)-f(x)}{\Delta x}$$

的值,即 $f(x)$ 在 x 处的导数值 $f'(x)$——这就是导数的几何意义.

由此进一步可得,曲线 $y=f(x)$ 在点 $P_0(x_0,f(x_0))$ 处的切线方程是

$$y-f(x_0)=f'(x_0)(x-x_0).$$

过 P_0 点且与切线垂直的直线称为曲线 $y=f(x)$ 在点 P_0 处的法线,于是当 $f'(x_0)\neq0$ 时,在点 P_0 处的法线方程是

$$y-f(x_0)=-\frac{1}{f'(x_0)}(x-x_0).$$

Leibniz 的巨大贡献之一,就是发现了曲线的切线斜率与函数的导数之间的联系,同时得到了计算导数的一般方法.从这个意义上来说,对任意一个能够写出表达式的函数,求它的曲线在任意一点处(只要在该点的切线存在的)的切线方程问题已经迎刃而解了.

例 4.2.1 求抛物线 $y^2=2px(p>0)$ 上任意一点(x_0,y_0)处的切线斜率.

解 设(x_0,y_0)属于上半平面(属于下半平面时是类似的),将方程改写成

$$y=f(x)=\sqrt{2px}\quad(x\geq0),$$

则它在(x_0,y_0)处的切线斜率应为

$$\lim_{\Delta x\to0}\frac{f(x_0+\Delta x)-f(x_0)}{\Delta x}=\lim_{\Delta x\to0}\frac{\sqrt{2p(x_0+\Delta x)}-\sqrt{2px_0}}{\Delta x}$$

$$=\sqrt{2p}\lim_{\Delta x\to 0}\frac{\Delta x}{\left(\sqrt{x_0+\Delta x}+\sqrt{x_0}\right)\cdot\Delta x}=\frac{\sqrt{p}}{\sqrt{2x_0}},$$

由此很容易求得它在任意一点处的切线方程.

从这个结论出发可以得到抛物线的一个重要的光学性质.

记抛物线的方程为 $y^2=2px(p>0)$,如图 4.2.4,设它在点 (x_0,y_0) 处的切线与 x 轴的夹角为 θ_1,由于 $y_0=\sqrt{2px_0}$,该切线的斜率可以写成

$$\tan\theta_1=\frac{\sqrt{p}}{\sqrt{2x_0}}=\frac{p}{y_0},$$

再记点 (x_0,y_0) 与抛物线的焦点 $\left(\frac{p}{2},0\right)$ 的连线与 x 轴的夹角为 θ_2,该连线与抛物线在点 (x_0,y_0) 处的切线的夹角为 θ,则有

$$\tan\theta_2=\frac{y_0}{x_0-\frac{p}{2}},$$

于是

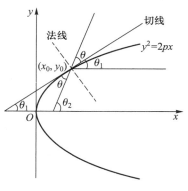

图 4.2.4

$$\tan\theta=\frac{\tan\theta_2-\tan\theta_1}{1+\tan\theta_2\cdot\tan\theta_1}=\frac{\dfrac{y_0}{x_0-\dfrac{p}{2}}-\dfrac{p}{y_0}}{1+\dfrac{y_0}{x_0-\dfrac{p}{2}}\cdot\dfrac{p}{y_0}}=\frac{p}{y_0}=\tan\theta_1,$$

即 θ 恰好等于切线与 x 轴的夹角 θ_1.

根据光的反射定律,入射角(入射光线与反射面的法线的夹角)等于反射角(反射光线与反射面的法线的夹角),可知任意一束从抛物线焦点处出发的光线,经抛物线的反射,反射光线与抛物线的对称轴平行.根据这一原理,将抛物线绕它的对称轴旋转,得到一个旋转抛物面,于是,放在焦点处的点光源发出的光线,经过旋转抛物面反射后,成为一束平行于对称轴的光线射出;反过来,由于光路的可逆性,平行于旋转抛物面对称轴的入射光线,经过旋转抛物面的反射,汇聚于它的焦点上.探照灯、伞形太阳灶、抛物面天线等都是这一原理实际应用的例子.

例 4.2.2 求椭圆 $\dfrac{x^2}{a^2}+\dfrac{y^2}{b^2}=1(a,b>0)$ 上任一点 (x_0,y_0) 处的切线方程.

解 设 (x_0,y_0) 属于上半平面(属于下半平面时是类似的),将此区域中的椭圆方程改写成

$$y=f(x)=\frac{b}{a}\sqrt{a^2-x^2}\quad(-a<x<a),$$

则它在 (x_0,y_0) 处的切线斜率应为

$$\lim_{\Delta x\to 0}\frac{f(x_0+\Delta x)-f(x_0)}{\Delta x}=\frac{b}{a}\lim_{\Delta x\to 0}\frac{\sqrt{a^2-(x_0+\Delta x)^2}-\sqrt{a^2-x_0^2}}{\Delta x}$$

$$= \frac{b}{a} \lim_{\Delta x \to 0} \frac{x_0^2 - (x_0 + \Delta x)^2}{(\sqrt{a^2 - (x_0 + \Delta x)^2} + \sqrt{a^2 - x_0^2}) \cdot \Delta x} = \frac{b}{a} \frac{-x_0}{\sqrt{a^2 - x_0^2}}.$$

于是它在 (x_0, y_0) 处的切线方程为

$$y - y_0 = \frac{b}{a} \frac{-x_0}{\sqrt{a^2 - x_0^2}} (x - x_0),$$

注意到 (x_0, y_0) 位于椭圆上,即满足

$$y_0 = \frac{b}{a} \sqrt{a^2 - x_0^2},$$

两边整理后便得到切线方程

$$\frac{x_0 \cdot x}{a^2} + \frac{y_0 \cdot y}{b^2} = 1,$$

这正是我们在平面解析几何中已知的结论.

用与例 4.2.1 类似的方法可以证明椭圆的一个光学性质:从椭圆的一个焦点发出的任意一束光线,经椭圆反射后,反射光线必定经过它的另一个焦点(如图 4.2.5)(留作习题).

利用导数的几何意义以及导数和微分的关系很容易给出微分的几何意义:它是用底边为 dx、底角为 $\arctan f'(x)$ 的直角三角形的高 $dy = f'(x) dx$ 来近似代替 $\Delta y = f(x + \Delta x) - f(x)$(如图 4.2.6),其误差是 dx 的高阶无穷小量.

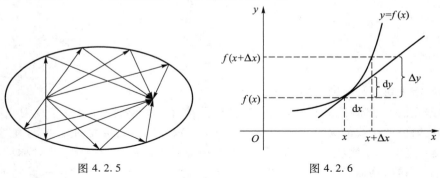

图 4.2.5   图 4.2.6

单侧导数

由于

$$f'(x_0) = \lim_{\Delta x \to 0} \frac{f(x_0 + \Delta x) - f(x_0)}{\Delta x},$$

由极限存在的定义,函数 $f(x)$ 在 x_0 处可导的充分必要条件是相应的左极限

$$f'_-(x_0) = \lim_{\Delta x \to 0-} \frac{f(x_0 + \Delta x) - f(x_0)}{\Delta x}$$

和右极限

$$f'_+(x_0) = \lim_{\Delta x \to 0+} \frac{f(x_0 + \Delta x) - f(x_0)}{\Delta x}$$

存在并且相等,我们把它们分别称为 $f(x)$ 在 x_0 处的**左导数**和**右导数**.换句话说,若 $f(x)$

在 x_0 处的左右导数中至少有一个不存在,或是左右导数都存在但不相等的话,$f(x)$ 在 x_0 处就是不可导的.

例 4.2.3 考察函数 $f(x) = |x|$ 在 $x=0$ 处的可导情况.

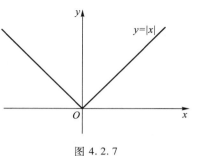

图 4.2.7

解 如图 4.2.7,当 $x<0$,$f(x) = |x| = -x$,所以 $f(x)$ 在 $x=0$ 处的左导数为

$$f'_-(0) = \lim_{\Delta x \to 0-} \frac{-\Delta x}{\Delta x} = -1.$$

而当 $x>0$,$f(x) = |x| = x$,所以 $f(x)$ 在 $x=0$ 处的右导数为

$$f'_+(0) = \lim_{\Delta x \to 0+} \frac{\Delta x}{\Delta x} = 1.$$

因此 $f(x) = |x|$ 在 $x=0$ 处的左右导数都存在但不相等,由定义,它在 $x=0$ 处不可导.

例 4.2.4 考察函数

$$f(x) = \begin{cases} x\sin\dfrac{1}{x}, & x>0, \\ 0, & x \leqslant 0 \end{cases}$$

在 $x=0$ 处的可导情况.

解 当 $\Delta x<0$ 时,$f(\Delta x) = 0$,显然有

$$f'_-(0) = \lim_{\Delta x \to 0-} \frac{f(\Delta x) - f(0)}{\Delta x} = 0,$$

而当 $\Delta x>0$ 时,

$$\frac{f(\Delta x) - f(0)}{\Delta x} = \frac{\Delta x \cdot \sin\dfrac{1}{\Delta x}}{\Delta x} = \sin\frac{1}{\Delta x},$$

当 $\Delta x \to 0+$ 时,上式的极限不存在,即函数在 $x=0$ 处的右导数不存在,由定义,它在这一点不可导.

例 4.2.5 设函数

$$f(x) = \begin{cases} x^2+b, & x>2, \\ ax+1, & x \leqslant 2. \end{cases}$$

确定 a,b,使得 $f(x)$ 在 $x=2$ 处可导.

解 要使 $f(x)$ 在 $x=2$ 处可导,首先它必须在 $x=2$ 处连续.因此

$$\lim_{x \to 2+} f(x) = \lim_{x \to 2+} (x^2+b) = f(2).$$

即

$$4+b = 2a+1.$$

要使 $f(x)$ 在 $x=2$ 处可导,必须成立 $f'_-(2) = f'_+(2)$,由定义及上式,

$$f'_-(2) = \lim_{x \to 2-} \frac{f(x) - f(2)}{x-2} = \lim_{x \to 2-} \frac{ax+1 - (2a+1)}{x-2} = a;$$

$$f'_+(2) = \lim_{x \to 2+} \frac{f(x) - f(2)}{x-2} = \lim_{x \to 2+} \frac{x^2+b - (4+b)}{x-2} = \lim_{x \to 2+} \frac{x^2-4}{x-2} = 4.$$

因此 $a=4$.将 $a=4$ 代入 $4+b=2a+1$ 即得 $b=5$.这时 $f'(2)=4$.

需要指出的是,对于在闭区间 $[a,b]$ 上定义的函数 $y=f(x)$,如果 $f(x)$ 在开区间 (a,b) 可导,并且 $f(x)$ 在 $x=a$ 的右导数与在 $x=b$ 的左导数存在,则称 $f(x)$ 在闭区间 $[a,b]$ 可导.如例 4.2.2 中的函数 $f(x)=\dfrac{b}{a}\sqrt{a^2-x^2}$,当 $x=\pm a$ 时,相应的左右导数为 $f'_-(a)=-\infty$,$f'_+(-a)=+\infty$,我们称函数 $f(x)=\dfrac{b}{a}\sqrt{a^2-x^2}$ 在 $x=a$ 的左导数与在 $x=-a$ 的右导数不存在,即 $f(x)$ 的可导区间为 $(-a,a)$.但若我们将函数改为 $g(x)=\sqrt{(a^2-x^2)^3}$,则容易验证 $g(x)$ 在闭区间 $[-a,a]$ 是可导的.

另外请注意,虽然同样都是单侧导数不存在,但例 4.2.2 中的函数曲线(即上半椭圆)在 $x=\pm a$ 处的切线是存在的,只是切线的倾角是 $\dfrac{\pi}{2}$ 而已,而例 4.2.4 中的函数曲线在 $x=0$ 处的右侧根本就没有切线存在.因此,在讨论问题时应注意区分这两种不同的情况.

习　　题

1. 设 $f'(x_0)$ 存在,求下列各式的值:

   (1) $\lim\limits_{\Delta x \to 0} \dfrac{f(x_0-\Delta x)-f(x_0)}{\Delta x}$;

   (2) $\lim\limits_{x \to x_0} \dfrac{f(x)-f(x_0)}{x-x_0}$;

   (3) $\lim\limits_{h \to 0} \dfrac{f(x_0+h)-f(x_0-h)}{h}$.

2. (1) 用定义求抛物线 $y=2x^2+3x-1$ 的导函数;

   (2) 求该抛物线上过点 $(-1,-2)$ 处的切线方程;

   (3) 求该抛物线上过点 $(-2,1)$ 处的法线方程;

   (4) 问该抛物线上是否有点 (a,b),过该点的切线与抛物线顶点与焦点的连线平行?

3. 设 $f(x)$ 为 $(-\infty,+\infty)$ 上的可导函数,且在 $x=0$ 的某个邻域上成立
$$f(1+\sin x)-3f(1-\sin x)=8x+\alpha(x),$$
   其中 $\alpha(x)$ 是当 $x\to 0$ 时比 x 高阶的无穷小量.求曲线 $y=f(x)$ 在 $(1,f(1))$ 处的切线方程.

4. 证明:从椭圆的一个焦点发出的任一束光线,经椭圆反射后,反射光必定经过它的另一个焦点(如图 4.2.5).

5. 证明:双曲线 $xy=a^2$ 上任一点处的切线与两坐标轴构成的直角三角形的面积恒为 $2a^2$.

6. 求下列函数在不可导点处的左导数和右导数:

   (1) $y=|\sin x|$;　　　　　　　　　　　　　(2) $y=\sqrt{1-\cos x}$;

   (3) $y=\mathrm{e}^{-|x|}$;　　　　　　　　　　　　(4) $y=|\ln(x+1)|$.

7. 讨论下列函数在 $x=0$ 处的可导性:

（1）$y=\begin{cases}|x|^{1+a}\sin\dfrac{1}{x}\ (a>0)，&x\neq 0，\\[2mm]0，&x=0；\end{cases}$ （2）$y=\begin{cases}x^2，&x>0，\\ax+b，&x\leqslant 0；\end{cases}$

（3）$y=\begin{cases}xe^x，&x>0，\\ax^2，&x\leqslant 0；\end{cases}$ （4）$y=\begin{cases}e^{\frac{a}{x^2}}，&x\neq 0，\\0，&x=0.\end{cases}$

8. 设 $f(x)$ 在 $x=0$ 处可导，在什么情况下，$|f(x)|$ 在 $x=0$ 处也可导？

9. 设 $f(x)$ 在 $[a,b]$ 上连续 $f(a)=f(b)=0$，且 $f'_+(a)\cdot f'_-(b)>0$，证明 $f(x)$ 在 (a,b) 至少存在一个零点.

10. 设 $f(x)$ 在有限区间 (a,b) 内可导，
   （1）若 $\lim\limits_{x\to a^+}f(x)=\infty$，那么能否断定也有 $\lim\limits_{x\to a^+}f'(x)=\infty$？
   （2）若 $\lim\limits_{x\to a^+}f'(x)=\infty$，那么能否断定也有 $\lim\limits_{x\to a^+}f(x)=\infty$？

11. 设函数 $f(x)$ 满足 $f(0)=0$.证明 $f(x)$ 在 $x=0$ 处可导的充分必要条件是：存在在 $x=0$ 处连续的函数 $g(x)$，使得 $f(x)=xg(x)$，且此时成立 $f'(0)=g(0)$.

§3 导数四则运算和反函数求导法则

从定义出发求导函数

计算一个函数的导函数的运算称为对这个函数**求导**.

一些简单函数可以直接通过导数的定义（即差商的极限形式）来求导，当然也可以直接使用微分的定义（即差分的等价无穷小量关系）来求导，下面我们来分别看几个例子.

显然，常数函数 $y=C$ 的导数恒等于零.

例 4.3.1 求 $y=\sin x$ 的导函数.

解 因为

$$\sin(x+\Delta x)-\sin x=2\cos\left(x+\frac{\Delta x}{2}\right)\sin\frac{\Delta x}{2}，$$

由 $\cos x$ 的连续性与 $\sin\dfrac{\Delta x}{2}\sim\dfrac{\Delta x}{2}(\Delta x\to 0)$，可知

$$\lim_{\Delta x\to 0}\frac{\sin(x+\Delta x)-\sin x}{\Delta x}=\lim_{\Delta x\to 0}\cos\left(x+\frac{\Delta x}{2}\right)\cdot\lim_{\Delta x\to 0}\frac{\sin\dfrac{\Delta x}{2}}{\dfrac{\Delta x}{2}}=\cos x，$$

根据定义，即得

$$(\sin x)'=\cos x.$$

同理可得

$$(\cos x)'=-\sin x.$$

例 4.3.2 求 $y=\ln x$ 的导函数.

解 因为

$$\ln(x+\Delta x)-\ln x=\ln\frac{x+\Delta x}{x}=\ln\left(1+\frac{\Delta x}{x}\right),$$

由 $\ln\left(1+\dfrac{\Delta x}{x}\right)\sim\dfrac{\Delta x}{x}(\Delta x\to0)$, 可知

$$\lim_{\Delta x\to0}\frac{\ln(x+\Delta x)-\ln x}{\Delta x}=\frac{1}{x}\lim_{\Delta x\to0}\frac{\ln\left(1+\dfrac{\Delta x}{x}\right)}{\dfrac{\Delta x}{x}}=\frac{1}{x}.$$

根据定义, 即有

$$(\ln x)'=\frac{1}{x}.$$

例 4.3.3 求 $y=e^x$ 的导函数.

解 利用等价关系式 $e^{\Delta x}-1\sim\Delta x(\Delta x\to0)$, 可得

$$\lim_{\Delta x\to0}\frac{e^{x+\Delta x}-e^x}{\Delta x}=e^x\cdot\lim_{\Delta x\to0}\frac{e^{\Delta x}-1}{\Delta x}=e^x,$$

即有

$$(e^x)'=e^x.$$

进一步, 利用等价关系 $a^{\Delta x}-1\sim\Delta x\cdot\ln a(a>0,a\neq1)$, 可以得到

$$(a^x)'=(\ln a)a^x.$$

由例 4.3.3, $y=e^x$ 的导函数恰为它的本身, 这就是高等数学中讨论指数函数和对数函数时经常将底数取成 e 的缘故. 以后我们会知道, 若一个函数的导函数等于它本身, 那么这个函数与 $y=e^x$ 至多相差一个常数因子, 即它必为

$$y=Ce^x$$

的形式.

例 4.3.4 求幂函数 $y=x^a(x>0)$ 的导函数, 其中 a 为任意实数.

解 利用等价关系 $\left(1+\dfrac{\Delta x}{x}\right)^a-1\sim\dfrac{a\Delta x}{x}(\Delta x\to0)$, 有

$$\lim_{\Delta x\to0}\frac{(x+\Delta x)^a-x^a}{\Delta x}=\lim_{\Delta x\to0}\frac{x^a\left[\left(1+\dfrac{\Delta x}{x}\right)^a-1\right]}{x\cdot\dfrac{\Delta x}{x}}=x^{a-1}\lim_{\Delta x\to0}\frac{\left(1+\dfrac{\Delta x}{x}\right)^a-1}{\dfrac{\Delta x}{x}}=ax^{a-1},$$

于是得到

$$(x^a)'=ax^{a-1}.$$

注意, 对于具体给定的实数 a, 幂函数 $y=x^a$ 的定义域与可导范围可能扩大, 例如:
$y=x^n$(n 为自然数)的定义域为 $(-\infty,+\infty)$, 它的导函数为

$$y'=nx^{n-1}, \quad x\in(-\infty,+\infty);$$

$y=\dfrac{1}{x^n}$(n 为自然数)的定义域为 $(-\infty,0)\cup(0,+\infty)$, 它的导函数为

$$y'=\frac{-n}{x^{n+1}}, \quad x\in(-\infty,0)\cup(0,+\infty);$$

$y = x^{\frac{2}{3}}$ 的定义域为 $(-\infty, +\infty)$，它的导函数为

$$y' = \frac{2}{3\sqrt[3]{x}}, \quad x \in (-\infty, 0) \cup (0, +\infty);$$

$y = x^{\frac{1}{2}}$ 的定义域为 $[0, +\infty)$，它的导函数为

$$y' = \frac{1}{2\sqrt{x}}, \quad x \in (0, +\infty).$$

除了少数几个最简单的函数之外，可以直接用定义较方便地求出导数的函数实在是微乎其微，因而就有必要对一般的函数导出一系列的求导运算法则，主要包括四则运算法则、反函数求导法则和复合函数求导法则，本节中我们先讨论前两个问题.

求导的四则运算法则

定理 4.3.1 设 $f(x)$ 和 $g(x)$ 在某一区间上都是可导的，则对任意常数 c_1 和 c_2，它们的线性组合 $c_1 f(x) + c_2 g(x)$ 也在该区间上可导，且满足如下的线性运算关系

$$[c_1 f(x) + c_2 g(x)]' = c_1 f'(x) + c_2 g'(x).$$

证 由 $f(x)$ 和 $g(x)$ 的可导性，根据导数的定义，可得

$$[c_1 f(x) + c_2 g(x)]'$$

$$= \lim_{\Delta x \to 0} \frac{[c_1 f(x+\Delta x) + c_2 g(x+\Delta x)] - [c_1 f(x) + c_2 g(x)]}{\Delta x}$$

$$= c_1 \cdot \lim_{\Delta x \to 0} \frac{f(x+\Delta x) - f(x)}{\Delta x} + c_2 \cdot \lim_{\Delta x \to 0} \frac{g(x+\Delta x) - g(x)}{\Delta x}$$

$$= c_1 f'(x) + c_2 g'(x). \hspace{4cm} \text{证毕}$$

对于函数 $c_1 f(x) + c_2 g(x)$ 的微分，也有类似的结果：

$$d[c_1 f(x) + c_2 g(x)] = c_1 d[f(x)] + c_2 d[g(x)].$$

因为 $\log_a x = \dfrac{\ln x}{\ln a}$，由定理 4.3.1 和前面得到的对数函数的导数公式，即有

$$(\log_a x)' = \frac{1}{\ln a}(\ln x)' = \frac{1}{x \ln a}.$$

例 4.3.5 求 $y = 5\log_a x + 3\sqrt{x}$ 的导函数 $(a > 0, a \neq 1)$.

解 由定理 4.3.1 和前面得到的对数函数和幂函数的导数公式，即有

$$y' = (5\log_a x + 3\sqrt{x})' = 5(\log_a x)' + 3(\sqrt{x})' = \frac{5}{x \ln a} + \frac{3}{2\sqrt{x}}.$$

定理 4.3.2 设 $f(x)$ 和 $g(x)$ 在某一区间上都是可导的，则它们的积函数也在该区间上可导，且满足

$$[f(x) \cdot g(x)]' = f'(x) g(x) + f(x) g'(x);$$

相应的微分表达式为

$$d[f(x) \cdot g(x)] = g(x) d[f(x)] + f(x) d[g(x)].$$

证 因为

$$\frac{f(x+\Delta x) \cdot g(x+\Delta x) - f(x) \cdot g(x)}{\Delta x}$$

$$= \frac{[f(x+\Delta x) \cdot g(x+\Delta x) - f(x+\Delta x) \cdot g(x)] + [f(x+\Delta x) \cdot g(x) - f(x) \cdot g(x)]}{\Delta x}$$

$$= f(x+\Delta x)\frac{g(x+\Delta x) - g(x)}{\Delta x} + g(x)\frac{f(x+\Delta x) - f(x)}{\Delta x},$$

由 $f(x)$ 和 $g(x)$ 的可导性(显然 $f(x)$ 也具有连续性),即可得到

$$[f(x) \cdot g(x)]' = \lim_{\Delta x \to 0}\frac{f(x+\Delta x) \cdot g(x+\Delta x) - f(x) \cdot g(x)}{\Delta x}$$

$$= \lim_{\Delta x \to 0}f(x+\Delta x)\lim_{\Delta x \to 0}\frac{g(x+\Delta x) - g(x)}{\Delta x} + g(x)\lim_{\Delta x \to 0}\frac{f(x+\Delta x) - f(x)}{\Delta x}$$

$$= f'(x)g(x) + f(x)g'(x).$$

证毕

例 4.3.6　求 $y = 3^x\cos x$ 的导函数.

解　由定理 4.3.2,

$$y' = (3^x\cos x)' = (3^x)'\cos x + 3^x(\cos x)'$$

$$= \ln 3 \cdot (3^x) \cdot \cos x - 3^x\sin x = 3^x(\ln 3 \cdot \cos x - \sin x).$$

例 4.3.7　求 $y = \dfrac{\sin x}{x}$ 的导函数.

解　由定理 4.3.2,

$$y' = \left(\frac{\sin x}{x}\right)' = (\sin x)'\frac{1}{x} + \sin x\left(\frac{1}{x}\right)' = \frac{1}{x}\cos x - \frac{1}{x^2}\sin x = \frac{x\cos x - \sin x}{x^2}.$$

定理 4.3.3　设 $g(x)$ 在某一区间上可导,且 $g(x) \neq 0$,则它的倒数也在该区间上可导,且满足

$$\left[\frac{1}{g(x)}\right]' = -\frac{g'(x)}{[g(x)]^2};$$

相应的微分表达形式为

$$\mathrm{d}\left[\frac{1}{g(x)}\right] = -\frac{1}{[g(x)]^2}\mathrm{d}[g(x)].$$

证　记 $y = \dfrac{1}{g(x)}$,则有

$$\left[\frac{1}{g(x)}\right]' = \lim_{\Delta x \to 0}\frac{\Delta y}{\Delta x} = \lim_{\Delta x \to 0}\frac{\dfrac{1}{g(x+\Delta x)} - \dfrac{1}{g(x)}}{\Delta x} = \lim_{\Delta x \to 0}\frac{g(x) - g(x+\Delta x)}{g(x+\Delta x) \cdot g(x) \cdot \Delta x}$$

$$= \frac{-1}{g(x)}\left(\lim_{\Delta x \to 0}\frac{g(x+\Delta x) - g(x)}{\Delta x}\right)\left(\lim_{\Delta x \to 0}\frac{1}{g(x+\Delta x)}\right).$$

根据定理的条件,有

$$\lim_{\Delta x \to 0}\frac{g(x+\Delta x) - g(x)}{\Delta x} = g'(x), \quad \lim_{\Delta x \to 0}g(x+\Delta x) = g(x) \neq 0,$$

代入后即知定理结论成立.

证毕

例 4.3.8　求 $y = \sec x$ 的导函数.

解 因为 $\sec x = \dfrac{1}{\cos x}$，于是

$$(\sec x)' = \left(\frac{1}{\cos x}\right)' = \frac{-(\cos x)'}{\cos^2 x} = \frac{\sin x}{\cos^2 x} = \tan x \sec x.$$

同理可得

$$(\csc x)' = -\cot x \csc x.$$

结合定理 4.3.2 和定理 4.3.3，即有如下推论：

推论 设 $f(x)$ 和 $g(x)$ 在某一区间上都是可导的，且 $g(x) \neq 0$，则它们的商函数也在该区间上可导，且满足

$$\left[\frac{f(x)}{g(x)}\right]' = \frac{f'(x)g(x) - f(x)g'(x)}{[g(x)]^2};$$

这一结论的微分形式为

$$\mathrm{d}\left[\frac{f(x)}{g(x)}\right] = \frac{g(x)\mathrm{d}[f(x)] - f(x)\mathrm{d}[g(x)]}{[g(x)]^2}.$$

例 4.3.9 求 $y = \tan x$ 的导函数.

解 因为 $\tan x = \dfrac{\sin x}{\cos x}$，由上述推论，

$$(\tan x)' = \left(\frac{\sin x}{\cos x}\right)' = \frac{(\sin x)'\cos x - \sin x(\cos x)'}{\cos^2 x} = \frac{\cos^2 x + \sin^2 x}{\cos^2 x} = \sec^2 x.$$

同理可得

$$(\cot x)' = -\csc^2 x.$$

反函数求导法则

定理 4.3.4(反函数求导定理) 若函数 $y = f(x)$ 在 (a,b) 上连续、严格单调、可导并且 $f'(x) \neq 0$，记 $\alpha = \min(f(a+), f(b-))$，$\beta = \max(f(a+), f(b-))$，则它的反函数 $x = f^{-1}(y)$ 在 (α, β) 上可导，且有

$$[f^{-1}(y)]' = \frac{1}{f'(x)}.$$

证 因为函数 $y = f(x)$ 在 (a,b) 上连续且严格单调，由反函数连续定理，它的反函数 $x = f^{-1}(y)$ 在 (α, β) 上存在、连续，且严格单调，这时 $\Delta y = f(x + \Delta x) - f(x) \neq 0$ 等价于 $\Delta x = f^{-1}(y + \Delta y) - f^{-1}(y) \neq 0$，并且当 $\Delta y \to 0$ 时有 $\Delta x \to 0$. 因此

$$[f^{-1}(y)]' = \lim_{\Delta y \to 0} \frac{f^{-1}(y + \Delta y) - f^{-1}(y)}{\Delta y} = \lim_{\Delta x \to 0} \frac{\Delta x}{f(x + \Delta x) - f(x)}$$

$$= \frac{1}{\displaystyle\lim_{\Delta x \to 0} \frac{f(x + \Delta x) - f(x)}{\Delta x}} = \frac{1}{f'(x)}.$$

证毕

例 4.3.10 求 $y = \arctan x$ 和 $y = \arcsin x$ 的导函数.

解 容易验证 $x = \tan y$ 满足定理 4.3.4 的所有条件，将 $y = \arctan x$ 看成它的反函数，于是有

$$(\arctan x)' = \frac{1}{(\tan y)'} = \frac{1}{\sec^2 y} = \frac{1}{1 + \tan^2 y} = \frac{1}{1 + x^2}.$$

类似地,将 $y = \arcsin x$ 看成 $x = \sin y$ 的反函数,便可得到

$$(\arcsin x)' = \frac{1}{(\sin y)'} = \frac{1}{\cos y} = \frac{1}{\sqrt{1 - \sin^2 y}} = \frac{1}{\sqrt{1 - x^2}}.$$

读者不难由同样途径得到

$$(\arccos x)' = -\frac{1}{\sqrt{1 - x^2}}$$

和

$$(\operatorname{arccot} x)' = -\frac{1}{1 + x^2}.$$

例 4.3.11 求双曲函数及反双曲函数的导函数.

解 由于

$$(\mathrm{e}^{-x})' = \left(\frac{1}{\mathrm{e}^x}\right)' = \frac{-(\mathrm{e}^x)'}{(\mathrm{e}^x)^2} = -\frac{\mathrm{e}^x}{\mathrm{e}^{2x}} = -\mathrm{e}^{-x},$$

于是

$$(\operatorname{sh} x)' = \left(\frac{\mathrm{e}^x - \mathrm{e}^{-x}}{2}\right)' = \frac{\mathrm{e}^x + \mathrm{e}^{-x}}{2} = \operatorname{ch} x.$$

同理可得

$$(\operatorname{ch} x)' = \operatorname{sh} x.$$

由于 $\operatorname{th} x = \dfrac{e^x - e^{-x}}{e^x + e^{-x}} = \dfrac{\operatorname{sh} x}{\operatorname{ch} x}$ 和 $\operatorname{cth} x = \dfrac{1}{\operatorname{th} x} = \dfrac{\operatorname{ch} x}{\operatorname{sh} x}$,利用定理 4.3.3 的推论,可以求得

$$(\operatorname{th} x)' = \frac{1}{\operatorname{ch}^2 x} = \operatorname{sech}^2 x$$

和

$$(\operatorname{cth} x)' = -\frac{1}{\operatorname{sh}^2 x} = -\operatorname{csch}^2 x.$$

反双曲函数的导函数可按反三角函数类似导出,如

$$(\operatorname{sh}^{-1} x)' = \frac{1}{(\operatorname{sh} y)'} = \frac{1}{\operatorname{ch} y} = \frac{1}{\sqrt{1 + \operatorname{sh}^2 y}} = \frac{1}{\sqrt{1 + x^2}},$$

这里利用了双曲函数的关系 $\operatorname{ch}^2 x - \operatorname{sh}^2 x = 1$.

作为习题,请读者自行导出其他反双曲函数的导函数

$$(\operatorname{ch}^{-1} x)' = \frac{1}{\sqrt{x^2 - 1}}$$

和

$$(\operatorname{th}^{-1} x)' = (\operatorname{cth}^{-1} x)' = \frac{1}{1 - x^2}.$$

将双曲函数(及其反函数)的导数与三角函数(及其反函数)的相应结果加以比较的话,就可以发现,不仅双曲函数本身间的函数关系与三角函数有类似之处,而且它们

（乃至它们的反函数）的导函数也有颇为相像的相互关系.

下面我们列出基本初等函数的导数和微分公式：

$$(C)' = 0 \qquad\qquad \mathrm{d}(C) = 0 \cdot \mathrm{d}x = 0$$

$$(x^\alpha)' = \alpha x^{\alpha-1} \qquad\qquad \mathrm{d}(x^\alpha) = \alpha x^{\alpha-1}\mathrm{d}x$$

$$(\sin x)' = \cos x \qquad\qquad \mathrm{d}(\sin x) = \cos x\mathrm{d}x$$

$$(\cos x)' = -\sin x \qquad\qquad \mathrm{d}(\cos x) = -\sin x\mathrm{d}x$$

$$(\tan x)' = \sec^2 x \qquad\qquad \mathrm{d}(\tan x) = \sec^2 x\mathrm{d}x$$

$$(\cot x)' = -\csc^2 x \qquad\qquad \mathrm{d}(\cot x) = -\csc^2 x\mathrm{d}x$$

$$(\sec x)' = \tan x\sec x \qquad\qquad \mathrm{d}(\sec x) = \tan x\sec x\mathrm{d}x$$

$$(\csc x)' = -\cot x\csc x \qquad\qquad \mathrm{d}(\csc x) = -\cot x\csc x\mathrm{d}x$$

$$(\arcsin x)' = \frac{1}{\sqrt{1-x^2}} \qquad\qquad \mathrm{d}(\arcsin x) = \frac{\mathrm{d}x}{\sqrt{1-x^2}}$$

$$(\arccos x)' = -\frac{1}{\sqrt{1-x^2}} \qquad\qquad \mathrm{d}(\arccos x) = -\frac{\mathrm{d}x}{\sqrt{1-x^2}}$$

$$(\arctan x)' = \frac{1}{1+x^2} \qquad\qquad \mathrm{d}(\arctan x) = \frac{\mathrm{d}x}{1+x^2}$$

$$(\operatorname{arccot} x)' = -\frac{1}{1+x^2} \qquad\qquad \mathrm{d}(\operatorname{arccot} x) = -\frac{\mathrm{d}x}{1+x^2}$$

$$(a^x)' = \ln a \cdot a^x, \qquad\qquad \mathrm{d}(a^x) = \ln a \cdot a^x\mathrm{d}x$$

$$\text{特别地}(e^x)' = e^x \qquad\qquad \text{特别地}\ \mathrm{d}(e^x) = e^x\mathrm{d}x$$

$$(\log_a x)' = \frac{1}{\ln a} \cdot \frac{1}{x} \qquad\qquad \mathrm{d}(\log_a x) = \frac{1}{\ln a} \cdot \frac{\mathrm{d}x}{x}$$

$$\text{特别地}(\ln x)' = \frac{1}{x} \qquad\qquad \text{特别地}\ \mathrm{d}(\ln x) = \frac{\mathrm{d}x}{x}$$

$$(\operatorname{sh} x)' = \operatorname{ch} x \qquad\qquad \mathrm{d}(\operatorname{sh} x) = \operatorname{ch} x\mathrm{d}x$$

$$(\operatorname{ch} x)' = \operatorname{sh} x \qquad\qquad \mathrm{d}(\operatorname{ch} x) = \operatorname{sh} x\mathrm{d}x$$

$$(\operatorname{th} x)' = \operatorname{sech}^2 x \qquad\qquad \mathrm{d}(\operatorname{th} x) = \operatorname{sech}^2 x\mathrm{d}x$$

$$(\operatorname{cth} x)' = -\operatorname{csch}^2 x \qquad\qquad \mathrm{d}(\operatorname{cth} x) = -\operatorname{csch}^2 x\mathrm{d}x$$

$$(\operatorname{sh}^{-1} x)' = \frac{1}{\sqrt{1+x^2}} \qquad\qquad \mathrm{d}(\operatorname{sh}^{-1} x) = \frac{\mathrm{d}x}{\sqrt{1+x^2}}$$

$$(\operatorname{ch}^{-1} x)' = \frac{1}{\sqrt{x^2-1}} \qquad\qquad \mathrm{d}(\operatorname{ch}^{-1} x) = \frac{\mathrm{d}x}{\sqrt{x^2-1}}$$

$$(\operatorname{th}^{-1} x)' = (\operatorname{cth}^{-1} x)' = \frac{1}{1-x^2} \qquad\qquad \mathrm{d}(\operatorname{th}^{-1} x) = \mathrm{d}(\operatorname{cth}^{-1} x) = \frac{\mathrm{d}x}{1-x^2}$$

从表中可以看出，所有基本初等函数的导函数都仍然是基本初等函数的有限次四则运算和复合，所以，在这些函数的定义域内，至多除去有限个点，它们不仅可导而且导函数连续.（这有限个点属于这些函数本身的定义域而不属于它们的导函数的定义

域,如 $y = \sqrt[3]{x^2}$ 在整个 $(-\infty, +\infty)$ 上连续,但其导函数

$$y' = \frac{2}{3\sqrt[3]{x}}$$

在 $x = 0$ 处无定义,所以它的导数存在并连续的范围仅限于 $(-\infty, 0) \cup (0, +\infty)$.)

定理 4.3.1 和定理 4.3.2 的结论可以推广到多个函数的情况:

(1) **多个函数线性组合的导函数**

$$\left[\sum_{i=1}^{n} c_i f_i(x) \right]' = \sum_{i=1}^{n} c_i f'_i(x),$$

其中 $c_i (i = 1, 2, \cdots, n)$ 为常数.

(2) **多个函数乘积的导函数**

$$\left[\prod_{i=1}^{n} f_i(x) \right]' = \sum_{j=1}^{n} \left\{ f'_j(x) \prod_{\substack{i=1 \\ i \neq j}}^{n} f_i(x) \right\}.$$

请读者利用数学归纳法自行证明这两个公式,下面我们分别举一个例子.

例 4.3.12 求 n 次多项式 $y = a_n x^n + a_{n-1} x^{n-1} + \cdots + a_1 x + a_0$ 的导函数.

解 由多个函数线性组合的导数公式

$$\begin{aligned}
y' &= (a_n x^n + a_{n-1} x^{n-1} + \cdots + a_1 x + a_0)' \\
&= (a_n x^n)' + (a_{n-1} x^{n-1})' + \cdots + (a_1 x)' + (a_0)' \\
&= a_n n x^{n-1} + a_{n-1}(n-1) x^{n-2} + \cdots + a_1,
\end{aligned}$$

也就是说,n 次多项式的导函数是 $n-1$ 次多项式.

例 4.3.13 求函数 $y = e^x(x^2 + 3x - 1) \arcsin x$ 的导函数.

解 由多个函数乘积的导数公式

$$\begin{aligned}
y' &= \left[e^x(x^2 + 3x - 1) \arcsin x \right]' \\
&= (e^x)'(x^2 + 3x - 1) \arcsin x + e^x(x^2 + 3x - 1)' \arcsin x + e^x(x^2 + 3x - 1)(\arcsin x)' \\
&= e^x(x^2 + 3x - 1) \arcsin x + e^x(2x + 3) \arcsin x + e^x \frac{x^2 + 3x - 1}{\sqrt{1 - x^2}} \\
&= e^x \left[(x^2 + 5x + 2) \arcsin x + \frac{x^2 + 3x - 1}{\sqrt{1 - x^2}} \right].
\end{aligned}$$

习 题

1. 用定义证明 $(\cos x)' = -\sin x$.

2. 证明:

(1) $(\csc x)' = -\cot x \csc x$;

(2) $(\cot x)' = -\csc^2 x$;

(3) $(\arccos x)' = -\dfrac{1}{\sqrt{1 - x^2}}$;

(4) $(\operatorname{arccot} x)' = -\dfrac{1}{1 + x^2}$;

(5) $(\operatorname{ch}^{-1} x)' = \dfrac{1}{\sqrt{x^2 - 1}}$;

(6) $(\operatorname{th}^{-1} x)' = (\operatorname{cth}^{-1} x)' = \dfrac{1}{1 - x^2}$.

3. 求下列函数的导函数：

(1) $f(x) = 3\sin x + \ln x - \sqrt{x}$；

(2) $f(x) = x\cos x + x^2 + 3$；

(3) $f(x) = (x^2 + 7x - 5)\sin x$；

(4) $f(x) = x^2(3\tan x + 2\sec x)$；

(5) $f(x) = e^x \sin x - 4\cos x + \dfrac{3}{\sqrt{x}}$；

(6) $f(x) = \dfrac{2\sin x + x - 2^x}{\sqrt[3]{x^2}}$；

(7) $f(x) = \dfrac{1}{x + \cos x}$；

(8) $f(x) = \dfrac{x\sin x - 2\ln x}{\sqrt{x} + 1}$；

(9) $f(x) = \dfrac{x^3 + \cot x}{\ln x}$；

(10) $f(x) = \dfrac{x\sin x + \cos x}{x\sin x - \cos x}$；

(11) $f(x) = (e^x + \log_3 x)\arcsin x$；

(12) $f(x) = (\csc x - 3\ln x)x^2 \mathrm{sh}\, x$；

(13) $f(x) = \dfrac{x + \sec x}{x - \csc x}$；

(14) $f(x) = \dfrac{x + \sin x}{\arctan x}$.

4. 求曲线 $y = \ln x$ 在 $(e, 1)$ 处的切线方程和法线方程.

5. 当 a 取何值时，直线 $y = x$ 能与曲线 $y = \log_a x$ 相切，切点在哪里？

6. 求曲线 $y = x^n (n \in \mathbf{N}^+)$ 上过点 $(1, 1)$ 的切线与 x 轴的交点的横坐标 x_n，并求出极限 $\lim\limits_{n \to \infty} y(x_n)$.

7. 对于抛物线 $y = ax^2 + bx + c$，设集合

$S_1 = \{(x, y) \mid$ 过 (x, y) 可以作该抛物线的两条切线$\}$；

$S_2 = \{(x, y) \mid$ 过 (x, y) 只可以作该抛物线的一条切线$\}$；

$S_3 = \{(x, y) \mid$ 过 (x, y) 不能作该抛物线的切线$\}$，

请分别求出这三个集合中的元素所满足的条件.

8. (1) 设 $f(x)$ 在 $x = x_0$ 处可导，$g(x)$ 在 $x = x_0$ 处不可导，证明 $c_1 f(x) + c_2 g(x) (c_2 \neq 0)$ 在 $x = x_0$ 处也不可导.

(2) 设 $f(x)$ 与 $g(x)$ 在 $x = x_0$ 处都不可导，能否断定 $c_1 f(x) + c_2 g(x)$ 在 $x = x_0$ 处一定可导或一定不可导？

9. 在上题的条件下，讨论 $f(x)g(x)$ 在 $x = x_0$ 处的可导情况.

10. 设 $f_{ij}(x)(i, j = 1, 2, \cdots, n)$ 为同一区间上的可导函数，证明在该区域上成立

$$\frac{\mathrm{d}}{\mathrm{d}x} \begin{vmatrix} f_{11}(x) & f_{12}(x) & \cdots & f_{1n}(x) \\ f_{21}(x) & f_{22}(x) & \cdots & f_{2n}(x) \\ \vdots & \vdots & & \vdots \\ f_{n1}(x) & f_{n2}(x) & \cdots & f_{nn}(x) \end{vmatrix} = \sum_{k=1}^{n} \begin{vmatrix} f_{11}(x) & f_{12}(x) & \cdots & f_{1n}(x) \\ \vdots & \vdots & & \vdots \\ f'_{k1}(x) & f'_{k2}(x) & \cdots & f'_{kn}(x) \\ \vdots & \vdots & & \vdots \\ f_{n1}(x) & f_{n2}(x) & \cdots & f_{nn}(x) \end{vmatrix}.$$

§4　复合函数求导法则及其应用

复合函数求导法则

对于复合函数的求导，我们有如下的结论.

定理 4.4.1(复合函数求导法则)　设函数 $u = g(x)$ 在 $x = x_0$ 可导，而函数 $y = f(u)$ 在 $u = u_0 = g(x_0)$ 处可导，则复合函数 $y = f(g(x))$ 在 $x = x_0$ 可导，且有

$$[f(g(x))]'_{x=x_0}=f'(u_0)g'(x_0)=f'(g(x_0))g'(x_0).$$

证　因为 $y=f(u)$ 在 u_0 处可导,所以可微.由可微的定义,对任意一个充分小的 $\Delta u\neq 0$,都有

$$f(u_0+\Delta u)-f(u_0)=f'(u_0)\Delta u+\alpha\Delta u,$$

其中 $\lim\limits_{\Delta u\to 0}\alpha=0$.因为当 $\Delta u=0$ 时 $\Delta y=0$,不妨规定当 $\Delta u=0$ 时 $\alpha=0$,因此上式对 $\Delta u=0$ 也成立.

设 $\Delta u=g(x_0+\Delta x)-g(x_0)(\Delta x\neq 0)$,在上式两边同时除以 Δx,则有

$$\frac{f(g(x_0+\Delta x))-f(g(x_0))}{\Delta x}=f'(u_0)\frac{\Delta u}{\Delta x}+\alpha\frac{\Delta u}{\Delta x},$$

由函数 $u=g(x)$ 在 $x=x_0$ 可导,即有 $\lim\limits_{\Delta x\to 0}\frac{\Delta u}{\Delta x}=g'(x_0)$,且此式也蕴含了 $\lim\limits_{\Delta x\to 0}\Delta u=0$.注意到在 $\Delta x\to 0$ 的过程中,或者有 $\Delta u=0$,这时有 $\alpha=0$;或者有 $\Delta u\neq 0$,但 Δu 趋于 0,因此由 $\lim\limits_{\Delta u\to 0}\alpha=0$,可知 $\lim\limits_{\Delta x\to 0}\alpha=0$.于是令 $\Delta x\to 0$,得到

$$\frac{\mathrm{d}y}{\mathrm{d}x}=\lim_{\Delta x\to 0}\frac{f(g(x_0+\Delta x))-f(g(x_0))}{\Delta x}=f'(u_0)\lim_{\Delta x\to 0}\frac{\Delta u}{\Delta x}+\lim_{\Delta x\to 0}\alpha\lim_{\Delta x\to 0}\frac{\Delta u}{\Delta x}=f'(u_0)g'(x_0).$$

证毕

复合函数的求导规则可以写成

$$\frac{\mathrm{d}y}{\mathrm{d}x}=\frac{\mathrm{d}y}{\mathrm{d}u}\cdot\frac{\mathrm{d}u}{\mathrm{d}x}.$$

我们一般称它为**链式法则**.

由导数与微分的关系,复合函数的微分公式为

$$\mathrm{d}[f(g(x))]=f'(u)g'(x)\mathrm{d}x.$$

例 4.4.1　求幂函数 $y=x^a(x>0)$ 的导函数.

解　在例 4.3.4 我们已由定义求出了 $(x^a)'=ax^{a-1}$,现在我们改用复合函数的求导公式再来做一次.

利用对数恒等式,把 $y=x^a=\mathrm{e}^{a\ln x}$ 看成是由

$$\begin{cases}y=\mathrm{e}^u,\\ u=a\ln x\end{cases}$$

复合而成的函数,则由链式法则

$$(x^a)'=(\mathrm{e}^u)'\cdot(a\ln x)'=(\mathrm{e}^u)\Big|_{u=a\ln x}\cdot\frac{a}{x}=x^a\cdot\frac{a}{x}=ax^{a-1}.$$

例 4.4.2　求 $y=\mathrm{e}^{\cos x}$ 的导函数.

解　把 $y=\mathrm{e}^{\cos x}$ 看成是由

$$\begin{cases}y=\mathrm{e}^u,\\ u=\cos x\end{cases}$$

复合而成的函数,则由链式法则

$$y'=(\mathrm{e}^{\cos x})'=(\mathrm{e}^u)'\cdot(\cos x)'=(\mathrm{e}^u)\Big|_{u=\cos x}\cdot(-\sin x)=-\mathrm{e}^{\cos x}\cdot\sin x.$$

对于函数 $y=\mathrm{e}^{-x}$,令 $y=\mathrm{e}^u,u=-x$,便可得到

$$\frac{\mathrm{d}}{\mathrm{d}x}(\mathrm{e}^{-x}) = \frac{\mathrm{d}}{\mathrm{d}u}(\mathrm{e}^{u})\frac{\mathrm{d}u}{\mathrm{d}x} = \left(\mathrm{e}^{u}\Big|_{u=-x}\right) \cdot \frac{\mathrm{d}(-x)}{\mathrm{d}x} = -\mathrm{e}^{-x}.$$

这就是例 4.3.11 中求双曲函数的导函数时所得过的结论.

读者在运算熟练之后,就可以默记 u 后直接求导,而不必写出 u 关于 x 的表达式,如

$$(\sqrt{1+x^2})' = \frac{1}{2\sqrt{1+x^2}} \cdot (1+x^2)' = \frac{x}{\sqrt{1+x^2}}.$$

关于复合函数的求导,我们指出以下几点:

(1) 无论在理论分析还是解决实际问题中,遇到的函数一般都是复合函数,即便如最简单的正弦波

$$y = A\sin(\omega t + \varphi)$$

也是复合函数.因此,复合函数的链式求导法则是最常用的求导工具之一.

(2) 上述的链式法则可以推广到多重复合函数的情况:

$$\frac{\mathrm{d}}{\mathrm{d}x}(f_1(f_2(f_3(\cdots f_n(x)\cdots)))) = \frac{\mathrm{d}f_1}{\mathrm{d}f_2} \cdot \frac{\mathrm{d}f_2}{\mathrm{d}f_3} \cdot \cdots \cdot \frac{\mathrm{d}f_{n-1}}{\mathrm{d}f_n} \cdot \frac{\mathrm{d}f_n}{\mathrm{d}x},$$

读者可用数学归纳法自行证明.

例 4.4.3 求函数 $y = \mathrm{e}^{\sqrt{1+\cos x}}$ 的导函数.

解 将 $y = y(x) = \mathrm{e}^{\sqrt{1+\cos x}}$ 看成是由

$$\begin{cases} y = f(u) = \mathrm{e}^u, \\ u = g(v) = \sqrt{v}, \\ v = h(x) = 1 + \cos x \end{cases}$$

复合而成的函数 $y(x) = f(g(h(x)))$,运用上面的公式,

$$\frac{\mathrm{d}y}{\mathrm{d}x} = \frac{\mathrm{d}f}{\mathrm{d}u} \cdot \frac{\mathrm{d}g}{\mathrm{d}v} \cdot \frac{\mathrm{d}h}{\mathrm{d}x} = \mathrm{e}^u \cdot \frac{1}{2\sqrt{v}} \cdot (-\sin x) = -\frac{\mathrm{e}^{\sqrt{1+\cos x}} \cdot \sin x}{2\sqrt{1+\cos x}}.$$

(3) 形如

$$y = f(x) = u(x)^{v(x)}$$

的函数称为**幂指函数**,对于幂指函数的求导,常采用的方法叫**对数求导法**,计算时,先对两边取对数,令

$$z(x) = \ln y = v(x)\ln u(x),$$

再分别求导.一方面,

$$z'(x) = [v(x)\ln u(x)]' = v'(x)\ln u(x) + v(x)\frac{u'(x)}{u(x)},$$

另一方面,将 $z(x) = \ln y$ 看作复合函数

$$\begin{cases} z = \ln y, \\ y = f(x), \end{cases}$$

则有

$$z'(x) = \frac{y'}{y}.$$

综合两式,就得到

$$y' = y\left[v'(x)\ln u(x) + v(x)\frac{u'(x)}{u(x)} \right] = u(x)^{v(x)}\left[v'(x)\ln u(x) + v(x)\frac{u'(x)}{u(x)} \right].$$

读者应掌握这个方法的思想并会实际应用,而不必死记上面的公式.

例 4.4.4　求函数 $y = (\sin x)^{\cos x}$ 的导函数.

解　对等式两边取对数,

$$\ln y = \cos x \ln\sin x,$$

再分别求导

$$(\ln y)' = (\cos x)'\ln\sin x + \cos x\frac{(\sin x)'}{\sin x},$$

也即

$$\frac{y'}{y} = -\sin x\ln\sin x + \cos x\frac{\cos x}{\sin x},$$

于是求得

$$y' = (\sin x)^{\cos x}\left(\frac{\cos^2 x}{\sin x} - \sin x\ln\sin x \right).$$

（4）到目前为止我们所得到的全部的求导和求微分的运算规则（包括函数的四则运算、反函数、复合函数的求导和求微分公式）可以列表如下：

导数运算法则		微分运算法则
线性组合	$(c_1f + c_2g)' = c_1f' + c_2g'$	$\mathrm{d}(c_1f + c_2g) = c_1\mathrm{d}f + c_2\mathrm{d}g$
乘　　法	$(f \cdot g)' = f'g + fg'$	$\mathrm{d}(f \cdot g) = g\mathrm{d}f + f\mathrm{d}g$
除　　法	$\left(\dfrac{f}{g}\right)' = \dfrac{f'g - fg'}{g^2}$	$\mathrm{d}\left(\dfrac{f}{g}\right) = \dfrac{g\mathrm{d}f - f\mathrm{d}g}{g^2}$
反 函 数	$[f^{-1}(y)]' = \dfrac{1}{f'(x)}$	$\mathrm{d}x = \dfrac{\mathrm{d}y}{f'(x)} = [f^{-1}(y)]'\mathrm{d}y$
复合函数	$[f(g(x))]' = f'(u)g'(x)$	$\mathrm{d}[f(g(x))] = f'(u)g'(x)\mathrm{d}x$

由于初等函数是由基本初等函数经过有限次四则运算和复合的产物,有了 §3 中的基本初等函数的导函数表再加上这张表,初等函数的求导和求微分问题已经得到解决.

一阶微分的形式不变性

复合函数的微分公式为

$$\mathrm{d}[f(g(x))] = f'(u)g'(x)\mathrm{d}x,$$

由于 $\mathrm{d}u = g'(x)\mathrm{d}x$,代入上式就得到它的等价表示形式

$$\mathrm{d}[f(u)] = f'(u)\mathrm{d}u,$$

这里 $u = g(x)$ 是中间变量,x 才是真正的自变量.但我们发现,它与以 u 为自变量的函数 $y = f(u)$ 的微分式

$$\mathrm{d}[f(u)] = f'(u)\mathrm{d}u$$

一模一样.换句话说,不论 u 是自变量还是中间变量,函数 $y = f(u)$ 的微分形式是相同

的,这被称为"**一阶微分的形式不变性**".

这是一阶微分的一个非常重要的性质,有了这个"形式不变性"作保证,我们拿到一个函数 $y=f(u)$ 之后,就可以按 u 是自变量去求得它的微分 $f'(u)\mathrm{d}u$,而无须顾忌此时 u 究竟真的是自变量,还是一个受自变量 x 制约的中间变量.

隐函数求导与求微分

从第一章中已经知道,在满足一定的条件下(我们将在学习多元函数的微分学时再来详细探讨这些条件),方程

$$F(x,y)=0$$

决定了一个 y 关于 x 的函数 $y=y(x)$,我们称它为隐函数.有些隐函数可以通过某种方法解出 y 关于 x 的一般变化规律,化成显函数 $y=f(x)$ 形式(称为**隐函数的显化**),如椭圆的标准方程

$$\frac{x^2}{a^2}+\frac{y^2}{b^2}=1$$

确定了上下半平面上的两个显函数

$$y=\pm\frac{b}{a}\sqrt{a^2-x^2}\quad(-a\leqslant x\leqslant a).$$

但是更多的是隐函数不能被显化的情况,如高次的二元代数方程

$$F(x,y)=y^5+ax^2y^4+bxy^2+cxy+d=0,$$

尽管由代数基本定理,对任意实数 x,至少存在一个实数 y 使得 $F(x,y)=0$,即 $F(x,y)=0$ 至少决定了一个 y 关于 x 的隐函数,但由 Galois 理论,一般不能找到它的显函数形式.

对于隐函数的求导与求微分问题,可以利用复合函数的求导法则或一阶微分的形式不变性来求得,而无须从隐函数解出显函数.

例 4.4.5　求由方程 $\mathrm{e}^{xy}+x^2y-1=0$ 确定的隐函数 $y=y(x)$ 的导函数 $y'(x)$.

解　对方程

$$\mathrm{e}^{xy}+x^2y-1=0$$

的两边关于 x 求导,注意到 y 是 x 的函数,由复合函数的求导法则

$$(\mathrm{e}^{xy}+x^2y-1)'=(\mathrm{e}^{xy})(xy)'+(x^2y)'=(\mathrm{e}^{xy})(y+xy')+(2xy+x^2y')=0,$$

解出

$$y'=-\frac{\mathrm{e}^{xy}y+2xy}{\mathrm{e}^{xy}x+x^2}=-\frac{(\mathrm{e}^{xy}+2x)y}{(\mathrm{e}^{xy}+x)x}.$$

例 4.4.6　求由方程 $\sin y^2=\cos\sqrt{x}$ 确定的隐函数 $y=y(x)$ 的导函数 $y'(x)$.

解　对方程

$$\sin y^2=\cos\sqrt{x}$$

的两边求微分,

$$\mathrm{d}(\sin y^2)=\mathrm{d}(\cos\sqrt{x}).$$

对等式的左边应用一阶微分的形式不变性,得到

$$\mathrm{d}(\sin y^2)=\cos y^2\cdot 2y\mathrm{d}y,$$

而等式的右边为

$$d(\cos\sqrt{x}) = -\frac{\sin\sqrt{x}}{2\sqrt{x}}dx,$$

所以

$$2y(\cos y^2)dy = -\frac{\sin\sqrt{x}}{2\sqrt{x}}dx,$$

即得到 y 的导数

$$\frac{dy}{dx} = -\frac{\sin\sqrt{x}}{4\sqrt{x}\,y(\cos y^2)}.$$

注意本例也可以通过对方程两边求导,利用复合函数的求导法则来求得.读者也可对本例中的隐函数的显式形式

$$y = \pm\sqrt{\arcsin(\cos\sqrt{x})}$$

直接求导函数 $y'(x)$,并将运算过程加以比较.

对方程两边同时求导或求微分的方法,无论对于显函数、可显化的隐函数抑或不可显化的隐函数都能有效地使用,可以说是最重要的方法之一.要提醒注意的是,在用求导的方法时,要将 y 看作是 x 的函数,从而利用复合函数的求导法则;至于求微分的方法,在目前阶段,只适用于一部分隐函数,而对于一般的隐函数,则要用到多元函数的一阶微分形式不变性,这将在多元函数的微分学部分加以讨论.

这样求出的导函数中大多仍然含有隐函数 y,但就具体使用而言,一般来说是无妨于事的,相反有时使用起来更为方便.

例 4.4.7　求由方程 $e^{x+y}-xy-e=0$ 所确定的隐函数曲线在点 $(0,1)$ 处的切线方程.

解　对方程

$$e^{x+y}-xy-e=0$$

的两边关于 x 求导,经与例 4.4.5 同样的过程,得到

$$y' = \frac{y-e^{x+y}}{e^{x+y}-x}.$$

因为点 $(0,1)$ 位于隐函数所确定的曲线上,将 $x=0$ 和 $y=1$ 代入 y' 的表达式,即得

$$y'(0) = \frac{1-e}{e},$$

于是得到曲线 $y=y(x)$ 在点 $(0,1)$ 处的切线方程为

$$y = \left(\frac{1-e}{e}\right)x+1.$$

复合函数求导法则的其他应用

复合函数的求导法则给出了一个相当一般的求导方法,许多求导公式都可以看成是它的特例.

例如,可以将 $y = \dfrac{1}{g(x)}$ 看成是由

$$\begin{cases} y = \dfrac{1}{u}, \\ u = g(x) \end{cases}$$

复合而成的函数,则由复合函数的求导公式,

$$\left(\frac{1}{g(x)}\right)' = \left(\frac{1}{u}\right)' \cdot g'(x) = -\frac{g'(x)}{u^2} = -\frac{g'(x)}{[g(x)]^2},$$

这就是前面得到的函数的倒数的求导公式.

再比如,假定 $y = f(x)$ 满足反函数求导定理的条件,将它的反函数记为 $x = f^{-1}(y)$,则成立

$$x = f^{-1}(f(x)).$$

对这个式子两边求导,右边利用链式法则,即有

$$1 = (x)' = [f^{-1}(f(x))]' = [f^{-1}(y)]' \cdot f'(x),$$

或者写成

$$[f^{-1}(y)]' = \frac{1}{f'(x)},$$

这正是反函数求导定理的结论.因此,反函数求导公式也可以看成是复合函数求导法则的特殊情况.

作为一个实际应用的例子,下面我们用它来导出参数形式的函数的导数公式.

设自变量 x 和因变量 y 的函数关系由参数形式

$$\begin{cases} x = \varphi(t), \\ y = \psi(t), \end{cases} \quad \alpha \leqslant t \leqslant \beta$$

确定,其中 $\varphi(t)$ 和 $\psi(t)$ 都是 t 的可微函数,$\varphi(t)$ 严格单调且 $\varphi'(t) \neq 0$,

由反函数求导法则(定理 4.3.4),可知 $x = \varphi(t)$ 的反函数 $t = \varphi^{-1}(x)$ 存在,且成立

$$(\varphi^{-1}(x))' = \frac{1}{\varphi'(t)},$$

这样,y 关于 x 的函数关系可以写成

$$y = \psi(t) = \psi(\varphi^{-1}(x)),$$

由复合函数求导法则,即得到

$$\frac{\mathrm{d}y}{\mathrm{d}x} = \frac{\mathrm{d}y}{\mathrm{d}t} \cdot \frac{\mathrm{d}t}{\mathrm{d}x} = \frac{\mathrm{d}(\psi(t))}{\mathrm{d}t} \cdot \frac{\mathrm{d}(\varphi^{-1}(x))}{\mathrm{d}x} = \frac{\psi'(t)}{\varphi'(t)},$$

这就是参数形式的函数的导数公式,它也可以看成是由微分形式

$$\begin{cases} \mathrm{d}y = \psi'(t)\mathrm{d}t, \\ \mathrm{d}x = \varphi'(t)\mathrm{d}t, \end{cases}$$

两边分别相除的结果.

例 4.4.8 求由参数方程

$$\begin{cases} x = t - \sin t, \\ y = 1 - \cos t, \end{cases} \quad 0 \leqslant t \leqslant \pi$$

确定的函数 $y = f(x)$ 的导函数 y'.

解 这是位于上半平面与 x 轴相切的单位圆沿 x 轴无滑动地滚动一周时,圆周上

的一点的运动轨迹，也就是摆线（即旋轮线）的方程（如图 1.2.6 和图 7.4.7）.

由参数形式的函数的求导公式，即得

$$\frac{\mathrm{d}y}{\mathrm{d}x} = \frac{(1-\cos t)'}{(t-\sin t)'} = \frac{\sin t}{1-\cos t} = \cot \frac{t}{2}.$$

例 4.4.9 设抛射体运动在 $t=0$ 时刻的水平速度和垂直速度分别等于 v_1 和 v_2，问在什么时刻该物体的飞行倾角恰与地面平行？

解 将抛射体运动视为水平方向和垂直方向上的运动的合成，即得参数方程

$$\begin{cases} x = v_1 t, \\ y = v_2 t - \dfrac{1}{2} g t^2, \end{cases} \quad 0 \leqslant t \leqslant \frac{2v_2}{g}.$$

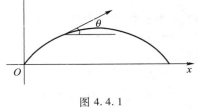

图 4.4.1

于是，由导数的几何意义，如图 4.4.1，物体在任一时刻 t 的飞行倾角 θ 应为

$$\theta = \arctan\left(\frac{\mathrm{d}y}{\mathrm{d}x}\right)\Bigg|_{x=v_1 t} = \arctan \frac{\left(v_2 t - \dfrac{1}{2} g t^2\right)'}{(v_1 t)'} = \arctan \frac{v_2 - gt}{v_1}.$$

显然，要使飞行倾角与地面平行，即 $\theta = 0$，只要 $\dfrac{v_2 - gt}{v_1} = 0$，即解得

$$t = \frac{v_2}{g},$$

这是我们在中学力学中熟知的结果.

最后指出，显式表示、隐式表示和参数表示是表达函数的三种重要形式，各有不同的适用场合，有很多函数只能用其中的某一种来表达. 即使有些函数能够用它们中的任何一种来表达，运算的难易和繁简程度也可以大相径庭，因此必须全面地掌握相应的求导公式，根据实际情况选择使用.

举一个简单的例子，如果想求出椭圆上某一点的导数，既可以从它的显函数形式

$$y = \pm \frac{b}{a} \sqrt{a^2 - x^2} \quad (-a \leqslant x \leqslant a)$$

入手，得到

$$y' = \pm \frac{b}{a} \frac{1}{2} \frac{-2x}{\sqrt{a^2 - x^2}} = \mp \frac{b}{a} \frac{x}{\sqrt{a^2 - x^2}} \left(= -\frac{b^2}{a^2} \frac{x}{\pm \dfrac{b}{a}\sqrt{a^2 - x^2}} = -\frac{b^2}{a^2} \frac{x}{y} \right);$$

也可以通过它的参数方程

$$\begin{cases} x = a \cos t, \\ y = b \sin t, \end{cases} \quad 0 \leqslant t \leqslant 2\pi,$$

由参数形式的函数的求导公式，得到

$$\frac{\mathrm{d}y}{\mathrm{d}x} = \frac{(b \sin t)'}{(a \cos t)'} = \frac{b \cos t}{-a \sin t} \left(= -\frac{b^2 (a \cos t)}{a^2 (b \sin t)} = -\frac{b^2}{a^2} \frac{x}{y} \right);$$

但最简洁的是从它的标准方程即隐函数

$$\frac{x^2}{a^2}+\frac{y^2}{b^2}=1$$

入手,利用复合函数的求导法则或一阶微分形式的不变性,由

$$\mathrm{d}\left(\frac{x^2}{a^2}\right)+\mathrm{d}\left(\frac{y^2}{b^2}\right)=\frac{2x}{a^2}\mathrm{d}x+\frac{2y}{b^2}\mathrm{d}y=0,$$

就直接得出

$$y'=\frac{\mathrm{d}y}{\mathrm{d}x}=-\frac{b^2}{a^2}\frac{x}{y}.$$

习　　题

1. 求下列函数的导数:

(1) $y=(2x^2-x+1)^2$;

(2) $y=\mathrm{e}^{2x}\sin 3x$;

(3) $y=\dfrac{1}{\sqrt{1+x^3}}$;

(4) $y=\sqrt{\dfrac{\ln x}{x}}$;

(5) $y=\sin x^3$;

(6) $y=\cos\sqrt{x}$;

(7) $y=\sqrt{x+1}-\ln(x+\sqrt{x+1})$;

(8) $y=\arcsin(\mathrm{e}^{-x^2})$;

(9) $y=\ln\left(x^2-\dfrac{1}{x^2}\right)$;

(10) $y=\dfrac{1}{(2x^2+\sin x)^2}$;

(11) $y=\dfrac{1+\ln^2 x}{x\sqrt{1-x^2}}$;

(12) $y=\dfrac{x}{\sqrt{1+\csc x^2}}$;

(13) $y=\dfrac{2}{\sqrt[3]{2x^2-1}}+\dfrac{3}{\sqrt[4]{3x^3+1}}$;

(14) $y=\mathrm{e}^{-\sin^2 x}$;

(15) $y=x\sqrt{a^2-x^2}+\dfrac{x}{\sqrt{a^2-x^2}}$.

2. 求下列函数的导数:

(1) $y=\ln\sin x$;

(2) $y=\ln(\csc x-\cot x)$;

(3) $y=\dfrac{1}{2}\left(x\sqrt{a^2-x^2}+a^2\arcsin\dfrac{x}{a}\right)$;

(4) $y=\ln(x+\sqrt{x^2+a^2})$;

(5) $y=\dfrac{1}{2}\left(x\sqrt{x^2-a^2}-a^2\ln(x+\sqrt{x^2-a^2})\right)$.

3. 设 $f(x)$ 可导,求下列函数的导数:

(1) $f(\sqrt[3]{x^2})$;

(2) $f\left(\dfrac{1}{\ln x}\right)$;

(3) $\sqrt{f(x)}$;

(4) $\arctan f(x)$;

(5) $f(f(\mathrm{e}^{x^2}))$;

(6) $\sin(f(\sin x))$;

(7) $f\left(\dfrac{1}{f(x)}\right)$;

(8) $\dfrac{1}{f(f(x))}$.

4. 用对数求导法求下列函数的导数：

（1）$y = x^x$；

（2）$y = (x^3 + \sin x)^{\frac{1}{x}}$；

（3）$y = \cos^x x$；

（4）$y = \ln^x(2x+1)$；

（5）$y = x\dfrac{\sqrt{1-x^2}}{\sqrt{1+x^3}}$；

（6）$y = \prod\limits_{i=1}^{n}(x-x_i)$；

（7）$y = \sin x^{\sqrt{x}}$.

5. 对下列隐函数求 $\dfrac{\mathrm{d}y}{\mathrm{d}x}$：

（1）$y = x + \arctan y$；

（2）$y + xe^y = 1$；

（3）$\sqrt{x - \cos y} = \sin y - x$；

（4）$xy - \ln(y+1) = 0$；

（5）$e^{x^2+y} - xy^2 = 0$；

（6）$\tan(x+y) - xy = 0$；

（7）$2y\sin x + x\ln y = 0$；

（8）$x^3 + y^3 - 3axy = 0$.

6. 设所给的函数可导，证明：

（1）奇函数的导函数是偶函数；偶函数的导函数是奇函数；

（2）周期函数的导函数仍是周期函数.

7. 求曲线 $xy + \ln y = 1$ 在 $M(1,1)$ 点的切线和法线方程.

8. 对下列参数形式的函数求 $\dfrac{\mathrm{d}y}{\mathrm{d}x}$：

（1）$\begin{cases} x = at^2, \\ y = bt^3; \end{cases}$

（2）$\begin{cases} x = 1 - t^2, \\ y = t - t^3; \end{cases}$

（3）$\begin{cases} x = t^2\sin t, \\ y = t^2\cos t; \end{cases}$

（4）$\begin{cases} x = ae^{-t}, \\ y = be^t; \end{cases}$

（5）$\begin{cases} x = a\cos^3 t, \\ y = a\sin^3 t; \end{cases}$

（6）$\begin{cases} x = \mathrm{sh}\, at, \\ y = \mathrm{ch}\, bt; \end{cases}$

（7）$\begin{cases} x = \dfrac{t+1}{t}, \\ y = \dfrac{t-1}{t}; \end{cases}$

（8）$\begin{cases} x = \sqrt{1+t}, \\ y = \sqrt{1-t}; \end{cases}$

（9）$\begin{cases} x = e^{-2t}\cos^2 t, \\ y = e^{-2t}\sin^2 t; \end{cases}$

（10）$\begin{cases} x = \ln(1+t^2), \\ y = t - \arctan t. \end{cases}$

9. 求曲线 $x = \dfrac{2t+t^2}{1+t^3}, y = \dfrac{2t-t^2}{1+t^3}$ 上与 $t=1$ 对应的点处的切线和法线方程.

10. 设方程 $\begin{cases} e^x = 3t^2 + 2t + 1, \\ t\sin y - y + \dfrac{\pi}{2} = 0 \end{cases}$ 确定 y 为 x 的函数，其中 t 为参变量，求 $\dfrac{\mathrm{d}y}{\mathrm{d}x}\bigg|_{t=0}$.

11. 证明曲线

$$\begin{cases} x = a(\cos t + t\sin t), \\ y = a(\sin t - t\cos t) \end{cases}$$

上任一点的法线到原点的距离等于 $|a|$.

12. 设函数 $u = g(x)$ 在 $x = x_0$ 处连续，$y = f(u)$ 在 $u = u_0 = g(x_0)$ 处连续. 请举例说明，在以下情况中，复合函数 $y = f(g(x))$ 在 $x = x_0$ 处并非一定不可导：

（1）$u = g(x)$ 在 x_0 处可导，而 $y = f(u)$ 在 u_0 处不可导；

（2）$u=g(x)$在x_0处不可导,而$y=f(u)$在u_0处可导;

（3）$u=g(x)$在x_0处不可导,$y=f(u)$在u_0处也不可导.

13. 设函数$f(u),g(u)$和$h(u)$可微,且$h(u)>1,u=\varphi(x)$也是可微函数,利用一阶微分的形式不变性求下列复合函数的微分:

（1）$f(u)g(u)h(u)$;

（2）$\dfrac{f(u)g(u)}{h(u)}$;

（3）$h(u)^{g(u)}$;

（4）$\log_{h(u)}g(u)$;

（5）$\arctan\left[\dfrac{f(u)}{h(u)}\right]$;

（6）$\dfrac{1}{\sqrt{f^2(u)+h^2(u)}}$.

§5　高阶导数和高阶微分

高阶导数的实际背景及定义

一个函数的导数仍然是一个函数,因此若有必要的话,可以对它继续进行求导.事实上,大量实际问题的研究中都会遇到这类情况.

Newton 在研究物体的运动规律的时候发现,一个受力物体的速度的改变量 $\Delta v=v(t+\Delta t)-v(t)$ 与所受的力 F 及受力的时间 Δt 成正比,而与它的质量 m 成反比,在定义了合适的单位之后,其比例系数可以取为 1,即

$$F\Delta t=m\Delta v,$$

这就是熟悉的冲量定律.

将上式改写成

$$F=m\frac{\Delta v}{\Delta t},$$

对于匀变速运动来讲,相同时间中的速度改变量$\dfrac{\Delta v}{\Delta t}$是常数,记这个常数为 a,就得到了著名的 Newton 第二运动定律在中学物理中的形式

$$F=ma.$$

在一般的变速运动中,加速度 a 并非是常值,而是随时间变化而变化的函数 $a(t)$.通过与§2类似的讨论就可以知道,物体在时刻 t 的瞬时加速度应为当 $\Delta t\to0$ 时,它的平均加速度$\dfrac{\Delta v}{\Delta t}$的极限值,即

$$a(t)=\lim_{\Delta t\to0}\frac{\Delta v}{\Delta t}=\lim_{\Delta t\to0}\frac{v(t+\Delta t)-v(t)}{\Delta t}=v'(t),$$

也就是说,加速度函数 $a(t)$ 是速度函数 $v(t)$ 的导函数.而从前面已经知道,$v(t)$ 是位移函数 $s(t)$ 的导函数,那么 $a(t)$ 就成了 $s(t)$ 的导函数的导函数,我们将它称为 $s(t)$ 的**二阶导数**.(与此同时,Leibniz 也引进并运用二阶导数来研究曲线的曲率问题,我们将在以后讨论这个问题.)

设 $y=f(x)$ 可导,若它的导数 $f'(x)$ $\left(\text{或 } y'(x),\dfrac{\mathrm{d}f}{\mathrm{d}x},\dfrac{\mathrm{d}y}{\mathrm{d}x}\right)$ 仍是个可导函数,则 $f'(x)$

的导数 $[f'(x)]'$ $\left(\text{或 } [y'(x)]',\dfrac{\mathrm{d}}{\mathrm{d}x}\left(\dfrac{\mathrm{d}f}{\mathrm{d}x}\right),\dfrac{\mathrm{d}}{\mathrm{d}x}\left(\dfrac{\mathrm{d}y}{\mathrm{d}x}\right)\right)$ 被称为 $f(x)$ 的**二阶导数**,记为

$$f''(x)\quad \left(\text{或 } y''(x),\dfrac{\mathrm{d}^2f}{\mathrm{d}x^2},\dfrac{\mathrm{d}^2y}{\mathrm{d}x^2}\right),$$

这时我们称 $f(x)$ 是**二阶可导函数**(简称 $f(x)$ **二阶可导**)或者 $f(x)$ 的**二阶导数**存在.

若 $f''(x)$ 仍是个可导函数,则它的导数被称为 $f(x)$ 的三阶导数,记为

$$f'''(x)\quad \left(\text{或 } y'''(x),\dfrac{\mathrm{d}^3f}{\mathrm{d}x^3},\dfrac{\mathrm{d}^3y}{\mathrm{d}x^3}\right),$$

并称 $f(x)$ 是三阶可导函数(简称 $f(x)$ **三阶可导**)或者 $f(x)$ 的**三阶导数**存在.

以此类推,我们可以定义一般的 n 阶导数($n\geqslant2$ 时称为**高阶导数**):

定义 4.5.1　设函数 $y=f(x)$ 的 $n-1$ 阶导数 $f^{(n-1)}(x)$ $\left(\text{或 } y^{(n-1)}(x),\dfrac{\mathrm{d}^{n-1}f}{\mathrm{d}x^{n-1}},\dfrac{\mathrm{d}^{n-1}y}{\mathrm{d}x^{n-1}}\right)$

$(n=2,3,\cdots)$ 仍是个可导函数,则它的导数 $[f^{(n-1)}(x)]'$ $\left(\text{或 } [y^{(n-1)}(x)]',\dfrac{\mathrm{d}}{\mathrm{d}x}\left(\dfrac{\mathrm{d}^{n-1}f}{\mathrm{d}x^{n-1}}\right),\right.$

$\left.\dfrac{\mathrm{d}}{\mathrm{d}x}\left(\dfrac{\mathrm{d}^{n-1}y}{\mathrm{d}x^{n-1}}\right)\right)$ 被称为 $f(x)$ 的 n **阶导数**,记为

$$f^{(n)}(x)\quad \left(\text{或 } y^{(n)}(x),\dfrac{\mathrm{d}^nf}{\mathrm{d}x^n},\dfrac{\mathrm{d}^ny}{\mathrm{d}x^n}\right),$$

并称 $f(x)$ 是 n **阶可导函数**(简称 $f(x)$ n **阶可导**)或者 $f(x)$ 的 n **阶导数**存在.

显然,若 $f(x)$ 的 n 阶导数存在,则它的低于 n 阶的导数都存在.

利用上述记号,加速度函数可以写成

$$a(t)=s''(t)=\dfrac{\mathrm{d}^2s}{\mathrm{d}t^2},$$

于是 Newton 第二运动定律可以写成

$$F=m\dfrac{\mathrm{d}^2s}{\mathrm{d}t^2}.$$

可见,高阶导数与一阶导数一样,也完全来自研究实际问题的需要.

由高阶导数的定义,只要按求导法则对 $f(x)$ 逐次求导,就能得到它的任意阶的导函数.作为例子,我们先来求几个常用的基本初等函数的高阶导数.

例 4.5.1　求 $y=\mathrm{e}^x$ 的 n 阶导函数.

解　由

$$(\mathrm{e}^x)'=\mathrm{e}^x,$$

显然有

$$(\mathrm{e}^x)'=(\mathrm{e}^x)''=(\mathrm{e}^x)'''=\cdots=(\mathrm{e}^x)^{(n)}=\mathrm{e}^x.$$

类似可以得到

$$(a^x)^{(n)}=(\ln a)^n a^x.$$

例 4.5.2　求 $y=\sin x$ 和 $y=\cos x$ 的 n 阶导函数.

解 因为

$$(\sin x)' = \cos x = \sin\left(x + \frac{\pi}{2}\right),$$

利用复合函数的求导法则

$$(\sin x)'' = \left(\sin\left(x + \frac{\pi}{2}\right)\right)' = \cos\left(x + \frac{\pi}{2}\right) = \sin\left(x + \frac{2\pi}{2}\right),$$

这样以此类推,用数学归纳法容易证明

$$(\sin x)^{(n)} = \sin\left(x + \frac{n\pi}{2}\right).$$

同理,$y = \cos x$ 的 n 阶导数为

$$(\cos x)^{(n)} = \cos\left(x + \frac{n\pi}{2}\right).$$

例 4.5.3 求幂函数 $y = x^m$(m 是正整数)的 n 阶导函数.

解 由幂函数的导函数形式,有

$$(x^m)' = mx^{m-1},$$
$$(x^m)'' = m(m-1)x^{m-2},$$
$$(x^m)''' = m(m-1)(m-2)x^{m-3},$$
$$\cdots\cdots$$

因此,不难得到它的 n 阶导函数的一般形式为

$$(x^m)^{(n)} = \begin{cases} m(m-1)\cdots(m-n+1)x^{m-n}, & n \leqslant m, \\ 0, & n > m. \end{cases}$$

特别地

$$(x^m)^{(m)} = m!.$$

例 4.5.4 求 $y = \ln x$ 的 n 阶导函数.

解 因为

$$(\ln x)' = \frac{1}{x} = x^{-1},$$

于是

$$(\ln x)'' = (x^{-1})' = -x^{-2},$$
$$(\ln x)''' = (-x^{-2})' = 2x^{-3},$$
$$(\ln x)^{(4)} = (2x^{-3})' = -3 \cdot 2x^{-4},$$
$$\cdots\cdots$$

以此类推就可以导出它的一般规律

$$(\ln x)^{(n)} = (-1)^{n-1}(n-1) \cdot (n-2) \cdot \cdots \cdot 3 \cdot 2x^{-n} = (-1)^{n-1}\frac{(n-1)!}{x^n}.$$

我们还附带地得到了

$$\left(\frac{1}{x}\right)^{(n)} = (\ln x)^{(n+1)} = (-1)^n \frac{n!}{x^{n+1}}.$$

高阶导数的运算法则

对于两个函数的线性组合和乘积的高阶导数有如下运算法则：

定理 4.5.1　设 $f(x)$ 和 $g(x)$ 都是 n 阶可导的，则对任意常数 c_1 和 c_2，它们的线性组合 $c_1 f(x) + c_2 g(x)$ 也是 n 阶可导的，且满足如下的线性运算关系

$$[c_1 f(x) + c_2 g(x)]^{(n)} = c_1 f^{(n)}(x) + c_2 g^{(n)}(x).$$

这个结论可以推广到多个函数线性组合的情况：

$$\left[\sum_{i=1}^{n} c_i f_i(x)\right]^{(n)} = \sum_{i=1}^{n} c_i f_i^{(n)}(x),$$

证明从略.

定理 4.5.2（Leibniz 公式）　设 $f(x)$ 和 $g(x)$ 都是 n 阶可导函数，则它们的积函数也 n 阶可导，且成立公式

$$[f(x) \cdot g(x)]^{(n)} = \sum_{k=0}^{n} C_n^k f^{(n-k)}(x) g^{(k)}(x),$$

这里 $C_n^k = \dfrac{n!}{k!\,(n-k)!}$ 是组合系数.

证　用数学归纳法.

当 $n = 1$ 时，上式为

$$[f(x) \cdot g(x)]' = C_1^0 f'(x) g(x) + C_1^1 f(x) g'(x) = f'(x) g(x) + f(x) g'(x).$$

这正是 §3 中的结论.

设当 $n = m$ 时 Leibniz 公式成立，即有

$$[f(x) \cdot g(x)]^{(m)} = \sum_{k=0}^{m} C_m^k f^{(m-k)}(x) g^{(k)}(x),$$

则当 $n = m+1$ 时，利用归纳法假设

$$[f(x) \cdot g(x)]^{(m+1)} = \left\{[f(x) \cdot g(x)]^{(m)}\right\}'$$

$$= \sum_{k=0}^{m} C_m^k [f^{(m-k)}(x) \cdot g^{(k)}(x)]'$$

$$= \sum_{k=0}^{m} C_m^k \left\{[f^{(m-k)}(x)]' g^{(k)}(x) + f^{(m-k)}(x)[g^{(k)}(x)]'\right\}$$

$$= \sum_{k=0}^{m} C_m^k f^{(m-k+1)}(x) g^{(k)}(x) + \sum_{k=0}^{m} C_m^k f^{(m-k)}(x) g^{(k+1)}(x).$$

将右边的第一项改写成

$$\sum_{k=0}^{m} C_m^k f^{(m+1-k)}(x) g^{(k)}(x) = f^{(m+1)}(x) g^{(0)}(x) + \sum_{k=1}^{m} C_m^k f^{(m+1-k)}(x) g^{(k)}(x),$$

而将右边的第二项改写成

$$\sum_{j=0}^{m} C_m^j f^{(m-j)}(x) g^{(j+1)}(x) = \sum_{k=1}^{m+1} C_m^{k-1} f^{(m+1-k)}(x) g^{(k)}(x) \qquad (\text{令 } k = j+1)$$

$$= \sum_{k=1}^{m} C_m^{k-1} f^{(m+1-k)}(x) g^{(k)}(x) + f^{(0)}(x) g^{(m+1)}(x).$$

两式合并后利用组合恒等式

$$C_m^{k-1} + C_m^k = C_{m+1}^k \quad 和 \quad C_{m+1}^0 = C_{m+1}^{m+1} = 1,$$

便有

$$[f(x) \cdot g(x)]^{(m+1)} = \sum_{k=0}^{m+1} C_{m+1}^k f^{(m+1-k)}(x) g^{(k)}(x),$$

即公式对 $n = m+1$ 也成立.

所以,定理结论对任意正整数成立.

证毕

请读者将 Leibniz 公式和二项式展开公式

$$(a+b)^n = \sum_{k=0}^n C_n^k a^{n-k} b^k$$

的形式加以比较,以便于记忆.

例 4.5.5 求函数 $y = (3x^2 - 2) \sin 2x$ 的 100 阶导数.

解 由幂函数的高阶导数的表达式,

$$(3x^2 - 2)' = 6x, \quad (3x^2 - 2)'' = 6, \quad (3x^2 - 2)^{(n)} = 0 \quad (n \geq 3),$$

因此 Leibniz 公式中的和式中,只有三项不为零.而由例 4.5.2 容易知道

$$(\sin 2x)^{(n)} = 2^n \sin\left(2x + \frac{n\pi}{2}\right),$$

于是

$$\begin{aligned}
y^{(100)} &= \sum_{k=0}^{100} C_{100}^k (\sin 2x)^{(n-k)} (3x^2 - 2)^{(k)} \\
&= (\sin 2x)^{(100)} (3x^2 - 2) + C_{100}^1 (\sin 2x)^{(99)} (3x^2 - 2)' + C_{100}^2 (\sin 2x)^{(98)} (3x^2 - 2)'' \\
&= 2^{100} (3x^2 - 2) \sin 2x - 100 \cdot 2^{99} \cdot (6x) \cos 2x - 4\,950 \cdot 2^{98} \cdot 6 \cdot \sin 2x \\
&= 2^{98} [(12x^2 - 29\,708) \sin 2x - 1\,200x \cos 2x].
\end{aligned}$$

两个函数之商的 n 阶导数 $\left[\dfrac{f(x)}{g(x)}\right]^{(n)}$ 可以化为乘积型 $\left[f(x) \cdot \dfrac{1}{g(x)}\right]^{(n)}$,再用 Leibniz 公式来算.

复合函数、隐函数和参数形式的函数的高阶导数十分复杂,比如对复合函数 $y = f(g(x))$,即

$$\begin{cases} y = f(u), \\ u = g(x), \end{cases}$$

其求导的链式法则为

$$\frac{\mathrm{d}y}{\mathrm{d}x} = \frac{\mathrm{d}y}{\mathrm{d}u} \cdot \frac{\mathrm{d}u}{\mathrm{d}x},$$

由乘积的求导公式,y 关于 x 的二阶导数为

$$\frac{\mathrm{d}}{\mathrm{d}x}\left(\frac{\mathrm{d}y}{\mathrm{d}x}\right) = \frac{\mathrm{d}}{\mathrm{d}x}\left(\frac{\mathrm{d}y}{\mathrm{d}u} \cdot \frac{\mathrm{d}u}{\mathrm{d}x}\right) = \frac{\mathrm{d}}{\mathrm{d}x}\left(\frac{\mathrm{d}y}{\mathrm{d}u}\right) \cdot \frac{\mathrm{d}u}{\mathrm{d}x} + \frac{\mathrm{d}y}{\mathrm{d}u} \cdot \frac{\mathrm{d}}{\mathrm{d}x}\left(\frac{\mathrm{d}u}{\mathrm{d}x}\right).$$

这里,第二项中的 $\dfrac{\mathrm{d}}{\mathrm{d}x}\left(\dfrac{\mathrm{d}u}{\mathrm{d}x}\right) = \dfrac{\mathrm{d}^2 u}{\mathrm{d}x^2}$ 当然是没有问题的,但要注意,第一项中的 $\dfrac{\mathrm{d}y}{\mathrm{d}u}$ 仍然是 u

的函数,即仍然是 x 的复合函数,因此 $\dfrac{\mathrm{d}y}{\mathrm{d}u}$ 关于 x 的导数仍然必须遵循链式法则,即

$$\frac{\mathrm{d}}{\mathrm{d}x}\left(\frac{\mathrm{d}y}{\mathrm{d}u}\right) = \frac{\mathrm{d}}{\mathrm{d}u}\left(\frac{\mathrm{d}y}{\mathrm{d}u}\right) \cdot \frac{\mathrm{d}u}{\mathrm{d}x} = \frac{\mathrm{d}^2 y}{\mathrm{d}u^2} \cdot \frac{\mathrm{d}u}{\mathrm{d}x},$$

代入前式,得到

$$\frac{\mathrm{d}}{\mathrm{d}x}\left(\frac{\mathrm{d}y}{\mathrm{d}x}\right) = \frac{\mathrm{d}^2 y}{\mathrm{d}u^2} \cdot \left(\frac{\mathrm{d}u}{\mathrm{d}x}\right)^2 + \frac{\mathrm{d}y}{\mathrm{d}u} \cdot \frac{\mathrm{d}^2 u}{\mathrm{d}x^2}.$$

初学者很容易从

$$y'(x) = f'(u)g'(x)$$

想当然地得出

$$y''(x) = [f'(u)g'(x)]' = f''(u)g'(x) + f'(u)g''(x)$$

的错误结论,请多加注意.

y 关于 x 的三阶以上的导数的表达式就更加复杂了,这里不再一一列出.实际上,只要很好地掌握了求复合函数、隐函数和参数形式的函数的一阶导数的方法,再加上耐心和仔细,就不难求出它们的高阶导数.

下面各举一个求二阶导数的例子.

例 4.5.6 求复合函数 $y = \mathrm{e}^{\sin x}$ 的二阶导数.

解 把 $y = \mathrm{e}^{\sin x}$ 看成是由

$$\begin{cases} y = \mathrm{e}^u, \\ u = \sin x \end{cases}$$

复合而成的函数,代入公式

$$\frac{\mathrm{d}}{\mathrm{d}x}\left(\frac{\mathrm{d}y}{\mathrm{d}x}\right) = \frac{\mathrm{d}^2 y}{\mathrm{d}u^2} \cdot \left(\frac{\mathrm{d}u}{\mathrm{d}x}\right)^2 + \frac{\mathrm{d}y}{\mathrm{d}u} \cdot \frac{\mathrm{d}^2 u}{\mathrm{d}x^2},$$

便有

$$(\mathrm{e}^{\sin x})'' = (\mathrm{e}^u)'' \cdot \cos^2 x + (\mathrm{e}^u)'(-\sin x) = \mathrm{e}^{\sin x}(\cos^2 x - \sin x).$$

但更直截了当的做法是对

$$(\mathrm{e}^{\sin x})' = \mathrm{e}^{\sin x} \cdot \cos x$$

再求一次导数,就有

$$(\mathrm{e}^{\sin x})'' = (\mathrm{e}^{\sin x} \cdot \cos x)' = (\mathrm{e}^{\sin x})'\cos x + \mathrm{e}^{\sin x}(\cos x)' = \mathrm{e}^{\sin x}(\cos^2 x - \sin x).$$

这样做,不必去记什么公式,也不容易出错.

例 4.5.7 求由方程 $\mathrm{e}^{xy} + x^2 y - 1 = 0$ 确定的隐函数 $y = y(x)$ 的二阶导数 $y''(x)$.

解 在例 4.4.5 中,我们由复合函数的求导法则,通过对方程

$$\mathrm{e}^{xy} + x^2 y - 1 = 0$$

的两边关于 x 求导,已经求得

$$(\mathrm{e}^{xy})(y + xy') + (2xy + x^2 y') = 0,$$

对上式的两边再次关于 x 求导,并注意到 y 和 y' 都是 x 的函数,便有

$$\begin{aligned}
&[(\mathrm{e}^{xy})(y + xy') + (2xy + x^2 y')]' \\
&= (\mathrm{e}^{xy})'(y + xy') + (\mathrm{e}^{xy})(y + xy')' + (2xy + x^2 y')' \\
&= (\mathrm{e}^{xy})(y + xy')^2 + (\mathrm{e}^{xy})(y' + y' + xy'') + (2y + 4xy' + x^2 y'') \\
&= 0,
\end{aligned}$$

整理后有

$$y'' = -\frac{(e^{xy})\left[(y+xy')^2+2y'\right]+(2y+4xy')}{x(e^{xy}+x)};$$

将已经解出的

$$y' = -\frac{(e^{xy}+2x)y}{(e^{xy}+x)x}$$

代入,就得到了隐函数 $y(x)$ 的二阶导数

$$y'' = \frac{2ye^{3xy}+8xye^{2xy}+(12x^2y-x^3y^2)e^{xy}+6x^3y}{x^2(e^{xy}+x)^3}.$$

对参数形式的函数

$$\begin{cases} x = \varphi(t), \\ y = \psi(t), \end{cases} \quad \alpha \leqslant t \leqslant \beta,$$

已知其关于 x 的导函数为

$$\frac{\mathrm{d}y}{\mathrm{d}x} = \frac{\psi'(t)}{\varphi'(t)},$$

因此 $\dfrac{\mathrm{d}^2y}{\mathrm{d}x^2}$ 实际上是另一参数形式的函数

$$\begin{cases} x = \varphi(t), \\ \dfrac{\mathrm{d}y}{\mathrm{d}x} = \dfrac{\psi'(t)}{\varphi'(t)} \equiv \xi(t) \end{cases}$$

关于 x 的导数.对它再使用参数形式的函数的求导公式

$$\frac{\mathrm{d}^2y}{\mathrm{d}x^2} = \frac{\dfrac{\mathrm{d}}{\mathrm{d}t}\left(\dfrac{\mathrm{d}y}{\mathrm{d}x}\right)}{\dfrac{\mathrm{d}x}{\mathrm{d}t}} = \frac{\xi'(t)}{\varphi'(t)},$$

就得到了

$$\frac{\mathrm{d}^2y}{\mathrm{d}x^2} = \frac{\psi''(t)\varphi'(t)-\psi'(t)\varphi''(t)}{\left[\varphi'(t)\right]^3}.$$

在实际计算时,读者应抓住本质对所给的函数逐次求导,同样不必拘泥于死记公式.另外,要特别注意,

$$\frac{\mathrm{d}^2y}{\mathrm{d}x^2} \neq \frac{\psi''(t)}{\varphi''(t)},$$

这也是初学者易犯的错误的地方.

例 4.5.8 求摆线

$$\begin{cases} x = t-\sin t, \\ y = 1-\cos t, \end{cases} \quad 0 \leqslant t \leqslant 2\pi$$

在 $t = \pi$ 处的二阶导函数 $\dfrac{\mathrm{d}^2y}{\mathrm{d}x^2}$ 的值.

解 由例 4.4.8,

$$\frac{\mathrm{d}y}{\mathrm{d}x} = \frac{(1-\cos t)'}{(t-\sin t)'} = \frac{\sin t}{1-\cos t} = \cot\frac{t}{2}.$$

再对函数

$$\begin{cases} x = t - \sin t, \\ \dfrac{\mathrm{d}y}{\mathrm{d}x} = \cot \dfrac{t}{2} \end{cases}$$

求关于 x 的导数,得到

$$\frac{\mathrm{d}^2 y}{\mathrm{d}x^2} = \frac{\left(\cot \dfrac{t}{2} \right)'}{(t - \sin t)'} = \frac{-\dfrac{1}{2} \csc^2 \dfrac{t}{2}}{1 - \cos t} = -\frac{1}{4} \csc^4 \frac{t}{2},$$

所以当 $t = \pi$ 时,$\dfrac{\mathrm{d}^2 y}{\mathrm{d}x^2}$ 的值为 $-\dfrac{1}{4}$.

高阶微分

我们可以通过与定义高阶导数类似的方法来定义高阶微分. 如 $\mathrm{d}y$ 是函数 $y = f(x)$ 的**一阶微分**,则称 $\mathrm{d}y$ 的微分

$$\mathrm{d}(\mathrm{d}y) = \mathrm{d}^2 y$$

为 y 的**二阶微分**;$\mathrm{d}^2 y$ 的微分

$$\mathrm{d}(\mathrm{d}^2 y) = \mathrm{d}^3 y$$

为 y 的**三阶微分**. 一般地,若 y 的 $n-1$ 阶微分为 $\mathrm{d}^{n-1} y$,定义 y 的 n **阶微分**为

$$\mathrm{d}^n y = \mathrm{d}(\mathrm{d}^{n-1} y), \quad n = 2, 3, \cdots$$

(如果 $\mathrm{d}^{n-1} y$ 的微分存在的话).

下面我们来求 y 的 n 阶微分的表达式. 对 $y = f(x)$ 的一阶微分

$$\mathrm{d}y = f'(x) \mathrm{d}x$$

的两边求微分,利用乘积的微分公式,则有

$$\mathrm{d}^2 y = \mathrm{d}[f'(x) \mathrm{d}x] = \mathrm{d}[f'(x)] \cdot \mathrm{d}x + f'(x) \cdot \mathrm{d}(\mathrm{d}x).$$

在右边的第一项中,显然有

$$\mathrm{d}[f'(x)] = f''(x) \mathrm{d}x,$$

而在第二项中,由于 $\mathrm{d}x$(即 Δx)与自变量 x 无关,我们视它为常量,因此有 $\mathrm{d}(\mathrm{d}x) = 0$,这样,我们就得到了 y 的二阶微分为

$$\mathrm{d}^2 y = f''(x) \mathrm{d}x^2,$$

其中 $\mathrm{d}x^2$ 表示 $(\mathrm{d}x)^2$. 以此类推,我们可以导出 y 的 n 阶微分的表达式

$$\mathrm{d}^n y = f^{(n)}(x) \mathrm{d}x^n, \quad n = 2, 3, \cdots,$$

其中 $\mathrm{d}x^n$ 表示 $(\mathrm{d}x)^n$.

这个公式建立了高阶导数与高阶微分之间的关系,即 **y 的 n 阶微分等于它的 n 阶导数乘上自变量的微分的 n 次方**,这也是我们用 $\dfrac{\mathrm{d}^n y}{\mathrm{d}x^n}$ 来记 $f^{(n)}(x)$ 的原因(请读者区别记号 $\mathrm{d}(x^2)$、$\mathrm{d}x^2$ 和 $\mathrm{d}^2 x$:$\mathrm{d}(x^2)$ 表示对函数 $y = x^2$ 的微分,它等于 $2x\mathrm{d}x$;$\mathrm{d}x^2$ 表示自变量的微分的平方,即 $(\mathrm{d}x)^2$;而 $\mathrm{d}^2 x$ 则表示自变量的两次微分 $\mathrm{d}(\mathrm{d}x)$,它的值为零.)

但要注意的是,上述公式不能推广到中间变量的情况.

对于复合函数

$$\begin{cases} y = f(u), \\ u = g(x), \end{cases}$$

这里只有 x 才是自变量, u 只是中间变量. 由一阶微分的形式不变性, y 的一阶微分公式既可以写成自变量的形式

$$\mathrm{d}y = [f(g(x))]' \mathrm{d}x \; (= f'(u)g'(x)\mathrm{d}x),$$

也可以写成中间变量的形式

$$\mathrm{d}y = f'(u)\mathrm{d}u.$$

那么, y 的二阶微分公式

$$\mathrm{d}^2 y = [f(g(x))]'' \mathrm{d}x^2,$$

是否也可以依样画葫芦地写成中间变量的形式

$$\mathrm{d}^2 y = f''(u)\mathrm{d}u^2$$

呢? 回答是否定的, 让我们先来看一个简单的例子.

例 4.5.9   求函数 $y = \mathrm{e}^{\sin x}$ 的二阶微分.

解   在例 4.5.6 中已经解出

$$y'' = \mathrm{e}^{\sin x}(\cos^2 x - \sin x),$$

所以

$$\mathrm{d}^2 y = y'' \mathrm{d}x^2 = \mathrm{e}^{\sin x}(\cos^2 x - \sin x)\mathrm{d}x^2.$$

但若把 $y = \mathrm{e}^{\sin x}$ 看成是由

$$\begin{cases} y = \mathrm{e}^u, \\ u = \sin x \end{cases}$$

复合而成的函数, 则

$$f''(u) = (\mathrm{e}^u)'' = \mathrm{e}^u, \quad \mathrm{d}u^2 = [\mathrm{d}(\sin x)]^2 = \cos^2 x \mathrm{d}x^2,$$

因此

$$f''(u)\mathrm{d}u^2 = \mathrm{e}^u \cos^2 x \mathrm{d}x^2 = \mathrm{e}^{\sin x}\cos^2 x \mathrm{d}x^2 \neq \mathrm{e}^{\sin x}(\cos^2 x - \sin x)\mathrm{d}x^2,$$

即

$$f''(u)\mathrm{d}u^2 \neq \mathrm{d}^2 y.$$

事实上, 对 $\mathrm{d}y = f'(u)\mathrm{d}u$ 两边求微分时, 可知 $\mathrm{d}^2 y$ 应为

$$\mathrm{d}^2 y = \mathrm{d}[f'(u)] \cdot \mathrm{d}u + f'(u) \cdot \mathrm{d}(\mathrm{d}u) = f''(u)\mathrm{d}u^2 + f'(u)\mathrm{d}^2 u,$$

这时由于 u 是中间变量而非自变量, $\mathrm{d}^2 u$ 一般不会等于零, 若不小心舍弃了后一项就会造成计算的错误.

在例 4.5.9 的计算中, 只要加上一项

$$f'(u)\mathrm{d}^2 u = \mathrm{e}^u \mathrm{d}^2(\sin x) = \mathrm{e}^{\sin x}(\sin x)'' \mathrm{d}x^2 = -\mathrm{e}^{\sin x}\sin x \mathrm{d}x^2,$$

答案就正确了.

作为一个练习, 请读者自行推导用中间变量 u 表示的 y 的三阶微分 $\mathrm{d}^3 y$.

总而言之, 关于自变量和中间变量的微分形式的不变性只是对一阶微分成立, 而对于高阶微分来讲, 这一性质已经不复存在了. 因此在求高阶微分的时候, 一定要仔细分清楚自变量和中间变量, 区别对待, 否则将会导致谬误.

习　　题

1. 求下列函数的高阶导数：

(1) $y = x^3 + 2x^2 - x + 1$，求 y'''；

(2) $y = x^4 \ln x$，求 y''；

(3) $y = \dfrac{x^2}{\sqrt{1+x}}$，求 y''；

(4) $y = \dfrac{\ln x}{x^2}$，求 y''；

(5) $y = \sin x^3$，求 y''、y'''；

(6) $y = x^3 \cos \sqrt{x}$，求 y''、y'''；

(7) $y = x^2 e^{3x}$，求 y'''；

(8) $y = e^{-x^2} \arcsin x$，求 y''；

(9) $y = x^3 \cos 2x$，求 $y^{(80)}$；

(10) $y = (2x^2 + 1) \operatorname{sh} x$，求 $y^{(99)}$.

2. 求下列函数的 n 阶导数 $y^{(n)}$：

(1) $y = \sin^2 \omega x$；

(2) $y = 2^x \ln x$；

(3) $y = \dfrac{e^x}{x}$；

(4) $y = \dfrac{1}{x^2 - 5x + 6}$；

(5) $y = e^{\alpha x} \cos \beta x$；

(6) $y = \sin^4 x + \cos^4 x$.

3. 研究函数

$$f(x) = \begin{cases} x^2, & x \geqslant 0, \\ -x^2, & x < 0 \end{cases}$$

的各阶导数.

4. 设 $f(x)$ 任意次可微，求

(1) $[f(x^2)]'''$；

(2) $\left[f\left(\dfrac{1}{x} \right) \right]'''$；

(3) $[f(\ln x)]''$；

(4) $[\ln f(x)]''$；

(5) $[f(e^{-x})]'''$；

(6) $[f(\arctan x)]''$.

5. 利用 Leibniz 公式计算 $y^{(n)}(0)$：

(1) $y = \arctan x$；

(2) $y = \arcsin x$.

6. 对下列隐函数求 $\dfrac{\mathrm{d}^2 y}{\mathrm{d} x^2}$：

(1) $e^{x^2 + y} - x^2 y = 0$；

(2) $\tan(x+y) - xy = 0$；

(3) $2y \sin x + x \ln y = 0$；

(4) $x^3 + y^3 - 3axy = 0$.

7. 对下列参数形式的函数求 $\dfrac{\mathrm{d}^2 y}{\mathrm{d} x^2}$：

(1) $\begin{cases} x = at^2, \\ y = bt^3； \end{cases}$

(2) $\begin{cases} x = at \cos t, \\ y = at \sin t； \end{cases}$

(3) $\begin{cases} x = t(1 - \sin t), \\ y = t \cos t； \end{cases}$

(4) $\begin{cases} x = ae^{-t}, \\ y = be^{t}； \end{cases}$

(5) $\begin{cases} x = \sqrt{1+t}, \\ y = \sqrt{1-t}； \end{cases}$

(6) $\begin{cases} x = \sin at, \\ y = \cos bt. \end{cases}$

8. 利用反函数的求导公式 $\dfrac{\mathrm{d} x}{\mathrm{d} y} = \dfrac{1}{y'}$，证明：

$$（1）\frac{\mathrm{d}^2 x}{\mathrm{d}y^2} = -\frac{y''}{(y')^3};$$

$$（2）\frac{\mathrm{d}^3 x}{\mathrm{d}y^3} = \frac{3(y'')^2 - y'y'''}{(y')^5}.$$

9. 求下列函数的高阶微分：

（1）$y = \sqrt[3]{x - \tan x}$，求 $\mathrm{d}^2 y$；

（2）$y = x^4 \mathrm{e}^{-x}$，求 $\mathrm{d}^4 y$；

（3）$y = \dfrac{\sqrt{1+x^2}}{x}$，求 $\mathrm{d}^2 y$；

（4）$y = \dfrac{\sec x}{\sqrt{x^2-1}}$，求 $\mathrm{d}^2 y$；

（5）$y = x \sin 3x$，求 $\mathrm{d}^3 y$；

（6）$y = x^x$，求 $\mathrm{d}^2 y$；

（7）$y = \dfrac{\ln x}{x}$，求 $\mathrm{d}^n y$；

（8）$y = x^n \cos 2x$，求 $\mathrm{d}^n y$.

10. 求 $\mathrm{d}^2(\mathrm{e}^x)$，其中

（1）x 是自变量；

（2）$x = \varphi(t)$ 是中间变量.

11. 设 $f(u), g(u)$ 任意次可微，且 $g(u) > 0$.

（1）当 $u = \tan x$ 时，求 $\mathrm{d}^2 f$；

（2）当 $u = \sqrt{v}$、$v = \ln x$ 时，求 $\mathrm{d}^2 g$；

（3）$\mathrm{d}^2 [f(u)g(u)]$；

（4）$\mathrm{d}^2 [\ln g(u)]$；

（5）$\mathrm{d}^2 \left[\dfrac{f(u)}{g(u)} \right]$.

12. 利用数学归纳法证明：

$$\left(x^{n-1} \mathrm{e}^{\frac{1}{x}} \right)^{(n)} = \frac{(-1)^n}{x^{n+1}} \mathrm{e}^{\frac{1}{x}}.$$

 补充习题

第五章
微分中值定理及其应用

§1　微分中值定理

微分中值定理是研究函数特性的一个有力工具,它不仅是微分学中最重要的结论之一,而且在本课程的积分学、级数理论等其他章节里,以及在以数学分析为基础的许多后续课程中,也是研究问题的重要辅助手段,发挥着重要的作用.在本节中,我们将以它为核心,介绍微分学中与其有联系的几个基本定理.

函数极值与 Fermat 引理

前面已经说过,Newton 在研究物体运动和 Leibniz 在研究曲线的几何性质的过程中,分别独立地发现了微分和导数.但事实上,微分的思想可追溯到Fermat对函数极值的研究.

定义 5.1.1　设 $f(x)$ 在 (a,b) 上有定义,$x_0 \in (a,b)$,如果存在点 x_0 的某一个邻域 $O(x_0,\delta) \subset (a,b)$,使得
$$f(x) \leqslant f(x_0), \quad x \in O(x_0,\delta),$$
则称 x_0 是 $f(x)$ 的一个**极大值点**,$f(x_0)$ 称为相应的**极大值**(如图 5.1.1).

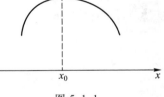

图 5.1.1

完全类似地可以定义 $f(x)$ 的**极小值点**和**极小值**(在不需要区分极大和极小的时候,我们将其统称为**极值点**和**极值**.)

从以上的定义可以知道:

1. 所谓"极大"和"极小"只是指在 x_0 附近的一个局部范围中的函数值的大小关系,因而是一个局部性质.

2. 在一个区间内,$f(x)$ 的一个极小值完全有可能大于 $f(x)$ 的某些极大值(图 5.1.2 中的 x_1 是极小值点,x_2 是极大值点).

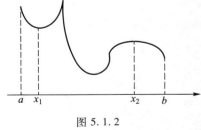

图 5.1.2

3. $f(x)$ 在一个区间中极值点可以有无数个.如在 $(0,1)$ 中考虑函数
$$f(x) = \sin \frac{1}{x},$$

则 $x = \dfrac{2}{(2n+1)\pi}$ $(n = 0, 1, 2, \cdots)$ 都是 $f(x)$ 的极值点,当 n 为偶数时为极大值点,而当 n 为奇数时为极小值点.

4. 对极值点的定义并不牵涉函数的其他性质,如连续、可微等.比如,读者容易证明,对于区间 $(0,1)$ 上的 Riemann 函数

$$R(x) = \begin{cases} \dfrac{1}{p}, & \text{当 } x = \dfrac{q}{p} \text{ 为 }(0,1) \text{ 上的既约分数}, \\ 0, & \text{当 } x \text{ 为 }(0,1) \text{ 上的无理数}, \end{cases}$$

$(0,1)$ 中的每个有理点都是它的极大值点,每个无理点都是它的极小值点,而我们已经知道 Riemann 函数在每个有理点都不连续,在每个无理点都连续.

定理 5.1.1(Fermat 引理) 设 x_0 是 $f(x)$ 的一个极值点,且 $f(x)$ 在 x_0 处导数存在,则

$$f'(x_0) = 0.$$

证 不妨设 x_0 是 $f(x)$ 的极大值点.由极大值点的定义,在 x_0 的某个邻域 $O(x_0, \delta)$ 上 $f(x)$ 有定义,且满足

$$f(x) \leqslant f(x_0),$$

于是当 $x < x_0$ 时,有 $\dfrac{f(x) - f(x_0)}{x - x_0} \geqslant 0$;当 $x > x_0$ 时,有 $\dfrac{f(x) - f(x_0)}{x - x_0} \leqslant 0$.因为 $f(x)$ 在 x_0 可导,所以 $f'(x_0) = f'_+(x_0) = f'_-(x_0)$,由于

$$f'_-(x_0) = \lim_{x \to x_0^-} \frac{f(x) - f(x_0)}{x - x_0} \geqslant 0, \quad f'_+(x_0) = \lim_{x \to x_0^+} \frac{f(x) - f(x_0)}{x - x_0} \leqslant 0,$$

因此

$$f'(x_0) = 0.$$

同理可证 x_0 为极小值点的情况.

证毕

Fermat 引理的几何意义非常明确:若曲线 $y = f(x)$ 在其极值点处可导,或者说在该点存在切线,那么这条切线必定平行于 x 轴.

容易看出,当 $f(x)$ 可导时,条件 "$f'(x_0) = 0$" 只是 x_0 为 $f(x)$ 的极值点的必要条件而并非是充分条件,这只要考虑函数 $f(x) = x^3$ 在 $x_0 = 0$ 处的情况就可以了.

Rolle 定理

由 Fermat 引理能够推出如下的 Rolle 定理:

定理 5.1.2(Rolle 定理) 设函数 $f(x)$ 在闭区间 $[a, b]$ 上连续,在开区间 (a, b) 上可导,且 $f(a) = f(b)$,则至少存在一点 $\xi \in (a, b)$,使得

$$f'(\xi) = 0.$$

证 由闭区间上连续函数的性质,存在 $\xi, \eta \in [a, b]$,满足

$$f(\xi) = M \quad \text{和} \quad f(\eta) = m,$$

其中 M 和 m 分别是 $f(x)$ 在 $[a, b]$ 上的最大值和最小值.现分两种情况:

(1) $M = m$.此时 $f(x)$ 在 $[a, b]$ 上恒为常数,结论显然成立.

（2）$M>m$. 这时 M 和 m 中至少有一个与 $f(a)$（亦即 $f(b)$）不相同, 不妨设
$$M = f(\xi) > f(a) = f(b),$$
因此 $\xi \in (a,b)$ 显然是极大值点, 由 Fermat 引理
$$f'(\xi) = 0.$$

证毕

Rolle 定理的几何意义也很清楚: 满足定理条件的函数一定在某一点存在一条与 x 轴平行, 亦即与曲线的两个端点的连线平行的切线（如图 5.1.3）.

定理的条件是充分的. 但是, 三个条件中的任意一个不满足, 都可能导致定理结论不成立. 如以下三个函数:

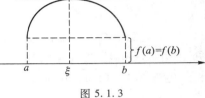

图 5.1.3

$$f_1(x) = \begin{cases} x, & x \in [0,1), \\ 0, & x = 1, \end{cases}$$
$$f_2(x) = |1-2x|, \quad x \in [0,1],$$
$$f_3(x) = x, \quad x \in [0,1],$$

容易验证, $f_1(x)$ 不满足在闭区间 $[0,1]$ 上连续的条件, $f_2(x)$ 不满足在开区间 $(0,1)$ 上可导的条件, 而 $f_3(x)$ 不满足 $f_3(a) = f_3(b)$, 尽管它们都分别满足其他两个条件, 但它们在 $(0,1)$ 中都不存在水平切线.

实际中, Rolle 定理常被用来讨论一个函数及其导函数在某范围中的零点问题.

例 5.1.1 如下定义的函数
$$p_n(x) = \frac{1}{2^n n!} \frac{\mathrm{d}^n}{\mathrm{d}x^n} (x^2-1)^n \quad (n = 0,1,2,\cdots)$$

被称为 n 次 **Legendre 多项式**, 证明 $p_n(x)$ 在 $(-1,1)$ 上恰有 n 个不同的根.

证 由高阶导数的 Leibniz 公式, 容易知道, 函数
$$q_{2n-m}(x) \equiv \frac{\mathrm{d}^m}{\mathrm{d}x^m}(x^2-1)^n \quad (m = 0,1,2,\cdots,n-1)$$

中都含有 (x^2-1) 因子, 也就是说, 当 $m<n$ 时, $q_{2n-m}(x)$ 都有实根 -1 和 1.

当 $m=0$ 时, $q_{2n}(x) = (x^2-1)^n$, 因此 -1 和 1 是它仅有的两个相异的根. 由 Rolle 定理, $q_{2n-1}(x) = q'_{2n}(x)$ 在 $(-1,1)$ 中必有一个根, 我们将它记为 x_{11}.

这样, $q_{2n-1}(x)$ 在 $[-1,1]$ 上就至少有三个相异的根: $-1, x_{11}$ 和 1. 再由 Rolle 定理, $q_{2n-2}(x) = q'_{2n-1}(x)$ 在 $(-1,x_{11})$ 和 $(x_{11},1)$ 中至少各有一个根, 我们将它们分别记为 x_{21} 和 x_{22}, 则 $q_{2n-2}(x)$ 在 $[-1,1]$ 上就至少有了四个相异的根: $-1, x_{21}, x_{22}$ 和 1.

反复使用 Rolle 定理, 运用数学归纳法可以证明, $q_{2n-m}(x)$ 在 $[-1,1]$ 上至少有 $m+2$ 个相异的根 $-1, x_{m1}, x_{m2}, \cdots, x_{mm}$ 和 1（$m = 0,1,2,\cdots,n-1$）.

令 $m=n-1$, 即知 $q_{n+1}(x)$ 在 $[-1,1]$ 上至少有 $n+1$ 个相异的根, 最后再用一次 Rolle 定理, 便知 $q_n(x) = q'_{n+1}(x)$ 在 $(-1,1)$ 中至少有 n 个相异的根.

由于 $q_n(x)$ 是 n 次多项式, 它在 $(-1,1)$ 中至多只能有 n 个根, 因此, $q_n(x)$ 在 $(-1,1)$ 中恰有 n 个根.

因为 $p_n(x)$ 与 $q_n(x)$ 只相差一个系数,所以以上结论对于 $p_n(x)$ 也是成立的.

证毕

以后我们会知道,Legendre 多项式是数学物理中一个重要的特殊函数.

Lagrange 中值定理

我们再来分析一下 Rolle 定理的三个条件.对于讨论 $f(x)$ 在 (a,b) 中的某些点上的切线性质来说,要求 $f(x)$ 在 $[a,b]$ 上连续且在 (a,b) 上可导看来是必不可少的.那么在保留这两个条件的前提下,若允许第三个条件即 $f(a)=f(b)$ 不成立,将会得出什么样的结果呢?

我们从几何上来直观地看一下(如图 5.1.4).从几何上讲,$f(a)=f(b)$ 只表示曲线 $y=f(x)$ 在 $[a,b]$ 上的那一段的两个端点 $(a,f(a))$ 和 $(b,f(b))$ 与 x 轴的距离相等.因此,若 $f(a)\neq f(b)$,我们保持原点不动,适当旋转坐标轴,建立新的坐标系 $Ox'y'$,使 x' 轴平行于 $(a,f(a))$ 和 $(b,f(b))$ 的连线.在新的坐标系下,这段曲线就满足 Rolle 定理的全部条件,因此,存在着曲线上一点,使曲线在该点处的切线平行于 x' 轴,即与 $(a,f(a))$ 和 $(b,f(b))$ 的连线平行.

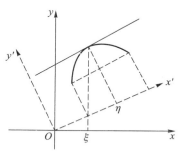

图 5.1.4

设该切点在原坐标系中的横坐标为 $x=\xi$,则切线的斜率 $f'(\xi)$ 与 $(a,f(a))$ 和 $(b,f(b))$ 的连线的斜率

$$\tan\theta=\frac{f(b)-f(a)}{b-a}$$

相等.这正是著名的 Lagrange 中值定理的结论,下面我们来严格地叙述和证明它.

定理 5.1.3(Lagrange 中值定理) 设函数 $f(x)$ 在闭区间 $[a,b]$ 上连续,在开区间 (a,b) 上可导,则至少存在一点 $\xi\in(a,b)$,使得

$$f'(\xi)=\frac{f(b)-f(a)}{b-a}.$$

证 作辅助函数

$$\varphi(x)=f(x)-f(a)-\frac{f(b)-f(a)}{b-a}(x-a),\quad x\in[a,b],$$

由于函数 $f(x)$ 在闭区间 $[a,b]$ 上连续,在开区间 (a,b) 上可导,因此函数 $\varphi(x)$ 也在闭区间 $[a,b]$ 上连续,在开区间 (a,b) 上可导,并且有

$$\varphi(a)=\varphi(b)=0,$$

于是由 Rolle 定理,至少存在一点 $\xi\in(a,b)$,使得 $\varphi'(\xi)=0$.对 $\varphi(x)$ 的表达式求导并令 $\varphi'(\xi)=0$,整理后便得到

$$f'(\xi)=\frac{f(b)-f(a)}{b-a}.$$

证毕

由于 $(a,f(a))$ 和 $(b,f(b))$ 的连线的方程为

$$y=\frac{f(b)-f(a)}{b-a}(x-a)+f(a),$$

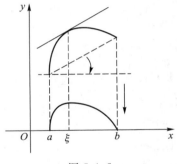

因此很容易理解辅助函数 $\varphi(x)$ 的几何意义,它与我们前面所讲的建立新的坐标系的思想有着异曲同工之妙,其区别仅在于,前面讲的是保持曲线不动,通过坐标系的运动(以原点为中心的旋转)使曲线的端点连线与坐标轴平行;而这里的证明是采取了坐标系不动,让曲线作变动(平移、旋转、压缩等)来达到同一目的.

图 5.1.5

作辅助函数是证明数学命题的重要方法之一.就证明 Lagrange 中值定理来讲,作出满足 Rolle 定理条件的辅助函数的途径有很多,比如,设函数 $\psi(x)$ 表示以曲线上的三个点 $(a, f(a))$、$(b, f(b))$ 和 $(x, f(x))$ 为顶点的三角形的面积 $(x \in [a, b])$,则显然有

$$\psi(a) = \psi(b) = 0.$$

同时,容易证明,$\psi(x)$ 亦是一个在 $[a, b]$ 连续,在 (a, b) 可导的函数,因此 $\psi(x)$ 满足 Rolle 定理所有条件,由此同样可导出 Lagrange 中值定理.(具体过程留作习题.)

Lagrange 中值定理的结论

$$f'(\xi) = \frac{f(b) - f(a)}{b - a}, \quad \xi \in (a, b)$$

一般称为 **Lagrange 公式**.

由于 $\xi \in (a, b)$,因而总可以找到某个 $\theta \in (0, 1)$,使

$$\xi = a + \theta(b - a),$$

所以 Lagrange 公式也可以写成

$$f(b) - f(a) = f'(a + \theta(b - a))(b - a), \quad \theta \in (0, 1);$$

若记 a 为 x,$b - a$ 为 Δx,则上式又可以表示为

$$f(x + \Delta x) - f(x) = f'(x + \theta \Delta x) \Delta x, \quad \theta \in (0, 1).$$

这是 Lagrange 公式最常用的两种形式.(最后一种形式即为

$$\Delta y = f'(x + \theta \Delta x) \Delta x,$$

它给出了自变量、因变量的差分和函数的导数值的精确关系,请读者将它与公式

$$\Delta y = f'(x) \Delta x + o(\Delta x)$$

加以比较.)

与 Rolle 定理相仿,Lagrange 中值定理的任何一个条件不满足时,定理结论就有可能不成立.作为习题,请读者自行构造相应的例子.

用 Lagrange 中值定理讨论函数性质

由 Lagrange 中值定理可以推出一些重要的结果.

定理 5.1.4 若 $f(x)$ 在 (a, b) 上可导且有 $f'(x) \equiv 0$,则 $f(x)$ 在 (a, b) 上恒为常数.

证 设 x_1 和 $x_2 (x_1 < x_2)$ 是区间 (a, b) 中任意两点,在 $[x_1, x_2]$ 上应用 Lagrange 中值定理,即知存在 $\xi \in (x_1, x_2) \subset (a, b)$,使得

$$f(x_2) - f(x_1) = f'(\xi)(x_2 - x_1),$$

由条件 $f'(\xi) = 0$,便有

$$f(x_1) = f(x_2),$$

由 x_1 和 x_2 的任意性,就得到

$$f(x) = C, \qquad x \in (a, b).$$

证毕

读者不难将这个结论推广到闭区间的情况.

由定理 5.1.4 还可以引申出,若 $f(x)$ 和 $g(x)$ 均在 (a, b) 可导,且 $f'(x) = g'(x)$,则 $f(x)$ 和 $g(x)$ 在 (a, b) 中至多相差一个常数,即

$$f(x) = g(x) + C.$$

定理 5.1.4 说的是函数在区间中导数为零时的情况,下面来讨论函数在区间中导数保持定号时,函数所具有的性质.为讨论方便,我们用 I 表示某一区间,它可以是闭区间,开区间或半开半闭区间,而区间长度可以是有限的,也可以是无限的.

定理 5.1.5(一阶导数与单调性的关系) 设函数 $f(x)$ 在区间 I 上可导,则 $f(x)$ 在 I 上单调增加的充分必要条件是:对于任意 $x \in I$ 有 $f'(x) \geq 0$;

特别地,若对于任意 $x \in I$ 有 $f'(x) > 0$,则 $f(x)$ 在 I 上严格单调增加.

证 充分性:设 x_1 和 $x_2(x_1 < x_2)$ 是区间 I 中任意两点,在 $[x_1, x_2]$ 上应用 Lagrange 中值定理,即知存在 $\xi \in (x_1, x_2)$,使得

$$f(x_2) - f(x_1) = f'(\xi)(x_2 - x_1),$$

由于 $x_2 - x_1 > 0$,因此 $f(x_2) - f(x_1)$ 与 $f'(\xi)$ 同号. 所以,当 $f'(\xi) \geq 0$ 或 $f'(\xi) > 0$ 时,相应地分别有 $f(x_2) - f(x_1) \geq 0$ 或 $f(x_2) - f(x_1) > 0$,由 x_1 和 x_2 在 $[a, b]$ 中的任意性,即知 $f(x)$ 在 I 单调增加或严格单调增加.

必要性:设 x 是区间 I 中任意一点,由于 $f(x)$ 在 I 单调增加,所以对于任意 $x' \in I(x' \neq x)$ 成立

$$\frac{f(x') - f(x)}{x' - x} \geq 0,$$

令 $x' \to x$,即得到 $f'(x) \geq 0 (x \in I)$.

证毕

类似地可以得到在 I 上 $f'(x) \leq 0$(或 $f'(x) < 0$)与 $f(x)$ 在 I 上单调减少(或严格单调减少)之间的关系.

需要注意的是,若将定理 5.1.5 后半部分的条件减弱为"在 I 中除了有限个点外,都有 $f'(x) > 0$",则结论"$f(x)$ 在 I 严格单调增加"依然成立.因此"$f'(x) > 0$"只是 $f(x)$ 严格单调增加的充分条件而非必要条件,请读者自己举出例子.

下面我们引出函数凸性的概念.

让我们回忆一下函数 $y = e^x$ 和 $y = \ln x$ 的图像.这两个函数在 $(0, +\infty)$ 都严格单调增加,但 $y = e^x$ 的图像是向下凸出的,而 $y = \ln x$ 的图像是向上凸出的.推而广之,若函数 $f(x)$ 在区间 I 上的图像类似于 $y = e^x$ 的形状,我们就称 $f(x)$ 在 I 上是下凸的;若图像类似于 $y = \ln x$ 的形状,则称 $f(x)$ 在 I 上是上凸的.比如 $y = \sin x$ 在 $[0, \pi]$ 上是上凸的,而在 $[\pi, 2\pi]$ 上则是下凸的;$y = x^3$ 在 $[0, +\infty)$ 上是下凸的,在 $(-\infty, 0]$ 上则是上凸的;$y = x^{\frac{1}{3}}$ 在 $[0, +\infty)$ 上是上凸的,在 $(-\infty, 0]$ 上则是下凸的,如此等等.

那么如何来严格定义函数的凸性呢?以下凸的曲线 $y = f(x)$ 为例,仔细观察它的

图像(图 5.1.6)就会发现,在曲线上任意取两个不同的点$(x_1,f(x_1))$和$(x_2,f(x_2))$,以它们为端点的直线段总是位于曲线的上方.由于区间(x_1,x_2)中任意一点可表示成$\lambda x_1+(1-\lambda)x_2,\lambda\in(0,1)$,过该点作一条垂直于 x 轴的直线,则它与直线段交点的纵坐标$\lambda f(x_1)+(1-\lambda)f(x_2)$必定大于它与曲线交点的纵坐标$f(\lambda x_1+(1-\lambda)x_2)$,由此我们引进相应凸函数的如下定义:

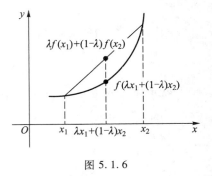

图 5.1.6

定义 5.1.2　设函数 $f(x)$ 在区间 I 上定义,若对 I 中的任意两点 x_1 和 x_2,和任意$\lambda\in(0,1)$,都有
$$f(\lambda x_1+(1-\lambda)x_2)\leqslant\lambda f(x_1)+(1-\lambda)f(x_2),$$
则称 $f(x)$ 是 I 上的下凸函数.

若不等号严格成立,则称 $f(x)$ 在 I 上是严格下凸函数.

类似地可以给出上凸函数和严格上凸函数的定义.

定理 5.1.6(二阶导数与凸性的关系)　设函数 $f(x)$ 在区间 I 上二阶可导,则 $f(x)$ 在区间 I 上是下凸函数的充分必要条件是:对于任意 $x\in I$ 有 $f''(x)\geqslant0$.

特别地,若对于任意 $x\in I$ 有 $f''(x)>0$,则 $f(x)$ 在 I 上是严格下凸函数.

证　必要性:因为 $f(x)$ 在 I 上是下凸函数,由定义可推出,对于任意 $x\in I$ 和 $\Delta x>0$,若 $x+\Delta x$ 和 $x-\Delta x$ 都属于 I,则有(在定义 5.1.2 中取 $\lambda=1/2$)
$$\frac{f(x+\Delta x)+f(x-\Delta x)}{2}\geqslant f\left(\frac{1}{2}(x+\Delta x)+\frac{1}{2}(x-\Delta x)\right)=f(x),$$
所以
$$f(x+\Delta x)-f(x)\geqslant f(x)-f(x-\Delta x).$$

对于任意 $x_1,x_2\in I$,不妨设 $x_1<x_2$,令 $\Delta x_n=\dfrac{x_2-x_1}{n}$,反复利用上式,就得到
$$f(x_2)-f(x_2-\Delta x_n)\geqslant f(x_2-\Delta x_n)-f(x_2-2\Delta x_n)$$
$$\geqslant f(x_2-2\Delta x_n)-f(x_2-3\Delta x_n)\geqslant\cdots$$
$$\geqslant f(x_2-(n-1)\Delta x_n)-f(x_2-n\cdot\Delta x_n)$$
$$=f(x_1+\Delta x_n)-f(x_1),$$
因此有
$$\frac{f(x_2+(-\Delta x_n))-f(x_2)}{(-\Delta x_n)}\geqslant\frac{f(x_1+\Delta x_n)-f(x_1)}{\Delta x_n}.$$

由于 $f(x)$ 在 x_1 和 x_2 可导,令 $n\to\infty$ 即 $\Delta x_n\to0$,便得到
$$f'(x_2)\geqslant f'(x_1),$$
即 $f'(x)$ 在 I 上单调增加,因此 $f'(x)$ 在 I 上的导数非负,即
$$f''(x)\geqslant0,\quad x\in I.$$

充分性:若在 I 上 $f''(x)\geqslant0$,则 $f'(x)$ 在 I 上单调增加.对 I 上任意两点 x_1,x_2(不妨设 $x_1<x_2$)及 $\lambda\in(0,1)$,取 $x_0=\lambda x_1+(1-\lambda)x_2$,那么 $x_1<x_0<x_2$,且
$$x_1-x_0=(1-\lambda)(x_1-x_2),x_2-x_0=\lambda(x_2-x_1).$$
在 $[x_1,x_0]$ 和 $[x_0,x_2]$ 上分别应用 Lagrange 中值定理,则存在 $\eta_1\in(x_1,x_0)$ 和 $\eta_2\in(x_0,$

x_2),使得

$$f(x_1) = f(x_0) + f'(\eta_1)(x_1-x_0), \quad f(x_2) = f(x_0) + f'(\eta_2)(x_2-x_0),$$

因此利用$f'(x)$在I上的单调增加性质得

$$f(x_1) \geqslant f(x_0) + f'(x_0)(x_1-x_0) = f(x_0) + (1-\lambda)f'(x_0)(x_1-x_2),$$

$$f(x_2) \geqslant f(x_0) + f'(x_0)(x_2-x_0) = f(x_0) + \lambda f'(x_0)(x_2-x_1),$$

分别用λ和$1-\lambda$乘以上两式并相加得

$$\lambda f(x_1) + (1-\lambda)f(x_2) \geqslant f(x_0) = f(\lambda x_1 + (1-\lambda)x_2).$$

由定义,$f(x)$在I上是下凸函数.

定理的后半部分证明留给读者考虑.

证毕

类似地可以得到在I上$f''(x) \leqslant 0$(或$f''(x) < 0$)与$f(x)$在I上上凸(或严格上凸)之间的关系.

需要注意的是,若将定理 5.1.6 后半部分的条件减弱为"在I中除了有限个点外,都有$f''(x) > 0$",结论"$f(x)$在I上是严格下凸函数"依然成立.因此"$f''(x) > 0$"只是$f(x)$严格下凸的充分条件而非必要条件,请读者自己举出例子.

根据定理 5.1.6,读者容易验证上面所述的关于曲线$y = e^x$,$y = \ln x$,$y = \sin x$,$y = x^3$与$y = x^{\frac{1}{3}}$的凸性的断言.其中曲线$y = \sin x$上的点$(\pi, 0)$,曲线$y = x^3$与$y = x^{\frac{1}{3}}$上的点$(0, 0)$具有这样一个共同的性质:曲线在该点两侧的凸性相反,也就是说,它们是曲线上凸与下凸的分界点.我们称这样的点为曲线的拐点.

拐点位置的确定对于函数作图的准确性起着重要的作用,为确定拐点的位置,我们有下述定理:

定理 5.1.7 设$f(x)$在区间I上连续,$(x_0-\delta, x_0+\delta) \subset I$.

(1)设$f(x)$在$(x_0-\delta, x_0)$与$(x_0, x_0+\delta)$上二阶可导.若$f''(x)$在$(x_0-\delta, x_0)$与$(x_0, x_0+\delta)$上的符号相反,则点$(x_0, f(x_0))$是曲线$y = f(x)$的拐点;若$f''(x)$在$(x_0-\delta, x_0)$与$(x_0, x_0+\delta)$上的符号相同,则点$(x_0, f(x_0))$不是曲线$y = f(x)$的拐点.

(2)设$f(x)$在$(x_0-\delta, x_0+\delta)$上二阶可导,若点$(x_0, f(x_0))$是曲线$y = f(x)$的拐点,则$f''(x_0) = 0$.

证 结论(1)是显然的.现证结论(2).

由于点$(x_0, f(x_0))$是曲线$y = f(x)$的拐点,不妨设曲线$y = f(x)$在$(x_0-\delta, x_0)$上是下凸的,在$(x_0, x_0+\delta)$上是上凸的.由$f(x)$二阶可导的假设与定理 5.1.6,可知在$(x_0-\delta, x_0)$上$f''(x) \geqslant 0$,在$(x_0, x_0+\delta)$上$f''(x) \leqslant 0$,换言之,$f'(x)$在$(x_0-\delta, x_0)$上单调增加,而在$(x_0, x_0+\delta)$上单调减少,即x_0点是$f'(x)$的极大值点.再由$f''(x_0)$的存在性与 Fermat 引理,得到$f''(x_0) = 0$.

证毕

需要注意的是,定理 5.1.7(2)给出的是二阶可导函数曲线的拐点所满足的必要条件,而非充分条件,例如曲线$y = x^4$上的$(0,0)$点就满足条件$f''(0) = 0$,但它不是拐点.另外,由曲线$y = x^{\frac{1}{3}}$可知,即使$f''(x)$在x_0点不存在,点$(x_0, f(x_0))$也可能是曲线$y = f(x)$的拐点.因此,当我们通过对$f(x)$求二阶导数来确定拐点的话,既要考虑满足

$f''(x)=0$ 的点,又要考虑 $f''(x)$ 不存在的点.

例 5.1.2 求曲线 $y=\sqrt[3]{x^2}(x^2-4x)$ 的拐点.

解 $y=\sqrt[3]{x^2}(x^2-4x)$ 的定义域是 $(-\infty,+\infty)$.经计算,得到

$$y''=\frac{40}{9\sqrt[3]{x}}(x-1).$$

由定理 5.1.7,我们只需考虑满足 $y''=0$ 与使 y'' 不存在的点,即 $x=1$ 与 $x=0$.由于在 $x=1$ 的左右邻域与 $x=0$ 的左右邻域,y'' 都具有相反的符号,可知 $(1,-3)$ 与 $(0,0)$ 都是曲线 $y=\sqrt[3]{x^2}(x^2-4x)$ 的拐点.

现在我们可以对函数 $y=e^x$ 和 $y=\ln x$ 当 $x\rightarrow+\infty$ 时函数值趋于无穷大的速率大相径庭有一点粗略的领会了:这两个函数当 $x>0$ 时都是严格单调增加,但 $y=e^x$ 是严格下凸的,由定理 5.1.7,它的一阶导数也是严格单调增加的,因而函数值增加的速度随着 x 的增加而越来越快;而 $y=\ln x$ 却是严格上凸的,因此它的一阶导数是严格单调减少的,所以尽管它的函数值仍保持严格单调增加的趋势,但速度却随着 x 的增加而越来越慢了.

需要指出的是,利用数学归纳法从下凸(上凸)函数的定义出发,可以直接证明如下的结果:

定理 5.1.8(Jensen 不等式) 若 $f(x)$ 为区间 I 上的下凸(上凸)函数,则对于任意 $x_i\in I$ 和满足 $\sum\limits_{i=1}^{n}\lambda_i=1$ 的 $\lambda_i>0(i=1,2,\cdots,n)$,成立

$$f\left(\sum_{i=1}^{n}\lambda_i x_i\right)\leqslant\sum_{i=1}^{n}\lambda_i f(x_i)\quad\left(f\left(\sum_{i=1}^{n}\lambda_i x_i\right)\geqslant\sum_{i=1}^{n}\lambda_i f(x_i)\right).$$

特别地,取 $\lambda_i=\dfrac{1}{n}(i=1,2,\cdots,n)$,就有

$$f\left(\frac{1}{n}\sum_{i=1}^{n}x_i\right)\leqslant\frac{1}{n}\sum_{i=1}^{n}f(x_i)\quad\left(f\left(\frac{1}{n}\sum_{i=1}^{n}x_i\right)\geqslant\frac{1}{n}\sum_{i=1}^{n}f(x_i)\right).$$

证明留作习题.

Lagrange 中值定理以及上述几个由此推出的定理具有重要的意义,下面我们来看几个例子.

例 5.1.3 证明不等式

$$|\arctan a-\arctan b|\leqslant|a-b|.$$

证 显然,$f(x)=\arctan x$ 在任意区间 $[a,b]$ 上满足 Lagrange 中值定理条件,所以,存在 $\xi\in(a,b)$,满足

$$|\arctan a-\arctan b|=|f'(\xi)|\cdot|a-b|=\left|\frac{1}{1+\xi^2}\right|\cdot|a-b|,$$

即

$$|\arctan a-\arctan b|\leqslant|a-b|.$$

证毕

例 5.1.4 证明恒等式

$$\arctan \frac{1+x}{1-x} - \arctan x = \begin{cases} \dfrac{\pi}{4}, & x<1, \\[3mm] -\dfrac{3\pi}{4}, & x>1. \end{cases}$$

证   令 $f(x) = \arctan \dfrac{1+x}{1-x} - \arctan x$,则当 $x \neq 1$ 时,有

$$f'(x) = \frac{1}{1+\left(\dfrac{1+x}{1-x}\right)^2}\left(\frac{1+x}{1-x}\right)' - \frac{1}{1+x^2} = \frac{1}{1+\left(\dfrac{1+x}{1-x}\right)^2} \cdot \frac{2}{(1-x)^2} - \frac{1}{1+x^2} = 0,$$

由定理 5.1.4 知,在任何不含 $x=1$ 的区间,$\arctan \dfrac{1+x}{1-x} - \arctan x \equiv C.$

当 $x<1$ 时,令 $x=0$,即得到常数 $C = \dfrac{\pi}{4}$;当 $x>1$ 时,令 $x \to +\infty$,即得到常数 $C = -\dfrac{3\pi}{4}$,

因此

$$\arctan \frac{1+x}{1-x} - \arctan x = \begin{cases} \dfrac{\pi}{4}, & x<1, \\[3mm] -\dfrac{3\pi}{4}, & x>1. \end{cases}$$

证毕

下面来看一个有趣的问题,它牵涉两个最重要的无理数——π 和 e.

例 5.1.5   判别 e^{π} 与 π^e 的大小关系.

我们来考虑更一般的情况:设 a 和 b 是两个不同的正实数,在什么条件下成立 $a^b > b^a$?两边取对数后再整理,即知上式等价于

$$\frac{\ln a}{a} > \frac{\ln b}{b},$$

所以,判别 a^b 与 b^a 的大小关系可以通过确定函数 $\dfrac{\ln x}{x}$ 的单调情况来得到.

解   记 $f(x) = \dfrac{\ln x}{x}$,则

$$f'(x) = \frac{1-\ln x}{x^2}\begin{cases} <0, & x>e, \\ >0, & 0<x<e. \end{cases}$$

由定理 5.1.5,$f(x)$ 在 $[e, +\infty)$ 严格单调减少.因此

$$\frac{\ln e}{e} > \frac{\ln \pi}{\pi},$$

即可判别出

$$e^{\pi} > \pi^e.$$

对于比较复杂的问题,有时需要求导多次方能奏效.

例 5.1.6   证明不等式

$$\sin x > x - \frac{x^3}{6} \quad (x>0).$$

我们来分析一下. 要证明 $x>0$ 时 $f(x)=\sin x-x+\dfrac{x^3}{6}>0$, 由于 $f(0)=0$, 因此只要能证明 $f(x)$ 在 $[0,+\infty)$ 上严格单调增加, 或者说 $f'(x)>0\,(x>0)$ 就可以了.

对 $f(x)$ 求导, 得到

$$f'(x)=\cos x-1+\frac{x^2}{2},$$

一下子仍无法判断是否一定有 $f'(x)>0$, 但注意到 $f'(0)=0$, 因此只要能证明 $f'(x)$ 在 $x>0$ 严格单调增加, 或者说 $f''(x)>0$ 就可以了. 由于

$$f''(x)=x-\sin x,$$

而 $x-\sin x>0$ 是我们在极限论中已知的结果, 把这个过程倒退回去, 就能证得结论.

证　令 $f(x)=\sin x-x+\dfrac{x^3}{6}$, 则当 $x>0$ 时, 有

$$f''(x)=[f'(x)]'=x-\sin x>0,$$

所以 $f'(x)$ 在 $x\geqslant 0$ 严格单调增加, 即当 $x>0$ 时, 有

$$f'(x)=\cos x-1+\frac{x^2}{2}>f'(0)=0.$$

由此可知 $f(x)$ 在 $[0,+\infty)$ 也是严格单调增加的, 这样, 当 $x>0$ 时, 便成立

$$f(x)=\sin x-x+\frac{x^3}{6}>f(0)=0.$$

证毕

例 5.1.7　证明不等式

$$a\ln a+b\ln b\geqslant(a+b)\,[\ln(a+b)-\ln 2]\quad(a,b>0).$$

证　令 $f(x)=x\ln x$, 则

$$f'(x)=\ln x+1,\quad f''(x)=\frac{1}{x}>0\quad(x>0).$$

由定理 5.1.6, $f(x)$ 在 $(0,+\infty)$ 上是严格下凸的, 因而对任意 $a,b>0$, 都成立

$$\frac{f(a)+f(b)}{2}\geqslant f\left(\frac{a+b}{2}\right)$$

(请读者想想为什么等号可能成立), 即

$$\frac{a\ln a+b\ln b}{2}\geqslant\frac{a+b}{2}\ln\frac{a+b}{2}.$$

这就是要证明的不等式.

证毕

由 Jensen 不等式, 可知上例的结论还可加强为: 对于任意的 $x_i>0\,(i=1,2,\cdots,n)$, 成立

$$x_1\ln x_1+x_2\ln x_2+\cdots+x_n\ln x_n\geqslant(x_1+x_2+\cdots+x_n)\,[\ln(x_1+x_2+\cdots+x_n)-\ln n].$$

例 5.1.8　设 $a,b\geqslant 0$, p,q 为满足 $\dfrac{1}{p}+\dfrac{1}{q}=1$ 的正数. 证明

$$ab\leqslant\frac{1}{p}a^p+\frac{1}{q}b^q.$$

证 当 a,b 其中之一为 0 时,上式显然成立.

现证 $a,b>0$ 的情形.考虑函数 $f(x)=\ln x(x>0)$.由于在 $(0,+\infty)$ 上 $f''(x)=-\dfrac{1}{x^2}<0$,
所以 $f(x)$ 在 $(0,+\infty)$ 上是严格上凸函数.于是由定义得

$$\frac{1}{p}f(a^p)+\frac{1}{q}f(b^q)\leqslant f\left(\frac{1}{p}a^p+\frac{1}{q}b^q\right)$$

(请读者想想为什么等号可能成立),即

$$\ln(ab)=\frac{1}{p}\ln a^p+\frac{1}{q}\ln b^q\leqslant\ln\left(\frac{1}{p}a^p+\frac{1}{q}b^q\right).$$

于是,利用 $f(x)=\ln x$ 在 $(0,+\infty)$ 上的单调增加性即得

$$ab\leqslant\frac{1}{p}a^p+\frac{1}{q}b^q\quad(a,b>0).$$

证毕

注 利用 $\ln x$ 在 $(0,+\infty)$ 上的严格上凸性,由 Jensen 不等式还可得到,对于任意
正数 $x_1,x_2,\cdots,x_n$,成立

$$\frac{\ln x_1+\ln x_2+\cdots+\ln x_n}{n}\leqslant\ln\left(\frac{x_1+x_2+\cdots+x_n}{n}\right),$$

由此得到

$$\sqrt[n]{x_1x_2\cdots x_n}\leqslant\frac{x_1+x_2+\cdots+x_n}{n}.$$

我们利用微分学又一次证明了这个熟知的不等式.

Cauchy 中值定理

最后,我们给出一个形式更加一般的中值定理.

定理 5.1.9(Cauchy 中值定理) 设 $f(x)$ 和 $g(x)$ 都在闭区间 $[a,b]$ 上连续,在开
区间 (a,b) 上可导,且对于任意 $x\in(a,b),g'(x)\neq0$.则至少存在一点 $\xi\in(a,b)$,使得

$$\frac{f'(\xi)}{g'(\xi)}=\frac{f(b)-f(a)}{g(b)-g(a)}.$$

显然,当 $g(x)=x$ 时,上式即为 Lagrange 公式,所以 Lagrange 中值定理是 Cauchy 中
值定理的特殊情况.

但若换一个角度,将 $f(t)$ 和 $g(t)$ 看成 xy 平面上某条曲线 $y=F(x)$ 的参数方程,即
$y=F(x)$ 可以表示为

$$\begin{cases}x=g(t),\\y=f(t),\end{cases}\quad t\in[a,b],$$

如图 5.1.7,易知 $y=F(x)$ 在 $[g(a),g(b)]$(或 $[g(b)$,
$g(a)]$)上连续,在 $(g(a),g(b))$(或 $(g(b),g(a))$)上
可导,由 Lagrange 中值定理的几何意义,存在曲线上一
点 $(\eta,F(\eta))$,过该点的切线斜率 $F'(\eta)$ 等于曲线两端
连线的斜率 $\dfrac{f(b)-f(a)}{g(b)-g(a)}$.设 $x=\eta$ 对应于 $t=\xi\in(a,b)$,则

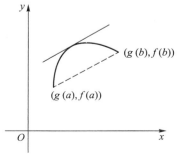

图 5.1.7

由参数形式函数的求导公式,有

$$F'(\eta) = \frac{f'(\xi)}{g'(\xi)} = \frac{f(b) - f(a)}{g(b) - g(a)}.$$

所以,Cauchy 中值定理也可以看成是 Lagrange 中值定理的参数表达形式.

可以采用与证明 Lagrange 中值定理相仿的方法来证明 Cauchy 中值定理,辅助函数的构造及其几何意义都是类似的(留作习题),下面我们采用完全不同的思路来证明它.

证 由闭区间上连续函数的性质,以及 $g(x)$ 在 $[a,b]$ 上连续,在 (a,b) 上可导,且导数恒不为零,读者不难用反证法证明,$g(x)$ 在 $[a,b]$ 上严格单调(留作习题).不妨设 $g(x)$ 严格单调增加.

记 $g(a) = \alpha, g(b) = \beta$,由反函数存在定理和反函数导数存在定理,在 $[\alpha, \beta]$ 上存在 $g(x)$ 的反函数 $g^{-1}(y)$,$g^{-1}(y)$ 在 $[\alpha, \beta]$ 上连续,在 (α, β) 上可导,其导数

$$[g^{-1}(y)]' = \frac{1}{g'(x)},$$

并且 $g^{-1}(y)$ 在 $[\alpha, \beta]$ 上也是严格单调增加的.

考虑 $[\alpha, \beta]$ 上的复合函数 $F(y) = f(g^{-1}(y))$,由定理条件和以上讨论,即知 $F(y)$ 在 $[\alpha, \beta]$ 上满足 Lagrange 中值定理条件,于是,存在 $\eta \in (\alpha, \beta)$,使得

$$F'(\eta) = \frac{F(\beta) - F(\alpha)}{\beta - \alpha} = \frac{f(g^{-1}(\beta)) - f(g^{-1}(\alpha))}{\beta - \alpha} = \frac{f(b) - f(a)}{g(b) - g(a)}.$$

由 $g(x)$ 和 $g^{-1}(y)$ 的关系,在 (a,b) 中一定存在一点 ξ,满足 $g(\xi) = \eta$,于是

$$F'(\eta) = \{f(g^{-1}(y))\}' \Big|_{y = \eta}$$

$$= \{f'(g^{-1}(y)) \cdot [g^{-1}(y)]'\} \Big|_{y = \eta}$$

$$= \left\{ f'(x) \cdot \frac{1}{g'(x)} \right\} \Big|_{x = g^{-1}(\eta) = \xi} = \frac{f'(\xi)}{g'(\xi)}.$$

代入上式就得到了定理结论.

证毕

例 5.1.9 设 $f(x)$ 在 $[1, +\infty)$ 上连续,在 $(1, +\infty)$ 上可导,已知函数 $e^{-x^2} f'(x)$ 在 $(1, +\infty)$ 上有界,证明函数 $x e^{-x^2} f(x)$ 在 $(1, +\infty)$ 上也有界.

证 设 $|e^{-x^2} f'(x)| \leqslant M, x \in (1, +\infty)$.首先对于函数 $e^{-x^2} f(x), x \in (1, +\infty)$,应用 Cauchy 中值定理,可以证明它是有界的:

$$\left| \frac{f(x)}{e^{x^2}} \right| \leqslant \left| \frac{f(x) - f(1)}{e^{x^2}} \right| + \left| \frac{f(1)}{e^{x^2}} \right| < \left| \frac{f(x) - f(1)}{e^{x^2} - e} \right| + \frac{|f(1)|}{e}$$

$$= \left| \frac{f'(\xi)}{2\xi e^{\xi^2}} \right| + \frac{|f(1)|}{e} < \left| \frac{f'(\xi)}{2 e^{\xi^2}} \right| + \frac{|f(1)|}{e} \leqslant \frac{M}{2} + \frac{|f(1)|}{e},$$

其中 $\xi \in (1, x)$.进一步,对于函数 $x e^{-x^2} f(x), x \in (1, +\infty)$,也有

$$\left| \frac{x f(x)}{e^{x^2}} \right| \leqslant \left| \frac{x f(x) - f(1)}{e^{x^2}} \right| + \left| \frac{f(1)}{e^{x^2}} \right| < \left| \frac{x f(x) - 1 \cdot f(1)}{e^{x^2} - e} \right| + \frac{|f(1)|}{e}$$

$$= \left| \frac{\xi f'(\xi) + f(\xi)}{2\xi e^{\xi^2}} \right| + \frac{|f(1)|}{e} < \left| \frac{f'(\xi)}{2e^{\xi^2}} \right| + \left| \frac{f(\xi)}{2e^{\xi^2}} \right| + \frac{|f(1)|}{e}$$

$$< \frac{3M}{4} + \frac{3|f(1)|}{2e}.$$

证毕

习　　题

1. 设 $f'_+(x_0) > 0$，$f'_-(x_0) < 0$，证明 x_0 是 $f(x)$ 的极小值点.

2. (Darboux 定理) 设 $f(x)$ 在 (a, b) 上可导，$x_1, x_2 \in (a, b)$. 如果 $f'(x_1) \cdot f'(x_2) < 0$，证明在 x_1 和 x_2 之间至少存在一点 ξ，使得 $f'(\xi) = 0$.

3. 举例说明 Lagrange 中值定理的任何一个条件不满足时，定理结论就有可能不成立.

4. 设函数 $f(x)$ 在 $[a, b]$ 上连续，在 (a, b) 上可微. 利用辅助函数

$$\psi(x) = \begin{vmatrix} x & f(x) & 1 \\ a & f(a) & 1 \\ b & f(b) & 1 \end{vmatrix}$$

证明 Lagrange 中值定理，并说明 $\psi(x)$ 的几何意义.

5. 设函数 $f(x)$ 和 $g(x)$ 在 $[a, b]$ 上连续，在 (a, b) 上可导，证明在 (a, b) 内存在一点 ξ，使得

$$\begin{vmatrix} f(a) & f(b) \\ g(a) & g(b) \end{vmatrix} = (b - a) \begin{vmatrix} f(a) & f'(\xi) \\ g(a) & g'(\xi) \end{vmatrix}.$$

6. 设非线性函数 $f(x)$ 在 $[a, b]$ 上连续，在 (a, b) 上可导，则在 (a, b) 上至少存在一点 η，满足

$$|f'(\eta)| > \left| \frac{f(b) - f(a)}{b - a} \right|,$$

并说明它的几何意义.

7. 求极限 $\lim\limits_{n \to \infty} n^2 \left(\arctan \dfrac{a}{n} - \arctan \dfrac{a}{n+1} \right)$，其中 $a \neq 0$ 为常数.

8. 用 Lagrange 公式证明不等式：

（1）$|\sin x - \sin y| \leqslant |x - y|$；

（2）$n y^{n-1}(x - y) < x^n - y^n < n x^{n-1}(x - y)$　$(n > 1, x > y > 0)$；

（3）$\dfrac{b - a}{b} < \ln \dfrac{b}{a} < \dfrac{b - a}{a}$　$(b > a > 0)$；

（4）$e^x > 1 + x$　$(x > 0)$.

9. 设 $f(x)$ 在 $[a, b]$ 上定义，且对任何实数 x_1 和 x_2，满足

$$|f(x_1) - f(x_2)| \leqslant (x_1 - x_2)^2,$$

证明 $f(x)$ 在 $[a, b]$ 上恒为常数.

10. 证明恒等式：

（1）$\arcsin x + \arccos x = \dfrac{\pi}{2}$，$x \in [0, 1]$；

（2）$3 \arccos x - \arccos(3x - 4x^3) = \pi$，　$x \in \left[-\dfrac{1}{2}, \dfrac{1}{2} \right]$；

（3）$2\arctan x+\arcsin \dfrac{2x}{1+x^2}=\pi, x\in[1,+\infty)$.

11. 设函数 $f(x)$ 在 $[a,b]$ 上连续,在 (a,b) 上可导.证明:若 (a,b) 中除至多有限个点有 $f'(x)=0$ 之外,都有 $f'(x)>0$,则 $f(x)$ 在 $[a,b]$ 上严格单调增加;同时举例说明,其逆命题不成立.

12. 证明不等式:

（1）$\dfrac{2}{\pi}x<\sin x<x, \quad x\in\left(0,\dfrac{\pi}{2}\right)$；

（2）$3-\dfrac{1}{x}<2\sqrt{x}, \quad x>1$；

（3）$x-\dfrac{x^2}{2}<\ln(1+x)<x, \quad x>0$；

（4）$\tan x+2\sin x>3x, \quad x\in\left(0,\dfrac{\pi}{2}\right)$；

（5）$\dfrac{1}{2^{p-1}}\leqslant x^p+(1-x)^p\leqslant 1, \quad x\in[0,1],p>1$；

（6）$\dfrac{\tan x}{x}>\dfrac{x}{\sin x}, \quad x\in\left(0,\dfrac{\pi}{2}\right)$.

13. 证明:在 $(0,1)$ 上成立

（1）$(1+x)\ln^2(1+x)<x^2$；

（2）$\dfrac{1}{\ln 2}-1<\dfrac{1}{\ln(1+x)}-\dfrac{1}{x}<\dfrac{1}{2}$.

14. 对于每个正整数 $n(n\geqslant 2)$,证明方程

$$x^n+x^{n-1}+\cdots+x^2+x=1$$

在 $(0,1)$ 内必有惟一的实根 x_n,并求极限 $\lim\limits_{n\to\infty}x_n$.

15. 设函数 $f(x)$ 在 $[0,1]$ 上连续,在 $(0,1)$ 上可导,且 $f(0)=f(1)=0,f\left(\dfrac{1}{2}\right)=1$.证明:

（1）存在 $\xi\in\left(\dfrac{1}{2},1\right)$,使得 $f(\xi)=\xi$；

（2）对于任意实数 λ,必存在 $\eta\in(0,\xi)$,使得

$$f'(\eta)-\lambda[f(\eta)-\eta]=1.$$

16. 设函数 $f(x)$ 和 $g(x)$ 在 $[a,b]$ 上连续,在 (a,b) 上可导,且 $g'(x)\neq 0(x\in(a,b))$.分别利用辅助函数

$$\varphi(x)=f(x)-f(a)-\dfrac{f(b)-f(a)}{g(b)-g(a)}[g(x)-g(a)]$$

和

$$\psi(x)=\begin{vmatrix} g(x) & f(x) & 1 \\ g(a) & f(a) & 1 \\ g(b) & f(b) & 1 \end{vmatrix},$$

证明 Cauchy 中值定理,并说明 $\varphi(x)$ 和 $\psi(x)$ 的几何意义.

17. 设 $a,b>0$, $f(x)$ 在 $[a,b]$ 上连续,在 (a,b) 上可导,证明存在 $\xi\in(a,b)$,使得

$$2\xi[f(b)-f(a)]=(b^2-a^2)f'(\xi).$$

18. 设 $a,b>0$,证明存在 $\xi\in(a,b)$,使得

$$ae^b-be^a=(1-\xi)e^\xi(a-b).$$

19. 设 $f(x)$ 在 $[a,b]$ 上连续 $(ab>0)$,在 (a,b) 上可导,证明存在 $\xi\in(a,b)$,使得

$$\dfrac{1}{b-a}\begin{vmatrix} a & b \\ f(a) & f(b) \end{vmatrix}=\xi f'(\xi)-f(\xi).$$

20. 设 $f(x)$ 在 $[1,+\infty)$ 上连续,在 $(1,+\infty)$ 上可导,已知函数 $e^{-x}f'(x)$ 在 $(1,+\infty)$ 上有界,证明函数 $e^{-x}f(x)$ 在 $(1,+\infty)$ 上也有界.

21. 设 $f'(x)$ 在 $(0,a]$ 上连续,且存在有限极限 $\lim\limits_{x\to 0+}\sqrt{x}f'(x)$,证明 $f(x)$ 在 $(0,a]$ 上一致连续.

22. 设 $f(x)$ 在 $x=0$ 的某邻域内有 n 阶导数,且 $f(0)=f'(0)=\cdots=f^{(n-1)}(0)=0$,用 Cauchy 中值定理

证明

$$\frac{f(x)}{x^n} = \frac{f^{(n)}(\theta x)}{n!} \quad (0 < \theta < 1).$$

23. 证明不等式:

(1) $\dfrac{x^n + y^n}{2} \geqslant \left(\dfrac{x+y}{2}\right)^n, x, y > 0, n > 1$; (2) $\dfrac{e^x + e^y}{2} > e^{\frac{x+y}{2}}, x \neq y.$

24. (Jensen 不等式) 设 $f(x)$ 为 $[a, b]$ 上的连续下凸函数, 证明对于任意 $x_i \in [a, b]$ 和 $\lambda_i > 0 (i = 1, 2, \cdots, n)$, $\sum\limits_{i=1}^{n} \lambda_i = 1$, 成立

$$f\left(\sum_{i=1}^{n} \lambda_i x_i\right) \leqslant \sum_{i=1}^{n} \lambda_i f(x_i).$$

25. 利用上题结论证明: 对于正数 a, b, c 成立

$$(abc)^{\frac{a+b+c}{3}} \leqslant a^a b^b c^c.$$

26. 设 $f(x)$ 在 $(a, +\infty)$ 上可导, 并且 $\lim\limits_{x \to +\infty} f'(x) = 0$, 证明 $\lim\limits_{x \to +\infty} \dfrac{f(x)}{x} = 0.$

27. 设 $f(x)$ 在 $[a, b]$ 上连续, 在 (a, b) 上二阶可导, 证明存在 $\eta \in (a, b)$, 成立

$$f(b) + f(a) - 2f\left(\frac{a+b}{2}\right) = \left(\frac{b-a}{2}\right)^2 f''(\eta).$$

§2 L'Hospital 法则

待定型极限和 L'Hospital 法则

在计算一个分式函数的极限时, 常常会遇到分子分母都趋于零或都趋于无穷大的情况, 由于这时无法使用"商的极限等于极限的商"的法则, 运算将遇到很大的困难. 事实上, 这时极限可能存在, 也可能不存在. 当极限存在时, 极限的值也会有各种各样的可能, 比如熟知的

$$\lim_{x \to \infty} \frac{a_n x^n + a_{n-1} x^{n-1} + \cdots + a_1 x + a_0}{b_m x^m + b_{m-1} x^{m-1} + \cdots + b_1 x + b_0} = \begin{cases} \dfrac{a_n}{b_n}, & n = m, \\ 0, & n < m, \\ \infty, & n > m \end{cases}$$

就是一个分子分母都趋于无穷大的例子. 我们将这种类型的极限称为 $\dfrac{0}{0}$ 待定型或 $\dfrac{\infty}{\infty}$ 待定型, 简称 $\dfrac{0}{0}$ 型或 $\dfrac{\infty}{\infty}$ 型.

待定型极限除了以上两种类型以外, 还有 $0 \cdot \infty$ 型、$\infty \pm \infty$ 型、∞^0 型、1^∞ 型、0^0 型等几种. 但以后将会看到, 后面的几种类型都可以化成前面两种类型进行计算, 所以我们这里主要讨论如何求 $\dfrac{0}{0}$ 型和 $\dfrac{\infty}{\infty}$ 型的极限.

定理 5.2.1(L'Hospital 法则) 设函数 $f(x)$ 和 $g(x)$ 在 $(a, a+d]$ 上可导(d 是某个正常数),且 $g'(x) \neq 0$. 若此时有

$$\lim_{x \to a+} f(x) = \lim_{x \to a+} g(x) = 0$$

或

$$\lim_{x \to a+} g(x) = \infty,$$

且 $\lim\limits_{x \to a+} \dfrac{f'(x)}{g'(x)}$ 存在(可以是有限数或 ∞),则成立

$$\lim_{x \to a+} \frac{f(x)}{g(x)} = \lim_{x \to a+} \frac{f'(x)}{g'(x)}.$$

证 这里仅对 $\lim\limits_{x \to a+} \dfrac{f'(x)}{g'(x)} = A$ 为有限数时来证明,当 A 为无穷大时的证明过程是类似的(留作习题).

先证明 $\lim\limits_{x \to a+} f(x) = \lim\limits_{x \to a+} g(x) = 0$ 的情况.

由于函数在 $x = a$ 处的值与 $x \to a+$ 时的极限无关,因此可以补充定义

$$f(a) = g(a) = 0,$$

使得 $f(x)$ 和 $g(x)$ 在 $[a, a+d]$ 上连续. 这样,经补充定义后的函数 $f(x)$ 和 $g(x)$ 在 $[a, a+d]$ 上满足 Cauchy 中值定理的条件,因而对于任意 $x \in (a, a+d)$,存在 $\xi \in (a, a+d)$,满足

$$\frac{f(x)}{g(x)} = \frac{f(x) - f(a)}{g(x) - g(a)} = \frac{f'(\xi)}{g'(\xi)}.$$

当 $x \to a+$ 时显然有 $\xi \to a+$. 由于 $\lim\limits_{x \to a+} \dfrac{f'(x)}{g'(x)}$ 存在,两端令 $x \to a+$,即有

$$\lim_{x \to a+} \frac{f(x)}{g(x)} = \lim_{\xi \to a+} \frac{f'(\xi)}{g'(\xi)} = \lim_{x \to a+} \frac{f'(x)}{g'(x)}.$$

下面证明 $\lim\limits_{x \to a+} g(x) = \infty$ 时的情况.

记 x_0 是 $(a, a+d]$ 中任意一个固定点,则当 $x \neq x_0$ 时,$\dfrac{f(x)}{g(x)}$ 可以改写为

$$\frac{f(x)}{g(x)} = \frac{f(x) - f(x_0)}{g(x)} + \frac{f(x_0)}{g(x)}$$

$$= \frac{g(x) - g(x_0)}{g(x)} \cdot \frac{f(x) - f(x_0)}{g(x) - g(x_0)} + \frac{f(x_0)}{g(x)}$$

$$= \left[1 - \frac{g(x_0)}{g(x)} \right] \frac{f(x) - f(x_0)}{g(x) - g(x_0)} + \frac{f(x_0)}{g(x)}.$$

于是,

$$\left| \frac{f(x)}{g(x)} - A \right| = \left| \left[1 - \frac{g(x_0)}{g(x)} \right] \frac{f(x) - f(x_0)}{g(x) - g(x_0)} + \frac{f(x_0)}{g(x)} - A \right|$$

$$\leqslant \left| 1 - \frac{g(x_0)}{g(x)} \right| \cdot \left| \frac{f(x) - f(x_0)}{g(x) - g(x_0)} - A \right| + \left| \frac{f(x_0) - A g(x_0)}{g(x)} \right|.$$

因为 $\lim\limits_{x \to a+}\dfrac{f'(x)}{g'(x)} = A$，所以对于任意 $\varepsilon > 0$，存在 $\rho > 0 (\rho < d)$，当 $0 < x-a < \rho$ 时，

$$\left| \frac{f'(x)}{g'(x)} - A \right| < \varepsilon.$$

取 $x_0 = a+\rho$，由 Cauchy 中值定理，对于任意 $x \in (a, x_0)$，存在 $\xi \in (x, x_0) \subset (a, a+\rho)$ 满足

$$\frac{f(x)-f(x_0)}{g(x)-g(x_0)} = \frac{f'(\xi)}{g'(\xi)}.$$

于是得到

$$\left| \frac{f(x)-f(x_0)}{g(x)-g(x_0)} - A \right| = \left| \frac{f'(\xi)}{g'(\xi)} - A \right| < \varepsilon.$$

又因为 $\lim\limits_{x \to a+} g(x) = \infty$，所以可以找到正数 $\delta < \rho$，当 $0 < x-a < \delta$ 时，成立

$$\left| 1 - \frac{g(x_0)}{g(x)} \right| < 2, \qquad \left| \frac{f(x_0)-Ag(x_0)}{g(x)} \right| < \varepsilon.$$

综上所述，即知对于任意 $\varepsilon > 0$，存在 $\delta > 0$，当 $0 < x-a < \delta$ 时，

$$\left| \frac{f(x)}{g(x)} - A \right| \leqslant \left| 1 - \frac{g(x_0)}{g(x)} \right| \cdot \left| \frac{f(x)-f(x_0)}{g(x)-g(x_0)} - A \right| + \left| \frac{f(x_0)-Ag(x_0)}{g(x)} \right| < 2\varepsilon + \varepsilon = 3\varepsilon,$$

由定义即得

$$\lim_{x \to a+}\frac{f(x)}{g(x)} = A = \lim_{x \to a+}\frac{f'(x)}{g'(x)}.$$

证毕

从定理的后半部分的证明过程可以知道，若当 $x \to a+$ 时 $g(x) \to \infty$，那么此时对 $f(x)$ 的变化趋势事实上没有任何要求. 也就是说，这时无论 $f(x)$ 有无极限、有界无界，只要 $\lim\limits_{x \to a+}\dfrac{f'(x)}{g'(x)}$ 存在，L'Hospital 法则都将是有效的. 所以尽管习惯上大家将它称作"$\dfrac{\infty}{\infty}$ 型"，但实际上它的使用范围可以扩展为"$\dfrac{*}{\infty}$ 型"极限，"$*$"代表任意变化类型.

以上结论在 $x \to a\pm$、$x \to a$ 或是 $x \to \infty$（包括 $+\infty$ 和 $-\infty$）时也是成立的，请读者自证.

L'Hospital 法则给我们提供了求 $\dfrac{0}{0}$ 型或 $\dfrac{\infty}{\infty}$ 型极限的一条途径.

例 5.2.1 求 $\lim\limits_{x \to 0}\dfrac{1-\cos 2x}{x^2}$.

解 这是 $\dfrac{0}{0}$ 型.

因为 $\dfrac{(1-\cos 2x)'}{(x^2)'} = \dfrac{2\sin x\cos x}{x} \to 2 \, (x \to 0)$，由 L'Hospital 法则，就可以得到

$$\lim_{x \to 0}\frac{1-\cos 2x}{x^2} = 2.$$

一般可以写成如下格式：

$$\lim_{x \to 0}\frac{1-\cos 2x}{x^2} = \lim_{x \to 0}\frac{(1-\cos 2x)'}{(x^2)'} = \lim_{x \to 0}\frac{2\sin x\cos x}{x} = 2\lim_{x \to 0}\frac{\sin x}{x} \cdot \lim_{x \to 0}\cos x = 2.$$

这是个自变量趋于有限值的例子,下面来看自变量趋于无穷大的情况,运算的步骤是完全相同的.

例 5.2.2　求 $\lim\limits_{x\to+\infty}\dfrac{\dfrac{\pi}{2}-\arctan x}{\sin\dfrac{1}{x}}$.

解　由 L'Hospital 法则得

$$\lim_{x\to+\infty}\frac{\dfrac{\pi}{2}-\arctan x}{\sin\dfrac{1}{x}}=\lim_{x\to+\infty}\frac{-\dfrac{1}{1+x^2}}{\left(\cos\dfrac{1}{x}\right)\left(-\dfrac{1}{x^2}\right)}=\frac{1}{\lim\limits_{x\to+\infty}\left(\cos\dfrac{1}{x}\right)}\cdot\lim_{x\to+\infty}\frac{x^2}{1+x^2}=1.$$

若使用了 L'Hospital 法则之后,所得到的 $\lim\limits_{x\to a+}\dfrac{f'(x)}{g'(x)}$ 仍是 $\dfrac{0}{0}$ 型或 $\dfrac{\infty}{\infty}$ 型,并且函数 $f'(x)$ 和 $g'(x)$ 依然满足定理 5.2.1 的条件,那么可以再次使用 L'Hospital 法则,讨论 $\lim\limits_{x\to a+}\dfrac{f''(x)}{g''(x)}$ 的极限情况,以此类推,直到求出极限为止.

例 5.2.3　求 $\lim\limits_{x\to 0}\dfrac{x-\tan x}{x^3}$.

解　这是 $\dfrac{0}{0}$ 型,由 L'Hospital 法则得

$$\lim_{x\to 0}\frac{x-\tan x}{x^3}=\lim_{x\to 0}\frac{1-\sec^2 x}{3x^2}\qquad\left(\text{仍是}\ \frac{0}{0}\ \text{型,再用 L'Hospital 法则}\right)$$

$$=\lim_{x\to 0}\frac{-2\sec^2 x\tan x}{6x}=\lim_{x\to 0}\left(-\frac{1}{3}\cdot\frac{\sin x}{x}\cdot\frac{1}{\cos^3 x}\right)=-\frac{1}{3}.$$

例 5.2.4　求 $\lim\limits_{x\to+\infty}\dfrac{x^a}{\mathrm{e}^{bx}}$　$(a>0,b>0)$.

解　这是 $\dfrac{\infty}{\infty}$ 型.设 $[a]^+=n$(记号 $[x]^+$ 表示不小于 x 的最小整数),反复使用 L'Hospital 法则 n 次,即有

$$\lim_{x\to+\infty}\frac{x^a}{\mathrm{e}^{bx}}=\lim_{x\to+\infty}\frac{a\cdot x^{a-1}}{b\cdot\mathrm{e}^{bx}}=\lim_{x\to+\infty}\frac{a(a-1)\cdot x^{a-2}}{b^2\cdot\mathrm{e}^{bx}}$$

$$=\cdots=\lim_{x\to+\infty}\frac{a(a-1)(a-2)\cdots(a-n+1)}{x^{n-a}\cdot b^n\cdot\mathrm{e}^{bx}}=0.$$

这说明当 $x\to+\infty$ 的时候,指数函数 $a^x(a>1)$ 与任何次数的幂函数 x^n 相比,都是更高阶的无穷大量.同样我们可以导出,$\log_a^n x(a>1)$ 与任何次数的幂函数 $x^\alpha(\alpha>0)$ 相比,都是更低阶的无穷大量.

可化为 $\dfrac{0}{0}$ 型或 $\dfrac{\infty}{\infty}$ 型的极限

前面已经指出,$0\cdot\infty$ 型、$\infty\pm\infty$ 型、∞^0 型、1^∞ 型、0^0 型等类型的极限都可以化成 $\dfrac{0}{0}$

型或 $\dfrac{\infty}{\infty}$ 型,下面对每一种类型举出一个例子.

（1）$0 \cdot \infty$ 型可化成 $\dfrac{1}{\infty} \cdot \infty$ 型或 $0 \cdot \dfrac{1}{0}$ 型,即 $\dfrac{\infty}{\infty}$ 型或 $\dfrac{0}{0}$ 型.

例 5.2.5　求 $\lim\limits_{x \to 0+} x \ln x$.

解　这是 $0 \cdot \infty$ 型,将其转化为 $\dfrac{\infty}{\infty}$ 型:

$$\lim_{x \to 0+} x \ln x = \lim_{x \to 0+} \frac{\ln x}{\dfrac{1}{x}}.$$

再由 L'Hospital 法则得

$$\lim_{x \to 0+} x \ln x = \lim_{x \to 0+} \frac{\dfrac{1}{x}}{-\dfrac{1}{x^2}} = \lim_{x \to 0+} (-x) = 0.$$

（2）$\infty - \infty$ 型可化成 $\dfrac{1}{0} - \dfrac{1}{0}$ 型,再通分变成 $\dfrac{0-0}{0}$ 型,即 $\dfrac{0}{0}$ 型.

例 5.2.6　求 $\lim\limits_{x \to 0+} \left(\cot x - \dfrac{1}{x} \right)$.

解　这是 $\infty - \infty$ 型,先对它通分,

$$\lim_{x \to 0+} \left(\cot x - \frac{1}{x} \right) = \lim_{x \to 0+} \left(\frac{\cos x}{\sin x} - \frac{1}{x} \right) = \lim_{x \to 0+} \frac{x \cos x - \sin x}{x \sin x},$$

现在它已被转变成 $\dfrac{0}{0}$ 型了.

由 L'Hospital 法则得

$$\lim_{x \to 0+} \left(\cot x - \frac{1}{x} \right) = \lim_{x \to 0+} \frac{(x \cos x - \sin x)'}{(x \sin x)'} = \lim_{x \to 0+} \frac{\cos x - x \sin x - \cos x}{\sin x + x \cos x} = \lim_{x \to 0+} \frac{-x}{1 + \dfrac{x}{\sin x} \cos x} = 0.$$

（3）∞^0 型、1^∞ 型、0^0 型极限 $\lim f(x)^{g(x)}$ 可以通过对数恒等式统一化成

$$\lim e^{\ln f(x)^{g(x)}} = \lim e^{g(x) \ln f(x)} = e^{\lim g(x) \ln f(x)},$$

这里的 $\lim g(x) \ln f(x)$ 已成为 $0 \cdot \infty$ 型,于是便可用例 5.2.5 所示的方法来求出极限.

例 5.2.7　求 $\lim\limits_{x \to 0+} x^x$.

解　这是 0^0 型,将其改写为

$$\lim_{x \to 0+} x^x = \lim_{x \to 0+} e^{x \ln x} = e^{\lim\limits_{x \to 0+} x \ln x}.$$

由例 5.2.5 知 $\lim\limits_{x \to 0+} x \ln x = 0$,于是

$$\lim_{x \to 0+} x^x = e^{\lim\limits_{x \to 0+} x \ln x} = e^0 = 1.$$

例 5.2.8　求 $\lim\limits_{x \to 0+} \ln^x \dfrac{1}{x}$.

解　这是 ∞^0 型,将其改写为

$$\lim_{x\to 0+}\ln^x\frac{1}{x}=\lim_{x\to 0+}\mathrm{e}^{x\ln\ln\frac{1}{x}}=\mathrm{e}^{\lim\limits_{x\to 0+}x\ln\ln\frac{1}{x}}.$$

由 L'Hospital 法则得

$$\lim_{x\to 0+}x\ln\ln\frac{1}{x}=\lim_{x\to 0+}\frac{\left(\ln\ln\dfrac{1}{x}\right)'}{\left(\dfrac{1}{x}\right)'}=\lim_{x\to 0+}\frac{\dfrac{1}{\ln\dfrac{1}{x}}\cdot\left(-\dfrac{1}{x}\right)}{-\dfrac{1}{x^2}}=\lim_{x\to 0+}\frac{x}{\ln\dfrac{1}{x}}=0,$$

于是

$$\lim_{x\to 0+}\ln^x\frac{1}{x}=\mathrm{e}^{\lim\limits_{x\to 0+}x\ln\ln\frac{1}{x}}=\mathrm{e}^0=1.$$

例 5.2.9　求 $\lim\limits_{x\to\frac{\pi}{2}+}(\sin x)^{\tan x}$.

解　这是 1^∞ 型,将其改写为

$$\lim_{x\to\frac{\pi}{2}+}(\sin x)^{\tan x}=\lim_{x\to\frac{\pi}{2}+}\mathrm{e}^{\tan x\ln\sin x}=\mathrm{e}^{\lim\limits_{x\to\frac{\pi}{2}+}\tan x\ln\sin x}.$$

由 L'Hospital 法则得

$$\lim_{x\to\frac{\pi}{2}+}\tan x\ln\sin x=\lim_{x\to\frac{\pi}{2}+}\frac{(\ln\sin x)'}{(\cot x)'}=\lim_{x\to\frac{\pi}{2}+}\frac{\cos x}{\sin x(-\csc^2 x)}=0.$$

于是

$$\lim_{x\to\frac{\pi}{2}+}(\sin x)^{\tan x}=\mathrm{e}^{\lim\limits_{x\to\frac{\pi}{2}+}\tan x\ln\sin x}=\mathrm{e}^0=1.$$

最后,指出使用 L'Hospital 法则时要注意的两个问题.

第一,当 $\lim\limits_{x\to a+}\dfrac{f(x)}{g(x)}$ 不是 $\dfrac{0}{0}$ 型或 $\dfrac{*}{\infty}$ 型时,不能使用 L'Hospital 法则,否则将会造成错误.

例 5.2.10　求 $\lim\limits_{x\to\frac{\pi}{2}}\dfrac{1+\sin x}{1-\cos x}$.

解　这不是 $\dfrac{0}{0}$ 型,也不是 $\dfrac{\infty}{\infty}$ 型,它的极限为

$$\lim_{x\to\frac{\pi}{2}}\frac{1+\sin x}{1-\cos x}=\frac{1+\sin\dfrac{\pi}{2}}{1-\cos\dfrac{\pi}{2}}=2.$$

若不问情况地贸然使用 L'Hospital 法则,

$$\lim_{x\to\frac{\pi}{2}}\frac{1+\sin x}{1-\cos x}=\lim_{x\to\frac{\pi}{2}}\frac{\cos x}{\sin x}=0,$$

就会得出不正确的结果.因此,每次使用 L'Hospital 法则之前都必须对极限的类型加以检验.

第二，L'Hospital 法则只告诉我们，对于 $\dfrac{0}{0}$ 型或 $\dfrac{\infty}{\infty}$ 型，当 $\lim\limits_{x \to a+}\dfrac{f'(x)}{g'(x)}$ 存在时，它的值等

于 $\lim\limits_{x \to a+}\dfrac{f(x)}{g(x)}$. 那么这是否意味着，当 $\lim\limits_{x \to a+}\dfrac{f'(x)}{g'(x)}$ 不存在时，$\lim\limits_{x \to a+}\dfrac{f(x)}{g(x)}$ 也不存在呢？请看下面

的例子.

例 5.2.11   求 $\lim\limits_{x \to \infty}\dfrac{x+\cos x}{x}$.

解   这是 $\dfrac{\infty}{\infty}$ 型，但我们不能根据当 $x \to \infty$ 时 $\dfrac{(x+\cos x)'}{x'} = 1-\sin x$ 的极限不存在，就

错误地得出 $\lim\limits_{x \to \infty}\dfrac{x+\cos x}{x}$ 也不存在的结论——事实上，显然有

$$\lim_{x \to \infty}\frac{x+\cos x}{x} = 1.$$

因此，$\lim\limits_{x \to a+}\dfrac{f'(x)}{g'(x)}$ 不存在并不表示 $\lim\limits_{x \to a+}\dfrac{f(x)}{g(x)}$ 本身存在或是不存在，它仅仅意味着，此时不

能使用 L'Hospital 法则，而应改用其他方法来讨论 $\lim\limits_{x \to a+}\dfrac{f(x)}{g(x)}$.

习   题

1. 对于

$$\lim_{x \to a+}\frac{f'(x)}{g'(x)} = +\infty \text{ 或 } -\infty$$

的情况证明 L'Hospital 法则.

2. 求下列极限:

(1) $\lim\limits_{x \to 0}\dfrac{\mathrm{e}^x - \mathrm{e}^{-x}}{\sin x}$;

(2) $\lim\limits_{x \to \pi}\dfrac{\sin 3x}{\tan 5x}$;

(3) $\lim\limits_{x \to \frac{\pi}{2}}\dfrac{\ln(\sin x)}{(\pi - 2x)^2}$;

(4) $\lim\limits_{x \to a}\dfrac{x^m - a^m}{x^n - a^n}$ $(a \neq 0)$;

(5) $\lim\limits_{x \to 0+}\dfrac{\ln(\tan 7x)}{\ln(\tan 2x)}$;

(6) $\lim\limits_{x \to \frac{\pi}{2}}\dfrac{\tan 3x}{\tan x}$;

(7) $\lim\limits_{x \to +\infty}\dfrac{\ln\left(1+\dfrac{1}{x}\right)}{\operatorname{arccot} x}$;

(8) $\lim\limits_{x \to 0}\dfrac{\ln(1+x^2)}{\sec x - \cos x}$;

(9) $\lim\limits_{x \to 1}\left(\dfrac{1}{\ln x} - \dfrac{1}{x-1}\right)$;

(10) $\lim\limits_{x \to 0}\left(\dfrac{1}{\sin x} - \dfrac{1}{x}\right)$;

(11) $\lim\limits_{x \to 1}\dfrac{x-1}{\ln x}$;

(12) $\lim\limits_{x \to 0}\dfrac{x\tan x - \sin^2 x}{x^4}$;

(13) $\lim\limits_{x \to 0}x\cot 2x$;

(14) $\lim\limits_{x \to 0}x^2 \mathrm{e}^{\frac{1}{x^2}}$;

（15）$\lim\limits_{x\to\pi}(\pi-x)\tan\dfrac{x}{2}$；

（16）$\lim\limits_{x\to+\infty}\left(\dfrac{2}{\pi}\arctan x\right)^{x}$；

（17）$\lim\limits_{x\to0+}\left(\dfrac{1}{x}\right)^{\tan x}$；

（18）$\lim\limits_{x\to0}\left(\dfrac{1}{x}-\dfrac{1}{e^{x}-1}\right)$；

（19）$\lim\limits_{x\to0+}\left(\ln\dfrac{1}{x}\right)^{\sin x}$；

（20）$\lim\limits_{x\to1}x^{\frac{1}{1-x}}$.

3. 说明不能用 L'Hospital 法则求下列极限：

（1）$\lim\limits_{x\to0}\dfrac{x^{2}\sin\dfrac{1}{x}}{\sin x}$；

（2）$\lim\limits_{x\to+\infty}\dfrac{x+\sin x}{x-\sin x}$；

（3）$\lim\limits_{x\to1}\dfrac{(x^{2}+1)\sin x}{\ln\left(1+\sin\dfrac{\pi}{2}x\right)}$；

（4）$\lim\limits_{x\to1}\dfrac{\sin\dfrac{\pi}{2}x+e^{2x}}{x}$.

4. 设

$$f(x)=\begin{cases}\dfrac{g(x)}{x}, & x\neq0,\\[2mm] 0, & x=0,\end{cases}$$

其中 $g(0)=0,g'(0)=0,g''(0)=10$.求 $f'(0)$.

5. 讨论函数

$$f(x)=\begin{cases}\left[\dfrac{(1+x)^{\frac{1}{x}}}{e}\right]^{\frac{1}{x}}, & x>0,\\[4mm] e^{-\frac{1}{2}}, & x\leqslant0\end{cases}$$

在 $x=0$ 处的连续性.

6. 设函数 $f(x)$ 满足 $f(0)=0$,且 $f'(0)$ 存在,证明 $\lim\limits_{x\to0+}x^{f(x)}=1$.

7. 设函数 $f(x)$ 在 $(a,+\infty)$ 上可导,且 $\lim\limits_{x\to+\infty}[f(x)+f'(x)]=k$,证明 $\lim\limits_{x\to+\infty}f(x)=k$.

§3　Taylor 公式和插值多项式

本节中我们用中值定理去研究用一个多项式近似代替一个复杂的函数时所产生的一些问题,先导出极为重要的 Taylor 公式,再讨论一般的插值公式.

带 Peano 余项的 Taylor 公式

多项式是一类比较简单的函数.在理论上,如果能用多项式近似地代替某些复杂的函数去研究它们的某些性态,无疑会带来很大的方便.而在实际计算中,由于多项式只涉及加、减、乘三种运算,且人们已设计出了不少针对多项式的高效快速的算法,因此用多项式作为复杂函数的近似去参加运算也将有效地节省运算量.

我们已经知道,如果 $f(x)$ 在 x_0 处可微,那么在 x_0 附近就有

$$f(x)=f(x_0)+f'(x_0)(x-x_0)+o(x-x_0).$$

这意味着当我们在 $x=x_0$ 附近用一次多项式 $f(x_0)+f'(x_0)(x-x_0)$ 近似代替 $f(x)$ 时,其

精确度对于 $x-x_0$ 而言只达到一阶,即误差为 $(x-x_0)$ 的高阶无穷小量. 为了提高精确度,必须考虑用更高次数的多项式作逼近. 事实上,当 $f(x)$ 在 x_0 处 n 阶可导时,有如下更精确的估计:

定理 5.3.1(带 Peano 余项的 Taylor 公式) 设 $f(x)$ 在 x_0 处有 n 阶导数,则存在 x_0 的一个邻域,对于该邻域中的任一点 x,成立

$$f(x)=f(x_0)+f'(x_0)(x-x_0)+\frac{f''(x_0)}{2!}(x-x_0)^2+\cdots+\frac{f^{(n)}(x_0)}{n!}(x-x_0)^n+r_n(x),$$

其中余项 $r_n(x)$ 满足

$$r_n(x)=o((x-x_0)^n).$$

上述公式称为 $f(x)$ 在 $x=x_0$ 处的**带 Peano 余项的 Taylor 公式**,它的前 $n+1$ 项组成的多项式

$$p_n(x)=f(x_0)+f'(x_0)(x-x_0)+\frac{f''(x_0)}{2!}(x-x_0)^2+\cdots+\frac{f^{(n)}(x_0)}{n!}(x-x_0)^n$$

称为 $f(x)$ 的 n 次 **Taylor 多项式**,余项 $r_n(x)=o((x-x_0)^n)$ 称为 **Peano 余项**.

证 考虑 $r_n(x)=f(x)-\sum_{k=0}^{n}\frac{1}{k!}f^{(k)}(x_0)(x-x_0)^k$,只要证明 $r_n(x)=o((x-x_0)^n)$. 显然

$$r_n(x_0)=r'_n(x_0)=r''_n(x_0)=\cdots=r_n^{(n-1)}(x_0)=0.$$

反复应用 L'Hospital 法则,可得

$$\lim_{x\to x_0}\frac{r_n(x)}{(x-x_0)^n}=\lim_{x\to x_0}\frac{r'_n(x)}{n(x-x_0)^{n-1}}=\lim_{x\to x_0}\frac{r''_n(x)}{n(n-1)(x-x_0)^{n-2}}=\cdots$$

$$=\lim_{x\to x_0}\frac{r_n^{(n-1)}(x)}{n(n-1)\cdot\cdots\cdot2\cdot(x-x_0)}=\frac{1}{n!}\lim_{x\to x_0}\left[\frac{f^{(n-1)}(x)-f^{(n-1)}(x_0)-f^{(n)}(x_0)(x-x_0)}{x-x_0}\right]$$

$$=\frac{1}{n!}\lim_{x\to x_0}\left[\frac{f^{(n-1)}(x)-f^{(n-1)}(x_0)}{x-x_0}-f^{(n)}(x_0)\right]=\frac{1}{n!}\left[f^{(n)}(x_0)-f^{(n)}(x_0)\right]=0.$$

因此

$$r_n(x)=o((x-x_0)^n).$$

证毕

带 Lagrange 余项的 Taylor 公式

另一种常见的余项形式由下面的定理给出,它是余项的一个定量化的形式.

定理 5.3.2(带 Lagrange 余项的 Taylor 公式) 设 $f(x)$ 在 $[a,b]$ 上具有 n 阶连续导数,且在 (a,b) 上有 $n+1$ 阶导数. 设 $x_0\in[a,b]$ 为一定点,则对于任意 $x\in[a,b]$,成立

$$f(x)=f(x_0)+f'(x_0)(x-x_0)+\frac{f''(x_0)}{2!}(x-x_0)^2+\cdots+\frac{f^{(n)}(x_0)}{n!}(x-x_0)^n+r_n(x),$$

其中余项 $r_n(x)$ 满足

$$r_n(x)=\frac{f^{(n+1)}(\xi)}{(n+1)!}(x-x_0)^{n+1},\quad \xi \text{ 在 } x \text{ 和 } x_0 \text{ 之间.}$$

上述公式称为 $f(x)$ 在 $x=x_0$ 处的**带 Lagrange 余项的 Taylor 公式**. 余项

$$r_n(x) = \frac{f^{(n+1)}(\xi)}{(n+1)!}(x-x_0)^{n+1} \quad (\xi \text{ 在 } x \text{ 和 } x_0 \text{ 之间})$$

称为 **Lagrange 余项**.

证　考虑辅助函数

$$G(t) = f(x) - \sum_{k=0}^{n} \frac{1}{k!}f^{(k)}(t)(x-t)^k \quad \text{和} \quad H(t) = (x-t)^{n+1}.$$

那么定理的结论(即需要证明的)就是

$$G(x_0) = \frac{f^{(n+1)}(\xi)}{(n+1)!}H(x_0).$$

不妨设 $x_0 < x$（$x < x_0$ 时证明类似).则 $G(t)$ 和 $H(t)$ 在 $[x_0, x]$ 上连续,在 (x_0, x) 上可导,且

$$G'(t) = -\frac{f^{(n+1)}(t)}{n!}(x-t)^n, H'(t) = -(n+1)(x-t)^n.$$

显然 $H'(t)$ 在 (x_0, x) 上不等于零.因为 $G(x) = H(x) = 0$,由 Cauchy 中值定理可得

$$\frac{G(x_0)}{H(x_0)} = \frac{G(x) - G(x_0)}{H(x) - H(x_0)} = \frac{G'(\xi)}{H'(\xi)} = \frac{f^{(n+1)}(\xi)}{(n+1)!}, \quad \xi \in (x_0, x),$$

因此 $G(x_0) = \frac{f^{(n+1)}(\xi)}{(n+1)!}H(x_0)$.

证毕

特别地,当 $n = 0$ 时,定理 5.3.2 成为

$$f(x) = f(x_0) + f'(\xi)(x-x_0), \quad \xi \text{ 在 } x \text{ 和 } x_0 \text{ 之间},$$

这恰为 Lagrange 中值定理的结果.所以,带 Lagrange 余项的 Taylor 公式可以看成是 Lagrange 中值定理的推广.

显然,当 $x \to x_0$ 时,带 Lagrange 余项的 Taylor 公式蕴涵了带 Peano 余项的 Taylor 公式,即前者的结论强于后者.但采用带 Peano 余项的 Taylor 公式时,对 $f(x)$ 的要求也比采用带 Lagrange 余项的 Taylor 公式时稍弱一些.

在实际使用时,我们经常将 Taylor 公式写成(带 Lagrange 余项)

$$f(x+\Delta x) = f(x) + f'(x)\Delta x + \frac{f''(x)}{2!}\Delta x^2 + \cdots + \frac{f^{(n)}(x)}{n!}\Delta x^n +$$

$$\frac{f^{(n+1)}(x+\theta\Delta x)}{(n+1)!}\Delta x^{n+1} \quad (\theta \in (0,1)),$$

或是(带 Peano 余项)

$$f(x+\Delta x) = f(x) + f'(x)\Delta x + \frac{f''(x)}{2!}\Delta x^2 + \cdots + \frac{f^{(n)}(x)}{n!}\Delta x^n + o(\Delta x^n)$$

的形式.

插值多项式和余项

自然地,我们希望用多项式近似代替函数时应与该函数近似得较好.所谓的"较好"当然可以有不同的定义,比如以后将会学到著名的 Weierstrass 逼近定理:闭区间上的连续函数可以用多项式一致逼近.但对于实际应用来说,最常见的要求是使多项式与原来的函数在某些指定的点上有相同的函数值乃至若干阶导数值,这样的多项式称

为原来函数的插值多项式,它的一般提法如下:

定义 5.3.1 设函数 $f(x)$ 在 $[a,b]$ 上的 $m+1$ 个互异点 $x_0,x_1,\cdots,x_m$ 上的函数值和若干阶导数值 $f^{(j)}(x_i)(i=0,1,2,\cdots,m,j=0,1,\cdots,n_i-1)$ 是已知的,这里

$$\sum_{i=0}^{m} n_i = n+1.$$

若存在一个 n 次多项式 $p_n(x)$,满足如下的**插值条件**

$$p_n^{(j)}(x_i) = f^{(j)}(x_i) \quad (i=0,1,2,\cdots,m,j=0,1,2,\cdots,n_i-1),$$

则称 $p_n(x)$ 是 $f(x)$ 在 $[a,b]$ 上关于**插值节点**(一般就简称节点)$x_0,x_1,\cdots,x_m$ 的 n 次**插值多项式**,而

$$r_n(x) = f(x) - p_n(x)$$

称为**插值余项**.

例如,若在 x_0,x_1,x_2,x_3 4 个点处(即 $m=3$),已知 $f(x)$ 的函数值和若干阶导数值如下表:

	x_0	x_1	x_2	x_3	m_j
$j=0$	$f(x_0)$	$f(x_1)$	$f(x_2)$	$f(x_3)$	4
$j=1$	$f'(x_0)$	—	$f'(x_2)$	$f'(x_3)$	3
$j=2$	$f''(x_0)$	—	$f''(x_2)$	$f''(x_3)$	3
$j=3$	—	—	$f'''(x_2)$	—	1
n_i	3	1	4	3	$n+1=11$

这里,n_i 表示在点 x_i 处所知道的值的个数,而 m_j 表示已知 j 阶导数值的点的个数(为了叙述问题方便,当 $\max\{n_i\} \leqslant j \leqslant n+1$ 时,我们认为 $m_j=0$).显然

$$\sum_{j=0}^{n+1} m_j = \sum_{i=0}^{m} n_i = n+1.$$

如果能找到一个 10 次多项式 $p_{10}(x)$,在这 4 个点处相应的 11 个值与上表相同,那么按定义 5.3.1,它就是 $f(x)$ 的 10 次插值多项式.

注意定义 5.3.1 并没有要求知道 $f(x)$ 的表达式,对于处理实际问题而言,这一点具有特别重要的意义.这是因为在实际问题中,人们往往只能通过实验或统计的办法获得要考察的量在某些离散点上的值或是变化情况(例如,在天文观测中,一般只能在若干个离散的时刻测定日月星辰的位置),用数学的语言来说,只能知道未知函数在某个点集上的函数值或一定阶的导数值,这时,用插值多项式近似代替这个函数进行分析、研究和计算,便成了解决问题的有力手段之一(有时甚至是惟一的途径).

自然,我们马上要问,用这样的 $p_n(x)$ 近似代替 $f(x)$,精确程度有多高,或者说,插值余项 $r_n(x) = f(x) - p_n(x)$ 可以控制在一个怎样的范围内?

利用 Rolle 定理,读者很容易自行证明下述结果:

引理 设函数 $g(x)$ 在 $[a,b]$ 上连续,在 (a,b) 上可导,在 $[a,b]$ 上的 l_0 个不同的点

上有 $g(x)=0$,同时在其中的 l_1 个点上有 $g'(x)=0$,则 $g'(x)$ 在 $[a,b]$ 内至少有 l_0+l_1-1 个不同的零点.

利用上述引理,即可导出下面的重要定理:

定理 5.3.3(插值多项式的余项定理) 设 $f(x)$ 在 $[a,b]$ 上具有 n 阶连续导数,在 (a,b) 上有 $n+1$ 阶导数,且 $f(x)$ 在 $[a,b]$ 上的 $m+1$ 个互异点 $x_0,x_1,\cdots,x_m$ 上的函数值和若干阶导数值 $f^{(j)}(x_i)$ $(i=0,1,2,\cdots,m,j=0,1,\cdots,n_i-1;\sum_{i=0}^{m}n_i=n+1)$ 是已知的,则对于任意 $x\in[a,b]$,上述插值问题有余项估计

$$r_n(x)=f(x)-p_n(x)=\frac{f^{(n+1)}(\xi)}{(n+1)!}\prod_{i=0}^{m}(x-x_i)^{n_i},$$

这里 ξ 是介于 $x_{\min}=\min(x_0,x_1,\cdots,x_m,x)$ 和 $x_{\max}=\max(x_0,x_1,\cdots,x_m,x)$ 之间的一个数(一般依赖于 x).

证 设 x 是 $[a,b]$ 中任一给定值.当 x 恰为某个插值节点时,余项估计式两端均为 0,结论已经成立.

设 $x\neq x_i(i=0,1,2,\cdots,m)$,记 $n+1$ 次多项式

$$\omega_{n+1}(t)=\prod_{i=0}^{m}(t-x_i)^{n_i},$$

作辅助函数

$$\varphi(t)=f(t)-p_n(t)-\frac{\omega_{n+1}(t)}{\omega_{n+1}(x)}(f(x)-p_n(x))$$

(请读者将它与 Lagrange 中值定理证明中的辅助函数的形式加以比较).则 $\varphi(t)$ 在任意 x_i 处的 j 阶导数值 $(j=0,1,\cdots,n_i-1)$ 为

$$\varphi^{(j)}(x_i)=f^{(j)}(x_i)-p_n^{(j)}(x_i)-\frac{\omega_{n+1}^{(j)}(x_i)}{\omega_{n+1}(x)}(f(x)-p_n(x))=0;$$

此外,还有

$$\varphi(x)=f(x)-p_n(x)-\frac{\omega_{n+1}(x)}{\omega_{n+1}(x)}(f(x)-p_n(x))=0.$$

所以,使 $\varphi(t)=0$ 的点至少为 m_0+1 个,而使得 $\varphi^{(j)}(t)=0$ 的点的个数至少为 m_j, $j=1,\cdots,n+1$.

由引理,在区间 $[x_{\min},x_{\max}]$ 内,$\varphi'(t)$ 至少有 m_0+m_1 个互异的零点;$\varphi''(t)$ 至少有 $m_0+m_1+m_2-1$ 个互异的零点……用数学归纳法容易证明,当 $j\leqslant n+1$ 时,在区间 $[x_{\min},x_{\max}]\subset[a,b]$ 内,$\varphi^{(j)}(t)$ 至少有 $\sum_{l=0}^{j}m_l-j+1$ 个互异的零点.

当 $j=n+1$ 时,

$$\sum_{l=0}^{n+1}m_l-(n+1)+1=\sum_{l=0}^{n+1}m_l-n=(n+1)-n=1,$$

所以,至少应有 1 个点 $\xi\in(x_{\min},x_{\max})$(请读者自己考虑,为什么这一点必定属于开区间),使得

$$\varphi^{(n+1)}(\xi)=0.$$

因为 $p_n(t)$ 是 n 次多项式,所以 $p_n^{(n+1)}(t)=0$,而 $\omega_{n+1}(t)$ 是 $n+1$ 次的首一多项式(最高项系数为 1 的多项式),因此 $\omega_{n+1}^{(n+1)}(t)=(n+1)!$,于是便得到

$$0=\varphi^{(n+1)}(\xi)=f^{(n+1)}(\xi)-\frac{(n+1)!}{\omega_{n+1}(x)}(f(x)-p_n(x)),$$

亦即

$$r_n(x)=f(x)-p_n(x)=\frac{f^{(n+1)}(\xi)}{(n+1)!}\prod_{i=0}^{m}(x-x_i)^{n_i}.$$

证毕

定理 5.3.4 满足上述插值条件的插值多项式存在且惟一.

证 插值多项式的存在性可利用构造法证明,参见下面的例子,此处从略.

设 $p_n(x)$ 和 $q_n(x)$ 都是 $f(x)$ 的满足插值条件的 n 次多项式,考虑 $p_n(x)-q_n(x)$. 由插值条件,x_i 是它的 n_i 重根,将 n_i 重根视为 n_i 个根,则它共有 $\sum_{i=0}^{m}n_i=n+1$ 个根. 但 $p_n(x)-q_n(x)$ 是不超过 n 次的多项式,由代数学基本定理,$p_n(x)-q_n(x)$ 只能恒为零,即

$$p_n(x)\equiv q_n(x).$$

惟一性得证.

证毕

Lagrange 插值多项式和 Taylor 公式

常用的插值多项式有多种类型,我们这里只介绍最重要的两种.

1. $n_0=n_1=\cdots=n_m=1,m=n$

这时,$n+1$ 个插值条件均为函数值而不包括导数值,即 $p_n(x)$ 满足

$$p_n(x_i)=f(x_i),\quad i=0,1,2,\cdots,n,$$

由定理 5.3.3,它的插值余项为

$$r_n(x)=\frac{f^{(n+1)}(\xi)}{(n+1)!}\prod_{i=0}^{n}(x-x_i),\quad \xi\in(x_{\min},x_{\max}).$$

下面我们用基函数法来具体构造这个多项式:如果能够找到一组 n 次多项式,$q_k(x),k=0,1,2,\cdots,n$,满足

$$q_k(x_i)=\delta_{ik},$$

这里

$$\delta_{ik}=\begin{cases}0,&i\neq k,\\1,&i=k\end{cases}$$

称为 **Kronecker 记号**. 则容易验证,

$$p_n(x)=\sum_{k=0}^{n}f(x_k)q_k(x)$$

就是满足条件的插值多项式(由定理 5.3.4,它也是惟一的). 函数 $\{q_k(x)\}_{k=0}^{n}$ 称为**基函数**.

利用上面已定义过的 $n+1$ 次多项式 $\omega_{n+1}(x)$ 以及插值条件,基函数 $\{q_k(x)\}_{k=0}^{n}$ 可取为

$$q_k(x) = \frac{\omega_{n+1}(x)}{(x-x_k)\omega'_{n+1}(x_k)} = \frac{\prod\limits_{\substack{i=0 \\ i \neq k}}^{n}(x-x_i)}{\prod\limits_{\substack{i=0 \\ i \neq k}}^{n}(x_k-x_i)}, \quad k=0,1,2,\cdots,n,$$

于是我们就得到了 $f(x)$ 的 n 次插值多项式

$$p_n(x) = \sum_{k=0}^{n}\left[f(x_k)\prod_{\substack{i=0 \\ i \neq k}}^{n}\frac{(x-x_i)}{(x_k-x_i)}\right],$$

这被称为 **Lagrange 插值多项式**,它在近似计算中有着重要的作用.

例 5.3.1 用 $f(x)=\sqrt{x}$ 的二次 Lagrange 插值多项式计算 $\sqrt{1.15}$ 的近似值.

解 取 $x_0=1, x_1=1.21, x_2=1.44$ 为插值节点,则函数 $f(x)=\sqrt{x}$ 的相应的函数值为 $f(x_0)=1, f(x_1)=1.1, f(x_2)=1.2$. 由 Lagrange 插值公式,

$$f(x) \approx p_2(x)$$
$$= 1 \cdot \frac{(x-1.21)(x-1.44)}{(1-1.21)(1-1.44)} + 1.1 \cdot \frac{(x-1)(x-1.44)}{(1.21-1)(1.21-1.44)} + 1.2 \cdot \frac{(x-1)(x-1.21)}{(1.44-1)(1.44-1.21)}$$
$$\approx -0.094\,108\,789\,x^2 + 0.684\,170\,901\,x + 0.409\,937\,888,$$

将 $x=1.15$ 代入,便得到 $\sqrt{1.15}$ 的近似值

$$\sqrt{1.15} \approx p_2(1.15) = 1.072\,275\,51,$$

它与准确值 $\sqrt{1.15}=1.072\,380\,53\cdots$ 的差的绝对值(称为**绝对误差**)约为 1.0×10^{-4},而由插值余项估计公式,其误差约为

$$|r_n(1.15)| = \left|\frac{1}{16}\frac{(x-1)(x-1.21)(x-1.44)}{\xi^2\sqrt{\xi}}\right| \leqslant 2.77\times10^{-4},$$

可见其与理论结果非常吻合.

2. $n_0=n+1, m=0$

这时,插值节点只剩下了一个 x_0,而 $n+1$ 个插值条件成了这一点上的函数值与各阶导数值,即 $p_n(x)$ 满足

$$p_n^{(j)}(x_0) = f^{(j)}(x_0), \qquad j=0,1,2,\cdots,n.$$

考虑 k 次多项式

$$q_k(x) = \frac{(x-x_0)^k}{k!}, \qquad k=0,1,2,\cdots,n,$$

则显然有

$$q_k^{(j)}(x_0) = \delta_{jk},$$

于是它们构成了一组基函数,作

$$p_n(x) = \sum_{k=0}^{n} f^{(k)}(x_0)q_k(x),$$

易知 $p_n(x)$ 就是满足条件的插值多项式.

将上述表达式代入 $f(x)=p_n(x)+r_n(x)$,并利用定理 5.3.3 结果,便得到了定理 5.3.2 的结论,即带 Lagrange 余项的 Taylor 公式

$$f(x)=f(x_0)+f'(x_0)(x-x_0)+\frac{f''(x_0)}{2!}(x-x_0)^2+\cdots+\frac{f^{(n)}(x_0)}{n!}(x-x_0)^n+r_n(x),$$

其中 $r_n(x)=\dfrac{f^{(n+1)}(\xi)}{(n+1)!}(x-x_0)^{n+1}$($\xi$ 在 x 和 x_0 之间).

例 5.3.2 用 $f(x)=\sqrt{x}$ 在 $x=1$ 处的二次 Taylor 多项式计算 $\sqrt{1.15}$ 的近似值,并将结果与例 5.3.1 相比较.

解 由于

$$f(x)=\sqrt{x},\quad f'(x)=\frac{1}{2\sqrt{x}},\quad f''(x)=-\frac{1}{4x\sqrt{x}},$$

所以

$$f(1)=1,\quad f'(1)=\frac{1}{2},\quad f''(1)=-\frac{1}{4}.$$

代入 Taylor 公式并取 $n=2$,则得到

$$\sqrt{x}\approx p_2(x)=1+\frac{1}{2}(x-1)-\frac{1}{8}(x-1)^2=-\frac{1}{8}x^2+\frac{3}{4}x+\frac{3}{8},$$

于是可算出

$$\sqrt{1.15}\approx p_2(1.15)=1.072\ 187\ 5.$$

它与准确值 $\sqrt{1.15}=1.072\ 380\ 53\cdots$ 相比,绝对误差约为 1.9×10^{-4},而此时的余项估计为

$$|r_n(1.15)|=\left|\frac{1}{16}\cdot\frac{0.15^3}{\xi^2\sqrt{\xi}}\right|\leqslant2.1\times10^{-4},$$

与理论结果也吻合得很好.

下面对 n 次 Lagrange 插值多项式和 Taylor 多项式的性质做一简单比较.

在对函数的某些形态进行理论分析(尤其是在某个定点的附近)时,Taylor 公式大有用武之地,我们将在下面一节着重讨论与之有关的一些问题.今后,我们将会越来越深刻地认识到,Taylor 公式是最有力的数学工具之一,在数学的各个分支中得到广泛的使用,其作用和影响是 Lagrange 插值多项式所不可同日而语的.

但是,从近似计算角度来说,Taylor 多项式的效果往往是局部的.因此其一般仅对 x_0 附近的 x 有较高的精度,计算效果随着 x 远离 x_0 急剧变坏;而用 Lagrange 插值多项式计算时,对 x 的要求一般比 Taylor 多项式要"宽容"些.例如对于 $\sqrt{1.5}$,用例 5.3.1 中的 Lagrange 插值多项式算得的近似值约为 1.224 450,用例 5.3.2 中的 Taylor 多项式算得的近似值约为 1.242 187 5,而精确值是

$$\sqrt{1.5}=1.224\ 744\cdots.$$

此外,除了一些非常简单的函数之外,求 $f(x)$ 的高阶导数是一件令人望而生畏的工作,要得到 $f(x)$ 的各阶导数的统一表达式大多是可望而不可即的事.尽管现在已有了一些如 TAYLOR、GRADIENT 等符号计算的软件以及 MATHEMATICA 等计算机数学系统,可以自动完成大部分常见函数求任意阶导数的工作,但其计算量极大.而 Lagrange 插值多项式的紧凑形式

$$p_n(x)=\sum_{k=0}^{n}\left[f(x_k)\prod_{\substack{i=0\\i\neq k}}^{n}\frac{(x-x_i)}{(x_k-x_i)}\right]$$

却很容易在计算机上实现,计算效率要好得多.

更重要的是,对于函数值只分布在若干个离散点上的情况(这在实际问题中大量存在),Taylor 公式将是一筹莫展,而这正是 Lagrange 插值多项式最能施展身手的地方,第七章中要学习的数值积分公式就是典型的例子.

总而言之,这两种极端情况的插值多项式——一个取尽可能多的点,一个取尽可能高阶的导数——各有特点,在理论和实际中各主司一职而又相辅相成,都是我们解决问题的重要工具.

附带指出,为了更方便地解决某些特殊的问题,在 $n+1$ 个点上满足

$$p_n(x_i) = f(x_i) \quad (i = 0, 1, 2, \cdots, n)$$

的 n 次多项式还可以表示为不同于 Lagrange 插值多项式的其他形式,而由定理 5.3.4,这些不同形式实际上表示的是同一个多项式.这里统称为"Lagrange 插值多项式",不再加以区分了.

习　题

1. 由 Lagrange 中值定理知

$$\ln(1+x) = \frac{x}{1+\theta(x)x}, \quad 0 < \theta(x) < 1,$$

证明:$\lim\limits_{x \to 0} \theta(x) = 1/2$.

2. 设 $f(x+h) = f(x) + f'(x)h + \dfrac{1}{2!}f''(x)h^2 + \cdots + \dfrac{1}{n!}f^{(n)}(x+\theta h)h^n (0 < \theta < 1)$,且 $f^{(n+1)}(x) \neq 0$,证明:

$$\lim_{h \to 0} \theta = \frac{1}{n+1}.$$

3. 设 $f(x) = \sqrt[3]{x}$,取节点为 $x = 1$、1.728、2.744,求 $f(x)$ 的二次插值多项式 $p_2(x)$ 及其余项的表达式,并计算 $p_2(2)$ ($\sqrt[3]{2} = 1.259\ 921\ 0\cdots$).

4. 设 $f(x) = 2^x$,取节点为 $x = -1$、0、1,求 $f(x)$ 的二次插值多项式 $p_2(x)$ 及其余项的表达式,并计算 $p_2\left(\dfrac{1}{3}\right)$.请与上题的计算结果相比较并分析产生差异的原因.

5. 设 $f(x)$ 在若干个测量点处的函数值如下:

x	1.4	1.7	2.3	3.1
$f(x)$	65	58	44	36

试求 $f(2.8)$ 的近似值.

6. 若 h 是小量,问如何选取常数 a、b、c,才能使得 $af(x+h) + bf(x) + cf(x-h)$ 与 $f''(x)h^2$ 近似的阶最高?

7. 将插值条件取为 $n+1$ 个节点上的函数值和一阶导数值,即 $p_n(x)$ 满足

$$\begin{cases} p_n(x_i) = f(x_i), \\ p'_n(x_i) = f'(x_i), \end{cases} \quad i = 0, 1, 2, \cdots, n$$

的插值多项式称为 Hermite **插值多项式**,在微分方程数值求解等研究领域中具有重要作用.它可以取为

$$p_n(x) = \sum_{k=0}^{n} \left[f(x_k) q_k^{(0)}(x) + f'(x_k) q_k^{(1)}(x) \right],$$

这里,$\{q_k^{(0)}(x), q_k^{(1)}(x)\}_{k=0}^{n}$ 是满足条件

$$q_k^{(0)}(x_i) = \delta_{ik}, \quad [q_k^{(0)}]'(x_i) = 0, \quad i,k = 0,1,2,\cdots,n$$

和

$$q_k^{(1)}(x_i) = 0, \quad [q_k^{(1)}]'(x_i) = \delta_{ik}, \quad i,k = 0,1,2,\cdots,n$$

的基函数. 试仿照 Lagrange 插值多项式的情况构造 $\{q_k^{(0)}(x), q_k^{(1)}(x)\}_{k=0}^n$.

§4 函数的 Taylor 公式及其应用

函数在 $x = 0$ 处的 Taylor 公式

首先我们考虑函数 $f(x)$ 在 $x = 0$ 处的 Taylor 公式, 即

$$f(x) = f(0) + f'(0)x + \frac{f''(0)}{2!}x^2 + \cdots + \frac{f^{(n)}(0)}{n!}x^n + r_n(x),$$

其中 $r_n(x)$ 有 Peano 余项与 Lagrange 余项两种表示形式, 即有 $r_n(x) = o(x^n)$, 或 $r_n(x) = \frac{f^{(n+1)}(\theta x)}{(n+1)!}x^{n+1}$, $\theta \in (0,1)$. 函数 $f(x)$ 在 $x = 0$ 处的 Taylor 公式又称为函数 $f(x)$ 的 **Maclaurin公式**. 下面我们先求几个最基本的初等函数在 $x = 0$ 处的 Taylor 公式.

例 5.4.1 求 $f(x) = e^x$ 在 $x = 0$ 处的 Taylor 公式.

解 对函数 $f(x) = e^x$ 有

$$f(x) = f'(x) = f''(x) = \cdots = f^{(n)}(x) = e^x,$$

于是

$$f(0) = f'(0) = f''(0) = \cdots = f^{(n)}(0) = 1,$$

因此, 得到 e^x 在 $x = 0$ 处的 Taylor 公式

$$e^x = 1 + x + \frac{x^2}{2!} + \frac{x^3}{3!} + \cdots + \frac{x^n}{n!} + r_n(x),$$

它的余项为

$$r_n(x) = o(x^n), \text{ 或 } r_n(x) = \frac{e^{\theta x}}{(n+1)!}x^{n+1}, \quad \theta \in (0,1).$$

例 5.4.2 求 $f(x) = \sin x$ 和 $f(x) = \cos x$ 在 $x = 0$ 处的 Taylor 公式.

解 先考虑 $f(x) = \sin x$.

由于对 $k = 0,1,2,\cdots$, 有

$$f^{(k)}(x) = \sin\left(x + \frac{k}{2}\pi\right),$$

于是

$$f^{(k)}(0) = \begin{cases} 0, & k = 2n, \\ (-1)^n, & k = 2n+1, \end{cases}$$

因此 $\sin x$ 在 $x = 0$ 处的 Taylor 公式为

$$\sin x = x - \frac{x^3}{3!} + \frac{x^5}{5!} - \cdots + (-1)^n \frac{x^{2n+1}}{(2n+1)!} + r_{2n+2}(x),$$

相应的余项为

$$r_{2n+2}(x) = o(x^{2n+2}),\text{或}\ r_{2n+2}(x) = \frac{x^{2n+3}}{(2n+3)!}\sin\left(\theta x + \frac{2n+3}{2}\pi\right), \quad \theta \in (0,1).$$

同理可以求出 $\cos x$ 在 $x=0$ 处的 Taylor 公式为

$$\cos x = 1 - \frac{x^2}{2!} + \frac{x^4}{4!} - \cdots + (-1)^n \frac{x^{2n}}{(2n)!} + r_{2n+1}(x),$$

相应的余项为

$$r_{2n+1}(x) = o(x^{2n+1}),\text{或}\ r_{2n+1}(x) = \frac{x^{2n+2}}{(2n+2)!}\cos\left(\theta x + \frac{2n+2}{2}\pi\right), \quad \theta \in (0,1).$$

例 5.4.3　求 $f(x) = (1+x)^\alpha$（α 为任意实数）在 $x=0$ 处的 Taylor 公式.

解　因为

$$f(0) = (1+x)^\alpha \bigg|_{x=0} = 1,$$

$$f'(0) = \alpha(1+x)^{\alpha-1} \bigg|_{x=0} = \alpha,$$

$$f''(0) = \alpha(\alpha-1)(1+x)^{\alpha-2} \bigg|_{x=0} = \alpha(\alpha-1),$$

$$\cdots\cdots$$

对任意正整数 k，一般地有

$$f^{(k)}(0) = \alpha(\alpha-1)\cdots(\alpha-k+1).$$

记

$$\binom{\alpha}{k} = \frac{\alpha(\alpha-1)\cdots(\alpha-k+1)}{k!},$$

并规定

$$\binom{\alpha}{0} = 1.$$

当 α 为正整数 n 时，$\binom{n}{j} = C_n^j, 1 \le j \le n$，因而它是组合数的推广. 由此得到

$$(1+x)^\alpha = \binom{\alpha}{0} + \binom{\alpha}{1}x + \binom{\alpha}{2}x^2 + \binom{\alpha}{3}x^3 + \cdots + \binom{\alpha}{n}x^n + r_n(x),$$

它的余项为

$$r_n(x) = o(x^n),\text{或}\ r_n(x) = \binom{\alpha}{n+1}(1+\theta x)^{\alpha-(n+1)} \cdot x^{n+1}, \qquad \theta \in (0,1).$$

下面是几种最常见的情况.

（a）当 α 为正整数 n 时，上式即成为

$$(1+x)^n = \sum_{k=0}^n \binom{n}{k}x^k = \sum_{k=0}^n C_n^k x^k,$$

这是熟知的二项式展开定理，此时的余项为零.

（b）当 $\alpha = -1$ 时，易知 $\binom{-1}{k} = (-1)^k$，因此

$$\frac{1}{1+x} = 1 - x + x^2 - x^3 + x^4 - \cdots + (-1)^n x^n + r_n(x),$$

余项为

$$r_n(x) = o(x^n)，或 r_n(x) = (-1)^{n+1} \frac{x^{n+1}}{(1+\theta x)^{n+2}}, \qquad \theta \in (0,1).$$

（c）当 $\alpha = \frac{1}{2}$ 时，对 $k \geq 1$，有

$$\binom{\frac{1}{2}}{k} = \frac{\frac{1}{2}\left(\frac{1}{2}-1\right)\cdots\left(\frac{1}{2}-k+1\right)}{k!} = \frac{(1-2)(1-4)\cdots(1-2(k-1))}{2^k k!}$$

$$= \begin{cases} \frac{1}{2}, & k=1, \\ (-1)^{k-1}\frac{(2k-3)!!}{(2k)!!}, & k>1, \end{cases}$$

其中记号 $k!!$ 为

$$k!! = \begin{cases} k(k-2)(k-4)\cdots 6\cdot 4\cdot 2, & k=2n, \\ k(k-2)(k-4)\cdots 5\cdot 3\cdot 1, & k=2n+1. \end{cases}$$

因此，

$$\sqrt{1+x} = 1 + \frac{1}{2}x - \frac{1}{2\cdot 4}x^2 + \frac{1\cdot 3}{2\cdot 4\cdot 6}x^3 - \cdots + (-1)^{n-1}\frac{(2n-3)!!}{(2n)!!}x^n + r_n(x),$$

余项为

$$r_n(x) = o(x^n)，或 r_n(x) = (-1)^n \frac{(2n-1)!!}{(2n+2)!!}\frac{x^{n+1}}{(1+\theta x)^{n+\frac{1}{2}}}, \qquad \theta \in (0,1).$$

（d）当 $\alpha = -\frac{1}{2}$ 时，对 $k \geq 1$，有

$$\binom{-\frac{1}{2}}{k} = \frac{\left(-\frac{1}{2}\right)\left(-\frac{1}{2}-1\right)\cdots\left(-\frac{1}{2}-k+1\right)}{k!}$$

$$= \frac{(-1)(-1-2)(-1-4)\cdots(-1-2(k-1))}{2^k k!}$$

$$= (-1)^k \frac{(2k-1)!!}{(2k)!!},$$

因此

$$\frac{1}{\sqrt{1+x}} = 1 - \frac{1}{2}x + \frac{1\cdot 3}{2\cdot 4}x^2 - \frac{1\cdot 3\cdot 5}{2\cdot 4\cdot 6}x^3 - \cdots + (-1)^n\frac{(2n-1)!!}{(2n)!!}x^n + r_n(x),$$

余项为

$$r_n(x) = o(x^n)，或 r_n(x) = (-1)^{n+1} \frac{(2n+1)!!}{(2n+2)!!} \frac{x^{n+1}}{(1+\theta x)^{n+\frac{3}{2}}}，\quad \theta \in (0,1).$$

上面的例 5.4.1、5.4.2 以及 5.4.3 的一般形式是最低限度需要熟记的 Taylor 公式.一方面,固然是由于这几个公式本身都非常重要,另一方面,从这些公式出发,利用换元、四则运算、待定系数、求导数以及以后要学的求积分等方法,可以较方便地得到几乎所有常用的初等函数的 Taylor 公式,而不必很繁琐地从定义出发去求.

下面我们分别举几个例子.

例 5.4.4　求 $f(x) = 2^x$ 在 $x = 0$ 处的 Taylor 公式.

解　将 2^x 写成 $e^{(\ln 2)x}$,令 $u = (\ln 2)x$ 并对 e^u 使用例 5.4.1 的 Taylor 公式,代回变量即有

$$2^x = 1 + (\ln 2)x + \frac{(\ln 2)^2 x^2}{2!} + \frac{(\ln 2)^3 x^3}{3!} + \cdots + \frac{(\ln 2)^n x^n}{n!} + o(x^n).$$

例 5.4.5　求 $f(x) = \sqrt[3]{2 - \cos x}$ 在 $x = 0$ 处的 Taylor 公式(展开至 4 次).

解　令 $u = 1 - \cos x$,则当 $x \to 0$ 时 $u \to 0$,于是

$$\sqrt[3]{2 - \cos x} = \sqrt[3]{1 + (1 - \cos x)} = \sqrt[3]{1 + u} = 1 + \frac{u}{3} - \frac{u^2}{9} + o(u^2)$$

$$= 1 + \frac{1 - \cos x}{3} - \frac{(1 - \cos x)^2}{9} + o((1 - \cos x)^2).$$

由于

$$1 - \cos x = \frac{x^2}{2} - \frac{x^4}{24} + o(x^4)，$$

代入上式,得到展开式

$$\sqrt[3]{2 - \cos x} = 1 + \frac{x^2}{6} - \frac{x^4}{24} + o(x^4).$$

请读者思考一下,为什么不能将 $\sqrt[3]{2 - \cos x}$ 化为 $\sqrt[3]{2} \cdot \sqrt[3]{1 - \frac{\cos x}{2}}$,再对 $\sqrt[3]{1 - \frac{\cos x}{2}}$ 使用例 5.4.3 的结论.

$\sin x$ 的导数是 $\cos x$,而从例 5.4.2 可以看出,$\cos x$ 的 n 次 Taylor 多项式恰为 $\sin x$ 的 $n+1$ 次 Taylor 多项式的导数,我们要问,这是否是一个一般的性质? 回答是肯定的.

定理 5.4.1　设 $f(x)$ 在 x_0 的某个邻域有 $n+2$ 阶导数存在,则它的 $n+1$ 次 Taylor 多项式的导数恰为 $f'(x)$ 的 n 次 Taylor 多项式.

证明留作习题.这个性质给我们带来很大的方便.

例 5.4.6　求 $f(x) = \ln(1+x)$ 在 $x = 0$ 处的 Taylor 公式.

解　由于 $[\ln(1+x)]' = \frac{1}{1+x}$,设 $\ln(1+x)$ 的 Taylor 公式为

$$\ln(1+x) = a_0 + a_1 x + a_2 x^2 + \cdots + a_n x^n + o(x^n)，$$

则由定理 5.4.1,

$$[\ln(1+x)]' = a_1 + 2a_2 x + 3a_3 x^2 + \cdots + n a_n x^{n-1} + o(x^{n-1}).$$

由于 $[\ln(1+x)]' = \dfrac{1}{1+x}$，而由例 5.4.3 的 (b)，$\dfrac{1}{1+x}$ 的 Taylor 公式为

$$\frac{1}{1+x} = 1 - x + x^2 - x^3 + x^4 - \cdots + (-1)^{n-1}x^{n-1} + o(x^{n-1}),$$

比较两式，便得到

$$a_j = \frac{(-1)^{j-1}}{j}, \qquad j = 1, 2, \cdots, n,$$

同时可以明显看出

$$a_0 = \ln 1 = 0,$$

因此可得

$$\ln(1+x) = x - \frac{x^2}{2} + \frac{x^3}{3} - \frac{x^4}{4} + \cdots + (-1)^{n-1}\frac{x^n}{n} + o(x^n).$$

例 5.4.7 求 $f(x) = \arctan x$ 在 $x = 0$ 处的 Taylor 公式.

解 由例 5.4.3 的 (b)，函数 $\dfrac{1}{1+x^2}$ 在 $x = 0$ 的 Taylor 公式为

$$\frac{1}{1+x^2} = 1 - x^2 + x^4 - x^6 + x^8 - \cdots + (-1)^n x^{2n} + o(x^{2n+1}),$$

因为 $(\arctan x)' = \dfrac{1}{1+x^2}$，按例 5.4.6 同样的方法，易知

$$\arctan x = x - \frac{x^3}{3} + \frac{x^5}{5} - \cdots + (-1)^n \frac{x^{2n+1}}{2n+1} + o(x^{2n+2}).$$

函数 $f(x)$ 在 $x = x_0$ 处的 Taylor 公式可以通过对它在 $x = 0$ 处的 Taylor 公式作适当的变换后直接得到，而不需要再按定义去计算.

例 5.4.8 求 $f(x) = \sqrt{x}$ 在 $x = 1$ 处的 Taylor 公式.

注意这时并不需要像例 5.3.2 那样去计算 $f^{(j)}(1)$.

解 将 $\sqrt{x}$ 改写成 $\sqrt{1+(x-1)}$，用例 5.4.3 的 (c) 的结论，即有

$$\sqrt{x} = \sqrt{1+(x-1)}$$
$$= 1 + \frac{1}{2}(x-1) - \frac{1}{2 \cdot 4}(x-1)^2 + \frac{1 \cdot 3}{2 \cdot 4 \cdot 6}(x-1)^3 - \cdots +$$
$$(-1)^{n-1}\frac{(2n-3)!!}{(2n)!!}(x-1)^n + o((x-1)^n).$$

Taylor 公式的应用

Taylor 公式具有广泛的用途，本节先举一些简单的例子.

一、近似计算

这在上一节中已有所反映，这里再举几个例子并做些进一步的说明.

例 5.4.9 用 e^x 的 10 次 Taylor 多项式求 e 的近似值，并估计误差.

解 在 e^x 的 Taylor 公式（例 5.4.1）中取 $x = 1, n = 10$，则可算得

$$e \approx 1 + 1 + \frac{1}{2!} + \frac{1}{3!} + \cdots + \frac{1}{10!} = 2.718\ 281\ 801\cdots.$$

由于 e 的精确值为 e = 2.718 281 828…,可以看出这么算得的结果是比较准确的.关于计算的误差,则有如下的估计

$$|d| = \left(\frac{e^{\xi}}{11!}x^{11}\right)\Bigg|_{x=1} < \frac{3}{11!} \approx 6.8 \times 10^{-8}.$$

必须注意,Taylor 公式只是一种局部性质,因此在用它进行近似计算时,x 不能远离 x_0,否则效果会比较差.

如在 $\ln(1+x)$ 的 Taylor 公式中令 $x=1$,取它的前 10 项计算 $\ln 2$ 的近似值,得到

$$\ln 2 \approx 1 - \frac{1}{2} + \frac{1}{3} - \frac{1}{4} + \frac{1}{5} - \frac{1}{6} + \frac{1}{7} - \frac{1}{8} + \frac{1}{9} - \frac{1}{10} = 0.645\ 634\ 92\cdots,$$

而 $\ln 2 = 0.693\ 147\ 18\cdots$,误差相当大.

如果改用其他形式的 Taylor 公式,如

$$\ln\frac{1+x}{1-x} = \ln(1+x) - \ln(1-x)$$

$$= \left[x - \frac{x^2}{2} + \frac{x^3}{3} - \cdots - \frac{x^{2n}}{2n}\right] - \left[-x - \frac{x^2}{2} - \frac{x^3}{3} - \cdots - \frac{x^{2n}}{2n}\right] + o(x^{2n})$$

$$= 2\left[x + \frac{x^3}{3} + \frac{x^5}{5} + \cdots + \frac{x^{2n-1}}{2n-1}\right] + o(x^{2n}).$$

令 $x = \dfrac{1}{3}$,只取前两项便有

$$\ln 2 \approx 2\left[\frac{1}{3} + \frac{1}{3}\left(\frac{1}{3}\right)^3\right] = 0.691\ 35\cdots,$$

取前四项则可达到

$$\ln 2 \approx 2\left[\frac{1}{3} + \frac{1}{3}\left(\frac{1}{3}\right)^3 + \frac{1}{5}\left(\frac{1}{3}\right)^5 + \frac{1}{7}\left(\frac{1}{3}\right)^7\right] = 0.693\ 134\ 75\cdots,$$

效果比前面好得多.请读者通过对余项的分析自行考察其原因(留作习题).

二、求极限

对于待定型的极限问题,一般可以采用 L'Hospital 法则来求.但是,对于一些求导比较繁琐,特别是要多次使用 L'Hospital 法则的情况,Taylor 公式往往是比 L'Hospital 法则更为有效的求极限工具.

例 5.4.10　求 $\lim\limits_{x\to 0}\dfrac{\cos x - e^{-\frac{x^2}{2}}}{x^4}$.

解　这是个 $\dfrac{0}{0}$ 待定型的极限问题.如果用 L'Hospital 法则,则分子分母需要求导 4 次:

$$\lim_{x\to 0}\frac{\cos x - e^{-\frac{x^2}{2}}}{x^4}$$

$$= \lim_{x\to 0}\frac{-\sin x + xe^{-\frac{x^2}{2}}}{4x^3} \qquad \left(\text{仍为}\ \frac{0}{0}\ \text{型}\right)$$

$$= \lim_{x \to 0} \frac{-\cos x + \mathrm{e}^{-\frac{x^2}{2}} - x^2 \mathrm{e}^{-\frac{x^2}{2}}}{12x^2} \qquad \left(\text{仍为} \frac{0}{0} \text{型}\right)$$

$$= \lim_{x \to 0} \frac{\sin x - 3x \mathrm{e}^{-\frac{x^2}{2}} + x^3 \mathrm{e}^{-\frac{x^2}{2}}}{24x} \qquad \left(\text{仍为} \frac{0}{0} \text{型}\right)$$

$$= \lim_{x \to 0} \frac{\cos x - 3\mathrm{e}^{-\frac{x^2}{2}} + 6x^2 \mathrm{e}^{-\frac{x^2}{2}} - x^4 \mathrm{e}^{-\frac{x^2}{2}}}{24}$$

$$= -\frac{1}{12}.$$

但若采用 Taylor 公式,则

$$\lim_{x \to 0} \frac{\cos x - \mathrm{e}^{-\frac{x^2}{2}}}{x^4}$$

$$= \lim_{x \to 0} \frac{\left[1 - \frac{x^2}{2!} + \frac{x^4}{4!} + o(x^4)\right] - \left[1 + \left(-\frac{x^2}{2}\right) + \frac{1}{2!}\left(-\frac{x^2}{2}\right)^2 + o(x^4)\right]}{x^4}$$

$$= \lim_{x \to 0} \frac{-\frac{1}{12}x^4 + o(x^4)}{x^4} = -\frac{1}{12}.$$

计算过程就简洁得多了.

例 5.4.11 求 $\lim\limits_{x \to 0} \dfrac{\ln(1 + \sin^2 x) - 6(\sqrt[3]{2 - \cos x} - 1)}{x^4}$.

解 这也是个 $\dfrac{0}{0}$ 待定型的极限问题.由例 5.4.5 和例 5.4.6,有

$$\sqrt[3]{2 - \cos x} - 1 = \frac{x^2}{6} - \frac{x^4}{24} + o(x^4), \quad \ln(1 + \sin^2 x) = \sin^2 x - \frac{\sin^4 x}{2} + o(\sin^4 x).$$

用 $\sin^2 x = \left[x - \dfrac{x^3}{6} + o(x^4)\right]^2$ 代入,即有

$$\ln(1 + \sin^2 x) = x^2 - \frac{5x^4}{6} + o(x^4).$$

于是,

$$\lim_{x \to 0} \frac{\ln(1 + \sin^2 x) - 6(\sqrt[3]{2 - \cos x} - 1)}{x^4} = \lim_{x \to 0} \frac{\left[x^2 - \frac{5}{6}x^4 + o(x^4)\right] - 6\left[\frac{1}{6}x^2 - \frac{1}{24}x^4 + o(x^4)\right]}{x^4} = -\frac{7}{12}.$$

这道题若用 L'Hospital 法则来做将不胜其烦,请读者自行加以对照.

三、证明不等式

关于不等式的证明,我们已经在前面介绍了多种方法,如利用 Lagrange 中值定理来证明不等式,利用函数的凸性来证明不等式,以及通过讨论导数的符号来得到函数的单调性,从而证明不等式的方法.下面我们举例说明,Taylor 公式也是证明不等式的一个重要方法.

例 5.4.12 设 $\alpha > 1$,证明:当 $x > -1$ 时成立

$$(1+x)^{\alpha} \geqslant 1+\alpha x,$$

且等号仅当 $x = 0$ 时成立.

证 $f(x) = (1+x)^{\alpha}$ 在 $(-1, +\infty)$ 上二阶可导,且有

$$f(0) = 1; f'(x) = \alpha(1+x)^{\alpha-1}, f'(0) = \alpha; 以及 f''(x) = \alpha(\alpha-1)(1+x)^{\alpha-2}.$$

于是,对 $f(x)$ 应用在 $x = 0$ 处的带 Lagrange 余项的 Taylor 公式,得到

$$(1+x)^{\alpha} = 1+\alpha x+\frac{\alpha(\alpha-1)}{2}(1+\theta x)^{\alpha-2}x^2, \quad x > -1.$$

注意到上式中最后一项是非负的,且仅当 $x = 0$ 时为零.所以

$$(1+x)^{\alpha} \geqslant 1+\alpha x, \quad x > -1,$$

且等号仅当 $x = 0$ 时成立. 证毕

例 5.4.13 设 $f(x)$ 在 $[0,1]$ 上具有二阶导数,且 $[0,1]$ 上成立 $|f(x)| \leqslant A, |f''(x)| \leqslant B$.证明

$$|f'(x)| \leqslant 2A+\frac{1}{2}B, \quad x \in [0,1].$$

证 对于任意 $c \in [0,1]$, $f(x)$ 在 $x = c$ 处的带 Lagrange 余项的 Taylor 公式为

$$f(x) = f(c) +f'(c)(x-c)+\frac{1}{2}f''(\xi)(x-c)^2, \quad x \in [0,1],$$

其中 ξ 在 c 与 x 之间,因此 $\xi \in [0,1]$.特别地有

$$f(0) = f(c) +f'(c)(0-c)+\frac{1}{2}f''(\xi_1)(0-c)^2,$$

$$f(1) = f(c) +f'(c)(1-c)+\frac{1}{2}f''(\xi_2)(1-c)^2,$$

其中 $\xi_1, \xi_2 \in [0,1]$.将以上两式相减得

$$f'(c) = f(1) -f(0) -\frac{1}{2}[f''(\xi_2)(1-c)^2-f''(\xi_1)c^2],$$

于是由已知条件得

$$|f'(c)| \leqslant |f(1)| +|f(0)|+\frac{1}{2}[|f''(\xi_2)|(1-c)^2+|f''(\xi_1)|c^2]$$

$$\leqslant 2A+\frac{B}{2}[(1-c)^2+c^2].$$

注意到在 $[0,1]$ 上成立 $(1-x)^2+x^2 \leqslant 1$(见本章第 1 节习题 12(5)),因此

$$|f'(c)| \leqslant 2A+\frac{1}{2}B.$$

由 c 在 $[0,1]$ 上的任意性,即得结论.

四、求曲线的渐近线方程

下面我们讨论曲线的渐近线概念.

若曲线 $y = f(x)$ 上的点 $(x, f(x))$ 到直线 $y = ax+b$ 的距离在 $x \rightarrow +\infty$ 或 $x \rightarrow -\infty$ 时趋于零,则称直线 $y = ax+b$ 是曲线 $y = f(x)$ 的一条**渐近线**.当 $a = 0$ 时称为水平渐近线,否则称为斜渐近线.显然,直线 $y = ax+b$ 是曲线 $y = f(x)$ 的渐近线的充分必要条件为

$$\lim_{x \to +\infty} \left[f(x) - (ax+b) \right] = 0$$

或

$$\lim_{x \to -\infty} \left[f(x) - (ax+b) \right] = 0.$$

如果 $y = ax+b$ 是曲线 $y = f(x)$ 的渐近线,则

$$\lim_{x \to +\infty} \frac{f(x) - (ax+b)}{x} = 0 \left(\text{或} \lim_{x \to -\infty} \frac{f(x) - (ax+b)}{x} = 0 \right),$$

因此首先有

$$a = \lim_{x \to +\infty} \frac{f(x)}{x} \left(\text{或} a = \lim_{x \to -\infty} \frac{f(x)}{x} \right).$$

其次,再由 $\lim\limits_{x \to +\infty} \left[f(x) - (ax+b) \right] = 0 \left(\text{或} \lim\limits_{x \to -\infty} \left[f(x) - (ax+b) \right] = 0 \right)$ 可得

$$b = \lim_{x \to +\infty} \left[f(x) - ax \right] \left(\text{或} b = \lim_{x \to -\infty} \left[f(x) - ax \right] \right).$$

反之,如果由以上两式确定了 a 和 b,那么 $y = ax+b$ 就是曲线 $y = f(x)$ 的一条渐近线.

注意,如果上面的极限计算对于 $x \to \infty$ 成立,则说明直线 $y = ax+b$ 关于曲线 $y = f(x)$ 在 $x \to +\infty$ 和 $-\infty$ 两个方向上都是渐近线.

除上述情况外,如果当 $x \to a+$ 或 $a-$ 时,$f(x)$ 趋于 $+\infty$ 或 $-\infty$,即

$$\lim_{x \to a+} f(x) = \pm\infty \quad \text{或} \quad \lim_{x \to a-} f(x) = \pm\infty,$$

则称直线 $x = a$ 是曲线 $y = f(x)$ 的一条垂直渐近线.

求曲线的渐近线方程本质上就是求函数的极限,关于求函数的极限,可以有多种方法,但对于一些特殊的情况,则需要应用 Taylor 公式.

例 5.4.14 求曲线 $y = \dfrac{(x-1)^2}{3(x+1)}$ 的渐近线方程.

解 由于

$$a = \lim_{x \to \infty} \frac{y}{x} = \lim_{x \to \infty} \frac{(x-1)^2}{3x(x+1)} = \frac{1}{3},$$

$$b = \lim_{x \to \infty} \left[\frac{(x-1)^2}{3(x+1)} - ax \right] = \lim_{x \to \infty} \left[\frac{(x-1)^2}{3(x+1)} - \frac{1}{3}x \right] = \frac{1}{3} \lim_{x \to \infty} \frac{-3x+1}{x+1} = -1,$$

因此 $y = \dfrac{x}{3} - 1$ 为曲线 $y = \dfrac{(x-1)^2}{3(x+1)}$ 的斜渐近线.又由于

$$\lim_{x \to -1+} \frac{(x-1)^2}{3(x+1)} = +\infty, \quad \lim_{x \to -1-} \frac{(x-1)^2}{3(x+1)} = -\infty,$$

可知 $x = -1$ 是曲线 $y = \dfrac{(x-1)^2}{3(x+1)}$ 的垂直渐近线.

显然,$y = \dfrac{x}{3} - 1$ 在 $x \to +\infty$ 和 $-\infty$ 两个方向上都是曲线 $y = \dfrac{(x-1)^2}{3(x+1)}$ 的斜渐近线,而 $x = -1$ 在 $x \to a+$ 和 $a-$ 两个方向上都是曲线 $y = \dfrac{(x-1)^2}{3(x+1)}$ 的垂直渐近线.

例 5.4.15 求曲线 $y = \sqrt[3]{x^3 - x^2 - x + 1}$ 的渐近线方程.

解　设 $y=\sqrt[3]{x^3-x^2-x+1}$ 的渐近线方程为 $y=ax+b$，则由定义

$$a=\lim_{x\to\infty}\frac{y}{x}=\lim_{x\to\infty}\frac{\sqrt[3]{x^3-x^2-x+1}}{x}=\lim_{x\to\infty}\sqrt[3]{1-\frac{x^2+x-1}{x^3}}=1,$$

$$b=\lim_{x\to\infty}\left(\sqrt[3]{x^3-x^2-x+1}-x\right)=\lim_{x\to\infty}x\left(\sqrt[3]{1-\frac{x^2+x-1}{x^3}}-1\right)$$

$$=\lim_{x\to\infty}x\left[\left(1-\frac{1}{3}\cdot\frac{x^2+x-1}{x^3}+o\left(\frac{1}{x}\right)\right)-1\right]=\lim_{x\to\infty}\left[-\frac{1}{3}+o(1)\right]=-\frac{1}{3},$$

因此 $y=\sqrt[3]{x^3-x^2-x+1}$ 的渐近线方程为

$$y=x-\frac{1}{3}.$$

例 5.4.14 和例 5.4.15 的图形请见下一节的图 5.5.4 和图 5.5.5.

例 5.4.16　求曲线 $y=x^3(e^{\frac{1}{x}}+e^{-\frac{1}{x}}-2)$ 的渐近线方程.

解　设 $y=x^3(e^{\frac{1}{x}}+e^{-\frac{1}{x}}-2)$ 的渐近线方程为 $y=ax+b$，则由定义

$$a=\lim_{x\to\infty}\frac{y}{x}=\lim_{x\to\infty}x^2(e^{\frac{1}{x}}+e^{-\frac{1}{x}}-2)$$

$$=\lim_{x\to\infty}x^2\left[\left(1+\frac{1}{x}+\frac{1}{2x^2}+o\left(\frac{1}{x^2}\right)\right)+\left(1-\frac{1}{x}+\frac{1}{2x^2}+o\left(\frac{1}{x^2}\right)\right)-2\right]=1,$$

$$b=\lim_{x\to\infty}\left[x^3(e^{\frac{1}{x}}+e^{-\frac{1}{x}}-2)-x\right]$$

$$=\lim_{x\to\infty}\left\{x^3\left[\left(1+\frac{1}{x}+\frac{1}{2x^2}+\frac{1}{6x^3}+o\left(\frac{1}{x^3}\right)\right)+\left(1-\frac{1}{x}+\frac{1}{2x^2}-\frac{1}{6x^3}+o\left(\frac{1}{x^3}\right)\right)-2\right]-x\right\}$$

$$=\lim_{x\to\infty}\left[x+o(1)-x\right]=0.$$

因此 $y=x$ 为曲线 $y=x^3(e^{\frac{1}{x}}+e^{-\frac{1}{x}}-2)$ 的斜渐近线.

又由于

$$\lim_{x\to0+}x^3(e^{\frac{1}{x}}+e^{-\frac{1}{x}}-2)=\lim_{x\to0+}x^3e^{\frac{1}{x}}=+\infty,\quad\lim_{x\to0-}x^3(e^{\frac{1}{x}}+e^{-\frac{1}{x}}-2)=\lim_{x\to0-}x^3e^{-\frac{1}{x}}=-\infty,$$

可知 $x=0$ 是曲线 $y=x^3(e^{\frac{1}{x}}+e^{-\frac{1}{x}}-2)$ 的垂直渐近线.

五、外推

外推是一种通过将精度较低的近似值进行适当组合，产生精度较高的近似值的方法，它的基础是 Taylor 公式，其原理可以简述如下.

若对于某个值 a，按参数 h 算出的近似值 $a_1(h)$ 可以展开成

$$a_1(h)=a+c_1h+c_2h^2+c_3h^3+\cdots$$

（这里先不管 c_i 的具体形式），那么按参数 $\dfrac{h}{2}$ 算出的近似值 $a_1\left(\dfrac{h}{2}\right)$ 就是

$$a_1\left(\frac{h}{2}\right)=a+\frac{1}{2}c_1h+\frac{1}{4}c_2h^2+\frac{1}{8}c_3h^3+\cdots,$$

$a_1(h)$ 和 $a_1\left(\dfrac{h}{2}\right)$ 与准确值 a 的误差都是 $O(h)$ 阶的.

现在,将后一式乘上 2 减去前一式,便得到

$$a_2(h) = \frac{2a_1\left(\dfrac{h}{2}\right) - a_1(h)}{2-1} = a + d_2 h^2 + d_3 h^3 + \cdots,$$

也就是说,对两个 $O(h)$ 阶的近似值化了少量几步四则运算进行组合之后,却得到了具有 $O(h^2)$ 阶的近似值 $a_2(h)$.这样的过程就称为**外推**.

若进行了一次外推之后精度仍未达到要求,则可以从 $a_2(h)$ 出发再次外推,

$$a_3(h) = \frac{4a_2\left(\dfrac{h}{2}\right) - a_2(h)}{4-1} = a + e_3 h^3 + e_4 h^4 + \cdots,$$

得到 $O(h^3)$ 阶的近似值 $a_3(h)$.这样的过程可以进行 $k-1$ 步,直到

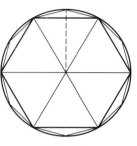

$$a_k(h) = \frac{2^{k-1} a_{k-1}\left(\dfrac{h}{2}\right) - a_{k-1}(h)}{2^{k-1} - 1} = a + O(h^k)$$

满足预先给定的精度.

外推方法能以较小的代价获得高精度的结果,因此是一种非常重要的近似计算技术.

图 5.4.1

我们来看一个具体的例子.

古人很早就知道用"割圆术",即计算圆的内接或外切正多边形的周长或面积来求圆周率 π,我国古代科学家曾在这方面作出过巨大的贡献.

例 5.4.17　单位圆的内接正 n 边形的面积可以表示为

$$S(h) = \frac{1}{2h}\sin(2h\pi),$$

这里 $h = \dfrac{1}{n}$,按照 Taylor 公式

$$S(h) = \frac{1}{2h}\left[2h\pi - \frac{(2h\pi)^3}{3!} + \frac{(2h\pi)^5}{5!} - \cdots\right] = \pi + c_1 h^2 + c_2 h^4 + c_3 h^6 + \cdots,$$

因此,其内接正 $2n$ 边形的面积可以表示为

$$S\left(\frac{h}{2}\right) = \frac{1}{h}\left[h\pi - \frac{(h\pi)^3}{3!} + \frac{(h\pi)^5}{5!} - \cdots\right] = \pi + \frac{1}{4}\tilde{c}_1 h^2 + \tilde{c}_2 h^4 + \tilde{c}_3 h^6 + \cdots,$$

用它们作为 π 的近似值,误差都是 $O(h^2)$ 量级的.

现在将这两个近似的程度不够理想的值按以下方式组合:

$$\tilde{S}(h) = \frac{4S\left(\dfrac{h}{2}\right) - S(h)}{4-1} = S\left(\frac{h}{2}\right) + \frac{S\left(\dfrac{h}{2}\right) - S(h)}{3},$$

那么通过简单的计算就可以知道

$$\tilde{S}(h) = \pi + d_2 h^4 + d_3 h^6 + \cdots,$$

h^2 项被消掉了! 也就是说,用 $\tilde{S}(h)$ 近似表示 π,其精度可以大大提高.

我国三国时的著名数学家刘徽曾对半径为 10 的圆算出

$$100 \cdot S\left(\frac{1}{96}\right) = 313\frac{584}{625}, \quad 100 \cdot S\left(\frac{1}{192}\right) = 314\frac{64}{625},$$

接着他"以一百九十二觚之幂以率消息","当取此分寸之三十六",用现在的话来说,即以 $\dfrac{36}{625}$ 加到

$100 \cdot S\left(\dfrac{1}{192}\right)$ 上去,便得到了当时最精确的圆周率

$$\pi \approx \frac{1}{100}\left(314\,\frac{64}{625}+\frac{36}{625}\right)=3.141\,6.$$

后人发现,他用的增量 $\dfrac{36}{625}$ 与 $\mathfrak{S}(h)$ 表达式中对 $S\left(\dfrac{h}{2}\right)$ 的修正量

$$\frac{S\left(\dfrac{h}{2}\right)-S(h)}{3}=\frac{314\,\dfrac{64}{625}-313\,\dfrac{584}{625}}{3}=\frac{35}{625}$$

相当接近,因此有理由认为,他在当时已经掌握了某种与外推方法类似的计算技术.如果单纯由圆的内接正多边形的面积来计算,那要算至圆的内接正 3072 边形方能达到这样的精度,计算中包含着许多开方运算,这在用算筹计算的魏晋时代(阿拉伯数字尚未传入),其工作量之大简直无法想象.

我们用一个饶有趣味的问题结束本节.

例 5.4.18 证明:e 是无理数.

证 用反证法.假设 e 是有理数,那么显而易见,一定存在充分大的自然数 m,使得 $(m!)e$ 是正整数.

在 e^{x} 的 Taylor 公式

$$e^{x}=1+x+\frac{x^{2}}{2!}+\frac{x^{3}}{3!}+\cdots+\frac{x^{n}}{n!}+\frac{e^{\theta x}}{(n+1)!}x^{n+1},\quad \theta\in(0,1)$$

中,将 n 取为 m,并令 $x=1$.由于 e^{x} 在整个实数范围都满足定理 5.3.2 的条件,即有

$$e=1+1+\frac{1}{2!}+\frac{1}{3!}+\cdots+\frac{1}{m!}+\frac{e^{\theta}}{(m+1)!},\quad \theta\in(0,1).$$

两边同乘上 $m!$,便得到

$$(m!)e=(m!)\left[1+1+\frac{1}{2!}+\frac{1}{3!}+\cdots+\frac{1}{m!}\right]+\frac{(m!)e^{\theta}}{(m+1)!},$$

即

$$(m!)\left\{e-\left[1+1+\frac{1}{2!}+\frac{1}{3!}+\cdots+\frac{1}{m!}\right]\right\}=\frac{e^{\theta}}{m+1}.$$

按假设,等式的左端是正整数.

但由于 e^{x} 是单调增加函数,而 $\theta\in(0,1)$,因此

$$1<e^{\theta}<3,$$

代入上式的右端,就得到估计式

$$\frac{1}{m+1}<\frac{e^{\theta}}{m+1}<\frac{3}{m+1}.$$

于是,对于任意正整数 $m\geqslant 2$,都有 $\dfrac{e^{\theta}}{m+1}\in(0,1)$,也就是说,上述等式的右端绝不可能是正整数,这样就导出了矛盾.

所以假设 e 是有理数不成立,即 e 是无理数.　　　　　　　　　　　　证毕

习 题

1. 求下列函数在 $x=0$ 处的 Taylor 公式(展开到指定的 n 次):

(1) $f(x)=\dfrac{1}{\sqrt[3]{1-x}},n=4$;　　　　(2) $f(x)=\cos(x+\alpha),n=4$;

(3) $f(x)=\sqrt{2+\sin x},n=3$;　　　　(4) $f(x)=e^{\sin x},n=4$;

(5) $f(x)=\tan x,n=5$;　　　　(6) $f(x)=\ln(\cos x),n=6$;

(7) $f(x)=\begin{cases}\dfrac{x}{e^x-1}, & x\neq 0,\\ 1, & x=0,\end{cases}\quad n=4$;　　(8) $f(x)=\begin{cases}\ln\dfrac{\sin x}{x}, & x\neq 0,\\ 0, & x=0,\end{cases}\quad n=4$;

(9) $f(x)=\sqrt{1-2x+x^3}-\sqrt[3]{1-3x+x^2},n=3$.

2. 求下列函数在指定点处的 Taylor 公式:

(1) $f(x)=-2x^3+3x^2-2,x_0=1$;　　　　(2) $f(x)=\ln x,x_0=e$;

(3) $f(x)=\ln x,x_0=1$;　　　　(4) $f(x)=\sin x,x_0=\dfrac{\pi}{6}$;

(5) $f(x)=\sqrt{x},x_0=2$.

3. 通过对展开式及其余项的分析,说明用

$$\ln 2=\ln\frac{1+x}{1-x}\bigg|_{x=\frac{1}{3}}\approx 2\left(x+\frac{x^3}{3}+\frac{x^5}{5}+\cdots+\frac{x^{2n-1}}{2n-1}\right)\bigg|_{x=\frac{1}{3}}$$

比用

$$\ln 2=\ln(1+x)\bigg|_{x=1}\approx\left(x-\frac{x^2}{2}+\frac{x^3}{3}-\frac{x^4}{4}+\cdots+(-1)^{n-1}\frac{x^n}{n}\right)\bigg|_{x=1}$$

效果好得多的两个原因.

4. 利用上题的讨论结果,不加计算,判别用哪个公式计算 π 的近似值效果更好,为什么?

(1) $\dfrac{\pi}{4}=\arctan 1\approx\left[x-\dfrac{x^3}{3}+\dfrac{x^5}{5}-\cdots+(-1)^n\dfrac{x^{2n+1}}{2n+1}\right]\bigg|_{x=1}$;

(2) $\dfrac{\pi}{4}=4\arctan\dfrac{1}{5}-\arctan\dfrac{1}{239}$　　　　(Machin 公式)

$$\approx 4\left[x-\frac{x^3}{3}+\cdots+(-1)^n\frac{x^{2n+1}}{2n+1}\right]\bigg|_{x=\frac{1}{5}}-\left[x-\frac{x^3}{3}+\cdots+(-1)^n\frac{x^{2n+1}}{2n+1}\right]\bigg|_{x=\frac{1}{239}}.$$

5. 利用 Taylor 公式求近似值(精确到 10^{-4}):

(1) $\lg 11$;　　(2) $\sqrt[3]{e}$;　　(3) $\sin 31°$;

(4) $\cos 89°$;　　(5) $\sqrt[5]{250}$;　　(6) $(1.1)^{1.2}$.

6. 利用函数的 Taylor 公式求极限:

(1) $\lim\limits_{x\to 0}\dfrac{e^x\sin x-x(1+x)}{x^3}$;　　　　(2) $\lim\limits_{x\to 0+}\dfrac{a^x+a^{-x}-2}{x^2}(a>0)$;

(3) $\lim\limits_{x\to 0}\left(\dfrac{1}{x}-\csc x\right)$;　　　　(4) $\lim\limits_{x\to +\infty}\left(\sqrt[5]{x^5+x^4}-\sqrt[5]{x^5-x^4}\right)$;

(5) $\lim\limits_{x\to\infty}\left[x-x^2\ln\left(1+\dfrac{1}{x}\right)\right]$;　　　　(6) $\lim\limits_{x\to 0}\dfrac{1}{x}\left(\dfrac{1}{x}-\dfrac{1}{\tan x}\right)$;

（7）$\lim\limits_{x\to+\infty} x^{\frac{3}{2}}(\sqrt{x+1}+\sqrt{x-1}-2\sqrt{x})$；　　　（8）$\lim\limits_{x\to+\infty}\left[\left(x^3-x^2+\dfrac{x}{2}\right)\mathrm{e}^{\frac{1}{x}}-\sqrt{x^6-1}\right]$.

7. 利用 Taylor 公式证明不等式：

（1）$x-\dfrac{x^2}{2}<\ln(1+x)<x-\dfrac{x^2}{2}+\dfrac{x^3}{3}$，　$x>0$；

（2）$(1+x)^{\alpha}<1+\alpha x+\dfrac{\alpha(\alpha-1)}{2}x^2$，　$1<\alpha<2,x>0$.

8. 判断下列函数所表示的曲线是否存在渐近线，若存在的话求出渐近线方程：

（1）$y=\dfrac{x^2}{1+x}$；　　　　　　　　　　（2）$y=\dfrac{2x}{1+x^2}$；

（3）$y=\sqrt{6x^2-8x+3}$；　　　　　　　（4）$y=(2+x)\mathrm{e}^{\frac{1}{x}}$；

（5）$y=\dfrac{\mathrm{e}^x+\mathrm{e}^{-x}}{2}$；　　　　　　　　　（6）$y=\ln\dfrac{1+x}{1-x}$；

（7）$y=x+\operatorname{arc\,cot}x$；　　　　　　　　（8）$y=\sqrt[3]{(x-2)(x+1)^2}$；

（9）$y=\operatorname{arc\,cos}\dfrac{1-x^2}{1+x^2}$；　　　　　　　（10）$y=x^5\left(\cos\dfrac{1}{x}-\mathrm{e}^{-\frac{1}{2x^2}}\right)$；

（11）$y=x^2\left(x\mathrm{e}^{\frac{1}{3x}}-\sqrt[3]{x^3+x^2}\right)$；　　　　（12）$y=x^2\left(x\mathrm{e}^{\frac{1}{2x}}-\sqrt{x^2+x}\right)$.

9. （1）设 $0<x_1<\dfrac{\pi}{2},x_{n+1}=\sin x_n(n=1,2,\cdots)$，证明：

　　（i）$\lim\limits_{n\to\infty}x_n=0$；　　　　　　（ii）$x_n^2\sim\dfrac{3}{n}$　$(n\to\infty)$.

（2）设 $y_1>0,y_{n+1}=\ln(1+y_n)(n=1,2,\cdots)$，证明：

　　（i）$\lim\limits_{n\to\infty}y_n=0$；　　　　　　（ii）$y_n\sim\dfrac{2}{n}$　$(n\to\infty)$.

10. 设函数 $f(x)$ 在 $[0,1]$ 上二阶可导，且满足 $|f''(x)|\le1$，$f(x)$ 在区间 $(0,1)$ 内取到最大值 $\dfrac{1}{4}$. 证明：

$$|f(0)|+|f(1)|\le1.$$

11. 设 $f(x)$ 在 $[0,1]$ 上二阶可导，且在 $[0,1]$ 上成立

$$|f(x)|\le1,\quad|f''(x)|\le2.$$

证明在 $[0,1]$ 上成立 $|f'(x)|\le3$.

12. 设函数 $f(x)$ 在 $[0,1]$ 上二阶可导，且 $f(0)=f(1)=0$，$\min\limits_{0\le x\le1}f(x)=-1$. 证明：

$$\max\limits_{0\le x\le1}f''(x)\ge8.$$

13. 设 $f(x)$ 在 $[a,b]$ 上二阶可导，$f(a)=f(b)=0$，证明：

$$\max\limits_{a\le x\le b}|f(x)|\le\dfrac{1}{8}(b-a)^2\max\limits_{a\le x\le b}|f''(x)|.$$

§5　应用举例

　　微分学具有非常重要的实际应用价值. 作为入门，我们在本节中先初步看一些例子，使读者获得一定的感性认识，并能够举一反三地解决一些简单的实际问题，为今后

进一步深入学习奠定基础.

首先我们利用微分学知识来讨论函数的极值问题.

极值问题

设 x_0 为 $f(x)$ 的一个极值点(即极大值点或极小值点),如果 $f(x)$ 在 x_0 处可导,则由 Fermat 引理,必有 $f'(x_0)=0$.这就是说,$f(x)$ 的全部极值点必定都在使得 $f'(x)=0$ 和使得 $f'(x)$ 不存在的点集之中.使 $f'(x)=0$ 的点称为 $f(x)$ 的**驻点**.所以,我们可以先求出 $f(x)$ 的驻点(即使得 $f'(x)=0$ 的点)与使得 $f'(x)$ 不存在的点,再进行判别.

定理 5.5.1(极值点判定定理) 设函数 $f(x)$ 在 x_0 点的某一邻域中有定义,且 $f(x)$ 在 x_0 点连续.

(1)设存在 $\delta>0$,使得 $f(x)$ 在 $(x_0-\delta,x_0)$ 与 $(x_0,x_0+\delta)$ 上可导,

(i)若在 $(x_0-\delta,x_0)$ 上有 $f'(x)\geq0$,在 $(x_0,x_0+\delta)$ 上有 $f'(x)\leq0$,则 x_0 是 $f(x)$ 的极大值点;

(ii)若在 $(x_0-\delta,x_0)$ 上有 $f'(x)\leq0$,在 $(x_0,x_0+\delta)$ 上有 $f'(x)\geq0$,则 x_0 是 $f(x)$ 的极小值点;

(iii)若 $f'(x)$ 在 $(x_0-\delta,x_0)$ 与 $(x_0,x_0+\delta)$ 上同号,则 x_0 不是 $f(x)$ 的极值点.

(2)设 $f'(x_0)=0$,且 $f(x)$ 在 x_0 点二阶可导,

(i)若 $f''(x_0)<0$,则 x_0 是 $f(x)$ 的极大值点;

(ii)若 $f''(x_0)>0$,则 x_0 是 $f(x)$ 的极小值点;

(iii)若 $f''(x_0)=0$,则 x_0 可能是 $f(x)$ 的极值点,也可能不是 $f(x)$ 的极值点.

证 (1)的结论显然,我们只证(2).

因为 $f'(x_0)=0$,由 Taylor 公式

$$f(x)=f(x_0)+f'(x_0)(x-x_0)+\frac{f''(x_0)}{2!}(x-x_0)^2+o((x-x_0)^2)$$

$$=f(x_0)+\frac{f''(x_0)}{2!}(x-x_0)^2+o((x-x_0)^2)$$

得到

$$\frac{f(x)-f(x_0)}{(x-x_0)^2}=\frac{1}{2!}f''(x_0)+\frac{o((x-x_0)^2)}{(x-x_0)^2}.$$

因为当 $x\to x_0$ 时上式右侧第二项趋于 0,所以当 $f''(x_0)<0$ 时,由极限的性质可知在 x_0 点附近成立

$$\frac{f(x)-f(x_0)}{(x-x_0)^2}<0,$$

所以

$$f(x)<f(x_0),$$

从而 $f(x)$ 在 x_0 取极大值.同样可讨论 $f''(x_0)>0$ 的情况.

证毕

关于定理 5.5.1 中(2)(iii),可分别考察函数 $y=x^4$,$y=-x^4$ 和 $y=x^3$.$x=0$ 是 $y=x^4$ 的极小值点,是 $y=-x^4$ 的极大值点,而不是 $y=x^3$ 的极值点.但它们都满足 $y'(0)=0$ 和

$y''(0) = 0$ 的条件.

例 5.5.1 求函数 $f(x) = \sqrt[3]{(2x-x^2)^2}$ 的极值.

解 函数 $f(x)$ 的定义域为 $(-\infty, +\infty)$. 由

$$f'(x) = \frac{4}{3}(2x-x^2)^{-\frac{1}{3}}(1-x),$$

可知 $f(x)$ 的驻点为 $x=1$, 使得 $f'(x)$ 不存在的点为 $x=0$ 和 $x=2$. 由于

(1) 当 $-\infty < x < 0$ 时, $f'(x) < 0$;

(2) 当 $0 < x < 1$ 时, $f'(x) > 0$;

(3) 当 $1 < x < 2$ 时, $f'(x) < 0$;

(4) 当 $2 < x < +\infty$ 时, $f'(x) > 0$,

由定理 5.5.1 中(1)的结论知 $f(0) = 0$ 是极小值, $f(1) = 1$ 是极大值, $f(2) = 0$ 是极小值.

例 5.5.2 求函数 $f(x) = (x^2-1)^3 + 1$ 的极值.

解 函数 $f(x)$ 的定义域为 $(-\infty, +\infty)$. 计算得

$$f'(x) = 6x(x^2-1)^2, \quad f''(x) = 6(x^2-1)(5x^2-1).$$

显然 $f(x)$ 的驻点为 $x=0, x=1$ 和 $x=-1$. 由于 $f''(0) = 6 > 0$, 所以由定理 5.5.1 中(2)的结论知 $f(0) = 0$ 是极小值.

由于 $f''(\pm 1) = 0$, 不能用定理 5.5.1 中(2)的结论. 但由于 $f'(x)$ 在 $x=1$ 与 $x=-1$ 的左、右侧保持同号, 由定理 5.5.1 中(1)的结论, 知 $f(1)$ 和 $f(-1)$ 都不是函数 $f(x)$ 的极值.

最值问题

在自然科学、生产技术、经济管理等领域, 经常需要研究如何花费最小代价去获取最大收益的问题, 这在许多情况下, 可以归结为求一个函数在某一范围内的最大值或最小值问题.

根据连续函数的性质, 闭区间上的连续函数必定能取到最大值与最小值. 需要注意的是, 如果去掉函数的连续性或者将闭区间改为开区间, 函数有可能取不到最大值或最小值.

函数的最大值与最小值统称为函数的最值, 使函数取到最大值(或最小值)的点称为函数的最大值点(或最小值点), 也称为函数的最值点.

函数的极大值与极小值反映的是函数的一种局部性质, 而函数的最大值与最小值反映的是函数在某一范围内的一种整体性质.

对于一个定义于闭区间 $[a, b]$ 上的函数 $f(x)$ 来说, 区间的两个端点 a 与 b 是有可能成为它的最值点的. 同时, 若最值点属于开区间 (a, b) 的话, 那它一定是函数的极值点. 因此, 我们只要按照前面在极值问题中所述的方法, 找出所有 $f(x)$ 的驻点与使 $f'(x)$ 不存在的点, 再加上区间的端点, 从中找出使函数取最大值或最小值的点就可以了.

例 5.5.3 求函数 $f(x) = \sqrt[3]{(2x-x^2)^2}$ 在区间 $[-1, 4]$ 上的最大值与最小值.

解 由例 5.5.1, 已知函数 $f(x)$ 在区间 $[-1, 4]$ 上的极大值点为 $x=1$, 极大值为

$f(1)=1$,极小值点为 $x=0$ 与 $x=2$,两个极小值都为 0.为了求最大值与最小值,还须加上函数在区间端点的值 $f(-1)=\sqrt[3]{9}$ 与 $f(4)=4$.对这些值进行比较,就得到函数 $f(x)$ 在区间 $[-1,4]$ 上的最大值点为 $x=4$,最大值为 $f(4)=4$,最小值点为 $x=0$ 与 $x=2$,最小值为 0.

例 5.5.4 用铝合金制造容积固定的圆柱形罐头,罐身(侧面和底部)用整块材料拉制而成,顶盖是另装上去的,设顶盖的厚度是罐身厚度的三倍.问如何确定它的底面半径和高才能使得用料最省?

解 设罐身的厚度为 δ,则顶盖的厚度是 3δ.

如图 5.5.1 所示,记罐头的容积为 V,底面半径为 r,则高为 $h=\dfrac{V}{\pi r^2}$.于是,罐身的用料为

$$U_1(r)=\delta(\pi r^2+2\pi rh)=\delta\left(\pi r^2+2\,\frac{V}{r}\right),$$

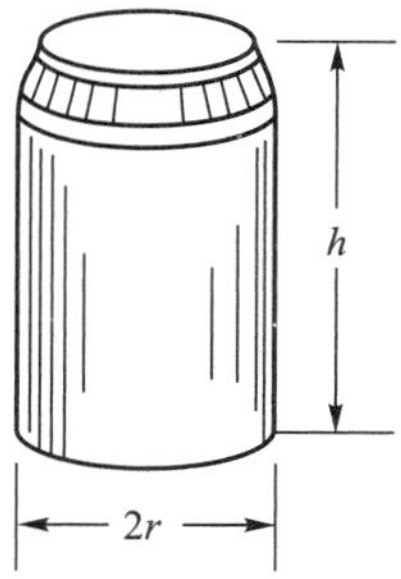

顶盖的用料为

$$U_2(r)=3\delta\pi r^2,$$

因此问题化为求函数

$$U(r)=U_1(r)+U_2(r)=\delta\left(4\pi r^2+2\,\frac{V}{r}\right),\quad r\in(0,+\infty)$$

的最小值。

对 $U(r)$ 求导,

$$U'(r)=2\delta\left(4\pi r-\frac{V}{r^2}\right),$$

因此 $U'(r)$ 只有惟一的零点 $r_0=\sqrt[3]{\dfrac{V}{4\pi}}$.由于

$$U''(r)=4\delta\left(2\pi+\frac{V}{r^3}\right)>0,\quad r\in(0,+\infty),$$

所以 r_0 是 $U(r)$ 的最小值点.

这时,相应的高为

$$h_0=\frac{V}{\pi r_0^2}=\frac{4\pi r_0^3}{\pi r_0^2}=4r_0.$$

也就是说,当罐头的高为底面直径的 2 倍时用料最省.

用同样的方法可以推出,若圆柱形的有盖容器是用厚薄相同的材料制成的,那么当它的底面直径和高相等的时候用料最省.许多圆柱形的日常用品,如漱口杯、保温桶等,都是采用这样的比例(或近似这样的比例)设计的.

下面的例题说明,通过求解最值问题可以获得一些重要的理论结果.

例 5.5.5 设一辆汽车在平原上的行驶速度为 v_1,在草原上的行驶速度为 v_2,现要求它以最短的时间从平原上的 A 点到达草原上的 B 点,问应该怎么走?

解 显然,在同一种地形上,汽车应沿直线行进,所以它从 A 到 B 的运动轨迹应是由两条直线段组成的折线.

图 5.5.1

设汽车的行驶路径如图 5.5.2 所示,那么它的整个行驶时间应为

$$T(x) = \frac{\sqrt{h_1^2+x^2}}{v_1} + \frac{\sqrt{h_2^2+(l-x)^2}}{v_2}.$$

由

$$T'(x) = \frac{x}{v_1\sqrt{h_1^2+x^2}} - \frac{l-x}{v_2\sqrt{h_2^2+(l-x)^2}},$$

可知 $T'(0)<0, T'(l)>0$.

由于

$$T''(x) = \frac{h_1^2}{v_1(h_1^2+x^2)^{3/2}} + \frac{h_2^2}{v_2(h_2^2+(l-x)^2)^{3/2}} > 0,$$

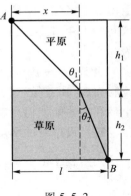

图 5.5.2

可知存在惟一的 $x_0 \in (0,l)$,使得 $T'(x_0) = 0$.因此 x_0 是 $T(x)$ 的惟一的极小值点,也就是它的最小值点.这时我们得到关系式

$$\frac{x_0}{v_1\sqrt{h_1^2+x_0^2}} = \frac{l-x_0}{v_2\sqrt{h_2^2+(l-x_0)^2}}.$$

由于光线在传播过程中所花的时间总是最短的,即光线总是走"捷径"的,所以光线的传播问题在本质上与本题是相同的.我们可以将本题中汽车的行驶换成光线的传播,将平原和草原换成光线传播过程中的两种不同的介质,这样就得到了光学中著名的折射定律

$$\frac{\sin \theta_1}{v_1} = \frac{\sin \theta_2}{v_2}.$$

最值问题也在社会科学的许多方面,尤其是经济活动分析中得到了广泛的应用,因为经济活动中最重要的目标之一,就是用最小的花费去赢取最大的利润.下面我们来看一个已对实际情况作了简化的例子.

例 5.5.6　对产品从生产到销售的过程进行经济核算时,至少要涉及三个方面的问题:成本、收益和利润.设产量为 Q,则总成本 $C(Q)$ 一般可以表示成两部分的和
$$C(Q) = f + v(Q) \cdot Q.$$
这里,$f>0$ 称为固定成本(如厂房和设备的折旧、工作人员的工资、财产保险费等),一般可以认为与产量的大小无关,而 $v(Q) \cdot Q$ 称为可变成本(如原材料、能源等),$v(Q)$ 是一个正值函数,表示在总共生产 Q 件产品的情况下,每生产一件的可变成本,最简单的情形是 $v(Q) = v = $ 正常数.

$C(Q)$ 的导数 $C'(Q)$ 称为**边际成本**,其经济学意义是在总共生产 Q 件产品的情况下,生产第 Q 件产品的成本.

总收益 $E(Q) = p(Q) \cdot Q$ 是指把 Q 件产品销售出去后得到的收入,这里 $p(Q)$ 称为价格函数,表示在总共生产 Q 件产品的情况下,每件产品的销售价格.一般说来,生产量越大,每件产品的价格就越便宜,因此 $p(Q)$ 是 Q 的单调减少函数.

$E(Q)$ 的导数 $E'(Q)$ 相应地称为**边际收益**,其经济学意义是在总共生产销售了 Q 件产品的情况下,销售出第 Q 件产品所得到的收入.

总收益减去总成本便是总利润.将利润函数记为 $P(Q)$,则

$$P(Q) = E(Q) - C(Q),$$

当 $E(Q)$ 和 $C(Q)$ 二阶可导时,由定理 5.5.1,就可以得到经济学中的"**最大利润原理**":"当且仅当边际成本与边际收益相等,并且边际成本的变化率大于边际收益的变化率时,可取得最大利润."

这里的第一个条件即为

$$P'(Q) = E'(Q) - C'(Q) = 0,$$

而第二个条件可表示为

$$P''(Q) = E''(Q) - C''(Q) < 0,$$

请读者自行思考它们的经济学意义.

比如,某产品的价格 $p(Q) = a - bQ \left(a, b > 0, Q < \dfrac{a}{b} \right)$,成本 $C(Q) = f + vQ$,于是利润

$$P(Q) = E(Q) - C(Q) = -bQ^2 + (a-v)Q - f,$$

要使得整个生产经营不亏本,显然在定价时须保证 $a - v > 0$.

容易算出,当产量 $Q_0 = \dfrac{a-v}{2b}$ 时有 $P'(Q_0) = 0$ 和 $P''(Q_0) < 0$,这时所获取的利润为最大.

从数学角度讲,经济活动中的最值问题与其他类型最值问题本质上是相同的,因此,读者不难举一反三,用类似的数学原理和数学工具去分析求解这一类问题,这里不再详细展开了.

数学建模

随着科学技术的发展,越来越多的人认识到了"高技术本质上是一种数学技术"这一精辟的观点.近半个世纪以来,数学与电子计算机技术相结合,在解决自然科学、工程技术乃至社会科学等各个领域的实际问题中大显身手,取得了令人瞩目的成绩.

要用数学技术去解决实际问题,首先必须将所考虑的现实问题通过"去芜存菁,去伪存真"的深入分析和研究,用数学工具将它归结为一个相应的数学问题,这个过程称为**数学建模**,所得到的数学问题称为**数学模型**.

数学建模可以使用多种数学方法,甚至对同一现实问题可以建立不同形式的数学模型,而其中最重要、最常用的数学工具是微分.作为数学建模过程的示例,这里我们利用已学过的微分知识,来导出一些简单的数学模型.在本书的以后各部分中,我们还将利用新的知识导出一些较为复杂的数学模型,并设计一部分习题,为读者今后系统地学习数学模型奠定基础.

例 5.5.7(Malthus 人口模型) 设 $p(t)$ 是某地区的人口数量函数,那么由第四章的 §2,该地区在单位时间中的人口增长数,即人口增长速率应为人口数量函数的导数 $p'(t)$.

显然,某一时刻的人口数量越多,在单位时间中的人口增长数也就越多.通过对当时的资料分析,Malthus 假定这两者成比例关系,设比例系数为 λ(可以由已有的资料定出),于是他在 1798 年提出了人类历史上的第一个人口模型

$$\begin{cases} p'(t) = \lambda p(t), \\ p(t_0) = p_0. \end{cases}$$

这里,像"$p'(t) = \lambda p(t)$"这种含有未知函数的导数(或微分)的方程称为**微分方程**,而"$p(t_0) = p_0$"称为微分方程的**初值条件**,代表在某个给定的 t_0 时刻的实际人口数.

将"$p'(t) = \lambda p(t)$"写成微分形式

$$\frac{\mathrm{d}p}{p} = \lambda \mathrm{d}t,$$

把它看成是由某个隐函数

$$f(p) = g(t)$$

两边求微分的结果,由一阶微分的形式不变性和基本初等函数的微分表,即得

$$f(p) = \ln p + C, \quad g(t) = \lambda t + C,$$

C 是任意给定的常数.于是

$$\ln p = \lambda t + C,$$

也就是

$$p = C_1 \mathrm{e}^{\lambda t},$$

其中 $C_1 = \mathrm{e}^C$.令 $t = t_0$ 并利用初值条件 $p(t_0) = p_0$,可以定出

$$C_1 = p_0 \mathrm{e}^{-\lambda t_0},$$

最终得到人口数量函数

$$p(t) = p_0 \mathrm{e}^{\lambda(t - t_0)}.$$

以上求未知函数 $p(t)$ 的过程称为**解微分方程**,其结果"$p(t) = p_0 \mathrm{e}^{\lambda(t-t_0)}$"称为该微分方程的**满足初值条件的解**.

实际问题所归结的数学模型一般都以各种微分方程的形式出现,以后将会有专门的课程来学习微分方程及其求解的问题.下面我们再举一个简单的例子.

例 5.5.8 在供水、化工生产等过程中,都有一个对液体进行过滤,除去渣滓的问题.现以过滤式净水器的使用为例,来建立相应的数学模型.

要对液体进行过滤,首先要设置一个由过滤物质组成的过滤层(称为滤芯).在过滤的过程中,水中的杂质沉积在过滤层上,也成为过滤层的一部分.假设杂质在水中的含量和进水的压力都是常数,那么杂质沉积的厚度与累积的总滤出流量 $Q(t)$ 成正比,同时,流速的减少与杂质沉积的厚度也成正比.若设初始时刻的流速为 q_0,由导数的意义即知 t 时刻的流速应当是 $Q'(t)$,从而流速的减少量为 $q_0 - Q'(t)$,由上所述,它应与总滤出流量 $Q(t)$ 成正比.这样,就得到了它的数学模型为

$$\begin{cases} Q'(t) = q_0 - \lambda Q(t), \\ Q(0) = 0. \end{cases}$$

作代换 $Q_1(t) = q_0 - \lambda Q(t)$,便有

$$\begin{cases} Q'_1(t) = -\lambda Q_1(t), \\ Q_1(0) = q_0. \end{cases}$$

这是关于 $Q_1(t)$ 的微分方程,它与例 5.5.7 所得到的微分方程的形式完全相同.

采用例 5.5.7 类似的方法,可以求出

$$Q_1(t) = q_0 \mathrm{e}^{-\lambda t},$$

即得到累积的总滤出流量为

$$Q(t) = \frac{1}{\lambda}(q_0 - Q_1(t)) = \frac{q_0}{\lambda}(1 - e^{-\lambda t}).$$

因为

$$\lim_{t \to +\infty} Q(t) = \frac{q_0}{\lambda} \quad 及 \quad \lim_{t \to +\infty} Q'(t) = 0,$$

所以我们可以知道,在定压的过滤过程中,并不是想滤多少就可以不受限制地滤多少,其流出的总量是有上限 $\frac{q_0}{\lambda}$ 的.在流量接近这个上限的时候,其流速将趋近于零,也就是说,此时杂质已沉积得过厚,需要清洗或更换滤芯了.

函数作图

在指定的坐标系中作出一个函数的图形,从而可以直观地去研究它的某些性态,这是很有实际意义的.现在虽说有了电子计算机和许多数学软件,可以(用描点法)画出各种各样的函数图形,但用分析的方法勾勒出函数的大致形状仍然是数学研究中的重要手段之一.

函数作图的过程一般可分为以下几个步骤:

(1) 考察函数 $f(x)$ 的定义域及其在定义域内的连续性,找出函数的不连续点,并以这些点作为分点,将定义域分成若干个区间,使函数在每个区间上连续.

(2) 计算 $f'(x)$,找出 $f(x)$ 的驻点与导数不存在的点,从而求出 $f(x)$ 的极值点与极值,并以这些点为分点,对区间进行再划分,使函数在每个区间上保持单调.

(3) 计算 $f''(x)$,找出所有使 $f''(x) = 0$ 的点与使 $f''(x)$ 不存在的点,从而求出 $f(x)$ 的拐点,并以这些点为分点,继续对区间进行再划分,使函数在每个区间上保持固定的凸性.

(4) 对上述(1),(2),(3)三个步骤所得到的结果列出表格,在表格中标出函数在每个分点上的函数值(如果有定义的话),以及函数在每个区间上的单调性与凸性.

(5) 求出曲线 $y = f(x)$ 的渐近线,包括水平渐近线、垂直渐近线和斜渐近线.

通过上述步骤,我们就可以在平面坐标系上标出函数曲线的一些特殊点,如极值点与拐点等(如有需要的话,还可补充计算若干个点上 $f(x)$ 的值并定位于坐标系中),再根据曲线的凸性与渐近线的位置,就可作出函数 $y = f(x)$ 的图像.

须注意的是,在作图之前,应该先考察函数的几何性质如奇偶性、周期性等,如 $f(x)$ 是奇函数或偶函数,那么只要画出一半图形,而另一半可通过对称画出;对于周期函数,只要画出一个周期的图形就可以了,而其余部分可通过周期延拓画出.

我们按上述步骤来作几个函数的图像.

例 5.5.9　作出函数 $y = \frac{1}{\sqrt{2\pi}} e^{-\frac{x^2}{2}}$ 的图像.

解　因为 $f(x) = \frac{1}{\sqrt{2\pi}} e^{-\frac{x^2}{2}}$ 是定义于整个实数域上的偶函数,我们只要考察 $x \geq 0$ 就可以了.求 $f(x) = \frac{1}{\sqrt{2\pi}} e^{-\frac{x^2}{2}}$ 的一阶导数和二阶导数,有

$$f'(x) = -\frac{1}{\sqrt{2\pi}}xe^{-\frac{x^2}{2}} \quad \text{和} \quad f''(x) = \frac{1}{\sqrt{2\pi}}e^{-\frac{x^2}{2}}(x^2-1).$$

$f(x)$ 的可能极值点为 $f'(x)$ 的零点 $x=0$,可能的拐点的横坐标为 $f''(x)$ 的零点 $x=1$.

经检验,$f'(x)$ 在 $x=0$ 的右侧和左侧的符号分别为负和正,所以 $x=0$ 是 $f(x)$ 的极大值点;$f''(x)$ 在 $x=1$ 的右侧和左侧的符号分别为正和负,所以 $(1,f(1))$ 是曲线 $y=f(x)$ 的拐点.

根据上述结果即可列出下面的表格:

x	0	$(0,1)$	1	$(1,+\infty)$
$f'(x)$	0	$-$	$-$	$-$
$f''(x)$	$-$	$-$	0	$+$
$f(x)$	极大值 $\dfrac{1}{\sqrt{2\pi}}$	$\searrow$	拐点 $\left(1,\dfrac{1}{\sqrt{2\pi e}}\right)$	$\searrow$

(我们用符号"↗"表示函数在这一区间单调增加且上凸,"⤴"表示函数在这一区间单调增加且下凸,"↘"表示函数在这一区间单调减少且上凸,"⬂"表示函数在这一区间单调减少且下凸.)

当 $x \to \infty$ 时,$y = \frac{1}{\sqrt{2\pi}}e^{-\frac{x^2}{2}} \to 0$,因此 $y=0$ 即 x 轴是 $y=f(x)$ 的水平渐近线,容易看出,曲线 $y=f(x)$ 不再有其他的渐近线.

根据这些信息,便不难作出函数 $y=f(x)$ 在右半平面的图像,然后利用对称性,就可以作出函数的整个图像了(如图 5.5.3).

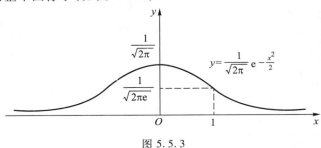

图 5.5.3

以后学习概率论时会知道,$y = \frac{1}{\sqrt{2\pi}}e^{-\frac{x^2}{2}}$ 是一个非常重要的函数.

例 5.5.10 作出函数 $y = \dfrac{(x-1)^2}{3(x+1)}$ 的图像.

解 由于函数 $f(x) = \dfrac{(x-1)^2}{3(x+1)}$ 的定义域为 $(-\infty,-1) \cup (-1,+\infty)$,可知函数的图像包含两条曲线,它们被直线 $x=-1$ 左右分开.

先对 $f(x)$ 求导:

$$f'(x) = \frac{(2x-2)(x+1)-(x-1)^2}{3(x+1)^2} = \frac{(x+3)(x-1)}{3(x+1)^2}.$$

$f'(x)$ 有零点 $x=1$ 和 $x=-3$. 由于 $f'(x)$ 在 $x=-3$ 的右侧和左侧的符号分别为负和正, 而在 $x=1$ 的右侧和左侧的符号分别为正和负, 所以 $x=-3$ 是 $f(x)$ 的极大值点, $x=1$ 是 $f(x)$ 的极小值点.

再求 $f(x)$ 的二阶导数:

$$f''(x) = \frac{8}{3(x+1)^3}.$$

因为 $f''(x)$ 在定义域中没有零点, 所以曲线上没有拐点.

根据上述结果即可列出下面的表格:

x	$(-\infty,-3)$	-3	$(-3,-1)$	-1	$(-1,1)$	1	$(1,+\infty)$
$f'(x)$	$+$	0	$-$	无定义	$-$	0	$+$
$f''(x)$	$-$	$-$	$-$	无定义	$+$	$+$	$+$
$f(x)$	↗	极大值 $-\dfrac{8}{3}$	↘	无定义	↘	极小值 0	↗

由例 5.4.14, $y = \dfrac{(x-1)^2}{3(x+1)}$ 的斜渐近线方程为

$$y = \frac{x}{3} - 1.$$

又因为

$$\lim_{x\to-1^+} \frac{(x-1)^2}{3(x+1)} = +\infty, \qquad \lim_{x\to-1^-} \frac{(x-1)^2}{3(x+1)} = -\infty,$$

所以 $x=-1$ 是它的垂直渐近线, 且根据上面两个极限式, 可以知道曲线在 $x=-1$ 的左右两侧以怎样的方式趋近于渐近线的.

根据这些信息, 再求出若干个特殊点上 $f(x)$ 的函数值, 就不难作出函数 $y=f(x)$ 的图形了 (如图 5.5.4).

例 5.5.11 作出函数 $y = \sqrt[3]{x^3-x^2-x+1}$ 的图像.

解 函数

$$f(x) = \sqrt[3]{x^3-x^2-x+1} = \sqrt[3]{(x-1)^2} \cdot \sqrt[3]{x+1}$$

的定义域为 $(-\infty,+\infty)$.

先对 $f(x)$ 求导:

$$\begin{aligned}
f'(x) &= \left[\sqrt[3]{(x-1)^2} \cdot \sqrt[3]{x+1} \right]' \\
&= \frac{1}{3}\left(2\frac{\sqrt[3]{x+1}}{\sqrt[3]{x-1}} + \frac{\sqrt[3]{(x-1)^2}}{\sqrt[3]{(x+1)^2}} \right)
\end{aligned}$$

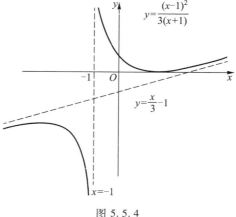

图 5.5.4

$$= \frac{1}{3} \cdot \frac{2(x+1)+(x-1)}{\sqrt[3]{x-1} \cdot \sqrt[3]{(x+1)^2}} = \frac{x+\frac{1}{3}}{\sqrt[3]{x-1} \cdot \sqrt[3]{(x+1)^2}},$$

$f'(x)$ 有零点 $x=-\frac{1}{3}$,并且在 $x=\pm 1$ 处 $f'(x)$ 不存在.经检测 $f'(x)$ 在这些点左右两侧的符号,即可知道 $x=-1$ 不是函数的极值点,$x=-\frac{1}{3}$ 是函数的极大值点,$x=1$ 是函数的极小值点.

再对 $f(x)$ 求二阶导数:

$$f''(x) = \left[\frac{x+\frac{1}{3}}{\sqrt[3]{x-1} \cdot \sqrt[3]{(x+1)^2}} \right]'$$

$$= \frac{\sqrt[3]{x-1} \cdot \sqrt[3]{(x+1)^2} - \left(\frac{x}{3}+\frac{1}{9} \right) \cdot \left[\frac{\sqrt[3]{(x+1)^2}}{\sqrt[3]{(x-1)^2}} + 2\frac{\sqrt[3]{x-1}}{\sqrt[3]{x+1}} \right]}{\left[\sqrt[3]{x-1} \cdot \sqrt[3]{(x+1)^2} \right]^2}$$

$$= \frac{1 - \left(\frac{x}{3}+\frac{1}{9} \right) \cdot \left(\frac{1}{x-1}+\frac{2}{x+1} \right)}{\sqrt[3]{x-1} \cdot \sqrt[3]{(x+1)^2}} = \frac{-8}{9 \cdot \sqrt[3]{(x-1)^4} \cdot \sqrt[3]{(x+1)^5}},$$

即知 $f(x)$ 的二阶导数没有零点,但在 $x=\pm 1$ 处 $f''(x)$ 不存在.由于 $f''(x)$ 在 $x=-1$ 的两侧符号相反,而在 $x=1$ 的两侧符号相同,所以 $(-1,0)$ 是曲线的拐点,而 $(1,0)$ 不是曲线的拐点.

根据上述结果即可列出下面的表格:

	$(-\infty,-1)$	-1	$\left(-1,-\frac{1}{3}\right)$	$-\frac{1}{3}$	$\left(-\frac{1}{3},1\right)$	1	$(1,\infty)$
$f'(x)$	$+$	不存在	$+$	0	$-$	不存在	$+$
$f''(x)$	$+$	不存在	$-$	$-$	$-$	不存在	$-$
$f(x)$	↗	拐点 $(-1,0)$	↗	极大值 $\frac{2}{3}\sqrt[3]{4}$	↘	极小值 0	↗

由例 5.4.15,$y=\sqrt[3]{x^3-x^2-x+1}$ 的渐近线方程为

$$y=x-\frac{1}{3}.$$

根据这些信息,再求出若干个特殊点上 $f(x)$ 的函数值,就不难作出函数 $y=f(x)$ 的图形了(如图 5.5.5).

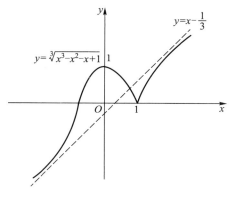

图 5.5.5

习　　题

1. 求下列函数的极值点,并确定它们的单调区间:

(1) $y=2x^3-3x^2-12x+1$;　　　　(2) $y=x+\sin x$;

(3) $y=\sqrt{x}\ln x$;　　　　(4) $y=x^n e^{-x}$　$(n\in \mathbf{N}^+)$;

(5) $y=\sqrt[3]{\dfrac{(x+1)^2}{x-2}}$;　　　　(6) $y=\dfrac{1-x}{1+x^2}$;

(7) $y=3x+\dfrac{4}{x}$;　　　　(8) $y=x-\ln(1+x)$;

(9) $y=\cos^3 x+\sin^3 x$;　　　　(10) $y=\arctan x-x$;

(11) $y=2e^x+e^{-x}$;　　　　(12) $y=2-\sqrt[3]{(x-1)^2}$;

(13) $y=\dfrac{1+3x}{\sqrt{4+5x^2}}$;　　　　(14) $y=x^{\frac{1}{x}}$.

2. 求下列曲线的拐点,并确定函数的保凸区间:

(1) $y=-x^3+3x^2$;　　　　(2) $y=x+\sin x$;

(3) $y=\sqrt{1+x^2}$;　　　　(4) $y=xe^{-x}$;

(5) $y=\sqrt[3]{\dfrac{(x+1)^2}{x-2}}$;　　　　(6) $y=\dfrac{1-x}{1+x^2}$;

(7) $y=x-\ln(1+x)$;　　　　(8) $y=\arctan x-x$;

(9) $y=(x+1)^4+e^x$;　　　　(10) $y=\ln(1+x^2)$;

(11) $y=e^{\arctan x}$;　　　　(12) $y=x+\sqrt{x-1}$.

3. 设 $f(x)$ 在 x_0 处二阶可导,证明: $f(x)$ 在 x_0 处取到极大值(极小值)的必要条件是 $f'(x_0)=0$ 且 $f''(x_0)\leqslant 0(f''(x_0)\geqslant 0)$.

4. 设 $f(x)=(x-a)^n\varphi(x)$, $\varphi(x)$ 在 $x=a$ 连续且 $\varphi(a)\neq 0$,讨论 $f(x)$ 在 $x=a$ 处的极值情况.

5. 设 $f(x)$ 在 $x=a$ 处有 n 阶连续导数,且 $f'(a)=f''(a)=\cdots=f^{(n-1)}(a)=0$, $f^{(n)}(a)\neq 0$,讨论 $f(x)$ 在 $x=a$ 处的极值情况.

6. 如何选择参数 $h>0$,使得

$$y = \frac{h}{\sqrt{\pi}} e^{-h^2 x^2}$$

在 $x = \pm\sigma$（$\sigma > 0$ 为给定的常数）处有拐点？

7. 求 $y = \dfrac{x^2}{x^2+1}$ 在拐点处的切线方程.

8. 作出下列函数的图像（渐近线方程可利用上一节习题 8 的结果）：

（1）$y = \dfrac{x^2}{1+x}$；

（2）$y = \dfrac{2x}{1+x^2}$；

（3）$y = \sqrt{6x^2 - 8x + 3}$；

（4）$y = (2+x)\,\mathrm{e}^{\frac{1}{x}}$；

（5）$y = \dfrac{\mathrm{e}^x + \mathrm{e}^{-x}}{2}$；

（6）$y = \ln\dfrac{1+x}{1-x}$；

（7）$y = x + \operatorname{arccot} x$；

（8）$y = \sqrt[3]{(x-2)(x+1)^2}$；

（9）$y = \arccos\dfrac{1-x^2}{1+x^2}$.

9. 求下列数列的最大项：

（1）$\left\{\dfrac{n^{10}}{2^n}\right\}$；

（2）$\left\{\sqrt[n]{n}\right\}$.

10. 设 a, b 为实数，证明：

$$\frac{|a+b|}{1+|a+b|} \leqslant \frac{|a|}{1+|a|} + \frac{|b|}{1+|b|}.$$

11. 设 $a > \ln 2 - 1$ 为常数，证明：当 $x > 0$ 时，

$$x^2 - 2ax + 1 < \mathrm{e}^x.$$

12. 设 $k > 0$，试问当 k 为何值时，方程 $\arctan x - kx = 0$ 有正实根？

13. 对 a 作了 n 次测量后获得了 n 个近似值 $\{a_k\}_{k=1}^n$，现在要取使得

$$s = \sum_{k=1}^n (a_k - \xi)^2$$

达到最小的 ξ 作为 a 的近似值，ξ 应如何取？

14. 证明：对于给定了体积的圆柱体，当它的高与底面的直径相等的时候表面积最小.

15. 在底为 a 高为 h 的三角形中作内接矩形，矩形的一条边与三角形的底边重合，求此矩形的最大面积.

16. 求内接于椭圆 $\dfrac{x^2}{a^2} + \dfrac{y^2}{b^2} = 1$，边与椭圆的轴平行的面积最大的矩形.

17. 将一块半径为 r 的圆铁片剪去一个圆心角为 θ 的扇形后做成一个漏斗，问 θ 为何值时漏斗的容积最大？

18. 要做一个容积为 V 的有盖的圆柱形容器，上下两个底面的材料价格为每单位面积 a 元，侧面的材料价格为每单位面积 b 元，问直径与高的比例为多少时造价最省？

19. 要建造一个变电站 M 向 A、B 两地送电（如图 5.5.6），M 与 A 之间的电缆每千米 a 元，与 B 之间的电缆每千米 b 元，为使总投资最小，问变电站 M 的位置应满足什么性质？

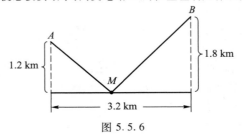

图 5.5.6

§6 方程的近似求解

解析方法和数值方法

求方程

$$f(x) = 0$$

的解(或根),就是要寻找一个数 x^*,使得满足

$$f(x^*) = 0.$$

这是实际应用中大量遇到的问题.

求方程的解主要方法有两种:解析方法和数值方法.

解析方法也称为公式法,它是将方程的解表达为方程的系数的函数形式,只要把待求解的方程的系数代入表达式,就可以求出方程的解.如果不考虑运算中的四舍五入所产生的误差,那么在理论上,解析方法所得到的解是精确的,我们将这个解称为**解析解**或**精确解**,解析方法也因此被称为精确方法.(但由于真正运算时不可能不产生误差,因此从求解实际问题来说,不存在真正的精确方法.)

例如,对于一元二次方程

$$ax^2 + bx + c = 0 \quad (a \neq 0),$$

可以得到它的两个解为

$$x_1, x_2 = \frac{-b \pm \sqrt{b^2 - 4ac}}{2a},$$

这就是在用解析方法求解方程.

但十分遗憾的是,除了我们在中学里已学过的简单的三角方程、对数方程和指数方程等情况之外,能精确求解的方程的数量和种类与实际需要求解的问题的数量相比,只能说是九牛之一毛.例如,形如

$$y = a_n x^n + a_{n-1} x^{n-1} + \cdots + a_1 x + a_0$$

的多项式,可以算得是最简单的一类函数了,而著名法国数学家 Galois 在一个半世纪之前就证明了,当 $n \geqslant 5$ 时,对它不存在一般的求根公式.因此,对于更为复杂的超越函数,就更不能指望有什么普遍适用的、可以求得精确解的公式了.

数值方法是一种求近似解的方法.粗略地说,它无意去追究方程的解与系数本质上到底存在着什么样的联系,而只是设法去构造一个可实际计算的过程,并通过运行这个过程产生方程的精确解的一系列近似值.在一定的条件下,这些近似值理论上将收敛于方程的精确解,因此可以用精度较高的近似值来代替精确解,我们称其为**数值解**或**近似解**.由于实际问题中提出的许许多多形态迥异的方程绝大多数都无法找到其解析解,因此,数值方法是用数学工具解决实际问题过程中的一个重要方法.

二分法

对于一个实的方程

$$f(x) = 0,$$

最简单的数值求解方法无过于**二分法**,它的具体计算过程与用闭区间套定理证明闭区间上连续函数的零点存在定理的过程差不多.

设 $f(x)$ 在 $[a,b]$ 中连续,且成立

$$f(a) \cdot f(b) < 0,$$

那么在 $[a,b]$ 至少存在着 $f(x)$ 的一个解 x^*.假定 $f(x)$ 在 $[a,b]$ 中只有这个解,我们希望求出它的近似值 $\tilde{x}$,满足

$$|\tilde{x} - x^*| \leqslant \varepsilon_0,$$

这里 ε_0 是预先给定的精度要求,如 10^{-8}、10^{-15} 等等,那么可以这么进行:

(1) 记 $[a_1, b_1] = [a, b]$;取 x_1 为 $[a_1, b_1]$ 的中点,即 $x_1 = \dfrac{a_1 + b_1}{2}$.

(2) 计算 $f(x_1)$:

若 $f(x_1) = 0$,则 x_1 即为方程的解 x^*,取 $\tilde{x} = x_1$,计算结果.

(3) 否则,按如下规则得到区间 $[a_2, b_2]$:

(a) 若 $f(x_1) \cdot f(b_1) < 0$.

此时 $f(x)$ 的解在 $[x_1, b_1]$ 中,取 $a_2 = x_1, b_2 = b_1$.

(b) 若 $f(x_1) \cdot f(b_1) > 0$.

此时 $f(a_1) \cdot f(x_1) < 0$,因此 $f(x)$ 的解在 $[a_1, x_1]$ 中,取 $a_2 = a_1, b_2 = x_1$.

易知 $x^* \in [a_2, b_2]$,且 $[a_2, b_2]$ 的长度是 $[a_1, b_1]$ 的一半.

(4) 取 x_2 为 $[a_2, b_2]$ 的中点.

(5) 类似地,若 x_2 是方程的解 x^*,计算结果;否则可以得到 $[a_3, b_3]$.

(6) 重复上述过程……

假设执行过程中没有发生 x_k 恰好等于 x^* 的情况,由于对任何 k 都有

$$b_k - a_k = \frac{b-a}{2^{k-1}},$$

因此 $[a_k, b_k]$ 的中点 x_k 与精确解 x^* 的距离不会超过 $[a_k, b_k]$ 长度的一半,即成立

$$|x_k - x^*| \leqslant \frac{b_k - a_k}{2} = \frac{b-a}{2^k},$$

所以,当

$$k = \left[\log_2 \frac{b-a}{\varepsilon_0} \right]^+$$

时,必有

$$|x_k - x^*| \leqslant \frac{b-a}{2^k} \leqslant \varepsilon_0,$$

于是,$\tilde{x} = x_k$ 便是符合精度要求的近似解.

Newton 迭代法

数值计算中常用的求近似值的方法是**迭代法**.先将原来的方程

$$f(x) = 0$$

化为等价的形式

$$x = F(x),$$

所谓"等价"是指若 x^* 是方程 $f(x) = 0$ 的解,则成立

$$x^* = F(x^*),$$

反之亦然.这里的 $F(x)$ 称为**迭代函数**.

取一个适当的初始值 x_0,按

$$x_{k+1} = F(x_k), k = 0, 1, 2, \cdots$$

产生序列 $\{x_k\}$(设每个 x_k 都属于 $F(x)$ 的定义域),这样的计算过程称为**迭代**.若在理论上成立

$$x_k \to x^* \quad (k \to \infty),$$

那么显然 x^* 就是原方程的解,因此只要在迭代过程中,选取某个合适的 x_k 作为 $\tilde{x}$,就得到原方程的近似解了.(理论上,所选取的 x_k 应满足精度要求

$$|x_k - x^*| \leqslant \varepsilon_0,$$

但 x^* 是不知道的,所以实际计算时往往采用比较相邻两次的迭代值是否满足

$$|x_{k+1} - x_k| \leqslant \varepsilon_0,$$

来决定迭代是否进行下去.)

构造迭代函数可以有各种各样的方法,比如,最简单的可以取成

$$F(x) = x - f(x).$$

下面我们利用 Taylor 公式来举一个例子.

设 $f(x)$ 在含有 x^* 的某个区间 $[a, b]$ 中具有二阶连续导数,且对于每个 $x \in [a, b]$,都有 $f'(x) \neq 0$.作出 $f(x)$ 在 x 处的 Taylor 公式,由于 x^* 是方程 $f(x) = 0$ 的解,则有

$$f(x^*) = f(x) + f'(x)(x^* - x) + f''(\xi)\frac{(x^* - x)^2}{2} = 0,$$

也即

$$x^* = x - \frac{f(x)}{f'(x)} - \frac{f''(\xi)}{f'(x)} \cdot \frac{(x^* - x)^2}{2},$$

当 $x \to x^*$ 时,上式的最后一项是趋向于零的,因此有

$$\lim_{x \to x^*} \left[x - \frac{f(x)}{f'(x)} \right] = x^* - \frac{f(x^*)}{f'(x^*)} = x^*.$$

这样,

$$F(x) = x - \frac{f(x)}{f'(x)}$$

就是一个满足 $x^* = F(x^*)$ 要求的迭代函数,由此得到迭代公式

$$x_{k+1} = x_k - \frac{f(x_k)}{f'(x_k)}, \quad k = 0, 1, 2, \cdots,$$

这就是著名的 **Newton 迭代法**(简称 Newton 法).

Newton 法具有明显的几何意义.求解 $f(x) = 0$ 实际上是求曲线 $y = f(x)$ 与 x 轴的交点的横坐标,曲线在 $x = x_k$ 处的切线方程为

$$y = f'(x_k)(x - x_k) + f(x_k),$$

它与 x 轴的交点的横坐标恰为

$$x = x_k - \frac{f(x_k)}{f'(x_k)} = x_{k+1}.$$

也就是说，Newton 法实质上是通过一系列的切线与 x 轴的交点的横坐标，来逼近曲线与 x 轴的交点的横坐标（如图 5.6.1），所以 Newton 迭代法也叫 **Newton 切线法**.

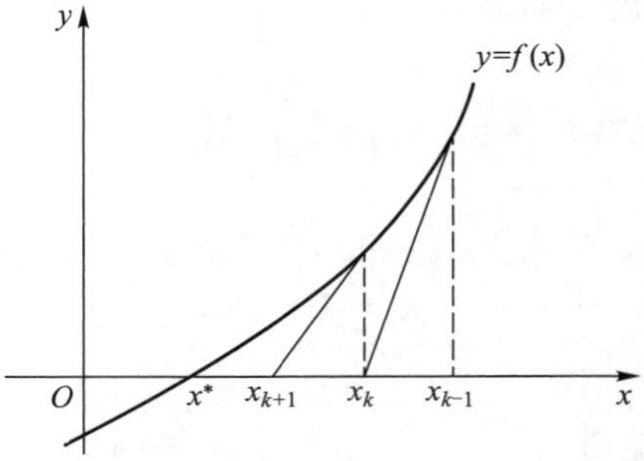

我们不加证明地给出如下结论：

定理 5.6.1　设 $f(x)$ 在 $[a,b]$ 中有二阶连续导数，且满足条件

（1）$f(a) \cdot f(b) < 0$；

（2）$f'(x)$ 在 (a,b) 保号；

（3）$f''(x)$ 在 (a,b) 保号.

取 x_0 是 a 和 b 中满足

$$f(x_0) \cdot f''(x_0) > 0$$

的那一个点，则以 x_0 为初值的 Newton 迭代过程

$$x_{k+1} = x_k - \frac{f(x_k)}{f'(x_k)}, \quad k = 0,1,2,\cdots$$

产生的序列 $\{x_k\}$ 单调收敛于方程

$$f(x) = 0$$

在 $[a,b]$ 中的惟一解.

这里，条件（1）保证了 $f(x)$ 在 (a,b) 有解；条件（2）表明 $f(x)$ 在 $[a,b]$ 严格单调，因此 $f(x)$ 在 (a,b) 中的解是惟一的；而条件（3）表示 $f(x)$ 在 $[a,b]$ 中保持固定的凸性，这保证了每一个 x_{k+1} 都在同一方向上比 x_k 更靠近 x^*（读者可以用作图的方法验证这一点），因此 $\{x_k\}$ 是一个单调有界数列，它必有极限，这个极限当然就是 x^*.

例 5.6.1　解方程

$$\ln x = \sin x.$$

解　记 $f(x) = \ln x - \sin x$，考虑区间 $\left[\dfrac{\pi}{2}, e\right]$，则有

$$f\left(\frac{\pi}{2}\right) = \ln \frac{\pi}{2} - \sin \frac{\pi}{2} < 0, \quad f(e) = \ln e - \sin e > 0.$$

而

$$f'(x) = \frac{1}{x} - \cos x > 0, \quad x \in \left[\frac{\pi}{2}, e\right],$$

$$f''(x) = \sin x - \frac{1}{x^2} > \sin e - \frac{4}{\pi^2} > 0, \quad x \in \left[\frac{\pi}{2}, e\right],$$

所以符合定理 5.6.1 的全部条件.

因为

$$f(e)f''(e) > 0,$$

图 5.6.1

所以初值取为 $x_0 = e$，计算结果如下：

k	x_k	$\|x_k - x^*\|$
1	2. 257 815 620 636 622 89	3.87×10^{-2}
2	2. 219 512 490 173 004 78	4.05×10^{-4}
3	2. 219 107 195 173 873 23	4.63×10^{-8}
4	2. 219 107 148 913 746 83	8.88×10^{-16}

最后，取 $\tilde{x} = x_4 = 2.219\ 107\ 148\ 913\ 746\ 83$ 作为 x^* 的近似值.

从计算结果可以发现，每迭代一次，误差中的指数大致增加了一倍，这是当 x_k 与 x^* 很接近时，Newton 法的一个重要性质. 由 Taylor 公式容易导出

$$x^* - x_{k+1} = -\frac{f''(\xi)}{f'(x_k)} \cdot \frac{(x^* - x_k)^2}{2},$$

这里 ξ 在 x_k 与 x^* 之间，因此

$$\lim_{k \to \infty} \frac{|x^* - x_{k+1}|}{|x^* - x_k|^2} = \frac{1}{2} \left| \frac{f''(x^*)}{f'(x^*)} \right| = C.$$

所以，我们称 Newton 法是一个二次收敛（也叫平方收敛）的迭代方法，或者说，Newton 迭代法的收敛速度是二次的.

当今世界上，可以说电子计算机是人类最重要的工具. 但任何一台高性能的计算机，归根结底只能对二进制数码进行加法和移位两种运算，从算术角度来讲，它只能进行加、减、乘三种运算，只不过它的运算速度极其惊人罢了.

那么，计算机是如何计算除法、开方乃至它所提供的其他各种基本初等函数的呢？主要有两种途径，一种是利用某些近似公式，如 Taylor 多项式（只要加、减、乘三种运算就足够了）等，而另一种就是通过用上述的 Newton 法解方程来达到目的的.

例 5.6.2　用 Newton 法求 $\sqrt{A}$，$A > 0$ 是一个给定的数.

解　显然，求 $\sqrt{A}$ 等价于求方程

$$f(x) \equiv x^2 - A = 0$$

的解 x^*（$x^* \in \mathbf{R}^+$）.

计算机首先自动寻找一个正整数 n，使得

$$(n-1)^2 < A < n^2,$$

然后取 $x_0 = n$，用 Newton 迭代

$$x_{k+1} = x_k - \frac{x_k^2 - A}{2x_k} = \frac{1}{2}\left(x_k + \frac{A}{x_k}\right) \quad (k = 0, 1, 2, \cdots)$$

得到序列 $\{x_k\}$，可以验证，在区间 $[n-1, n]$ 上定理 5.6.1 的条件全部满足，因此 $x_k \to x^* = \sqrt{A}$.

下面是以 $x_0 = 3$ 为初值求 $\sqrt{7}$ 的计算结果，只要做十余次四则运算——这在计算机上只是一瞬间的事，就得到了精度在 $O(10^{-17})$ 以上的近似值.

k	x_k	$|x_k-\sqrt{7}|$
1	2. 666 666 666 666 666 52	2.09×10^{-2}
2	2. 654 833 333 333 333 48	8.20×10^{-5}
3	2. 645 751 312 335 958 17	1.27×10^{-9}
4	2. 645 751 311 064 590 72	$<10^{-17}$

在计算机上做除法和求 n 次方根 $\sqrt[n]{A}$ 的思路是类似的,都是先将其转化为方程求解问题,再用 Newton 法迭代出近似解,具体步骤留给读者思考.

最后再做几点说明:

1. 定理 5.6.1 的条件是充分的而不是必要的,读者可以自行举例来说明这一点.

但是条件不满足时迭代确实有可能不收敛,图 5.6.2 给出了条件(2)和(3)分别不满足时 Newton 法不收敛的情形.在图(a)中 $f'(x)\neq0$ 被破坏,$f(x)$ 在 $[a,b]$ 中有一个极值点,而在图(b)中,$f''(x)\neq0$ 被破坏,$[a,b]$ 中有 $y=f(x)$ 的一个拐点.从图中可以看到,这时迭代序列在两个固定点处无休止地来回跳动,迭代过程以失败而告终.

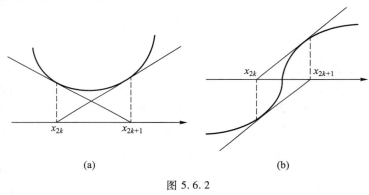

(a)   (b)

图 5.6.2

2. Newton 迭代法是求解函数方程最基本和最重要的方法之一,它可以推广到由若干个方程构成的方程组的求解上去,在理论研究上有着重要的意义.同时,在实际求解方程中,它常常又是首选的方法.由于迭代函数比较简单,除了一些导函数特别复杂的情况之外,每做一步迭代所化的运算量是比较小的,当初值选得好时收敛速度相当快,编程也比较容易.

3. 与 Newton 法相比,二分法最突出的优点是对求解函数 $f(x)$ 的要求较低,只要连续就行了,因此有些性质较差的函数只能用二分法而不能用 Newton 法来求解.另外,它每做一步迭代所化的计算量也较小(只需要计算函数值),并且可以根据精度的要求事先确定执行的步数 $n=\left[\log_2\dfrac{b-a}{\varepsilon_0}\right]^+$,编程和上机实现都比较简单.但它的主要缺点是收敛速度不快.例如,要达到例 5.6.1 中 x_4 的同样精度,用二分法需进行 50 多次对分.

4. 当函数 $f(x)$ 的导函数不太容易计算时,可以用

$$\frac{f(x_k)-f(x_{k-1})}{x_k-x_{k-1}}$$

近似代替 $f'(x_k)$,这时的迭代公式成为

$$\begin{cases} \text{取初值 } x_0, x_1, \\ x_{k+1} = x_k - f(x_k)\dfrac{x_k - x_{k-1}}{f(x_k) - f(x_{k-1})}, k = 1, 2, \cdots. \end{cases}$$

它的几何意义是用过 $(x_{k-1}, f(x_{k-1}))$ 和 $(x_k, f(x_k))$ 的割线代替过 $(x_k, f(x_k))$ 的切线,将这条割线与 x 轴的交点的横坐标作为新的近似值 x_{k+1}(如图 5.6.3),因此这个方法也叫**割线法**或**弦割法**.

割线法满足

$$\lim_{k \to \infty} \frac{|x^* - x_{k+1}|}{|x^* - x_k|^p} = C,$$

其中 $p = \dfrac{1+\sqrt{5}}{2} \approx 1.618$,因此收敛速度稍慢于 Newton 法,但由于它每做一步迭代只需要计算一次函数值,运算量小,且又避免了导数运算,因而也是一种很常用的数值求解方法.(在求解由多个方程联立的方程组时更是如此.)

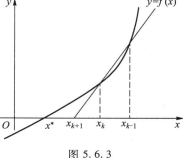

图 5.6.3

计算实习题

(在教师的指导下,编制程序在计算机上实际计算)

1. 用两分法求下列方程的一个近似解(精确到小数点后第 6 位):

   (1) $x^3 + 3x - 5 = 0, x^* \in [1, 2]$;

   (2) $x = e^{-x}, x^* \in \left[\dfrac{1}{2}, \ln 2\right]$;

   (3) $x^2 = \cos x, x^* \in \left[\dfrac{\pi}{4}, \dfrac{3\pi}{4}\right]$;

   (4) $7x^2 - 3x + \dfrac{4}{x} - 30 = 0, x^* \in [2, 2.5]$.

2. 用 Newton 法求下列方程的近似解(精确到小数点后第 10 位):

   (1) $x^3 - x + 4 = 0$;   (2) $x^2 + \dfrac{1}{x^2} = 10x \, (x > 1)$;

   (3) $x \lg x = 1$;   (4) $x + e^x = 0$;

   (5) $\dfrac{x}{2} = \sin x \, (x > 0)$.

3. 仿照例 5.6.2,用 Newton 法导出计算机上求 $A^{\frac{1}{n}} (A > 0, n$ 为非零整数) 和 $\dfrac{1}{A}$ 的算法(即只用加、减、乘三种运算的算法),并实际计算下列各值:

   (1) $\sqrt[3]{2}$;   (2) $\dfrac{1}{\sqrt[5]{9}}$;   (3) $\dfrac{1}{7}$;   (4) $\dfrac{1}{11}$.

4. 当 $\varepsilon = 0.2$ 时,计算 Kepler 方程

$$y - x - \varepsilon \sin y = 0 \quad (0 < \varepsilon < 1)$$

对应于 $x = \dfrac{k}{8} (k = 1, 2, \cdots, 8)$ 的 y 的近似值.

5. 求方程

$$\tan x = x$$

的最小的三个正根,精确到 10^{-12}.

6. 求方程

$$\cot x = \frac{1}{x} - \frac{x}{2}$$

的两个正根,精确到 10^{-12}.

 **补充习题**

第六章
不定积分

§1 不定积分的概念和运算法则

微分的逆运算——不定积分

通过前两章的学习,我们已经能够比较熟练地计算出一个给定函数的微分或导数,并初步用它来解决某些简单的问题了.但在实际中,我们经常需要解决的另一个(或许可以说更重要的)问题是,如何在只知道一个函数的微分或导数的情况下,将这个函数"复原"出来.

如为了求解上一章的最后一节中的人口模型问题

$$\begin{cases} p'(t) = \lambda p(t), \\ p(t_0) = p_0, \end{cases}$$

我们将"$p'(t) = \lambda p(t)$"写成微分形式

$$\frac{\mathrm{d}p}{p} = \lambda \, \mathrm{d}t,$$

并把它看成是对某个隐函数

$$f(p) = g(t)$$

两边求微分的结果,这就是在已知

$$\mathrm{d}(f(p)) = \frac{1}{p}\mathrm{d}p, \quad \mathrm{d}(g(t)) = \lambda \, \mathrm{d}t$$

的情况下,设法求出未作微分运算之前的 $f(p)$ 和 $g(t)$ 的问题.

这样的问题比比皆是.比如已知速度函数 $v(t)$,要求位移函数 $s(t)$;已知一条平面曲线在任一点 x 处的切线斜率,要求这条曲线等等,都是同一类的问题.

下面我们来给出它的一般提法.

定义 6.1.1 若在某个区间上,函数 $F(x)$ 和 $f(x)$ 成立关系

$$F'(x) = f(x),$$

或等价地,

$$\mathrm{d}(F(x)) = f(x)\mathrm{d}x,$$

则称 $F(x)$ 是 $f(x)$ 在这个区间上的一个**原函数**.

之所以要称"一个"原函数,是由于一个函数若存在原函数,那么它的原函数必定

是不惟一的.比如,若 $F(x)$ 是 $f(x)$ 的原函数,即 $F'(x)=f(x)$,那么对任何常数 C,都有 $[F(x)+C]'=f(x)$,由定义 6.1.1,$F(x)+C$ 也是 $f(x)$ 的原函数,所以 $f(x)$ 的原函数有无穷多个.

那么,$f(x)$ 的所有这些原函数是否都具有 $F(x)+C$ 的形式,或者说,它们之间至多相差一个常数呢?回答是肯定的.若 $G(x)$ 是 $f(x)$ 的任一个原函数,则 $G'(x)=f(x)$,即

$$[F(x)-G(x)]'=0.$$

由定理 5.1.4,$F(x)-G(x)\equiv C$,即 $G(x)=F(x)+C$.

所以,只要求出了 $f(x)$ 的任意一个原函数 $F(x)$,就可以用 $F(x)+C$ 来代表 $f(x)$ 的全部原函数了.

定义 6.1.2 一个函数 $f(x)$ 的原函数全体称为这个函数的**不定积分**,记作 $\int f(x)\mathrm{d}x$.

这里,"$\int$"称为**积分号**,$f(x)$ 称为**被积函数**,x 称为**积分变量**.显然,积分变量采用的字母是无关紧要的,也就是说,对于 $\int f(x)\mathrm{d}x=F(x)+C$,在需要的时候也不妨将它写成诸如 $\int f(u)\mathrm{d}u=F(u)+C$,$\int f(t)\mathrm{d}t=F(t)+C$ 等形式.

从定义 6.1.1 和定义 6.1.2 可以知道,求不定积分 $\int f(x)\mathrm{d}x$ 就是由一个函数的微分 $f(x)\mathrm{d}x$ 求它的原函数,因此,微分运算"d"与不定积分运算"$\int$"就像加法与减法,乘法与除法,指数与对数那样,构成了一对逆运算:

$$
\begin{array}{ccc}
F(x) & \xrightarrow{\mathrm{d}} & \\
& & f(x)\mathrm{d}x, \\
F(x)+C & \xleftarrow{}{\int} &
\end{array}
$$

或者具体写成

$$\mathrm{d}\left(\int f(x)\mathrm{d}x\right)=f(x)\mathrm{d}x \quad \left(即\ \frac{\mathrm{d}}{\mathrm{d}x}\left(\int f(x)\mathrm{d}x\right)=f(x)\right)$$

与

$$\int \mathrm{d}F(x)=F(x)+C.$$

说得简单一些,可以认为微分号和积分号在一起时可以互相抵消(先做微分运算后做不定积分运算时要相差一个常数).

例 6.1.1 求 $\int \sin x\mathrm{d}x$.

这道题实际上是要寻找一族函数,它们的微分都等于 $\sin x\mathrm{d}x$.

解 由于 $\mathrm{d}(\cos x)=-\sin x\mathrm{d}x$,即 $\mathrm{d}(-\cos x)=\sin x\mathrm{d}x$,因此得到

$$\int \sin x\mathrm{d}x=-\cos x+C.$$

尽管在观念上,应当从微分的概念出发去讨论不定积分,在理论推导时也确实大多是这样做的.但实际求不定积分时,一般总是直接从导数出发考虑的,这样更方便

一些.

例 6.1.2   求 $\int x^\alpha \mathrm{d}x$ $(\alpha \neq -1)$.

解   由于 $\left(\dfrac{1}{\alpha+1}x^{\alpha+1}\right)' = x^\alpha$,因此有

$$\int x^\alpha \mathrm{d}x = \frac{1}{\alpha+1}x^{\alpha+1} + C.$$

例 6.1.3   求 $\int \dfrac{\mathrm{d}x}{x}$.

解   当 $x > 0$ 时,$(\ln x)' = \dfrac{1}{x}$,因此这时有

$$\int \frac{\mathrm{d}x}{x} = \ln x + C \quad (x > 0).$$

当 $x < 0$ 时,由复合函数求导法则,有 $[\ln(-x)]' = \dfrac{1}{-x}(-1) = \dfrac{1}{x}$,因此这时有

$$\int \frac{\mathrm{d}x}{x} = \ln(-x) + C \quad (x < 0).$$

把两式结合起来,便得到

$$\int \frac{\mathrm{d}x}{x} = \ln|x| + C.$$

不定积分的线性性质

定理 6.1.1(线性性)   若函数 $f(x)$ 和 $g(x)$ 的原函数都存在,则对任意常数 k_1 和 k_2,函数 $k_1 f(x) + k_2 g(x)$ 的原函数也存在,且有

$$\int [k_1 f(x) + k_2 g(x)] \mathrm{d}x = k_1 \int f(x) \mathrm{d}x + k_2 \int g(x) \mathrm{d}x.$$

此式应理解为等式两端所表示的函数族相同.另外,当 $k_1 = k_2 = 0$ 时,等式右端应理解为常数 C.

证   设 $F(x)$ 和 $G(x)$ 分别为 $f(x)$ 和 $g(x)$ 的一个原函数,那么对任意常数 k_1 和 k_2,$k_1 F(x) + k_2 G(x)$ 是 $k_1 f(x) + k_2 g(x)$ 的一个原函数,因此有

$$\int [k_1 f(x) + k_2 g(x)] \mathrm{d}x = k_1 F(x) + k_2 G(x) + C,$$

与

$$k_1 \int f(x) \mathrm{d}x + k_2 \int g(x) \mathrm{d}x = k_1(F(x) + C_1) + k_2(G(x) + C_2)$$
$$= k_1 F(x) + k_2 G(x) + (k_1 C_1 + k_2 C_2).$$

由于上面两式中的 C, C_1, C_2 都代表任意常数,所以上面两等式的右端所表示的函数族相同,于是有

$$\int [k_1 f(x) + k_2 g(x)] \mathrm{d}x = k_1 \int f(x) \mathrm{d}x + k_2 \int g(x) \mathrm{d}x.$$

证毕

根据微分与不定积分的关系以及基本初等函数的微分公式,我们可以得到一些最基本的不定积分公式,例如:

微 　 分 　 　 　 　 　 不 定 积 分

$$d(e^x) = e^x dx \qquad \int e^x dx = e^x + C$$

$$d(\ln x) = \frac{dx}{x} \qquad \int \frac{dx}{x} = \ln |x| + C$$

$$d(x^\alpha) = \alpha x^{\alpha-1} dx \qquad \int x^\alpha dx = \frac{1}{\alpha+1} x^{\alpha+1} + C \quad (\alpha \neq -1)$$

$$d(\sin x) = \cos x dx \qquad \int \cos x dx = \sin x + C$$

$$d(\cos x) = -\sin x dx \qquad \int \sin x dx = -\cos x + C$$

$$d(\tan x) = \sec^2 x dx \qquad \int \sec^2 x dx = \tan x + C$$

$$d(\cot x) = -\csc^2 x dx \qquad \int \csc^2 x dx = -\cot x + C$$

$$d(\sec x) = \tan x \sec x dx \qquad \int \tan x \sec x dx = \sec x + C$$

$$d(\csc x) = -\cot x \csc x dx \qquad \int \cot x \csc x dx = -\csc x + C$$

$$d(\arcsin x) = \frac{dx}{\sqrt{1-x^2}} \qquad \int \frac{dx}{\sqrt{1-x^2}} = \arcsin x + C$$

$$d(\arctan x) = \frac{dx}{1+x^2} \qquad \int \frac{dx}{1+x^2} = \arctan x + C$$

不定积分的线性性质和上面的不定积分表可以帮助我们求出一些简单函数的不定积分.

例 6.1.4　求 $\int \tan^2 x dx$.

解　利用三角恒等式　$\tan^2 x = \sec^2 x - 1$,

$$\int \tan^2 x dx = \int (\sec^2 x - 1) dx = \int \sec^2 x dx - \int 1 \cdot dx = \tan x - x + C.$$

例 6.1.5　求 $\int \sin^2 \frac{x}{2} dx$.

解　利用三角函数的半角公式 $\sin^2 \frac{x}{2} = \frac{1-\cos x}{2}$,

$$\int \sin^2 \frac{x}{2} dx = \int \frac{1-\cos x}{2} dx = \frac{1}{2} \int (1-\cos x) dx = \frac{1}{2} (x - \sin x) + C.$$

例 6.1.6　求 $\int \frac{(x+\sqrt{x})(x-2\sqrt{x})^2}{\sqrt{x}} dx$.

解　将分子展开后,与分母 $\sqrt{x}$ 相约,被积函数就化成了几个幂函数之和,于是

$$\int \frac{(x+\sqrt{x})(x-2\sqrt{x})^2}{\sqrt{x}}dx = \int \frac{x^3-3x^2\sqrt{x}+4x\sqrt{x}}{\sqrt{x}}dx = \int (x^{\frac{5}{2}}-3x^2+4x)\,dx = \frac{2}{7}x^{\frac{7}{2}}-x^3+2x^2+C.$$

例 6.1.7   求 $\displaystyle\int \frac{x^4}{1+x^2}dx$.

解

$$\int \frac{x^4}{1+x^2}dx = \int \frac{x^4+x^2-x^2}{1+x^2}dx = \int x^2 dx - \int \frac{x^2}{1+x^2}dx$$

$$= \int x^2 dx - \int \frac{1+x^2-1}{1+x^2}dx = \frac{1}{3}x^3 - \int dx + \int \frac{1}{1+x^2}dx$$

$$= \frac{1}{3}x^3 - x + \arctan x + C.$$

对于具体问题来说,不定积分中的常数 C 可以根据题目所给的条件来确定.

例 6.1.8   已知曲线 $y=f(x)$ 在任意一点 $(x,f(x))$ 处的切线斜率都等于 x^2,并且曲线经过点 $(3,2)$,求该曲线的方程.

解   根据题意,有 $y'=x^2$,因此

$$y = \int x^2 dx = \frac{x^3}{3}+C,$$

这是 xy 平面上的一族曲线(如图 6.1.1),它们在横坐标相同的点上的切线都是互相平行的.

为确定常数 C,利用曲线经过点 $(3,2)$ 的条件,将 $x=3,y=2$ 代入上式,即可解得 $C=-7$,所以,所求的曲线为

$$y = \frac{x^3}{3}-7.$$

在第五章的 §5 中求解人口模型时,最后定出常数

$$C_1 = p_0 e^{-\lambda t_0},$$

实际上采用的是同一种方法.

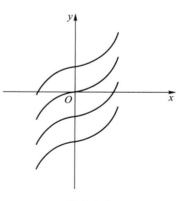

图 6.1.1

习   题

1. 求下列不定积分:

(1) $\displaystyle\int (x^3+2x^2-5\sqrt{x})\,dx$;

(2) $\displaystyle\int (\sin x+3e^x)\,dx$;

(3) $\displaystyle\int (x^a+a^x)\,dx$;

(4) $\displaystyle\int (2+\cot^2 x)\,dx$;

(5) $\displaystyle\int (2\csc^2 x-\sec x\tan x)\,dx$;

(6) $\displaystyle\int (x^2-2)^3\,dx$;

(7) $\displaystyle\int \left(x+\frac{1}{x}\right)^2\,dx$;

(8) $\displaystyle\int \left(\sqrt{x}+\frac{1}{\sqrt[3]{x^2}}+1\right)\left(\frac{1}{\sqrt{x}}+1\right)\,dx$;

(9) $\displaystyle\int \left(2^x + \frac{1}{3^x}\right)^2 \mathrm{d}x$;   (10) $\displaystyle\int \frac{2 \cdot 3^x - 5 \cdot 2^x}{3^x} \mathrm{d}x$;

(11) $\displaystyle\int \frac{\cos 2x}{\cos x - \sin x} \mathrm{d}x$;   (12) $\displaystyle\int \left(\frac{2}{1+x^2} - \frac{3}{\sqrt{1-x^2}}\right) \mathrm{d}x$;

(13) $\displaystyle\int (1-x^2)\sqrt{x\sqrt{x}}\, \mathrm{d}x$;   (14) $\displaystyle\int \frac{\cos 2x}{\cos^2 x \sin^2 x} \mathrm{d}x$.

2. 曲线 $y=f(x)$ 经过点 $(e, -1)$，且在任一点处的切线斜率为该点横坐标的倒数，求该曲线的方程.

3. 已知曲线 $y=f(x)$ 在任意一点 $(x, f(x))$ 处的切线斜率都比该点横坐标的立方根少 1，

(1) 求出该曲线方程的所有可能形式，并在直角坐标系中画出示意图；

(2) 若已知该曲线经过 $(1, 1)$ 点，求该曲线的方程.

§2 换元积分法和分部积分法

能通过查基本积分表再加上线性运算求出不定积分的函数类屈指可数，即使对于如 $y=\tan x, y=\ln x$ 这样常用的函数，它也是无能为力的. 所以，求一般函数的不定积分必须别寻他途，下面我们介绍两种基本方法.

换元积分法

变量代换是数学研究中最常用的技巧之一，在不定积分运算中尤其有着举足轻重的作用.

由于求不定积分是微分运算 $\mathrm{d}(F(x)) = f(x)\mathrm{d}x$ 的逆运算，所以在用换元法求不定积分的过程中，前几章中已得到的微分运算的所有法则都可以畅通无阻，这为我们带来了很大的便利.

换元积分法可以分成两种类型：

(1) 在不定积分 $\displaystyle\int f(x)\mathrm{d}x$ 中，若 $f(x)$ 可以通过等价变形化成 $\tilde{f}(g(x))g'(x)$，而函数 $\tilde{f}(u)$ 的原函数 $\widetilde{F}(u)$ 是容易求的.

因为 $[\widetilde{F}(g(x))]' = \widetilde{F}'(g(x))g'(x) = \tilde{f}(g(x))g'(x) = f(x)$，可知，

$$\int f(x)\mathrm{d}x = \widetilde{F}(g(x)) + C.$$

但在运算时，可采用下述步骤：用 $u = g(x)$ 对原式作变量代换，这时相应地有 $\mathrm{d}u = g'(x)\mathrm{d}x$，于是，

$$\int f(x)\mathrm{d}x = \int \tilde{f}(g(x))g'(x)\mathrm{d}x = \int \tilde{f}(g(x))\mathrm{d}g(x)$$

$$= \int \tilde{f}(u)\mathrm{d}u = \widetilde{F}(u) + C = \widetilde{F}(g(x)) + C.$$

这个方法称为**第一类换元积分法**.（由于在将 $f(x)\mathrm{d}x$ 化成 $\tilde{f}(g(x))g'(x)\mathrm{d}x$、$\tilde{f}(g(x))\mathrm{d}g(x)$ 的过程中往往要采取适当地"凑"的办法，它也被俗称为"凑微分法".)

第一类换元积分法的最简单情况是 $g(x)$ 为线性函数 $ax+b$.

例 6.2.1　求 $\displaystyle\int\frac{\mathrm{d}x}{x-a}$.

解　将 $f(x)=\dfrac{1}{x-a}$ 看成是 $\tilde{f}(u)=\dfrac{1}{u}$ 和 $u=x-a$ 的复合函数,因为 $\mathrm{d}(x-a)=\mathrm{d}x$,所以

$$\int\frac{\mathrm{d}x}{x-a}=\int\frac{\mathrm{d}(x-a)}{x-a}\qquad(\text{作变量代换 }u=x-a)$$

$$=\int\frac{\mathrm{d}u}{u}=\ln|u|+C\qquad(\text{用 }u=x-a\text{ 代回})$$

$$=\ln|x-a|+C.$$

同理可以求出

$$\int\frac{\mathrm{d}x}{(x-a)^n}=-\frac{1}{n-1}\cdot\frac{1}{(x-a)^{n-1}}+C\quad(n>1),$$

和

$$\int\frac{\mathrm{d}x}{x^2-a^2}=\frac{1}{2a}\left(\int\frac{\mathrm{d}x}{x-a}-\int\frac{\mathrm{d}x}{x+a}\right)=\frac{1}{2a}\ln\left|\frac{x-a}{x+a}\right|+C.$$

例 6.2.2　求 $\displaystyle\int\frac{\mathrm{d}x}{x^2+a^2}(a\neq0)$.

解

$$\int\frac{\mathrm{d}x}{x^2+a^2}=\frac{1}{a^2}\int\frac{\mathrm{d}x}{1+\left(\dfrac{x}{a}\right)^2}=\frac{1}{a}\int\frac{\mathrm{d}\left(\dfrac{x}{a}\right)}{1+\left(\dfrac{x}{a}\right)^2}\qquad\left(\text{作变量代换 }u=\frac{x}{a}\right)$$

$$=\frac{1}{a}\int\frac{\mathrm{d}u}{1+u^2}=\frac{1}{a}\arctan u+C\qquad\left(\text{用 }u=\frac{x}{a}\text{ 代回}\right)$$

$$=\frac{1}{a}\arctan\frac{x}{a}+C.$$

同理可以求出

$$\int\frac{\mathrm{d}x}{\sqrt{a^2-x^2}}=\arcsin\frac{x}{a}+C\,(a>0).$$

下面我们来看稍复杂一些的情况.

例 6.2.3　求 $\displaystyle\int\tan x\mathrm{d}x$.

解　因为 $\displaystyle\int\tan x\mathrm{d}x=\int\frac{\sin x}{\cos x}\mathrm{d}x$,将被积函数看成是由 $y=\dfrac{1}{u}$ 和 $u=\cos x$ 的复合函数,我们发现 $\sin x\mathrm{d}x$ 恰为 $-(\cos x)'\mathrm{d}x=-\mathrm{d}u$,于是

$$\int\tan x\mathrm{d}x=\int\frac{\sin x}{\cos x}\mathrm{d}x$$

$$=-\int\frac{(\cos x)'\mathrm{d}x}{\cos x}\qquad(\text{作变量代换 }u=\cos x)$$

$$=-\int\frac{\mathrm{d}u}{u}=-\ln|u|+C\qquad(\text{用 }u=\cos x\text{ 代回})$$

$$= -\ln|\cos x| + C.$$

等到熟练之后，只要将代换 $u = g(x)$ 默记在心，如例 6.2.3 就可以直接写出

$$\int \tan x \mathrm{d}x = \int \frac{\sin x}{\cos x} \mathrm{d}x = -\int \frac{\mathrm{d}(\cos x)}{\cos x} = -\ln|\cos x| + C.$$

例 6.2.4 求 $\int \sec x \mathrm{d}x$.

解
$$\int \sec x \mathrm{d}x = \int \frac{1}{\cos x} \mathrm{d}x = \int \frac{\cos x}{\cos^2 x} \mathrm{d}x = \int \frac{\mathrm{d}(\sin x)}{1-\sin^2 x},$$

作变量代换 $u = \sin x$，并利用前面得到的 $\int \frac{\mathrm{d}x}{x^2-a^2} = \frac{1}{2a}\ln\left|\frac{x-a}{x+a}\right| + C$，

$$\int \sec x \mathrm{d}x = \frac{1}{2}\ln\frac{1+\sin x}{1-\sin x} + C = \frac{1}{2}\ln\frac{(1+\sin x)^2}{1-\sin^2 x} + C$$

$$= \ln\left|\frac{1+\sin x}{\cos x}\right| + C = \ln|\sec x + \tan x| + C.$$

可以类似地求出

$$\int \cot x \mathrm{d}x = \ln|\sin x| + C$$

和

$$\int \csc x \mathrm{d}x = \ln|\csc x - \cot x| + C.$$

这样，所有六个基本三角函数的不定积分公式都已经得到了.

例 6.2.5 求 $\int \frac{\mathrm{d}x}{\sqrt{x}(1+x)}$.

解
$$\int \frac{\mathrm{d}x}{\sqrt{x}(1+x)} = 2\int \frac{1}{1+(\sqrt{x})^2} \mathrm{d}(\sqrt{x}) = 2\arctan\sqrt{x} + C.$$

例 6.2.6 求 $\int \sin mx \cos nx \mathrm{d}x \,(m \neq n)$.

解 利用三角函数的积化和差公式，有

$$\int \sin mx \cos nx \mathrm{d}x = \frac{1}{2}\int [\sin(m+n)x + \sin(m-n)x] \mathrm{d}x$$

$$= -\frac{1}{2}\left[\frac{\cos(m+n)x}{m+n} + \frac{\cos(m-n)x}{m-n}\right] + C.$$

可以类似地求出 $\int \sin mx \sin nx \mathrm{d}x$ 和 $\int \cos mx \cos nx \mathrm{d}x$.

(2) 若不定积分 $\int f(x)\mathrm{d}x$ 不能直接求出，但能够找到一个适当的变量代换 $x = \varphi(t)$（要求 $x = \varphi(t)$ 的反函数 $t = \varphi^{-1}(x)$ 存在），将原式化为

$$\int f(x)\mathrm{d}x = \int f(\varphi(t))\mathrm{d}\varphi(t) = \int f(\varphi(t))\varphi'(t)\mathrm{d}t,$$

而 $f(\varphi(t))\varphi'(t)$ 的原函数 $\widetilde{F}(t)$ 是容易求的.

因为

$$\frac{d}{dx}\widetilde{F}(\varphi^{-1}(x)) = \widetilde{F}'(t)\frac{dt}{dx} = f(\varphi(t))\varphi'(t)\frac{dt}{dx} = f(\varphi(t))\varphi'(t)\frac{1}{\varphi'(t)} = f(\varphi(t)) = f(x),$$

所以

$$\int f(x)dx = \widetilde{F}(\varphi^{-1}(x)) + C.$$

但在运算时,可以采用下述与第一类换元积分法方向相反的步骤:

$$\int f(x)dx = \int f(\varphi(t))d\varphi(t) = \int f(\varphi(t))\varphi'(t)dt = \widetilde{F}(t) + C = \widetilde{F}(\varphi^{-1}(x)) + C.$$

这个方法称为**第二类换元积分法**.

例 6.2.7　求 $\int \sqrt{a^2-x^2}\,dx\,(a>0)$.

解　为了去掉根号,令 $x=\varphi(t)=a\sin t\left(-\frac{\pi}{2}\leqslant t\leqslant\frac{\pi}{2}\right)$,于是 $\sqrt{a^2-x^2}=a\cos t$, $dx=a\cos t\,dt$,原式化成了

$$\int\sqrt{a^2-x^2}\,dx = a^2\int\cos^2 t\,dt = \frac{a^2}{2}\int(1+\cos 2t)dt$$

$$= \frac{a^2}{2}\left(t+\frac{\sin 2t}{2}\right)+C \qquad \left(\text{用 } t=\varphi^{-1}(x)=\arcsin\frac{x}{a}\text{代回}\right)$$

$$= \frac{1}{2}x\sqrt{a^2-x^2}+\frac{a^2}{2}\arcsin\frac{x}{a}+C.$$

例 6.2.8　求 $\int\dfrac{dx}{\sqrt{x^2-a^2}}$ 和 $\int\dfrac{dx}{\sqrt{x^2+a^2}}\,(a>0)$.

解　对于 $\int\dfrac{dx}{\sqrt{x^2-a^2}}$,令 $x=\varphi(t)=a\sec t$,其中 t 的变化范围可以这样确定:当 $x>a$ 时,$t\in\left(0,\dfrac{\pi}{2}\right)$;而当 $x<-a$ 时,$t\in\left(\pi,\dfrac{3}{2}\pi\right)$.于是 $\sqrt{x^2-a^2}=a\tan t$, $dx=a\tan t\sec t\,dt$,利用例 6.2.4 的结果,有

$$\int\frac{dx}{\sqrt{x^2-a^2}} = \int\sec t\,dt = \ln|\sec t+\tan t|+C.$$

用 $\sec t=\dfrac{x}{a}$ 和 $\tan t=\sqrt{\sec^2 t-1}=\dfrac{\sqrt{x^2-a^2}}{a}$ 代回,由于 $C-\ln a$ 仍然是一个任意常数,因此

$$\int\frac{dx}{\sqrt{x^2-a^2}} = \ln\left|\frac{x}{a}+\frac{\sqrt{x^2-a^2}}{a}\right|+C = \ln|x+\sqrt{x^2-a^2}|-\ln a+C = \ln|x+\sqrt{x^2-a^2}|+C.$$

类似地可求得

$$\int\frac{dx}{\sqrt{x^2+a^2}} = \ln|x+\sqrt{x^2+a^2}|+C.$$

若被积函数中含有诸如 $\sqrt{a^2-x^2}$, $\sqrt{x^2-a^2}$, $\sqrt{x^2+a^2}$ 这样形式的根式,可以分别考虑将变换取为 $x=a\sin t$, $x=a\sec t$ 和 $x=a\tan t$ 以化去根号.

例 6.2.9 求 $\int x(2x-1)^{100}\mathrm{d}x$.

理论上,可以利用二项式定理将被积函数 $x(2x-1)^{100}$ 展开成多项式,其不定积分总是可以算出来的,但因工作量极其巨大,实际上是不可能这么去做的.

解 令 $2x-1=t$ 即 $x=\dfrac{t+1}{2}$,则 $\mathrm{d}x=\dfrac{1}{2}\mathrm{d}t$,于是

$$\int x(2x-1)^{100}\mathrm{d}x=\frac{1}{4}\int (t+1)t^{100}\mathrm{d}t=\frac{1}{4}\left(\frac{t^{102}}{102}+\frac{t^{101}}{101}\right)+C$$

$$=\frac{(2x-1)^{101}}{4}\left(\frac{2x-1}{102}+\frac{1}{101}\right)+C.$$

有许多题目,既可以采用第一类换元积分法,也可以采用第二类换元积分法,代换的函数形式也可以大不相同,要根据具体情况灵活运用.

例 6.2.10 求 $\displaystyle\int\frac{\mathrm{d}x}{x^2\sqrt{1+x^2}}$.

解法一 用第一类换元积分法.当 $x>0$ 时,原式可变形为

$$\int\frac{\mathrm{d}x}{x^2\sqrt{1+x^2}}=\int\frac{\mathrm{d}x}{x^3\sqrt{1+\dfrac{1}{x^2}}}=-\int\frac{1}{2\sqrt{1+\dfrac{1}{x^2}}}\left(-\frac{2}{x^3}\right)\mathrm{d}x,$$

利用 $\mathrm{d}\left(\dfrac{1}{x^2}\right)=-\dfrac{2}{x^3}\mathrm{d}x$,于是

$$\int\frac{\mathrm{d}x}{x^2\sqrt{1+x^2}}=-\int\frac{1}{2\sqrt{1+\dfrac{1}{x^2}}}\mathrm{d}\left(\frac{1}{x^2}\right)=-\int\frac{1}{2\sqrt{1+\dfrac{1}{x^2}}}\mathrm{d}\left(1+\frac{1}{x^2}\right)$$

$$=-\sqrt{1+\frac{1}{x^2}}+C=-\frac{\sqrt{1+x^2}}{x}+C.$$

容易验证,它也是被积函数在 $x<0$ 时的原函数.(对类似情况,我们以后不再一一加以说明了.)

解法二 用第二类换元积分法.做代换 $x=\dfrac{1}{t}$,则 $\mathrm{d}x=-\dfrac{1}{t^2}\mathrm{d}t$,于是

$$\int\frac{\mathrm{d}x}{x^2\sqrt{1+x^2}}=-\int\frac{t\mathrm{d}t}{\sqrt{1+t^2}}=-\sqrt{1+t^2}+C=-\sqrt{1+\frac{1}{x^2}}+C=-\frac{\sqrt{1+x^2}}{x}+C.$$

解法三 将两种换元法结合起来.先用第二类换元积分法,做代换 $x=\tan t$,则 $\mathrm{d}x=\sec^2 t\mathrm{d}t$,于是

$$\int\frac{\mathrm{d}x}{x^2\sqrt{1+x^2}}=\int\frac{\sec^2 t\mathrm{d}t}{\tan^2 t\sec t}=\int\frac{\cos t\mathrm{d}t}{\sin^2 t}.$$

再用第一类换元积分法

$$\int\frac{\cos t\mathrm{d}t}{\sin^2 t}=\int\frac{\mathrm{d}(\sin t)}{\sin^2 t}=-\frac{1}{\sin t}+C,$$

最后代回变量,即得到

$$\int \frac{\mathrm{d}x}{x^2 \sqrt{1+x^2}} = -\frac{\sqrt{1+x^2}}{x} + C.$$

分部积分法

分部积分法的理论基础是函数乘积的微分公式.

对任意两个可微的函数 $u(x)$、$v(x)$,成立关系式

$$\mathrm{d}[u(x)v(x)] = v(x)\mathrm{d}[u(x)] + u(x)\mathrm{d}[v(x)],$$

两边同时求不定积分并移项,就有

$$\int u(x)\mathrm{d}[v(x)] = u(x)v(x) - \int v(x)\mathrm{d}[u(x)],$$

也即

$$\int u(x)v'(x)\mathrm{d}x = u(x)v(x) - \int v(x)u'(x)\mathrm{d}x,$$

这就是**分部积分公式**.

粗略看来,分部积分公式只是把原来需要求的关于 $u(x)v'(x)$ 的不定积分改为求 $u'(x)v(x)$ 的不定积分而已,两者的形式又差不多,似乎并无多大的意义,其实不然.在许多时候,直接求 $\int u(x)v'(x)\mathrm{d}x$ 与求 $\int v(x)u'(x)\mathrm{d}x$ 相比,难度是不可同日而语的.下面我们将看到,通过这么一转换,许多函数求不定积分的问题就迎刃而解了.

例 6.2.11 求 $\int x\cos x\mathrm{d}x$.

解 将 x 看成 $u(x)$,$\cos x$ 看成 $v'(x)$,则 $u'(x) = 1$,$v(x) = \sin x$,代入分部积分公式,

$$\int x\cos x\mathrm{d}x = \int x\mathrm{d}(\sin x) = x\sin x - \int \sin x\mathrm{d}x = x\sin x + \cos x + C.$$

对有些函数,需要重复分部积分若干次才能求出它的不定积分.

例 6.2.12 求 $\int x^2 \mathrm{e}^x\mathrm{d}x$.

解 将 x^2 看成 $u(x)$,e^x 看成 $v'(x)$,则 $u'(x) = 2x$,$v(x) = \mathrm{e}^x$,代入分部积分公式

$$\int x^2 \mathrm{e}^x\mathrm{d}x = \int x^2\mathrm{d}(\mathrm{e}^x) = x^2\mathrm{e}^x - \int \mathrm{e}^x\mathrm{d}(x^2) = x^2\mathrm{e}^x - 2\int x\mathrm{e}^x\mathrm{d}x,$$

对后一项再用一次分部积分,

$$\int x\mathrm{e}^x\mathrm{d}x = \int x\mathrm{d}(\mathrm{e}^x) = x\mathrm{e}^x - \int \mathrm{e}^x\mathrm{d}x = x\mathrm{e}^x - \mathrm{e}^x + C,$$

于是

$$\int x^2 \mathrm{e}^x\mathrm{d}x = \mathrm{e}^x(x^2 - 2x + 2) + C.$$

等到运算熟练以后,可以省去中间步骤.

应用分部积分公式时,将哪个函数看成 $u(x)$,哪个函数看成 $v'(x)$ 是很重要的,弄错的话就有可能使得我们更加一筹莫展.如在例 6.2.11,若将 $\cos x$ 看成 $u(x)$,x 看成

$v'(x)$,则 $u'(x) = -\sin x$ 而 $v(x) = \dfrac{x^2}{2}$,代入分部积分公式得到

$$\int x\cos x\,\mathrm{d}x = \int \cos x\,\mathrm{d}\left(\frac{x^2}{2}\right) = \frac{x^2}{2}\cos x - \int \frac{x^2}{2}(-\sin x)\,\mathrm{d}x,$$

结果事与愿违,最后一项变得比原来的积分更为复杂!

分部积分公式的正确使用大致有下述几种模式:

(1)通过对 $u(x)$ 求导降低它的复杂程度,而 $v'(x)$ 与 $v(x)$ 的类型相似或复杂程度相当.

记 $p_n(x)$ 为 n 次多项式,则对于形如 $\int p_n(x)\sin \alpha x\,\mathrm{d}x$、$\int p_n(x)\cos \beta x\,\mathrm{d}x$ 以及 $\int p_n(x)\mathrm{e}^{\lambda x}\,\mathrm{d}x$ 之类的不定积分,总是取 $p_n(x)$ 为 $u(x)$,而将另一个函数看成 $v'(x)$,这时 $v(x)$ 是很容易求的.通过分部积分,$p_n(x)$ 的次数随着求导而逐次降低,直到最后成为常数.

例 6.2.11 和例 6.2.12 就是这种情况.

(2)通过对 $u(x)$ 求导使得它的类型与 $v(x)$ 的类型相同或相近,然后将它们作为一个统一的形式来处理.

例如,对于形如 $\int p_n(x)\arcsin x\,\mathrm{d}x$,$\int p_n(x)\arctan x\,\mathrm{d}x$ 和 $\int p_n(x)\ln x\,\mathrm{d}x$ 之类的不定积分,总是取 $p_n(x)$ 为 $v'(x)$,而将另一个函数看成 $u(x)$,这时关于 $u'(x)v(x)$ 的不定积分就比较容易求出.

例 6.2.13 求 $\int \ln x\,\mathrm{d}x$.

解 将 $\ln x$ 看成 $u(x)$,而将 1 看成 $v'(x)$,则 $u'(x) = \dfrac{1}{x}$,$v(x) = x$,代入分部积分公式,

$$\int \ln x\,\mathrm{d}x = x\ln x - \int x \cdot \frac{1}{x}\,\mathrm{d}x = x(\ln x - 1) + C.$$

例 6.2.14 求 $\int x\arctan x\,\mathrm{d}x$.

解 将 $\arctan x$ 看成 $u(x)$,x 看成 $v'(x)$,则 $u'(x) = \dfrac{1}{1+x^2}$,$v(x) = \dfrac{x^2}{2}$,代入分部积分公式得

$$
\begin{aligned}
\int x\arctan x\,\mathrm{d}x &= \frac{x^2}{2}\arctan x - \frac{1}{2}\int \frac{x^2}{1+x^2}\,\mathrm{d}x \\
&= \frac{x^2}{2}\arctan x - \frac{1}{2}\int \left(1 - \frac{1}{1+x^2}\right)\,\mathrm{d}x \\
&= \frac{1+x^2}{2}\arctan x - \frac{x}{2} + C.
\end{aligned}
$$

例 6.2.15 求 $\int \dfrac{x}{1+\cos x}\,\mathrm{d}x$.

解 利用分部积分法和换元积分法得

$$\int \frac{x}{1+\cos x}dx = \int \frac{x}{2\cos^2 \frac{x}{2}}dx = \int x d\tan \frac{x}{2}$$

$$= x\tan \frac{x}{2} - \int \tan \frac{x}{2}dx = x\tan \frac{x}{2} + 2\ln\left|\cos \frac{x}{2}\right| + C.$$

（3）利用有些函数经数次求导后形式会复原的性质，通过若干次分部积分，使等式右边也产生 $\int u(x)\cdot v'(x)dx$ 的项，只要它的系数不为 1，就可以用解方程的办法求得 $\int u(x)v'(x)dx$.

如对于形如 $\int e^{\lambda x}\sin \alpha x dx$ 或 $\int e^{\lambda x}\cos \beta x dx$ 之类的不定积分，可以取 $e^{\lambda x}$ 与 $\sin \alpha x$（或 $\cos \beta x$）中任一个为 $u(x)$，而另一个为 $v'(x)$；对于 $\int \sqrt{x^2+a^2}dx$ 之类的不定积分，则可将 $u(x)$ 取作 $\sqrt{x^2+a^2}$，而将 $v'(x)$ 视为 1.

例 6. 2. 16 求 $\int e^x\sin x dx$.

解 将 $\sin x$ 看成 $u(x)$，e^x 看成 $v'(x)$，应用分部积分公式，

$$\int e^x\sin x dx = e^x\sin x - \int e^x\cos x dx,$$

在等式右端的积分中，将 $\cos x$ 看成 $u(x)$，e^x 看成 $v'(x)$，再次应用分部积分公式，得到

$$\int e^x\sin x dx = e^x\sin x - \int e^x\cos x dx = e^x\sin x - e^x\cos x - \int e^x\sin x dx.$$

等式的两边都出现了所要求的 $\int e^x\sin x dx$，把它们都移到等式的左边，解出

$$\int e^x\sin x dx = \frac{e^x(\sin x - \cos x)}{2} + C.$$

类似地可以得到

$$\int e^x\cos x dx = \frac{e^x(\sin x + \cos x)}{2} + C.$$

例 6. 2. 17 求 $\int \sqrt{x^2+a^2}dx$ 和 $\int \sqrt{x^2-a^2}dx$.

解 以 $\int \sqrt{x^2+a^2}dx$ 为例，这个不定积分是可以用第二类换元积分法求的，但用分部积分的方法更为简单些.

$$\int \sqrt{x^2+a^2}dx = x\sqrt{x^2+a^2} - \int \frac{x^2}{\sqrt{x^2+a^2}}dx$$

$$= x\sqrt{x^2+a^2} - \int \frac{x^2+a^2-a^2}{\sqrt{x^2+a^2}}dx$$

$$= x\sqrt{x^2+a^2} + \int \frac{a^2}{\sqrt{x^2+a^2}}dx - \int \sqrt{x^2+a^2}dx.$$

移项,解得

$$\int \sqrt{x^2 + a^2}\, \mathrm{d}x = \frac{1}{2}\left(x\sqrt{x^2 + a^2} + \int \frac{a^2}{\sqrt{x^2 + a^2}}\mathrm{d}x \right)$$

$$= \frac{1}{2}\left(x\sqrt{x^2+a^2} + a^2\ln|x+\sqrt{x^2+a^2}| \right) + C.$$

最后一项利用了例 6.2.8 的结果.

类似地可以求出

$$\int \sqrt{x^2 - a^2}\, \mathrm{d}x = \frac{1}{2}\left(x\sqrt{x^2 - a^2} - a^2\ln|x+\sqrt{x^2-a^2}| \right) + C.$$

（4） 对某些形如 $\int f^n(x)\mathrm{d}x$ 的不定积分,利用分部积分法降低幂指数,导出递推公式.

例 6.2.18 求 $I_n = \int \dfrac{\mathrm{d}x}{(x^2+a^2)^n}$.

解 由例 6.2.2,

$$I_1 = \int \frac{\mathrm{d}x}{x^2+a^2} = \frac{1}{a}\arctan\frac{x}{a} + C,$$

而对于 $n \geqslant 2$,有

$$I_n = \int \frac{\mathrm{d}x}{(x^2+a^2)^n} = \frac{1}{a^2}\int \frac{x^2+a^2-x^2}{(x^2+a^2)^n}\mathrm{d}x = \frac{I_{n-1}}{a^2} + \frac{1}{a^2}\int \frac{-x^2}{(x^2+a^2)^n}\mathrm{d}x.$$

对最后一项用分部积分,

$$I_n = \frac{I_{n-1}}{a^2} + \frac{1}{2a^2(n-1)}\int x\,\mathrm{d}\left[\frac{1}{(x^2+a^2)^{n-1}} \right] = \frac{I_{n-1}}{a^2} + \frac{1}{2a^2(n-1)}\frac{x}{(x^2+a^2)^{n-1}} - \frac{I_{n-1}}{2a^2(n-1)}.$$

于是得到递推关系

$$\begin{cases} I_n = \dfrac{2n-3}{2a^2(n-1)}I_{n-1} + \dfrac{1}{2a^2(n-1)} \cdot \dfrac{x}{(x^2+a^2)^{n-1}}, & n \geqslant 2, \\[3mm] I_1 = \dfrac{1}{a}\arctan\dfrac{x}{a} + C. \end{cases}$$

上节和本节中所得到的结果绝大部分可以作为基本积分公式,应该熟练掌握,为了便于使用,我们将它们集中在下面的表中.

基本积分表

$$\int x^\alpha \mathrm{d}x = \begin{cases} \dfrac{1}{\alpha+1}x^{\alpha+1}+C, & \alpha \neq -1, \\[3mm] \ln|x|+C, & \alpha = -1; \end{cases} \qquad \int \ln x\,\mathrm{d}x = x(\ln x - 1) + C;$$

$$\int a^x \mathrm{d}x = \frac{a^x}{\ln a} + C, \text{特别地} \int e^x \mathrm{d}x = e^x + C;$$

$$\int \sin x\,\mathrm{d}x = -\cos x + C; \qquad\qquad \int \cos x\,\mathrm{d}x = \sin x + C;$$

$$\int \tan x\,\mathrm{d}x = -\ln|\cos x| + C; \qquad\qquad \int \cot x\,\mathrm{d}x = \ln|\sin x| + C;$$

$$\int \sec x\mathrm{d}x = \ln|\sec x + \tan x| + C;\qquad \int \csc x\mathrm{d}x = \ln|\csc x - \cot x| + C;$$

$$\int \mathrm{sh}\ x\mathrm{d}x = \mathrm{ch}\ x + C;\qquad \int \mathrm{ch}\ x\mathrm{d}x = \mathrm{sh}\ x + C;$$

$$\int \frac{\mathrm{d}x}{\sqrt{a^2-x^2}} = \arcsin\frac{x}{a} + C(a>0);\qquad \int \frac{\mathrm{d}x}{\sqrt{x^2\pm a^2}} = \ln|x+\sqrt{x^2\pm a^2}| + C(a>0);$$

$$\int \frac{\mathrm{d}x}{x^2-a^2} = \frac{1}{2a}\ln\left|\frac{x-a}{x+a}\right| + C;\qquad \int \frac{\mathrm{d}x}{x^2+a^2} = \frac{1}{a}\arctan\frac{x}{a} + C;$$

$$\int \sqrt{a^2-x^2}\,\mathrm{d}x = \frac{1}{2}x\sqrt{a^2-x^2} + \frac{a^2}{2}\arcsin\frac{x}{a} + C(a>0);$$

$$\int \sqrt{x^2\pm a^2}\,\mathrm{d}x = \frac{1}{2}\left(x\sqrt{x^2\pm a^2}\pm a^2\ln|x+\sqrt{x^2\pm a^2}|\right) + C(a>0).$$

由于任一个二次多项式 ax^2+bx+c 必能通过配方化成 $a[(x-p)^2\pm q^2]$ 形式,因此最后的六个(实际上是八个)公式对于求某些 $f(ax^2+bx+c)$ 型的不定积分是很有用的.下面我们再举两个例题.

例 6.2.19　求 $\displaystyle\int (x+1)\sqrt{x^2-2x+5}\,\mathrm{d}x$.

我们分别用换元积分法与分部积分法来求此不定积分:

解法一　作变量代换 $x-1=2\tan t$,那么 $\mathrm{d}x=2\sec^2 t\mathrm{d}t$,于是

$$\int (x+1)\sqrt{x^2-2x+5}\,\mathrm{d}x = \int (x+1)\sqrt{(x-1)^2+4}\,\mathrm{d}x$$

$$= \int 8(1+\tan t)\sec^3 t\mathrm{d}t = 8\int \sec^3 t\mathrm{d}t + 8\int \tan t\sec^3 t\mathrm{d}t$$

$$= 8\int \sec^3 t\mathrm{d}t + 8\int \sec^2 t\mathrm{d}(\sec t) = 8\int \sec^3 t\mathrm{d}t + \frac{8}{3}\sec^3 t.$$

对于计算 $\displaystyle\int \sec^3 t\mathrm{d}t$,利用分部积分法与例 6.2.4 的结果,就有

$$\int \sec^3 t\mathrm{d}t = \int \sec t\mathrm{d}\tan t = \sec t\tan t - \int \tan^2 t\sec t\mathrm{d}t$$

$$= \sec t\tan t - \int (\sec^2 t-1)\sec t\mathrm{d}t$$

$$= \sec t\tan t - \int \sec^3 t\mathrm{d}t + \int \sec t\mathrm{d}t,$$

$$= \sec t\tan t - \int \sec^3 t\mathrm{d}t + \ln|\sec t + \tan t|,$$

移项得到

$$\int \sec^3 t\mathrm{d}t = \frac{1}{2}\left[\sec t\tan t + \ln|\sec t + \tan t|\right] + C.$$

注意到 $\tan t = \dfrac{x-1}{2}$ 及 $\sec t = \sqrt{1+\tan^2 t} = \sqrt{1+\left(\dfrac{x-1}{2}\right)^2} = \dfrac{\sqrt{x^2-2x+5}}{2}$,即得

$$\int (x+1)\sqrt{x^2-2x+5}\,\mathrm{d}x$$

$$= \frac{8}{3}\sec^3 t + 4\left[\sec t \tan t + \ln|\sec t + \tan t|\right] + C$$

$$= \frac{1}{3}(x^2 - 2x + 5)^{\frac{3}{2}} + (x-1)\sqrt{x^2 - 2x + 5} + 4\ln|(x-1) + \sqrt{x^2 - 2x + 5}| + C.$$

解法二 直接利用例 6.2.17 的结果.

$$\int (x+1)\sqrt{x^2 - 2x + 5}\,\mathrm{d}x$$

$$= \frac{1}{2}\int (2x-2)\sqrt{x^2 - 2x + 5}\,\mathrm{d}x + 2\int \sqrt{x^2 - 2x + 5}\,\mathrm{d}x$$

$$= \frac{1}{2}\int \sqrt{x^2 - 2x + 5}\,\mathrm{d}(x^2 - 2x + 5) + 2\int \sqrt{(x-1)^2 + 4}\,\mathrm{d}x$$

$$= \frac{1}{3}(x^2 - 2x + 5)^{\frac{3}{2}} + 2\int \sqrt{(x-1)^2 + 4}\,\mathrm{d}x.$$

对于 $\int \sqrt{(x-1)^2 + 4}\,\mathrm{d}x$，由例 6.2.17 得

$$\int \sqrt{(x-1)^2 + 4}\,\mathrm{d}x = \int \sqrt{(x-1)^2 + 4}\,\mathrm{d}(x-1)$$

$$= \frac{1}{2}(x-1)\sqrt{(x-1)^2 + 4} + 2\ln|(x-1) + \sqrt{(x-1)^2 + 4}| + C$$

$$= \frac{1}{2}(x-1)\sqrt{x^2 - 2x + 5} + 2\ln|(x-1) + \sqrt{x^2 - 2x + 5}| + C,$$

因此

$$\int (x+1)\sqrt{x^2 - 2x + 5}\,\mathrm{d}x$$

$$= \frac{1}{3}(x^2 - 2x + 5)^{\frac{3}{2}} + (x-1)\sqrt{x^2 - 2x + 5} + 4\ln|(x-1) + \sqrt{x^2 - 2x + 5}| + C.$$

读者可以发现，对于这一问题，用分部积分法比用换元积分法要方便.

例 6.2.20 求 $\int \dfrac{\mathrm{d}x}{\sqrt{x^2 + 2\xi x + \eta^2}}$.

解 将 $x^2 + 2\xi x + \eta^2$ 配方后化成 $(x+\xi)^2 \pm |\eta^2 - \xi^2|$，把 $|\eta^2 - \xi^2|$ 看作 a^2，便有

$$\int \frac{\mathrm{d}x}{\sqrt{x^2 + 2\xi x + \eta^2}} = \int \frac{\mathrm{d}(x+\xi)}{\sqrt{(x+\xi)^2 \pm |\eta^2 - \xi^2|}} = \ln|(x+\xi) + \sqrt{x^2 + 2\xi x + \eta^2}| + C.$$

这是一个一般的结果，比如当 $\xi = -2, \eta^2 = 5$ 时，得到

$$\int \frac{\mathrm{d}x}{\sqrt{x^2 - 4x + 5}} = \ln|(x-2) + \sqrt{x^2 - 4x + 5}| + C.$$

对于求诸如 $\int \dfrac{(ax+b)\,\mathrm{d}x}{x^2 + 2\xi x + \eta^2}$，$\int \dfrac{(ax+b)\,\mathrm{d}x}{\sqrt{x^2 + 2\xi x + \eta^2}}$ 和 $\int (ax+b)\sqrt{x^2 + 2\xi x + \eta^2}\,\mathrm{d}x$ 型的不定积

分，解题思路是类似的（只是先要如例 6.2.19 那样对 $ax+b$ 作一次拆项）.读者应掌握这一方法的本质，而不必去死背公式.

习　题

1. 求下列不定积分：

$(1)\ \displaystyle\int\frac{dx}{4x-3}$；

$(2)\ \displaystyle\int\frac{dx}{\sqrt{1-2x^2}}$；

$(3)\ \displaystyle\int\frac{dx}{e^x-e^{-x}}$；

$(4)\ \displaystyle\int e^{3x+2}dx$；

$(5)\ \displaystyle\int(2^x+3^x)^2dx$；

$(6)\ \displaystyle\int\frac{1}{2+5x^2}dx$；

$(7)\ \displaystyle\int\sin^5 x\,dx$；

$(8)\ \displaystyle\int\tan^{10}x\sec^2 x\,dx$；

$(9)\ \displaystyle\int\sin 5x\cos 3x\,dx$；

$(10)\ \displaystyle\int\cos^2 5x\,dx$；

$(11)\ \displaystyle\int\frac{(2x+4)dx}{(x^2+4x+5)^2}$；

$(12)\ \displaystyle\int\frac{\sin\sqrt{x}}{\sqrt{x}}dx$；

$(13)\ \displaystyle\int\frac{x^2\,dx}{\sqrt[4]{1-2x^3}}$；

$(14)\ \displaystyle\int\frac{1}{1-\sin x}dx$；

$(15)\ \displaystyle\int\frac{\sin x+\cos x}{\sqrt[3]{\sin x-\cos x}}dx$；

$(16)\ \displaystyle\int\frac{dx}{(\arcsin x)^2\sqrt{1-x^2}}$；

$(17)\ \displaystyle\int\frac{dx}{x^2-2x+2}$；

$(18)\ \displaystyle\int\frac{1-x}{\sqrt{9-4x^2}}dx$；

$(19)\ \displaystyle\int\tan\sqrt{1+x^2}\frac{x}{\sqrt{1+x^2}}dx$；

$(20)\ \displaystyle\int\frac{\sin x\cos x}{1+\sin^4 x}dx$.

2. 求下列不定积分：

$(1)\ \displaystyle\int\frac{dx}{\sqrt{1+e^{2x}}}$；

$(2)\ \displaystyle\int\frac{dx}{x\sqrt{1+x^2}}$；

$(3)\ \displaystyle\int\frac{\arctan\sqrt{x}}{\sqrt{x}(1+x)}dx$；

$(4)\ \displaystyle\int\frac{1+\ln x}{(x\ln x)^2}dx$；

$(5)\ \displaystyle\int(x-1)(x+2)^{20}dx$；

$(6)\ \displaystyle\int x^2(x+1)^n dx$；

$(7)\ \displaystyle\int\frac{dx}{x^4\sqrt{1+x^2}}$；

$(8)\ \displaystyle\int\frac{\sqrt{x^2-9}}{x}dx$；

$(9)\ \displaystyle\int\frac{dx}{\sqrt{(1-x^2)^3}}$；

$(10)\ \displaystyle\int\frac{dx}{\sqrt{(x^2+a^2)^3}}$；

$(11)\ \displaystyle\int\sqrt{\frac{x-a}{x+a}}dx$；

$(12)\ \displaystyle\int x\sqrt{\frac{x}{2a-x}}dx$；

$(13)\ \displaystyle\int\frac{dx}{1+\sqrt{2x}}$；

$(14)\ \displaystyle\int x^2\sqrt[3]{1-x}\,dx$；

$(15)\ \displaystyle\int\frac{dx}{x\sqrt{x^2-1}}$；

$(16)\ \displaystyle\int\frac{x^2}{\sqrt{a^2-x^2}}dx$；

（17）$\displaystyle\int \frac{\sqrt{a^2-x^2}}{x^4}\mathrm{d}x$；　　　　　　　　（18）$\displaystyle\int \frac{\mathrm{d}x}{1+\sqrt{1-x^2}}$；

（19）$\displaystyle\int \frac{x^{15}}{(x^4-1)^3}\mathrm{d}x$；　　　　　　　（20）$\displaystyle\int \frac{1}{x(x^n+1)}\mathrm{d}x$.

3. 求下列不定积分：

（1）$\displaystyle\int x\mathrm{e}^{2x}\mathrm{d}x$；　　　　　　　　（2）$\displaystyle\int x\ln(x-1)\mathrm{d}x$；

（3）$\displaystyle\int x^2\sin 3x\mathrm{d}x$；　　　　　　　（4）$\displaystyle\int \frac{x}{\sin^2 x}\mathrm{d}x$；

（5）$\displaystyle\int x\cos^2 x\mathrm{d}x$；　　　　　　　（6）$\displaystyle\int \arcsin x\mathrm{d}x$；

（7）$\displaystyle\int \arctan x\mathrm{d}x$；　　　　　　　（8）$\displaystyle\int x^2\arctan x\mathrm{d}x$；

（9）$\displaystyle\int x\tan^2 x\mathrm{d}x$；　　　　　　　（10）$\displaystyle\int \frac{\arcsin x}{\sqrt{1-x}}\mathrm{d}x$；

（11）$\displaystyle\int \ln^2 x\mathrm{d}x$；　　　　　　　（12）$\displaystyle\int x^2\ln x\mathrm{d}x$；

（13）$\displaystyle\int \mathrm{e}^{-x}\sin 5x\mathrm{d}x$；　　　　　　（14）$\displaystyle\int \mathrm{e}^x\sin^2 x\mathrm{d}x$；

（15）$\displaystyle\int \frac{\ln^3 x}{x^2}\mathrm{d}x$；　　　　　　　（16）$\displaystyle\int \cos(\ln x)\mathrm{d}x$；

（17）$\displaystyle\int (\arcsin x)^2\mathrm{d}x$；　　　　　（18）$\displaystyle\int \sqrt{x}\,\mathrm{e}^{\sqrt{x}}\mathrm{d}x$；

（19）$\displaystyle\int \mathrm{e}^{\sqrt{x+1}}\mathrm{d}x$；　　　　　　（20）$\displaystyle\int \ln(x+\sqrt{1+x^2})\mathrm{d}x$.

4. 已知 $f(x)$ 的一个原函数为 $\dfrac{\sin x}{1+x\sin x}$，求 $\displaystyle\int f(x)f'(x)\mathrm{d}x$.

5. 设 $f'(\sin^2 x)=\cos 2x+\tan^2 x$，求 $f(x)$.

6. 设 $f(\ln x)=\dfrac{\ln(1+x)}{x}$，求 $\displaystyle\int f(x)\mathrm{d}x$.

7. 求不定积分 $\displaystyle\int \frac{\cos x}{\sin x+\cos x}\mathrm{d}x$ 与 $\displaystyle\int \frac{\sin x}{\sin x+\cos x}\mathrm{d}x$.

8. 求下列不定积分的递推表达式（n 为非负整数）：

（1）$I_n=\displaystyle\int \sin^n x\mathrm{d}x$；　　　　　　（2）$I_n=\displaystyle\int \tan^n x\mathrm{d}x$；

（3）$I_n=\displaystyle\int \frac{\mathrm{d}x}{\cos^n x}$；　　　　　　（4）$I_n=\displaystyle\int x^n\sin x\mathrm{d}x$；

（5）$I_n=\displaystyle\int \mathrm{e}^x\sin^n x\mathrm{d}x$；　　　　　（6）$I_n=\displaystyle\int x^\alpha\ln^n x\mathrm{d}x$ $(\alpha\neq -1)$；

（7）$I_n=\displaystyle\int \frac{x^n}{\sqrt{1-x^2}}\mathrm{d}x$；　　　　（8）$I_n=\displaystyle\int \frac{\mathrm{d}x}{x^n\sqrt{1+x}}$.

9. 导出求 $\displaystyle\int \frac{(ax+b)\mathrm{d}x}{x^2+2\xi x+\eta^2}$，$\displaystyle\int \frac{(ax+b)\mathrm{d}x}{\sqrt{x^2+2\xi x+\eta^2}}$ 和 $\displaystyle\int (ax+b)\sqrt{x^2+2\xi x+\eta^2}\mathrm{d}x$ 型不定积分的公式.

10. 求下列不定积分：

（1）$\displaystyle\int (5x+3)\sqrt{x^2+x+2}\mathrm{d}x$；　　　　（2）$\displaystyle\int (x-1)\sqrt{x^2+2x-5}\mathrm{d}x$；

$(3) \displaystyle\int \frac{(x-1)\,dx}{\sqrt{x^2+x+1}};$ $\qquad\qquad\qquad (4) \displaystyle\int \frac{(x+2)\,dx}{\sqrt{5+x-x^2}}.$

11. 设 n 次多项式 $p(x)=\displaystyle\sum_{i=0}^{n} a_i x^i$,系数满足关系 $\displaystyle\sum_{i=1}^{n} \frac{a_i}{(i-1)!}=0$,证明不定积分 $\displaystyle\int p\left(\frac{1}{x}\right) e^x\,dx$ 是初等函数.

§3　有理函数的不定积分及其应用

有理函数的不定积分

初等函数的不定积分并非都是初等函数,如 $\displaystyle\int \frac{\sin x}{x}\,dx$, $\displaystyle\int e^{\pm x^2}\,dx$, $\displaystyle\int \frac{1}{\ln x}\,dx$ 和 $\displaystyle\int \sqrt{1-k^2\sin^2 x}\,dx\,(0<k^2<1)$ 等,就无法用基本初等函数的有限次四则运算和复合来表达,俗称"积不出"(注意,这并不意味这些被积函数没有原函数,学了定积分以后我们会知道,任何一个连续函数必存在原函数,只是上述不定积分不能用初等函数表示出来).

形如 $\dfrac{p_m(x)}{q_n(x)}$ 的函数称为有理函数,这里 $p_m(x)$ 和 $q_n(x)$ 分别是 m 次和 n 次多项式. 在本节中,我们将通过介绍求一般有理函数的不定积分的方法,证明这样的一个结论: 有理函数的原函数一定是初等函数.

求有理函数的不定积分是我们在实际应用中经常遇到的问题,此外,对于求某些其他类型函数的不定积分,如无理函数、三角函数的不定积分问题,也可以通过适当的变换化成求有理函数的不定积分问题而得到解决.

在考虑有理函数的不定积分 $\displaystyle\int \frac{p_m(x)}{q_n(x)}\,dx$ 时,我们总假定 $\dfrac{p_m(x)}{q_n(x)}$ 是真分式,即成立 $m<n$,因为不然的话,可以通过多项式的带余除法,使得

$$\frac{p_m(x)}{q_n(x)}=p_{m-n}(x)+\frac{r(x)}{q_n(x)},$$

其中 $p_{m-n}(x)$ 是 $m-n$ 次多项式,而 $r(x)$ 是次数不超过 $n-1$ 的多项式.这样就得到

$$\int \frac{p_m(x)}{q_n(x)}\,dx = \int p_{m-n}(x)\,dx + \int \frac{r(x)}{q_n(x)}\,dx.$$

由于求 $\displaystyle\int p_{m-n}(x)\,dx$ 非常容易,原问题就变为求一个真分式类型的有理函数的不定积分了.另外,为了讨论的方便,我们假定 $q_n(x)$ 的最高次项系数为 1.

由代数学基本定理,分母多项式 $q_n(x)$ 在复数域上恰有 n 个根.由于 $q_n(x)$ 是实多项式,因此它的根要么是实根,要么是成对出现的共轭复根.设它的全部实根为 α_1, $\alpha_2,\cdots,\alpha_i$,其重数分别为 $m_1,m_2,\cdots,m_i$,全部复根为 $\beta_1\pm i\gamma_1,\beta_2\pm i\gamma_2,\cdots,\beta_j\pm i\gamma_j$,其重数

分别为 $n_1, n_2, \cdots, n_j$ $\left(\sum\limits_{k=1}^{i} m_k + 2 \sum\limits_{k=1}^{j} n_k = n \right)$ ，记 $\xi_k = -\beta_k$，$\eta_k^2 = \beta_k^2 + \gamma_k^2 (\xi_k^2 < \eta_k^2)$，则在实数域上可将 $q_n(x)$ 因式分解为

$$q_n(x) = \prod_{k=1}^{i} (x - \alpha_k)^{m_k} \cdot \prod_{k=1}^{j} (x^2 + 2\xi_k x + \eta_k^2)^{n_k}.$$

求有理函数的不定积分 $\displaystyle\int \frac{p_m(x)}{q_n(x)} \mathrm{d}x$ 的关键，是将有理函数 $\dfrac{p_m(x)}{q_n(x)}$ 分解成简单分式之和，再分别求简单分式的不定积分.

定理 6.3.1 设有理函数 $\dfrac{p(x)}{q(x)}$ 是真分式，多项式 $q(x)$ 有 k 重实根 α，即 $q(x) = (x - \alpha)^k q_1(x)$，$q_1(\alpha) \neq 0$. 则存在实数 λ 与多项式 $p_1(x)$，$p_1(x)$ 的次数低于 $(x - \alpha)^{k-1} q_1(x)$ 的次数，成立

$$\frac{p(x)}{q(x)} = \frac{\lambda}{(x - \alpha)^k} + \frac{p_1(x)}{(x - \alpha)^{k-1} q_1(x)}.$$

证 令 $\dfrac{p(\alpha)}{q_1(\alpha)} = \lambda$，则 $x = \alpha$ 是多项式 $p(x) - \lambda q_1(x)$ 的根，设

$$p(x) - \lambda q_1(x) = (x - \alpha) p_1(x),$$

就得到

$$\frac{p(x)}{q(x)} = \frac{\lambda}{(x - \alpha)^k} + \frac{p_1(x)}{(x - \alpha)^{k-1} q_1(x)}.$$

证毕

定理 6.3.2 设有理函数 $\dfrac{p(x)}{q(x)}$ 是真分式，多项式 $q(x)$ 有 l 重共轭复根 $\beta \pm \mathrm{i}\gamma$，即 $q(x) = (x^2 + 2\xi x + \eta^2)^l q^*(x)$，$q^*(\beta \pm \mathrm{i}\gamma) \neq 0$，其中 $\xi = -\beta$，$\eta^2 = \beta^2 + \gamma^2 (\xi^2 < \eta^2)$. 则存在实数 μ, ν 和多项式 $p^*(x)$，$p^*(x)$ 的次数低于 $(x^2 + 2\xi x + \eta^2)^{l-1} q^*(x)$ 的次数，成立

$$\frac{p(x)}{q(x)} = \frac{\mu x + \nu}{(x^2 + 2\xi x + \eta^2)^l} + \frac{p^*(x)}{(x^2 + 2\xi x + \eta^2)^{l-1} q^*(x)}.$$

证 令

$$\frac{p(\beta + \mathrm{i}\gamma)}{q^*(\beta + \mathrm{i}\gamma)} = \mu(\beta + \mathrm{i}\gamma) + \nu,$$

其中 μ, ν 为实数，则

$$\frac{p(\beta - \mathrm{i}\gamma)}{q^*(\beta - \mathrm{i}\gamma)} = \mu(\beta - \mathrm{i}\gamma) + \nu,$$

于是 $x = \beta \pm \mathrm{i}\gamma$ 是多项式 $p(x) - (\mu x + \nu) q^*(x)$ 的根，设

$$p(x) - (\mu x + \nu) q^*(x) = (x^2 + 2\xi x + \eta^2) p^*(x),$$

就得到

$$\frac{p(x)}{q(x)} = \frac{\mu x + \nu}{(x^2 + 2\xi x + \eta^2)^l} + \frac{p^*(x)}{(x^2 + 2\xi x + \eta^2)^{l-1} q^*(x)}.$$

证毕

重复应用定理 6.3.1 与 6.3.2,可将有理函数

$$\frac{p_m(x)}{q_n(x)} = \frac{p_m(x)}{\prod\limits_{k=1}^{i}(x-\alpha_k)^{m_k} \cdot \prod\limits_{k=1}^{j}(x^2+2\xi_k x+\eta_k^2)^{n_k}}$$

分解成简单分式之和,分解的规律是,若 $q_n(x)$ 含有因子 $(x-\alpha_k)^{m_k}$,则在和式中就有项

$$\frac{\lambda_{k1}}{x-\alpha_k}, \frac{\lambda_{k2}}{(x-\alpha_k)^2}, \cdots, \frac{\lambda_{km_k}}{(x-\alpha_k)^{m_k}};$$ 若 $q_n(x)$ 含有因子 $(x^2+2\xi_k x+\eta_k^2)^{n_k}$,则在和式中就有项

$$\frac{\mu_{k1}x+\nu_{k1}}{x^2+2\xi_k x+\eta_k^2}, \frac{\mu_{k2}x+\nu_{k2}}{(x^2+2\xi_k x+\eta_k^2)^2}, \cdots, \frac{\mu_{kn_k}x+\nu_{kn_k}}{(x^2+2\xi_k x+\eta_k^2)^{n_k}},$$

即

$$\frac{p_m(x)}{q_n(x)} = \sum_{k=1}^{i}\sum_{r=1}^{m_k}\frac{\lambda_{kr}}{(x-\alpha_k)^r} + \sum_{k=1}^{j}\sum_{r=1}^{n_k}\frac{\mu_{kr}x+\nu_{kr}}{(x^2+2\xi_k x+\eta_k^2)^r},$$

其中 λ_{kr}、μ_{kr}、ν_{kr} 可以用待定系数法具体算出来.

由不定积分的线性性质,即知

$$\int\frac{p_m(x)}{q_n(x)}dx = \sum_{k=1}^{i}\sum_{r=1}^{m_k}\lambda_{kr}\int\frac{dx}{(x-\alpha_k)^r} + \sum_{k=1}^{j}\sum_{r=1}^{n_k}\int\frac{\mu_{kr}x+\nu_{kr}}{(x^2+2\xi_k x+\eta_k^2)^r}dx.$$

它所涉及的不定积分只有两种类型:

(1) $\displaystyle\int\frac{dx}{(x-\alpha)^n}$ ($n \geq 1$).

在例 6.2.1,我们已经得到

$$\int\frac{dx}{(x-\alpha)^n} = \begin{cases} \ln|x-\alpha|+C, & n=1, \\ -\dfrac{1}{n-1}\cdot\dfrac{1}{(x-\alpha)^{n-1}}+C, & n\geq 2. \end{cases}$$

(2) $\displaystyle\int\frac{\mu x+\nu}{(x^2+2\xi x+\eta^2)^n}dx$ ($n \geq 1, \xi^2 < \eta^2$).

首先,将原式化成

$$\int\frac{\mu x+\nu}{(x^2+2\xi x+\eta^2)^n}dx = \frac{\mu}{2}\int\frac{2x+2\xi}{(x^2+2\xi x+\eta^2)^n}dx + (\nu-\mu\xi)\int\frac{dx}{(x^2+2\xi x+\eta^2)^n}.$$

等号右端第一项中的积分可利用第一类换元积分法,

$$\int\frac{2x+2\xi}{(x^2+2\xi x+\eta^2)^n}dx = \int\frac{d(x^2+2\xi x+\eta^2)}{(x^2+2\xi x+\eta^2)^n} = \begin{cases} \ln|x^2+2\xi x+\eta^2|+C, & n=1, \\ -\dfrac{1}{n-1}\cdot\dfrac{1}{(x^2+2\xi x+\eta^2)^{n-1}}+C, & n\geq 2. \end{cases}$$

等号右端第二项中的积分可配成

$$\int\frac{dx}{(x^2+2\xi x+\eta^2)^n} = \int\frac{d(x+\xi)}{[(x+\xi)^2+(\eta^2-\xi^2)]^n},$$

再应用例 6.2.18 的结果,即得到 $I_n = \displaystyle\int\frac{dx}{(x^2+2\xi x+\eta^2)^n}$ 的递推表达式

$$
\begin{cases}
I_n = \dfrac{1}{2(\eta^2-\xi^2)(n-1)}\left[(2n-3)I_{n-1}+\dfrac{x+\xi}{(x^2+2\xi x+\eta^2)^{n-1}}\right], & n\geqslant 2, \\[4mm]
I_1 = \dfrac{1}{\sqrt{\eta^2-\xi^2}}\arctan\dfrac{x+\xi}{\sqrt{\eta^2-\xi^2}}+C.
\end{cases}
$$

特别地,

$$
I_2 = \frac{1}{2(\sqrt{\eta^2-\xi^2})^3}\arctan\frac{x+\xi}{\sqrt{\eta^2-\xi^2}}+\frac{1}{2(\eta^2-\xi^2)}\cdot\frac{x+\xi}{x^2+2\xi x+\eta^2}.
$$

至此,在理论上,求有理函数的不定积分问题已经圆满地得到了解决,并且上面的结果也告诉我们,有理函数的原函数一定是初等函数.

例 6.3.1　求 $\displaystyle\int\frac{4x^3-13x^2+3x+8}{(x+1)(x-2)(x-1)^2}\mathrm{d}x.$

解　先将被积函数分解成简单分式之和.设

$$
\frac{4x^3-13x^2+3x+8}{(x+1)(x-2)(x-1)^2}=\frac{A}{x+1}+\frac{B}{x-2}+\frac{C}{x-1}+\frac{D}{(x-1)^2},
$$

将右边通分后,两边的分子应该相等,所以

$$
\begin{aligned}
4x^3-13x^2+3x+8=&A(x-2)(x-1)^2+B(x+1)(x-1)^2+\\
&C(x+1)(x-2)(x-1)+D(x+1)(x-2).
\end{aligned}
$$

令 $x=-1$,得到 $A=1$;令 $x=2$,得到 $B=-2$;令 $x=1$,得到 $D=-1$;两边求导后再令 $x=1$,得到 $C=5$(或者比较 x^3 的系数, $C=4-A-B=5$),于是

$$
\begin{aligned}
\int\frac{4x^3-13x^2+3x+8}{(x+1)(x-2)(x-1)^2}\mathrm{d}x &= \int\left[\frac{1}{x+1}-\frac{2}{x-2}+\frac{5}{x-1}-\frac{1}{(x-1)^2}\right]\mathrm{d}x\\
&= \ln\left|\frac{(x+1)(x-1)^5}{(x-2)^2}\right|+\frac{1}{x-1}+C.
\end{aligned}
$$

请注意,除非万不得已,要尽量避免将右式全部展开后与左边比较系数,建立线性方程组再去求解的烦琐方法.

例 6.3.2　求 $\displaystyle\int\frac{x^4+x^3+3x^2-1}{(x^2+1)^2(x-1)}\mathrm{d}x.$

解　设

$$
\frac{x^4+x^3+3x^2-1}{(x^2+1)^2(x-1)}=\frac{A}{x-1}+\frac{Bx+C}{x^2+1}+\frac{Dx+E}{(x^2+1)^2},
$$

则

$$
x^4+x^3+3x^2-1=A(x^2+1)^2+(Bx+C)(x-1)(x^2+1)+(Dx+E)(x-1).
$$

令 $x=1$,得到 $A=1$;比较 x^4 的系数,得到 $B=1-A=0$;比较 x^3 的系数,右边只有一项 Cx^3,由此得到 $C=1$;令 $x^2=-1$ 即 $x=\mathrm{i}=\sqrt{-1}$(这也是可以的),得到

$$
-3-\mathrm{i}=(-D-E)+(E-D)\mathrm{i},
$$

再令它们的实部和虚部分别相等,得到 $D=2$ 和 $E=1$.(或令 $x=0$ 得 $E=1$,再令 $x=2$ 即得 $D=2$.)于是

$$
\int\frac{x^4+x^3+3x^2-1}{(x^2+1)^2(x-1)}\mathrm{d}x=\int\left[\frac{1}{x-1}+\frac{1}{x^2+1}+\frac{2x+1}{(x^2+1)^2}\right]\mathrm{d}x
$$

$$= \ln|x-1| + \arctan x + \int \frac{\mathrm{d}(x^2+1)}{(x^2+1)^2} + \int \frac{\mathrm{d}x}{(x^2+1)^2}$$

$$= \ln|x-1| + \frac{3}{2}\arctan x - \frac{1}{x^2+1} + \frac{x}{2(x^2+1)} + C.$$

可化成有理函数不定积分的情况

前面已经说了,有些函数的不定积分可以通过适当的变换化成有理函数的不定积分,我们在此仅举两方面的例子.

1. $R\left(x, \sqrt[n]{\dfrac{\xi x+\eta}{\mu x+\nu}}\right)$ 类的不定积分.这里 $R(u,v)$ 表示两个变量 u,v 的有理函数(即分子和分母都是关于 u,v 的二元多项式).

对 $R\left(x, \sqrt[n]{\dfrac{\xi x+\eta}{\mu x+\nu}}\right)$ 作变量代换 $\sqrt[n]{\dfrac{\xi x+\eta}{\mu x+\nu}}=t$,则 $x=\varphi(t)=\dfrac{-\nu t^n+\eta}{\mu t^n-\xi}$.由于有理函数与有理函数的复合仍为有理函数,有理函数的导数也是有理函数,因此,

$$\int R\left(x, \sqrt[n]{\frac{\xi x+\eta}{\mu x+\nu}}\right)\mathrm{d}x = \int R\left(\frac{-\nu t^n+\eta}{\mu t^n-\xi}, t\right)\varphi'(t)\,\mathrm{d}t,$$

上式右端的被积函数是一个关于变量 t 的有理函数,用前面讲过的方法就可以将它求出来.

$R\left(x, \sqrt[n]{\dfrac{\xi x+\eta}{\mu x+\nu}}\right)$ 类型不定积分的最常见的简单情况是 $\mu=0$,这时被积函数变成了 $R\left(x, \sqrt[n]{\xi x+\eta}\right)$.

例 6.3.3　求 $\displaystyle\int \frac{x\mathrm{d}x}{\sqrt{4x-3}}$.

解　令 $\sqrt{4x-3}=t$,则 $x=\dfrac{1}{4}(t^2+3)$,$\mathrm{d}x=\dfrac{t}{2}\mathrm{d}t$,所以

$$\int \frac{x\mathrm{d}x}{\sqrt{4x-3}} = \frac{1}{8}\int (t^2+3)\,\mathrm{d}t = \frac{t^3}{24}+\frac{3t}{8}+C = \frac{\sqrt{4x-3}}{12}(2x+3)+C.$$

例 6.3.4　求 $\displaystyle\int \frac{\mathrm{d}x}{x(\sqrt[3]{x}-\sqrt{x})}$.

解　为了同时去掉 $\sqrt[3]{x}$ 和 $\sqrt{x}$ 中的根号,令 $x=t^6$,于是 $\mathrm{d}x=6t^5\mathrm{d}t$,所以

$$\int \frac{\mathrm{d}x}{x(\sqrt[3]{x}-\sqrt{x})} = 6\int \frac{\mathrm{d}t}{t^3(1-t)} = 6\int \left(\frac{1}{t}+\frac{1}{t^2}+\frac{1}{t^3}-\frac{1}{t-1}\right)\mathrm{d}t = 6\left(\ln\left|\frac{\sqrt[6]{x}}{\sqrt[6]{x}-1}\right|-\frac{1}{\sqrt[6]{x}}-\frac{1}{2\sqrt[3]{x}}\right)+C.$$

例 6.3.5　求 $\displaystyle\int \frac{\sqrt{1+x}}{x\sqrt{1-x}}\mathrm{d}x$.

解　令 $\sqrt{\dfrac{1+x}{1-x}}=t$,则 $x=\dfrac{t^2-1}{t^2+1}$,$\mathrm{d}x=\dfrac{4t}{(t^2+1)^2}\mathrm{d}t$,所以

$$\int \frac{\sqrt{1+x}}{x\sqrt{1-x}}\mathrm{d}x = 4\int \frac{t^2\mathrm{d}t}{(t^2-1)(t^2+1)}$$

$$= \int \left(\frac{1}{t-1} - \frac{1}{t+1} + \frac{2}{t^2+1} \right) dt = \ln \left| \frac{t-1}{t+1} \right| + 2\arctan t + C$$

$$= \ln \left| \frac{\sqrt{1+x} - \sqrt{1-x}}{\sqrt{1+x} + \sqrt{1-x}} \right| + 2\arctan \sqrt{\frac{1+x}{1-x}} + C.$$

对于 $\sqrt[n]{(\xi x+\eta)^i (\mu x+\nu)^j}$ $(i+j=kn)$ 类型的函数，可以先化成

$$\sqrt[n]{(\xi x+\eta)^i (\mu x+\nu)^j} = (\xi x+\eta)^k \cdot \sqrt[n]{\frac{(\mu x+\nu)^j}{(\xi x+\eta)^j}},$$

再作代换 $\sqrt[n]{\dfrac{\mu x+\nu}{\xi x+\eta}} = t$，然后套用上面的步骤来做.

例 6.3.6　求 $\displaystyle\int \frac{dx}{\sqrt[3]{(x-1)^2 (x+1)^4}}$.

解　将 $\displaystyle\int \frac{dx}{\sqrt[3]{(x-1)^2 (x+1)^4}}$ 化为等价形式 $\displaystyle\int \frac{1}{(x+1)^2} \cdot \sqrt[3]{\frac{(x+1)^2}{(x-1)^2}} dx$，令 $\sqrt[3]{\dfrac{x+1}{x-1}} = t$，则

$\dfrac{x+1}{x-1} = t^3$，$x = \dfrac{t^3+1}{t^3-1}$，$\dfrac{1}{x+1} = \dfrac{t^3-1}{2t^3}$，$dx = \dfrac{-6t^2}{(t^3-1)^2} dt$. 于是

$$\int \frac{dx}{\sqrt[3]{(x-1)^2 (x+1)^4}} = -\frac{3}{2} \int \frac{1}{t^2} dt = \frac{3}{2t} + C = \frac{3}{2} \sqrt[3]{\frac{x-1}{x+1}} + C.$$

2. $R(\sin x, \cos x)$ 类的不定积分，这里 $R(u,v)$ 的意义与上面相同.

由于 $\tan x, \cot x, \sec x$ 和 $\csc x$ 都是 $\sin x$ 和 $\cos x$ 的有理函数，所以凡是三角函数的有理函数都可以化成 $\sin x$ 和 $\cos x$ 的有理函数，因此我们只要研究如何去求形如

$$\int R(\sin x, \cos x) dx$$

的不定积分就可以了.

用三角函数的万能公式 $\tan \dfrac{x}{2} = t$ 作代换，则

$$\sin x = 2\sin \frac{x}{2} \cos \frac{x}{2} = \frac{2t}{1+t^2}; \quad \cos x = \cos^2 \frac{x}{2} - \sin^2 \frac{x}{2} = \frac{1-t^2}{1+t^2}; \quad dx = d(2\arctan t) = \frac{2dt}{1+t^2}.$$

于是，原式化成了求有理函数

$$\int R(\sin x, \cos x) dx = \int R\left(\frac{2t}{1+t^2}, \frac{1-t^2}{1+t^2} \right) \frac{2}{1+t^2} dt$$

的不定积分，同样可以用前面讲过的方法将它求出来.

例 6.3.7　求 $\displaystyle\int \frac{dx}{4+4\sin x+\cos x}$.

解　作代换 $\tan \dfrac{x}{2} = t$，则

$$\int \frac{dx}{4+4\sin x+\cos x} = \int \frac{\dfrac{2}{1+t^2} dt}{4+4\dfrac{2t}{1+t^2} + \dfrac{1-t^2}{1+t^2}} = 2\int \frac{dt}{3t^2+8t+5} = 2\int \frac{dt}{(3t+5)(t+1)}$$

$$= \int \left[\frac{1}{t+1} - \frac{3}{3t+5} \right] \mathrm{d}t = \ln|t+1| - \ln|3t+5| + C$$

$$= \ln\left| \tan\frac{x}{2} + 1 \right| - \ln\left| 3\tan\frac{x}{2} + 5 \right| + C.$$

尽管用万能公式可以确保求出所有的 $R(\sin x, \cos x)$ 类函数的不定积分,但也不能一见到三角函数的有理函数,就不管具体情况地将万能公式用上去,事实上,利用三角函数的性质或其他方法在很多时候会更方便.

例 6.3.8　求 $\int \dfrac{\cot x \mathrm{d}x}{1+\sin x}$.

解　用万能公式,作代换 $\tan\dfrac{x}{2} = t$,则 $\cot x = \dfrac{\cos x}{\sin x} = \dfrac{1-t^2}{2t}$,

$$\int \frac{\cot x \mathrm{d}x}{1+\sin x} = \int \frac{\dfrac{1-t^2}{2t} \dfrac{2}{1+t^2}}{1+\dfrac{2t}{1+t^2}} \mathrm{d}t = \int \frac{1-t^2}{t^3+2t^2+t} \mathrm{d}t.$$

将右端分解为简单分式的和式,得

$$\int \frac{\cot x \mathrm{d}x}{1+\sin x} = \int \left[\frac{1}{t} - \frac{2}{t+1} \right] \mathrm{d}t = \ln\left| \frac{\tan\dfrac{x}{2}}{\left(\tan\dfrac{x}{2} + 1 \right)^2} \right| + C.$$

事实上,可以利用三角关系式和换元积分法,

$$\int \frac{\cot x \mathrm{d}x}{1+\sin x} = \int \frac{\cos x \mathrm{d}x}{\sin x(1+\sin x)} = \int \left[\frac{1}{\sin x} - \frac{1}{1+\sin x} \right] \mathrm{d}(\sin x) = \ln\left| \frac{\sin x}{1+\sin x} \right| + C.$$

计算过程简洁,结果更为简明(请读者验证,两种方法算出的解 $\ln\left| \dfrac{\tan\dfrac{x}{2}}{\left(\tan\dfrac{x}{2} + 1 \right)^2} \right|$ 与

$\ln\left| \dfrac{\sin x}{1+\sin x} \right|$ 只相差一个常数).

因此,在求三角函数有理式的不定积分时,不要滥用万能公式.

习　　题

1. 求下列不定积分:

(1) $\int \dfrac{\mathrm{d}x}{(x-1)(x+1)^2}$;

(2) $\int \dfrac{2x+3}{(x^2-1)(x^2+1)} \mathrm{d}x$;

(3) $\int \dfrac{x\mathrm{d}x}{(x+1)(x+2)^2(x+3)^3}$;

(4) $\int \dfrac{\mathrm{d}x}{(x^2+4x+4)(x^2+4x+5)^2}$;

$(5)\int\dfrac{3}{x^3+1}\mathrm{d}x;$

$(6)\int\dfrac{\mathrm{d}x}{x^4+x^2+1};$

$(7)\int\dfrac{x^4+5x+4}{x^2+5x+4}\mathrm{d}x;$

$(8)\int\dfrac{x^3+1}{x^3+5x-6}\mathrm{d}x;$

$(9)\int\dfrac{x^2}{1-x^4}\mathrm{d}x;$

$(10)\int\dfrac{\mathrm{d}x}{x^4+1};$

$(11)\int\dfrac{\mathrm{d}x}{(x^2+1)(x^2+x+1)};$

$(12)\int\dfrac{x^2+1}{x(x^3-1)}\mathrm{d}x;$

$(13)\int\dfrac{x^2+2}{(x^2+x+1)^2}\mathrm{d}x;$

$(14)\int\dfrac{1-x^7}{x(1+x^7)}\mathrm{d}x;$

$(15)\int\dfrac{x^9}{(x^{10}+2x^5+2)^2}\mathrm{d}x;$

$(16)\int\dfrac{x^{3n-1}}{(x^{2n}+1)^2}\mathrm{d}x.$

2. 在什么条件下, $f(x)=\dfrac{ax^2+bx+c}{x(x+1)^2}$ 的原函数仍是有理函数?

3. 设 $p_n(x)$ 是一个 n 次多项式, 求

$$\int\dfrac{p_n(x)}{(x-a)^{n+1}}\mathrm{d}x.$$

4. 求下列不定积分:

$(1)\int\dfrac{x}{\sqrt{2+4x}}\mathrm{d}x;$

$(2)\int\dfrac{\mathrm{d}x}{\sqrt{(x-a)(b-x)}};$

$(3)\int\dfrac{x^2}{\sqrt{1+x-x^2}}\mathrm{d}x;$

$(4)\int\dfrac{x^2+1}{x\sqrt{x^4+1}}\mathrm{d}x;$

$(5)\int\dfrac{\sqrt{x+1}-\sqrt{x-1}}{\sqrt{x+1}+\sqrt{x-1}}\mathrm{d}x;$

$(6)\int\sqrt{\dfrac{x+1}{x-1}}\mathrm{d}x;$

$(7)\int\dfrac{\mathrm{d}x}{\sqrt{x(1+x)}};$

$(8)\int\dfrac{\mathrm{d}x}{x^4\sqrt{1+x^2}};$

$(9)\int\dfrac{\mathrm{d}x}{\sqrt{x}+\sqrt[4]{x}};$

$(10)\int\sqrt[3]{\dfrac{(x-4)^2}{(x+1)^8}}\mathrm{d}x;$

$(11)\int\dfrac{\mathrm{d}x}{\sqrt[3]{(x-2)(x+1)^2}};$

$(12)\int\dfrac{\mathrm{d}x}{x\sqrt[4]{1+x^4}}.$

5. 设 $R(u,v,w)$ 是 u,v,w 的有理函数, 给出

$$\int R(x,\sqrt{a+x},\sqrt{b+x})\mathrm{d}x$$

的求法.

6. 求下列不定积分:

$(1)\int\dfrac{\mathrm{d}x}{4+5\cos x};$

$(2)\int\dfrac{\mathrm{d}x}{2+\sin x};$

$(3)\int\dfrac{\mathrm{d}x}{3+\sin^2 x};$

$(4)\int\dfrac{\mathrm{d}x}{1+\sin x+\cos x};$

$(5)\int\dfrac{\mathrm{d}x}{2\sin x-\cos x+5};$

$(6)\int\dfrac{\mathrm{d}x}{(2+\cos x)\sin x};$

$(7)\int\dfrac{\mathrm{d}x}{\tan x+\sin x};$

$(8)\int\dfrac{\mathrm{d}x}{\sin(x+a)\cos(x+b)};$

$(9)\displaystyle\int \tan x\tan(x+a)\,\mathrm{d}x$;

$(10)\displaystyle\int \frac{\sin x\cos x}{\sin x+\cos x}\,\mathrm{d}x$;

$(11)\displaystyle\int \frac{\mathrm{d}x}{\sin^2 x\cos^2 x}$;

$(12)\displaystyle\int \frac{\sin^2 x}{1+\sin^2 x}\,\mathrm{d}x$.

7. 求下列不定积分：

$(1)\displaystyle\int \frac{x\mathrm{e}^x}{(1+x)^2}\,\mathrm{d}x$;

$(2)\displaystyle\int \frac{\ln x}{(1+x^2)^{3/2}}\,\mathrm{d}x$;

$(3)\displaystyle\int \ln^2\left(x+\sqrt{1+x^2}\right)\,\mathrm{d}x$;

$(4)\displaystyle\int \sqrt{x}\ln^2 x\,\mathrm{d}x$;

$(5)\displaystyle\int x^2\mathrm{e}^x\sin x\,\mathrm{d}x$;

$(6)\displaystyle\int \ln(1+x^2)\,\mathrm{d}x$;

$(7)\displaystyle\int \frac{x^2\arcsin x}{\sqrt{1-x^2}}\,\mathrm{d}x$;

$(8)\displaystyle\int \frac{1}{x\sqrt{x^2-2x-3}}\,\mathrm{d}x$;

$(9)\displaystyle\int \arctan\sqrt{x}\,\mathrm{d}x$;

$(10)\displaystyle\int \sqrt{x}\sin\sqrt{x}\,\mathrm{d}x$;

$(11)\displaystyle\int \frac{x+\sin x}{1+\cos x}\,\mathrm{d}x$;

$(12)\displaystyle\int \frac{\sqrt{1+\sin x}}{\cos x}\,\mathrm{d}x$;

$(13)\displaystyle\int \frac{\sin^2 x}{\cos^3 x}\,\mathrm{d}x$;

$(14)\displaystyle\int \mathrm{e}^{\sin x}\frac{x\cos^3 x-\sin x}{\cos^2 x}\,\mathrm{d}x$;

$(15)\displaystyle\int \frac{\mathrm{d}x}{\mathrm{e}^x-\mathrm{e}^{-x}}$;

$(16)\displaystyle\int \frac{\mathrm{d}x}{a^2\sin^2 x+b^2\cos^2 x}\quad(ab\neq0)$;

$(17)\displaystyle\int \frac{\sqrt[3]{x}}{x(\sqrt{x}+\sqrt[3]{x})}\,\mathrm{d}x$;

$(18)\displaystyle\int x\ln\frac{1+x}{1-x}\,\mathrm{d}x$;

$(19)\displaystyle\int \sqrt{1-x^2}\arcsin x\,\mathrm{d}x$;

$(20)\displaystyle\int \frac{\mathrm{d}x}{(1+\mathrm{e}^x)^2}$.

 补充习题

第七章
定积分

§1　定积分的概念和可积条件

定积分概念的导出背景

　　1609 年至 1619 年间,德国天文学家 Kepler 提出了著名的"行星运动三大定律":

　　(1) 行星在椭圆轨道上绕太阳运动,太阳在此椭圆的一个焦点上.

　　(2) 从太阳到行星的向径在相等的时间内扫过相等的面积.

　　(3) 行星绕太阳公转周期的平方与其椭圆轨道的半长轴的立方成正比.

　　这不仅是天文学上划时代的发现(Newton 正是在努力证明这些定律的过程中发现了万有引力,进而创立了现代天体力学),而且也是数学发展史上的重要里程碑.一方面,在古希腊的数学家们发现了圆锥曲线的性质之后的一千八百多年以来,人们从未想到过,这样的纯数学居然会有如此辉煌的实际应用价值.另一方面,为了论证第二定律,Kepler 将椭圆中被扫过的那部分图形分割成许多小的"扇形",并近似地将它们看成一个个小的三角形,运用了一些出色的技巧对它们的面积之和求极限,成功地计算出了所扫过的面积(如图 7.1.1).在其卓有成效的工作中,已包含了现代定积分思想的雏形.

　　其实,用分割、求和与求极限相结合的方法计算不规则几何图形面积的想法可以追溯到遥远的古希腊阿基米德的"穷竭法". Kepler 之后的许多数学家在他的思想的启发下,对"穷竭法"作了重大的完善和发展工作,成了为定积分奠基的先驱者.比如,为了求出由两条直角边和一条抛物线 $y = x^2$ 所围

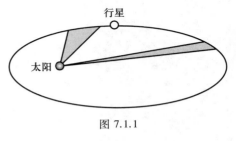

图 7.1.1

成的所谓**曲边三角形**的面积,可以采用以下的做法(如图 7.1.2):

　　用步长 $h = \dfrac{1}{n}$ 将 $[0,1]$ 分成 n 个长度为 h 的小区间,其分割点(称为**分点**)为

$$x_i = ih, \qquad i = 0,1,2,\cdots,n-1,n.$$

先在每个小区间 $[x_{i-1}, x_i]$ 上,构造以 h 为底、以 $f(x_{i-1}) = x_{i-1}^2$ 为高的小矩形,则所有

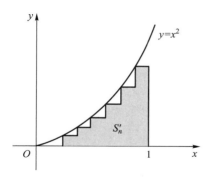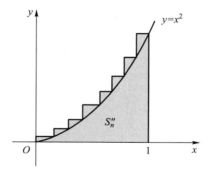

图 7.1.2

这些小矩形的面积之和为

$$S_n' = \sum_{i=1}^{n} h \cdot x_{i-1}^2 = \frac{1}{n} \sum_{i=1}^{n} \left(\frac{i-1}{n}\right)^2 = \frac{1}{n^3} \sum_{i=1}^{n} (i-1)^2;$$

再在每个小区间 $[x_{i-1}, x_i]$ 上, 构造以 h 为底、以 $f(x_i) = x_i^2$ 为高的小矩形, 则所有这些小矩形的面积之和为

$$S_n'' = \sum_{i=1}^{n} h \cdot x_i^2 = \frac{1}{n} \sum_{i=1}^{n} \left(\frac{i}{n}\right)^2 = \frac{1}{n^3} \sum_{i=1}^{n} i^2.$$

设曲边三角形的面积为 S, 则有

$$S_n' < S < S_n''.$$

利用数学归纳法, 容易证明

$$\sum_{i=1}^{n} (i-1)^2 = 1^2 + 2^2 + 3^2 + \cdots + (n-1)^2 = \frac{n(n-1)(2n-1)}{6}$$

与

$$\sum_{i=1}^{n} i^2 = 1^2 + 2^2 + 3^2 + \cdots + n^2 = \frac{n(n+1)(2n+1)}{6},$$

令 $n \to \infty$, 得到

$$\lim_{n \to \infty} S_n' = \lim_{n \to \infty} \frac{n(n-1)(2n-1)}{6n^3} = \frac{1}{3}$$

与

$$\lim_{n \to \infty} S_n'' = \lim_{n \to \infty} \frac{n(n+1)(2n+1)}{6n^3} = \frac{1}{3}.$$

由极限的夹逼性, 可知曲边三角形的面积为

$$S = \frac{1}{3}.$$

由此可以想到, 如果在每个小区间 $[x_{i-1}, x_i]$ 上任意取点 $\xi_i \in [x_{i-1}, x_i]$, 并构造以 h 为底、以 $f(\xi_i) = \xi_i^2$ 为高的小矩形, 则所有这些小矩形的面积之和为 $\frac{1}{n} \sum_{i=1}^{n} \xi_i^2$, 显然仍然有

$$S_n' \leqslant \frac{1}{n} \sum_{i=1}^{n} \xi_i^2 \leqslant S_n'',$$

令 $n \to \infty$，由极限的夹逼性，得到 $\lim\limits_{n \to \infty} \dfrac{1}{n} \sum\limits_{i=1}^{n} \xi_i^2 = \dfrac{1}{3}$，就是所求的曲边三角形的面积.

利用上述思想，我们来求由连续曲线 $y = f(x)$（假设 $f(x) > 0$），直线 $x = a$，$x = b$ 和 x 轴围成的**曲边梯形**的面积（如图 7.1.3）：

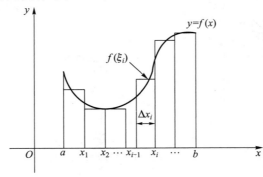

图 7.1.3

在 $[a, b]$ 中取一系列的分点 x_i，作成一种划分

$$P : a = x_0 < x_1 < x_2 < \cdots < x_n = b,$$

记小区间 $[x_{i-1}, x_i]$ 的长度为

$$\Delta x_i = x_i - x_{i-1},$$

并在每个小区间上任意取一点 ξ_i，用底为 Δx_i，高为 $f(\xi_i)$ 的矩形面积近似代替小的曲边梯形的面积，那么这些小矩形面积之和

$$\sum_{i=1}^{n} f(\xi_i) \Delta x_i$$

就是整个大的曲边梯形的面积的近似. 令 $\lambda = \max\limits_{1 \leqslant i \leqslant n} (\Delta x_i)$，当 $\lambda \to 0$ 时，若极限

$$\lim_{\lambda \to 0} \sum_{i=1}^{n} f(\xi_i) \Delta x_i$$

存在，那么这个极限显然就是所要求的曲边梯形的精确面积.

由于这块曲边梯形的面积是一个客观存在的常量，上述极限理所当然地应该与对 $[a, b]$ 所作的划分 P 和对 ξ_i 的取法无关.

以后人们又发现，在许多其他领域的研究中，也大量地遇到诸如此类的和式的极限问题. 比如，求一个以速度 $v(t)$ 做变速运动的物体从时间 $t = T_1$ 到时间 $t = T_2$ 所走过的路程 S，可以先在时间段 $[T_1, T_2]$ 中取一系列的分点 t_i，作成划分

$$P : T_1 = t_0 < t_1 < t_2 < \cdots < t_n = T_2,$$

并在每个小区间 $[t_{i-1}, t_i]$ 上随意取一点 ξ_i，只要时间间隔

$$\Delta t_i = t_i - t_{i-1}$$

充分小，$v(\xi_i)$ 就可以近似地看作是在 $[t_{i-1}, t_i]$ 时间段中的平均速度，因此在这段时间中走过的路程近似地等于 $v(\xi_i) \Delta t_i$，于是整个路程就近似等于

$$\sum_{i=1}^{n} v(\xi_i) \Delta t_i.$$

若当 $\lambda = \max\limits_{1 \leqslant i \leqslant n}(\Delta t_i) \to 0$ 时,极限

$$\lim_{\lambda \to 0} \sum_{i=1}^{n} v(\xi_i) \Delta t_i$$

存在,那么这个极限就是所要求的路程 S 的精确值.

同样,由于路程 S 也是一个客观存在的常量,上述极限显然也应该与对 $[T_1, T_2]$ 所作的划分 P 和对 ξ_i 的取法无关.

上面两个和式的极限的形式是完全相同的,可以从数学上统一地加以解决,这需要做两件事:

(1)对这类问题进行数学抽象,建立严格的理论基础;

(2)找到求这一类极限值的有效方法.

定积分的定义

这一节我们先来做第一件事.

设 $f(x)$ 是定义于 $[a,b]$ 上的函数,若要求对任意划分 P 和任意 $\xi_i \in [x_{i-1}, x_i]$,极限 $\lim\limits_{\lambda \to 0} \sum\limits_{i=1}^{n} f(\xi_i) \Delta x_i$ 都存在,则 $f(x)$ 必须是 $[a,b]$ 上的有界函数(证明留作习题).为此,在定义函数的定积分时,我们首先要求函数是有界的.

定义 7.1.1 设 $f(x)$ 是定义在 $[a,b]$ 上的有界函数,在 $[a,b]$ 上任意取分点 $\{x_i\}_{i=0}^{n}$,作成一种划分

$$P : a = x_0 < x_1 < x_2 < \cdots < x_n = b,$$

并任意取点 $\xi_i \in [x_{i-1}, x_i]$. 记小区间 $[x_{i-1}, x_i]$ 的长度为 $\Delta x_i = x_i - x_{i-1}$,并令 $\lambda = \max\limits_{1 \leqslant i \leqslant n}(\Delta x_i)$,当 $\lambda \to 0$ 时,极限

$$\lim_{\lambda \to 0} \sum_{i=1}^{n} f(\xi_i) \Delta x_i$$

存在,且极限值既与划分 P 无关,又与对 ξ_i 的取法无关,则称 $f(x)$ 在 $[a,b]$ 上 **Riemann 可积**.和式

$$S_n = \sum_{i=1}^{n} f(\xi_i) \Delta x_i$$

称为 **Riemann 和**,其极限值 I 称为 $f(x)$ 在 $[a,b]$ 上的**定积分**,记为

$$I = \int_a^b f(x)\,\mathrm{d}x,$$

这里 a 和 b 分别被称为积分的**下限**和**上限**.

在上面的定义中,要求 $a < b$.当 $a \geqslant b$ 时,我们规定

$$\int_a^b f(x)\,\mathrm{d}x = -\int_b^a f(x)\,\mathrm{d}x,$$

并由此得到

$$\int_a^a f(x)\,\mathrm{d}x = 0.$$

它们的几何意义是很明显的.

这一定义也可以用"ε-δ 语言"表述如下:

设有定数 I,对任意给定的 $\varepsilon>0$,存在 $\delta>0$,使得对任意一种划分

$$P: a=x_0<x_1<x_2<\cdots<x_n=b,$$

和任意点 $\xi_i\in[x_{i-1},x_i]$,只要 $\lambda=\max\limits_{1\leqslant i\leqslant n}(\Delta x_i)<\delta$,便有

$$\left|\sum_{i=1}^n f(\xi_i)\Delta x_i - I\right|<\varepsilon,$$

则称 $f(x)$ 在 $[a,b]$ 上 Riemann 可积,称 I 是 $f(x)$ 在 $[a,b]$ 上的定积分.

在不会发生混淆的情况下,一般就把 Riemann 可积简称为可积(以后我们会知道,还存在其他意义下的积分).需要特别注意的是,"可积"要求 Riemann 和的极限值与划分 P 以及 ξ_i 的取法无关.

例 7.1.1 讨论 Dirichlet 函数

$$D(x)=\begin{cases}1, & x\text{ 为有理数},\\ 0, & x\text{ 为无理数}\end{cases}$$

在 $[0,1]$ 上的可积性.

解 由于有理数和无理数在实数域上的稠密性,因此不管用什么样的划分 P 对 $[0,1]$ 作分割,在每个小区间 $[x_i,x_{i+1}]$ 中一定是既有有理数又有无理数.

于是,当将 ξ_i 全部取为有理数时,

$$\lim_{\lambda\to 0}\sum_{i=1}^n f(\xi_i)\Delta x_i=\lim_{\lambda\to 0}\sum_{i=1}^n 1\cdot\Delta x_i=1,$$

当将 ξ_i 全部取为无理数时,则有

$$\lim_{\lambda\to 0}\sum_{i=1}^n f(\xi_i)\Delta x_i=\lim_{\lambda\to 0}\sum_{i=1}^n 0\cdot\Delta x_i=0.$$

所以尽管两个和式的极限都存在,但极限不相同,所以 Dirichlet 函数在 Riemann 意义下是不可积的.

Darboux 和

从上面的例子知道,并不是所有的有界函数都是可积的,下面我们来导出 $f(x)$ 的可积条件.

记 $f(x)$ 在 $[a,b]$ 上的上确界和下确界分别为 M 和 m,则有

$$m\leqslant f(x)\leqslant M.$$

另外,记 $f(x)$ 在 $[x_{i-1},x_i]$ 的上确界和下确界分别为 M_i 和 $m_i(i=1,2,\cdots,n)$,即

$$M_i=\sup\{f(x)\mid x\in[x_{i-1},x_i]\}\text{ 和 } m_i=\inf\{f(x)\mid x\in[x_{i-1},x_i]\},$$

显然,它们与对 $[a,b]$ 所作的划分 P 有关.

取定了划分 P 后,定义和式

$$\overline{S}(P)=\sum_{i=1}^n M_i\Delta x_i\text{ 与 }\underline{S}(P)=\sum_{i=1}^n m_i\Delta x_i,$$

它们分别被称为相应于划分 P 的 **Darboux 大和**与 **Darboux 小和**(统称为 **Darboux 和**),那么显然有

$$\underline{S}(P)\leqslant\sum_{i=1}^n f(\xi_i)\Delta x_i\leqslant\overline{S}(P).$$

从直观上容易看出(如图 7.1.4),如果对任意一种划分 P,当 $\lambda=\max\limits_{1\leqslant i\leqslant n}(\Delta x_i)\to 0$ 时,

$\bar{S}(P)$（顶边为实线的矩形面积之和）和 $\underline{S}(P)$（顶边为虚线的矩形面积之和）的极限都存在并且相等，那么 $f(x)$ 是可积的，反之亦然.下面，我们来严格证明这一结论.先引入以下引理：

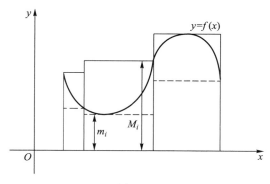

图 7.1.4

引理 7.1.1　若在原有划分中加入分点形成新的划分，则大和不增，小和不减.

证　设 $\bar{S}(P)$ 和 $\underline{S}(P)$ 是对应于某一划分 P 的 Darboux 大和与 Darboux 小和，设相应的分点为 $\{x_i\}_{i=1}^{n}$，不失一般性，我们证明对这种划分再增加一个新分点后所得到新划分 P' 的 Darboux 大和 $\bar{S}(P')$ 与 Darboux 小和 $\underline{S}(P')$，成立

$$\bar{S}(P') \leqslant \bar{S}(P), \underline{S}(P) \leqslant \underline{S}(P').$$

设增加的新分点 $x' \in (x_{i-1}, x_i)$，记 $f(x)$ 在 $[x_{i-1}, x']$ 和 $[x', x_i]$ 上的上确界分别为 M_i' 和 M_i''，则显然有

$$M_i' \leqslant M_i, M_i'' \leqslant M_i,$$

于是

$$M_i'(x' - x_{i-1}) + M_i''(x_i - x') \leqslant M_i(x_i - x_{i-1}),$$

而这时 $\bar{S}(P')$ 和 $\bar{S}(P)$ 中的其他项都没有变化，因此

$$\bar{S}(P') \leqslant \bar{S}(P).$$

同理可证 $\underline{S}(P) \leqslant \underline{S}(P')$.

证毕

以下记 $\bar{\mathbf{S}}$ 是一切可能的划分所得到的 Darboux 大和的集合，而 $\underline{\mathbf{S}}$ 是一切可能的划分所得到的 Darboux 小和的集合.

引理 7.1.2　对任意 $\bar{S}(P_1) \in \bar{\mathbf{S}}$ 和 $\underline{S}(P_2) \in \underline{\mathbf{S}}$，恒有

$$m(b-a) \leqslant \underline{S}(P_2) \leqslant \bar{S}(P_1) \leqslant M(b-a).$$

证　任意一种划分都可以看成是由 $n=1$ 的划分

$$a = x_0 < x_1 = b$$

中插入若干分点所产生的新的划分，因此由引理 7.1.1 即知上式中前后两个不等式成立.

下面证明中间的不等式.若 $\bar{S}(P_1)$ 和 $\underline{S}(P_2)$ 是同一种划分的 Darboux 大和与 Darboux 小和，那么不等式已经成立.若它们是相应于不同划分的 Darboux 大和与 Darboux 小和，则将这两种划分的分点合并在一起形成一种新的划分 P，设相应于新划

分 P 的 Darboux 大和与 Darboux 小和分别为 $\overline{S}(P)$ 和 $\underline{S}(P)$, 则由引理 7.1.1

$$\underline{S}(P_2) \leqslant \underline{S}(P) \leqslant \overline{S}(P) \leqslant \overline{S}(P_1).$$

证毕

由引理 7.1.2, $\overline{\mathbf{S}}$ 和 $\underline{\mathbf{S}}$ 都是有界集合, 因此分别有下确界和上确界. 记 $\overline{\mathbf{S}}$ 的下确界为

$$L = \inf\{\overline{S}(P) \mid \overline{S}(P) \in \overline{\mathbf{S}}\},$$

$\underline{\mathbf{S}}$ 的上确界为

$$l = \sup\{\underline{S}(P) \mid \underline{S}(P) \in \underline{\mathbf{S}}\},$$

则对任意 $\overline{S}(P_1) \in \overline{\mathbf{S}}$ 和 $\underline{S}(P_2) \in \underline{\mathbf{S}}$, 有

$$\underline{S}(P_2) \leqslant l \leqslant L \leqslant \overline{S}(P_1).$$

下面我们来证明, 当 $\lambda = \max\limits_{1 \leqslant i \leqslant n}(\Delta x_i) \to 0$ 时, Darboux 大和与 Darboux 小和的极限确实存在, 且分别等于它们各自的下确界和上确界.

引理 7.1.3 (Darboux 定理) 对任意在 $[a, b]$ 上有界的函数 $f(x)$, 恒有

$$\lim_{\lambda \to 0}\overline{S}(P) = L, \quad \lim_{\lambda \to 0^-}\underline{S}(P) = l.$$

证 我们只就大和的情况加以证明, 小和的情况是类似的, 请读者自证.

对于任意给定的 $\varepsilon > 0$, 因为 L 是 $\overline{\mathbf{S}}$ 的下确界, 所以存在着一个 $\overline{S}(P') \in \overline{\mathbf{S}}$, 满足

$$0 \leqslant \overline{S}(P') - L < \frac{\varepsilon}{2}.$$

设对应 $\overline{S}(P')$ 的划分为

$$P' : a = x_0' < x_1' < x_2' < \cdots < x_p' = b,$$

取

$$\delta = \min\left\{\Delta x_1', \Delta x_2', \cdots, \Delta x_p', \frac{\varepsilon}{2(p-1)(M-m)}\right\},$$

对任意一个满足 $\lambda = \max\limits_{1 \leqslant i \leqslant n}(\Delta x_i) < \delta$ 的划分

$$P : a = x_0 < x_1 < x_2 < \cdots < x_n = b,$$

记与其相应的大和为 $\overline{S}(P)$, 我们在 $\{x_i\}_{i=0}^n$ 中插入 $\{x_j'\}_{j=0}^p$ 形成新的划分 P^*, 并将这一新划分的大和记作 $\overline{S}(P^*)$, 则由引理 7.1.1, 即知

$$\overline{S}(P^*) - \overline{S}(P') \leqslant 0.$$

将对应于划分 P 的区间 $[x_{i-1}, x_i]$ 分成两类:

(1) (x_{i-1}, x_i) 中不含有新插入的分点. 显然, 这时 $\overline{S}(P)$ 和 $\overline{S}(P^*)$ 中的相应项同为 $M_i \Delta x_i$.

(2) (x_{i-1}, x_i) 中含有新插入的分点. 由于两种划分的端点 a, b 重合, 因此这样的区间至多只有 $p-1$ 个.

因为对任意 i, j,

$$\Delta x_i \leqslant \delta \leqslant \Delta x_j', \quad i = 1, 2, \cdots, n, \quad j = 1, 2, \cdots, p,$$

所以在 (x_{i-1}, x_i) 中只有一个新插入的分点 x_j'. 利用前面的记号, 这时 $\overline{S}(P)$ 和 $\overline{S}(P^*)$ 中的相应项之差为

$$M_i(x_i - x_{i-1}) - [M_i'(x_j' - x_{i-1}) + M_i''(x_i - x_j')] \leqslant (M-m)(x_i - x_{i-1}) < (M-m)\delta,$$

于是

$$0 \leqslant \overline{S}(P) - \overline{S}(P^*) < (p-1)(M-m)\delta \leqslant \frac{\varepsilon}{2}.$$

综合上面的结论,即有

$$0 \leqslant \overline{S}(P) - L = [\overline{S}(P) - \overline{S}(P^*)] + [\overline{S}(P^*) - \overline{S}(P')] + [\overline{S}(P') - L] < \frac{\varepsilon}{2} + \frac{\varepsilon}{2} = \varepsilon.$$

证毕

Riemann 可积的充分必要条件

现在我们来导出可积的充分必要条件.

定理 7.1.1　有界函数 $f(x)$ 在 $[a,b]$ 可积的充分必要条件是,对于任意划分 P,当 $\lambda = \max\limits_{1 \leqslant i \leqslant n}(\Delta x_i) \to 0$ 时,Darboux 大和与 Darboux 小和的极限相等,即成立

$$\lim_{\lambda \to 0} \overline{S}(P) = L = l = \lim_{\lambda \to 0^-} \underline{S}(P).$$

证　先证必要性.

设 $f(x)$ 可积且积分值为 I,则由定义,对任意的 $\varepsilon > 0$,存在 $\delta > 0$,使得对任意划分

$$P : a = x_0 < x_1 < x_2 < \cdots < x_n = b$$

和任意点 $\xi_i \in [x_{i-1}, x_i]$,只要 $\lambda = \max\limits_{1 \leqslant i \leqslant n}(\Delta x_i) < \delta$,便有

$$\left| \sum_{i=1}^n f(\xi_i)\Delta x_i - I \right| < \frac{\varepsilon}{2}.$$

特殊地,取 ξ_i 是 $[x_{i-1}, x_i]$ 中满足

$$0 \leqslant M_i - f(\xi_i) < \frac{\varepsilon}{2(b-a)}$$

的点,由于 M_i 是 $f(x)$ 在 $[x_{i-1}, x_i]$ 中的上确界,因此这样的 ξ_i 是一定可以取得到的.

于是

$$\left| \overline{S}(P) - \sum_{i=1}^n f(\xi_i)\Delta x_i \right| = \sum_{i=1}^n [M_i - f(\xi_i)]\Delta x_i < \frac{\varepsilon}{2(b-a)} \cdot (b-a) = \frac{\varepsilon}{2},$$

所以

$$|\overline{S}(P) - I| \leqslant \left| \overline{S}(P) - \sum_{i=1}^n f(\xi_i)\Delta x_i \right| + \left| \sum_{i=1}^n f(\xi_i)\Delta x_i - I \right| < \frac{\varepsilon}{2} + \frac{\varepsilon}{2} = \varepsilon,$$

这就是

$$\lim_{\lambda \to 0} \overline{S}(P) = I.$$

同理可证

$$\lim_{\lambda \to 0^-} \underline{S}(P) = I.$$

于是

$$\lim_{\lambda \to 0} \overline{S}(P) = \lim_{\lambda \to 0^-} \underline{S}(P).$$

再证充分性.

按 Darboux 和的定义,对任意一种划分 P,其 Darboux 大和与小和总满足

$$\underline{S}(P) \leqslant \sum_{i=1}^n f(\xi_i)\Delta x_i \leqslant \overline{S}(P).$$

若

$$\lim_{\lambda \to 0} \overline{S}(P) = \lim_{\lambda \to 0} \underline{S}(P) = I,$$

那么两边取极限,即有

$$\lim_{\lambda \to 0} \sum_{i=1}^{n} f(\xi_i) \Delta x_i = I.$$

证毕

若记

$$\omega_i = M_i - m_i$$

为 $f(x)$ 在 $[x_{i-1}, x_i]$ 上的**振幅**,则定理 7.1.1 也可以等价地表述为

定理 7.1.2 有界函数 $f(x)$ 在 $[a,b]$ 可积的充分必要条件是,对任意划分,当 $\lambda = \max\limits_{1 \le i \le n}(\Delta x_i) \to 0$ 时,

$$\lim_{\lambda \to 0} \sum_{i=1}^{n} \omega_i \Delta x_i = 0.$$

定理 7.1.2 的几何意义是当分割无限细分时(即 $\lambda \to 0$),图 7.1.5 中的阴影部分的面积之和趋于零.

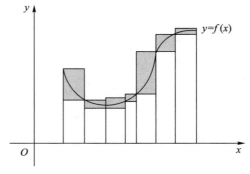

图 7.1.5

由上述充分必要条件可以判断某些函数类的可积性.

推论 1 闭区间上的连续函数必定可积.

证 设 $f(x)$ 在 $[a,b]$ 上连续,则它在 $[a,b]$ 上一致连续.也就是说,对任意 $\varepsilon > 0$,存在 $\delta > 0$,对任意 $x', x'' \in [a,b]$,只要 $|x'-x''| < \delta$,就有

$$|f(x')-f(x'')| < \frac{\varepsilon}{b-a}.$$

因此,对于任意划分 P,只要 $\lambda = \max\limits_{1 \le i \le n}(\Delta x_i) < \delta$,便有

$$\omega_i = \max_{x \in [x_{i-1}, x_i]} f(x) - \min_{x \in [x_{i-1}, x_i]} f(x) < \frac{\varepsilon}{b-a} \quad (i = 1, 2, \cdots, n),$$

于是

$$\sum_{i=1}^{n} \omega_i \Delta x_i < \frac{\varepsilon}{b-a} \sum_{i=1}^{n} \Delta x_i = \varepsilon.$$

由定理 7.1.2, $f(x)$ 在 $[a,b]$ 可积.

证毕

推论 2 闭区间上的单调函数必定可积.

证 设 $f(x)$ 在 $[a,b]$ 上单调,不妨设其为单调增加,则在任意小区间 $[x_{i-1},x_i]$ 上,$f(x)$ 的振幅为

$$\omega_i = f(x_i) - f(x_{i-1}).$$

于是,对任意给定的 $\varepsilon > 0$,取 $\delta = \dfrac{\varepsilon}{f(b)-f(a)} > 0$,当 $\lambda = \max\limits_{1 \le i \le n}(\Delta x_i) < \delta$ 时,

$$
\begin{aligned}
\sum_{i=1}^n \omega_i \Delta x_i &= \sum_{i=1}^n \left[f(x_i) - f(x_{i-1}) \right] \cdot \Delta x_i \\
&< \frac{\varepsilon}{f(b)-f(a)} \sum_{i=1}^n \left[f(x_i) - f(x_{i-1}) \right] \\
&= \frac{\varepsilon}{f(b)-f(a)} \cdot \left[f(b) - f(a) \right] = \varepsilon,
\end{aligned}
$$

由定理 7.1.2,$f(x)$ 在 $[a,b]$ 可积.

证毕

对于实际应用来说,定理 7.1.2 对于判别函数不可积可能更为方便一些,如对例 7.1.1 所述的 $[0,1]$ 上的 Dirichlet 函数,不管如何作分割,它在每个小区间 $[x_{i-1},x_i]$ 上的振幅恒有 $\omega_i = 1$,于是,

$$\lim_{\lambda \to 0} \sum_{i=1}^n \omega_i \Delta x_i = \lim_{\lambda \to 0} \sum_{i=1}^n \Delta x_i = 1,$$

所以 Dirichlet 函数不是 Riemann 可积的.

但是,要通过"对任意划分都有 $\sum\limits_{i=1}^n \omega_i \Delta x_i \to 0 (\lambda \to 0)$"来证明函数可积,一般说来是很困难的,下面我们给出一个更易于判断的条件.

让我们回顾一下 Darboux 定理.仔细分析其证明过程可以知道,它实际上证明了:对任意给定的 $\varepsilon > 0$,只要有一个划分 P',使得

$$0 \le \overline{S}(P') - L < \frac{\varepsilon}{2} \quad \left(\text{或 } 0 \le l - \underline{S}(P') < \frac{\varepsilon}{2} \right),$$

那么就一定存在某个 $\delta > 0$,对满足 $\lambda = \max\limits_{1 \le i \le n}(\Delta x_i) < \delta$ 的任意一种划分 P,必有

$$0 \le \overline{S}(P) - L < \varepsilon \quad (\text{或 } 0 \le l - \underline{S}(P) < \varepsilon).$$

利用这一思想,即可推出如下结论.

定理 7.1.3 有界函数 $f(x)$ 在 $[a,b]$ 可积的充分必要条件是,对任意给定的 $\varepsilon > 0$,存在着一种划分,使得相应的振幅满足

$$\sum_{i=1}^n \omega_i \Delta x_i < \varepsilon.$$

证明留给读者.

推论 3 闭区间上只有有限个不连续点的有界函数必定可积.

证 设 $f(x)$ 在 $[a,b]$ 上的不连续点共有 k 个,记为 $a \le p_1' < p_2' < \cdots < p_k' \le b$,设相邻两个点之间的最小距离为 d.不妨假设 p_1' 和 p_k' 在 $[a,b]$ 的内部.

对任意给定的 $\varepsilon>0$，取 $\delta=\min\left\{\dfrac{p_1'-a}{2},\dfrac{b-p_k'}{2},\dfrac{d}{3},\dfrac{\varepsilon}{4k(M-m)}\right\}>0$，先以 p_j' 的 δ 领域的两个端点 $p_j'-\delta,p_j'+\delta$ 为分点，将 $[a,b]$ 分成 $2k+1$ 个子区间，于是 $f(x)$ 在子区间 $D^{(1)}=[a,p_1'-\delta]$，$D^{(j)}=[p_{j-1}'+\delta,p_j'-\delta]\,(j=2,\cdots,k)$，和 $D^{(k+1)}=[p_k'+\delta,b]$ 上连续。由推论 1，$f(x)$ 在这些子区间上都可积，所以在每个 $D^{(j)}$ 上分别存在分点

$$x_0^{(j)}<x_1^{(j)}<\cdots<x_{l_j}^{(j)}\qquad(j=1,\cdots,k+1)$$

使得

$$\sum_{i=1}^{l_j}\omega_i^{(j)}\Delta x_i^{(j)}<\frac{\varepsilon}{2(k+1)}.$$

将所有分点合为一组，看成是 $[a,b]$ 的一个划分，记 ω_j' 为 $f(x)$ 在 $[p_j'-\delta,p_j'+\delta]$ 的振幅，即有

$$\sum_{i=1}^{n}\omega_i\Delta x_i=\sum_{j=1}^{k+1}\sum_{i=1}^{l_j}\omega_i^{(j)}\Delta x_i^{(j)}+\sum_{j=1}^{k}\omega_j'\left[(p_j'+\delta)-(p_j'-\delta)\right]$$

$$<(k+1)\cdot\frac{\varepsilon}{2(k+1)}+\frac{2\varepsilon}{4k(M-m)}\cdot k(M-m)=\varepsilon,$$

由定理 7.1.3，$f(x)$ 在 $[a,b]$ 可积。

当 p_1' 和 p_k' 为 $[a,b]$ 的端点时可类似证得。

证毕

显然，若对任意划分，一个函数在小区间上的振幅的最大值 $\max(\omega_i)$ 随着 $\lambda\to0$ 而趋于零，那它当然就是个可积函数。但定理 7.1.2 同时也启发我们，若一个函数虽然它的振幅的最大值 $\max(\omega_i)$ 并不随 $\lambda\to0$ 而趋于零，但却可以使振幅不趋于零的小区间的长度之和任意的小，这个函数仍然是 Riemann 可积的。

例 7.1.2 证明 Riemann 函数

$$R(x)=\begin{cases}\dfrac{1}{p}, & x=\dfrac{q}{p}\,(p\in\mathbf{N}^+,q\in\mathbf{Z}-\{0\},p,q\text{ 互质}),\\[2mm]1, & x=0,\\[1mm]0, & x\text{ 为无理数}\end{cases}$$

在 $[0,1]$ 上可积。

解 由 Riemann 函数的性质，对任意给定的 $0<\varepsilon<2$，在 $[0,1]$ 上使得 $R(x)>\dfrac{\varepsilon}{2}$ 的点至多只有有限个，不妨设是 k 个，记为 $0=p_1'<p_2'<\cdots<p_k'=1$。

作 $[0,1]$ 的划分

$$0=x_0<x_1<x_2<\cdots<x_{2k-1}=1,$$

使得满足

$$p_1'\in[x_0,x_1),\,x_1-x_0<\frac{\varepsilon}{2k},$$

$$p_2'\in(x_2,x_3),\,x_3-x_2<\frac{\varepsilon}{2k},$$

$$\cdots\cdots$$

$$p'_{k-1} \in (x_{2k-4}, x_{2k-3}), x_{2k-3} - x_{2k-4} < \frac{\varepsilon}{2k},$$

$$p'_k \in (x_{2k-2}, x_{2k-1}], x_{2k-1} - x_{2k-2} < \frac{\varepsilon}{2k},$$

图 7.1.6 表示的是 $k = 3$ 的情况. 由于

$$\sum_{i=1}^{2k-1} \omega_i \Delta x_i = \sum_{j=0}^{k-1} \omega_{2j+1} \Delta x_{2j+1} + \sum_{j=1}^{k-1} \omega_{2j} \Delta x_{2j},$$

而在右边的第一个和式中, 有 $\Delta x_{2j+1} < \frac{\varepsilon}{2k}$ 且 ω_{2j+1}

$\leqslant 1$; 在第二个和式中, 有 $\omega_{2j} \leqslant \frac{\varepsilon}{2}$ 且 $\sum_{j=1}^{k-1} \Delta x_{2j} < 1$,

因此得到

$$\sum_{i=1}^{n} \omega_i \Delta x_i < k \cdot \frac{\varepsilon}{2k} + \frac{\varepsilon}{2} = \varepsilon.$$

由定理 7.1.3, Riemann 函数可积.

证毕

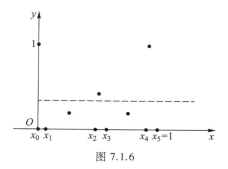

图 7.1.6

习　题

1. 用定义计算下列定积分:

(1) $\int_0^1 (ax+b)\mathrm{d}x$;　　　　　(2) $\int_0^1 a^x \mathrm{d}x\,(a>0)$.

2. 证明: 若对 $[a,b]$ 的任意划分和任意 $\xi_i \in [x_{i-1}, x_i]$, 极限 $\lim\limits_{\lambda \to 0} \sum\limits_{i=1}^{n} f(\xi_i) \Delta x_i$ 都存在, 则 $f(x)$ 必是 $[a,b]$ 上的有界函数.

3. 证明 Darboux 定理的后半部分: 对任意有界函数 $f(x)$, 恒有

$$\lim_{\lambda \to 0^-} S(P) = l.$$

4. 证明定理 7.1.3.

5. 讨论下列函数在 $[0,1]$ 的可积性:

(1) $f(x) = \begin{cases} \dfrac{1}{x} - \left[\dfrac{1}{x}\right], & x \neq 0, \\ 0, & x = 0; \end{cases}$　　(2) $f(x) = \begin{cases} -1, & x \text{ 为有理数}, \\ 1, & x \text{ 为无理数}; \end{cases}$

(3) $f(x) = \begin{cases} 0, & x \text{ 为有理数}, \\ x, & x \text{ 为无理数}; \end{cases}$　　(4) $f(x) = \begin{cases} \mathrm{sgn}(\sin \dfrac{\pi}{x}), & x \neq 0, \\ 0, & x = 0. \end{cases}$

6. 设 $f(x)$ 在 $[a,b]$ 上可积, 且在 $[a,b]$ 上满足 $|f(x)| \geqslant m > 0$ (m 为常数), 证明 $\dfrac{1}{f(x)}$ 在 $[a,b]$ 上也可积.

7. 设有界函数 $f(x)$ 在 $[a,b]$ 上的不连续点为 $\{x_n\}_{n=1}^{\infty}$, 且 $\lim\limits_{n \to \infty} x_n$ 存在, 证明 $f(x)$ 在 $[a,b]$ 上可积.

8. 设 $f(x)$ 是区间 $[a,b]$ 上的有界函数. 证明: $f(x)$ 在 $[a,b]$ 上可积的充分必要条件是对任意给定的 $\varepsilon > 0$ 与 $\sigma > 0$, 存在划分 P, 使得振幅 $\omega_i \geqslant \varepsilon$ 的那些小区间 $[x_{i-1}, x_i]$ 的长度之和 $\sum\limits_{\omega_i \geqslant \varepsilon} \Delta x_i < \sigma$ (即振幅不

能任意小的那些小区间的长度之和可以任意小).

9. 设 $f(x)$ 在 $[a,b]$ 上可积, $A \leqslant f(x) \leqslant B$, $g(u)$ 在 $[A,B]$ 上连续, 证明复合函数 $g(f(x))$ 在 $[a,b]$ 上可积.

§2 定积分的基本性质

本节中, 我们利用定积分的定义及其存在的充分必要条件, 来给出定积分的一些基本性质, 这些性质无论对于定积分的理论分析还是实际计算, 都是十分重要的.

性质 1(线性性质) 设 $f(x)$ 和 $g(x)$ 都在 $[a,b]$ 上可积, k_1 和 k_2 是常数. 则函数 $k_1 f(x) + k_2 g(x)$ 在 $[a,b]$ 上也可积, 且有

$$\int_a^b [k_1 f(x) + k_2 g(x)] \, dx = k_1 \int_a^b f(x) \, dx + k_2 \int_a^b g(x) \, dx.$$

证 对 $[a,b]$ 的任意一个划分,

$$a = x_0 < x_1 < x_2 < \cdots < x_n = b$$

和任意点 $\xi_i \in [x_{i-1}, x_i]$, 成立等式

$$\sum_{i=1}^n [k_1 f(\xi_i) + k_2 g(\xi_i)] \Delta x_i = k_1 \sum_{i=1}^n f(\xi_i) \Delta x_i + k_2 \sum_{i=1}^n g(\xi_i) \Delta x_i.$$

两边令 $\lambda = \max_{1 \leqslant i \leqslant n} (\Delta x_i) \to 0$, 由于 $f(x)$ 和 $g(x)$ 都在 $[a,b]$ 上可积, 因此有

$$\lim_{\lambda \to 0} \sum_{i=1}^n [k_1 f(\xi_i) + k_2 g(\xi_i)] \Delta x_i$$

$$= k_1 \lim_{\lambda \to 0} \sum_{i=1}^n f(\xi_i) \Delta x_i + k_2 \lim_{\lambda \to 0} \sum_{i=1}^n g(\xi_i) \Delta x_i$$

$$= k_1 \int_a^b f(x) \, dx + k_2 \int_a^b g(x) \, dx,$$

由定义, $k_1 f(x) + k_2 g(x)$ 在 $[a,b]$ 上可积, 且

$$\int_a^b [k_1 f(x) + k_2 g(x)] \, dx = k_1 \int_a^b f(x) \, dx + k_2 \int_a^b g(x) \, dx.$$

证毕

由定积分的线性性质和上一节的推论 3 可以得出一个重要结论:

推论 若 $f(x)$ 在 $[a,b]$ 上可积, 而 $g(x)$ 只在有限个点上与 $f(x)$ 的取值不相同, 则 $g(x)$ 在 $[a,b]$ 上也可积, 并且有

$$\int_a^b f(x) \, dx = \int_a^b g(x) \, dx.$$

这就是说, 若在有限个点上改变一个可积函数的函数值, 并不影响其可积性和积分值.

推论作为习题留给读者自证.

性质 2(乘积可积性) 设 $f(x)$ 和 $g(x)$ 都在 $[a,b]$ 上可积, 则 $f(x) \cdot g(x)$ 在 $[a,b]$ 上也可积.

证 由于 $f(x)$ 和 $g(x)$ 都在 $[a,b]$ 上可积, 所以它们在 $[a,b]$ 上有界. 因此存在常数

M, 满足

$$|f(x)| \le M \text{ 和 } |g(x)| \le M, \quad x \in [a,b].$$

对 $[a,b]$ 的任意划分

$$a = x_0 < x_1 < x_2 < \cdots < x_n = b,$$

设 $\hat{x}$ 和 $\tilde{x}$ 是 $[x_{i-1}, x_i]$ 中的任意两点, 则有

$$|f(\hat{x})g(\hat{x}) - f(\tilde{x})g(\tilde{x})|$$
$$\le |f(\hat{x}) - f(\tilde{x})| \cdot |g(\hat{x})| + |f(\tilde{x})| \cdot |g(\hat{x}) - g(\tilde{x})|$$
$$\le M[|f(\hat{x}) - f(\tilde{x})| + |g(\hat{x}) - g(\tilde{x})|].$$

记 $f(x) \cdot g(x)$ 在小区间 $[x_{i-1}, x_i]$ 上的振幅为 ω_i, $f(x)$ 和 $g(x)$ 在小区间 $[x_{i-1}, x_i]$ 上的振幅分别为 ω_i' 和 ω_i'', 则上式意味着

$$\omega_i \le M(\omega_i' + \omega_i''),$$

因此

$$0 \le \sum_{i=1}^{n} \omega_i \Delta x_i \le M \left(\sum_{i=1}^{n} \omega_i' \Delta x_i + \sum_{i=1}^{n} \omega_i'' \Delta x_i \right).$$

由于 $f(x)$ 和 $g(x)$ 都在 $[a,b]$ 可积, 因而当 $\lambda = \max_{1 \le i \le n}(\Delta x_i) \to 0$ 时, 上面的不等式的右端趋于零. 由极限的夹逼性, 得到

$$\lim_{\lambda \to 0} \sum_{i=1}^{n} \omega_i \Delta x_i = 0,$$

根据 Riemann 可积的充分必要条件, 即知 $f(x) \cdot g(x)$ 在 $[a,b]$ 可积.

证毕

要注意的是, 一般说来

$$\int_a^b f(x)g(x)\,\mathrm{d}x \ne \left(\int_a^b f(x)\,\mathrm{d}x \right) \cdot \left(\int_a^b g(x)\,\mathrm{d}x \right),$$

请读者自行举出例子(留作习题).

性质 3(保序性)　设 $f(x)$ 和 $g(x)$ 都在 $[a,b]$ 上可积, 且在 $[a,b]$ 上恒有 $f(x) \ge g(x)$, 则成立

$$\int_a^b f(x)\,\mathrm{d}x \ge \int_a^b g(x)\,\mathrm{d}x.$$

证　我们只要证明对 $[a,b]$ 上的非负函数 $f(x)$, 成立

$$\int_a^b f(x)\,\mathrm{d}x \ge 0.$$

由于在 $[a,b]$ 上 $f(x) \ge 0$, 因此对 $[a,b]$ 的任意一个划分

$$a = x_0 < x_1 < x_2 < \cdots < x_n = b$$

和任意点 $\xi_i \in [x_{i-1}, x_i]$, 有

$$\sum_{i=1}^{n} f(\xi_i) \Delta x_i \ge 0.$$

令 $\lambda = \max_{1 \le i \le n}(\Delta x_i) \to 0$, 即得到

$$\int_a^b f(x)\,\mathrm{d}x = \lim_{\lambda \to 0} \sum_{i=1}^{n} f(\xi_i) \Delta x_i \ge 0.$$

证毕

请读者自行分析性质 3 的几何意义.

性质 4（绝对可积性） 设 $f(x)$ 在 $[a,b]$ 上可积，则 $|f(x)|$ 在 $[a,b]$ 上也可积，且成立

$$\left| \int_a^b f(x)\,\mathrm{d}x \right| \leqslant \int_a^b |f(x)|\,\mathrm{d}x.$$

证 由于对于任意两点 $\hat{x}$ 和 $\tilde{x}$，都有

$$||f(\hat{x})| - |f(\tilde{x})|| \leqslant |f(\hat{x}) - f(\tilde{x})|,$$

仿照性质 2 的证明即可证得 $|f(x)|$ 在 $[a,b]$ 上可积.

又因为对任意 $x \in [a,b]$，成立

$$-|f(x)| \leqslant f(x) \leqslant |f(x)|,$$

由性质 3 得到

$$-\int_a^b |f(x)|\,\mathrm{d}x \leqslant \int_a^b f(x)\,\mathrm{d}x \leqslant \int_a^b |f(x)|\,\mathrm{d}x,$$

这就是

$$\left| \int_a^b f(x)\,\mathrm{d}x \right| \leqslant \int_a^b |f(x)|\,\mathrm{d}x.$$

证毕

要注意的是，性质 4 的逆命题是不成立的，也就是说，由 $|f(x)|$ 在 $[a,b]$ 上可积并不能得出 $f(x)$ 在 $[a,b]$ 上也可积.

例如，函数

$$f(x) = \begin{cases} 1, & x \text{ 为有理数}, \\ -1, & x \text{ 为无理数}, \end{cases} \quad x \in [0,1]$$

在任意一个小区间上的振幅恒为 2，所以是不可积的.但是

$$|f(x)| \equiv 1, \quad x \in [0,1],$$

它在 $[0,1]$ 上显然是可积的.

性质 5（区间可加性） 设 $f(x)$ 在 $[a,b]$ 上可积，则对任意点 $c \in [a,b]$，$f(x)$ 在 $[a,c]$ 和 $[c,b]$ 上都可积；反过来，若 $f(x)$ 在 $[a,c]$ 和 $[c,b]$ 上都可积，则 $f(x)$ 在 $[a,b]$ 上可积.此时成立

$$\int_a^b f(x)\,\mathrm{d}x = \int_a^c f(x)\,\mathrm{d}x + \int_c^b f(x)\,\mathrm{d}x.$$

证 先假定 $f(x)$ 在 $[a,b]$ 上可积，设 c 是 $[a,b]$ 中任意给定的一点.

由定理 7.1.3，对任意给定的 $\varepsilon > 0$，存在 $[a,b]$ 的一个划分

$$a = x_0 < x_1 < x_2 < \cdots < x_n = b,$$

使得满足

$$\sum_{i=1}^n \omega_i \Delta x_i < \varepsilon.$$

我们总可以假定 c 是其中的某一个分点 x_k，否则只要在原有划分中插入分点 c 作成新的划分，由 Darboux 和的性质（引理 7.1.1），上面的不等式仍然成立.

将

$$a = x_0 < x_1 < x_2 < \cdots < x_k = c$$

和

$$c = x_k < x_{k+1} < x_{k+2} < \cdots < x_n = b$$

分别看成是对 $[a,c]$ 和 $[c,b]$ 作的划分,则显然有

$$\sum_{i=1}^{k} \omega_i \Delta x_i < \varepsilon \quad \text{和} \quad \sum_{i=k+1}^{n} \omega_i \Delta x_i < \varepsilon,$$

由定理 7.1.3,$f(x)$ 在 $[a,c]$ 和 $[c,b]$ 上都是可积的.

反过来,若 $f(x)$ 在 $[a,c]$ 和 $[c,b]$ 上都可积,则对任意给定的 $\varepsilon > 0$,分别存在 $[a,c]$ 和 $[c,b]$ 的划分

$$a = x_0' < x_1' < x_2' < \cdots < x_{n_1}' = c$$

和

$$c = x_0'' < x_1'' < x_2'' < \cdots < x_{n_2}'' = b,$$

使得

$$\sum_{i=1}^{n_1} \omega_i' \Delta x_i' < \frac{\varepsilon}{2} \text{ 和 } \sum_{i=1}^{n_2} \omega_i'' \Delta x_i'' < \frac{\varepsilon}{2},$$

将这两组分点合起来作为 $[a,b]$ 的一组分点 $\{x_i\}_{i=0}^{n}$,这里 $n = n_1 + n_2$,于是得到

$$\sum_{i=1}^{n} \omega_i \Delta x_i = \sum_{i=1}^{n_1} \omega_i' \Delta x_i' + \sum_{i=1}^{n_2} \omega_i'' \Delta x_i'' < \varepsilon,$$

因此 $f(x)$ 在 $[a,b]$ 上可积.

在 $\int_a^b f(x) \mathrm{d}x$,$\int_a^c f(x) \mathrm{d}x$ 和 $\int_c^b f(x) \mathrm{d}x$ 都存在的条件下,利用定积分的定义,容易证明

$$\int_a^b f(x) \mathrm{d}x = \int_a^c f(x) \mathrm{d}x + \int_c^b f(x) \mathrm{d}x$$

(留作习题).

证毕

由于规定了

$$\int_a^b f(x) \mathrm{d}x = -\int_b^a f(x) \mathrm{d}x,$$

读者不难证明,当 c 是 $[a,b]$ 之外的一点时,只要函数 $f(x)$ 的可积性依然保持,定积分的区间可加性依然成立.

性质 6(积分第一中值定理) 设 $f(x)$ 和 $g(x)$ 都在 $[a,b]$ 上可积,$g(x)$ 在 $[a,b]$ 上不变号,则存在 $\eta \in [m,M]$,使得

$$\int_a^b f(x) g(x) \mathrm{d}x = \eta \int_a^b g(x) \mathrm{d}x,$$

这里 M 和 m 分别表示 $f(x)$ 在 $[a,b]$ 的上确界和下确界.

特别地,若 $f(x)$ 在 $[a,b]$ 上连续,则存在 $\xi \in [a,b]$,使得

$$\int_a^b f(x) g(x) \mathrm{d}x = f(\xi) \int_a^b g(x) \mathrm{d}x.$$

证 因为 $g(x)$ 在 $[a,b]$ 上不变号,不妨设

$$g(x) \geqslant 0, \quad x \in [a,b],$$

于是有

$$mg(x) \leqslant f(x)g(x) \leqslant Mg(x),$$

由性质 3,得到

$$m \int_a^b g(x)\,dx \leqslant \int_a^b f(x)g(x)\,dx \leqslant M \int_a^b g(x)\,dx.$$

由于 $\int_a^b f(x)g(x)\,dx$ 和 $\int_a^b g(x)\,dx$ 都是常数,因而必有某个 $\eta \in [m,M]$,使得

$$\int_a^b f(x)g(x)\,dx = \eta \int_a^b g(x)\,dx.$$

若 $f(x)$ 在 $[a,b]$ 上连续,则由闭区间上连续函数的中间值定理,此时必存在某个 $\xi \in [a,b]$,使得 $f(\xi) = \eta$,因此

$$\int_a^b f(x)g(x)\,dx = f(\xi) \int_a^b g(x)\,dx.$$

证毕

我们来看一个特殊的情况.当 $f(x)$ 在 $[a,b]$ 上连续,而 $g(x) \equiv 1$ 时,上述积分第一中值定理的结论就变成了

$$\int_a^b f(x)\,dx = f(\xi)(b-a).$$

它的几何意义十分明确(如图 7.2.1):当 $f(x) \geqslant 0$ 时,上式的左边表示由曲线 $f(x)$ 和直线 $x=a,x=b$ 以及 x 轴围成的曲边梯形的面积,它一定等于以 $[a,b]$ 为底、某个 $f(\xi)$ 为高的矩形面积.

例 7.2.1　设 $f(x)$ 在 $[a,b]$ 上连续,且 $f(x)>0$,证明

$$\frac{1}{b-a} \int_a^b \ln f(x)\,dx \leqslant \ln\left(\frac{1}{b-a}\int_a^b f(x)\,dx\right).$$

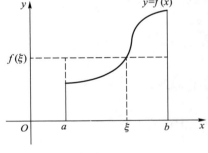

图 7.2.1

证　将区间 $[a,b]$ n 等分,并设 $x_i = a + \dfrac{i}{n}(b-a)$ $(i=0,1,2,\cdots,n)$,于是 $\Delta x_i = \dfrac{b-a}{n}$ $(i=1,2,\cdots,n)$.利用 $\ln x$ 在 $(0,+\infty)$ 上的上凸性,由 Jensen 不等式得

$$\sum_{i=1}^n \frac{1}{n}\ln f(x_i) \leqslant \ln\left(\sum_{i=1}^n \frac{1}{n}f(x_i)\right),$$

即

$$\frac{1}{b-a}\sum_{i=1}^n \ln f(x_i)\Delta x_i \leqslant \ln\left(\frac{1}{b-a}\sum_{i=1}^n f(x_i)\Delta x_i\right).$$

由假设条件知,$f(x)$ 和 $\ln f(x)$ 在 $[a,b]$ 上连续,因此可积.在上式中令 $n\to\infty$,则由定积分的定义及 $\ln x$ 的连续性得

$$\frac{1}{b-a} \int_a^b \ln f(x)\,dx \leqslant \ln\left(\frac{1}{b-a}\int_a^b f(x)\,dx\right).$$

例 7.2.2(Hölder 不等式)　设 $f(x),g(x)$ 在 $[a,b]$ 上连续,p,q 为满足 $\dfrac{1}{p}+\dfrac{1}{q}=1$ 的

正数,证明

$$\int_a^b |f(x)g(x)|\mathrm{d}x \le \left(\int_a^b |f(x)|^p\mathrm{d}x\right)^{\frac{1}{p}}\left(\int_a^b |g(x)|^q\mathrm{d}x\right)^{\frac{1}{q}}.$$

证 当 $f(x)\equiv0$ 或 $g(x)\equiv0$ 时,上式显然成立.

否则的话,令

$$\varphi(x) = \frac{|f(x)|}{\left(\int_a^b |f(x)|^p\mathrm{d}x\right)^{\frac{1}{p}}}, \psi(x) = \frac{|g(x)|}{\left(\int_a^b |g(x)|^q\mathrm{d}x\right)^{\frac{1}{q}}}, x\in[a,b]$$

(注意由本节习题 5 可知 $\int_a^b |f(x)|^p\mathrm{d}x$ 和 $\int_a^b |g(x)|^q\mathrm{d}x$ 均大于零),

由例 5.1.8 得到

$$\varphi(x)\psi(x) \le \frac{1}{p}\varphi(x)^p + \frac{1}{q}\psi(x)^q,$$

即

$$\frac{|f(x)g(x)|}{\left(\int_a^b |f(x)|^p\mathrm{d}x\right)^{\frac{1}{p}}\left(\int_a^b |g(x)|^q\mathrm{d}x\right)^{\frac{1}{q}}}$$

$$\le \frac{|f(x)|^p}{p\int_a^b |f(x)|^p\mathrm{d}x} + \frac{|g(x)|^q}{q\int_a^b |g(x)|^q\mathrm{d}x}, x\in[a,b].$$

对上式两边在 $[a,b]$ 上求积分,利用定积分的性质得

$$\frac{1}{\left(\int_a^b |f(x)|^p\mathrm{d}x\right)^{\frac{1}{p}}\left(\int_a^b |g(x)|^q\mathrm{d}x\right)^{\frac{1}{q}}}\int_a^b |f(x)g(x)|\mathrm{d}x$$

$$\le \frac{\int_a^b |f(x)|^p\mathrm{d}x}{p\int_a^b |f(x)|^p\mathrm{d}x} + \frac{\int_a^b |g(x)|^q\mathrm{d}x}{q\int_a^b |f(x)|^q\mathrm{d}x} = \frac{1}{p} + \frac{1}{q} = 1.$$

在不等式两边同乘以 $\left(\int_a^b |f(x)|^p\mathrm{d}x\right)^{\frac{1}{p}}\left(\int_a^b |g(x)|^q\mathrm{d}x\right)^{\frac{1}{q}}$,即得

$$\int_a^b |f(x)g(x)|\mathrm{d}x \le \left(\int_a^b |f(x)|^p\mathrm{d}x\right)^{\frac{1}{p}}\left(\int_a^b |g(x)|^q\mathrm{d}x\right)^{\frac{1}{q}}.$$

证毕

例 7.2.3 设函数 $f(x)$ 在 $[a,b]$ 上二阶可导,$f\left(\dfrac{a+b}{2}\right)=0$,

记 $M = \sup\limits_{a\le x\le b}|f''(x)|$,证明

$$\int_a^b f(x)\mathrm{d}x \le \frac{M(b-a)^3}{24}.$$

证 $f(x)$ 在 $x=\dfrac{a+b}{2}$ 处的带 Lagrange 余项的 Taylor 公式为

$$f(x) = f\left(\frac{a+b}{2}\right) + f'\left(\frac{a+b}{2}\right)\left(x - \frac{a+b}{2}\right) + \frac{1}{2}f''(\xi)\left(x - \frac{a+b}{2}\right)^2$$

$$= f'\left(\frac{a+b}{2}\right)\left(x - \frac{a+b}{2}\right) + \frac{1}{2}f''(\xi)\left(x - \frac{a+b}{2}\right)^2, x \in [a, b],$$

其中 $a \leqslant \xi \leqslant b$. 对等式两边求积分, 利用 $\int_a^b \left(x - \frac{a+b}{2}\right)\mathrm{d}x = 0$, 得到

$$\int_a^b f(x)\,\mathrm{d}x = f'\left(\frac{a+b}{2}\right)\int_a^b \left(x - \frac{a+b}{2}\right)\mathrm{d}x + \frac{1}{2}\int_a^b f''(\xi)\left(x - \frac{a+b}{2}\right)^2\mathrm{d}x$$

$$= \frac{1}{2}\int_a^b f''(\xi)\left(x - \frac{a+b}{2}\right)^2\mathrm{d}x,$$

于是

$$\left|\int_a^b f(x)\,\mathrm{d}x\right| \leqslant \frac{1}{2}\int_a^b \left|f''(\xi)\left(x - \frac{a+b}{2}\right)^2\right|\mathrm{d}x \leqslant \frac{M}{2}\int_a^b \left(x - \frac{a+b}{2}\right)^2\mathrm{d}x = \frac{M(b-a)^3}{24}.$$

习　　题

1. 设 $f(x)$ 在 $[a, b]$ 上可积, $g(x)$ 在 $[a, b]$ 上定义, 且在 $[a, b]$ 中除了有限个点之外, 都有 $f(x) = g(x)$, 证明 $g(x)$ 在 $[a, b]$ 上也可积, 并且有

$$\int_a^b f(x)\,\mathrm{d}x = \int_a^b g(x)\,\mathrm{d}x.$$

2. 设 $f(x)$ 和 $g(x)$ 在 $[a, b]$ 上都可积, 请举例说明在一般情况下有

$$\int_a^b f(x)g(x)\,\mathrm{d}x \neq \left(\int_a^b f(x)\,\mathrm{d}x\right) \cdot \left(\int_a^b g(x)\,\mathrm{d}x\right).$$

3. 证明: 对任意实数 a, b, c, 只要 $\int_a^b f(x)\,\mathrm{d}x, \int_a^c f(x)\,\mathrm{d}x$ 和 $\int_c^b f(x)\,\mathrm{d}x$ 都存在, 就成立

$$\int_a^b f(x)\,\mathrm{d}x = \int_a^c f(x)\,\mathrm{d}x + \int_c^b f(x)\,\mathrm{d}x.$$

4. 判断下列积分的大小:

（1）$\int_0^1 x\,\mathrm{d}x$ 和 $\int_0^1 x^2\,\mathrm{d}x$;　　　　　　（2）$\int_1^2 x\,\mathrm{d}x$ 和 $\int_1^2 x^2\,\mathrm{d}x$;

（3）$\int_{-2}^{-1} \left(\frac{1}{2}\right)^x \mathrm{d}x$ 和 $\int_0^1 2^x\,\mathrm{d}x$;　　　（4）$\int_0^{\frac{\pi}{2}} \sin x\,\mathrm{d}x$ 和 $\int_0^{\frac{\pi}{2}} x\,\mathrm{d}x$.

5. 设 $f(x)$ 在 $[a, b]$ 上连续, $f(x) \geqslant 0$ 但不恒为 0, 证明

$$\int_a^b f(x)\,\mathrm{d}x > 0.$$

6. 设 $f(x)$ 在 $[a, b]$ 上连续, 且 $\int_a^b f^2(x)\,\mathrm{d}x = 0$, 证明 $f(x)$ 在 $[a, b]$ 上恒为 0.

7. 设函数 $f(x)$ 在 $[a, b]$ 上连续, 在 (a, b) 内可导, 且满足

$$\frac{2}{b-a}\int_a^{\frac{a+b}{2}} f(x)\,\mathrm{d}x = f(b).$$

证明: 存在 $\xi \in (a, b)$, 使得 $f'(\xi) = 0$.

8. 设 $\varphi(t)$ 在 $[0, a]$ 上连续, $f(x)$ 在 $(-\infty, +\infty)$ 上二阶可导, 且 $f''(x) \geqslant 0$. 证明:

$$f\left(\frac{1}{a}\int_0^a \varphi(t)\,\mathrm{d}t\right) \leqslant \frac{1}{a}\int_0^a f(\varphi(t))\,\mathrm{d}t.$$

9. 设 $f(x)$ 在 $[0,1]$ 上连续,且单调减少,证明对任意 $\alpha \in [0,1]$,成立

$$\int_0^\alpha f(x)\,\mathrm{d}x \geqslant \alpha \int_0^1 f(x)\,\mathrm{d}x.$$

10. (Young 不等式)设 $y=f(x)$ 是 $[0,+\infty)$ 上严格单调增加的连续函数,且 $f(0)=0$,记它的反函数为 $x=f^{-1}(y)$.证明:

$$\int_0^a f(x)\,\mathrm{d}x + \int_0^b f^{-1}(y)\,\mathrm{d}y \geqslant ab \quad (a>0, b>0).$$

11. 证明定积分的连续性:设函数 $f(x)$ 和 $f_h(x)=f(x+h)$ 在 $[a,b]$ 上可积,则有

$$\lim_{h\to 0}\int_a^b |f_h(x)-f(x)|\,\mathrm{d}x = 0.$$

12. 设 $f(x)$ 和 $g(x)$ 在 $[a,b]$ 上都可积,证明不等式:

(1) (Schwarz 不等式) $\left[\int_a^b f(x)g(x)\,\mathrm{d}x\right]^2 \leqslant \int_a^b f^2(x)\,\mathrm{d}x \cdot \int_a^b g^2(x)\,\mathrm{d}x$;

(2) (Minkowski 不等式)

$$\left\{\int_a^b [f(x)+g(x)]^2\,\mathrm{d}x\right\}^{\frac{1}{2}} \leqslant \left[\int_a^b f^2(x)\,\mathrm{d}x\right]^{\frac{1}{2}} + \left[\int_a^b g^2(x)\,\mathrm{d}x\right]^{\frac{1}{2}}.$$

13. 设 $f(x)$ 和 $g(x)$ 在 $[a,b]$ 上连续,且 $f(x) \geqslant 0, g(x)>0$,证明

$$\lim_{n\to\infty}\left\{\int_a^b [f(x)]^n g(x)\,\mathrm{d}x\right\}^{\frac{1}{n}} = \max_{a\leqslant x\leqslant b} f(x).$$

§3 微积分基本定理

从实例看微分与积分的联系

到目前为止,我们已详细介绍了微分与积分(这里专指定积分)的基本概念,但还不曾涉及微分与积分之间的任何联系.事实上,揭示微分与积分之间的内在联系是需要许多预备知识的.眼下已可以说,这些预备知识已经基本有了,可以为这两个重要的概念建立桥梁了.

先来看两个颇具启发性的例子.与我们研究导数时相仿,这两个例子仍然分别来自力学问题和几何学问题.

在引入定积分定义时我们已经知道,以速度 $v(t)$ 作变速运动的物体,在时间段 $[T_1,T_2]$ 中所走过的路程 S 可以表示为定积分

$$S = \lim_{\lambda\to 0}\sum_{i=1}^n v(\xi_i)\Delta t_i = \int_{T_1}^{T_2} v(t)\,\mathrm{d}t,$$

但是这个和式的极限一般来说是很难求的.

让我们换一个角度考虑问题:设物体在时间段 $[0,t]$ 所走过的路程为 $S(t)$,那么它在时间段 $[T_1,T_2]$ 所走过的路程可以表示为

$$S = S(T_2)-S(T_1),$$

于是就有

$$\int_{T_1}^{T_2} v(t)\,\mathrm{d}t = S(T_2) - S(T_1).$$

注意到 $v(t) = S'(t)$，或者说 $S(t)$ 是 $v(t)$ 的一个原函数，于是上式说明了，$v(t)$ 在区间 $[T_1,$ $T_2]$ 上的积分值可以用它的一个原函数在区间的两个端点处的函数值之差来表示.

这是不是一个普遍的规律呢？我们再来看一个例子.

显而易见，一个直角三角形，它的两直角边分别平行于两坐标轴（如图 7.3.1），在已知斜边的斜率为 $k(k = \tan\theta)$ 的情况下，它的高为 $h = k(b - a)$.

现将此直角三角形的斜边换成曲线 $y = f(x)$（要求 $f(x)$ 在区间 $[a,b]$ 上可导），得到一个曲边直角三角形（如图 7.3.2(a)），并将平行于 y 轴的那条直角边的长度视为它的"高". 若将这个曲边直角三角形近似地视作直角三角形，并将 $f(x)$ 在 $x = a$ 处的导数值 $f'(a)$ 近似地视作"斜边"的斜率，那么关于这个曲边直角三角形的"高"就近似地有

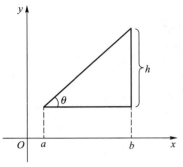

图 7.3.1

$$h \approx f'(a) \cdot (b - a).$$

显然这么得到的结果是很粗糙的.

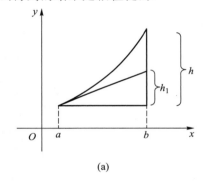

(a)

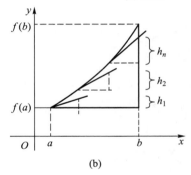

(b)

图 7.3.2

为了提高精确度，可以对区间 $[a,b]$ 作划分

$$a = x_0 < x_1 < x_2 < \cdots < x_n = b,$$

并在每个小区间 $[x_{i-1}, x_i]$ 上，构作小曲边直角三角形（如图 7.3.2(b)）.再像上面所做的那样，将每个小曲边直角三角形近似地视作直角三角形，并将 $f(x)$ 在 $x = x_{i-1}$ 处的导数值 $f'(x_{i-1})$ 近似地视作"斜边"的斜率，那么每个小曲边直角三角形的"高"就近似地等于

$$h_i = f'(x_{i-1}) \cdot \Delta x_i,$$

再将所有的 h_i 加起来，就得到曲边直角三角形的"高"近似地等于

$$\sum_{i=1}^{n} h_i = \sum_{i=1}^{n} f'(x_{i-1}) \Delta x_i.$$

显然，令小区间的最大长度 $\lambda = \max_{1 \leqslant i \leqslant n}(\Delta x_i) \to 0$，就可以得到曲边直角三角形的"高"为

$$h = \lim_{\lambda \to 0} \sum_{i=1}^{n} f'(x_{i-1}) \Delta x_i,$$

由定积分的定义,这个极限值就是 $\int_a^b f'(x)\mathrm{d}x$.

由于曲边直角三角形的"高"实际上就是 $f(x)$ 在区间 $[a,b]$ 的两个端点处的函数值之差,即 $f(b)-f(a)$,于是得到

$$\int_a^b f'(x)\,\mathrm{d}x = f(b)-f(a).$$

我们又一次得到了与前面求路程问题同样的结果:$f'(x)$ 在 $[a,b]$ 上的积分值,可以用它的一个原函数 $f(x)$ 在积分区间的两个端点处的函数值之差来表示.

微积分基本定理——Newton–Leibniz 公式

设 $f(x)$ 在区间 $[a,b]$ 上可积,由定积分的区间可加性,可知对任意 $x\in[a,b]$,积分 $\int_a^x f(t)\mathrm{d}t$ 存在.当 x 在 $[a,b]$ 中变化时,$\int_a^x f(t)\mathrm{d}t$ 的值也随之而变化,所以它是定义在 $[a,b]$ 上的关于 x 的函数.这个函数具有如下的重要性质:

定理 7.3.1　设 $f(x)$ 在 $[a,b]$ 上可积,作函数

$$F(x) = \int_a^x f(t)\,\mathrm{d}t, \quad x\in[a,b],$$

则

（1）$F(x)$ 是 $[a,b]$ 上的连续函数;

（2）若 $f(x)$ 在 $[a,b]$ 上连续,则 $F(x)$ 在 $[a,b]$ 上可微,且有

$$F'(x) = f(x).$$

证　由定理条件,知 $F(x)$ 在整个 $[a,b]$ 上有定义.由定积分的区间可加性,

$$F(x+\Delta x) - F(x) = \int_a^{x+\Delta x} f(t)\,\mathrm{d}t - \int_a^x f(t)\,\mathrm{d}t = \int_x^{x+\Delta x} f(t)\,\mathrm{d}t.$$

记 m,M 分别为 $f(x)$ 在 $[a,b]$ 上的下确界和上确界,由定积分第一中值定理,即得到

$F(x+\Delta x)-F(x)$

$$= \begin{cases} \eta\cdot\Delta x \quad (\eta\in[m,M]), & \text{若 } f(x) \text{ 在 } [a,b] \text{ 上可积,} \\ f(\xi)\cdot\Delta x \quad (\xi \text{ 在 } x \text{ 与 } x+\Delta x \text{ 之间}), & \text{若 } f(x) \text{ 在 } [a,b] \text{ 上连续.} \end{cases}$$

显然,不管在哪一种情况下,当 $\Delta x\to 0$ 时都有 $F(x+\Delta x)-F(x)\to 0$,即 $F(x)$ 在 $[a,b]$ 上连续.

若 $f(x)$ 在 $[a,b]$ 连续,当 $\Delta x\to 0$ 时有 $\xi\to x$,因而 $f(\xi)\to f(x)$,于是

$$F'(x) = \lim_{\Delta x\to 0}\frac{F(x+\Delta x)-F(x)}{\Delta x} = \lim_{\Delta x\to 0} f(\xi) = f(x).$$

证毕

这个定理具有非常重要的意义.

首先,它扩展了函数的形式.$\int_a^x f(t)\mathrm{d}t$ 与我们所熟悉的初等函数形式迥异,但它确实是一种函数的表示形式,它使我们对函数的认识冲出了初等函数的束缚,不再囿于这狭窄的范围.以后我们会看到,它是我们描述和研究客观事物及其变化规律的又一有力武器.

其次,它说明了当 $f(x)$ 在 $[a,b]$ 上连续时,$\int_a^x f(t)\mathrm{d}t$ 正是 $f(x)$ 在 $[a,b]$ 上的一个原

函数,这就是我们在第六章 §3 开头所断言的,任何一个连续函数必存在原函数.如 $\int_a^x \dfrac{\sin t}{t} \mathrm{d}t$ 是 $\dfrac{\sin x}{x}$ 的一个原函数,$\int_a^x \mathrm{e}^{-t^2} \mathrm{d}t$ 是 e^{-x^2} 的一个原函数,如此等等.

另外,定理 7.3.1 的结论(2)

$$\left(\int_a^x f(t)\,\mathrm{d}t \right)' = f(x)$$

还给出了对 $\int_a^x f(t)\,\mathrm{d}t$ 这种形式的函数求导(通常称为"**对积分上限求导**")的一个法则.

例 7.3.1 计算 $F(x) = \int_0^{x^2} \sin\sqrt{t}\,\mathrm{d}t$ 的导数.

解 记 $u = x^2$,则 $F(x) = G(u) = \int_0^u \sin\sqrt{t}\,\mathrm{d}t$,由复合函数求导法则,

$$F'(x) = \frac{\mathrm{d}}{\mathrm{d}u} G(u) \cdot u'(x) = \left(\frac{\mathrm{d}}{\mathrm{d}u} \int_0^u \sin\sqrt{t}\,\mathrm{d}t \right) \Bigg|_{u=x^2} \cdot 2x = 2x\sin x.$$

例 7.3.2 求极限 $\displaystyle\lim_{x \to 0+} \dfrac{\displaystyle\int_0^{x^2} \sin\sqrt{t}\,\mathrm{d}t}{x^3}$.

解 由于 $\int_a^a f(x)\,\mathrm{d}x = 0$,因此这个极限是 $\dfrac{0}{0}$ 待定型.由 L'Hospital 法则和上题结论,

$$\lim_{x \to 0+} \frac{\int_0^{x^2} \sin\sqrt{t}\,\mathrm{d}t}{x^3} = \lim_{x \to 0+} \frac{\left(\int_0^{x^2} \sin\sqrt{t}\,\mathrm{d}t \right)'}{(x^3)'} = \lim_{x \to 0+} \frac{2x\sin x}{3x^2} = \frac{2}{3}.$$

下面,我们用定理 7.3.1 来导出微积分学中最为重要的结论.

定理 7.3.2(微积分基本定理) 设 $f(x)$ 在 $[a,b]$ 上连续,$F(x)$ 是 $f(x)$ 在 $[a,b]$ 上的一个原函数,则成立

$$\int_a^b f(x)\,\mathrm{d}x = F(b) - F(a).$$

证 设 $F(x)$ 是 $f(x)$ 在 $[a,b]$ 上的任一个原函数,而由定理 7.3.1,$\int_a^x f(t)\,\mathrm{d}t$ 也是 $f(x)$ 在 $[a,b]$ 上的一个原函数,因而两者至多相差一个常数.记

$$\int_a^x f(t)\,\mathrm{d}t = F(x) + C,$$

令 $x = a$,即得到 $C = -F(a)$,所以

$$\int_a^x f(t)\,\mathrm{d}t = F(x) - F(a).$$

再令 $x = b$,由于定积分中的自变量用什么记号与积分值无关,便可得到

$$\int_a^b f(x)\,\mathrm{d}x = \int_a^b f(t)\,\mathrm{d}t = F(b) - F(a).$$

证毕

定理的结论被称为"**Newton–Leibniz 公式**",公式中的 $F(b) - F(a)$ 一般记为 $F(x)\big|_a^b$,也就是

$$\int_a^b f(x)\,\mathrm{d}x = F(x)\,\Big|_a^b.$$

Newton-Leibniz 公式将"求曲线的切线斜率"和"求曲线所围面积"这两件看上去风马牛不相及的事和谐地统一起来,是高等数学乃至整个数学领域中最优美的结论之一.它以非常简单的形式,深刻地揭示了微分与积分的联系,同时还"指点迷津",给出了利用原函数(即不定积分)便捷地计算定积分的途径.

例 7.3.3 计算 $\int_0^1 x^2\,\mathrm{d}x$.

解 因为 $\int x^2\,\mathrm{d}x = \dfrac{1}{3}x^3 + C$,所以可取 $F(x)$ 为 $\dfrac{1}{3}x^3$,于是由 Newton-Leibniz 公式,

$$\int_0^1 x^2\,\mathrm{d}x = \frac{1}{3}x^3\,\Big|_0^1 = \frac{1}{3} - 0 = \frac{1}{3}.$$

这正是我们在本章 §1 中用无限求和的办法求出的那个曲边三角形的面积.

例 7.3.4 求 $\int_0^\pi \sin x\,\mathrm{d}x$.

解 因为 $-\cos x$ 是 $\sin x$ 的一个原函数,所以

$$\int_0^\pi \sin x\,\mathrm{d}x = (-\cos x)\,\big|_0^\pi = -\cos \pi + \cos 0 = 2.$$

例 7.3.4 说明 $y = \sin x$ 的一拱的面积恰为整数 2,可算是一个出人意料的有趣结果.

不仅如此,对于一些比较难处理,往往需要用些特殊技巧的和式的极限计算问题,有了 Newton-Leibniz 公式,使得我们有可能峰回路转,将其转化为一个定积分问题来计算.

例 7.3.5 计算 $\displaystyle\lim_{n\to\infty}\left(\dfrac{1}{n+1} + \dfrac{1}{n+2} + \cdots + \dfrac{1}{2n}\right)$.

解 将和式改写成

$$\frac{1}{n+1} + \frac{1}{n+2} + \cdots + \frac{1}{2n} = \frac{1}{n}\left(\frac{1}{1+\dfrac{1}{n}} + \frac{1}{1+\dfrac{2}{n}} + \cdots + \frac{1}{1+\dfrac{n}{n}}\right),$$

这相当于在 $[0,1]$ 中对函数 $f(x) = \dfrac{1}{1+x}$ 作 $\Delta x_i = \dfrac{1}{n}$ 的等距分割后,在小区间 $[x_{i-1}, x_i]$ 上将 ξ_i 取为 $x_i(i=1,2,\cdots,n)$ 的 Riemann 和

$$\sum_{i=1}^n f(\xi_i) \cdot \Delta x_i.$$

于是,

$$\lim_{n\to\infty}\left(\frac{1}{n+1} + \frac{1}{n+2} + \cdots + \frac{1}{2n}\right) = \lim_{\lambda\to 0}\sum_{i=1}^n \frac{1}{1+\xi_i}\cdot\Delta x_i = \int_0^1 \frac{\mathrm{d}x}{1+x} = \ln(1+x)\,\Big|_0^1 = \ln 2.$$

这与我们在极限论中(例 2.4.9)所得到的结果相同.

定积分的分部积分法和换元积分法

若将 $\int f(x)\,\mathrm{d}x$ 理解为 $f(x)$ 的任意一个给定的原函数,则 Newton-Leibniz 公式可以从形式上表达为

$$\int_a^b f(x)\,\mathrm{d}x = \left(\int f(x)\,\mathrm{d}x\right)\ \bigg|_a^b,$$

因此，由不定积分的运算法则可直接推出定积分的相应的运算法则.

分部积分法

由不定积分的分部积分公式

$$\int uv'\,\mathrm{d}x = uv - \int vu'\,\mathrm{d}x$$

可立即推出定积分的分部积分公式.

定理 7.3.3　设 $u(x),v(x)$ 在区间 $[a,b]$ 上有连续导数，则

$$\int_a^b u(x)v'(x)\,\mathrm{d}x = \big[u(x)v(x)\big]\ \bigg|_a^b - \int_a^b v(x)u'(x)\,\mathrm{d}x.$$

上式也能写成下列形式

$$\int_a^b u(x)\,\mathrm{d}v(x) = \big[u(x)v(x)\big]\ \bigg|_a^b - \int_a^b v(x)\,\mathrm{d}u(x).$$

例 7.3.6　求由曲线 $y = x\sin x\,(0 \leqslant x \leqslant \pi)$ 和 x 轴围成的面积.

解　由定积分的几何意义，应用分部积分公式，

$$S = \int_0^\pi x\sin x\,\mathrm{d}x = (-x\cos x)\ \bigg|_0^\pi + \int_0^\pi \cos x\,\mathrm{d}x = \pi + \sin x\ \bigg|_0^\pi = \pi.$$

下面我们继续举例说明定积分的分部积分法的应用.先引进一个定义.

定义 7.3.1　设 $g_n(x)$ 是定义在 $[a,b]$ 上的一列函数 $(n = 0,1,2,\cdots)$，若对任意的 m 和 n，$g_m(x)g_n(x)$ 在 $[a,b]$ 上可积，且有

$$\int_a^b g_m(x)g_n(x)\,\mathrm{d}x = \begin{cases} 0, & m \neq n, \\ \int_a^b g_n^2(x)\,\mathrm{d}x > 0, & m = n, \end{cases}$$

则称 $\{g_n(x)\}$ 是 $[a,b]$ 上的**正交函数列**.特别地，当 $g_n(x)$ 是 n 次多项式时，称 $\{g_n(x)\}$ 是 $[a,b]$ 上的**正交多项式列**.

在第五章的例 5.1.1 中，我们已知 n 次 Legendre 多项式为

$$p_n(x) = \frac{1}{2^n n!}\frac{\mathrm{d}^n}{\mathrm{d}x^n}(x^2-1)^n \quad (n = 0,1,2,\cdots),$$

它在 $(-1,1)$ 上恰有 n 个不同的根，现在我们来证明 $\{p_n(x)\}$ 是 $[-1,1]$ 上的正交多项式列.

例 7.3.7　证明：$\displaystyle\int_{-1}^1 p_m(x)p_n(x)\,\mathrm{d}x = \begin{cases} 0, & m \neq n, \\ \dfrac{2}{2n+1}, & m = n. \end{cases}$

证　设 $n \geqslant m$，记

$$I_{mn} = m!\ n!\ 2^m 2^n \int_{-1}^1 p_m(x)p_n(x)\,\mathrm{d}x = \int_{-1}^1 \frac{\mathrm{d}^m}{\mathrm{d}x^m}(x^2-1)^m \cdot \frac{\mathrm{d}^n}{\mathrm{d}x^n}(x^2-1)^n\,\mathrm{d}x,$$

将 $\dfrac{\mathrm{d}^m}{\mathrm{d}x^m}(x^2-1)^m$ 看成 $u(x)$，将 $\dfrac{\mathrm{d}^n}{\mathrm{d}x^n}(x^2-1)^n$ 看成 $v'(x)$，利用分部积分法，

$$I_{mn} = \frac{\mathrm{d}^m}{\mathrm{d}x^m}(x^2-1)^m \cdot \frac{\mathrm{d}^{n-1}}{\mathrm{d}x^{n-1}}(x^2-1)^n\ \bigg|_{-1}^1 - \int_{-1}^1 \frac{\mathrm{d}^{m+1}}{\mathrm{d}x^{m+1}}(x^2-1)^m \cdot \frac{\mathrm{d}^{n-1}}{\mathrm{d}x^{n-1}}(x^2-1)^n\,\mathrm{d}x.$$

在第五章中我们已经知道,函数

$$\frac{\mathrm{d}^{n-k}}{\mathrm{d}x^{n-k}}(x^2-1)^n \quad (k=1,2,\cdots,n-1)$$

中都含有(x^2-1)因子,因此

$$\frac{\mathrm{d}^{n-1}}{\mathrm{d}x^{n-1}}(x^2-1)^n\bigg|_{x=1}=\frac{\mathrm{d}^{n-1}}{\mathrm{d}x^{n-1}}(x^2-1)^n\bigg|_{x=-1}=0,$$

所以

$$I_{mn}=-\int_{-1}^{1}\frac{\mathrm{d}^{m+1}}{\mathrm{d}x^{m+1}}(x^2-1)^m\cdot\frac{\mathrm{d}^{n-1}}{\mathrm{d}x^{n-1}}(x^2-1)^n\mathrm{d}x.$$

反复执行上述过程,最后得到

$$I_{mn}=(-1)^n\int_{-1}^{1}\left[\frac{\mathrm{d}^{m+n}}{\mathrm{d}x^{m+n}}(x^2-1)^m\right]\cdot(x^2-1)^n\mathrm{d}x.$$

(1)若 $n>m$,则有$\dfrac{\mathrm{d}^{m+n}}{\mathrm{d}x^{m+n}}(x^2-1)^m\equiv0$,因此

$$\int_{-1}^{1}p_m(x)p_n(x)\mathrm{d}x=0.$$

(2)若 $n=m$,则有$\dfrac{\mathrm{d}^{m+n}}{\mathrm{d}x^{m+n}}(x^2-1)^m=(2n)!$,再次利用分部积分法,

$$\begin{aligned}
I_{nn}&=(2n)!\int_{-1}^{1}(1-x)^n(1+x)^n\mathrm{d}x\\
&=\frac{(2n)!\ n}{n+1}\int_{-1}^{1}(1-x)^{n-1}(1+x)^{n+1}\mathrm{d}x\\
&=\frac{(2n)!\ n(n-1)}{(n+1)(n+2)}\int_{-1}^{1}(1-x)^{n-2}(1+x)^{n+2}\mathrm{d}x\\
&=\cdots\\
&=\frac{(2n)!\ n(n-1)\cdots1}{(n+1)(n+2)\cdots(2n)}\int_{-1}^{1}(1+x)^{2n}\mathrm{d}x\\
&=\frac{(n!)^2 2^{2n+1}}{2n+1}.
\end{aligned}$$

于是便有

$$\int_{-1}^{1}p_n^2(x)\mathrm{d}x=\frac{I_{nn}}{(n!)^2 2^{2n}}=\frac{2}{2n+1}.$$

证毕

在例 6.2.18 中,我们应用不定积分的分部积分法,导出了求不定积分$I_n=\displaystyle\int\frac{\mathrm{d}x}{(x^2+a^2)^n}$

的递推公式,在下例中我们应用定积分的分部积分法,导出求定积分$\displaystyle\int_0^{\frac{\pi}{2}}\sin^n x\mathrm{d}x$ 的递推

公式,从而求出它的值.

例 7.3.8 求 $I_n=\displaystyle\int_0^{\frac{\pi}{2}}\sin^n x\mathrm{d}x$.

解 显然

$$I_0 = \int_0^{\frac{\pi}{2}} \sin^0 x \mathrm{d}x = \frac{\pi}{2}, \quad I_1 = \int_0^{\frac{\pi}{2}} \sin x \mathrm{d}x = 1.$$

而对于 $n \geq 2$,则有

$$
\begin{aligned}
I_n &= \int_0^{\frac{\pi}{2}} \sin^n x \mathrm{d}x = \int_0^{\frac{\pi}{2}} \sin^{n-1} x \cdot \sin x \mathrm{d}x \\
&= -\sin^{n-1} x \cos x \Big|_0^{\frac{\pi}{2}} + (n-1) \int_0^{\frac{\pi}{2}} \sin^{n-2} x \cdot \cos^2 x \mathrm{d}x \\
&= (n-1) \int_0^{\frac{\pi}{2}} \sin^{n-2} x \cdot \cos^2 x \mathrm{d}x \\
&= (n-1) \int_0^{\frac{\pi}{2}} \sin^{n-2} x \cdot (1 - \sin^2 x) \mathrm{d}x \\
&= (n-1)(I_{n-2} - I_n),
\end{aligned}
$$

于是得到递推关系 $I_n = \dfrac{n-1}{n} I_{n-2}$.

沿用例 5.4.3 中的记号并规定 $0!! = 1$,即得到

$$
\int_0^{\frac{\pi}{2}} \sin^n x \mathrm{d}x =
\begin{cases}
\dfrac{n-1}{n} \cdot \dfrac{n-3}{n-2} \cdot \cdots \cdot \dfrac{1}{2} \cdot \dfrac{\pi}{2} = \dfrac{(n-1)!!}{n!!} \cdot \dfrac{\pi}{2}, & n = \text{偶数}, \\[3mm]
\dfrac{n-1}{n} \cdot \dfrac{n-3}{n-2} \cdot \cdots \cdot \dfrac{2}{3} = \dfrac{(n-1)!!}{n!!}, & n = \text{奇数}.
\end{cases}
$$

换元积分法

定理 7.3.4 设 $f(x)$ 在区间 $[a,b]$ 上连续,$x = \varphi(t)$ 在区间 $[\alpha,\beta]$(或区间 $[\beta,\alpha]$)上有连续导数,其值域包含于 $[a,b]$,且满足 $\varphi(\alpha) = a$ 和 $\varphi(\beta) = b$,则

$$\int_a^b f(x)\mathrm{d}x = \int_\alpha^\beta f(\varphi(t))\varphi'(t)\mathrm{d}t.$$

证 因为 $f(x)$ 连续,所以必有原函数.设 $F(x)$ 为 $f(x)$ 的某个原函数,由复合函数求导法则,可知 $F(\varphi(t))$ 是 $f(\varphi(t))\varphi'(t)$ 的一个原函数.按 Newton–Leibniz 公式,则有

$$\int_\alpha^\beta f(\varphi(t))\varphi'(t)\mathrm{d}t = F(\varphi(\beta)) - F(\varphi(\alpha)) = F(b) - F(a) = \int_a^b f(x)\mathrm{d}x.$$

证毕

读者须注意,换元后的定积分 $\int_\alpha^\beta f(\varphi(t))\varphi'(t)\mathrm{d}t$ 的上下限 α 和 β 必须与原来定积分的上下限 a 和 b 相对应,而不必考虑 α 与 β 之间谁大谁小.

例 7.3.9 求 $\displaystyle\int_1^2 \frac{\mathrm{d}x}{x(1+x^4)}$.

解 令 $x = \varphi(t) = t^{\frac{1}{4}}$,于是 $\mathrm{d}x = \dfrac{1}{4} t^{-\frac{3}{4}} \mathrm{d}t$(也可以对等式 $x^4 = t$ 的两边求对数后微分,得到 $\dfrac{\mathrm{d}x}{x} = \dfrac{\mathrm{d}t}{4t}$).因为 $\varphi(1) = 1, \varphi(16) = 2$,所以积分区间由 $x \in [1,2]$ 变为 $t \in [1,16]$.应用换元积分公式,将 $x = t^{\frac{1}{4}}$ 与 $\mathrm{d}x = \dfrac{1}{4} t^{-\frac{3}{4}} \mathrm{d}t$ 代入积分表达式,改变积分上下限,就得到

$$\int_1^2 \frac{\mathrm{d}x}{x(1+x^4)} = \int_1^{16} \frac{\mathrm{d}t}{4t(1+t)} = \left(\frac{1}{4}\ln\frac{t}{1+t}\right)\Big|_1^{16} = \frac{1}{4}\ln\frac{32}{17}.$$

本题也可以对积分作如下的变形

$$\int_1^2 \frac{\mathrm{d}x}{x(1+x^4)} = \int_1^2 \frac{\mathrm{d}x^4}{4x^4(1+x^4)},$$

然后令 $x^4 = t$ 进行换元积分.

例 7.3.10 求 $\displaystyle\int_0^{\frac{\pi}{2}} \sin^3 x\cos^4 x\mathrm{d}x$.

解 对积分作如下的变形

$$\int_0^{\frac{\pi}{2}} \sin^3 x\cos^4 x\mathrm{d}x = -\int_0^{\frac{\pi}{2}} (1-\cos^2 x)\cos^4 x\mathrm{d}(\cos x),$$

令 $\cos x = t$,因为当 $x = 0$ 时 $t = 1$,当 $x = \dfrac{\pi}{2}$ 时 $t = 0$,于是

$$\int_0^{\frac{\pi}{2}} \sin^3 x\cos^4 x\mathrm{d}x = -\int_1^0 (1-t^2)t^4\mathrm{d}t = \int_0^1 (t^4-t^6)\mathrm{d}t = \frac{2}{35}.$$

请读者注意换元后的积分上、下限,注意不能将积分化成

$$\int_0^{\frac{\pi}{2}} \sin^3 x\cos^4 x\mathrm{d}x = -\int_0^1 (1-t^2)t^4\mathrm{d}t.$$

本例还可以用例 7.3.8 中得到的递推公式求积分值:

$$\int_0^{\frac{\pi}{2}} \sin^3 x\cos^4 x\mathrm{d}x = \int_0^{\frac{\pi}{2}} \sin^3 x(1-\sin^2 x)^2\mathrm{d}x$$

$$= \int_0^{\frac{\pi}{2}} (\sin^3 x - 2\sin^5 x + \sin^7 x)\mathrm{d}x = \frac{2}{3} - 2\cdot\frac{4\cdot 2}{5\cdot 3} + \frac{6\cdot 4\cdot 2}{7\cdot 5\cdot 3} = \frac{2}{35}.$$

由此我们可以归纳如下:对于形如 $\displaystyle\int_\alpha^\beta \sin^m x\cos^n x\mathrm{d}x$ 的积分,当 m 与 n 中有一个是奇数时,都可以用本例中的换元积分法求出积分值;当 m 与 n 都是偶数时,一般只能通过三角函数的恒等变形(如半角公式等),将三角函数的幂指数降低到 1 后加以解决.但是当 $\alpha = 0, \beta = \dfrac{\pi}{2}$(或积分可化成 $\displaystyle\int_0^{\frac{\pi}{2}} \sin^m x\cos^n x\mathrm{d}x$ 的形式)时,只要 m 与 n 中有一个是偶数,就可以用例 7.3.8 中得到的递推公式求出积分值.

从上述两例读者可以发现,应用换元积分公式

$$\int_a^b f(x)\mathrm{d}x = \int_\alpha^\beta f(\varphi(t))\varphi'(t)\mathrm{d}t,$$

可以从左端推到右端,也可以从右端推到左端.例 7.3.9 就是采用从左端推到右端的方法,这相当于不定积分的第二类换元积分法;例 7.3.10 则是采用从右端推到左端的方法,这相当于不定积分的第一类换元积分法,即"凑微分法".读者应该对具体的问题作具体的分析,选择恰当的变量代换,从而简化解题过程.

例 7.3.11 求半径为 r 的圆的面积.

解 设圆的方程为

$$x^2 + y^2 = r^2,$$

利用对称性,我们只求它在第一象限部分的面积(如图 7.3.3).

在第一象限,它的方程是

$$y = \sqrt{r^2 - x^2},$$

因此,相应的面积应为 $\int_0^r \sqrt{r^2 - x^2}\, \mathrm{d}x$.

令 $x = r\sin t$,于是 $\mathrm{d}x = r\cos t\mathrm{d}t$,积分区间由 $x \in [0, r]$ 变为 $t \in \left[0, \dfrac{\pi}{2}\right]$,于是

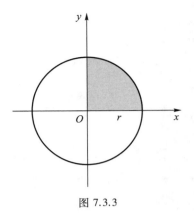

图 7.3.3

$$\int_0^r \sqrt{r^2 - x^2}\, \mathrm{d}x = r^2 \int_0^{\frac{\pi}{2}} \cos^2 t\mathrm{d}t$$

$$= \frac{r^2}{2}\left(t + \frac{\sin 2t}{2}\right)\ \Bigg|_0^{\frac{\pi}{2}} = \frac{\pi r^2}{4}.$$

由此,整个圆的面积为 $S = \pi r^2$.

注意,若将变换改为 $x = \varphi(t) = r\cos t$,虽然 $x = \varphi(t)$ 把 $t \in \left[0, \dfrac{\pi}{2}\right]$ 变为 $x \in [0, r]$,但由于 $\varphi\left(\dfrac{\pi}{2}\right) = 0, \varphi(0) = r$,因此要将积分化成

$$\int_0^r \sqrt{r^2 - x^2}\, \mathrm{d}x = -r^2 \int_{\frac{\pi}{2}}^0 \sin^2 t\mathrm{d}t.$$

请读者注意,对定积分作变量代换 $x = \varphi(t)$ 时,并不要求 $\varphi(t)$ 是一个单调的一一对应的函数,这一点与不定积分的换元积分法有所不同.这是因为在求不定积分时,通过换元,求出关于新变量 t 的不定积分后,还需将变量 t 还原成变量 x,所以要求 $x = \varphi(t)$ 有反函数.而在求定积分时,通过换元,写出关于新变量 t 的被积函数与关于新变量 t 的积分上下限后,就可直接求出定积分的值.

需要进一步指出的是,定理 7.3.4 要求 $x = \varphi(t)$ 的值域包含在区间 $[a, b]$ 中.事实上,即使 $\varphi(t)$ 的值域超出了区间 $[a, b]$,定理的结论仍然有可能成立.因为只要 $x = \varphi(t)$ 的值域包含在被积函数 $f(x)$ 的连续范围内,并在区间端点有 $\varphi(\alpha) = a$ 和 $\varphi(\beta) = b$,定理的证明照样能通过.

例如在上例中,要是作变换 $x = \varphi(t) = r\sin t$,并令 $t \in \left[\pi, \left(2 + \dfrac{1}{2}\right)\pi\right]$,虽然此时 $\varphi(t)$ 的值为 $[-r, r]$,已超出区间 $[0, r]$,但 $\varphi(t)$ 的值域包含在 $f(x) = \sqrt{r^2 - x^2}$ 的连续范围 $[-r, r]$ 内,且 $\varphi(\pi) = 0, \varphi\left(\left(2 + \dfrac{1}{2}\right)\pi\right) = r$,于是有

$$\int_0^r \sqrt{r^2 - x^2}\, \mathrm{d}x = r^2 \int_\pi^{\left(2 + \frac{1}{2}\right)\pi} \sqrt{1 - \sin^2 t}\, \mathrm{d}(\sin t) = r^2 \int_\pi^{\left(2 + \frac{1}{2}\right)\pi} |\cos t| \cdot \cos t\mathrm{d}t,$$

仍然可以得到正确的结论.

例 7.3.12　计算 $\int_{\ln 2}^1 \dfrac{\mathrm{d}x}{\sqrt{\mathrm{e}^x - 1}}$.

解 作变换 $\sqrt{e^x-1}=u$，则 $x=\ln(1+u^2)$，当 x 从 $\ln 2$ 变到 1 时，u 从 1 变到 $\sqrt{e-1}$，且 $dx=\dfrac{2u}{1+u^2}du$. 于是

$$\int_{\ln 2}^1 \frac{dx}{\sqrt{e^x-1}} = \int_1^{\sqrt{e-1}} \frac{2udu}{u(1+u^2)} = 2\int_1^{\sqrt{e-1}} \frac{du}{1+u^2} = 2\arctan u \Big|_1^{\sqrt{e-1}} = 2\arctan\sqrt{e-1} - \frac{\pi}{2}.$$

例 7.3.13 设 $f(x)=\begin{cases} \sin\dfrac{x}{2}, & x\geqslant 0, \\ x\arctan x, & x<0. \end{cases}$ 计算 $I=\displaystyle\int_0^{\pi+1} f(x-1)\,dx$.

解 作变换 $x-1=u$ 得

$$I = \int_0^{\pi+1} f(x-1)\,dx = \int_{-1}^{\pi} f(u)\,du = \int_{-1}^0 f(u)\,du + \int_0^{\pi} f(u)\,du$$

$$= \int_{-1}^0 u\arctan u\,du + \int_0^{\pi} \sin\frac{u}{2}\,du.$$

由

$$\int_{-1}^0 u\arctan u\,du = \frac{1}{2}\int_{-1}^0 \arctan u\,d(u^2)$$

$$= \frac{1}{2}u^2\arctan u\,\Big|_{-1}^0 - \frac{1}{2}\int_{-1}^0 \frac{u^2}{1+u^2}\,du = \frac{\pi}{8} - \frac{1}{2}\int_{-1}^0 \left(1-\frac{1}{1+u^2}\right)du$$

$$= \frac{\pi}{8} - \frac{1}{2}(u-\arctan u)\,\Big|_{-1}^0 = \frac{\pi}{4} - \frac{1}{2}$$

与

$$\int_0^{\pi} \sin\frac{u}{2}\,du = -2\cos\frac{u}{2}\,\Big|_0^{\pi} = 2,$$

得到 $I=\dfrac{\pi}{4}+\dfrac{3}{2}$.

例 7.3.14 计算 $I=\displaystyle\int_0^1 \dfrac{\ln(1+x)}{1+x^2}\,dx$.

解 作变换 $x=\tan t$，则 $dx=\sec^2 t\,dt$. 于是

$$I = \int_0^{\frac{\pi}{4}} \ln(1+\tan t)\,dt = \int_0^{\frac{\pi}{4}} \ln\frac{\sin t+\cos t}{\cos t}\,dt = \int_0^{\frac{\pi}{4}} \ln\frac{\sqrt{2}\cos\left(\frac{\pi}{4}-t\right)}{\cos t}\,dt$$

$$= \int_0^{\frac{\pi}{4}} \ln\sqrt{2}\,dt + \int_0^{\frac{\pi}{4}} \ln\cos\left(\frac{\pi}{4}-t\right)dt - \int_0^{\frac{\pi}{4}} \ln\cos t\,dt.$$

对上式第二个积分作变量代换 $u=\dfrac{\pi}{4}-t$ 得

$$\int_0^{\frac{\pi}{4}} \ln\cos\left(\frac{\pi}{4}-t\right)dt = \int_{\frac{\pi}{4}}^0 \ln\cos u\,(-du) = \int_0^{\frac{\pi}{4}} \ln\cos u\,du.$$

因此

$$I = \int_0^{\frac{\pi}{4}} \ln\sqrt{2}\,dt + \int_0^{\frac{\pi}{4}} \ln\cos u\,du - \int_0^{\frac{\pi}{4}} \ln\cos t\,dt = \int_0^{\frac{\pi}{4}} \ln\sqrt{2}\,dt = \frac{\pi}{8}\ln 2.$$

例 **7.3.15** 计算 $\displaystyle\int_0^{\frac{\pi}{2}}\frac{\sin^2 x}{\sin x+\cos x}\mathrm{d}x$.

解 作变量代换 $x=\dfrac{\pi}{2}-t$,得到

$$\int_0^{\frac{\pi}{2}}\frac{\sin^2 x}{\sin x+\cos x}\mathrm{d}x=\int_0^{\frac{\pi}{2}}\frac{\cos^2 t}{\sin t+\cos t}\mathrm{d}t.$$

因此

$$\begin{aligned}\int_0^{\frac{\pi}{2}}\frac{\sin^2 x}{\sin x+\cos x}\mathrm{d}x&=\frac{1}{2}\left(\int_0^{\frac{\pi}{2}}\frac{\sin^2 x}{\sin x+\cos x}\mathrm{d}x+\int_0^{\frac{\pi}{2}}\frac{\cos^2 x}{\sin x+\cos x}\mathrm{d}x\right)\\&=\frac{1}{2}\int_0^{\frac{\pi}{2}}\frac{1}{\sin x+\cos x}\mathrm{d}x=\frac{1}{2\sqrt{2}}\int_0^{\frac{\pi}{2}}\frac{1}{\sin\left(x+\dfrac{\pi}{4}\right)}\mathrm{d}x\\&=\frac{1}{2\sqrt{2}}\int_{\frac{\pi}{4}}^{\frac{3\pi}{4}}\frac{1}{\sin x}\mathrm{d}x=\frac{1}{2\sqrt{2}}\left(\ln\frac{1-\cos x}{\sin x}\right)\bigg|_{\frac{\pi}{4}}^{\frac{3\pi}{4}}=\frac{1}{\sqrt{2}}\ln\left(1+\sqrt{2}\right).\end{aligned}$$

例 **7.3.16** 计算 $\displaystyle\int_0^2\frac{(x-1)^2+1}{(x-1)^2+x^2(x-2)^2}\mathrm{d}x$.

先来看一个不正确的解法:

由于 $\left[\arctan\dfrac{x(x-2)}{x-1}\right]'=\dfrac{(x-1)^2+1}{(x-1)^2+x^2(x-2)^2}$,于是由 Newton-Leibniz 公式,可以得到

$$\int_0^2\frac{(x-1)^2+1}{(x-1)^2+x^2(x-2)^2}\mathrm{d}x=\arctan\frac{x(x-2)}{x-1}\bigg|_0^2=0.$$

但这个结果是不可能的,因为被积函数在 $[0,2]$ 连续且恒大于零,所以必有

$$\int_0^2\frac{(x-1)^2+1}{(x-1)^2+x^2(x-2)^2}\mathrm{d}x>0,$$

Newton-Leibniz 公式居然"失灵"了!

问题出在什么地方呢? 请注意微积分基本定理的条件是"$F(x)$ 是 $f(x)$ 在 $[a,b]$ 上的一个原函数",而在这个例子中,由于 $\arctan\dfrac{x(x-2)}{x-1}$ 在 $[0,2]$ 中有不连续点 $x=1$,因此它绝不可能是 $\dfrac{(x-1)^2+1}{(x-1)^2+x^2(x-2)^2}$ 在 $[0,2]$ 上的原函数.

为了正确求解这道题,我们先来做一下分析.

首先,在任何一个不含 $x=1$ 的区间上,$\arctan\dfrac{x(x-2)}{x-1}$ 确实是 $f(x)=\dfrac{(x-1)^2+1}{(x-1)^2+x^2(x-2)^2}$ 的原函数,而 $x=1$ 是它的第一类不连续点,因此作函数

$$F(x)=\begin{cases}\arctan\dfrac{x(x-2)}{x-1}, & x\in[0,1),\\[2mm]\dfrac{\pi}{2}, & x=1,\end{cases}$$

那么可以验证 $F(x)$ 是 $f(x)$ 在 $[0,1]$ 上的原函数.同样地,函数

$$\widetilde{F}(x)=\begin{cases}\arctan\dfrac{x(x-2)}{x-1}, & x\in(1,2],\\[2mm] -\dfrac{\pi}{2}, & x=1\end{cases}$$

是 $f(x)$ 在 $[1,2]$ 上的原函数.

于是,正确的方法是利用积分的区间可加性,分别在区间 $[0,1]$ 和 $[1,2]$ 上应用 Newton-Leibniz 公式,即

$$\int_0^2\frac{(x-1)^2+1}{(x-1)^2+x^2(x-2)^2}\mathrm{d}x$$

$$=\int_0^1\frac{(x-1)^2+1}{(x-1)^2+x^2(x-2)^2}\mathrm{d}x+\int_1^2\frac{(x-1)^2+1}{(x-1)^2+x^2(x-2)^2}\mathrm{d}x$$

$$=F(x)\Big|_0^1+\widetilde{F}(x)\Big|_1^2=\left[\frac{\pi}{2}-0\right]+\left[0-\left(-\frac{\pi}{2}\right)\right]=\pi.$$

这个例子告诉我们,用 Newton-Leibniz 公式时必须把条件弄清楚,否则就有可能差之毫厘,失之千里.

定积分有如下两条简单性质.

定理 7.3.5　设 $f(x)$ 在对称区间 $[-a,a]$ 上可积,

(1) 若 $f(x)$ 是偶函数,则成立

$$\int_{-a}^a f(x)\mathrm{d}x=2\int_0^a f(x)\mathrm{d}x;$$

(2) 若 $f(x)$ 是奇函数,则成立

$$\int_{-a}^a f(x)\mathrm{d}x=0.$$

证　由

$$\int_{-a}^a f(x)\mathrm{d}x=\int_{-a}^0 f(x)\mathrm{d}x+\int_0^a f(x)\mathrm{d}x,$$

对积分 $\int_{-a}^0 f(x)\mathrm{d}x$ 作变量代换 $x=-t$,得

$$\int_{-a}^0 f(x)\mathrm{d}x=-\int_a^0 f(-t)\mathrm{d}t=\begin{cases}\int_0^a f(x)\mathrm{d}x, & f(x)\text{ 为偶函数},\\[2mm] -\int_0^a f(x)\mathrm{d}x, & f(x)\text{ 为奇函数},\end{cases}$$

从而得到所需结论.

证毕

定理 7.3.6　设 $f(x)$ 是以 T 为周期的可积函数,则对任意 a,

$$\int_a^{a+T} f(x)\mathrm{d}x=\int_0^T f(x)\mathrm{d}x.$$

作为一个练习,请读者用换元积分法自行证明.

这些性质对讨论某些问题很有帮助,下面我们来举一个例子.

例 7.3.17　证明函数 $\{1,\sin x,\cos x,\sin 2x,\cos 2x,\cdots,\sin nx,\cos nx,\cdots\}$ 是任意一

个长度为 2π 的区间上的正交函数列(见定义 7.3.1).

证 我们考虑区间 $[-\pi,\pi]$ 上的积分.

将 1 记为 $\cos 0x$,则对任何 $m=1,2,\cdots$ 和 $n=0,1,2,\cdots$,由于 $\sin mx\cos nx$ 是奇函数,所以

$$\int_{-\pi}^{\pi}\sin mx\cos nx\mathrm{d}x=0.$$

其次,对任何 $m=1,2,\cdots$ 和 $n=1,2,\cdots$,由于 $\sin mx\sin nx$ 是偶函数,

$$\int_{-\pi}^{\pi}\sin mx\sin nx\mathrm{d}x=2\int_0^{\pi}\sin mx\sin nx\mathrm{d}x=\int_0^{\pi}[\cos(m-n)x-\cos(m+n)x]\mathrm{d}x$$

$$=\begin{cases}\left[\dfrac{\sin(m-n)x}{m-n}-\dfrac{\sin(m+n)x}{m+n}\right]\Big|_0^{\pi}, & m\neq n,\\ \left(x-\dfrac{\sin 2mx}{2m}\right)\Big|_0^{\pi}, & m=n,\end{cases}=\begin{cases}0, & m\neq n,\\ \pi, & m=n.\end{cases}$$

同理可证,对任何 $m=0,1,2,\cdots$ 和 $n=0,1,2,\cdots$,有

$$\int_{-\pi}^{\pi}\cos mx\cos nx\mathrm{d}x=\begin{cases}0, & m\neq n,\\ \pi, & m=n\neq 0,\\ 2\pi, & m=n=0.\end{cases}$$

由定义 7.3.1,这组函数确是 $[-\pi,\pi]$ 上的正交函数列.又由于 2π 是这些函数的公共周期,由定理 7.3.6,即知这组函数是任意一个长度为 2π 的区间上的正交函数列.

证毕

习　题

1. 设函数 $f(x)$ 连续,求下列函数 $F(x)$ 的导数:

(1) $F(x)=\int_x^b f(t)\mathrm{d}t$;　　　　　(2) $F(x)=\int_a^{\ln x}f(t)\mathrm{d}t$;

(3) $F(x)=\int_a^{\left(\int_0^x\sin^2 t\mathrm{d}t\right)}\dfrac{1}{1+t^2}\mathrm{d}t$.

2. 求下列极限:

(1) $\lim\limits_{x\to 0}\dfrac{\int_0^x\cos t^2\mathrm{d}t}{x}$;　　　　　(2) $\lim\limits_{x\to 0}\dfrac{x^2}{\int_{\cos x}^1 \mathrm{e}^{-w^2}\mathrm{d}w}$;

(3) $\lim\limits_{x\to+\infty}\dfrac{\int_0^x(\arctan v)^2\mathrm{d}v}{\sqrt{1+x^2}}$;　　　(4) $\lim\limits_{x\to+\infty}\dfrac{\left(\int_0^x\mathrm{e}^{u^2}\mathrm{d}u\right)^2}{\int_0^x\mathrm{e}^{2u^2}\mathrm{d}u}$.

3. 设 $f(x)$ 是 $[0,+\infty)$ 上的连续函数且恒有 $f(x)>0$,证明 $g(x)=\dfrac{\int_0^x tf(t)\mathrm{d}t}{\int_0^x f(t)\mathrm{d}t}$ 是定义在 $[0,+\infty)$ 上的单

调增加函数.

4. 求函数 $f(x) = \int_0^x (t-1)(t-2)^2 \, \mathrm{d}t$ 的极值.

5. 利用中值定理求下列极限:

(1) $\lim\limits_{n \to \infty} \int_0^1 \dfrac{x^n}{1+x} \, \mathrm{d}x$;

(2) $\lim\limits_{n \to \infty} \int_n^{n+p} \dfrac{\sin x}{x} \, \mathrm{d}x \quad (p \in \mathbf{N}^+)$.

6. 求下列定积分:

(1) $\int_0^1 x^2 (2-x^2)^2 \, \mathrm{d}x$;

(2) $\int_1^2 \dfrac{(x-1)(x^2-x+1)}{2x^2} \, \mathrm{d}x$;

(3) $\int_0^2 (2^x + 3^x)^2 \, \mathrm{d}x$;

(4) $\int_0^{\frac{1}{2}} x(1-4x^2)^{10} \, \mathrm{d}x$;

(5) $\int_{-1}^1 \dfrac{(x+1)\,\mathrm{d}x}{(x^2+2x+5)^2}$;

(6) $\int_0^1 \arcsin x \, \mathrm{d}x$;

(7) $\int_{-\frac{\pi}{4}}^{\frac{\pi}{4}} \dfrac{x}{\cos^2 x} \, \mathrm{d}x$;

(8) $\int_0^{\frac{\pi}{4}} x \tan^2 x \, \mathrm{d}x$;

(9) $\int_0^{\frac{\pi}{2}} \mathrm{e}^x \sin^2 x \, \mathrm{d}x$;

(10) $\int_1^e \sin(\ln x) \, \mathrm{d}x$;

(11) $\int_0^1 x^2 \arctan x \, \mathrm{d}x$;

(12) $\int_1^{e+1} x^2 \ln(x-1) \, \mathrm{d}x$;

(13) $\int_0^{\sqrt{\ln 2}} x^3 \mathrm{e}^{-x^2} \, \mathrm{d}x$;

(14) $\int_0^1 \mathrm{e}^{2\sqrt{x+1}} \, \mathrm{d}x$;

(15) $\int_0^1 \dfrac{\mathrm{d}x}{\sqrt{1+\mathrm{e}^{2x}}}$;

(16) $\int_{-\frac{1}{2}}^{\frac{1}{2}} \dfrac{\mathrm{d}x}{\sqrt{(1-x^2)^3}}$;

(17) $\int_0^1 \left(\dfrac{x-1}{x+1}\right)^4 \mathrm{d}x$;

(18) $\int_0^1 \dfrac{x^2+1}{x^4+1} \, \mathrm{d}x$;

(19) $\int_1^{\sqrt{2}} \dfrac{\mathrm{d}x}{x\sqrt{1+x^2}}$;

(20) $\int_0^1 x \sqrt{\dfrac{x}{2-x}} \, \mathrm{d}x$.

7. 求下列极限:

(1) $\lim\limits_{n \to \infty} \left(\dfrac{1}{n^2} + \dfrac{2}{n^2} + \dfrac{3}{n^2} + \cdots + \dfrac{n-1}{n^2} \right)$;

(2) $\lim\limits_{n \to \infty} \dfrac{1^p + 2^p + 3^p + \cdots + n^p}{n^{p+1}} \quad (p>0)$;

(3) $\lim\limits_{n \to \infty} \dfrac{1}{n} \left(\sin \dfrac{\pi}{n} + \sin \dfrac{2\pi}{n} + \cdots + \sin \dfrac{(n-1)\pi}{n} \right)$.

8. 求下列定积分:

(1) $\int_0^{\pi} \cos^n x \, \mathrm{d}x$;

(2) $\int_{-\pi}^{\pi} \sin^n x \, \mathrm{d}x$;

(3) $\int_0^a (a^2-x^2)^n \, \mathrm{d}x$;

(4) $\int_0^{\frac{1}{2}} x^2 (1-4x^2)^{10} \, \mathrm{d}x$;

(5) $\int_0^1 x^n \ln^m x \, \mathrm{d}x$;

(6) $\int_1^e x \ln^n x \, \mathrm{d}x$.

9. 设 $f(x)$ 在 $[0,1]$ 上连续,证明:

(1) $\int_0^{\frac{\pi}{2}} f(\cos x) \, \mathrm{d}x = \int_0^{\frac{\pi}{2}} f(\sin x) \, \mathrm{d}x$;

(2) $\int_0^{\pi} x f(\sin x) \, \mathrm{d}x = \dfrac{\pi}{2} \int_0^{\pi} f(\sin x) \, \mathrm{d}x$.

10. 利用上题结果计算：

(1) $\int_0^\pi x\sin^4 x\mathrm{d}x$；

(2) $\int_0^\pi \dfrac{x\sin x}{1+\cos^2 x}\mathrm{d}x$；

(3) $\int_0^\pi \dfrac{x}{1+\sin^2 x}\mathrm{d}x$.

11. 求下列定积分：

(1) $\int_0^6 x^2[x]\mathrm{d}x$；

(2) $\int_0^2 \mathrm{sgn}(x-x^3)\mathrm{d}x$；

(3) $\int_0^1 x|x-a|\mathrm{d}x$；

(4) $\int_0^2 [\mathrm{e}^x]\mathrm{d}x$.

12. 设 $f(x)$ 在 $[a,b]$ 上可积且关于 $x=T$ 对称，这里 $a<T<b$. 则

$$\int_a^b f(x)\mathrm{d}x = \int_a^{2T-b} f(x)\mathrm{d}x + 2\int_T^b f(x)\mathrm{d}x.$$

并给出它的几何解释.

13. 设 $f(x)=\begin{cases} x\mathrm{e}^{-x^2}, & x\geqslant 0, \\ \dfrac{1}{1+\mathrm{e}^x}, & x<0. \end{cases}$ 计算 $I=\int_1^4 f(x-2)\mathrm{d}x$.

14. 设函数 $f(x)=\dfrac{1}{2}\int_0^x (x-t)^2 g(t)\mathrm{d}t$，其中函数 $g(x)$ 在 $(-\infty,+\infty)$ 上连续，且 $g(1)=5$，$\int_0^1 g(t)\mathrm{d}t=2$，证明 $f'(x)=x\int_0^x g(t)\mathrm{d}t-\int_0^x tg(t)\mathrm{d}t$，并计算 $f''(1)$ 和 $f'''(1)$.

15. 设 $(0,+\infty)$ 上的连续函数 $f(x)$ 满足 $f(x)=\ln x-\int_1^\mathrm{e} f(x)\mathrm{d}x$，求 $\int_1^\mathrm{e} f(x)\mathrm{d}x$.

16. 设函数 $f(x)$ 连续，且 $\int_0^1 tf(2x-t)\mathrm{d}t=\dfrac{1}{2}\arctan(x^2)$，$f(1)=1$，求 $\int_1^2 f(x)\mathrm{d}x$.

17. 求 $\int_0^{n\pi} x|\sin x|\mathrm{d}x$，其中 n 为正整数.

18. 设函数 $S(x)=\int_0^x |\cos t|\mathrm{d}t$，求 $\lim\limits_{x\to+\infty} \dfrac{S(x)}{x}$.

19. 设 $f(x)$ 在 $(0,+\infty)$ 上连续，且对于任何 $a>0$ 有

$$g(x)=\int_x^{ax} f(t)\mathrm{d}t \equiv 常数, \quad x\in(0,+\infty).$$

证明：$f(x)=\dfrac{c}{x}$，$x\in(0,+\infty)$，其中 c 为常数.

20. 设 $f(x)$ 在 $(0,+\infty)$ 上连续，证明：

$$\int_1^4 f\left(\dfrac{x}{2}+\dfrac{2}{x}\right)\dfrac{\ln x}{x}\mathrm{d}x = (\ln 2)\int_1^4 f\left(\dfrac{x}{2}+\dfrac{2}{x}\right)\dfrac{1}{x}\mathrm{d}x.$$

21. 设 $f'(x)$ 在 $[a,b]$ 上连续，证明：

$$\max_{a\leqslant x\leqslant b}|f(x)| \leqslant \left|\dfrac{1}{b-a}\int_a^b f(x)\mathrm{d}x\right| + \int_a^b |f'(x)|\mathrm{d}x.$$

22. 设 $f(x)$ 在 $(-\infty,+\infty)$ 上连续，证明：

$$\int_0^x f(u)(x-u)\mathrm{d}u = \int_0^x \left\{\int_0^u f(x)\mathrm{d}x\right\}\mathrm{d}u.$$

23. 设 $f(x)$ 在 $[0,a]$ 上二阶可导 $(a>0)$，且 $f''(x)\geqslant 0$，证明：

$$\int_0^a f(x)\mathrm{d}x \geqslant af\left(\dfrac{a}{2}\right).$$

24. 设函数 $f(x)$ 在 $[0,1]$ 上二阶可导，且 $f''(x)\leqslant 0$，$x\in[0,1]$，证明：

$$\int_0^1 f(x^2)\,\mathrm{d}x \leqslant f\left(\frac{1}{3}\right).$$

25. 设 $f(x)$ 为 $[0,2\pi]$ 上的单调减少函数,证明:对任何正整数 n 成立

$$\int_0^{2\pi} f(x)\sin nx\,\mathrm{d}x \geqslant 0.$$

26. 设函数 $f(x)$ 在 $[0,\pi]$ 上连续,且 $\int_0^\pi f(x)\,\mathrm{d}x = 0$,$\int_0^\pi f(x)\cos x\,\mathrm{d}x = 0$,证明:在 $(0,\pi)$ 内至少存在两个不同的点 ξ_1,ξ_2,使得 $f(\xi_1) = f(\xi_2) = 0$.

§4　定积分在几何计算中的应用

应用一元函数的定积分可解决求平面图形的面积、求曲线的弧长、求某些特殊的几何体的体积、求旋转曲面的面积等等类型的问题.至于一般几何体的体积和表面积,则要等学完多元函数的积分学后才能计算.

求平面图形的面积

我们考虑由连续曲线 $y = f(x)$,直线 $x = a$,$x = b$ 和 $y = 0$(即 x 轴)所围区域的面积.当 $f(x) > 0$ 时,面积为 $\int_a^b f(x)\,\mathrm{d}x$;当 $f(x) < 0$ 时,面积为 $\int_a^b [-f(x)]\,\mathrm{d}x$.而当 $f(x)$ 在区间 $[a,b]$ 上不保持定号时,所要求的面积(如图 7.4.1 中所示的阴影部分的面积)应为

$$S = \int_a^b |f(x)|\,\mathrm{d}x.$$

进一步我们得到夹在连续曲线 $y = f(x)$ 和 $y = g(x)$ 之间,左右分别由直线 $x = a$,$x = b$ 界定的那部分区域的面积(如图 7.4.2)为

$$S = \int_a^b |f(x) - g(x)|\,\mathrm{d}x.$$

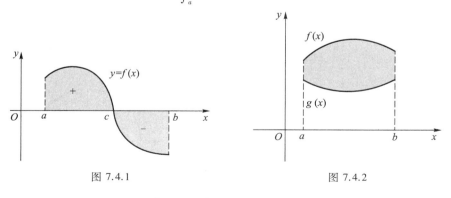

图 7.4.1　　　　　　　　图 7.4.2

例 7.4.1　计算由曲线 $y = x^2$ 和 $x = y^2$ 所围区域的面积.

解　求出曲线 $y = x^2$ 和 $x = y^2$ 的交点坐标为 $(0,0)$ 和 $(1,1)$,而在 $x \in [0,1]$ 中,$\sqrt{x} \geqslant x^2$(如图 7.4.3),因此,所求的面积为

$$\int_0^1 (\sqrt{x} - x^2)\,dx = \left(\frac{2}{3} x\sqrt{x} - \frac{1}{3} x^3 \right) \Big|_0^1 = \frac{1}{3}.$$

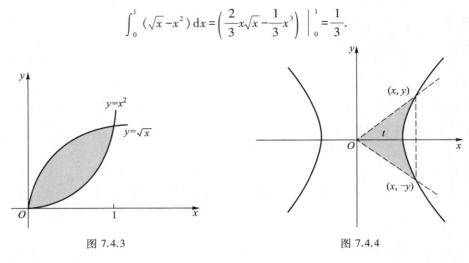

图 7.4.3　　　　　　　　　　　　　　　图 7.4.4

例 7.4.2 设 (x,y) 是等轴双曲线 $x^2 - y^2 = 1$ 上的任意一点,求由双曲线与连接点 (x,y) 和原点的线段,连接点 $(x,-y)$ 和原点的线段所围成的曲边三角形的面积 t(如图 7.4.4).

不妨设 $x>0$,利用对称性,可求出位于第一象限的那部分面积再乘以 2.而对那部分面积,可以先求出由双曲线、x 轴及过点 (x,y) 并与 y 轴平行的直线所围区域的面积,再用大三角形的面积 $\dfrac{xy}{2}$ 减去它.

解
$$\begin{aligned}
t &= 2 \left(\frac{xy}{2} - \int_1^x \sqrt{u^2 - 1}\,du \right) \\
&= xy - \left(x\sqrt{x^2-1} - \ln|x + \sqrt{x^2-1}| \right) \\
&= xy - xy + \ln(x+y) \\
&= \ln(x+y).
\end{aligned}$$

由此得到 $x+y = e^t$,由于 $x^2 - y^2 = 1$,两式相除便有 $x - y = e^{-t}$,于是解得

$$\begin{cases} x = \dfrac{e^t + e^{-t}}{2} = \operatorname{ch} t, \\[2mm] y = \dfrac{e^t - e^{-t}}{2} = \operatorname{sh} t. \end{cases}$$

我们知道三角函数又统称为圆函数,这是因为,若在单位圆上取点 (x,y) 和 $(x,-y)$,类似地考虑由圆弧与连接点 (x,y) 和原点的线段,连接点 $(x,-y)$ 和原点的线段所围成的扇形(如图 7.4.5),设扇形的面积为 t,则有熟知的结论

$$\begin{cases} x = \cos t, \\ y = \sin t. \end{cases}$$

两相比较,就不难明白,为什么要把 $y = \operatorname{sh} x$、$y = \operatorname{ch} x$ 统称为双曲函数,并分别冠以双曲正弦和双曲

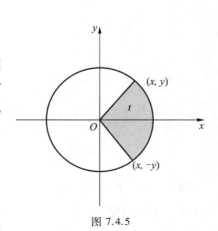

图 7.4.5

余弦的名称.

若 $y=f(x)$ 是用参数形式

$$\begin{cases} x=x(t), \\ y=y(t), \end{cases} \quad t\in[T_1,T_2]$$

表达的, $x(t)$ 在 $[T_1,T_2]$ 上具有连续导数,且 $x'(t)\neq 0$.那么读者不难用换元法证明,所求的面积可表示成

$$S=\int_{T_1}^{T_2}|y(t)x'(t)|\mathrm{d}t.$$

例 7.4.3 求椭圆 $\dfrac{x^2}{a^2}+\dfrac{y^2}{b^2}=1$ 的面积.

解 利用对称性,只求第一象限的那一块面积(如图 7.4.6).将椭圆写成参数方程形式

$$\begin{cases} x=a\cos t, \\ y=b\sin t, \end{cases}$$

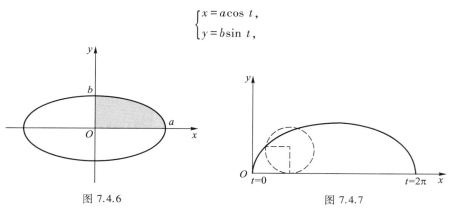

图 7.4.6 　　　　　　　　　　图 7.4.7

则当 x 从 0 变到 a 时, t 从 $\dfrac{\pi}{2}$ 变到 0,所以

$$\frac{S}{4}=ab\int_{\frac{\pi}{2}}^{0}\sin t(\cos t)'\mathrm{d}t=ab\int_{0}^{\frac{\pi}{2}}\sin^2 t\mathrm{d}t=\frac{\pi}{4}ab,$$

即

$$S=\pi ab.$$

例 7.4.4 求旋轮线(摆线) $\begin{cases} x=a(t-\sin t), \\ y=a(1-\cos t), \end{cases} t\in[0,2\pi]$ 与 x 轴所围区域的面积(如图 7.4.7).

解 $\qquad S=a^2\int_0^{2\pi}(1-\cos t)^2\mathrm{d}t=a^2\int_0^{2\pi}\left(1-2\cos t+\dfrac{1+\cos 2t}{2}\right)\mathrm{d}t=3\pi a^2.$

下面来导出极坐标下的求面积公式.

设曲线的极坐标方程 $r=r(\theta)$ 是区间 $[\alpha,\beta]$ 上的连续函数 $(\beta-\alpha\leq 2\pi)$,我们用与 §7.1 类似的讨论来求由两条极径 $\theta=\alpha$、$\theta=\beta$ 与 $r=r(\theta)$ 围成的图形的面积 S.

在 $[\alpha,\beta]$ 中取一系列的分点 θ_i,满足

$$\alpha=\theta_0<\theta_1<\theta_2<\cdots<\theta_n=\beta.$$

记 $\Delta\theta_i=\theta_i-\theta_{i-1}$,在每个 $[\theta_{i-1},\theta_i]$ 上任取一点 ξ_i,用半径为 $r(\xi_i)$、圆心角为 $\Delta\theta_i$ 的小扇形

的面积 $\frac{1}{2}r^2(\xi_i)\Delta\theta_i$ 近似代替相应的小曲边扇形的面积(如图7.4.8),那么

$$S \approx \frac{1}{2}\sum_{i=1}^{n} r^2(\xi_i)\Delta\theta_i,$$

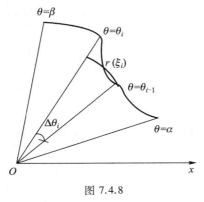 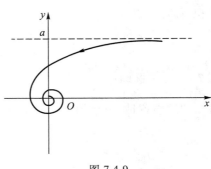

图 7.4.8　　　　　　　　　　　　图 7.4.9

因为 $r=r(\theta)$ 在 $[\alpha,\beta]$ 中连续,所以 $\frac{1}{2}r^2(\theta)$ 在 $[\alpha,\beta]$ 上可积.令小扇形的圆心角的最大值 $\lambda=\max\limits_{1\leqslant i\leqslant n}(\Delta\theta_i)\to 0$,即有

$$S = \frac{1}{2}\lim_{\lambda\to 0}\sum_{i=1}^{n}r^2(\xi_i)\Delta\theta_i = \frac{1}{2}\int_{\alpha}^{\beta}r^2(\theta)\,\mathrm{d}\theta,$$

这就是极坐标下的求面积公式.

例 7.4.5　求双曲螺线 $r\theta=a$ 当 θ 从 $\frac{\pi}{4}$ 变到 $2\pi+\frac{\pi}{4}$ 时,极径 r 扫过的面积(如图7.4.9).

解　直接用极坐标下的求面积公式,

$$S = \frac{a^2}{2}\int_{\pi/4}^{9\pi/4}\frac{1}{\theta^2}\mathrm{d}\theta = \frac{a^2}{2}\left(-\frac{1}{\theta}\right)\Big|_{\pi/4}^{9\pi/4} = \frac{16a^2}{9\pi}.$$

例 7.4.6　求三叶玫瑰线 $r=a\sin 3\theta,\theta\in[0,\pi]$(如图 7.4.10)所围区域的面积.

解　由对称性,我们只求半叶"玫瑰"的

面积,这时 θ 的变化范围是 $\left[0,\dfrac{\pi}{6}\right]$.

$$S = 6\cdot\frac{a^2}{2}\int_0^{\frac{\pi}{6}}\sin^2 3\theta\mathrm{d}\theta = a^2\int_0^{\frac{\pi}{2}}\sin^2\varphi\mathrm{d}\varphi = \frac{\pi a^2}{4}.$$

求曲线的弧长

首先来定义什么叫一段曲线的弧长.

设平面曲线的参数方程为

$$\begin{cases}x=x(t),\\ y=y(t),\end{cases}\quad t\in[T_1,T_2].$$

对区间 $[T_1,T_2]$ 作如下划分:

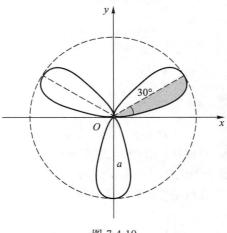

图 7.4.10

$$T_1 = t_0 < t_1 < t_2 < \cdots < t_n = T_2,$$

得到这条曲线上(如图 7.4.11)顺次排列的 $n+1$ 个点 $P_0, P_1, \cdots, P_n, P_i = (x(t_i), y(t_i))$.

用 $\overline{P_{i-1}P_i}$ 表示联结点 P_{i-1} 和 P_i 的直线段的长度,那么相应的折线的长度可以表示为

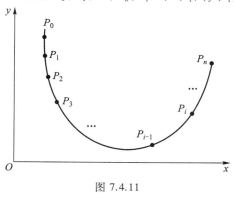

图 7.4.11

$\sum\limits_{i=1}^{n} \overline{P_{i-1}P_i}$. 若当 $\lambda = \max\limits_{1 \leqslant i \leqslant n} (\Delta t_i) \to 0$ 时,极限

$\lim\limits_{\lambda \to 0} \sum\limits_{i=1}^{n} \overline{P_{i-1}P_i}$ 存在,且极限值与区间 $[T_1, T_2]$ 的划分无关,则称这条曲线是 **可求长** 的,并将此极限值

$$l = \lim_{\lambda \to 0} \sum_{i=1}^{n} \overline{P_{i-1}P_i}$$

称为该条曲线的 **弧长**.

我国古代数学家刘徽、祖冲之等人用"割圆术"求圆周率 π,用的也正是这样的思想方法.

按定义得到的和式" $\sum\limits_{i=1}^{n} \overline{P_{i-1}P_i}$ "并非是 Riemann 和" $\sum\limits_{i=1}^{n} f(\xi_i) \Delta t_i$ "的形式. 为了能够用定积分来求弧长,首先必须将它化成 Riemann 和的形式.

显然,

$$\overline{P_{i-1}P_i} = \sqrt{[x(t_i) - x(t_{i-1})]^2 + [y(t_i) - y(t_{i-1})]^2},$$

若 $x(t)$ 和 $y(t)$ 在 $[T_1, T_2]$ 中连续,在 (T_1, T_2) 中可导,则由 Lagrange 中值定理,存在 η_i 和 σ_i 属于 (t_{i-1}, t_i),满足

$$x(t_i) - x(t_{i-1}) = x'(\eta_i) \Delta t_i, \quad y(t_i) - y(t_{i-1}) = y'(\sigma_i) \Delta t_i,$$

于是

$$\sum_{i=1}^{n} \overline{P_{i-1}P_i} = \sum_{i=1}^{n} \sqrt{[x'(\eta_i)]^2 + [y'(\sigma_i)]^2} \cdot \Delta t_i.$$

由于 η_i 和 σ_i 一般不会相同,上式还不是 Riemann 和

$$\sum_{i=1}^{n} \sqrt{[x'(\xi_i)]^2 + [y'(\xi_i)]^2} \cdot \Delta t_i, \quad \xi_i \in [t_{i-1}, t_i]$$

的形式,但两者已相当接近了. 这提示我们,很有可能弧长 l 正是这一 Riemann 和的极限值.

定义 7.4.1 若 $x'(t)$ 和 $y'(t)$ 在 $[T_1, T_2]$ 上连续,且 $[x'(t)]^2 + [y'(t)]^2 \neq 0$,则由参数方程

$$\begin{cases} x = x(t), \\ y = y(t), \end{cases} \quad t \in [T_1, T_2]$$

确定的曲线称为 **光滑曲线**.

光滑曲线上的切线是连续变动的.

定理 7.4.1(弧长公式) 若由参数方程

$$\begin{cases} x = x(t), \\ y = y(t), \end{cases} \quad t \in [T_1, T_2]$$

确定的曲线是光滑曲线,则它是可求长的,其弧长为

$$l = \int_{T_1}^{T_2} \sqrt{[x'(t)]^2 + [y'(t)]^2} \, dt.$$

证 利用上面的记号,则对区间 $[T_1, T_2]$ 的任意划分,有

$$\left| \sum_{i=1}^{n} \overline{P_{i-1}P_i} - \sum_{i=1}^{n} \sqrt{[x'(\xi_i)]^2 + [y'(\xi_i)]^2} \, \Delta t_i \right|$$

$$= \left| \sum_{i=1}^{n} \sqrt{[x'(\eta_i)]^2 + [y'(\sigma_i)]^2} \, \Delta t_i - \sum_{i=1}^{n} \sqrt{[x'(\xi_i)]^2 + [y'(\xi_i)]^2} \, \Delta t_i \right|$$

$$\leqslant \sum_{i=1}^{n} \left| \sqrt{[x'(\eta_i)]^2 + [y'(\sigma_i)]^2} - \sqrt{[x'(\xi_i)]^2 + [y'(\xi_i)]^2} \right| \Delta t_i.$$

由三角不等式

$$\left| \sqrt{x_1^2 + x_2^2} - \sqrt{y_1^2 + y_2^2} \right| \leqslant \sqrt{(x_1 - y_1)^2 + (x_2 - y_2)^2} \leqslant |x_1 - y_1| + |x_2 - y_2|,$$

得到

$$\left| \sum_{i=1}^{n} \overline{P_{i-1}P_i} - \sum_{i=1}^{n} \sqrt{[x'(\xi_i)]^2 + [y'(\xi_i)]^2} \, \Delta t_i \right|$$

$$\leqslant \sum_{i=1}^{n} |x'(\eta_i) - x'(\xi_i)| \Delta t_i + \sum_{i=1}^{n} |y'(\sigma_i) - y'(\xi_i)| \Delta t_i$$

$$\leqslant \sum_{i=1}^{n} \overline{\omega}_i \Delta t_i + \sum_{i=1}^{n} \widetilde{\omega}_i \Delta t_i,$$

其中 $\overline{\omega}_i$ 和 $\widetilde{\omega}_i$ 分别是 $x'(t)$ 和 $y'(t)$ 在 $[t_{i-1}, t_i]$ 中的振幅.

因为 $x'(t)$ 和 $y'(t)$ 在 $[T_1, T_2]$ 上可积,由定积分存在的充分必要条件,当 $\lambda = \max\limits_{1 \leqslant i \leqslant n}(\Delta t_i) \to 0$,有

$$\sum_{i=1}^{n} \overline{\omega}_i \Delta t_i \to 0, \quad \text{及} \quad \sum_{i=1}^{n} \widetilde{\omega}_i \Delta t_i \to 0,$$

于是

$$l = \lim_{\lambda \to 0} \sum_{i=1}^{n} \overline{P_{i-1}P_i} = \lim_{\lambda \to 0} \sum_{i=1}^{n} \sqrt{[x'(\xi_i)]^2 + [y'(\xi_i)]^2} \, \Delta t_i$$

$$= \int_{T_1}^{T_2} \sqrt{[x'(t)]^2 + [y'(t)]^2} \, dt.$$

证毕

我们将

$$dl = \sqrt{[x'(t)]^2 + [y'(t)]^2} \, dt$$

称为弧长的微分.

当曲线采用直角坐标系下的显式方程 $y = f(x), x \in [a, b]$ 时,容易得到相应的弧长公式

$$l = \int_{a}^{b} \sqrt{1 + [f'(x)]^2} \, dx.$$

当曲线采用极坐标方程 $r = r(\theta), \theta \in [\alpha, \beta]$ 时,由于 $x = r(\theta) \cos \theta, y = r(\theta) \sin \theta$,因此

$$x'(\theta) = r'(\theta) \cos \theta - r(\theta) \sin \theta, \, y'(\theta) = r'(\theta) \sin \theta + r(\theta) \cos \theta,$$

所以

$$[x'(\theta)]^2 + [y'(\theta)]^2 = [r(\theta)]^2 + [r'(\theta)]^2,$$

于是

$$l = \int_\alpha^\beta \sqrt{[r(\theta)]^2 + [r'(\theta)]^2}\,\mathrm{d}\theta.$$

例 7.4.7 求半径为 a 的圆的周长.

解法一 采用直角坐标系下的显式方程 $y = \sqrt{a^2 - x^2}$,只求第一象限部分.

$$l = 4\int_0^a \sqrt{1 + [f'(x)]^2}\,\mathrm{d}x = 4a\int_0^a \frac{\mathrm{d}x}{\sqrt{a^2 - x^2}} = 4a \cdot \arcsin\frac{x}{a}\Big|_0^a = 2\pi a.$$

解法二 采用直角坐标系下的参数方程

$$\begin{cases} x = a\cos t, \\ y = a\sin t, \end{cases}$$

同样只求第一象限部分,

$$l = 4a\int_0^{\frac{\pi}{2}} \sqrt{\cos^2 t + \sin^2 t}\,\mathrm{d}t = 2\pi a.$$

解法三 采用极坐标方程 $r = a$,$\theta \in [0, 2\pi]$,这时 $r' = 0$,因此

$$l = \int_0^{2\pi} \sqrt{[r(\theta)]^2 + [r'(\theta)]^2}\,\mathrm{d}\theta = a\int_0^{2\pi} \mathrm{d}\theta = 2\pi a.$$

一般来说,采用不同的方程形式求曲线的弧长,难易程度会有所不同.

例 7.4.8 求旋轮线一拱的弧长(如图 7.4.7).

解 $l = a\int_0^{2\pi} \sqrt{(1 - \cos t)^2 + \sin^2 t}\,\mathrm{d}t = \sqrt{2}\,a\int_0^{2\pi} \sqrt{1 - \cos t}\,\mathrm{d}t = 2a\int_0^{2\pi} \sin\frac{t}{2}\,\mathrm{d}t = 8a.$

用同样的方法,可将定理 7.4.1 的结论推广到求空间曲线的弧长上去.

设 $x'(t)$、$y'(t)$、$z'(t)$ 在 $[T_1, T_2]$ 上连续,且 $[x'(t)]^2 + [y'(t)]^2 + [z'(t)]^2 \neq 0$,则由参数方程

$$\begin{cases} x = x(t), \\ y = y(t), \quad t \in [T_1, T_2] \\ z = z(t), \end{cases}$$

确定的曲线的弧长为

$$l = \int_{T_1}^{T_2} \sqrt{[x'(t)]^2 + [y'(t)]^2 + [z'(t)]^2}\,\mathrm{d}t.$$

例 7.4.9 求圆锥螺线

$$\begin{cases} x = at\cos t, \\ y = -at\sin t, \\ z = bt \end{cases}$$

(如图 7.4.12)第一圈的长度.

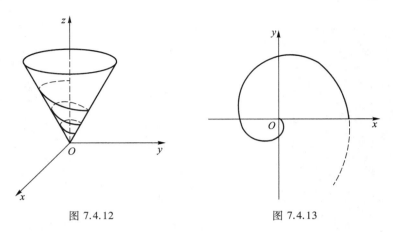

图 7.4.12   图 7.4.13

解

$$l = \int_0^{2\pi} \sqrt{a^2 [\cos t - t\sin t]^2 + a^2 [-\sin t - t\cos t]^2 + b^2} \, dt$$

$$= \int_0^{2\pi} \sqrt{a^2 t^2 + a^2 + b^2} \, dt$$

$$= \frac{a}{2} \left(t\sqrt{t^2 + s^2} + s^2 \ln |t + \sqrt{t^2 + s^2}| \right) \Big|_0^{2\pi} \quad \left(记 \frac{b^2}{a^2} + 1 = s^2 \right)$$

$$= a \left(\pi\sqrt{4\pi^2 + s^2} + \frac{s^2}{2} \ln \frac{2\pi + \sqrt{4\pi^2 + s^2}}{s} \right).$$

当 $b = 0$ 时，圆锥螺线退化为平面上的 Archimedes 螺线（如图 7.4.13），此时 $s^2 = 1$，因此

$$l = \frac{a}{2} \left[2\pi\sqrt{4\pi^2 + 1} + \ln\left(2\pi + \sqrt{4\pi^2 + 1} \right) \right],$$

这正是 Archimedes 螺线 $r = a\theta$ 第一圈的长度（见习题 3(7)）.

求某些特殊的几何体的体积

设三维空间中的一个几何体夹在平面 $x = a$ 和 $x = b$ 之间，若对于任意 $x \in [a, b]$，过 x 点且与 x 轴垂直的平面与该几何体相截，截面的面积 $A(x)$ 是已知的，且 $A(x)$ 又是 $[a, b]$ 上的连续函数，则我们可以用定积分计算出它的体积（如图 7.4.14）.

对区间 $[a, b]$ 作划分

$$a = x_0 < x_1 < x_2 < \cdots < x_n = b,$$

记小区间 $[x_{i-1}, x_i]$ 的长度为

$$\Delta x_i = x_i - x_{i-1},$$

在每个小区间上取一点 ξ_i，用底面积为 $A(\xi_i)$，高为 Δx_i 的柱体体积近似代替夹在平面 $x = x_{i-1}$ 和 $x = x_i$ 之间的那块小几何体的体积，那么这些柱体体积之和

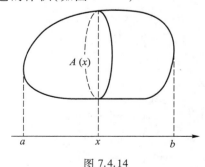

图 7.4.14

$$\sum_{i=1}^{n} A(\xi_i) \Delta x_i$$

就是整个几何体体积的近似.由于 $A(x)$ 在 $[a,b]$ 上连续,当 $\lambda = \max\limits_{1 \leqslant i \leqslant n}(\Delta x_i) \to 0$ 时,即知

$$V = \lim_{\lambda \to 0} \sum_{i=1}^{n} A(\xi_i) \Delta x_i = \int_a^b A(x) \, dx$$

就是所要求的几何体的体积.

据《九章算术》记载,我国南北朝时的数学家祖暅(祖冲之之子)在求出球的体积的同时,得到了一个重要的结论(后人称之为"祖暅原理"):"夫叠基成立积,缘幂势既同,则积不容异."用现在的话来讲,一个几何体("立积")是由一系列很薄的小片("基")叠成的;若两个几何体相应的小片的截面积("幂势")都相同,那它们的体积("积")必然相等.这一结论与上述求体积公式的推导思想是相同的.

意大利数学家 Cavalieri 在 1635 年得到了同样的结论,但比祖暅迟了一千多年.

例 7.4.10 已知一个直圆柱体的底面半径为 a,平面 P_1 过其底面圆周上的一点,且与其底面所在的平面 P_2 成夹角 θ,求圆柱体被 P_1 与 P_2 所截得的那部分的体积.

解 先建立坐标系.将平面 P_2 取成 xy 平面,并使得圆柱体底面的圆心与原点重合,同时让 P_1 与圆柱体底面圆周的交点落在 y 轴上(如图 7.4.15).

对于任意 $y \in [-a,a]$,过 y 点且与 y 轴垂直的平面与该几何体的截面是一个竖立的矩形,它的底为 $2\sqrt{a^2-y^2}$,高为 $(y+a)\tan\theta$,于是

$$A(y) = 2\sqrt{a^2-y^2}\,(y+a) \cdot \tan\theta,$$

因此,所求的体积为

$$V = 2\tan\theta \left(\int_{-a}^{a} y\sqrt{a^2-y^2}\,dy + a\int_{-a}^{a} \sqrt{a^2-y^2}\,dy \right).$$

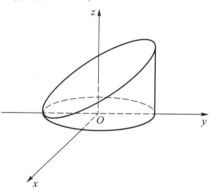

图 7.4.15

容易看出,括号内的第一项是一个奇函数在对称区间上的积分,其值为 0,第二项中的积分恰为上半个圆的面积,即得到

$$V = \pi a^3 \tan\theta.$$

若采用以与 x 轴垂直的平面与该几何体相截,截面是一个直角梯形,处理就会麻烦很多.由此可见,对几何体作截面的方式与计算是否简便关系很大,在实际计算时要根据具体情况仔细分析,找到最简便的方案.

公式

$$V = \int_a^b A(x) \, dx$$

的一个很重要的用途是计算旋转体的体积.

设函数 $f(x)$ 在 $[a,b]$ 上连续.对于由 $0 \leqslant y \leqslant |f(x)|$ 与 $a \leqslant x \leqslant b$ 所界定的那块平面图形绕 x 轴旋转一周得到的旋转体,若用过 x 点且与 x 轴垂直的平面去截,得到的截面

显然是一个半径为 $|f(x)|$ 的圆(如图 7.4.16).因此它的面积为

$$A(x) = \pi [f(x)]^2,$$

所以该旋转体的体积计算公式为

$$V = \pi \int_a^b [f(x)]^2 \mathrm{d}x.$$

设曲线的参数方程为

$$\begin{cases} x = x(t), \\ y = y(t), \end{cases} t \in [T_1, T_2].$$

假设在 $[T_1, T_2]$ 上, $x'(t)$ 和 $y(t)$ 连续,且 $x'(t) \neq 0$.对上式作变量代换,即得到相应的旋转体的体积公式

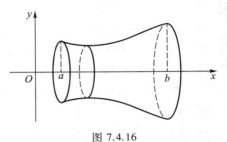

图 7.4.16

$$V = \pi \int_{T_1}^{T_2} y^2(t) |x'(t)| \mathrm{d}t.$$

例 7.4.11 求半径为 a 的球的体积.

解 即求上半圆周 $y = \sqrt{a^2 - x^2}$ 与 x 轴围成的那半个圆绕 x 轴旋转一周所得的旋转体的体积,

$$V = \pi \int_{-a}^a (a^2 - x^2) \mathrm{d}x = \pi \left(a^2 x - \frac{x^3}{3} \right) \Big|_{-a}^a = \frac{4}{3} \pi a^3.$$

例 7.4.12 求旋轮线一拱(如图 7.4.7)与 x 轴围成的图形绕 x 轴旋转一周所得的旋转体的体积.

解 将旋轮线的参数方程代入求旋转体体积的公式

$$V = \pi \int_{T_1}^{T_2} y^2(t) |x'(t)| \mathrm{d}t$$

$$= \pi a^3 \int_0^{2\pi} (1 - \cos t)^3 \mathrm{d}t = 5\pi^2 a^3.$$

极坐标下由 $0 \leq r \leq r(\theta)$ $(\theta \in [\alpha, \beta] \subset [0, \pi])$ 所表示的区域绕极轴旋转一周所得的旋转体的体积为

$$V = \frac{2}{3} \pi \int_\alpha^\beta r^3(\theta) \sin \theta \mathrm{d}\theta.$$

请读者自行证明.

求旋转曲面的面积

设

$$\begin{cases} x = x(t), \\ y = y(t), \end{cases} t \in [T_1, T_2]$$

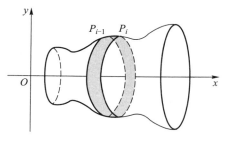

确定平面上一段光滑曲线,且在$[T_1,T_2]$上$y(t)\geqslant0$,它绕x轴旋转一周得到一个旋转曲面(如图7.4.17).

对区间$[T_1,T_2]$作划分:

$$T_1=t_0<t_1<t_2<\cdots<t_n=T_2,$$

由此得到曲线上顺次排列的$n+1$个点$P_0,P_1,\cdots,P_n,$

$$P_i=(x(t_i),y(t_i)).$$

图 7.4.17

记ΔS_i是联结P_{i-1}和P_i的直线段绕x轴旋转一周得到的圆台侧面的面积,则

$$\Delta S_i=\pi[y(t_{i-1})+y(t_i)]\cdot\overline{P_{i-1}P_i}.$$

若当$\lambda=\max\limits_{1\leqslant i\leqslant n}(\Delta t_i)\to0$时,极限

$$\lim_{\lambda\to0}\sum_{i=1}^n\Delta S_i=\pi\lim_{\lambda\to0}\sum_{i=1}^n[y(t_{i-1})+y(t_i)]\cdot\overline{P_{i-1}P_i}$$

存在,且极限值与区间$[T_1,T_2]$的划分无关,则称极限值

$$S=\lim_{\lambda\to0}\sum_{i=1}^n\Delta S_i=\pi\lim_{\lambda\to0}\sum_{i=1}^n[y(t_{i-1})+y(t_i)]\cdot\overline{P_{i-1}P_i}$$

为该段曲线绕x轴旋转一周所得到的**旋转曲面的面积**.

这也不是 Riemann 和的极限,但与求曲线长度时的讨论一样,可以得到

$$S=2\pi\int_{T_1}^{T_2}y(t)\sqrt{[x'(t)]^2+[y'(t)]^2}\,\mathrm{d}t.$$

证明留给读者完成.

利用弧长的微分公式,也可以将上式写成

$$S=2\pi\int_{T_1}^{T_2}y(t)\,\mathrm{d}l.$$

请读者考虑它的几何意义,并由此入手导出在直角坐标方程$y=f(x)$和极坐标方程$r=r(\theta)$下旋转曲面面积的相应公式.

例 7.4.13 求半径为a的球的表面积.

解 此即为求半径为a的圆的上半部分$y=\sqrt{a^2-x^2}$绕x轴旋转一周所得的旋转曲面的面积.因此,

$$S=2\pi\int_{-a}^{a}f(x)\sqrt{1+[f'(x)]^2}\,\mathrm{d}x=2\pi a\int_{-a}^{a}\frac{\sqrt{a^2-x^2}}{\sqrt{a^2-x^2}}\,\mathrm{d}x=4\pi a^2.$$

例 7.4.14 求旋轮线一拱(如图7.4.7)绕x轴旋转一周所得旋转曲面的面积.

解 将旋轮线的参数方程代入求旋转曲面面积的公式

$$S = 2\pi a^2 \int_0^{2\pi} (1-\cos t)\sqrt{(1-\cos t)^2 + \sin^2 t}\,\mathrm{d}t$$

$$= 2\sqrt{2}\,\pi a^2 \int_0^{2\pi} (1-\cos t)\sqrt{1-\cos t}\,\mathrm{d}t$$

$$= 16\pi a^2 \int_0^{2\pi} \sin^3 \frac{t}{2}\,\mathrm{d}\left(\frac{t}{2}\right) = \frac{64}{3}\pi a^2.$$

我们将本节得到的计算公式列成下面的简表,读者在使用这些公式的时候务必注意它们的使用范围和条件,尤其是采用参数方程时积分上下限的取法.

	直角坐标显式方程 $y=f(x)$, $x \in [a,b]$	直角坐标参数方程 $\begin{cases} x=x(t) \\ y=y(t), \end{cases} t \in [T_1, T_2]$	极坐标方程 $r=r(\theta)$, $\theta \in [\alpha, \beta]$
平面图形面积	$\int_a^b f(x)\,\mathrm{d}x$	$\int_{T_1}^{T_2} \lvert y(t)x'(t)\rvert\,\mathrm{d}t$	$\dfrac{1}{2}\int_\alpha^\beta r^2(\theta)\,\mathrm{d}\theta$
弧长的微分	$\mathrm{d}l = \sqrt{1+[f'(x)]^2}\,\mathrm{d}x$	$\mathrm{d}l = \sqrt{[x'(t)]^2+[y'(t)]^2}\,\mathrm{d}t$	$\mathrm{d}l = \sqrt{r^2(\theta)+r'^2(\theta)}\,\mathrm{d}\theta$
曲线弧长	$\int_a^b \sqrt{1+[f'(x)]^2}\,\mathrm{d}x$	$\int_{T_1}^{T_2} \sqrt{[x'(t)]^2+[y'(t)]^2}\,\mathrm{d}t$	$\int_\alpha^\beta \sqrt{r^2(\theta)+r'^2(\theta)}\,\mathrm{d}\theta$
旋转体体积	$\pi\int_a^b [f(x)]^2\,\mathrm{d}x$	$\pi\int_{T_1}^{T_2} y^2(t)\lvert x'(t)\rvert\,\mathrm{d}t$	$\dfrac{2}{3}\pi\int_\alpha^\beta r^3(\theta)\sin\theta\,\mathrm{d}\theta$
旋转曲面面积	$2\pi\int_a^b \lvert f(x)\rvert\sqrt{1+[f'(x)]^2}\,\mathrm{d}x$	$2\pi\int_{T_1}^{T_2} \lvert y(t)\rvert\sqrt{x'^2(t)+y'^2(t)}\,\mathrm{d}t$	$2\pi\int_\alpha^\beta r(\theta)\sin\theta\sqrt{r^2(\theta)+r'^2(\theta)}\,\mathrm{d}\theta$

曲线的曲率

在几何学和许多实际问题中,常常需要考虑曲线的弯曲程度.例如在铁路设计时,在拐弯处就不能让其弯曲程度太大,否则火车在运行时就会出现危险.

究竟如何来刻画曲线的弯曲程度呢? 考察如图 7.4.18 所示的两条光滑曲线 C 和 C' 上的曲线段 $\overparen{AB}$ 和 $\overparen{A'B'}$,它们的弧长分别记为 Δs 与 $\Delta s'$.当动点从 A 点沿曲线段 $\overparen{AB}$ 运动到 B 点时,A 点的切线 τ_A 也随着转动到 B 点的切线 τ_B,记这两条切线之间的夹角为 $\Delta\varphi$(它等于 τ_B 和 x 轴的交角与 τ_A 和 x 轴的交角之差),同样地,记曲线段 $\overparen{A'B'}$ 的两个端点 A',B' 处的切线 $\tau_{A'}$ 和 $\tau_{B'}$ 的夹角为 $\Delta\varphi'$.

显然,当弧的长度相同时,则切线间的夹角愈大,曲线的弯曲程度就愈大;而当切线间的夹角相同时,则弧的长度愈小,同样曲线的弯曲程度就愈大.也就是说,如果 $\Delta s' = \Delta s$,而 $\Delta\varphi' > \Delta\varphi$,那么可以认为 $\overparen{A'B'}$ 的弯曲程度比 $\overparen{AB}$ 的弯曲程度大;反之,如果 $\Delta\varphi' = \Delta\varphi$,而 $\Delta s' < \Delta s$,那么同样可以认为 $\overparen{A'B'}$ 的弯曲程度比 $\overparen{AB}$ 的弯曲程度大.

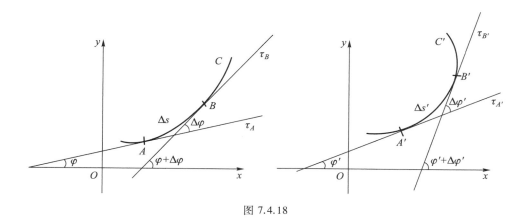

图 7.4.18

综上所述,我们定义

$$\bar{K} = \left| \frac{\Delta\varphi}{\Delta s} \right|$$

为曲线段 $\overset{\frown}{AB}$ 的 **平均曲率**,它刻画了曲线段 $\overset{\frown}{AB}$ 的平均弯曲程度.平均曲率只描写了曲线 C 在这一段的"平均弯曲程度".B 越接近于 A,即 Δs 越小,$\overset{\frown}{AB}$ 弧的平均曲率就越能精确刻画曲线 C 在 A 处的弯曲程度,因此定义

$$K = \lim_{\Delta s \to 0} \left| \frac{\Delta\varphi}{\Delta s} \right| = \left| \frac{\mathrm{d}\varphi}{\mathrm{d}s} \right|$$

为曲线 C 在 A 点的 **曲率**(如果该式中的极限存在的话).这里取绝对值是为了使曲率不为负数.

设曲线 C 在点 A 处的曲率 $K \neq 0$,若过 A 点作一个半径为 $\dfrac{1}{K}$ 的圆,使它在 A 点处与曲线 C 有相同的切线,并在 A 点附近与该曲线位于切线的同侧(如图7.4.19).我们把这个圆称为曲线 C 在点 A 处的 **曲率圆** 或 **密切圆**.曲率圆的半径 $R = \dfrac{1}{K}$ 和圆心 A_0 分别称为曲线

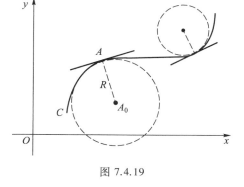

图 7.4.19

C 在点 A 处的 **曲率半径** 和 **曲率中心**.由曲率圆的定义可以知道,曲线 C 在点 A 处与曲率圆既有相同的切线,又有相同的曲率和凸性.

设光滑曲线由参数方程

$$\begin{cases} x = x(t), \\ y = y(t), \end{cases} \quad \alpha \leqslant t \leqslant \beta$$

确定,且 $x(t), y(t)$ 有二阶导数.对于每个 $t \in [\alpha, \beta]$,曲线在对应点的切线斜率为

$$\frac{\mathrm{d}y}{\mathrm{d}x} = \frac{y'(t)}{x'(t)} = \tan \varphi,$$

其中 φ 是该切线与 x 轴的夹角,由 $\varphi = \arctan \dfrac{y'(t)}{x'(t)}$,即可得到

$$\frac{\mathrm{d}\varphi}{\mathrm{d}t} = \frac{x'(t)y''(t) - x''(t)y'(t)}{x'^2(t) + y'^2(t)}.$$

另外,由弧长的微分公式知

$$\frac{\mathrm{d}s}{\mathrm{d}t} = \sqrt{x'^2(t) + y'^2(t)},$$

于是

$$K = \left| \frac{\mathrm{d}\varphi}{\mathrm{d}s} \right| = \left| \frac{\dfrac{\mathrm{d}\varphi}{\mathrm{d}t}}{\dfrac{\mathrm{d}s}{\mathrm{d}t}} \right| = \frac{|x'(t)y''(t) - x''(t)y'(t)|}{(x'^2(t) + y'^2(t))^{\frac{3}{2}}}.$$

这就是曲率的计算公式.

特别地,如果曲线由 $y = y(x)$ 表示,且 $y(x)$ 有二阶导数,那么相应的计算公式为

$$K = \frac{|y''|}{(1 + y'^2)^{\frac{3}{2}}}.$$

容易知道,直线上曲率处处为 0.

例 7.4.15 求椭圆 $x = a\cos t, y = b\sin t\,(0 \leqslant t \leqslant 2\pi)$ 上曲率最大和最小的点 $(0 < b \leqslant a)$.

解 由于

$$x' = -a\sin t, x'' = -a\cos t, y' = b\cos t, y'' = -b\sin t,$$

因此

$$K = \frac{|x'y'' - x''y'|}{(x'^2 + y'^2)^{\frac{3}{2}}} = \frac{|ab\sin^2 t + ab\cos^2 t|}{(a^2\sin^2 t + b^2\cos^2 t)^{\frac{3}{2}}} = \frac{ab}{[(a^2 - b^2)\sin^2 t + b^2]^{\frac{3}{2}}}.$$

因此当 $a > b > 0$ 时,椭圆上在 $t = 0, \pi$ 对应的点,即长轴的两个端点,曲率最大;在 $t = \dfrac{\pi}{2}$,$\dfrac{3\pi}{2}$ 对应的点,即短轴的两个端点,曲率最小.

当 $a = b = R$ 时(这时椭圆成为半径为 R 的圆),$K = 1/R$,即圆上各点处的曲率相同,其值为圆半径的倒数,而曲率半径正好是 R.

例 7.4.16 求悬链线

$$y = \frac{a}{2}\left(\mathrm{e}^{\frac{x}{a}} + \mathrm{e}^{-\frac{x}{a}} \right)$$

的曲率($a>0$).

解 易知

$$y' = \frac{1}{2}\left(\mathrm{e}^{\frac{x}{a}} - \mathrm{e}^{-\frac{x}{a}}\right), y'' = \frac{1}{2a}\left(\mathrm{e}^{\frac{x}{a}} + \mathrm{e}^{-\frac{x}{a}}\right) = \frac{y}{a^2}.$$

由于 $y>0$ 及

$$\sqrt{1+y'^2} = \sqrt{1 + \frac{1}{4}\left(\mathrm{e}^{\frac{x}{a}} - \mathrm{e}^{-\frac{x}{a}}\right)^2} = \frac{y}{a},$$

所以

$$K = \frac{|y''|}{(1+y'^2)^{\frac{3}{2}}} = \left|\frac{y}{a^2}\right| \bigg/ \left(\frac{y}{a}\right)^3 = \frac{a}{y^2} = \frac{4}{a\left(\mathrm{e}^{\frac{x}{a}} + \mathrm{e}^{-\frac{x}{a}}\right)^2}.$$

习 题

1. 求下列曲线所围的图形面积:

(1) $y = \frac{1}{x}, y = x, x = 2$;

(2) $y^2 = 4(x+1), y^2 = 4(1-x)$;

(3) $y = x, y = x + \sin^2 x, x = 0, x = \pi$;

(4) $y = \mathrm{e}^x, y = \mathrm{e}^{-x}, x = 1$;

(5) $y = |\ln x|, y = 0, x = 0.1, x = 10$;

(6) 叶形线 $\begin{cases} x = 2t - t^2, \\ y = 2t^2 - t^3, \end{cases} 0 \le t \le 2$;

(7) 星形线 $\begin{cases} x = a\cos^3 t, \\ y = a\sin^3 t, \end{cases} 0 \le t \le 2\pi$;

(8) Archimedes 螺线 $r = a\theta, \theta = 0, \theta = 2\pi$;

(9) 对数螺线 $r = a\mathrm{e}^\theta, \theta = 0, \theta = 2\pi$;

(10) 蚌线 $r = a\cos\theta + b$ $(b \ge a > 0)$;

(11) $r = 3\cos\theta, r = 1 + \cos\theta$ $\left(-\frac{\pi}{3} \le \theta \le \frac{\pi}{3}\right)$;

(12) 双纽线 $r^2 = a^2\cos 2\theta$;

(13) 四叶玫瑰线 $r = a\cos 2\theta$.

(14) Descartes 叶形线 $x^3 + y^3 = 3axy$;

(15) $x^4 + y^4 = a^2(x^2 + y^2)$.

2. 求由抛物线 $y^2 = 4ax$ 与过其焦点的弦所围的图形面积的最小值.

3. 求下列曲线的弧长:

(1) $y = x^{3/2}, 0 \le x \le 4$;

(2) $x = \frac{y^2}{4} - \frac{\ln y}{2}, 1 \le y \le \mathrm{e}$;

(3) $y = \ln\cos x, 0 \le x \le a < \frac{\pi}{2}$;

(4) 星形线 $\begin{cases} x = a\cos^3 t, \\ y = a\sin^3 t, \end{cases} 0 \le t \le 2\pi$;

(5) 圆的渐开线 $\begin{cases} x = a(\cos t + t\sin t), \\ y = a(\sin t - t\cos t), \end{cases} 0 \le t \le 2\pi$;

(6) 心脏线 $r = a(1 - \cos\theta), 0 \le \theta \le 2\pi$;

(7) Archimedes 螺线 $r = a\theta, 0 \le \theta \le 2\pi$;

(8) $r = a\sin^3\frac{\theta}{3}, 0 \le \theta \le 3\pi$.

4. 在旋轮线的第一拱上,求分该拱的长度为 1∶3 的点的坐标.

5. 求下列几何体的体积:

(1) 正椭圆台：上底是长半轴为 a、短半轴为 b 的椭圆，下底是长半轴为 A、短半轴为 B 的椭圆 $(A > a, B > b)$，高为 h；

(2) 椭球体 $\dfrac{x^2}{a^2} + \dfrac{y^2}{b^2} + \dfrac{z^2}{c^2} \leqslant 1$；

(3) 直圆柱面 $x^2 + y^2 = a^2$ 和 $x^2 + z^2 = a^2$ 所围的几何体；

(4) 球面 $x^2 + y^2 + z^2 = a^2$ 和直圆柱面 $x^2 + y^2 = ax$ 所围的几何体.

6. 证明以下旋转体的体积公式：

(1) 设 $f(x) \geqslant 0$ 是连续函数，由 $0 \leqslant a \leqslant x \leqslant b, 0 \leqslant y \leqslant f(x)$ 所表示的区域绕 y 轴旋转一周所成的旋转体的体积为

$$V = 2\pi \int_a^b x f(x)\,\mathrm{d}x;$$

(2) 在极坐标下，由 $0 \leqslant \alpha \leqslant \theta \leqslant \beta \leqslant \pi, 0 \leqslant r \leqslant r(\theta)$ 所表示的区域绕极轴旋转一周所成的旋转体的体积为

$$V = \frac{2\pi}{3} \int_\alpha^\beta r^3(\theta) \sin\theta\,\mathrm{d}\theta.$$

7. 求下列曲线绕指定轴旋转一周所围成的旋转体的体积：

(1) $\dfrac{x^2}{a^2} + \dfrac{y^2}{b^2} = 1$，绕 x 轴；

(2) $y = \sin x, y = 0, 0 \leqslant x \leqslant \pi$，

   （i）绕 x 轴，   （ii）绕 y 轴；

(3) 星形线 $\begin{cases} x = a\cos^3 t, \\ y = a\sin^3 t, \end{cases} 0 \leqslant t \leqslant \pi$，绕 x 轴；

(4) 旋轮线 $\begin{cases} x = a(t - \sin t), \\ y = a(1 - \cos t), \end{cases} t \in [0, 2\pi], y = 0$，

   （i）绕 y 轴，   （ii）绕直线 $y = 2a$；

(5) $x^2 + (y - b)^2 = a^2 (0 < a \leqslant b)$，绕 x 轴；

(6) 心脏线 $r = a(1 - \cos\theta)$，绕极轴；

(7) 对数螺线 $r = a\mathrm{e}^\theta, 0 \leqslant \theta \leqslant \pi$，绕极轴；

(8) $(x^2 + y^2)^2 = a^2(x^2 - y^2)$，绕 x 轴.

8. 将抛物线 $y = x(x - a)$ 与 $y = 0$ 所界的区域在 $x \in [0, a]$ 和 $x \in [a, c]$ 的弧段分别绕 x 轴旋转一周后，所得到的旋转体的体积相等，求 c 与 a 的关系.

9. 记 $V(\xi)$ 是曲线 $y = \dfrac{\sqrt{x}}{1 + x^2}$ 与 $y = 0$ 所界的区域在 $x \in [0, \xi]$ 的弧段绕 x 轴旋转一周所得到的旋转体的体积，求常数 a 使得满足

$$V(a) = \frac{1}{2} \lim_{\xi \to +\infty} V(\xi).$$

10. 将椭圆 $\dfrac{x^2}{a^2} + \dfrac{y^2}{b^2} = 1$ 绕 x 轴旋转一周围成一个旋转椭球体，再沿 x 轴方向用半径为 $r(r < b)$ 的钻头打一个穿心的圆孔，剩下的体积恰为原来椭球体体积的一半，求 r 的值.

11. 设直线 $y = ax(0 < a < 1)$ 与抛物线 $y = x^2$ 所围成的图形的面积为 S_1，且它们与直线 $x = 1$ 所围成图形的面积为 S_2.

(1) 试确定 a 的值，使得 $S_1 + S_2$ 达到最小，并求出最小值；

（2）求该最小值所对应的平面图形绕 x 轴旋转一周所得旋转体的体积.

12. 设函数 $f(x)$ 在闭区间 $[0,1]$ 上连续,在开区间 $(0,1)$ 上大于零,并满足

$$xf'(x)=f(x)+\frac{3a}{2}x^2 \quad (a\text{ 为常数}).$$

进一步,假设曲线 $y=f(x)$ 与直线 $x=1$ 和 $y=0$ 所围的图形 S 的面积为 2.

（1）求函数 $f(x)$;

（2）当 a 为何值时,图形 S 绕 x 轴旋转一周所得旋转体的体积最小?

13. 求下列旋转曲面的面积:

（1）$y^2=2px, 0\leqslant x\leqslant a$, 绕 x 轴;

（2）$y=\sin x, 0\leqslant x\leqslant \pi$, 绕 x 轴;

（3）$\dfrac{x^2}{a^2}+\dfrac{y^2}{b^2}=1$, 绕 x 轴;

（4）星形线 $\begin{cases} x=a\cos^3 t, \\ y=a\sin^3 t, \end{cases} 0\leqslant t\leqslant \pi$, 绕 x 轴;

（5）心脏线 $r=a(1-\cos\theta)$, 绕极轴;

（6）双纽线 $r^2=a^2\cos 2\theta$,

（i）绕极轴,（ii）绕射线 $\theta=\dfrac{\pi}{2}$.

14. 设曲线 $y=\sqrt{x-1}$, 过原点作其切线,求由该曲线、所作切线及 x 轴所围成的平面图形绕 x 轴旋转一周所得旋转体的表面积.

15. 证明:由空间曲线

$$\begin{cases} x=x(t), \\ y=y(t), \quad t\in[T_1,T_2] \\ z=z(t), \end{cases}$$

垂直投影到 Oxy 平面所形成的柱面的面积公式为

$$S=\int_{T_1}^{T_2} z(t)\sqrt{[x'(t)]^2+[y'(t)]^2}\,dt,$$

这里假设 $x'(t), y'(t), z'(t)$ 在 $[T_1,T_2]$ 上连续,且 $z(t)\geqslant 0$.

16. 求下列曲线在指定点的曲率和曲率半径:

（1）$xy=4$, 在点 $(2,2)$;

（2）$x=a(t-\sin t), y=a(1-\cos t)(a>0)$, 在 $t=\pi/2$ 对应的点.

17. 求下列曲线的曲率和曲率半径:

（1）抛物线 $y^2=2px(p>0)$;

（2）双曲线 $\dfrac{x^2}{a^2}-\dfrac{y^2}{b^2}=1$;

（3）星形线 $x^{\frac{2}{3}}+y^{\frac{2}{3}}=a^{\frac{2}{3}}(a>0)$;

（4）圆的渐开线 $x=a(\cos t+t\sin t), y=a(\sin t-t\cos t)(a>0)$.

18. 求曲线 $y=\ln x$ 在点 $(1,0)$ 处的曲率圆方程.

19. 设曲线的极坐标方程为 $r=r(\theta), \theta\in[\alpha,\beta](\subset[0,2\pi])$, 且 $r(\theta)$ 二阶可导.证明它在点 (r,θ) 处的曲率为

$$K=\frac{|r^2+2r'^2-rr''|}{(r^2+r'^2)^{3/2}}.$$

附录　常用几何曲线图示

（1）Archimedes 螺线 $r=a\theta$
（又称等速螺线）；

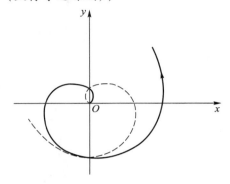

（2）对数螺线 $r=ae^{\theta}$
（又称等角螺线）；

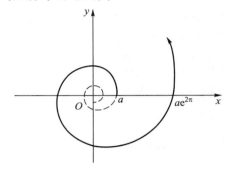

（3）双曲螺线 $r\theta=a$；

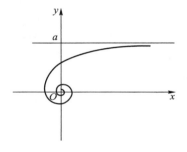

（4）圆的渐开线 $\begin{cases} x=a(\cos t+t\sin t), \\ y=a(\sin t-t\cos t); \end{cases}$

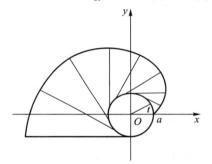

（5）摆线 $\begin{cases} x=a(t-\sin t), \\ y=a(1-\cos t) \end{cases}$
（又称旋轮线）；

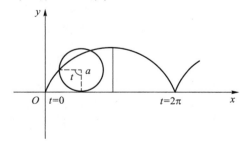

（6）星形线 $\begin{cases} x=a\cos^3 t, \\ y=a\sin^3 t \end{cases}$（或 $x^{\frac{2}{3}}+y^{\frac{2}{3}}=a^{\frac{2}{3}}$）；

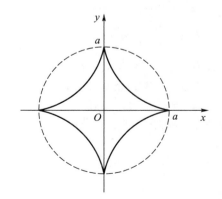

（7）三叶玫瑰线 $r=a\cos 3\theta$；

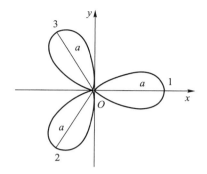

（8）三叶玫瑰线 $r=a\sin 3\theta$；

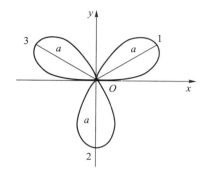

（9）四叶玫瑰线 $r=a\cos 2\theta$；

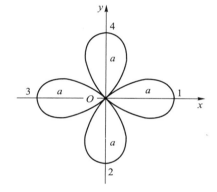

（10）四叶玫瑰线 $r=a\sin 2\theta$；

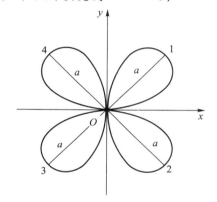

（11）双纽线 $r^2=a^2\cos 2\theta$

（或 $(x^2+y^2)^2=a^2(x^2-y^2)$）；

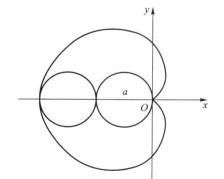

（12）心脏线 $r=a(1-\cos\theta)$

（或 $x^2+y^2+ax=a\sqrt{x^2+y^2}$）；

（13）Descartes 叶形线 $x^3+y^3=3axy$

$$\left(或\begin{cases}x=\dfrac{3at}{1+t^3},\\[2mm]y=\dfrac{3at^2}{1+t^3}(\,=tx)\end{cases}\right);$$

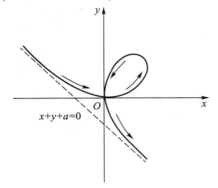

（14）蔓叶线 $y^2(2a-x)=x^3$；

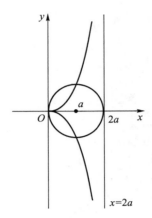

（15）箕舌线 $y=\dfrac{8a^3}{x^2+4a^2}$

$$\left(或\begin{cases}x=2a\tan\theta,\\y=2a\cos^2\theta\end{cases}\right);$$

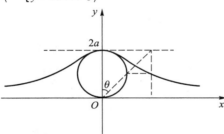

（16）斜抛物线 $x^{\frac{1}{2}}+y^{\frac{1}{2}}=a^{\frac{1}{2}}$

$$\left(或\begin{cases}x=a\cos^4t,\\y=a\sin^4t\end{cases}\right);$$

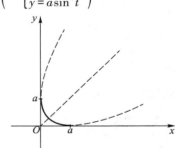

（17）悬链线 $y=a\operatorname{ch}\dfrac{x}{a}=\dfrac{a}{2}(\mathrm{e}^{\frac{x}{a}}+\mathrm{e}^{-\frac{x}{a}})$；

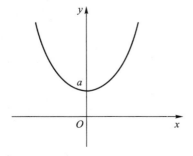

（18）概率曲线 $y=\mathrm{e}^{-x^2}$；

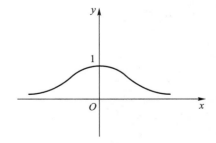

§5　微积分实际应用举例

微元法

我们先回忆一下求曲边梯形面积 S 的步骤:对区间 $[a,b]$ 作划分

$$a = x_0 < x_1 < x_2 < \cdots < x_n = b,$$

然后在小区间 $[x_{i-1}, x_i]$ 中任取点 ξ_i,并记 $\Delta x_i = x_i - x_{i-1}$,这样就得到了小曲边梯形面积的近似值 $\Delta S_i \approx f(\xi_i)\Delta x_i$. 最后,将所有的小曲边梯形面积的近似值相加,再取极限,就得到

$$S = \lim_{\lambda \to 0} \sum_{i=1}^{n} f(\xi_i)\Delta x_i = \int_a^b f(x)\,dx.$$

对于上述步骤,我们可以换一个角度来看:将分点 x_{i-1} 和 x_i 分别记为 x 和 $x + \Delta x$,将区间 $[x, x+\Delta x]$ 上的小曲边梯形的面积记为 ΔS,并取 $\xi_i = x$,于是就有 $\Delta S \approx f(x)\Delta x$. 然后令 $\Delta x \to 0$,这相当于对自变量作微分,这样 Δx 变成 dx,ΔS 变成 dS,于是上面的近似等式就变为微分形式下的严格等式 $dS = f(x)\,dx$. 最后,把对小曲边梯形面积的近似值进行相加,再取极限的过程视作对微分形式 $dS = f(x)\,dx$ 在区间 $[a,b]$ 上求定积分,就得到

$$S = \int_a^b f(x)\,dx.$$

根据上面的理解,在解决实际问题时,我们可以简捷地按照步骤

$$\xrightarrow[\text{分割}]{\text{自变量}} [x, x+\Delta x] \xrightarrow[\text{规律}]{\text{科学}} \Delta S \approx f(x)\Delta x \xrightarrow[\text{微分}]{\text{转为}} dS = f(x)\,dx \xrightarrow[\text{积分}]{\text{直接}} S = \int_a^b f(x)\,dx \text{ 来直接求解.}$$

了解了方法的实质以后,上述过程还可以进一步简化:即一开始就将小区间形式地取为 $[x, x+dx]$(dx 称为 x 的**微元**),然后根据实际问题得出微分形式 $dS = f(x)\,dx$(dS 称为 S 的**微元**),再在区间 $[a,b]$ 上求积分.也就是

$$dx \longrightarrow dS = f(x)\,dx \longrightarrow S = \int_a^b f(x)\,dx.$$

在这一过程中,微元 dx 的作用实际上具有两重性.首先,dx 被当作一个相对静止的有限量,这时根据所考虑的具体问题建立的 dS 与 dx 的关系式是近似成立的.然后,再将 dx 看成无穷小量,这时关系式

$$dS = f(x)\,dx$$

严格成立,便可对其进行积分了.

这种处理问题和解决问题的方法称为**微元法**.微元法略去了 $\Delta x \to 0$ 的极限过程以及在运算过程中可能出现的高阶无穷小量,使用起来非常方便,而且有上述严格的数学基础,在解决实际问题中应用极为广泛,如 §4 中计算曲线的弧长、几何体的体积、旋转曲面的面积等公式都可以直接用微元法来导出,下面我们举一些其他类型的例子.

由静态分布求总量

我们首先考虑静态分布问题.设一根长度为 l 的直线段上分布着某种物理量(如质

量、热量、电荷量等等），将其平放在 x 轴的正半轴上，使它的一头与原点重合，若它在 x 处的密度（称为线密度）可由某个连续的**分布函数** $\rho(x)$ 表示（$x \in [0, l]$），由微元法，它在 $[x, x+\mathrm{d}x]$ 上的物理量 $\mathrm{d}Q$ 为

$$\mathrm{d}Q = \rho(x)\,\mathrm{d}x,$$

对等式两边在 $[0, l]$ 上积分，就得到由分布函数求总量的公式

$$Q = \int_0^l \rho(x)\,\mathrm{d}x.$$

例 7.5.1 如图 7.5.1 的一根金属棒，其密度分布为 $\rho(x) = 2x^2 + 3x + 6 (\mathrm{kg/m})$，求这根金属棒的质量 m.

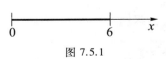

图 7.5.1

解

$$m = \int_0^6 (2x^2 + 3x + 6)\,\mathrm{d}x = \left(\frac{2}{3}x^3 + \frac{3}{2}x^2 + 6x\right)\Big|_0^6 = 234(\mathrm{kg}).$$

这个问题可以作以下的推广：

（1）假定物理量分布在一个平面区域上，x 的变化范围为区间 $[a, b]$. 如果过 $x(a \le x \le b)$ 点并且垂直于 x 轴的直线与该平面区域之交上的物理量的密度可以用 $f(x)$ 表示，或者说该平面区域在横坐标位于 $[x, x+\mathrm{d}x]$ 中的部分上的物理量可以表示为 $f(x)\,\mathrm{d}x$，那么由类似的讨论，可以得到这个区域上的总物理量为

$$Q = \int_a^b f(x)\,\mathrm{d}x.$$

例 7.5.2 求圆心在水下 10 m，半径为 1 m 的竖直放置的圆形铁片（如图7.5.2）所受到的水压力.

解 由物理定律，浸在液体中的物体在深度为 h 的地方所受到的压强为

$$p = h \cdot \rho g,$$

这里 ρ 是液体的密度，g 是重力加速度.

以铁片的圆心为原点、沿铅垂线方向向下为 x 轴的正向建立坐标系，于是铁片在深度为 $10+x$ 处（$-1 \le x \le 1$）受到的压强为 $(10+x)\rho g$，在圆铁片上截取与水面平行、以微元 $\mathrm{d}x$ 为宽度的一条带域，则带域的面积为

$$\mathrm{d}S = 2\sqrt{1-x^2}\,\mathrm{d}x,$$

所以带域上所受到的压力为

$$\mathrm{d}F = 2\rho g\sqrt{1-x^2} \cdot (10+x)\,\mathrm{d}x,$$

于是铁片所受到的水压力为

$$F = 2\rho g \int_{-1}^1 \sqrt{1-x^2} \cdot (10+x)\,\mathrm{d}x = 10\pi\rho g(\mathrm{N}).$$

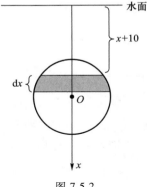

图 7.5.2

这个结论还可以推广到立体区域去，请读者自行思考. 事实上，§4 的第三部分给出了求三维空间中夹在平面 $x=a$ 和 $x=b$ 之间的几何体的体积公式：设过 x 点且与 x 轴垂直的平面与该几何体相截，截面积为 $A(x)$，则几何体的体积为

$$V = \int_a^b A(x)\,\mathrm{d}x.$$

此式就可以看成是应用本方法的一个特例,其中物理量的密度函数 $A(x)$ 是截面的面积.

（2）假定物理量是分布在一条平面曲线

$$\begin{cases} x=x(t), \\ y=y(t), \end{cases} \quad t \in [T_1, T_2]$$

上,分布函数(即物理量的密度)为 $f(t)$,在 $(x(t), y(t))$ 处截取一段长度为 dl 的弧,那么在这段弧上的物理量 dQ 为

$$dQ = f(t)dl.$$

利用弧长的微分公式,

$$dQ = f(t)dl = f(t)\sqrt{x'^2(t)+y'^2(t)}\, dt,$$

关于 t 在 $[T_1, T_2]$ 上积分,就得到

$$Q = \int_{T_1}^{T_2} f(t)dl = \int_{T_1}^{T_2} f(t)\sqrt{x'^2(t)+y'^2(t)}\, dt.$$

这个结论可以推广到空间曲线的情况.

例 7.5.3　如图 7.5.3,若上半个金属环 $x^2+y^2=R^2(y \geqslant 0)$ 上的任何一点处的电荷线密度等于该点到 y 轴的距离的平方,求环上的总电量.

解　将金属环的方程写成参数形式

$$\begin{cases} x=R\cos t, \\ y=R\sin t, \end{cases} \quad t \in [0, \pi],$$

于是 $dl = \sqrt{x'^2(t)+y'^2(t)}\, dt = Rdt$. 分布函数 $f(t) = [x(t)]^2 = R^2\cos^2 t$,因此

$$dQ = f(t)dl = R^3\cos^2 t dt,$$

所以环上的总电量为

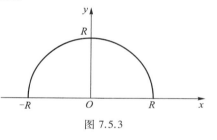

图 7.5.3

$$Q = R^3 \int_0^\pi \cos^2 t dt = \frac{R^3 \pi}{2}.$$

§4 的第四部分求旋转曲面的面积也是本方法的一个特殊情况,请读者考虑其分布函数的物理意义是什么.

（3）这种类型的问题远非只局限于物理学的范畴,无论是自然科学还是社会科学中,但凡给出的是某变量的分布"密度"(比如,人口问题中的人口出生密度、交通问题中的车流密度等等)而需要求总量的,都可以用上述的思路求解.

求动态效应

除了上述这些静态的物理量之外,还有一类物理量是通过运动而产生的,或者说是另一个物理量持续作用的效果.比如,"位移"是速度作用了一段时间的结果;"功"是力作用了一段距离的结果,等等.

在 §1 中已经知道,以速度 $v(t)$ 做变速运动的物体在 $[T_1, T_2]$ 走过的路程为

$$S = \int_{T_1}^{T_2} v(t)dt,$$

这可以用微元法来理解:在小区间 $[t, t+dt]$ 上速度可近似地看作是 $v(t)$,因此走过的一

小段路程为

$$dS = v(t)dt,$$

两边求积分,就得到了前面的结果.

这样的思路可以运用到所有这类问题中去.

例 7.5.4 一个内半径为 R 的圆柱形汽缸,如图 7.5.4,点火后于时刻 t_0 到 t_1 将活塞从 $x=a$ 处推至 $x=b$ 处(t_0 与 t_1 非常接近),求它在这段时间中的平均功率.

解 由于 t_0 与 t_1 非常接近,可以认为在这段时间内汽缸中的温度没有变化,由物理学定律,汽缸中气体的压强 p 与体积 V 成反比,即

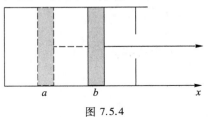

图 7.5.4

$$p = \frac{C}{V},$$

C 是点火瞬间汽缸中气体的压强 p_0 与体积 aS 的乘积(S 为活塞的截面积 πR^2).所以当活塞在 x 处时,作用在活塞上的压力为

$$F = p \cdot S = \frac{C}{V}S = \frac{C}{Sx}S = \frac{C}{x},$$

利用微元法,活塞移动 dx 距离所做的功可表示为

$$dW = Fdx = \frac{C}{x}dx,$$

于是,所求的平均功率为

$$N = \frac{W}{T} = \frac{C}{t_1 - t_0}\int_a^b \frac{dx}{x} = \frac{ap_0 S}{t_1 - t_0}\ln\frac{b}{a}.$$

简单数学模型和求解

我们在第五章 §5 中已经指出,要用数学技术去解决实际问题,首先必须建立数学模型.由于最重要的数学建模工具是微分,而微分与积分互为逆运算,所以积分便理所当然地成为求解数学模型的有力手段.将微分与积分结合起来,就可以为许多实际问题建立起相应的数学关系.(我们这里只考虑能直接用积分求解的情况,而不涉及一般的求解微分方程的方法.)

比如,对例 5.5.7 给出的 Malthus 人口模型

$$\begin{cases} p'(t) = \lambda p(t), \\ p(t_0) = p_0, \end{cases}$$

在学习了积分以后,我们可以直接对微分等式

$$\frac{dp}{p} = \lambda dt$$

的两边在 $[t_0, t]$ 上求积分,这时 p 的变化范围相应地为 $[p_0, p]$,

$$\int_{p_0}^{p} \frac{dp}{p} = \lambda \int_{t_0}^{t} dt,$$

于是

$$\ln \frac{p}{p_0} = \lambda(t-t_0),$$

即

$$p = p_0 e^{\lambda(t-t_0)}.$$

下面再举几个简单的例子.

例 7.5.5(跟踪问题模型) 设 A 在初始时刻从坐标原点沿 y 轴正向前进,与此同时 B 于 $[a,0]$ 处开始保持距离 a 对 A 进行跟踪(即 B 的前进方向始终对着 A 的位置,并与 A 始终保持距离 a),求 B 的运动轨迹(如图 7.5.5).

解 设 B 的运动轨迹为

$$y = y(x),$$

按跟踪的要求和导数的几何意义,容易得到数学模型

$$\begin{cases} y' = -\dfrac{\sqrt{a^2-x^2}}{x}, \\ y(a) = 0. \end{cases}$$

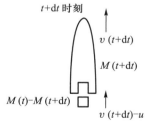

图 7.5.5

两边求定积分

$$\int_0^y \mathrm{d}y = -\int_a^x \frac{\sqrt{a^2-x^2}}{x}\mathrm{d}x,$$

即得到 B 的运动轨迹方程为

$$y = a\ln\frac{a+\sqrt{a^2-x^2}}{x} - \sqrt{a^2-x^2}.$$

这也可以看成一个重物 B 被 A 用一根长度为 a 的绳子拖着走时留下的轨迹,所以该曲线又被称为**曳线**.

例 7.5.6(火箭飞行的运动规律) 火箭是靠将燃料变成气体向后喷射,即甩去一部分质量来得到前进的动力的.

如图 7.5.6,设在时刻 t 火箭的总质量为 $M(t)$,速度为 $v(t)$,从而其动量为 $M(t)v(t)$.在从 t 到 $t+\mathrm{d}t$ 时间段中,有部分燃料以相对于火箭体的常速度 u 被反向喷射出去(u 是由火箭的推进器的结构和性能决定的,与火箭本身的飞行速度无关),在时刻 $t+\mathrm{d}t$ 火箭质量为 $M(t+\mathrm{d}t)$,速度为 $v(t+\mathrm{d}t)$,相应地,喷射掉的燃料质量为 $M(t)-M(t+\mathrm{d}t)$,而其速度为 $v(t+\mathrm{d}t)-u$,且此时系统的动量等于火箭剩余部分的动量与燃料的动量之和.

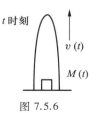

图 7.5.6

因此在时间段 $[t,t+\mathrm{d}t]$ 中,系统动量的改变量为

$$\{M(t+\mathrm{d}t)v(t+\mathrm{d}t)+[M(t)-M(t+\mathrm{d}t)][v(t+\mathrm{d}t)-u]\}-M(t)v(t)$$
$$= M(t)[v(t+\mathrm{d}t)-v(t)]+[M(t+\mathrm{d}t)-M(t)]u$$
$$= M(t)v'(t)\mathrm{d}t+uM'(t)\mathrm{d}t.$$

再由冲量定律,动量的改变量等于力与作用时间的乘积,即冲量 $F\mathrm{d}t$,这样,就得到火箭

运动的微分方程为

$$M\frac{\mathrm{d}v}{\mathrm{d}t} = F - u\frac{\mathrm{d}M}{\mathrm{d}t},$$

这里 F 是作用于火箭系统的外力, $M\dfrac{\mathrm{d}v}{\mathrm{d}t}$ 称为火箭的**反推力**.

特别地,当火箭在地球表面垂直向上发射时, $F = -Mg$, 方程成为

$$\begin{cases} \dfrac{\mathrm{d}v}{\mathrm{d}t} = -g - u\dfrac{1}{M}\dfrac{\mathrm{d}M}{\mathrm{d}t}, \\ v(0) = 0, M(0) = M_0, \end{cases}$$

两边在 $[0, t]$ 上积分,

$$\int_0^t v'(t)\,\mathrm{d}t = -\int_0^t g\,\mathrm{d}t - u\int_0^t \frac{M'(t)}{M(t)}\,\mathrm{d}t,$$

就得到

$$v(t) = u\ln\frac{M_0}{M(t)} - gt.$$

例 7.5.7(Logistic 人口模型)　Malthus 人口模型的解

$$p = p_0 e^{\lambda(t - t_0)}$$

当 $t \to \infty$ 时有 $p(t) \to \infty$, 这显然是荒谬的,因为人口的数量增加到一定程度后,自然资源和环境条件就会对人口的继续增长起限制作用,并且限制的力度随人口的增加而越来越强.也就是说,在任何一个给定的环境和资源条件下,人口的增长不可能是无限的,它必定有一个上界 $p_{\max}$.

因此,荷兰生物数学家 Verhulst 认为,人口的增长速率应随着 $p(t)$ 接近 $p_{\max}$ 而越来越小,他提出了一个修正的人口模型

$$\begin{cases} p'(t) = \lambda\left[1 - \dfrac{p(t)}{p_{\max}}\right]p(t), \\ p(t_0) = p_0. \end{cases}$$

将含有 p 的项全部集中到左边,两边在 $[t_0, t]$ 上积分,

$$\int_{p_0}^p \frac{\mathrm{d}p}{p_{\max} \cdot p - p^2} = \frac{\lambda}{p_{\max}}\int_{t_0}^t \mathrm{d}t,$$

利用有理函数的积分公式,即可解出

$$p = \frac{p_{\max}}{1 + \left(\dfrac{p_{\max}}{p_0} - 1\right)e^{-\lambda(t - t_0)}},$$

当 $t \to \infty$ 时有 $p(t) \to p_{\max}$.

美国和法国都曾用这个模型预测过人口,结果是令人满意的.

从 Kepler 行星运动定律到万有引力定律

最后,我们用 Kepler 的行星运动三大定律、Newton 第二运动定律再加上微积分来导出万有引力定律,以作为本节的结束.

对任意一个确定的行星,由 Kepler 第一定律,以太阳(即椭圆的一个焦点)为极点,椭圆的长轴为

极轴建立极坐标,则行星的轨道方程为

$$r = \frac{p}{1 - e\cos\theta},$$

这里 $p = \dfrac{b^2}{a}$ 是焦参数,$e = \sqrt{1 - \dfrac{b^2}{a^2}}$ 是离心率,a 和 b 分别是椭圆的半长轴和半短轴.

如图 7.5.7,设在时刻 t 行星与太阳的距离为 $r = r(t)$,它们的连线与极轴的夹角为 $\theta = \theta(t)$,则行星的坐标可以用向量记号表示成 $\boldsymbol{r} = (r\cos\theta, r\sin\theta)$.

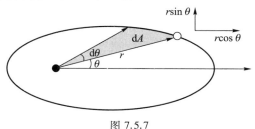

图 7.5.7

记 $\mathrm{d}A$ 是极径转过角度 $\mathrm{d}\theta$ 所扫过的那块椭圆的面积(阴影部分),由极坐标下的面积公式,

$$\mathrm{d}A = \frac{1}{2} r^2 \mathrm{d}\theta,$$

由 Kepler 第二定律,单位时间中扫过的面积

$$\frac{\mathrm{d}A}{\mathrm{d}t} = \frac{1}{2} r^2 \omega = 常数,$$

这里 $\omega = \dfrac{\mathrm{d}\theta}{\mathrm{d}t}$ 表示行星运动的角速度.

记行星绕太阳运行一周的时间为 T,则经过 T 时间极径所扫过的面积恰为整个椭圆的面积 πab,即

$$\pi ab = \int_0^T \frac{\mathrm{d}A}{\mathrm{d}t} \mathrm{d}t = \frac{1}{2} r^2 \omega T,$$

因此常数

$$r^2 \omega = \frac{2\pi ab}{T},$$

两边对 t 求导后得到

$$(r^2 \omega)' = 2r\dot{r}\omega + r^2\dot{\omega} = 0,$$

即

$$2\dot{r}\omega + r\dot{\omega} = 0.$$

这里,记行星沿极径方向的速度和加速度分别为 $\dfrac{\mathrm{d}r}{\mathrm{d}t} = \dot{r}$ 和 $\dfrac{\mathrm{d}^2 r}{\mathrm{d}t^2} = \ddot{r}$(称为**径向速度**和**径向加速度**),角加速度为 $\dfrac{\mathrm{d}\omega}{\mathrm{d}t} = \dot{\omega}$(用字母上面加点表示对 t 的导数是 Newton 的记号),则行星在 x 方向和 y 方向上的加速度分量分别为

$$\frac{\mathrm{d}^2(r\cos\theta)}{\mathrm{d}t^2} = \ddot{r}\cos\theta - 2\dot{r}\omega\sin\theta - r[\dot{\omega}\sin\theta + \omega^2\cos\theta]$$

$$= (\ddot{r} - r\omega^2)\cos\theta - (2\dot{r}\omega + r\dot{\omega})\sin\theta$$

$$= (\ddot{r} - r\omega^2)\cos\theta,$$

$$\frac{d^2(r\sin\theta)}{dt^2} = \ddot{r}\sin\theta + 2\dot{r}\omega\cos\theta + r[\dot{\omega}\cos\theta - \omega^2\sin\theta]$$

$$= (2\dot{r}\omega + r\dot{\omega})\cos\theta + (\ddot{r} - r\omega^2)\sin\theta$$

$$= (\ddot{r} - r\omega^2)\sin\theta.$$

记 $\boldsymbol{r}_0 = \dfrac{\boldsymbol{r}}{r} = (\cos\theta, \sin\theta)$ 是 $\boldsymbol{r}$ 方向上的单位向量,于是,得到加速度向量

$$\boldsymbol{a} = (\ddot{r} - r\omega^2)\boldsymbol{r}_0,$$

即行星在任一点的加速度的方向恰与它的极径同向,加速度的值为 $\ddot{r} - r\omega^2$.

为了求出 $\ddot{r} - r\omega^2$,将椭圆方程

$$p = r(1 - e\cos\theta)$$

两边求二阶导数,注意到 p 是焦参数即常数,

$$0 = \ddot{p} = \ddot{r}(1 - e\cos\theta) + 2\dot{r}(e\omega\sin\theta) + re(\dot{\omega}\sin\theta + \omega^2\cos\theta)$$

$$= \ddot{r} - (\ddot{r} - r\omega^2)e\cos\theta + (2\dot{r}\omega + r\dot{\omega})e\sin\theta$$

$$= \ddot{r} - (\ddot{r} - r\omega^2)e\cos\theta$$

$$= (\ddot{r} - r\omega^2)(1 - e\cos\theta) + r\omega^2$$

$$= \frac{\ddot{r} - r\omega^2}{r} \cdot p + r\omega^2,$$

所以

$$\ddot{r} - r\omega^2 = -\frac{(r^2\omega)^2}{r^2} \cdot \frac{1}{p} = -\frac{4\pi^2 a^2 b^2}{T^2}\frac{a}{b^2} \cdot \frac{1}{r^2} = -4\pi^2 \cdot \frac{a^3}{T^2} \cdot \frac{1}{r^2}.$$

最后,由 Newton 第二运动定律和 Kepler 第三定律即 $\dfrac{a^3}{T^2}$ = 常数,便有

$$\boldsymbol{F} = m\boldsymbol{a} = m(\ddot{r} - r\omega^2)\boldsymbol{r}_0 = -\left(\frac{4\pi^2}{M} \cdot \frac{a^3}{T^2}\right) \cdot \frac{Mm}{r^2}\boldsymbol{r}_0 = -G\frac{Mm}{r^2}\boldsymbol{r}_0,$$

这里 M 是太阳的质量,

$$G = \frac{4\pi^2}{M}\frac{a^3}{T^2} \approx 6.67 \times 10^{-11} (\text{N} \cdot \text{m}^2/\text{kg}^2)$$

称为**引力常量**.

导出万有引力定律是人类历史上最成功的数学模型之一,它的结论为以后一系列的观测和实验数据所证实(其中最为人津津乐道的是发现海王星),它的适用范围从天体运动一直延展到微观世界,令人信服地定量地解释了许多既有的物理现象,并成为探索未知世界的有力工具.

习 题

1. 一根 10 m 长的轴,密度分布为 $\rho(x) = (0.3x + 6)\ \text{kg/m}(0 \le x \le 10)$,求轴的质量.

2. 已知抛物线状电缆 $y = x^2(-1 \le x \le 1)$ 上的任一点处的电荷线密度与该点到 y 轴的距离成正比,在 $(1,1)$ 处的密度为 q,求此电缆上的总电量.

3. 水库的闸门是一个等腰梯形,上底 36 m,下底 24 m,高 16 m,水平面距上底 4 m,求闸门所受到的水压力.(水的密度为 1 000 kg/m^3.)

4. 一个弹簧满足圆柱螺线方程

$$\begin{cases} x = a\cos t, \\ y = a\sin t, \quad t>0\,(a>0,b>0), \\ z = bt, \end{cases}$$

其上任一点处的密度与它到 Oxy 平面的距离成正比,试求其第一圈的质量.

5. 一个圆柱形水池半径 10 m,高 30 m,内有一半的水,求将水全部抽干所要做的功.

6. 半径为 r 的球恰好没于水中,球的密度为 ρ,现在要将球吊出水面,最少要做多少功?

7. 半径为 r 密度为 ρ 的球壳以角速度 ω 绕其直径旋转,求它的动能.

8. 使某个自由长度为 1 m 的弹簧伸长 2.5 cm 需费力 15 N,现将它从 1.1 m 拉至 1.2 m,问要做多少功?

9. 一物体的运动规律为 $s = 3t^3 - t$,介质的阻力与速度的平方成正比,求物体从 $t=1$ 运动至 $t=T$ 时阻力所做的功.

10. 半径为 1 m,高为 2 m 的直立的圆柱形容器中充满水,拔去底部的一个半径为 1 cm 的塞子后水开始流出,试导出水面高度 h 随时间变化的规律,并求水完全流空所需的时间.(水面比出水口高 h 时,出水速度 $v = 0.6 \times \sqrt{2gh}$.)

11. 上题中的圆柱形容器改为何种旋转体容器,才能使水流出时水面高度下降是匀速的.

12. 镭的衰变速度与它的现存量成正比,设 t_0 时有镭 Q_0 g,经 1 600 年它的量减少了一半,求镭的衰变规律.

13. 将 A 物质转化为 B 物质的化学反应速度与 B 物质的浓度成反比,设反应开始时有 B 物质 20%,半小时后有 B 物质 25%,求 B 物质的浓度的变化规律.

14. 设 $[t, t+\mathrm{d}t]$ 中的人口增长量与 $p_{max} - p(t)$ 成正比,试导出相应的人口模型,画出人口变化情况的草图并与 Malthus 和 Verhulst 人口模型加以比较.

15. 核反应堆中,t 时刻中子的增加速度与当时的数量 $N(t)$ 成正比.设 $N(0) = N_0$,证明

$$\left[\frac{N(t_2)}{N_0}\right]^{t_1} = \left[\frac{N(t_1)}{N_0}\right]^{t_2}.$$

16. 一个 1 000 m³ 的大厅中的空气内含有 a% 的废气,现以 1 m³/min 注入新鲜空气,混合后的空气又以同样的速率排出,求 t 时刻空气内含有的废气浓度,并求使废气浓度减少一半所需的时间.

§6 定积分的数值计算

数值积分

尽管 Newton-Leibniz 公式给出了求定积分的一条捷径,但对于解决实际问题来说,光有它是远远不够的.前面我们已经指出,在整个可积函数类中,能够用初等函数表示不定积分的只占很小一部分,也就是说,对绝大部分在理论上可积的函数,并不能用 Newton-Leibniz 公式求得其定积分之值.

进一步,前面引进插值多项式时已指出,实际问题中,许多函数只是通过测量、试验等方法给出了在若干个离散点上的函数值,如果问题的最后解决有赖于求出这个函数在某个区间上的积分值(这种例子比比皆是),那么 Newton-Leibniz 公式是难有用武之地的.

所以需要寻找求定积分的各种近似方法,**数值积分**是其中最重要的一种.

从数值计算的观点来看,若能在$[a,b]$上找到一个具有足够精度的替代$f(x)$的可积函数$p(x)$,而$p(x)$的原函数可以用初等函数$P(x)$表示,比如,$p(x)$为$f(x)$的某个插值多项式,那么便可用$p(x)$的积分值近似地代替$f(x)$的积分值,即

$$\int_a^b f(x)\,\mathrm{d}x \approx \int_a^b p(x)\,\mathrm{d}x = P(x)\,\Big|_a^b.$$

此外,从定积分的几何意义知道,将积分区间分得越细,小块近似面积之和与总面积就越是接近.因此,用简单函数替代被积函数,并将积分区间细化是数值积分的主要思想.

Newton-Cotes 求积公式

这是一个取等距节点的数值积分公式.

将积分区间$[a,b]$以步长$h=\dfrac{b-a}{n}$分成n等份,以分点

$$x_i = a + ih \quad (i=0,1,2,\cdots,n-1,n)$$

为节点作$f(x)$的 Lagrange 插值多项式

$$f(x) \approx p_n(x) = \sum_{i=0}^n \left[\prod_{\substack{j=0 \\ j \neq i}}^n \frac{x-x_j}{x_i-x_j} \right] f(x_i),$$

对等式两边在$[a,b]$上积分,便有

$$\int_a^b f(x)\,\mathrm{d}x \approx \int_a^b p_n(x)\,\mathrm{d}x = (b-a) \sum_{i=0}^n C_i^{(n)} f(x_i).$$

这里,

$$
\begin{aligned}
C_i^{(n)} &= \frac{1}{b-a} \int_a^b \prod_{\substack{j=0 \\ j \neq i}}^n \frac{x-x_j}{x_i-x_j}\mathrm{d}x \qquad (\diamondsuit\ x=a+th) \\
&= \frac{h}{b-a} \int_0^n \prod_{\substack{j=0 \\ j \neq i}}^n \frac{t-j}{i-j}\mathrm{d}t \\
&= \frac{1}{n} \frac{(-1)^{n-i}}{i!(n-i)!} \int_0^n \prod_{\substack{j=0 \\ j \neq i}}^n (t-j)\,\mathrm{d}t.
\end{aligned}
$$

这就是n**步 Newton-Cotes 求积公式**,计算时需取$n+1$个节点,相应的$C_i^{(n)}$称为 **Cotes 系数**,它与积分区间和被积函数无关,可通过求多项式的积分事先算好.

容易看出,Cotes 系数具有如下性质:

(i) 对称性.可从$C_i^{(n)}$的表达式直接算出

$$C_i^{(n)} = C_{n-i}^{(n)}, \qquad i=0,1,2,\cdots,n-1,n.$$

(ii) 规范性.由于 Newton-Cotes 公式对$f(x) \equiv 1$是精确成立的,因此

$$\int_a^b 1 \cdot \mathrm{d}x = (b-a) \sum_{i=0}^n C_i^{(n)}$$

即

$$\sum_{i=0}^n C_i^{(n)} = 1.$$

Newton-Cotes 公式将求定积分问题近似地转化为一个求和问题,下面是几个常用

的情况.

（1）梯形公式

当 $n=1$ 时，由 Cotes 系数的性质，即知

$$C_0^{(1)} = C_1^{(1)} = \frac{1}{2},$$

因此

$$\int_a^b f(x)\,\mathrm{d}x \approx \frac{b-a}{2}[f(a)+f(b)].$$

它的几何意义是用以 $(a,0),(a,f(a)),(b,f(b))$ 和 $(b,0)$ 为顶点的直角梯形的面积近似代替由 $y=f(x),x=a,x=b$ 和 x 轴所围成的曲边梯形的面积（如图 7.6.1），所以称为梯形公式.

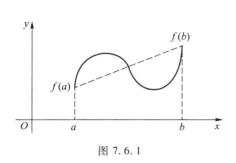

图 7.6.1

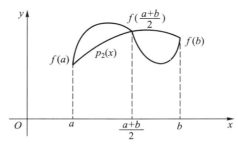

图 7.6.2

（2）Simpson 公式

当 $n=2$ 时，

$$C_0^{(2)} = \frac{1}{4}\int_0^2 (t-1)(t-2)\,\mathrm{d}t = \frac{1}{6} = C_2^{(2)}, \quad C_1^{(2)} = 1 - C_0^{(2)} - C_2^{(2)} = \frac{4}{6},$$

因此得到 **Simpson** 公式

$$\int_a^b f(x)\,\mathrm{d}x \approx \frac{b-a}{6}\left[f(a)+4f\left(\frac{a+b}{2}\right)+f(b)\right].$$

它的几何意义是用过点 $(a,f(a)),\left(\dfrac{a+b}{2},f\left(\dfrac{a+b}{2}\right)\right)$ 和 $(b,f(b))$ 的抛物线 $y=p_2(x)$ 与 $x=a,x=b$ 和 x 轴所围成的曲边梯形的面积，近似代替由 $y=f(x),x=a,x=b$ 和 x 轴所围成的曲边梯形的面积（如图 7.6.2），所以 Simpson 公式也称为抛物线公式.

（3）Cotes 公式

当 $n=4$ 时，

$$C_0^{(4)} = \frac{1}{96}\int_0^4 (t-1)(t-2)(t-3)(t-4)\,\mathrm{d}t = \frac{7}{90} = C_4^{(4)},$$

$$C_1^{(4)} = -\frac{1}{24}\int_0^4 t(t-2)(t-3)(t-4)\,\mathrm{d}t = \frac{32}{90} = C_3^{(4)},$$

$$C_2^{(4)} = 1 - 2(C_0^{(4)} - C_1^{(4)}) = \frac{12}{90},$$

于是得到 **Cotes** 公式

$$\int_a^b f(x)\,\mathrm{d}x \approx \frac{b-a}{90}\left\{ 7\left[f(x_0)+f(x_4)\right]+32\left[f(x_1)+f(x_3)\right]+12f(x_2)\right\},$$

这里

$$x_i = \frac{(4-i)a+ib}{4}, \quad i=0,1,2,3,4.$$

例 7.6.1 分别用以上三个公式求 $\int_{-1}^1 \mathrm{e}^x \mathrm{d}x$ 的近似值.

解 梯形公式: $\qquad\qquad I_1 = \mathrm{e}^1 + \mathrm{e}^{-1} = 3.086\ 161\ 27\cdots;$

Simpson 公式: $I_2 = \dfrac{1}{3}(\mathrm{e}^1 + 4\mathrm{e}^0 + \mathrm{e}^{-1}) = 2.362\ 053\ 757\cdots;$

Cotes 公式: $I_4 = \dfrac{1}{45}\left[7(\mathrm{e}^1+\mathrm{e}^{-1})+32(\mathrm{e}^{\frac{1}{2}}+\mathrm{e}^{-\frac{1}{2}})+12\mathrm{e}^0\right] = 2.350\ 470\ 904\cdots,$

而积分的精确值为

$$I = \int_{-1}^1 \mathrm{e}^x \mathrm{d}x = \mathrm{e} - \frac{1}{\mathrm{e}} = 2.350\ 402\ 387\cdots.$$

所以, Cotes 公式的精度最高, 但它要计算 5 个函数值, 而梯形公式只要计算两个就够了.

定理 7.6.1(Newton-Cotes 公式误差估计定理) 设 $f^{(n+1)}(x)$ 在 $[a,b]$ 连续, 则用 Newton-Cotes 公式计算 $\int_a^b f(x)\,\mathrm{d}x$ 的误差 $R_n(f)$ 满足估计式

$$|R_n(f)| \leqslant \frac{M_f h^{n+2}}{(n+1)!}\int_0^n \left|\prod_{j=0}^n (t-j)\right|\mathrm{d}t,$$

这里

$$M_f = \max_{x\in[a,b]}|f^{(n+1)}(x)|.$$

证 $R_n(f) = \displaystyle\int_a^b f(x)\,\mathrm{d}x - (b-a)\sum_{i=0}^n C_i^{(n)} f(x_i) = \int_a^b f(x)\,\mathrm{d}x - \int_a^b p_n(x)\,\mathrm{d}x = \int_a^b \left[f(x)-p_n(x)\right]\mathrm{d}x.$

由 Lagrange 插值多项式余项定理,

$$R_n(f) = \int_a^b \frac{f^{(n+1)}(\xi)}{(n+1)!}\prod_{i=0}^n (x-x_i)\,\mathrm{d}x, \qquad \xi\in(x_{\min},x_{\max})$$

于是

$$|R_n(f)| \leqslant \int_a^b \left|\frac{f^{(n+1)}(\xi)}{(n+1)!}\prod_{i=0}^n (x-x_i)\right|\mathrm{d}x$$

$$\leqslant \frac{M_f}{(n+1)!}\int_a^b \left|\prod_{i=0}^n (x-x_i)\right|\mathrm{d}x \qquad (\diamondsuit\ x=a+th)$$

$$\leqslant \frac{M_f h^{n+2}}{(n+1)!}\int_0^n \left|\prod_{j=0}^n (t-j)\right|\mathrm{d}t.$$

证毕

定义 7.6.1 若一个数值求积公式在被积函数是任意不高于 n 次的多项式时都精确成立, 而存在着一个 $n+1$ 次多项式使公式不能精确成立, 则称该求积公式具有 **n 次代数精度**.

从某种意义上说, 代数精度的次数越高越好.

由上述定义和定理 7.6.1 即可得到以下推论:

推论 1 n 步 Newton-Cotes 求积公式的代数精度至少为 n.

但若 n 为偶数时, 推论 1 的结果还可以改进.

推论 2 $n=2k$ 步的 Newton-Cotes 求积公式的代数精度至少为 $2k+1$.

证 我们只要证明 $n=2k$ 步的 Newton-Cotes 求积公式对 $f(x)=x^{2k+1}$ 精确成立就可以了.

此时，$f^{(2k+1)}(x)\equiv(2k+1)!$，由定理 7.6.1 证明的中间过程得到

$$\frac{R_{2k}(f)}{h^{2k+2}} = \int_0^{2k} \prod_{j=0}^{2k} (t-j)\,\mathrm{d}t \qquad (\text{令 } u=t-k)$$

$$= \int_{-k}^{k} \prod_{j=-k}^{k} (u+j)\,\mathrm{d}u \qquad (\text{令 } v=-u)$$

$$= (-1)^{2k+1} \int_{-k}^{k} \prod_{j=-k}^{k} (v-j)\,\mathrm{d}v$$

$$= -\int_{-k}^{k} \prod_{j=-k}^{k} (v+j)\,\mathrm{d}v = -\frac{R_{2k}(f)}{h^{2k+2}},$$

所以

$$R_{2k}(f) = 0.$$

证毕

实际上可以验证，当 n 分别为奇数和偶数时，n 步 Newton-Cotes 求积公式的代数精度恰为 n 和 $n+1$.

特别地，当 $n=2$ 时，Simpson 公式具有三次代数精度，这就是一般不采用 3 步 Newton-Cotes 公式的缘故.

复化求积公式

要提高数值积分的精度，不能采用一味提高 Newton-Cotes 公式的步数的办法. 理论上已经证明，n 较大时，Newton-Cotes 公式的计算过程中将产生不稳定，因此实际使用时，几乎不会有人将 n 取得大于 4.

既然此路不通，那就得另谋出路. 一个顺理成章的思路是，先将积分区间分成若干等份，再在每一个小区间上使用低步数的 Newton-Cotes 公式，最后将各小区间上的积分近似值加起来.

（1）复化梯形公式

将 $[a,b]$ 以步长 $h=\dfrac{b-a}{m}$ 作 m 等分 $x_i=a+ih(i=0,1,2,\cdots,m-1,m)$，在每一个小区间 $[x_{i-1},x_i]$ 使用梯形公式

$$\int_a^b f(x)\,\mathrm{d}x = \sum_{i=1}^{m} \int_{x_{i-1}}^{x_i} f(x)\,\mathrm{d}x \approx \frac{h}{2} \sum_{i=1}^{m} \left[f(x_{i-1})+f(x_i) \right].$$

记

$$T_m^{(1)} = \frac{h}{2}\left[f(a)+f(b)+2\sum_{i=1}^{m-1} f(x_i) \right],$$

则 $T_m^{(1)}$ 称为将区间 m 等分的**复化梯形公式**.

可以证明，复化梯形公式与 $\displaystyle\int_a^b f(x)\,\mathrm{d}x$ 的误差为 $O((b-a)h^2)$，与对整个区间直接使用梯形公式时的误差 $O((b-a)^3)$（定理 7.6.1）相比，精度大大提高了.

（2）复化 Simpson 公式和复化 Cotes 公式

记 $x_{i-\frac{1}{2}}$ 为区间 $[x_{i-1},x_i]$ 的中点，可以完全类似地得到**复化 Simpson 公式**，

$$T_m^{(2)} \equiv S_m = \frac{h}{6} \sum_{i=1}^{m} \left[f(x_{i-1}) + 4f(x_{i-\frac{1}{2}}) + f(x_i) \right]$$

$$= \frac{h}{6} \left[f(a) + f(b) + 2\sum_{i=1}^{m-1} f(x_i) + 4\sum_{i=1}^{m} f(x_{i-\frac{1}{2}}) \right].$$

实际计算时并不是直接按这个公式去求 $T_m^{(2)}$ 的.容易证明,复化 Simpson 公式与复化梯形公式之间存在着如下关系:

$$T_m^{(2)} = \frac{4T_{2m}^{(1)} - T_m^{(1)}}{4 - 1},$$

将它与第五章 §4 的外推公式相比较,就知道复化 Simpson 公式实质上是对复化梯形公式做了一次外推的结果.但复化 Simpson 公式的误差为 $O((b-a)h^5)$,远远好于 $T_m^{(1)}$ 和 $T_{2m}^{(1)}$,这一现象符合我们在前面所说的,两个低精度的近似值进行适当外推后,可产生一个精度高得多的近似值.

读者可以仿照以上过程自行导出复化 Cotes 公式 $T_m^{(3)}$,并验证其满足

$$T_m^{(3)} = \frac{4^2 T_{2m}^{(2)} - T_m^{(2)}}{4^2 - 1}.$$

（3）Romberg 方法

将上面的外推的思想推广到一般的 $T_m^{(k)}$,记

$$T_m^{(k+1)} = \frac{4^k T_{2m}^{(k)} - T_m^{(k)}}{4^k - 1},$$

就成了数值积分的 **Romberg 方法**,它的具体过程如下图所示.先取适当的初始值 m,再按①、②、③……次序逐个计算,向下的箭头表示区间再细化一半,向右的箭头表示外推.

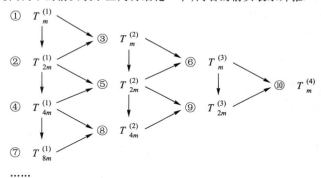

Romberg 方法是在计算机上实际使用的求数值积分的最重要的方法之一.具体执行时一般从 $m=1, k=1$ 开始,逐个计算 $T_m^{(k)}$.若对某个 k 有 $|T_m^{(k)} - T_m^{(k-1)}|$ 小于预先设定的精度要求时,就将 $T_m^{(k)}$ 作为积分的近似值,计算结束;否则将小区间长度缩小二分之一,重新由复化梯形公式开始,一直到算出 $T_m^{(k+1)}$,再作上述的比较.这种根据预置的精度要求,由计算机在计算过程中自动将区间划分到最合适程度的算法称为**自适应算法**.

例 7.6.2　用 Romberg 方法计算 $\int_{-1}^{1} e^x dx$ 的近似值.

解　计算结果见下表:

m	$T_m^{(1)}$	$T_m^{(1)}$	$T_m^{(1)}$	$T_m^{(1)}$
1	① 3.086 161 270			
		③ 2.362 053 757		
2	② 2.543 080 635		⑥ 2.350 470 904	⑩ 2.350 402 494
		⑤ 2.351 194 823		
4	④ 2.399 166 283		⑨ 2.350 403 568	
		⑧ 2.350 453 017		
8	⑦ 2.362 631 334			

请读者自行与积分的精确值以及例 7.6.1 比较.

Gauss 型求积公式

Newton-Cotes 公式是采用 $f(x)$ 在 $[a,b]$ 中等距的 $n+1$ 个点处的函数值求积分的近似公式. 很自然地, 我们要问, 能否通过适当地选取求积公式中的节点

$$a = x_0 < x_1 < x_2 < \cdots < x_n = b$$

和系数 $a_i^{(n)}$, 来达到尽可能高的计算精度呢?

回答是肯定的——这就是下面的 Gauss 型求积公式的概念.

定义 7.6.2 设使用 $[a,b]$ 上 $n+1$ 个节点 $\{x_i\}_{i=0}^{n}$ 的近似求积公式

$$\int_a^b f(x)\,\mathrm{d}x \approx \sum_{i=0}^{n} a_i^{(n)} f(x_i)$$

对于 $2n+1$ 次的任意多项式 $p_{2n+1}(x)$, 都有

$$\int_a^b p_{2n+1}(x)\,\mathrm{d}x = \sum_{i=0}^{n} a_i^{(n)} p_{2n+1}(x_i),$$

则称该求和公式为 $[a,b]$ 上的 **Gauss 型求积公式**.

显然, 对任意给定的 $n+1$ 个节点 $\{x_i\}_{i=0}^{n}$, 特殊地构造 $2n+2$ 次多项式

$$f(x) = \prod_{i=0}^{n} (x-x_i)^2$$

代入上式, 即有左式恒大于零而右式恒等于零. 这个例子告诉我们, 不存在使用 $n+1$ 个节点, 而对于任意 $2n+2$ 次多项式都精确成立的近似求积分公式. 从这个意义上讲, Gauss 型求积公式是精度最高的数值求积公式.

Gauss 型求积公式有很多种类型, 下面介绍最常用的一类.

先设 $[a,b]$ 为 $[-1,1]$ 的情况, 考虑第五章和第七章中出现过的 n 次 Legendre 多项式

$$p_n(x) = \frac{1}{2^n n!} \frac{\mathrm{d}^n}{\mathrm{d}x^n}(x^2-1)^n \quad (n=0,1,2,\cdots),$$

已经知道, 它在 $(-1,1)$ 上恰有 n 个不同的根, 并且 $\{p_n(x)\}$ 是 $[-1,1]$ 上的正交多项式.

利用这两个性质可以证明:

若用 $n+1$ 次 Legendre 多项式 $p_{n+1}(x)$ 的根 $\{x_i^*\}_{i=0}^{n}$ 作为插值节点, 作 $f(x)$ 的 Lagrange 插值多项式并在 $[-1,1]$ 上积分, 由此得到的数值积分公式 $\sum_{i=0}^{n} a_i^{(n)} f(x_i^*)$ 是 $[-1,1]$ 上的 Gauss 型求积公式, 一般

称为 **Gauss-Legendre 求积公式**.

严格证明这个结论已超出了本书的范围,此处从略,有兴趣的读者可参阅数值逼近方面的教材.

具体计算时,可以先对 $p_{n+1}(x)$ 利用函数求根的方法求出 $\{x_i^*\}_{i=0}^n$,再按关系式

$$a_i^{(n)} = \int_{-1}^1 \prod_{\substack{j=0 \\ j \neq i}}^n \frac{x-x_j^*}{x_i^*-x_j^*}\mathrm{d}x = \int_{-1}^1 \frac{p_{n+1}(x)}{(x-x_i^*)[p_{n+1}(x_i^*)]'}\mathrm{d}x \quad (i=0,1,2,\cdots,n-1,n),$$

算出其系数.

下表给出了节点个数 $n+1 \leqslant 5$ 时的 Gauss-Legendre 求积公式的节点 $\{x_i^*\}_{i=0}^n$ 和系数 $a_i^{(n)}$ 的值.

n	x_i^*	$a_i^{(n)}$
1	$\pm\sqrt{\dfrac{1}{3}} \approx \pm 0.577\,350\,269\,2$	1
2	$\pm\sqrt{\dfrac{3}{5}} \approx \pm 0.774\,596\,669\,2$ 0	$\dfrac{5}{9} \approx 0.555\,555\,555\,6$ $\dfrac{8}{9} \approx 0.888\,888\,888\,9$
3	$\pm\dfrac{\sqrt{3-4\sqrt{0.3}}}{\sqrt{7}} \approx \pm 0.339\,981\,043\,6$ $\pm\dfrac{\sqrt{3+4\sqrt{0.3}}}{\sqrt{7}} \approx \pm 0.861\,136\,311\,6$	$\dfrac{1}{2}+\dfrac{1}{12}\sqrt{\dfrac{10}{3}} \approx 0.652\,145\,154\,9$ $\dfrac{1}{2}-\dfrac{1}{12}\sqrt{\dfrac{10}{3}} \approx 0.347\,854\,845\,1$
4	$\pm\dfrac{1}{3}\sqrt{5-2\sqrt{\dfrac{10}{7}}} \approx \pm 0.538\,469\,310\,1$ $\pm\dfrac{1}{3}\sqrt{5+2\sqrt{\dfrac{10}{7}}} \approx \pm 0.906\,179\,845\,9$ 0	$\dfrac{3(-0.7+5\sqrt{0.7})}{10(-2+5\sqrt{0.7})} \approx 0.478\,628\,670\,5$ $\dfrac{3(0.7+5\sqrt{0.7})}{10(2+5\sqrt{0.7})} \approx 0.236\,926\,885\,1$ $\dfrac{128}{225} \approx 0.568\,888\,888\,9$

Legendre 多项式的根全部落在 $(-1,1)$ 上(从表中可以看到,点集 $\{x_i^*\}_{i=0}^n$ 中不包含 $x=\pm 1$ 两点),也就是说,用 Gauss-Legendre 公式计算积分的近似值时,是不用到 $f(x)$ 在积分区间的端点处的函数值的.事实上,这是所有的 Gauss 型公式的特点,学了反常积分以后会知道,对于实际计算来说,这个特性具有极为重要的意义.

例 7.6.3　用 Gauss-Legendre 公式计算 $\displaystyle\int_{-1}^1 \mathrm{e}^x\mathrm{d}x$ 的近似值.

解　$n=1$:$I_1 = \mathrm{e}^{0.577\,350\,269\,2} + \mathrm{e}^{-0.577\,350\,269\,2} = 2.342\,696\,088\cdots$;

$n=2$:$I_2 = \dfrac{1}{9}\left[5(\mathrm{e}^{0.774\,596\,669\,2}+\mathrm{e}^{-0.774\,596\,669\,2})+8\mathrm{e}^0\right] = 2.350\,336\,928\cdots$;

$n=4$:$I_4 = 0.236\,926\,885\,1(\mathrm{e}^{0.906\,179\,845\,9}+\mathrm{e}^{-0.906\,179\,845\,9})$

$\qquad\qquad +0.478\,628\,670\,5(\mathrm{e}^{0.538\,469\,310\,1}+\mathrm{e}^{-0.538\,469\,310\,1})+0.568\,888\,889\,\mathrm{e}^0$

$\qquad = 2.350\,402\,386\,58\cdots$.

它们所花的代价与例 7.6.1 用的梯形公式、Simpson 公式和 Cotes 公式完全相同,但精度却不可同日而语.如 $n=4$ 时,在同样只计算 5 个函数值情况下,绝对误差由 $O(10^{-4})$ 减小到 $O(10^{-9})$!

当积分区间为 $[a,b]$ 时,可以先作一个变换

$$t = \frac{b-a}{2}x + \frac{b+a}{2},$$

于是

$$\int_a^b f(t)\,\mathrm{d}t = \frac{b-a}{2}\int_{-1}^1 f\left(\frac{b-a}{2}x+\frac{b+a}{2}\right)\mathrm{d}x,$$

就可以用 Gauss-Legendre 公式求解了.因此在 $[-1,1]$ 上建立的 Gauss-Legendre 公式可以推广到一般的积分区间上去.

除了 Gauss-Legendre 求积公式之外,还可以构造其他类型 Gauss 型求积公式,它们的基础都是定义在某个区间上的某一类特定的正交多项式,这里就不一一介绍了.

计算实习题

(在教师的指导下,编制程序在计算机上实际计算)

1. 利用 $\pi = 4\int_0^1 \dfrac{\mathrm{d}x}{1+x^2}$,

   (1) 用普通的梯形公式、Simpson 公式和 Cotes 公式,计算圆周率 π 的近似值并与精确值加以比较;

   (2) 将区间 $[0,1]$ 分成 4、8 等份,用复化梯形公式和复化 Simpson 公式计算 π 的近似值,并与精确值加以比较;

   (3) 用 Romberg 方法计算 π 的近似值,使它的精度达到 $O(10^{-8})$;

   (4) 分别用 $n=1,2,4$ 的 Gauss-Legendre 公式计算 π 的近似值,并与前面的计算结果加以比较.

2. 设河面宽 20 m,从河的一岸向另一岸每隔 2 m 测得的水深(单位:m)如下:

x	0	2	4	6	8	10	12	14	16	18	20
y	0	0.6	1.4	2.0	2.3	2.1	2.5	1.9	1.2	0.7	0

求河流的横断面积(如图 7.6.3).

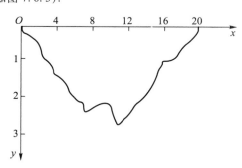

图 7.6.3

3. 分别用复化梯形公式和复化 Simpson 公式计算下列积分:

   (1) $\displaystyle\int_0^1 \mathrm{e}^{x^2}\,\mathrm{d}x, m=16$;

   (2) $\displaystyle\int_0^\pi \frac{1-\cos x}{x}\,\mathrm{d}x, m=8$(可看成连续函数 $f(x)=\begin{cases}\dfrac{1-\cos x}{x}, & x\neq 0 \\[2mm] 0, & x=0\end{cases}$ 的积分);

（3）$\displaystyle\int_0^1 \sqrt{1-x^3}\,\mathrm{d}x, m=8$；

（4）$\displaystyle\int_0^2 \frac{\mathrm{e}^{-x}}{1+x^2}\mathrm{d}x, m=8.$

4. 用 Romberg 方法计算 $\displaystyle\int_1^2 \frac{\mathrm{d}x}{x}$，精确到小数点后第 8 位.

5. 用一般的积分区间上的 Gauss-Legendre 公式（取 $n=4$）计算积分 $I(N)=\displaystyle\int_0^N \mathrm{e}^{-x^2}\mathrm{d}x$：

（1）$N=1$；　（2）$N=3$；　（3）$N=10$.

并与

$$\lim_{N\to\infty}\int_0^N \mathrm{e}^{-x^2}\mathrm{d}x=\frac{\sqrt{\pi}}{2}$$

的结果相比较.

6. 按第 3 题（2）同样的观点，计算 $f(x)=\displaystyle\int_0^x \frac{\sin t}{t}\mathrm{d}t$　$\left(x=\dfrac{k\pi}{3}, k=1,2,\cdots,6\right)$，并作出 $f(x)$ 的大致图形.

 补充习题

第八章

反常积分

§1 反常积分的概念和计算

反常积分

前面讨论 Riemann 积分时,首先假定了积分区间 $[a,b]$ 有限且被积函数 $f(x)$ 在 $[a,b]$ 上有界,但在实际中经常会碰到不满足这两个条件,却确实需要求积分的情况. 所以,我们有必要突破 Riemann 积分的限制条件,考虑积分区间无限或被积函数无界的积分问题,这样的积分称为**反常积分**(或**广义积分**),而以前学过的 Riemann 积分相应地称为**正常积分**(或**常义积分**).

先来看下面的一个实际例子.

例 8.1.1　由万有引力定律导出物体脱离地球引力范围的最低初速度即第二宇宙速度.

解　设从地面垂直向上发射的质量为 m 的物体飞出地球引力范围所需的最低初速度为 v_0. 若它从地球表面飞到无穷远处克服地球引力所做的功为 W,则由功能原理, v_0 须满足

$$\frac{1}{2}mv_0^2 \geqslant W.$$

因此,要求出第二宇宙速度,必须先求出物体从地球表面飞到无穷远处克服地球引力所做的功.

以地球质心为原点建立一维坐标,记地球半径为 R,设物体在 r 处所受到的地球引力为 $F(r)\,(r \geqslant R)$,则由功的定义和微元法,有

$$dW = -F(r)\,dr.$$

比照 §7.5 中微积分应用实例不难知道,求 W 就是求函数 $-F(r)$ 在无穷区间 $[a,+\infty)$ 上的积分值. 沿用前面的记号,我们可以将它形式地写成

$$W = -\int_R^{+\infty} F(r)\,dr.$$

为了求出这个积分,我们先考虑物体从地面 $(r=R)$ 飞到 $r=x\,(x>R)$ 处克服地球引力所做的功 $W(x)$(如图 8.1.1):

$$W(x) = -\int_R^x F(r)\,\mathrm{d}r.$$

记 M 为地球的质量,由万有引力定律,有

$$F(r) = -G\frac{Mm}{r^2} \quad (G \text{ 为引力常量}),$$

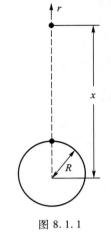

图 8.1.1

而在地球表面,地球的引力即为重力,记 g 是重力加速度,有

$$F(R) = -G\frac{Mm}{R^2} = -mg,$$

解得 $G = \dfrac{R^2 g}{M}$,从而

$$W(x) = R^2 mg \int_R^x \frac{1}{r^2}\mathrm{d}r = R^2 mg\left(-\frac{1}{r}\right)\bigg|_R^x = Rmg\left(1 - \frac{R}{x}\right).$$

显然,$W = \lim\limits_{x \to +\infty} W(x)$,因此

$$W = -\int_R^{+\infty} F(r)\,\mathrm{d}r = \lim_{x \to +\infty}\left(-\int_R^x F(r)\,\mathrm{d}r\right) = \lim_{x \to +\infty} Rmg\left(1 - \frac{R}{x}\right) = Rmg.$$

将 $W = Rmg$ 以及 $g = 9.8 \text{ m/s}^2$,地球半径 $R \approx 637\,1 \text{ km}$ 代入关于 v_0 的不等式,得到

$$v_0 \geqslant \sqrt{\frac{2W}{m}} = \sqrt{2Rg} = \sqrt{2 \times 637\,1 \times 9.8 \times 10^{-3}} \approx 11.2 \quad (\text{km/s}).$$

这就是第二宇宙速度.

需要求无穷区间上积分的类似例子在实际应用中比比皆是,它有三种形式:
$\int_a^{+\infty} f(x)\,\mathrm{d}x$,$\int_{-\infty}^a f(x)\,\mathrm{d}x$ 和 $\int_{-\infty}^{+\infty} f(x)\,\mathrm{d}x$,但是由于形式上有

$$\int_{-\infty}^a f(x)\,\mathrm{d}x \xlongequal{x=-t} -\int_{+\infty}^{-a} f(-t)\,\mathrm{d}t = \int_{-a}^{+\infty} f(-t)\,\mathrm{d}t$$

及

$$\int_{-\infty}^{+\infty} f(x)\,\mathrm{d}x = \int_a^{+\infty} f(x)\,\mathrm{d}x + \int_{-\infty}^a f(x)\,\mathrm{d}x,$$

因此下面的讨论仅就 $\int_a^{+\infty} f(x)\,\mathrm{d}x$ 形式来展开.

定义 8.1.1 设函数 $f(x)$ 在 $[a, +\infty)$ 有定义,且在任意有限区间 $[a, A] \subset [a, +\infty)$ 上可积,若极限

$$\lim_{A \to +\infty} \int_a^A f(x)\,\mathrm{d}x$$

存在,则称反常积分 $\int_a^{+\infty} f(x)\,\mathrm{d}x$ **收敛**(或称 $f(x)$ 在 $[a, +\infty)$ **上可积**),其积分值为

$$\int_a^{+\infty} f(x)\,\mathrm{d}x = \lim_{A \to +\infty} \int_a^A f(x)\,\mathrm{d}x;$$

否则称反常积分 $\int_a^{+\infty} f(x)\,\mathrm{d}x$ **发散**.

对反常积分 $\int_{-\infty}^a f(x)\,\mathrm{d}x$ 与 $\int_{-\infty}^{+\infty} f(x)\,\mathrm{d}x$ 可类似地给出敛散性定义(留作习题).注意

只有当 $\displaystyle\int_a^{+\infty} f(x)\,\mathrm{d}x$ 和 $\displaystyle\int_{-\infty}^a f(x)\,\mathrm{d}x$ 都收敛时，才认为 $\displaystyle\int_{-\infty}^{+\infty} f(x)\,\mathrm{d}x$ 是收敛的.

设 $f(x)$ 在 $[a,+\infty)$ 连续，$F(x)$ 是它在 $[a,+\infty)$ 上的一个原函数，由 Newton-Leibniz 公式，

$$\int_a^{+\infty} f(x)\,\mathrm{d}x = \lim_{A\to+\infty} \int_a^A f(x)\,\mathrm{d}x = \lim_{A\to+\infty} F(x)\Big|_a^A$$
$$= \lim_{A\to+\infty} \big[F(A)-F(a) \big],$$

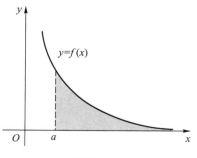

图 8.1.2

因此反常积分 $\displaystyle\int_a^{+\infty} f(x)\,\mathrm{d}x$ 的敛散性等价于函数极限 $\displaystyle\lim_{A\to+\infty} F(A)$ 的敛散性. 当函数 $f(x)\geqslant 0$ 时，反常积分 $\displaystyle\int_a^{+\infty} f(x)\,\mathrm{d}x$ 收敛表示由曲线 $y=f(x)$，直线 $x=a$ 和 x 轴所界定区域的面积（如图 8.1.2）是个有限值.

例 8.1.2　讨论 $\displaystyle\int_1^{+\infty} \frac{1}{x^p}\,\mathrm{d}x$ 的敛散性（$p \in \mathbf{R}$）.

解　当 $p\neq 1$ 时，

$$\int_1^{+\infty} \frac{1}{x^p}\,\mathrm{d}x = \lim_{A\to+\infty} \frac{x^{-p+1}}{1-p}\Big|_1^A = \lim_{A\to+\infty} \frac{A^{1-p}-1}{1-p} = \begin{cases} \dfrac{1}{p-1}, & p>1, \\ +\infty, & p<1. \end{cases}$$

当 $p=1$ 时，

$$\int_1^{+\infty} \frac{1}{x}\,\mathrm{d}x = \lim_{A\to+\infty} \ln x\Big|_1^A = \lim_{A\to+\infty} \ln A = +\infty.$$

因此，当 $p>1$ 时，反常积分 $\displaystyle\int_1^{+\infty} \frac{1}{x^p}\,\mathrm{d}x$ 收敛于 $\dfrac{1}{p-1}$；当 $p\leqslant 1$ 时，反常积分 $\displaystyle\int_1^{+\infty} \frac{1}{x^p}\,\mathrm{d}x$ 发散.

为了简便，我们一般仿照正常积分的 Newton-Leibniz 公式的表达形式，将反常积分形式地写成

$$\int_a^{+\infty} f(x)\,\mathrm{d}x = F(x)\Big|_a^{+\infty},$$

读者只要将 $F(+\infty)$ 理解为极限值 $\displaystyle\lim_{x\to+\infty} F(x)$ 就行了.

例 8.1.3　讨论 $\displaystyle\int_0^{+\infty} \mathrm{e}^{-ax}\,\mathrm{d}x$ 的敛散性（$a \in \mathbf{R}$）.

解　当 $a\neq 0$ 时，

$$\int_0^{+\infty} \mathrm{e}^{-ax}\,\mathrm{d}x = -\frac{\mathrm{e}^{-ax}}{a}\Big|_0^{+\infty} = \begin{cases} \dfrac{1}{a}, & a>0, \\ +\infty, & a<0. \end{cases}$$

而当 $a=0$ 时上述积分显然发散至 $+\infty$. 因此，当 $a>0$ 时，$\displaystyle\int_0^{+\infty} \mathrm{e}^{-ax}\,\mathrm{d}x$ 收敛于 $\dfrac{1}{a}$；当 $a\leqslant 0$ 时，$\displaystyle\int_0^{+\infty} \mathrm{e}^{-ax}\,\mathrm{d}x$ 发散.

例 8.1.4　计算 $\displaystyle\int_{-\infty}^{+\infty} \frac{1}{1+x^2}\,\mathrm{d}x$.

解

$$\int_{-\infty}^{+\infty}\frac{1}{1+x^2}dx = \int_{0}^{+\infty}\frac{1}{1+x^2}dx + \int_{-\infty}^{0}\frac{1}{1+x^2}dx = \arctan x \Big|_{0}^{+\infty} + \arctan x \Big|_{-\infty}^{0} = \pi.$$

在上一章例 7.4.7 求半径为 a 的圆的周长 l 的第一种解法中,我们采用直角坐标系下的显式方程 $y = \sqrt{a^2 - x^2}$,求出了

$$l = 4a\int_{0}^{a}\frac{dx}{\sqrt{a^2 - x^2}} = 4a \cdot \arcsin\frac{x}{a}\Big|_{0}^{a} = 2\pi a.$$

细心的读者可能会发现,Riemann 积分要求被积函数在积分区间上有界,但是 $\dfrac{1}{\sqrt{a^2 - x^2}}$ 在 $[0,a]$ 上却是无界的(当 $x \to a$ 时函数值趋于 $+\infty$,见图 8.1.3).

事实上,这就是我们在下面要讨论的另一类反常积分——无界函数的积分,只是由于其原函数 $\arcsin\dfrac{x}{a}$ 为大家所熟知,且在 $[0,a]$ 连续,我们按常规将积分上下限代入时没觉察到有什么不妥而已.

如果函数 $f(x)$ 在点 x_0 的任何一个去心邻域上是无界的,则称 x_0 为 $f(x)$ 的**奇点**.由积分的区间可加性,我们假定 $f(x)$ 在 $[a,b]$ 上只有一个奇点 $x = b$.

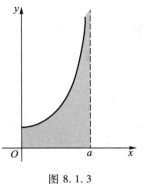

图 8.1.3

定义 8.1.2　设函数 $f(x)$ 在 $x = b$ 的左邻域无界,若对于任意 $\eta \in (0, b-a)$,$f(x)$ 在区间 $[a, b-\eta]$ 上有界可积,且极限

$$\lim_{\eta \to 0+}\int_{a}^{b-\eta}f(x)dx$$

存在,则称反常积分 $\int_{a}^{b}f(x)dx$ **收敛**(或称无界函数 $f(x)$ 在 $[a,b]$ 上**可积**),其积分值为

$$\int_{a}^{b}f(x)dx = \lim_{\eta \to 0+}\int_{a}^{b-\eta}f(x)dx;$$

否则称反常积分 $\int_{a}^{b}f(x)dx$ **发散**.

$x = a$ 为奇点和 $x = c \in (a, b)$ 为奇点的情况可以类似定义.当 $x = c$ 为奇点时,注意只有当 $\int_{a}^{c}f(x)dx$ 和 $\int_{c}^{b}f(x)dx$ 都收敛时,才认为 $\int_{a}^{b}f(x)dx$ 是收敛的,且规定

$$\int_{a}^{b}f(x)dx = \int_{a}^{c}f(x)dx + \int_{c}^{b}f(x)dx.$$

例 8.1.5　讨论 $\int_{0}^{1}\frac{1}{x^p}dx$ 的敛散性 $(p \in \mathbf{R})$.

解　当 $p \neq 1$ 时,

$$\int_{0}^{1}\frac{1}{x^p}dx = \lim_{\eta \to 0+}\frac{x^{-p+1}}{1-p}\Big|_{\eta}^{1} = \lim_{\eta \to 0+}\frac{1-\eta^{1-p}}{1-p} = \begin{cases} +\infty, & p > 1, \\ \dfrac{1}{1-p}, & p < 1. \end{cases}$$

当 $p = 1$ 时,

$$\int_0^1 \frac{1}{x^p} \mathrm{d}x = \lim_{\eta \to 0+} \ln x \Big|_\eta^1 = -\lim_{\eta \to 0+} \ln \eta = +\infty.$$

因此,当 $p<1$ 时,反常积分 $\int_0^1 \dfrac{1}{x^p}\mathrm{d}x$ 收敛于 $\dfrac{1}{1-p}$;当 $p \geq 1$ 时,反常积分 $\int_0^1 \dfrac{1}{x^p}\mathrm{d}x$ 发散.

例 8.1.2 和例 8.1.5 中的积分一般称为 p-**积分**,对于判别其他反常积分的敛散性具有十分重要的作用.

我们同样可以将无界函数的反常积分形式地写成

$$\int_a^b f(x)\,\mathrm{d}x = F(x)\,\Big|_a^b,$$

这时它与正常积分的 Newton – Leibniz 公式完全相同,但必须把右端理解为极限过程,即

$$F(x)\,\Big|_a^b = \lim_{x \to b-} F(x) - F(a) = F(b-) - F(a).$$

例 8.1.6　讨论反常积分 $\int_{-1}^1 \dfrac{\mathrm{e}^{\frac{1}{x}}}{x^2}\mathrm{d}x$ 的敛散性.

解　$x = 0$ 是被积函数的惟一奇点,但这一点在积分区间的内部,因而我们将积分分解

$$\int_{-1}^1 \frac{\mathrm{e}^{\frac{1}{x}}}{x^2}\mathrm{d}x = \int_{-1}^0 \frac{\mathrm{e}^{\frac{1}{x}}}{x^2}\mathrm{d}x + \int_0^1 \frac{\mathrm{e}^{\frac{1}{x}}}{x^2}\mathrm{d}x,$$

经计算

$$\int_{-1}^0 \frac{\mathrm{e}^{\frac{1}{x}}}{x^2}\mathrm{d}x = (-\mathrm{e}^{\frac{1}{x}})\,\Big|_{-1}^0 = \frac{1}{\mathrm{e}}, \qquad \int_0^1 \frac{\mathrm{e}^{\frac{1}{x}}}{x^2}\mathrm{d}x = (-\mathrm{e}^{\frac{1}{x}})\,\Big|_0^1 = +\infty,$$

所以 $\int_{-1}^1 \dfrac{\mathrm{e}^{\frac{1}{x}}}{x^2}\mathrm{d}x$ 发散.

容易看出,无穷区间上的反常积分与无界函数的反常积分是可以互相转换的.例如当 $a>0$ 时

$$\int_a^{+\infty} f(x)\,\mathrm{d}x \qquad\qquad (\text{作代换 } x = \frac{1}{t})$$

$$= -\int_{\frac{1}{a}}^0 \frac{1}{t^2} f\left(\frac{1}{t}\right)\mathrm{d}t \qquad \left(\text{令 } g(t) = \frac{1}{t^2} f\left(\frac{1}{t}\right)\right)$$

$$= \int_0^{\frac{1}{a}} g(t)\,\mathrm{d}t,$$

这就化成了无界函数的反常积分.请读者自行写出反过来的情况.

因此,后面的讨论经常只对一类反常积分进行.

最后我们以无穷区间的反常积分为例,指出反常积分的一个重要特性.

设 $f(x)$ 在 $[a,+\infty)$ 有定义,例 8.1.2 告诉我们,$\lim\limits_{x \to +\infty} f(x) = 0$ 并不能保证 $\int_a^{+\infty} f(x)\,\mathrm{d}x$ 收敛.

但反过来,若 $\int_a^{+\infty} f(x)\,\mathrm{d}x$ 收敛,能否保证 $\lim\limits_{x\to+\infty} f(x)=0$,或者退一步,至少保证 $f(x)$ 在 $[a,+\infty)$ 有界呢? 同样不能!

例 8.1.7　设 $f(x)$ 在 $[1,+\infty)$ 按如下方式定义:

$$f(x)=\begin{cases} n+1, & x\in\left[n,n+\dfrac{1}{n(n+1)^2}\right], \\[3mm] 0, & x\in\left(n+\dfrac{1}{n(n+1)^2},n+1\right), \end{cases} \quad n=1,2,\cdots.$$

那么对于任意 $A>1$,总可以取自然数 n,使得 $A\in[n,n+1)$,由于 $f(x)\geqslant 0$,因此

$$\int_1^n f(x)\,\mathrm{d}x\leqslant \int_1^A f(x)\,\mathrm{d}x\leqslant \int_1^{n+1} f(x)\,\mathrm{d}x.$$

当 $n\to\infty$ 时,

$$\begin{aligned} \lim_{n\to\infty}\int_1^n f(x)\,\mathrm{d}x &= \lim_{n\to\infty}\left[\int_1^2 f(x)\,\mathrm{d}x+\int_2^3 f(x)\,\mathrm{d}x+\cdots+\int_{n-1}^n f(x)\,\mathrm{d}x\right]\\ &= \lim_{n\to\infty}\left[\frac{1}{1\cdot 2}+\frac{1}{2\cdot 3}+\frac{1}{3\cdot 4}+\cdots+\frac{1}{(n-1)\cdot n}\right]\\ &= \lim_{n\to\infty}\left[\left(1-\frac{1}{2}\right)+\left(\frac{1}{2}-\frac{1}{3}\right)+\left(\frac{1}{3}-\frac{1}{4}\right)+\cdots+\left(\frac{1}{n-1}-\frac{1}{n}\right)\right]\\ &= \lim_{n\to\infty}\left(1-\frac{1}{n}\right)=1. \end{aligned}$$

同理也有

$$\lim_{n\to\infty}\int_1^{n+1} f(x)\,\mathrm{d}x=1.$$

由极限的夹逼性

$$\int_1^{+\infty} f(x)\,\mathrm{d}x=\lim_{A\to+\infty}\int_1^A f(x)\,\mathrm{d}x=1,$$

但 $f(x)$ 显然是无界的.

即使 $f(x)$ 在 $[a,+\infty)$ 连续(甚至 n 次可微),也可仿照上例构造出使 $\int_a^{+\infty} f(x)\,\mathrm{d}x$ 收敛而 $f(x)$ 在 $[a,+\infty)$ 无界的例子.

反常积分计算

第七章关于定积分的性质,对于反常积分大多相应成立,如线性性质、保序性、区间可加性等;但也有一些性质,如乘积可积性,却不再成立(它们的证明或举例都比较容易,留给读者作为练习).定积分的一切计算法则,如线性运算、换元积分法、分部积分法等,也都可以平行地用于反常积分.

例 8.1.8　计算 $I_n=\int_0^{+\infty}\mathrm{e}^{-x}x^n\,\mathrm{d}x$($n$ 是非负整数).

解　由例 8.1.3,$I_0=\int_0^{+\infty}\mathrm{e}^{-x}\,\mathrm{d}x=1$.

当 $n\geqslant 1$ 时,利用分部积分

$$I_n=\int_0^{+\infty}\mathrm{e}^{-x}x^n\,\mathrm{d}x=(-\mathrm{e}^{-x}x^n)\Big|_0^{+\infty}+n\int_0^{+\infty}\mathrm{e}^{-x}x^{n-1}\,\mathrm{d}x=n\int_0^{+\infty}\mathrm{e}^{-x}x^{n-1}\,\mathrm{d}x=nI_{n-1},$$

因此,当 $n \geq 1$ 时,

$$I_n = n!.$$

例 8.1.9 计算 $\int_0^1 \ln x \mathrm{d}x$.

解 应用分部积分法,注意 $\lim\limits_{x \to 0+} x \ln x = 0$,

$$\int_0^1 \ln x \mathrm{d}x = (x\ln x) \Big|_0^1 - \int_0^1 \mathrm{d}x = -\int_0^1 \mathrm{d}x = -1.$$

本例也可以用换元积分法来做. 令 $\ln x = -t$,则 $\ln x \mathrm{d}x = t\mathrm{e}^{-t}\mathrm{d}t$,由例 8.1.8,

$$\int_0^1 \ln x \mathrm{d}x = \int_{+\infty}^0 t\mathrm{e}^{-t}\mathrm{d}t = -I_1 = -1.$$

在例 6.2.18,我们已求出了不定积分 $\int \dfrac{\mathrm{d}x}{(x^2+a^2)^n}$,现在我们来求 $\dfrac{1}{(x^2+a^2)^n}$ 在 $[0,$ $+\infty)$ 上的反常积分.

例 8.1.10 计算 $I_n = \int_0^{+\infty} \dfrac{\mathrm{d}x}{(x^2+a^2)^n}$.

解 与例 6.2.18 类似,对于 $n \geq 2$,利用分部积分,就有

$$I_n = \int_0^{+\infty} \frac{1}{(x^2+a^2)^n}\mathrm{d}x = \frac{1}{a^2}\int_0^{+\infty} \frac{x^2+a^2-x^2}{(x^2+a^2)^n}\mathrm{d}x$$

$$= \frac{I_{n-1}}{a^2} + \frac{1}{a^2}\int_0^{+\infty} \frac{-x^2}{(x^2+a^2)^n}\mathrm{d}x = \frac{I_{n-1}}{a^2} + \frac{1}{2a^2(n-1)}\int_0^{+\infty} x\mathrm{d}\left(\frac{1}{(x^2+a^2)^{n-1}}\right)$$

$$= \frac{I_{n-1}}{a^2} - \frac{I_{n-1}}{2a^2(n-1)} + \frac{1}{2a^2(n-1)} \frac{x}{(x^2+a^2)^{n-1}}\Big|_0^{+\infty} = \frac{1}{a^2} \cdot \frac{2n-3}{2n-2} \cdot I_{n-1};$$

以此类推,并注意到

$$I_1 = \int_0^{+\infty} \frac{\mathrm{d}x}{x^2+a^2} = \frac{1}{a}\arctan\frac{x}{a}\Big|_0^{+\infty} = \frac{\pi}{2a},$$

即有

$$I_n = \left(\frac{1}{a^2} \cdot \frac{2n-3}{2n-2}\right)I_{n-1} = \left(\frac{1}{a^2} \cdot \frac{2n-3}{2n-2}\right)\left(\frac{1}{a^2} \cdot \frac{2n-5}{2n-4}\right)I_{n-2}$$

$$= \cdots$$

$$= \frac{1}{a^{2n-2}} \cdot \frac{(2n-3)!!}{(2n-2)!!} \cdot I_1 = \frac{\pi}{2a^{2n-1}} \cdot \frac{(2n-3)!!}{(2n-2)!!}.$$

例 8.1.11 计算 $I = \int_0^{\frac{\pi}{2}} \ln \sin x \mathrm{d}x$.

解 作变量代换 $x = 2t$,则

$$I = \int_0^{\frac{\pi}{2}} \ln \sin x \mathrm{d}x = 2\int_0^{\frac{\pi}{4}} \ln \sin 2t \mathrm{d}t = 2\int_0^{\frac{\pi}{4}} \ln(2\sin t \cos t)\mathrm{d}t$$

$$= \frac{\pi}{2}\ln 2 + 2\int_0^{\frac{\pi}{4}} \ln \sin t \mathrm{d}t + 2\int_0^{\frac{\pi}{4}} \ln \cos t \mathrm{d}t.$$

对后一积分作代换 $t = \dfrac{\pi}{2} - u$,则

$$I = \frac{\pi}{2}\ln 2 + 2\int_0^{\frac{\pi}{4}} \ln\sin t\,\mathrm{d}t - 2\int_{\frac{\pi}{2}}^{\frac{\pi}{4}} \ln\sin t\,\mathrm{d}t = \frac{\pi}{2}\ln 2 + 2I,$$

于是求得

$$I = -\frac{\pi}{2}\ln 2.$$

例 8.1.12 求 $\int_0^{+\infty} \dfrac{\mathrm{d}x}{(1+x^2)(1+x^\alpha)}$ $(\alpha\in\mathbf{R})$.

解 $\int_0^{+\infty} \dfrac{\mathrm{d}x}{(1+x^2)(1+x^\alpha)} = \int_0^1 \dfrac{\mathrm{d}x}{(1+x^2)(1+x^\alpha)} + \int_1^{+\infty} \dfrac{\mathrm{d}x}{(1+x^2)(1+x^\alpha)},$

在上式右端的第二个积分中令 $x = \dfrac{1}{t}$,得到

$$\int_1^{+\infty} \frac{\mathrm{d}x}{(1+x^2)(1+x^\alpha)} = \int_1^0 \frac{-t^\alpha\mathrm{d}t}{(1+t^2)(1+t^\alpha)} = \int_0^1 \frac{x^\alpha\mathrm{d}x}{(1+x^2)(1+x^\alpha)},$$

于是

$$\begin{aligned}
\int_0^{+\infty} \frac{\mathrm{d}x}{(1+x^2)(1+x^\alpha)} &= \int_0^1 \frac{\mathrm{d}x}{(1+x^2)(1+x^\alpha)} + \int_1^{+\infty} \frac{\mathrm{d}x}{(1+x^2)(1+x^\alpha)}\\
&= \int_0^1 \frac{\mathrm{d}x}{(1+x^2)(1+x^\alpha)} + \int_0^1 \frac{x^\alpha\mathrm{d}x}{(1+x^2)(1+x^\alpha)}\\
&= \int_0^1 \frac{\mathrm{d}x}{1+x^2} = \arctan x\,\Big|_0^1 = \frac{\pi}{4}.
\end{aligned}$$

考察反常积分 $\int_{-\infty}^{+\infty} \sin x\mathrm{d}x$.由定义

$$\int_{-\infty}^{+\infty} \sin x\mathrm{d}x = -\lim_{A\to+\infty}\cos A + \lim_{A'\to-\infty}\cos A',$$

由于这里 $A\to+\infty$ 与 $A'\to-\infty$ 是独立的,因此极限不存在,$\int_{-\infty}^{+\infty} \sin x\mathrm{d}x$ 发散.

如果要求 $A\to+\infty$ 与 $A'\to-\infty$ "同步"进行,即 $A'=-A$,则有

$$\int_{-\infty}^{+\infty} \sin x\mathrm{d}x = -\lim_{A\to+\infty}\big[\cos A - \cos(-A)\big] = 0.$$

即 $\int_{-\infty}^{+\infty} \sin x\mathrm{d}x$ 在这么一种意义下是"收敛"的.

定义 8.1.3 若

$$\lim_{A\to+\infty}\int_{-A}^{A} f(x)\mathrm{d}x = \lim_{A\to+\infty}\big[F(A)-F(-A)\big]$$

收敛,则称该极限值为 $\int_{-\infty}^{+\infty} f(x)\mathrm{d}x$ 的 **Cauchy 主值**,记为 $(\mathrm{cpv})\int_{-\infty}^{+\infty} f(x)\mathrm{d}x$.

当 $\int_{-\infty}^{+\infty} f(x)\mathrm{d}x$ 收敛时,显然有

$$(\mathrm{cpv})\int_{-\infty}^{+\infty} f(x)\mathrm{d}x = \int_{-\infty}^{+\infty} f(x)\mathrm{d}x;$$

而当 $\int_{-\infty}^{+\infty} f(x)\mathrm{d}x$ 发散时,它的 Cauchy 主值也有可能存在,因此 Cauchy 主值推广了反

常积分的收敛概念.

无界函数的反常积分也有相应的 Cauchy 主值概念.

例 8.1.13 计算 $\int_{-1}^{1} \dfrac{1}{x} dx$ 和 $(\text{cpv}) \int_{-1}^{1} \dfrac{1}{x} dx$.

解 $x=0$ 是它的惟一奇点,将它分解为两部分,

$$\int_{-1}^{1} \frac{1}{x} dx = \int_{-1}^{0} \frac{1}{x} dx + \int_{0}^{1} \frac{1}{x} dx = \lim_{\eta' \to 0-} \int_{-1}^{\eta'} \frac{1}{x} dx + \lim_{\eta \to 0+} \int_{\eta}^{1} \frac{1}{x} dx = \lim_{\eta' \to 0-} \ln(-\eta') - \lim_{\eta \to 0+} \ln \eta,$$

由 $\eta \to 0+$ 和 $\eta' \to 0-$ 的独立性,易知 $\int_{-1}^{1} \dfrac{1}{x} dx$ 是发散的.

但若取 $\eta' = -\eta$,则有

$$(\text{cpv}) \int_{-1}^{1} \frac{1}{x} dx = \lim_{\eta \to 0+} \left[\ln \eta - \ln \eta \right] = 0.$$

以后我们会学到,Cauchy 主值在某些领域中有独到的作用.

对于一些已确认为收敛的反常积分(有些根据问题的实际背景可以断定其收敛,进一步的数学判据将在下一节给出),如果其原函数不能用初等函数来表示,那么除了极少数可以通过某些高超的技巧积出之外,人们还是不得不借助于数值方法来求积分值.

求反常积分值的计算格式首推 Gauss 型求积公式.除了它的计算精度高之外,更重要的原因在于,任何形式的 Gauss 型求积公式都只需用到积分区间的内点,这是它最突出的优点(基于 Newton-Cotes 公式的数值方法毫无例外地需用到端点).也就是说,对于奇点在端点的无界函数的反常积分,如

$$\int_{-1}^{1} \frac{1}{1+t} \ln \frac{1-t}{2} dt$$

(这是由 $\int_{0}^{1} \dfrac{\ln(1-x)}{x} dx$ 通过变换 $x = \dfrac{1+t}{2}$ 得到的,其值为 $-\dfrac{\pi^2}{6} = -1.644\,934\,0\cdots$),我们可以视其为常义积分而直接套用 Gauss-Legendre 公式,根本无须对 $t = \pm 1$ 加以特殊的"关照"——它们在计算过程中是决不会被用到的. Gauss 型公式的这个性质为编制和调用统一的计算程序带来了极大的方便.

Gauss 型节点 $\{x_i^*\}_{i=0}^{n}$ 和系数 $a_i^{(n)}$ 可在数学工具书中查到,将它们代入

$$\int_{-1}^{1} f(x) dx \approx \sum_{i=0}^{n} a_i^{(n)} f(x_i^*),$$

就可以算出积分的近似值了.下表是用不同的 n 计算 $\int_{-1}^{1} \dfrac{1}{1+t} \ln \dfrac{1-t}{2} dt$ 的近似值.因无界函数在端点附近变化较剧烈,实际计算时 n 应取得大些(如 20 以上,从编程和上机角度讲,$n=5$ 和 $n=50$ 并没有本质差别),方能获得较好效果.

n	5	8	12	20	48
计算值	$-1.6242\cdots$	$-1.6362\cdots$	$-1.6408\cdots$	$-1.6434\cdots$	$-1.6446\cdots$
相对误差	1.2×10^{-2}	5.2×10^{-3}	2.5×10^{-3}	9.1×10^{-4}	1.6×10^{-4}

无穷区间的反常积分的处理方法大致有三种:

(1) 取一个足够大的数 A,用 $\int_{a}^{A} f(x) dx$ 作为 $\int_{a}^{+\infty} f(x) dx$ 的近似值.这时,问题已化成了常义积分,§7.6 中的计算实习题 4 和 5 就相当于做了这样的处理.

(2) 将 $\int_{a}^{+\infty} f(x) dx$ 通过变换 $x = \dfrac{1}{t}$ 化成无界函数在有限区间上的反常积分,再用上述针对无界

函数的方法.

（3）直接使用$[0,+\infty)$或$(-\infty,+\infty)$上的 Gauss 型求积公式.这部分内容已超出本书的范围,有兴趣的读者可参阅有关数值逼近方面的书籍.

习 题

1. 物理学中称电场力将单位正电荷从电场中某点移至无穷远处所做的功为电场在该点处的电位.一个带电量$+q$的点电荷产生的电场对距离r处的单位正电荷的电场力为$F=k\dfrac{q}{r^2}$（k为常数）,求距电场中心x处的电位（如图 8.1.4）.

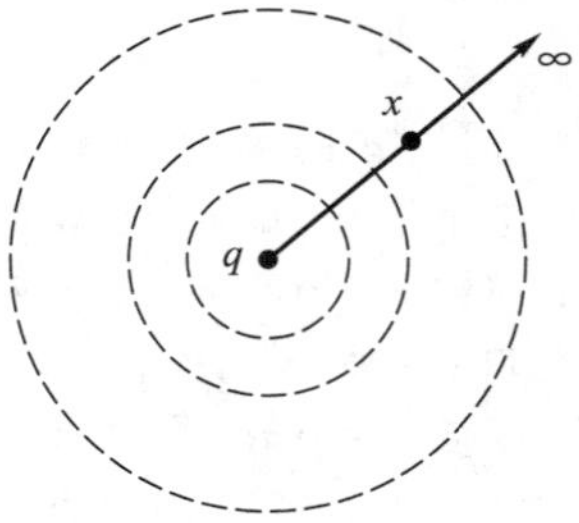

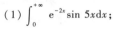

2. 证明:若$\displaystyle\int_a^{+\infty}f(x)\,\mathrm{d}x$和$\displaystyle\int_a^{+\infty}g(x)\,\mathrm{d}x$收敛,$k_1$和$k_2$为常数,则

$$\int_a^{+\infty}\left[k_1f(x)+k_2g(x)\right]\mathrm{d}x\ \text{也收敛,且}$$

$$\int_a^{+\infty}\left[k_1f(x)+k_2g(x)\right]\mathrm{d}x=k_1\int_a^{+\infty}f(x)\,\mathrm{d}x+k_2\int_a^{+\infty}g(x)\,\mathrm{d}x.$$

3. 计算下列无穷区间上的反常积分（发散也是一种计算结果）:

图 8.1.4

（1）$\displaystyle\int_0^{+\infty}\mathrm{e}^{-2x}\sin 5x\,\mathrm{d}x$;

（2）$\displaystyle\int_0^{+\infty}\mathrm{e}^{-3x}\cos 2x\,\mathrm{d}x$;

（3）$\displaystyle\int_{-\infty}^{+\infty}\dfrac{1}{x^2+x+1}\,\mathrm{d}x$;

（4）$\displaystyle\int_0^{+\infty}\dfrac{1}{(x^2+a^2)(x^2+b^2)}\,\mathrm{d}x\ (a>0,b>0)$;

（5）$\displaystyle\int_0^{+\infty}x\mathrm{e}^{ax^2}\,\mathrm{d}x\ (a\in\mathbf{R})$;

（6）$\displaystyle\int_2^{+\infty}\dfrac{1}{x\ln^p x}\,\mathrm{d}x\ (p\in\mathbf{R})$;

（7）$\displaystyle\int_{-\infty}^{+\infty}\dfrac{1}{(x^2+1)^{3/2}}\,\mathrm{d}x$;

（8）$\displaystyle\int_0^{+\infty}\dfrac{1}{(\mathrm{e}^x+\mathrm{e}^{-x})^2}\,\mathrm{d}x$;

（9）$\displaystyle\int_0^{+\infty}\dfrac{1}{x^4+1}\,\mathrm{d}x$;

（10）$\displaystyle\int_0^{+\infty}\dfrac{\ln x}{1+x^2}\,\mathrm{d}x$.

4. 计算下列无界函数的反常积分（发散也是一种计算结果）:

（1）$\displaystyle\int_0^1\dfrac{x}{\sqrt{1-x^2}}\,\mathrm{d}x$;

（2）$\displaystyle\int_1^e\dfrac{1}{x\sqrt{1-\ln^2 x}}\,\mathrm{d}x$;

（3）$\displaystyle\int_1^2\dfrac{x}{\sqrt{x-1}}\,\mathrm{d}x$;

（4）$\displaystyle\int_0^1\dfrac{1}{(2-x)\sqrt{1-x}}\,\mathrm{d}x$;

（5）$\displaystyle\int_{-1}^1\dfrac{1}{x^3}\sin\dfrac{1}{x^2}\,\mathrm{d}x$;

（6）$\displaystyle\int_0^{\frac{\pi}{2}}\dfrac{1}{\sqrt{\tan x}}\,\mathrm{d}x$.

5. 求极限$\displaystyle\lim_{n\to\infty}\dfrac{\sqrt[n]{n!}}{n}$.

6. 计算下列反常积分:

（1）$\displaystyle\int_0^{\frac{\pi}{2}}\ln\cos x\,\mathrm{d}x$;

（2）$\displaystyle\int_0^{\pi}x\ln\sin x\,\mathrm{d}x$;

（3）$\displaystyle\int_0^{\frac{\pi}{2}}x\cot x\,\mathrm{d}x$;

（4）$\displaystyle\int_0^1\dfrac{\arcsin x}{x}\,\mathrm{d}x$;

(5) $\int_0^1 \dfrac{\ln x}{\sqrt{1-x^2}}\mathrm{d}x.$

7. 求下列反常积分的 Cauchy 主值：

(1)（cpv）$\int_{-\infty}^{+\infty} \dfrac{1+x}{1+x^2}\mathrm{d}x$； （2）（cpv）$\int_1^4 \dfrac{1}{x-2}\mathrm{d}x$；

(3)（cpv）$\int_{1/2}^2 \dfrac{1}{x\ln x}\mathrm{d}x.$

8. 说明一个无界函数的反常积分可以化为无穷区间的反常积分.

9. (1) 以 $\int_a^{+\infty} f(x)\mathrm{d}x$ 为例, 叙述并证明反常积分的保序性和区间可加性；

(2) 举例说明, 对于反常积分不再成立乘积可积性.

10. 证明：当 $a>0$ 时, 只要下式两边的反常积分有意义, 就有

$$\int_0^{+\infty} f\left(\dfrac{x}{a}+\dfrac{a}{x}\right)\dfrac{\ln x}{x}\mathrm{d}x = \ln a \int_0^{+\infty} f\left(\dfrac{x}{a}+\dfrac{a}{x}\right)\dfrac{1}{x}\mathrm{d}x.$$

11. 设 $\int_a^{+\infty} f(x)\mathrm{d}x$ 收敛, 且 $\lim\limits_{x\to+\infty} f(x)=A.$ 证明 $A=0.$

12. 设 $f(x)$ 在 $[a,+\infty)$ 上可导, 且 $\int_a^{+\infty} f(x)\mathrm{d}x$ 与 $\int_a^{+\infty} f'(x)\mathrm{d}x$ 都收敛, 证明 $\lim\limits_{x\to+\infty} f(x)=0.$

计算实习题

在教师的指导下, 试编制一个通用的 Gauss-Legendre 求积公式程序, 在计算机上实际计算下列反常积分值, 并与精确值比较：

(1) $\int_0^1 \dfrac{\ln(1-x)}{x}\mathrm{d}x,$　　精确值 $-\dfrac{\pi^2}{6}$；

(2) $\int_0^1 \ln x\ln(1-x)\mathrm{d}x,$　　精确值 $2-\dfrac{\pi^2}{6}$；

(3) $\int_0^{\frac{\pi}{2}} \ln\cos x\mathrm{d}x,$　　精确值 $-\dfrac{\pi}{2}\ln 2$；

(4) $\int_0^{+\infty} \dfrac{\sin x}{x}\mathrm{d}x,$　　精确值 $\dfrac{\pi}{2}$；

(5) $\int_0^{+\infty} \sin(x^2)\mathrm{d}x,$　　精确值 $\dfrac{1}{2}\sqrt{\dfrac{\pi}{2}}.$

§2　反常积分的收敛判别法

反常积分的 Cauchy 收敛原理

由于一般的被积函数的原函数并不一定是初等函数, 而且即使是初等函数, 也往往不容易求出, 因此有必要建立反常积分敛散性的判别法. 事实上, 在理论研究和实际

应用中,经常会遇到只需要确定一个反常积分的收敛性,而不一定需要求出它的积分值的情况.此外,用数值方法计算反常积分的先决条件是确认其收敛,否则就会得出荒谬的结论——在积分本身发散时,却从数值求积公式得到了一个"收敛"值.

下面以 $\int_a^{+\infty} f(x)\mathrm{d}x$ 为例来探讨反常积分敛散性的判别法.

由于反常积分 $\int_a^{+\infty} f(x)\mathrm{d}x$ 收敛即为极限 $\lim\limits_{A\to+\infty}\int_a^A f(x)\mathrm{d}x$ 存在,因此对其收敛性的最本质的刻画就是极限论中的 Cauchy 收敛原理,它可以表述为如下形式:

定理 8.2.1(Cauchy 收敛原理)　反常积分 $\int_a^{+\infty} f(x)\mathrm{d}x$ 收敛的充分必要条件是:对任意给定的 $\varepsilon>0$,存在 $A_0\geqslant a$,使得对任意 $A,A'\geqslant A_0$,有

$$\left|\int_A^{A'} f(x)\mathrm{d}x\right|<\varepsilon.$$

定义 8.2.1　设 $f(x)$ 在任意有限区间 $[a,A]\subset[a,+\infty)$ 上可积,且 $\int_a^{+\infty}|f(x)|\mathrm{d}x$ 收敛,则称 $\int_a^{+\infty} f(x)\mathrm{d}x$ **绝对收敛**(或称 $f(x)$ 在 $[a,+\infty)$ 上绝对可积).

若 $\int_a^{+\infty} f(x)\mathrm{d}x$ 收敛而非绝对收敛,则称 $\int_a^{+\infty} f(x)\mathrm{d}x$ **条件收敛**(或称 $f(x)$ 在 $[a,+\infty)$ 上条件可积).

由 Cauchy 收敛原理,可推出绝对收敛的反常积分一定收敛.

推论　若反常积分 $\int_a^{+\infty} f(x)\mathrm{d}x$ 绝对收敛,则它一定收敛.

证　对任意给定的 $\varepsilon>0$,由于 $\int_a^{+\infty}|f(x)|\mathrm{d}x$ 收敛,所以存在 $A_0\geqslant a$,使得对任意 $A,A'\geqslant A_0$,成立

$$\int_A^{A'}|f(x)|\mathrm{d}x<\varepsilon.$$

利用定积分的性质,得到

$$\left|\int_A^{A'} f(x)\mathrm{d}x\right|\leqslant\int_A^{A'}|f(x)|\mathrm{d}x<\varepsilon,$$

由 Cauchy 收敛原理,知 $\int_a^{+\infty} f(x)\mathrm{d}x$ 收敛.

虽然 Cauchy 收敛原理是判别反常积分收敛性的充分必要条件,但是对于具体的反常积分,在使用上往往比较困难,因此需要导出一些便于使用的收敛判别法.

我们先讨论非负函数反常积分的收敛判别法.

非负函数反常积分的收敛判别法

用 Cauchy 收敛原理可以证明下面的比较判别法:

定理 8.2.2(比较判别法)　设在 $[a,+\infty)$ 上恒有 $0\leqslant f(x)\leqslant K\varphi(x)$,其中 K 是正常数,则

(1) 当 $\int_a^{+\infty}\varphi(x)\mathrm{d}x$ 收敛时 $\int_a^{+\infty} f(x)\mathrm{d}x$ 也收敛;

（2）当 $\int_a^{+\infty} f(x)\mathrm{d}x$ 发散时 $\int_a^{+\infty} \varphi(x)\mathrm{d}x$ 也发散.

例 8.2.1 讨论 $\int_1^{+\infty} \dfrac{\cos 2x\sin x}{\sqrt{x^3+a^2}}\mathrm{d}x$ 的敛散性（a 是常数）.

解 因为当 $x\geqslant 1$ 时有

$$\left|\frac{\cos 2x\sin x}{\sqrt{x^3+a^2}}\right|\leqslant\frac{1}{x\sqrt{x}},$$

在例 8.1.2 中,已知 $\int_1^{+\infty} \dfrac{1}{x\sqrt{x}}\mathrm{d}x$ 收敛,由比较判别法, $\int_1^{+\infty} \dfrac{\cos 2x\sin x}{\sqrt{x^3+a^2}}\mathrm{d}x$ 绝对收敛,所以

$\int_1^{+\infty} \dfrac{\cos 2x\sin x}{\sqrt{x^3+a^2}}\mathrm{d}x$ 收敛.

注意,在以上定理中,条件"在 $[a,+\infty)$ 上恒有 $0\leqslant f(x)\leqslant K\varphi(x)$",可以放宽为"存在 $A\geqslant a$,在 $[A,+\infty)$ 上恒有 $0\leqslant f(x)\leqslant K\varphi(x)$",请读者想想为什么.

如下形式的比较判别法有时用起来更为方便一些.

推论（比较判别法的极限形式） 设在 $[a,+\infty)$ 上恒有 $f(x)\geqslant 0$ 和 $\varphi(x)\geqslant 0$,且

$$\lim_{x\to+\infty}\frac{f(x)}{\varphi(x)}=l,$$

则

（1）若 $0\leqslant l<+\infty$,则 $\int_a^{+\infty} \varphi(x)\mathrm{d}x$ 收敛时 $\int_a^{+\infty} f(x)\mathrm{d}x$ 也收敛;

（2）若 $0<l\leqslant+\infty$,则 $\int_a^{+\infty} \varphi(x)\mathrm{d}x$ 发散时 $\int_a^{+\infty} f(x)\mathrm{d}x$ 也发散.

所以,当 $0<l<+\infty$ 时, $\int_a^{+\infty} \varphi(x)\mathrm{d}x$ 和 $\int_a^{+\infty} f(x)\mathrm{d}x$ 同时收敛或同时发散.

证 （1）若 $\lim\limits_{x\to+\infty}\dfrac{f(x)}{\varphi(x)}=l<+\infty$,由极限的性质,存在常数 $A(A\geqslant a)$,使得当 $x\geqslant A$ 时成立

$$\frac{f(x)}{\varphi(x)}<l+1,$$

即

$$f(x)<(l+1)\varphi(x).$$

于是,由比较判别法,当 $\int_a^{+\infty} \varphi(x)\mathrm{d}x$ 收敛时 $\int_a^{+\infty} f(x)\mathrm{d}x$ 也收敛.

（2）若 $\lim\limits_{x\to+\infty}\dfrac{f(x)}{\varphi(x)}=l>0$,由极限的性质,存在常数 $A(A\geqslant a)$,使得当 $x\geqslant A$ 时成立

$$\frac{f(x)}{\varphi(x)}>l',$$

其中 $0<l'<l$（当 $l=+\infty$ 时, l' 可取任意正数）,即

$$f(x)>l'\varphi(x).$$

于是,由比较判别法,当 $\int_a^{+\infty} \varphi(x)\mathrm{d}x$ 发散时 $\int_a^{+\infty} f(x)\mathrm{d}x$ 也发散.

证毕

例 8.2.2 讨论 $\displaystyle\int_1^{+\infty}\frac{1}{\sqrt[3]{x^4+3x^3+5x^2+2x-1}}\mathrm{d}x$ 的敛散性.

解 因为

$$\lim_{x\to+\infty}\frac{\sqrt[3]{x^4}}{\sqrt[3]{x^4+3x^3+5x^2+2x-1}}=1,$$

而 $\displaystyle\int_1^{+\infty}\frac{1}{\sqrt[3]{x^4}}\mathrm{d}x$ 收敛,所以 $\displaystyle\int_1^{+\infty}\frac{1}{\sqrt[3]{x^4+3x^3+5x^2+2x-1}}\mathrm{d}x$ 收敛.

使用比较判别法,需要有一个敛散性结论明确,同时又形式简单的函数作为比较对象,在上面的例子中我们都是取 $\dfrac{1}{x^p}$ 为比较对象的,因为它们正好能满足这两个条件(这正是 p-积分之所以重要的原因).将定理 8.2.2 中的 $\varphi(x)$ 具体取为 $\dfrac{1}{x^p}$,就得到如下的 Cauchy 判别法:

定理 8.2.3(Cauchy 判别法) 设在 $[a,+\infty)\subset(0,+\infty)$ 上恒有 $f(x)\geqslant 0,K$ 是正常数,

(1)若 $f(x)\leqslant\dfrac{K}{x^p}$,且 $p>1$,则 $\displaystyle\int_a^{+\infty}f(x)\mathrm{d}x$ 收敛;

(2)若 $f(x)\geqslant\dfrac{K}{x^p}$,且 $p\leqslant 1$,则 $\displaystyle\int_a^{+\infty}f(x)\mathrm{d}x$ 发散.

推论(Cauchy 判别法的极限形式) 设在 $[a,+\infty)\subset(0,+\infty)$ 上恒有 $f(x)\geqslant 0$,且

$$\lim_{x\to+\infty}x^pf(x)=l,$$

则

(1)若 $0\leqslant l<+\infty$,且 $p>1$,则 $\displaystyle\int_a^{+\infty}f(x)\mathrm{d}x$ 收敛;

(2)若 $0<l\leqslant+\infty$,且 $p\leqslant 1$,则 $\displaystyle\int_a^{+\infty}f(x)\mathrm{d}x$ 发散.

例 8.2.3 讨论 $\displaystyle\int_1^{+\infty}x^a\mathrm{e}^{-x}\mathrm{d}x$ 的敛散性($a\in\mathbf{R}$).

解 因为对任意常数 $a\in\mathbf{R}$,有

$$\lim_{x\to+\infty}x^2(x^a\mathrm{e}^{-x})=0,$$

由 Cauchy 判别法的极限形式(1),可知 $\displaystyle\int_1^{+\infty}x^a\mathrm{e}^{-x}\mathrm{d}x$ 收敛.

一般函数反常积分的收敛判别法

我们先证明一个重要结果.

定理 8.2.4(积分第二中值定理) 设 $f(x)$ 在 $[a,b]$ 上可积,$g(x)$ 在 $[a,b]$ 上单调,则存在 $\xi\in[a,b]$,使得

$$\int_a^b f(x)g(x)\mathrm{d}x=g(a)\int_a^\xi f(x)\mathrm{d}x+g(b)\int_\xi^b f(x)\mathrm{d}x.$$

证　我们这里只对 $f(x)$ 在 $[a,b]$ 上连续，$g(x)$ 在 $[a,b]$ 上单调且 $g'(x)$ 在 $[a,b]$ 上可积的情况加以证明.

记 $F(x) = \int_a^x f(t)\,dt$，则 $F(x)$ 在 $[a,b]$ 连续，且 $F(a) = 0$. 由于 $f(x)$ 在 $[a,b]$ 上连续，于是 $F(x)$ 是 $f(x)$ 在 $[a,b]$ 上的一个原函数，利用分部积分法，

$$\int_a^b f(x)g(x)\,dx = F(x)g(x)\Big|_a^b - \int_a^b F(x)g'(x)\,dx.$$

上式右端的第一项

$$F(x)g(x)\Big|_a^b = F(b)g(b) = g(b)\int_a^b f(x)\,dx,$$

而在第二项中，由于 $g(x)$ 单调，因此 $g'(x)$ 保持定号，由积分第一中值定理，存在 $\xi \in [a,b]$，使得

$$\int_a^b F(x)g'(x)\,dx = F(\xi)\int_a^b g'(x)\,dx = [g(b)-g(a)]\int_a^\xi f(x)\,dx,$$

于是

$$\begin{aligned}
\int_a^b f(x)g(x)\,dx &= g(b)\int_a^b f(x)\,dx - [g(b)-g(a)]\int_a^\xi f(x)\,dx\\
&= g(a)\int_a^\xi f(x)\,dx + g(b)\int_\xi^b f(x)\,dx.
\end{aligned}$$

对于一般的可积函数 $f(x)$ 和单调函数 $g(x)$ 的情况，由于证明过程比较复杂，在此从略.

证毕

注　在定理 8.2.4 的假设下，还有如下结论：

（1）若 $g(x)$ 在 $[a,b]$ 上单调增加，且 $g(a) \geq 0$，则存在 $\xi \in [a,b]$，使得

$$\int_a^b f(x)g(x)\,dx = g(b)\int_\xi^b f(x)\,dx;$$

（2）若 $g(x)$ 在 $[a,b]$ 上单调减少，且 $g(b) \geq 0$，则存在 $\xi \in [a,b]$，使得

$$\int_a^b f(x)g(x)\,dx = g(a)\int_a^\xi f(x)\,dx.$$

由积分第二中值定理可以导出下述适用于一般函数反常积分的收敛判别法.

定理 8.2.5　若下列两个条件之一满足，则 $\displaystyle\int_a^{+\infty} f(x)g(x)\,dx$ 收敛：

（1）（**Abel 判别法**）　$\displaystyle\int_a^{+\infty} f(x)\,dx$ 收敛，$g(x)$ 在 $[a,+\infty)$ 上单调有界；

（2）（**Dirichlet 判别法**）　$F(A) = \displaystyle\int_a^A f(x)\,dx$ 在 $[a,+\infty)$ 上有界，$g(x)$ 在 $[a,+\infty)$ 上单调且 $\lim\limits_{x\to+\infty} g(x) = 0$.

证　设 ε 是任意给定的正数.

（1）若 Abel 判别法条件满足，记 G 是 $|g(x)|$ 在 $[a,+\infty)$ 的一个上界，因为 $\displaystyle\int_a^{+\infty} f(x)\,dx$ 收敛，由 Cauchy 收敛原理，存在 $A_0 \geq a$，使得对任意 $A,A' \geq A_0$，有

$$\left|\int_A^{A'} f(x)\,dx\right| < \frac{\varepsilon}{2G}.$$

由积分第二中值定理，

$$\left|\int_A^{A'} f(x)g(x)\,\mathrm{d}x\right| \leqslant |g(A)| \cdot \left|\int_A^{\xi} f(x)\,\mathrm{d}x\right| + |g(A')| \cdot \left|\int_{\xi}^{A'} f(x)\,\mathrm{d}x\right|$$

$$\leqslant G\left|\int_A^{\xi} f(x)\,\mathrm{d}x\right| + G\left|\int_{\xi}^{A'} f(x)\,\mathrm{d}x\right| < \frac{\varepsilon}{2} + \frac{\varepsilon}{2} = \varepsilon.$$

（2）若 Dirichlet 判别法条件满足，记 M 是 $F(A)$ 在 $[a, +\infty)$ 的一个上界. 此时对任意 $A, A' \geqslant a$ 显然有

$$\left|\int_A^{A'} f(x)\,\mathrm{d}x\right| < 2M.$$

因为 $\lim\limits_{x \to +\infty} g(x) = 0$，所以存在 $A_0 \geqslant a$，当 $x > A_0$ 时，有

$$|g(x)| < \frac{\varepsilon}{4M}.$$

于是，对任意 $A, A' \geqslant A_0$，

$$\left|\int_A^{A'} f(x)g(x)\,\mathrm{d}x\right| \leqslant |g(A)| \cdot \left|\int_A^{\xi} f(x)\,\mathrm{d}x\right| + |g(A')| \cdot \left|\int_{\xi}^{A'} f(x)\,\mathrm{d}x\right|$$

$$\leqslant 2M|g(A)| + 2M|g(A')| < \frac{\varepsilon}{2} + \frac{\varepsilon}{2} = \varepsilon.$$

所以无论哪个判别法条件满足，由 Cauchy 收敛原理，都有 $\int_a^{+\infty} f(x)g(x)\,\mathrm{d}x$ 收敛的结论.

证毕

这两个判别法有时也统称为 **A–D 判别法**.

例 8.2.4　讨论 $\int_1^{+\infty} \dfrac{\sin x}{x}\,\mathrm{d}x$ 的敛散性.

解　$\int_1^A \sin x\,\mathrm{d}x$ 显然有界，$\dfrac{1}{x}$ 在 $[1, +\infty)$ 上单调且 $\lim\limits_{x \to +\infty} \dfrac{1}{x} = 0$，由 Dirichlet 判别法，$\int_1^{+\infty} \dfrac{\sin x}{x}\,\mathrm{d}x$ 收敛.

但在 $[1, +\infty)$，有

$$\left|\frac{\sin x}{x}\right| \geqslant \frac{\sin^2 x}{x} = \frac{1}{2x} - \frac{\cos 2x}{2x},$$

因 $\int_1^{+\infty} \dfrac{\cos 2x}{2x}\,\mathrm{d}x$ 收敛（仿照上面对 $\int_1^{+\infty} \dfrac{\sin x}{x}\,\mathrm{d}x$ 的讨论）而 $\int_1^{+\infty} \dfrac{1}{2x}\,\mathrm{d}x$ 发散，所以 $\int_1^{+\infty} \dfrac{\sin^2 x}{x}\,\mathrm{d}x$ 发散. 再由比较判别法，可知 $\int_1^{+\infty} \left|\dfrac{\sin x}{x}\right|\,\mathrm{d}x$ 发散.

因此，$\int_1^{+\infty} \dfrac{\sin x}{x}\,\mathrm{d}x$ 条件收敛.

例 8.2.5　讨论 $\int_1^{+\infty} \dfrac{\sin x \arctan x}{x}\,\mathrm{d}x$ 的敛散性.

解　由例 8.2.4，$\int_1^{+\infty} \dfrac{\sin x}{x}\,\mathrm{d}x$ 收敛，而 $\arctan x$ 在 $[1, +\infty)$ 上单调有界，由 Abel 判

别法, $\int_1^{+\infty} \dfrac{\sin x \text{arc} \tan x}{x} \mathrm{d}x$ 收敛.

当 $x \in [\sqrt{3}, +\infty)$ 时, 有

$$\left| \frac{\sin x \text{arc} \tan x}{x} \right| \geqslant \left| \frac{\sin x}{x} \right|,$$

由比较判别法和 $\int_1^{+\infty} \left| \dfrac{\sin x}{x} \right| \mathrm{d}x$ 发散, 可知 $\int_1^{+\infty} \dfrac{\sin x \text{arc} \tan x}{x} \mathrm{d}x$ 非绝对收敛.

因此, $\int_1^{+\infty} \dfrac{\sin x \text{arc} \tan x}{x} \mathrm{d}x$ 条件收敛.

无界函数反常积分的收敛判别法

以上关于无穷区间反常积分的结论都可以平行地用于无界函数的反常积分. 对于 $f(x)$ 在 $[a, b]$ 上只有一个奇点 $x = b$ 的情况, 我们列出相应结果, 证明请读者自己完成.

定理 8.2.1′(Cauchy 收敛原理) 反常积分 $\int_a^b f(x) \mathrm{d}x$ 收敛的充分必要条件是: 对任意给定的 $\varepsilon > 0$, 存在 $\delta > 0$, 使得对任意 $\eta, \eta' \in (0, \delta)$, 有

$$\left| \int_{b-\eta}^{b-\eta'} f(x) \mathrm{d}x \right| < \varepsilon.$$

定理 8.2.3′(Cauchy 判别法) 设在 $[a, b]$ 上恒有 $f(x) \geqslant 0$, 若当 x 属于 b 的某个左邻域 $[b-\eta_0, b)$ 时, 存在正常数 K, 使得

(1) $f(x) \leqslant \dfrac{K}{(b-x)^p}$, 且 $p < 1$, 则 $\int_a^b f(x) \mathrm{d}x$ 收敛;

(2) $f(x) \geqslant \dfrac{K}{(b-x)^p}$, 且 $p \geqslant 1$, 则 $\int_a^b f(x) \mathrm{d}x$ 发散.

推论(Cauchy 判别法的极限形式) 设在 $[a, b]$ 上恒有 $f(x) \geqslant 0$, 且

$$\lim_{x \to b-} (b-x)^p f(x) = l,$$

则

(1) 若 $0 \leqslant l < +\infty$, 且 $p < 1$, 则 $\int_a^b f(x) \mathrm{d}x$ 收敛;

(2) 若 $0 < l \leqslant +\infty$, 且 $p \geqslant 1$, 则 $\int_a^b f(x) \mathrm{d}x$ 发散.

定理 8.2.5′ 若下列两个条件之一满足, 则 $\int_a^b f(x)g(x) \mathrm{d}x$ 收敛:

(1) (**Abel 判别法**) $\int_a^b f(x) \mathrm{d}x$ 收敛, $g(x)$ 在 $[a, b]$ 上单调有界;

(2) (**Dirichlet 判别法**) $F(\eta) = \int_a^{b-\eta} f(x) \mathrm{d}x$ 在 $(0, b-a]$ 上有界, $g(x)$ 在 $[a, b]$ 上单调且 $\lim\limits_{x \to b-} g(x) = 0$.

例 8.2.6 讨论 $\int_0^{1/e} \dfrac{\mathrm{d}x}{x^p \ln x}$ 的敛散性 ($p \in \mathbf{R}^+$).

解 这是个定号的反常积分, $x = 0$ 是它的惟一奇点.

当 $0 < p < 1$ 时，取 $q = \dfrac{1+p}{2} \in (p,1)$，则

$$\lim_{x \to 0+} \frac{x^q}{x^p |\ln x|} = 0,$$

由 Cauchy 判别法的极限形式，$\displaystyle\int_0^{1/e} \frac{\mathrm{d}x}{x^p \ln x}$ 收敛.

类似地，当 $p > 1$ 时，取 $q = \dfrac{1+p}{2} \in (1,p)$，则

$$\lim_{x \to 0+} \frac{x^q}{x^p |\ln x|} = +\infty,$$

由 Cauchy 判别法的极限形式，$\displaystyle\int_0^{1/e} \frac{\mathrm{d}x}{x^p \ln x}$ 发散.

当 $p = 1$ 时，可以直接用 Newton-Leibniz 公式得到

$$\int_0^{1/e} \frac{\mathrm{d}x}{x \ln x} = \lim_{\eta \to 0+} \ln |\ln x| \, \Big|_\eta^{1/e} = -\infty.$$

因此，当 $0 < p < 1$ 时，反常积分 $\displaystyle\int_0^{1/e} \frac{\mathrm{d}x}{x^p \ln x}$ 收敛；当 $p \geqslant 1$ 时，反常积分 $\displaystyle\int_0^{1/e} \frac{\mathrm{d}x}{x^p \ln x}$ 发散.

需要提醒的是，当 $p \leqslant 0$ 时，由于 $\displaystyle\lim_{x \to 0+} \frac{1}{x^p \ln x} = 0$，因此 $\displaystyle\int_0^{1/e} \frac{\mathrm{d}x}{x^p \ln x}$ 是正常积分.请读者在做习题时注意区别这类情形.

例 8.2.7 讨论 $\displaystyle\int_0^1 \frac{1}{x^p} \sin \frac{1}{x} \mathrm{d}x$ 的敛散性（$p < 2$）.

解 令 $f(x) = \dfrac{1}{x^2} \sin \dfrac{1}{x}$，$g(x) = x^{2-p}$.

对于 $\eta \in (0,1)$，有

$$\int_\eta^1 f(x)\,\mathrm{d}x = \int_\eta^1 \frac{1}{x^2} \sin \frac{1}{x}\,\mathrm{d}x = -\int_\eta^1 \sin \frac{1}{x}\,\mathrm{d}\left(\frac{1}{x}\right) = \cos \frac{1}{x}\,\Big|_\eta^1,$$

所以 $\displaystyle\int_\eta^1 f(x)\,\mathrm{d}x$ 有界；而 $g(x)$ 显然在 $(0,1]$ 单调，且当 $p < 2$ 时，

$$\lim_{x \to 0+} g(x) = \lim_{x \to 0+} x^{2-p} = 0.$$

由无界函数反常积分的 Dirichlet 判别法，$\displaystyle\int_0^1 \frac{1}{x^p} \sin \frac{1}{x}\,\mathrm{d}x$ 收敛.

因为当 $p < 1$ 时，有

$$\left| \frac{1}{x^p} \sin \frac{1}{x} \right| < \frac{1}{x^p},$$

由比较判别法，此时 $\displaystyle\int_0^1 \frac{1}{x^p} \sin \frac{1}{x}\,\mathrm{d}x$ 绝对收敛.而利用例 8.2.4 类似的方法可以得到，当

$1 \leqslant p < 2$ 时，$\displaystyle\int_0^1 \frac{1}{x^p}\sin\frac{1}{x}\mathrm{d}x$ 条件收敛.

事实上，若对 $\displaystyle\int_0^1 \frac{1}{x^p}\sin\frac{1}{x}\mathrm{d}x$ 作变量代换 $x=\dfrac{1}{t}$，就可将它化为

$$\int_1^{+\infty} \frac{\sin t}{t^{2-p}}\mathrm{d}t,$$

利用无穷区间反常积分的 Dirichlet 判别法，可以得到同样的结果.

对两种类型反常积分并存（或多个奇点）的情况，应先将积分区间适当拆分.

例 8.2.8 讨论 $\displaystyle\int_0^{+\infty} \frac{x^{1-p}}{|x-1|^{p+q}}\mathrm{d}x$ 的敛散性（$p, q \in \mathbf{R}$）.

解   因为 $x=0$ 和 $x=1$ 可能是被积函数的奇点，积分区间也无界，所以将其拆成

$$\int_0^{+\infty} \frac{x^{1-p}}{|x-1|^{p+q}}\mathrm{d}x = \int_0^1 \frac{\mathrm{d}x}{x^{p-1}\cdot(1-x)^{p+q}} + \int_1^{+\infty} \frac{\mathrm{d}x}{x^{p-1}\cdot(x-1)^{p+q}};$$

要使积分收敛，考虑奇点 $x=0$，应要求 $p-1<1$；考虑奇点 $x=1$，应要求 $p+q<1$；而当 $x\to+\infty$ 时，由于

$$\frac{1}{x^{p-1}\cdot(x-1)^{p+q}} \sim \frac{1}{x^{2p+q-1}},$$

由 Cauchy 判别法的极限形式知，当 $2p+q-1>1$ 时积分收敛.

所以，只有当 p, q 同时满足

$$\begin{cases} p<2, \\ 2(1-p)<q<1-p, \end{cases}$$

即 (p, q) 属于图 8.2.1 的阴影区域时，积分 $\displaystyle\int_0^{+\infty} \frac{x^{1-p}}{|x-1|^{p+q}}\mathrm{d}x$ 才收敛.

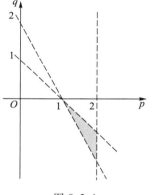

图 8.2.1

上一节中已经提到，在 $\displaystyle\int_a^{+\infty} f(x)\mathrm{d}x$ 收敛的情况下，即使 $f(x)$ 在 $[a, +\infty)$ 上 n 次可微，也不能导出 $f(x)$ 在 $[a, +\infty)$ 有界的结论. 作为反常积分 Cauchy 收敛原理的一个应用，下面证明，只要把条件换成"$f(x)$ 一致连续"（注意：这个条件并不比"可微"强，两者是互不包含的），就可以得到比有界更强的结果.

例 8.2.9 设 $\displaystyle\int_a^{+\infty} f(x)\mathrm{d}x$ 收敛，且 $f(x)$ 在 $[a, +\infty)$ 一致连续，则 $\displaystyle\lim_{x\to+\infty} f(x) = 0$.

证   用反证法.

若在所给的条件下，当 $x\to+\infty$ 时 $f(x)$ 不趋于零，则由极限定义，存在 $\varepsilon_0>0$，对于任意给定的 $X>a$，存在 $x_0>X$，使得

$$|f(x_0)| \geqslant \varepsilon_0.$$

又因为 $f(x)$ 在 $[a, +\infty)$ 一致连续，所以对于 $\dfrac{\varepsilon_0}{2}>0$，存在 $\delta_0 \in (0,1)$，使得对于任意

$x', x''>a$，只要 $|x'-x''|<\delta_0$，就有

$$|f(x')-f(x'')|<\frac{\varepsilon_0}{2}.$$

令 $\varepsilon_1=\frac{\varepsilon_0\delta_0}{2}>0$，对于任意给定的 $A_0\geqslant a$，取 $X=A_0+1$，并设 $x_0>X$ 满足 $|f(x_0)|\geqslant\varepsilon_0$. 不妨设 $f(x_0)>0$，则对任意满足 $|x-x_0|<\delta_0$ 的 x，有

$$f(x)>f(x_0)-\frac{\varepsilon_0}{2}\geqslant\frac{\varepsilon_0}{2}>0.$$

取 A 和 A' 分别等于 $x_0-\frac{\delta_0}{2}$ 和 $x_0+\frac{\delta_0}{2}$，则 $A'>A>A_0$，且有

$$\left|\int_A^{A'}f(x)\,\mathrm{d}x\right|=\left|\int_{x_0-\frac{\delta_0}{2}}^{x_0+\frac{\delta_0}{2}}f(x)\,\mathrm{d}x\right|>\frac{\varepsilon_0}{2}\delta_0=\varepsilon_1.$$

由 Cauchy 收敛原理，$\int_a^{+\infty}f(x)\,\mathrm{d}x$ 不收敛，与假设条件矛盾. 于是 $\lim\limits_{x\to+\infty}f(x)=0$.

证毕

习　题

1. （1）证明比较判别法（定理 8.2.2）；

    （2）举例说明，当比较判别法的极限形式中 $l=0$ 或 $+\infty$ 时，$\int_a^{+\infty}\varphi(x)\,\mathrm{d}x$ 和 $\int_a^{+\infty}f(x)\,\mathrm{d}x$ 的敛散性可以产生各种不同的情况.

2. 证明 Cauchy 判别法及其极限形式（定理 8.2.3 及其推论）.

3. 讨论下列非负函数反常积分的敛散性：

    （1）$\displaystyle\int_1^{+\infty}\frac{1}{\sqrt{x^3-\mathrm{e}^{-2x}+\ln x+1}}\mathrm{d}x$；　　　　（2）$\displaystyle\int_1^{+\infty}\frac{\arctan x}{1+x^3}\mathrm{d}x$；

    （3）$\displaystyle\int_0^{+\infty}\frac{1}{1+x|\sin x|}\mathrm{d}x$；　　　　（4）$\displaystyle\int_1^{+\infty}\frac{x^q}{1+x^p}\mathrm{d}x$　$(p,q\in\mathbf{R}^+)$.

4. 证明：对非负函数 $f(x)$，$(\mathrm{cpv})\displaystyle\int_{-\infty}^{+\infty}f(x)\,\mathrm{d}x$ 收敛与 $\displaystyle\int_{-\infty}^{+\infty}f(x)\,\mathrm{d}x$ 收敛是等价的.

5. 讨论下列反常积分的敛散性（包括绝对收敛、条件收敛和发散，下同）：

    （1）$\displaystyle\int_2^{+\infty}\frac{\ln\ln x}{\ln x}\sin x\,\mathrm{d}x$；　　　　（2）$\displaystyle\int_1^{+\infty}\frac{\sin x}{x^p}\mathrm{d}x$　$(p\in\mathbf{R}^+)$；

    （3）$\displaystyle\int_1^{+\infty}\frac{\sin x\arctan x}{x^p}\mathrm{d}x$　$(p\in\mathbf{R}^+)$；　　（4）$\displaystyle\int_0^{+\infty}\sin(x^2)\,\mathrm{d}x$；

    （5）$\displaystyle\int_a^{+\infty}\frac{p_m(x)}{q_n(x)}\sin x\,\mathrm{d}x$　　　（$p_m(x)$ 和 $q_n(x)$ 分别是 m 和 n 次多项式，$q_n(x)$ 在 $x\in[a,+\infty)$ 范围无零点）.

6. 设 $f(x)$ 在 $[a,b]$ 只有一个奇点 $x=b$，证明定理 8.2.3′ 和定理 8.2.5′.

7. 讨论下列非负函数反常积分的敛散性：

(1) $\displaystyle\int_0^1 \dfrac{1}{\sqrt[3]{x^2(1-x)}}\,dx$; (2) $\displaystyle\int_0^1 \dfrac{\ln x}{x^2-1}\,dx$;

(3) $\displaystyle\int_0^{\frac{\pi}{2}} \dfrac{1}{\cos^2 x\sin^2 x}\,dx$; (4) $\displaystyle\int_0^{\frac{\pi}{2}} \dfrac{1-\cos x}{x^p}\,dx$;

(5) $\displaystyle\int_0^1 |\ln x|^p\,dx$; (6) $\displaystyle\int_0^1 x^{p-1}(1-x)^{q-1}\,dx$;

(7) $\displaystyle\int_0^1 x^{p-1}(1-x)^{q-1}|\ln x|\,dx$.

8. 讨论下列反常积分的敛散性：

(1) $\displaystyle\int_0^1 \dfrac{x^{p-1}-x^{q-1}}{\ln x}\,dx \quad (p,q\in\mathbf{R}^+)$; (2) $\displaystyle\int_0^{+\infty} \dfrac{1}{\sqrt[3]{x(x-1)^2(x-2)}}\,dx$;

(3) $\displaystyle\int_0^{+\infty} \dfrac{\ln(1+x)}{x^p}\,dx$; (4) $\displaystyle\int_0^{+\infty} \dfrac{\arctan x}{x^p}\,dx$;

(5) $\displaystyle\int_0^{\pi/2} \dfrac{\sqrt{\tan x}}{x^p}\,dx$; (6) $\displaystyle\int_0^{+\infty} x^{p-1}\mathrm{e}^{-x}\,dx$;

(7) $\displaystyle\int_0^{+\infty} \dfrac{1}{x^p+x^q}\,dx$; (8) $\displaystyle\int_2^{+\infty} \dfrac{1}{x^p\ln^q x}\,dx$.

9. 讨论下列反常积分的敛散性：

(1) $\displaystyle\int_0^{+\infty} \dfrac{x^{p-1}}{1+x^2}\,dx$; (2) $\displaystyle\int_1^{+\infty} \dfrac{x^q\sin x}{1+x^p}\,dx \quad (p\geqslant 0)$;

(3) $\displaystyle\int_0^{+\infty} \dfrac{\mathrm{e}^{\sin x}\cos x}{x^p}\,dx$; (4) $\displaystyle\int_0^{+\infty} \dfrac{\mathrm{e}^{\sin x}\sin 2x}{x^p}\,dx$;

(5) $\displaystyle\int_0^1 \dfrac{1}{x^p}\cos\dfrac{1}{x^2}\,dx$; (6) $\displaystyle\int_1^{+\infty} \dfrac{\sin\left(x+\dfrac{1}{x}\right)}{x^p}\,dx \quad (p>0)$.

10. 证明反常积分 $\displaystyle\int_0^{+\infty} x\sin(x^4)\sin x\,dx$ 收敛.

11. 设 $\displaystyle\int_a^{+\infty} f(x)\,dx$ 绝对收敛,且 $\displaystyle\lim_{x\to+\infty} f(x)=0$,证明 $\displaystyle\int_a^{+\infty} f^2(x)\,dx$ 收敛.

12. 设 $f(x)$ 单调,且当 $x\to 0+$ 时 $f(x)\to+\infty$,证明: $\displaystyle\int_0^1 f(x)\,dx$ 收敛的必要条件是 $\displaystyle\lim_{x\to 0+} xf(x)=0$.

13. 设 $\displaystyle\int_a^{+\infty} f(x)\,dx$ 收敛,且 $xf(x)$ 在 $[a,+\infty)$ 上单调减少,证明:

$$\lim_{x\to+\infty} x(\ln x)f(x)=0.$$

14. 设 $f(x)$ 单调下降,且 $\displaystyle\lim_{x\to+\infty} f(x)=0$,证明:若 $f'(x)$ 在 $[0,+\infty)$ 上连续,则反常积分 $\displaystyle\int_0^{+\infty} f'(x)\sin^2 x\,dx$ 收敛.

15. 若 $\displaystyle\int_a^{+\infty} f^2(x)\,dx$ 收敛,则称 $f(x)$ 在 $[a,+\infty)$ 上**平方可积**.(类似可定义无界函数在 $[a,b]$ 上平方可积的概念.)

　(1) 对两种反常积分分别探讨 $f(x)$ 平方可积与 $f(x)$ 的反常积分收敛之间的关系;

　(2) 对无穷区间的反常积分,举例说明,平方可积与绝对收敛互不包含;

　(3) 对无界函数的反常积分,证明:平方可积必定绝对收敛,但逆命题不成立.

16. 证明反常积分

$$\int_1^{+\infty} \dfrac{\sin x}{x^p+\sin x}\,dx$$

当 $p \leqslant \dfrac{1}{2}$ 时发散, 当 $\dfrac{1}{2} < p \leqslant 1$ 时条件收敛, 当 $p > 1$ 时绝对收敛.

 补充习题

部分习题答案与提示

第　一　章

§1

4. (1) $\{x \mid -2 < x \leqslant 3\}$;

(2) $\{(x,y) \mid x > 0 \text{ 且 } y > 0\}$;

(3) $\{x \mid 0 < x < 1 \text{ 且 } x \in \mathbf{Q}\}$;

(4) $\left\{x \mid x = k\pi + \dfrac{\pi}{2}, k \in \mathbf{Z}\right\}$.

7. (1) 不正确. $x \in A \cap B \Leftrightarrow x \in A$ 或者 $x \in B$;

(2) 不正确. $x \in A \cup B \Leftrightarrow x \in A$ 并且 $x \in B$.

§2

2. (1) $f: [a,b] \rightarrow [0,1]$

$$x \longmapsto y = \frac{x-a}{b-a}.$$

(2) $f: (0,1) \rightarrow (-\infty, +\infty)$

$$x \longmapsto \tan\left[\left(x - \frac{1}{2}\right)\pi\right].$$

3. (1) $y = \log_a(x^2 - 3)$, 定义域: $(-\infty, -\sqrt{3}) \cup (\sqrt{3}, +\infty)$, 值域: $(-\infty, +\infty)$;

(2) $y = \arcsin 3^x$, 定义域: $(-\infty, 0]$, 值域: $\left(0, \dfrac{\pi}{2}\right]$;

(3) $y = |\tan x|$, 定义域: $\bigcup_{k \in \mathbf{Z}} \left(k\pi - \dfrac{\pi}{2}, k\pi + \dfrac{\pi}{2}\right)$, 值域: $[0, +\infty)$;

(4) $y = \sqrt{\dfrac{x-1}{x+1}}$, 定义域: $(-\infty, -1) \cup [1, +\infty)$, 值域: $[0,1) \cup (1, +\infty)$.

5. (1) 定义域: $\bigcup_{k \in \mathbf{Z}} (2k\pi, (2k+1)\pi)$, 值域: $(-\infty, 0]$;

(2) 定义域: $\bigcup_{k \in \mathbf{Z}} \left[2k\pi - \dfrac{\pi}{2}, 2k\pi + \dfrac{\pi}{2}\right]$, 值域: $[0,1]$;

(3) 定义域: $[-4,1]$, 值域: $\left[0, \dfrac{5}{2}\right]$;

（4）定义域：$(-\infty,0)\cup(0,+\infty)$，值域：$\left[\dfrac{3\sqrt[3]{2}}{2},+\infty\right)$.

7. （1）$f(x)=2x^3-21x^2+77x-97$；

   （2）$f(x)=\dfrac{2x+1}{4x-1}$.

8. （1）$f\circ f(x)=\dfrac{x+1}{x+2}$；

$$f\circ f\circ f(x)=\dfrac{x+2}{2x+3};$$

$$f\circ f\circ f\circ f(x)=\dfrac{2x+3}{3x+5}.$$

9. $f(x)=\dfrac{f(x)+f(-x)}{2}+\dfrac{f(x)-f(-x)}{2}$，$\dfrac{f(x)+f(-x)}{2}$ 是偶函数，$\dfrac{f(x)-f(-x)}{2}$ 是奇函数.

10. $y=\begin{cases}-4x+3, & x\in[0,1],\\[2mm] \dfrac{3}{2}x-\dfrac{5}{2}, & x\in(1,3],\\[2mm] -2x+8, & x\in(3,4].\end{cases}$

11. $y=\begin{cases}\dfrac{1}{2}x^2, & x\in[0,1],\\[2mm] -\dfrac{1}{2}x^2+2x-1, & x\in(1,2].\end{cases}$

12. $P(x)=\begin{cases}784x, & x\in[0,5],\\ 980x-980, & x\in(5,9],\\ 13328x-112112, & x\in(9,11].\end{cases}$

13. $f(x)=\begin{cases}x, & x\text{ 为有理数},\\ 1-x, & x\text{ 为无理数}.\end{cases}$

第 二 章

§1

1. （1）反证法. 若 $\sqrt{6}$ 是有理数，则可写成既约分数 $\sqrt{6}=\dfrac{m}{n}$. 由 $m^2=6n^2$，可知 m 是偶数，设 $m=2k$，于是

   有 $3n^2=2k^2$，从而得到 n 是偶数，这与 $\dfrac{m}{n}$ 是既约分数矛盾.

  （2）提示：利用（1）的结论.

§2

1. （5）提示：当 $n\geqslant 3$，有 $\dfrac{n^2}{3^n}=\dfrac{n^2}{(1+2)^n}<\dfrac{n^2}{2^3 C_n^3}$；

  （6）提示：当 $n>5$，有 $\dfrac{3^n}{n!}\leqslant\dfrac{3^5}{5!}\cdot\left(\dfrac{1}{2}\right)^{n-5}$；

（7）提示：$\dfrac{n!}{n^n}<\dfrac{1}{n}$；

（8）提示：证明不等式 $0<\dfrac{1}{n}-\dfrac{1}{n+1}+\dfrac{1}{n+2}-\cdots+(-1)^n\dfrac{1}{2n}<\dfrac{1}{n}$.

6. 提示：证明并利用不等式 $|\sqrt{x}-\sqrt{a}|\leqslant\sqrt{|x-a|}$.

8. （1）1；（2）1；（3）2；（4）0,提示：应用不等式 $2k>\sqrt{(2k-1)(2k+1)}$.

9. （1）3；（2）$\dfrac{1}{2}$；（3）$\dfrac{1}{3}$；（4）0；（5）$\dfrac{1}{2}$；（6）$-\dfrac{1}{2}$；（7）0；（8）$\dfrac{1}{2}$；（9）1；

（10）3,提示：设 $x_n=\dfrac{1}{2}+\dfrac{3}{2^2}+\dfrac{5}{2^3}+\cdots+\dfrac{2n-1}{2^n}$,则 $2x_n=1+\dfrac{3}{2}+\dfrac{5}{2^2}+\cdots+\dfrac{2n-1}{2^{n-1}}$,两式相减,得到

$$x_n=1+2\left(\dfrac{1}{2}+\dfrac{1}{2^2}+\cdots+\dfrac{1}{2^{n-1}}\right)-\dfrac{2n-1}{2^n}.$$

11. 提示：$\sqrt[n]{a_n}=\sqrt[n]{a_1\cdot\dfrac{a_2}{a_1}\cdot\dfrac{a_3}{a_2}\cdot\cdots\cdot\dfrac{a_n}{a_{n-1}}}$.

12. （1）提示：设 $a_1+a_2+\cdots+a_n=S_n$,则 $\displaystyle\sum_{k=1}^{n}ka_k=nS_n-\sum_{k=1}^{n-1}S_k$,再利用例 2.2.6 的结论；

（2）提示：利用定理 1.2.2 与（1）.

13. 提示：令 $a_n=a+\alpha_n,b_n=b+\beta_n$.

14. 提示：注意有 $\displaystyle\lim_{n\to\infty}\dfrac{a_1+a_2+\cdots+a_{n-1}}{n}=a$.

§3

2. （1）提示：设 $\displaystyle\lim_{n\to\infty}a_n=+\infty$,则 $\forall G>0,\exists N_1>0,\forall n>N_1：a_n>3G$. 对固定的 $N_1,\exists N>2N_1,\forall n>N$：

$$\left|\dfrac{a_1+a_2+\cdots+a_{N_1}}{n}\right|<\dfrac{G}{2},于是$$

$$\dfrac{a_1+a_2+\cdots+a_n}{n}\geqslant\dfrac{a_{N_1+1}+a_{N_1+2}+\cdots+a_n}{n}-\left|\dfrac{a_1+a_2+\cdots+a_{N_1}}{n}\right|>\dfrac{3G}{2}-\dfrac{G}{2}=G.$$

6. （1）不能,考虑例子：$x_n=(-1)^n n,y_n=n$；

（2）不能,考虑例子：$x_n=1-2+3-4+\cdots+(-1)^{n-1}n,y_n=n^2$.

7. 提示：记 $k=\lambda^{-1}$,则 $a_n+\lambda a_{n-1}+\cdots+\lambda^n a_0=\dfrac{k^n a_n+k^{n-1}a_{n-1}+\cdots+a_0}{k^n}$,再利用 Stolz 定理.

8. 提示：作代换 $a_k=A_k-A_{k-1}$,得到

$$\dfrac{p_1a_1+p_2a_2+\cdots+p_na_n}{p_n}=A_n-\dfrac{A_1(p_2-p_1)+A_2(p_3-p_2)+\cdots+A_{n-1}(p_n-p_{n-1})}{p_n},$$

再对后一分式应用 Stolz 定理.

§4

1. （1）$\dfrac{1}{e}$；（2）e；（3）$\sqrt{e}$；（4）1；（5）e;提示：当 $n\geqslant 2$ 时,有

$$\left(1+\dfrac{1}{n+2}\right)^n\leqslant\left(1+\dfrac{1}{n}-\dfrac{1}{n^2}\right)^n<\left(1+\dfrac{1}{n}\right)^n.$$

2. （1）依次证明 $x_n<2,\{x_n\}$ 单调增加,$\displaystyle\lim_{n\to\infty}x_n=2$；

（2）依次证明 $x_n<2,\{x_n\}$ 单调增加,$\displaystyle\lim_{n\to\infty}x_n=2$；

（3）依次证明 $x_n > -1$，$\{x_n\}$ 单调减少，$\lim\limits_{n\to\infty} x_n = -1$；

（4）依次证明 $x_n < 4$，$\{x_n\}$ 单调增加，$\lim\limits_{n\to\infty} x_n = 4$；

（5）依次证明 $0 < x_n < 1$，$\{x_n\}$ 单调减少，$\lim\limits_{n\to\infty} x_n = 0$；

（6）依次证明 $0 < x_n < 1$，$\{x_n\}$ 单调增加，$\lim\limits_{n\to\infty} x_n = 1$.

4. $\sqrt{2}$，$-\sqrt{2}$；提示：对 $x_1 = 1$，依次证明对任意 n 有 $x_n > 0$，当 $n \geq 2$ 时 $x_n \geq \sqrt{2}$ 及 $x_{n+1} - x_n = -\dfrac{x_n}{2} + \dfrac{1}{x_n} \leq 0$，即 $\{x_n\}$ 单调减少有下界；对 $x_1 = -2$，依次证明对任意 n 有 $x_n \leq -\sqrt{2}$ 及 $x_{n+1} - x_n = -\dfrac{x_n}{2} + \dfrac{1}{x_n} \geq 0$，即 $\{x_n\}$ 单调增加有上界.

5. $\dfrac{a+2b}{3}$；提示：先求数列 $\{x_{n+1} - x_n\}$ 的通项公式 $x_{n+1} - x_n = \left(-\dfrac{1}{2}\right)^{n-1}(b-a)$，再利用 $x_n = x_1 + (x_2 - x_1) + (x_3 - x_2) + \cdots + (x_n - x_{n-1})$.

6. （1）提示：$a \leq x_n < x_{n+1} < y_{n+1} < y_n \leq b$；

（2）提示：$n \geq 2$ 时，$\dfrac{2ab}{a+b} \leq y_n < y_{n+1} < x_{n+1} < x_n \leq \dfrac{a+b}{2}$.

7. $\sqrt{2} - 1$；提示：数列 $\{x_{2k}\}$ 单调增加，数列 $\{x_{2k+1}\}$ 单调减少.

13. （2）提示：证明不等式 $\left| \sum\limits_{k=n+1}^{m} (-1)^{k+1} \dfrac{1}{k} \right| < \dfrac{1}{n+1}$.

14. （1）不一定，反例：$x_n = 1 + \dfrac{1}{2} + \dfrac{1}{3} + \cdots + \dfrac{1}{n}$；

（2）提示：$\forall m > n$，利用不等式 $|x_m - x_n| \leq |x_m - x_{m-1}| + |x_{m-1} - x_{m-2}| + \cdots + |x_{n+1} - x_n|$.

15. 提示：利用 Cauchy 收敛原理.

16. 提示：采用反证法.不妨设 $\{x_n\}$ 是单调增加的有界数列.假设它不收敛，则

$\exists \varepsilon_0 > 0$，$\forall N > 0$，$\exists m, n > N$：$|x_m - x_n| > \varepsilon_0$.

取 $N_1 = 1$，$\exists m_1 > n_1 > N_1$：$x_{m_1} - x_{n_1} > \varepsilon_0$；

取 $N_2 = m_1$，$\exists m_2 > n_2 > N_2$：$x_{m_2} - x_{n_2} > \varepsilon_0$；

……

取 $N_k = m_{k-1}$，$\exists m_k > n_k > N_k$：$x_{m_k} - x_{n_k} > \varepsilon_0$；

……

于是 $x_{m_k} - x_{n_1} > k\varepsilon_0 \to +\infty$（$k \to \infty$），与数列 $\{x_n\}$ 有界矛盾.

第 三 章

§1

2. （1）$\dfrac{2}{3}$；（2）$\dfrac{1}{2}$；（3）$\dfrac{2}{3}$；（4）5；（5）n；（6）$\dfrac{1}{2}nm(n-m)$；（7）$\cos a$；（8）2；（9）4；（10）$\dfrac{1}{2}$.

3. （1）提示：当 $\dfrac{1}{n+1} < x \leq \dfrac{1}{n}$，则 $\dfrac{n}{n+1} < x\left[\dfrac{1}{x}\right] \leq 1$；

当 $-\dfrac{1}{n}<x\leqslant-\dfrac{1}{n+1}$, 则 $1\leqslant x\left[\dfrac{1}{x}\right]<\dfrac{n+1}{n}$.

（2）提示：当 $n\leqslant x<n+1$, 则 $n^{\frac{1}{n+1}}<x^{\frac{1}{x}}<(n+1)^{\frac{1}{n}}$.

4. （1）提示：$0<\dfrac{x^k}{a^x}<\dfrac{(\,[\,x\,]+1)^k}{a^{[\,x\,]}}$, 利用 $\lim\limits_{n\to\infty}\dfrac{(n+1)^k}{a^n}=0$;

   （2）提示：令 $\ln x=t$, 再利用（1）的结论.

5. （1）$\lim\limits_{x\to0+}f(x)=+\infty$, $\lim\limits_{x\to1-}f(x)=\dfrac{1}{2}$, $\lim\limits_{x\to1+}f(x)=1$, $\lim\limits_{x\to2-}f(x)=4$, $\lim\limits_{x\to2+}f(x)=4$;

   （2）$\lim\limits_{x\to0-}f(x)=-1$, $\lim\limits_{x\to0+}f(x)=1$;

   （3）$D(x)$ 在任意点无单侧极限;

   （4）$\lim\limits_{x\to\frac{1}{n}-}f(x)=0$, $\lim\limits_{x\to\frac{1}{n}+}f(x)=1$.

6. （1）0;（2）不存在;（3）$\lim\limits_{x\to+\infty}x^\alpha\sin\dfrac{1}{x}=\begin{cases}0,&\alpha<1,\\1,&\alpha=1,\\+\infty,&\alpha>1;\end{cases}$（4）不存在;（5）$1$;（6）不存在.

7. 存在;提示：$\lim\limits_{x\to0+}f(x)=\lim\limits_{x\to0-}f(x)=1$.

10. （1）$\exists\varepsilon_0>0,\forall N,\exists n>N:|x_n|\geqslant\varepsilon_0$;

    （2）$\exists G_0>0,\forall N,\exists n>N:x_n\leqslant G_0$;

    （3）$\exists\varepsilon_0>0,\forall\delta>0,\exists x\in(x_0,x_0+\delta):|f(x)-A|\geqslant\varepsilon_0$;

    （4）$\exists G_0>0,\forall\delta>0,\exists x\in(x_0-\delta,x_0):f(x)\leqslant G_0$;

    （5）$\exists\varepsilon_0>0,\forall X>0,\exists x\in(-\infty,-X):|f(x)-A|\geqslant\varepsilon_0$;

    （6）$\exists G_0>0,\forall X>0,\exists x\in(X,+\infty):f(x)\geqslant-G_0$.

15. 提示：$\forall x_0\in(0,+\infty)$, 利用 $f(x_0)=f(2^n x_0)$ 与 $\lim\limits_{n\to\infty}f(2^n x_0)=\lim\limits_{x\to+\infty}f(x)=A$.

§2

2. （1）$\bigcup\limits_{k\in\mathbf{Z}}\left(\dfrac{k\pi}{2},\dfrac{(k+1)\pi}{2}\right)$;（2）$\bigcup\limits_{k\in\mathbf{Z}}\left(2k\pi-\dfrac{\pi}{2},2k\pi+\dfrac{\pi}{2}\right)$;（3）$(-1,1]\cup[3,+\infty)$;

   （4）$\{x\mid x>-1,x\in\mathbf{N}^+\}$;（5）$\{(-\infty,0)\cup(0,+\infty)\}\setminus\left\{\dfrac{1}{k}\mid k\in\mathbf{Z},k\neq0\right\}$;

   （6）$\bigcup\limits_{k\in\mathbf{Z}}(k\pi,(k+1)\pi)$.

5. 提示：$\max\{f,g\}=\dfrac{1}{2}\{f(x)+g(x)+|f(x)-g(x)|\}$; $\min\{f,g\}=\dfrac{1}{2}\{f(x)+g(x)-|f(x)-g(x)|\}$.

7. （1）1;（2）e^2;（3）$e^{\cot a}$;（4）e^{x+1};（5）e^2.

8. （1）$x=1,-2$, 第二类不连续点;

   （2）$x=k(k\in\mathbf{Z},k\neq0)$, 第一类不连续点;$x=0$, 第二类不连续点;

   （3）$x=k\pi(k\in\mathbf{Z},k\neq0)$, 第二类不连续点;$x=0$, 第三类不连续点;

   （4）$x=\dfrac{1}{2}k(k\in\mathbf{Z})$, 第一类不连续点;

   （5）$x=0$, 第三类不连续点;

   （6）$x=0$, 第三类不连续点;

   （7）$x=0$, 第一类不连续点;$x=1$, 第三类不连续点;$x=-1$, 第二类不连续点;

   （8）$x=0$, 第三类不连续点;

   （9）非整数点, 第二类不连续点;

（10）非整数有理点，第三类不连续点.

9. 提示：$\forall x \in (0, +\infty)$，利用 $f(x) = f(x^{\frac{1}{2^n}})$，$\lim\limits_{n \to \infty} x^{\frac{1}{2^n}} = 1$ 及 $f(x)$ 的连续性，得到 $f(x) = f(1)$.

§3

1. （1）$u(x) \sim 2x^3 (x \to 0)$；$u(x) \sim x^5 (x \to \infty)$；

   （2）$u(x) \sim -2x^{-1}(x \to 0)$；$u(x) \sim \dfrac{1}{3}x(x \to \infty)$；

   （3）$u(x) \sim x^{\frac{2}{3}}(x \to 0+)$；$u(x) \sim x^{\frac{3}{2}}(x \to +\infty)$；

   （4）$u(x) \sim x^{\frac{1}{8}}(x \to 0+)$；$u(x) \sim x^{\frac{1}{2}}(x \to +\infty)$；

   （5）$u(x) \sim \dfrac{5}{6}x(x \to 0)$；$u(x) \sim \sqrt{3}x^{\frac{1}{2}}(x \to +\infty)$；

   （6）$u(x) \sim \dfrac{1}{2}x^{-1}(x \to +\infty)$；

   （7）$u(x) \sim x^{\frac{1}{2}}(x \to 0+)$；

   （8）$u(x) \sim -2x(x \to 0+)$；

   （9）$u(x) \sim -\dfrac{3}{2}x^2(x \to 0)$；

   （10）$u(x) \sim x(x \to 0)$.

2. （1）$\ln^k x(k > 0)$，$x^{\alpha}(\alpha > 0)$，$a^x(a > 1)$，$[x]!$，x^x；

   （2）$\left(\dfrac{1}{x}\right)^{-\frac{1}{x}}$，$\dfrac{1}{\left[\dfrac{1}{x}\right]!}$，$a^{-\frac{1}{x}}(a > 1)$，$x^{\alpha}(\alpha > 0)$，$\ln^{-k}\left(\dfrac{1}{x}\right)(k > 0)$.

3. （1）$\dfrac{1}{6}$；（2）0；（3）$\dfrac{1}{2}$；（4）1；（5）$a^{\alpha}\ln a$；（6）$\alpha a^{\alpha-1}$；

   （7）1；（8）$\dfrac{1}{a}$；（9）e^2；（10）e^{-1}；（11）$\ln x$；（12）$\ln x$.

§4

8. 提示：

（1）在 $(0,1)$ 上，令 $x_n' = \dfrac{1}{n\pi}$，$x_n'' = \dfrac{1}{n\pi + \dfrac{\pi}{2}}$，$x_n' - x_n'' \to 0$，但 $\left|\sin\dfrac{1}{x_n'} - \sin\dfrac{1}{x_n''}\right| = 1$；

在 $(a,1)$ 上，利用不等式 $\left|\sin\dfrac{1}{x_1} - \sin\dfrac{1}{x_2}\right| \leqslant \left|\dfrac{1}{x_1} - \dfrac{1}{x_2}\right| \leqslant \dfrac{|x_1 - x_2|}{a^2}$.

（2）在 $(-\infty, +\infty)$ 上，令 $x_n' = \sqrt{n\pi + \dfrac{\pi}{2}}$，$x_n'' = \sqrt{n\pi}$，$x_n' - x_n'' \to 0$，

但 $|\sin(x_n')^2 - \sin(x_n'')^2| = 1$；

在 $[0, A]$ 上，利用不等式 $|\sin x_1^2 - \sin x_2^2| \leqslant |x_1^2 - x_2^2| \leqslant 2A|x_1 - x_2|$.

（3）利用不等式 $|\sqrt{x_1} - \sqrt{x_2}| \leqslant \sqrt{|x_1 - x_2|}$.

（4）利用不等式 $|\ln x_1 - \ln x_2| = \left|\ln\left(1 + \dfrac{x_1 - x_2}{x_2}\right)\right| \leqslant |x_1 - x_2|$.

（5）利用不等式 $|\cos\sqrt{x_1} - \cos\sqrt{x_2}| \leqslant |\sqrt{x_1} - \sqrt{x_2}| \leqslant \sqrt{|x_1 - x_2|}$.

9. 提示:过 P 点作弦,设弦与 x 轴的夹角为 θ,P 点将弦分成长度为 $l_1(\theta)$ 和 $l_2(\theta)$ 的两线段.则 $f(\theta)=l_1(\theta)-l_2(\theta)$ 在 $[0,\pi]$ 连续,满足 $f(0)=-f(\pi)$,于是在 $[0,\pi]$ 必有一个零点.

10. 提示:令 $F(x)=f(x+1)-f(x)$,则 $F(1)=-F(0)$,于是 $F(x)$ 在 $[0,1]$ 必有一个零点.

14. 提示:$\displaystyle\min_{x\in[a,b]}\{f(x)\}\leqslant\frac{1}{n}[f(x_1)+f(x_2)+\cdots+f(x_n)]\leqslant\max_{x\in[a,b]}\{f(x)\}.$

15. 提示:由 $\displaystyle\lim_{x\to+\infty}f(x)=A$,$\forall\,\varepsilon>0$,$\exists\,X>a$,$\forall\,x',x''>X$:$|f(x')-f(x'')|<\varepsilon.$ 由于 $f(x)$ 在 $[a,X+1]$ 连续,所以一致连续,也就是 $\exists\,0<\delta<1$,$\forall\,x',x''\in[a,X+1]\,(|x'-x''|<\delta)$:$|f(x')-f(x'')|<\varepsilon.$

于是 $\forall\,x',x''\in[a,+\infty)\,(|x'-x''|<\delta)$:$|f(x')-f(x'')|<\varepsilon.$

第 四 章

§1

1. 1. 12 g.

§2

1. (1) $-f'(x_0)$;(2) $f'(x_0)$;(3) $2f'(x_0)$.

3. 提示:证明 $f(1)=0$,$f'(1)=2$.

6. (1) 不可导点:$x=k\pi\,(k\in\mathbf{Z})$,$f'_-(k\pi)=-1$,$f'_+(k\pi)=1$;

    (2) 不可导点:$x=2k\pi\,(k\in\mathbf{Z})$,$f'_-(2k\pi)=-\dfrac{\sqrt{2}}{2}$,$f'_+(2k\pi)=\dfrac{\sqrt{2}}{2}$;

    (3) 不可导点:$x=0$,$f'_-(0)=1$,$f'_+(0)=-1$;

    (4) 不可导点:$x=0$,$f'_-(0)=-1$,$f'_+(0)=1$.

7. (1) 可导;(2) $a=b=0$ 时可导,其他情况不可导;(3)不可导;(4) $a<0$ 时可导,$a\geqslant 0$ 时不可导.

10. (1) 不一定;反例:$f(x)=\dfrac{1}{x}+\cos\dfrac{1}{x}$,$\displaystyle\lim_{x\to 0^+}f(x)=\infty$,$f'(x)=\dfrac{1}{x^2}\left(-1+\sin\dfrac{1}{x}\right)$,$\displaystyle\lim_{x\to 0^+}f'(x)=\infty$ 不成立.

    (2) 不一定;反例:$f(x)=\sqrt{x}$,$a=0$.

§3

3. (1) $3\cos x+\dfrac{1}{x}-\dfrac{1}{2\sqrt{x}}$;

    (2) $\cos x-x\sin x+2x$;

    (3) $(2x+7)\sin x+(x^2+7x-5)\cos x$;

    (4) $2x(3\tan x+2\sec x)+x^2(3\sec^2 x+2\tan x\sec x)$;

    (5) $e^x(\sin x+\cos x)+4\sin x-\dfrac{3}{2}x^{-\frac{3}{2}}$;

    (6) $(1+2\cos x-2^x\ln 2)x^{-\frac{2}{3}}-\dfrac{2}{3}(x+2\sin x-2^x)x^{-\frac{5}{3}}$;

    (7) $\dfrac{\sin x-1}{(x+\cos x)^2}$;

（8）$\dfrac{2(x\sin x+x^2\cos x-2)(\sqrt{x}+1)-\sqrt{x}(x\sin x-2\ln x)}{2x(\sqrt{x}+1)^2}$；

（9）$\dfrac{(3x^2-\csc^2 x)x\ln x-x^3-\cot x}{x\ln^2 x}$；

（10）$\dfrac{-2(x+\sin x\cos x)}{(x\sin x-\cos x)^2}$；

（11）$\left(\mathrm{e}^x+\dfrac{1}{x\ln 3}\right)\arcsin x+\left(\mathrm{e}^x+\dfrac{\ln x}{\ln 3}\right)\dfrac{1}{\sqrt{1-x^2}}$；

（12）$-x^2\mathrm{sh}x\left(\cot x\csc x+\dfrac{3}{x}\right)+x(\csc x-3\ln x)(2\mathrm{sh}\,x+x\mathrm{ch}\,x)$；

（13）$\dfrac{(1+\tan x\sec x)(x-\csc x)-(x+\sec x)(1+\cot x\csc x)}{(x-\csc x)^2}$；

（14）$\dfrac{(1+x^2)(1+\cos x)\arctan x-(x+\sin x)}{(1+x^2)\arctan^2 x}$.

5. 提示：设切点为(x_0,x_0)，$f(x)=\log_a x$，利用$f(x_0)=x_0$与$f'(x_0)=1$解出x_0与a.

6. $\displaystyle\lim_{n\to\infty}y(x_n)=\dfrac{1}{\mathrm{e}}$.

7. $S_1=\{(x,y)\mid a(ax^2+bx+c-y)>0\}$，

$S_2=\{(x,y)\mid ax^2+bx+c-y=0\}$，

$S_3=\{(x,y)\mid a(ax^2+bx+c-y)<0\}$.

§4

1. （1）$2(2x^2-x+1)(4x-1)$；　（2）$\mathrm{e}^{2x}(3\cos 3x+2\sin 3x)$；　（3）$-\dfrac{3}{2}x^2(1+x^3)^{-\frac{3}{2}}$；

（4）$\dfrac{1-\ln x}{2x^2}\left(\dfrac{x}{\ln x}\right)^{\frac{1}{2}}$；　（5）$3x^2\cos x^3$；　（6）$-\dfrac{\sin\sqrt{x}}{2\sqrt{x}}$；　（7）$\dfrac{x-1-\sqrt{1+x}}{2\sqrt{1+x}(x+\sqrt{1+x})}$；

（8）$\dfrac{-2x}{\sqrt{\mathrm{e}^{2x^2}-1}}$；　（9）$\dfrac{2(x^4+1)}{x(x^4-1)}$；　（10）$\dfrac{-2(4x+\cos x)}{(2x^2+\sin x)^3}$；

（11）$\dfrac{2(1-x^2)\ln x-(1+\ln^2 x)(1-2x^2)}{x^2(1-x^2)^{\frac{3}{2}}}$；　（12）$\dfrac{1+\csc x^2+x^2\csc x^2\cot x^2}{(1+\csc x^2)^{\frac{3}{2}}}$；

（13）$-\dfrac{8}{3}x(2x^2-1)^{-\frac{4}{3}}-\dfrac{27}{4}x^2(3x^3+1)^{-\frac{5}{4}}$；　（14）$-\sin 2x\cdot\mathrm{e}^{-\sin^2 x}$；

（15）$\dfrac{2x^4-3a^2x^2+a^4+a^2}{(a^2-x^2)^{\frac{3}{2}}}$.

2. （1）$\cot x$；（2）$\csc x$；（3）$\sqrt{a^2-x^2}\,(a>0)$，$-\dfrac{x^2}{\sqrt{a^2-x^2}}(a<0)$；（4）$\dfrac{1}{\sqrt{x^2+a^2}}$；

（5）$\sqrt{x^2-a^2}$.

3. （1）$\dfrac{2}{3}x^{-\frac{1}{3}}f'\left(x^{\frac{2}{3}}\right)$；　（2）$-\dfrac{1}{x\ln^2 x}f'\left(\dfrac{1}{\ln x}\right)$；　（3）$\dfrac{f'(x)}{2\sqrt{f(x)}}$；　（4）$\dfrac{f'(x)}{1+f^2(x)}$；

（5）$2x\mathrm{e}^{x^2}f'(\mathrm{e}^{x^2})f'(f(\mathrm{e}^{x^2}))$；　（6）$\cos(f(\sin x))f'(\sin x)\cos x$；

（7）$-\dfrac{f'(x)}{f^2(x)}f'\left(\dfrac{1}{f(x)}\right)$；　（8）$-\dfrac{f'(f(x))f'(x)}{(f(f(x)))^2}$.

4. (1) $(1+\ln x)x^x$;

(2) $(x^3+\sin x)^{\frac{1}{x}}\left[\dfrac{3x^2+\cos x}{x(x^3+\sin x)}-\dfrac{\ln(x^3+\sin x)}{x^2}\right]$;

(3) $(\ln\cos x-x\tan x)\cos^x x$;

(4) $\left[\ln\ln(2x+1)+\dfrac{2x}{(2x+1)\ln(2x+1)}\right]\ln^x(2x+1)$;

(5) $\dfrac{x\sqrt{1-x^2}}{\sqrt{1+x^3}}\left[\dfrac{1}{x}-\dfrac{x}{1-x^2}-\dfrac{3x^2}{2(1+x^3)}\right]$;

(6) $\displaystyle\prod_{i=1}^{n}(x-x_i)\cdot\sum_{i=1}^{n}\dfrac{1}{x-x_i}$; (7) $\dfrac{2+\ln x}{2\sqrt{x}}x^{\sqrt{x}}\cos x^{\sqrt{x}}$.

5. (1) $\dfrac{1+y^2}{y^2}$; (2) $-\dfrac{e^y}{1+xe^y}$; (3) $\dfrac{1+2(\sin y-x)}{2(\sin y-x)\cos y-\sin y}$; (4) $\dfrac{y^2+y}{1-x-xy}$;

(5) $-\dfrac{2xe^{x^2+y}-y^2}{e^{x^2+y}-2xy}$; (6) $\dfrac{\sec^2(x+y)-y}{x-\sec^2(x+y)}$; (7) $-\dfrac{2y^2\cos x+y\ln y}{x+2y\sin x}$; (8) $\dfrac{ay-x^2}{y^2-ax}$.

8. (1) $\dfrac{3bt}{2a}$; (2) $\dfrac{3t^2-1}{2t}$; (3) $\dfrac{-t\sin t+2\cos t}{t\cos t+2\sin t}$; (4) $-\dfrac{b}{a}e^{2t}$; (5) $-\tan t$;

(6) $\dfrac{b\,\mathrm{sh}bt}{a\,\mathrm{ch}at}$; (7) -1; (8) $-\sqrt{\dfrac{1+t}{1-t}}$; (9) $\dfrac{(\sin t-\cos t)\tan t}{\sin t+\cos t}$; (10) $\dfrac{t}{2}$.

13. (1) $[f'(u)g(u)h(u)+f(u)g'(u)h(u)+f(u)g(u)h'(u)]\varphi'(x)\mathrm{d}x$;

(2) $\dfrac{f'(u)g(u)h(u)+f(u)g'(u)h(u)-f(u)g(u)h'(u)}{(h(u))^2}\varphi'(x)\mathrm{d}x$;

(3) $h(u)^{g(u)}\left[g(u)\dfrac{h'(u)}{h(u)}+g'(u)\ln h(u)\right]\varphi'(x)\mathrm{d}x$;

(4) $\dfrac{h(u)g'(u)\ln h(u)-h'(u)g(u)\ln g(u)}{h(u)g(u)\ln^2 h(u)}\varphi'(x)\mathrm{d}x$;

(5) $\dfrac{f'(u)h(u)-f(u)h'(u)}{f^2(u)+h^2(u)}\varphi'(x)\mathrm{d}x$;

(6) $-\dfrac{f(u)f'(u)+h(u)h'(u)}{(f^2(u)+h^2(u))^{\frac{3}{2}}}\varphi'(x)\mathrm{d}x$.

§5

1. (1) $y'''=6$; (2) $y''=7x^2+12x^2\ln x$; (3) $y''=\dfrac{3x^2+8x+8}{4(1+x)^{\frac{5}{2}}}$;

(4) $y''=\dfrac{6\ln x-5}{x^4}$; (5) $y''=6x\cos x^3-9x^4\sin x^3$, $y'''=-54x^3\sin x^3-(27x^6-6)\cos x^3$;

(6) $y''=\left(6x-\dfrac{1}{4}x^2\right)\cos\sqrt{x}-\dfrac{11}{4}x^{\frac{3}{2}}\sin\sqrt{x}$, $y'''=\left(6-\dfrac{15}{8}x\right)\cos\sqrt{x}+\left(\dfrac{1}{8}x^{\frac{3}{2}}-\dfrac{57}{8}x^{\frac{1}{2}}\right)\sin\sqrt{x}$;

(7) $y'''=(27x^2+54x+18)e^{3x}$; (8) $y''=\left[2(2x^2-1)\arcsin x+\dfrac{x(4x^2-3)}{(1-x^2)^{\frac{3}{2}}}\right]e^{-x^2}$;

(9) $y^{(80)}=2^{80}[x(x^2-4\,740)\cos 2x+(120x^2-61\,620)\sin 2x]$;

(10) $y^{(99)}=(2x^2+19\,405)\mathrm{ch}\,x+396x\,\mathrm{sh}\,x$.

2. (1) $y^{(n)}=2^{n-1}\omega^n\sin\left(2\omega x+\dfrac{n-1}{2}\pi\right)$;

（2） $y^{(n)} = 2^x \left[\ln^n 2 \cdot \ln x + \sum_{k=1}^{n} C_n^k \ln^{n-k} 2 \cdot \frac{(-1)^{k-1}(k-1)!}{x^k} \right]$;

（3） $y^{(n)} = e^x \sum_{k=0}^{n} C_n^k \frac{(-1)^k k!}{x^{k+1}}$;

（4） $y^{(n)} = (-1)^n n! \sum_{k=0}^{n} \frac{1}{(x-2)^{n-k+1}(x-3)^{k+1}}$;

（5） $y^{(n)} = e^{\alpha x} \sum_{k=0}^{n} C_n^k \alpha^{n-k} \beta^k \cos\left(\beta x + \frac{k\pi}{2}\right)$;

（6） $y = \frac{3}{4} + \frac{\cos 4x}{4}, y^{(n)} = 4^{n-1}\cos\left(4x + \frac{n\pi}{2}\right)$.

4.（1） $[f(x^2)]''' = 8x^3 f'''(x^2) + 12x f''(x^2)$;

（2） $\left[f\left(\frac{1}{x}\right)\right]''' = -\frac{f'''\left(\frac{1}{x}\right) + 6x f''\left(\frac{1}{x}\right) + 6x^2 f'\left(\frac{1}{x}\right)}{x^6}$;

（3） $[f(\ln x)]'' = \frac{f''(\ln x) - f'(\ln x)}{x^2}$;

（4） $[\ln f(x)]'' = \frac{f''(x)f(x) - (f'(x))^2}{f^2(x)}$;

（5） $[f(e^{-x})]''' = -e^{-3x} f'''(e^{-x}) - 3e^{-2x} f''(e^{-x}) - e^{-x} f'(e^{-x})$;

（6） $[f(\arctan x)]'' = \frac{f''(\arctan x) - 2x f'(\arctan x)}{(1+x^2)^2}$.

5.（1）提示：由 $y'(1+x^2) = 1$,两边求 n 阶导数, $\sum_{k=0}^{n} C_n^k y^{(n-k+1)}(1+x^2)^{(k)} = 0$,以 $x=0$ 代入,得到递推公式 $y^{(n+1)}(0) = -n(n-1)y^{(n-1)}(0)$,从而得到

$$y^{(n)}(0) = \begin{cases} (-1)^{\frac{n-1}{2}}(n-1)!, & n \text{ 为奇数}, \\ 0, & n \text{ 为偶数}; \end{cases}$$

（2）提示：利用 $xy' = (1-x^2)y''$,类似（1）得到

$$y^{(n)}(0) = \begin{cases} [(n-2)!!]^2, & n \text{ 为奇数}, \\ 0, & n \text{ 为偶数}. \end{cases}$$

6.（1） $y'' = \frac{4xy' + 2y - e^{x^2+y}[2 + 4x^2 + 4xy' + (y')^2]}{e^{x^2+y} - x^2}$,其中 $y' = \frac{2x(y - e^{x^2+y})}{e^{x^2+y} - x^2}$;

（2） $y'' = \frac{2\sec^2(x+y)\tan(x+y)(1+y')^2 - 2y'}{x - \sec^2(x+y)}$,其中 $y' = \frac{\sec^2(x+y) - y}{x - \sec^2(x+y)}$;

（3） $y'' = \frac{2y^3 \sin x - 4y^2 y' \cos x - 2yy' + x(y')^2}{xy + 2y^2 \sin x}$,其中 $y' = -\frac{2y^2 \cos x + y\ln y}{x + 2y\sin x}$;

（4） $y'' = \frac{2x + 2y(y')^2 - 2ay'}{ax - y^2}$,其中 $y' = \frac{ay - x^2}{y^2 - ax}$.

7.（1） $\frac{d^2 y}{dx^2} = \frac{3b}{4a^2 t}$; （2） $\frac{d^2 y}{dx^2} = \frac{t^2 + 2}{a(t\sin t - \cos t)^3}$;

（3） $\frac{d^2 y}{dx^2} = \frac{2 + t^2 - 2\sin t - t\cos t}{(1 - \sin t - t\cos t)^3}$; （4） $\frac{d^2 y}{dx^2} = \frac{2b}{a^2} e^{3t}$; （5） $\frac{d^2 y}{dx^2} = -2(1-t)^{-\frac{3}{2}}$;

（6） $\frac{d^2 y}{dx^2} = -\frac{b(a\sin at \sin bt + b\cos at \cos bt)}{a^2 \cos^3 at}$.

9. （1）$\mathrm{d}^2y = \dfrac{2(1-\sec^2x)^2 + 6\sec^2x\tan x(x-\tan x)}{9(\tan x-x)^{\frac{5}{3}}}\mathrm{d}x^2$;

（2）$\mathrm{d}^4y = (x^4 - 16x^3 + 72x^2 - 96x + 24)\mathrm{e}^{-x}\mathrm{d}x^4$;

（3）$\mathrm{d}^2y = \dfrac{3x^2+2}{x^3(1+x^2)^{\frac{3}{2}}}\mathrm{d}x^2$;

（4）$\mathrm{d}^2y = \dfrac{\sec x[(x^2-1)^2(1+2\tan^2x) - 2x(x^2-1)\tan x + 2x^2+1]}{(x^2-1)^{\frac{5}{2}}}\mathrm{d}x^2$;

（5）$\mathrm{d}^3y = -27(\sin 3x + x\cos 3x)\mathrm{d}x^3$;

（6）$\mathrm{d}^2y = x^x\left[(1+\ln x)^2 + \dfrac{1}{x}\right]\mathrm{d}x^2$;

（7）$\mathrm{d}^ny = \dfrac{(-1)^n n!}{x^{n+1}}\left[\ln x - \sum_{k=1}^{n}\dfrac{1}{k}\right]\mathrm{d}x^n$;

（8）$\mathrm{d}^ny = (n!)^2\sum_{k=0}^{n}\dfrac{2^k x^k\cos\left(2x+\dfrac{k\pi}{2}\right)}{(k!)^2(n-k)!}\mathrm{d}x^n$.

11. （1）$\mathrm{d}^2f = [f''(u)\sec^4x + 2f'(u)\sec^2x\tan x]\mathrm{d}x^2$;

（2）$\mathrm{d}^2g = \dfrac{g''(u)\ln^{\frac{1}{2}}x - g'(u)(1+2\ln x)}{4x^2\ln^{\frac{3}{2}}x}\mathrm{d}x^2$;

（3）$\mathrm{d}^2[f(u)g(u)] = [f'(u)g(u) + f(u)g'(u)]\mathrm{d}^2u + [f''(u)g(u) + 2f'(u)g'(u) + f(u)g''(u)]\mathrm{d}u^2$;

（4）$\mathrm{d}^2[\ln g(u)] = \dfrac{g'(u)}{g(u)}\mathrm{d}^2u + \dfrac{g''(u)g(u) - (g'(u))^2}{g^2(u)}\mathrm{d}u^2$;

（5）$\mathrm{d}^2\left[\dfrac{f(u)}{g(u)}\right] = \dfrac{f'(u)g(u) - f(u)g'(u)}{g^2(u)}\mathrm{d}^2u +$

$\dfrac{f''(u)g^2(u) - f(u)g(u)g''(u) - 2f'(u)g'(u)g(u) + 2f(u)(g'(u))^2}{g^3(u)}\mathrm{d}u^2$.

第 五 章

§1

5. 提示：令 $F(x) = \begin{vmatrix} f(a) & f(b) \\ g(a) & g(b) \end{vmatrix}(x-a) - (b-a)\begin{vmatrix} f(a) & f(x) \\ g(a) & g(x) \end{vmatrix}$，在 $[a,b]$ 上对 $F(x)$ 应用 Rolle 定理.

7. 提示：利用 Lagrange 中值定理 $\arctan\dfrac{a}{n} - \arctan\dfrac{a}{n+1} = \dfrac{1}{1+\xi^2}\left(\dfrac{a}{n} - \dfrac{a}{n+1}\right)$，其中 ξ 位于 $\dfrac{a}{n+1}$ 与 $\dfrac{a}{n}$ 之间;

注：也可利用 $\arctan x - \arctan y = \arctan\dfrac{x-y}{1+xy}$.

9. 提示：证明 $f(x)$ 在每一点的导数为零.

12. （4）提示：令 $f(x) = \tan x + 2\sin x - 3x$，则

$$f'(x) = \sec^2x + 2\cos x - 3 \geqslant 3\sqrt[3]{\sec^2x\cos x\cos x} - 3 = 0;$$

（5）提示：令 $f(x) = x^p + (1-x)^p$，证明 $f(x)$ 在 $x = \dfrac{1}{2}$ 取到最小值 $\dfrac{1}{2^{p-1}}$;

（6）提示：令 $f(x)=\sin x\tan x-x^2$，$x\in\left(0,\dfrac{\pi}{2}\right)$，则 $f'(x)=\sin x+\sin x\sec^2 x-2x$，$f''(x)=\cos x+\dfrac{1}{\cos x}+$

$\dfrac{2\sin^2 x}{\cos^3 x}-2$；显然 $f''(x)>0$；由 $f'(0)=0$，可知 $f'(x)>0$，再由 $f(0)=0$，得到 $f(x)>0$.

14. $\lim\limits_{n\to\infty}x_n=\dfrac{1}{2}$；提示：$\{x_n\}$ 单调减少，且 $\lim x_n^n=0$.

15. （2）提示：在 $[0,\xi]$ 上对 $e^{-\lambda x}[f(x)-x]$ 应用 Rolle 定理.

17. 提示：令 $g(x)=x^2$，对 $f(x)$ 与 $g(x)$ 在 $[a,b]$ 上应用 Cauchy 中值定理.

18. 提示：令 $f(x)=\dfrac{1}{x}e^x$，$g(x)=\dfrac{1}{x}$，对 $f(x)$ 与 $g(x)$ 在 $[a,b]$ 上应用 Cauchy 中值定理.

19. 提示：令 $g(x)=\dfrac{1}{x}$，对 $\dfrac{1}{x}f(x)$ 与 $g(x)$ 在 $[a,b]$ 上应用 Cauchy 中值定理.

20. 提示：对 $x\in[1,2]$，$e^{-x}f(x)$ 显然是有界的；对 $x>2$，有

$$|e^{-x}f(x)|<|e^{-x}(f(x)-f(1))|+e^{-2}|f(1)|<\dfrac{|f(x)-f(1)|}{e^x-e^1}+e^{-2}|f(1)|,$$

其中 $\dfrac{|f(x)-f(1)|}{e^x-e^1}=e^{-\xi}|f'(\xi)|$ 是有界的.

21. 提示：注意 $\sqrt{x}f'(x)$ 在 $(0,a]$ 有界，并考虑 $\dfrac{f(x_1)-f(x_2)}{\sqrt{x_1}-\sqrt{x_2}}$.

22. 提示：视 $\dfrac{f(x)}{x^n}$ 为 $\dfrac{f(x)-f(0)}{x^n-0^n}$，应用 Cauchy 中值定理，并逐次进行下去.

24. 提示：利用数学归纳法，注意

$$f\left(\sum_{i=1}^{n}\lambda_i x_i\right)=f\left(\left(\sum_{i=1}^{n-1}\lambda_i\right)\cdot\dfrac{\sum\limits_{i=1}^{n-1}\lambda_i x_i}{\sum\limits_{i=1}^{n-1}\lambda_i}+\lambda_n x_n\right)\leqslant\left(\sum_{i=1}^{n-1}\lambda_i\right)f\left(\dfrac{\sum\limits_{i=1}^{n-1}\lambda_i x_i}{\sum\limits_{i=1}^{n-1}\lambda_i}\right)+\lambda_n f(x_n).$$

26. 提示：利用 $\dfrac{f(x)}{x}=\dfrac{f(x_0)}{x}+\dfrac{f(x)-f(x_0)}{x-x_0}\cdot\dfrac{x-x_0}{x}$.

27. 提示：在区间 $\left[\dfrac{a+b}{2},b\right]$ 上对 $g(x)=f(x)-f\left(x-\dfrac{b-a}{2}\right)$ 应用 Lagrange 中值定理.

§2

2. （1）2；　（2）$-\dfrac{3}{5}$；　（3）$-\dfrac{1}{8}$；　（4）$\dfrac{m}{n}a^{m-n}$；　（5）1；　（6）$\dfrac{1}{3}$；　（7）1；　（8）1；

（9）$\dfrac{1}{2}$；　（10）0；　（11）1；　（12）$\dfrac{2}{3}$；　（13）$\dfrac{1}{2}$；　（14）$+\infty$；　（15）2；　（16）$e^{\frac{2}{\pi}}$；

（17）1；　（18）$\dfrac{1}{2}$；　（19）1；　（20）e^{-1}.

4. 5；提示：$f'(0)=\lim\limits_{x\to 0}\dfrac{f(x)-f(0)}{x-0}=\lim\limits_{x\to 0}\dfrac{g(x)}{x^2}$.

5. 连续；提示：$\lim\limits_{x\to 0+}\dfrac{\dfrac{1}{x}\ln(1+x)-1}{x}=-\dfrac{1}{2}$.

6. 提示：$\lim\limits_{x\to 0+}f(x)\ln x=\lim\limits_{x\to 0+}\left[\dfrac{f(x)-f(0)}{x-0}\cdot(x\ln x)\right]=0$.

7. 提示：$\lim\limits_{x\to+\infty}f(x)=\lim\limits_{x\to+\infty}\dfrac{\mathrm{e}^x f(x)}{\mathrm{e}^x}$.

§ 3

1. 提示：$\theta(x)=\dfrac{x-\ln(1+x)}{x\ln(1+x)}$.

2. 提示：由 $f(x+h)=f(x)+f'(x)h+\dfrac{1}{2!}f''(x)h^2+\cdots+\dfrac{1}{n!}f^{(n)}(x+\theta h)h^n$

$=f(x)+f'(x)h+\dfrac{1}{2!}f''(x)h^2+\cdots+\dfrac{1}{n!}f^{(n)}(x)h^n+\dfrac{1}{(n+1)!}f^{(n+1)}(x)h^{n+1}+o(h^{n+1})$,

得到 $\theta\cdot\dfrac{f^{(n)}(x+\theta h)-f^{(n)}(x)}{\theta h}=\dfrac{1}{n+1}f^{(n+1)}(x)+o(1)$.

§ 4

1. （1）$1+\dfrac{1}{3}x+\dfrac{2}{9}x^2+\dfrac{14}{81}x^3+\dfrac{35}{243}x^4+o(x^4)$；

   （2）$\cos\alpha-\sin\alpha\cdot x-\dfrac{\cos\alpha}{2!}x^2+\dfrac{\sin\alpha}{3!}x^3+\dfrac{\cos\alpha}{4!}x^4+o(x^4)$；

   （3）$\sqrt{2}+\dfrac{\sqrt{2}}{4}x-\dfrac{\sqrt{2}}{32}x^2-\dfrac{13\sqrt{2}}{384}x^3+o(x^3)$；

   （4）$1+x+\dfrac{1}{2}x^2-\dfrac{1}{8}x^4+o(x^4)$；

   （5）$x+\dfrac{1}{3}x^3+\dfrac{2}{15}x^5+o(x^5)$；

   （6）$-\dfrac{1}{2}x^2-\dfrac{1}{12}x^4-\dfrac{1}{45}x^6+o(x^6)$；

   （7）$1-\dfrac{1}{2}x+\dfrac{1}{12}x^2-\dfrac{1}{720}x^4+o(x^4)$；

   （8）$-\dfrac{1}{6}x^2-\dfrac{1}{180}x^4+o(x^4)$；

   （9）$\dfrac{1}{6}x^2+x^3+o(x^3)$.

2. （1）$-1-3(x-1)^2-2(x-1)^3$；

   （2）$1+\dfrac{1}{\mathrm{e}}(x-\mathrm{e})-\dfrac{1}{2\mathrm{e}^2}(x-\mathrm{e})^2+\cdots+\dfrac{(-1)^{n-1}}{n\mathrm{e}^n}(x-\mathrm{e})^n+o((x-\mathrm{e})^n)$；

   （3）$(x-1)-\dfrac{1}{2}(x-1)^2+\dfrac{1}{3}(x-1)^3-\cdots+\dfrac{(-1)^{n-1}}{n}(x-1)^n+o((x-1)^n)$；

   （4）$\dfrac{1}{2}+\dfrac{\sqrt{3}}{2}\left(x-\dfrac{\pi}{6}\right)-\dfrac{1}{4}\left(x-\dfrac{\pi}{6}\right)^2-\dfrac{\sqrt{3}}{12}\left(x-\dfrac{\pi}{6}\right)^3+\cdots+\dfrac{1}{n!}\sin\left(\dfrac{n\pi}{2}+\dfrac{\pi}{6}\right)\left(x-\dfrac{\pi}{6}\right)^n+o\left(\left(x-\dfrac{\pi}{6}\right)^n\right)$；

   （5）$\sqrt{2}+\dfrac{1}{2\sqrt{2}}(x-2)-\dfrac{1}{16\sqrt{2}}(x-2)^2+\cdots+\dfrac{(-1)^{n-1}(2n-3)!!}{2^{2n-\frac{1}{2}}n!}(x-2)^n+o((x-2)^n)$.

6. （1）$\dfrac{1}{3}$；（2）$\ln^2 a$；（3）0；（4）$\dfrac{2}{5}$；（5）$\dfrac{1}{2}$；（6）$\dfrac{1}{3}$；（7）$-\dfrac{1}{4}$；（8）$\dfrac{1}{6}$.

8. （1）$y=x-1,x=-1$；（2）$y=0$；（3）$y=\pm\sqrt{6}\left(x-\dfrac{2}{3}\right)$；（4）$y=x+3,x=0$；

（5）不存在；（6）$x=1,x=-1$；（7）$y=x+\pi,y=x$；（8）$y=x$；

（9）$y=\pi$；（10）$y=-\dfrac{1}{12}x$；（11）$y=\dfrac{1}{6}x-\dfrac{1}{18},x=0$；（12）$y=\dfrac{1}{4}x-\dfrac{1}{24},x=0$.

9. 提示：分别对极限 $\lim\limits_{n\to\infty}\dfrac{n}{\dfrac{1}{x_n^2}}$ 和 $\lim\limits_{n\to\infty}\dfrac{n}{\dfrac{1}{y_n}}$ 应用 Stolz 定理.

10. 提示：设 $f(x_0)=\dfrac{1}{4}$，则 $f'(x_0)=0$，以 $x=0$ 和 $x=1$ 代入 $f(x)$ 在点 x_0 的 Taylor 公式 $f(x)=\dfrac{1}{4}+$

$\dfrac{1}{2}f''(\xi)(x-x_0)^2$，得到 $|f(0)|+|f(1)|\le\dfrac{1}{2}+\dfrac{1}{2}\left[x_0^2+(1-x_0)^2\right]\le 1$.

11. 提示：任取 $x_0\in[0,1]$，以 $x=0$ 和 $x=1$ 代入 $f(x)$ 在点 x_0 的 Taylor 公式得到

$$f(0)=f(x_0)-f'(x_0)x_0+\dfrac{1}{2}f''(\xi)x_0^2,$$

$$f(1)=f(x_0)+f'(x_0)(1-x_0)+\dfrac{1}{2}f''(\eta)(1-x_0)^2,$$

两式相减，得到

$$|f'(x_0)|\le|f(0)|+|f(1)|+\left[x_0^2+(1-x_0)^2\right].$$

12. 提示：设 $f(x_0)=-1$，则 $f'(x_0)=0$，以 $x=0$ 和 $x=1$ 代入 $f(x)$ 在点 x_0 的 Taylor 公式 $f(x)=-1+$

$\dfrac{1}{2}f''(\xi)(x-x_0)^2$，得到 $\dfrac{1}{2}f''(\xi)x_0^2=\dfrac{1}{2}f''(\eta)(1-x_0^2)=1$.

13. 提示：设 $|f(x_0)|=\max\limits_{a\le x\le b}|f(x)|$，若 $x_0=a$ 或 b，则结论自然成立；

设 $a<x_0<b$，以 $x=a$ 和 $x=b$ 代入 $f(x)$ 在点 x_0 的 Taylor 公式

$$f(x)=f(x_0)+\dfrac{1}{2}f''(\xi)(x-x_0)^2,$$

得到 $|f(x_0)|\le\dfrac{1}{2}(a-x_0)^2\max\limits_{a\le x\le b}|f''(x)|$，$|f(x_0)|\le\dfrac{1}{2}(b-x_0)^2\max\limits_{a\le x\le b}|f''(x)|$.

§5

1. （1）极值点：$x=-1,2$；单调区间：$(-\infty,-1]$ 增加，$[-1,2]$ 减少，$[2,+\infty)$ 增加.

（2）无极值点；单调区间：$(-\infty,+\infty)$ 增加.

（3）极值点：$x=\dfrac{1}{e^2}$；单调区间：$\left(0,\dfrac{1}{e^2}\right]$ 减少，$\left[\dfrac{1}{e^2},+\infty\right)$ 增加.

（4）n 是偶数时，极值点：$x=0,n$；单调区间：$(-\infty,0]$ 减少，$[0,n]$ 增加，$[n,+\infty)$ 减少. n 是奇数时，极值点：$x=n$；单调区间：$(-\infty,n]$ 增加，$[n,+\infty)$ 减少.

（5）极值点：$x=-1,5$；单调区间：$(-\infty,-1]$ 增加，$[-1,2)$ 减少，$(2,5]$ 减少，$[5,+\infty)$ 增加.

（6）极值点：$x=1\pm\sqrt{2}$；单调区间：$(-\infty,1-\sqrt{2}]$ 增加，$[1-\sqrt{2},1+\sqrt{2}]$ 减少，$[1+\sqrt{2},+\infty)$ 增加.

（7）极值点：$x=\pm\dfrac{2}{\sqrt{3}}$；单调区间：$\left(-\infty,-\dfrac{2}{\sqrt{3}}\right]$ 增加，$\left[-\dfrac{2}{\sqrt{3}},0\right)$ 减少，$\left(0,\dfrac{2}{\sqrt{3}}\right]$ 减少，$\left[\dfrac{2}{\sqrt{3}},+\infty\right)$ 增加.

（8）极值点：$x=0$；单调区间：$(-1,0]$ 减少，$[0,+\infty)$ 增加.

（9）极值点：$x=k\pi,k\pi+\dfrac{\pi}{4},k\pi+\dfrac{\pi}{2},\quad k\in\mathbf{Z}$；单调区间：$\left[2k\pi,2k\pi+\dfrac{\pi}{4}\right]$ 减少，$\left[2k\pi+\dfrac{\pi}{4},2k\pi+\dfrac{\pi}{2}\right]$ 增加，

$\left[2k\pi+\dfrac{\pi}{2},2k\pi+\pi\right]$ 减少，$\left[2k\pi+\pi,2k\pi+\dfrac{5\pi}{4}\right]$ 增加，$\left[2k\pi+\dfrac{5\pi}{4},2k\pi+\dfrac{3\pi}{2}\right]$ 减少，$\left[2k\pi+\dfrac{3\pi}{2},2k\pi+2\pi\right]$ 增加.

（10）没有极值点. 单调区间：$(-\infty,+\infty)$ 减少.

（11）极值点：$x=-\dfrac{1}{2}\ln 2$；单调区间：$\left(-\infty,-\dfrac{1}{2}\ln 2\right)$ 减少，$\left[-\dfrac{1}{2}\ln 2,+\infty\right)$ 增加.

（12）极值点：$x=1$；单调区间：$(-\infty,1]$ 增加，$[1,+\infty)$ 减少.

（13）极值点：$x=\dfrac{12}{5}$；单调区间：$\left(-\infty,\dfrac{12}{5}\right]$ 增加，$\left[\dfrac{12}{5},+\infty\right)$ 减少.

（14）极值点：$x=\mathrm{e}$；单调区间：$(0,\mathrm{e}]$ 增加，$[\mathrm{e},+\infty)$ 减少.

2.（1）拐点：$(1,2)$. 保凸区间：$(-\infty,1]$ 下凸，$[1,+\infty)$ 上凸.

（2）拐点：$(k\pi,k\pi)$，$k\in\mathbf{Z}$. 保凸区间：$[2k\pi,2k\pi+\pi]$ 上凸，$[2k\pi-\pi,2k\pi]$ 下凸.

（3）没有拐点. 保凸区间：$(-\infty,+\infty)$ 下凸.

（4）拐点：$\left(2,\dfrac{2}{\mathrm{e}^2}\right)$. 保凸区间：$(-\infty,2]$ 上凸，$[2,+\infty)$ 下凸.

（5）拐点：$\left(5-3\sqrt{3},\dfrac{\sqrt[3]{6}}{2}(1-\sqrt{3})\right)$，$\left(5+3\sqrt{3},\dfrac{\sqrt[3]{6}}{2}(1+\sqrt{3})\right)$. 保凸区间：$(-\infty,-1]$ 下凸，$[-1,5-3\sqrt{3}]$

下凸，$[5-3\sqrt{3},2)$ 上凸，$(2,5+3\sqrt{3}]$ 下凸，$[5+3\sqrt{3},+\infty)$ 上凸.

（6）拐点：$(-1,1)$，$\left(2-\sqrt{3},\dfrac{1}{4}(1+\sqrt{3})\right)$，$\left(2+\sqrt{3},\dfrac{1}{4}(1-\sqrt{3})\right)$. 保凸区间：$(-\infty,-1]$ 下凸，$[-1,$

$2-\sqrt{3}]$ 上凸，$[2-\sqrt{3},2+\sqrt{3}]$ 下凸，$[2+\sqrt{3},+\infty)$ 上凸.

（7）没有拐点. 保凸区间：$(-1,+\infty)$ 下凸.

（8）拐点：$(0,0)$. 保凸区间：$(-\infty,0]$ 下凸，$[0,+\infty)$ 上凸.

（9）没有拐点. 保凸区间：$(-\infty,+\infty)$ 下凸.

（10）拐点：$(-1,\ln 2)$，$(1,\ln 2)$. 保凸区间：$(-\infty,-1]$ 上凸，$[-1,1]$ 下凸，$[1,+\infty)$ 上凸.

（11）拐点：$\left(\dfrac{1}{2},\mathrm{e}^{\arctan\frac{1}{2}}\right)$. 保凸区间：$\left(-\infty,\dfrac{1}{2}\right]$ 下凸，$\left[\dfrac{1}{2},+\infty\right)$ 上凸.

（12）没有拐点. 保凸区间：$[1,+\infty)$ 上凸.

4. 当 n 是奇数时，$x=a$ 不是 $f(x)$ 的极值点；当 n 是偶数，$\varphi(a)>0$ 时，$x=a$ 是 $f(x)$ 的极小值点，当 n 是偶数，$\varphi(a)<0$ 时，$x=a$ 是 $f(x)$ 的极大值点.

5. 当 n 是奇数时，$x=a$ 不是 $f(x)$ 的极值点；当 n 是偶数，$f^{(n)}(a)>0$ 时，$x=a$ 是 $f(x)$ 的极小值点，当 n 是偶数，$f^{(n)}(a)<0$ 时，$x=a$ 是 $f(x)$ 的极大值点.

6. $h=\dfrac{\sqrt{2}}{2\sigma}$.

7. 拐点：$\left(\pm\dfrac{1}{\sqrt{3}},\dfrac{1}{4}\right)$. 切线方程：$3\sqrt{3}x-8y-1=0$，$3\sqrt{3}x+8y-5=0$.

9.（1）$n=14$；（2）$n=3$.

10. 提示：由函数 $y=\dfrac{x}{1+x}$ 的单调增加性，得到

$$\frac{|a+b|}{1+|a+b|}\leqslant\frac{|a|+|b|}{1+|a|+|b|}=\frac{|a|}{1+|a|+|b|}+\frac{|b|}{1+|a|+|b|}\leqslant\frac{|a|}{1+|a|}+\frac{|b|}{1+|b|}.$$

11. 提示：设 $f(x)=\mathrm{e}^x-(x^2-2ax+1)$，则 $f(0)=0$，$f'(x)=\mathrm{e}^x-2x+2a$. 证明 $f'(x)$ 在 $x=\ln 2$ 取最小值，最小值为 $f'(\ln 2)=2-2\ln 2+2a>0$.

12. 提示：设 $f(x)=\arctan x-kx$，则 $f(0)=0$，$f'(x)=\dfrac{1}{1+x^2}-k$.

当 $k\geqslant 1$ 时，$f'(x)<0$，$x\in(0,+\infty)$，所以在 $(0,+\infty)$ 上 $f(x)<0$；

当 $0<k<1$ 时，由 $f'(0)>0$，$\lim\limits_{x\to+\infty}f(x)=-\infty$，可知 $f(x)=0$ 必有正实根.

13. $\xi = \dfrac{1}{n} \sum\limits_{k=1}^{n} a_k.$

15. $S_{\max} = \dfrac{ah}{4}.$

16. 矩形的边长分别为 $\sqrt{2}\,a$ 与 $\sqrt{2}\,b$.

17. $\theta = 2\pi\left(1 - \dfrac{\sqrt{6}}{3}\right).$

18. $R : H = b : a.$

19. 提示：参考例题 5.5.5.

第 六 章

§1

1. （1）$\dfrac{1}{4}x^4 + \dfrac{2}{3}x^3 - \dfrac{10}{3}x^{\frac{3}{2}} + C$；　（2）$3\mathrm{e}^x - \cos x + C$；　（3）$\dfrac{1}{a+1}x^{a+1} + \dfrac{1}{\ln a}a^x + C$；

（4）$x - \cot x + C$；　（5）$-2\cot x - \sec x + C$；　（6）$\dfrac{1}{7}x^7 - \dfrac{6}{5}x^5 + 4x^3 - 8x + C$；

（7）$\dfrac{1}{3}x^3 - \dfrac{1}{x} + 2x + C$；　（8）$\dfrac{2}{3}x^{\frac{3}{2}} + 2x + 2x^{\frac{1}{2}} + 3x^{\frac{1}{3}} - 6x^{-\frac{1}{6}} + C$；

（9）$\dfrac{4^x}{\ln 4} - \dfrac{1}{9^x \ln 9} + \dfrac{2}{\ln \frac{2}{3}}\left(\dfrac{2}{3}\right)^x + C$；　（10）$2x - \dfrac{5}{\ln \frac{2}{3}}\left(\dfrac{2}{3}\right)^x + C$；

（11）$\sin x - \cos x + C$；　（12）$2\arctan x - 3\arcsin x + C$；　（13）$\dfrac{4}{7}x^{\frac{7}{4}} - \dfrac{4}{15}x^{\frac{15}{4}} + C$；　（14）$-2\csc 2x + C$.

2. 曲线方程：$y = \ln|x| - 2$.

3. （1）$y = \dfrac{3}{4}x^{\frac{4}{3}} - x + C$；　（2）曲线方程：$y = \dfrac{3}{4}x^{\frac{4}{3}} - x + \dfrac{5}{4}$.

§2

1. （1）$\dfrac{1}{4}\ln|4x - 3| + C$；　（2）$\dfrac{\sqrt{2}}{2}\arcsin\sqrt{2}\,x + C$；　（3）$\dfrac{1}{2}\ln\left|\dfrac{\mathrm{e}^x - 1}{\mathrm{e}^x + 1}\right| + C$；

（4）$\dfrac{1}{3}\mathrm{e}^{3x+2} + C$；　（5）$\dfrac{4^x}{\ln 4} + \dfrac{9^x}{\ln 9} + \dfrac{2 \cdot 6^x}{\ln 6} + C$；　（6）$\dfrac{\sqrt{10}}{10}\arctan\dfrac{\sqrt{10}}{2}x + C$；

（7）$-\dfrac{1}{5}\cos^5 x + \dfrac{2}{3}\cos^3 x - \cos x + C$；　（8）$\dfrac{1}{11}\tan^{11}x + C$；　（9）$-\dfrac{1}{16}\cos 8x - \dfrac{1}{4}\cos 2x + C$；

（10）$\dfrac{1}{2}x + \dfrac{1}{20}\sin 10x + C$；　（11）$-\dfrac{1}{x^2 + 4x + 5} + C$；　（12）$-2\cos\sqrt{x} + C$；

（13）$-\dfrac{2}{9}(1 - 2x^3)^{\frac{3}{4}} + C$；　（14）$-\cot\left(\dfrac{x}{2} - \dfrac{\pi}{4}\right) + C$；　（15）$\dfrac{3}{2}(\sin x - \cos x)^{\frac{2}{3}} + C$；

（16）$-\dfrac{1}{\arcsin x}+C$；　（17）$\arctan(x-1)+C$；　（18）$\dfrac{1}{2}\arcsin\dfrac{2x}{3}+\dfrac{1}{4}\sqrt{9-4x^2}+C$；

（19）$-\ln|\cos\sqrt{1+x^2}|+C$；　（20）$\dfrac{1}{2}\arctan(\sin^2 x)+C$.

2.（1）$\ln(\sqrt{1+e^{2x}}-1)-x+C$；　（2）$\ln\dfrac{\sqrt{1+x^2}-1}{|x|}+C$；　（3）$(\arctan\sqrt{x})^2+C$；

（4）$-\dfrac{1}{x\ln x}+C$；　（5）$\dfrac{(x+2)^{22}}{22}-\dfrac{(x+2)^{21}}{7}+C$；　（6）$\dfrac{(x+1)^{n+3}}{n+3}-\dfrac{2(x+1)^{n+2}}{n+2}+\dfrac{(x+1)^{n+1}}{n+1}+C$；

（7）$\dfrac{1}{x}(1+x^2)^{\frac{1}{2}}-\dfrac{1}{3x^3}(1+x^2)^{\frac{3}{2}}+C$；　（8）$\sqrt{x^2-9}-3\arccos\dfrac{3}{x}+C$；　（9）$\dfrac{x}{\sqrt{1-x^2}}+C$；

（10）$\dfrac{x}{a^2\sqrt{x^2+a^2}}+C$；　（11）$\sqrt{x^2-a^2}-a\ln|x+\sqrt{x^2-a^2}|+C$；

（12）$-\dfrac{3a+x}{2}\sqrt{x(2a-x)}+3a^2\arcsin\sqrt{\dfrac{x}{2a}}+C$；　（13）$\sqrt{2x}-\ln(1+\sqrt{2x})+C$；

（14）$-\dfrac{3}{10}(1-x)^{\frac{10}{3}}+\dfrac{6}{7}(1-x)^{\frac{7}{3}}-\dfrac{3}{4}(1-x)^{\frac{4}{3}}+C$；　（15）$\arccos\dfrac{1}{x}+C$；

（16）$-\dfrac{1}{2}x\sqrt{a^2-x^2}+\dfrac{a^2}{2}\arcsin\dfrac{x}{a}+C$；　（17）$-\dfrac{1}{3a^2x^3}(a^2-x^2)^{\frac{3}{2}}+C$；

（18）$\arcsin x-\tan\left(\dfrac{1}{2}\arcsin x\right)+C$；　（19）$-\dfrac{1}{8(x^4-1)^2}-\dfrac{3}{4(x^4-1)}+\dfrac{3}{4}\ln|x^4-1|+\dfrac{x^4}{4}+C$；

（20）$\dfrac{1}{n}\ln\left|\dfrac{x^n}{x^n+1}\right|+C$.

3.（1）$\dfrac{1}{2}xe^{2x}-\dfrac{1}{4}e^{2x}+C$；　（2）$\dfrac{x^2}{2}\ln|x-1|-\dfrac{1}{2}\ln|x-1|-\dfrac{1}{4}(x+1)^2+C$；

（3）$-\dfrac{(9x^2-2)\cos 3x}{27}+\dfrac{2x\sin 3x}{9}+C$；　（4）$-x\cot x+\ln|\sin x|+C$；　（5）$\dfrac{x^2}{4}+\dfrac{x\sin 2x}{4}+\dfrac{\cos 2x}{8}+C$；

（6）$x\arcsin x+\sqrt{1-x^2}+C$；　（7）$x\arctan x-\dfrac{1}{2}\ln(1+x^2)+C$；

（8）$\dfrac{1}{3}x^3\arctan x-\dfrac{1}{6}x^2+\dfrac{1}{6}\ln(1+x^2)+C$；　（9）$x\tan x+\ln|\cos x|-\dfrac{1}{2}x^2+C$；

（10）$-2\sqrt{1-x}\arcsin x+4\sqrt{1+x}+C$；　（11）$x(\ln x-1)^2+x+C$；　（12）$\dfrac{1}{3}x^3\ln x-\dfrac{1}{9}x^3+C$；

（13）$-\dfrac{e^{-x}(5\cos 5x+\sin 5x)}{26}+C$；　（14）$\dfrac{1}{10}e^x(5-2\sin 2x-\cos 2x)+C$；

（15）$-\dfrac{\ln^3 x+3\ln^2 x+6\ln x+6}{x}+C$；　（16）$\dfrac{x}{2}(\sin\ln x+\cos\ln x)+C$；

（17）$x(\arcsin x)^2+2\sqrt{1-x^2}\arcsin x-2x+C$；　（18）$2e^{\sqrt{x}}(x-2\sqrt{x}+2)+C$；

（19）$2e^{\sqrt{x+1}}(\sqrt{x+1}-1)+C$；　（20）$x\ln(x+\sqrt{1+x^2})-\sqrt{1+x^2}+C$.

4.　$\dfrac{(\cos x-\sin^2 x)^2}{2(1+x\sin x)^4}+C$；提示：对$\displaystyle\int f(x)f'(x)\mathrm{d}x$采用分部积分.

5.　$-\ln|1-x|-x^2+C$.

6.　$-(e^{-x}+1)\ln(1+e^x)+x+C$.

7.　提示：令$A=\displaystyle\int\dfrac{\cos x}{\sin x+\cos x}\mathrm{d}x$，$B=\displaystyle\int\dfrac{\sin x}{\sin x+\cos x}\mathrm{d}x$，计算$A+B,A-B$.

8. （1）$I_0 = x + C, I_1 = -\cos x + C, I_n = \dfrac{1}{n}\big[(n-1)I_{n-2} - \sin^{n-1}x\cos x\big]$；

（2）$I_0 = x + C, I_1 = -\ln|\cos x| + C, I_n = \dfrac{1}{n-1}\tan^{n-1}x - I_{n-2}$；

（3）$I_0 = x + C, I_1 = \ln|\sec x + \tan x| + C, I_n = \dfrac{1}{n-1}\left[(n-2)I_{n-2} + \dfrac{\sin x}{\cos^{n-1}x}\right]$；

（4）$I_0 = -\cos x + C, I_1 = \sin x - x\cos x + C, \quad I_n = nx^{n-1}\sin x - x^n\cos x - n(n-1)I_{n-2}$；

（5）$I_0 = \mathrm{e}^x + C, I_1 = \dfrac{1}{2}\mathrm{e}^x(\sin x - \cos x) + C,$

$\quad I_n = \dfrac{1}{n^2+1}\big[n(n-1)I_{n-2} + \mathrm{e}^x\sin^{n-1}x(\sin x - n\cos x)\big]$；

（6）$I_0 = \dfrac{1}{\alpha+1}x^{\alpha+1} + C, \quad I_n = \dfrac{1}{\alpha+1}(x^{\alpha+1}\ln^n x - nI_{n-1})$；

（7）$I_0 = \arcsin x + C, I_1 = -\sqrt{1-x^2} + C, \quad I_n = \dfrac{1}{n}\big[(n-1)I_{n-2} - x^{n-1}\sqrt{1-x^2}\big]$；

（8）$I_0 = 2\sqrt{1+x} + C, I_1 = \ln\left|\dfrac{\sqrt{1+x}-1}{\sqrt{1+x}+1}\right| + C, I_n = -\dfrac{2n-3}{2n-2}I_{n-1} - \dfrac{\sqrt{1+x}}{(n-1)x^{n-1}}.$

10. （1）$\dfrac{5}{3}(x^2+x+2)^{\frac{3}{2}} + \dfrac{1}{4}\left(x+\dfrac{1}{2}\right)\sqrt{x^2+x+2} + \dfrac{7}{16}\ln\left|x+\dfrac{1}{2} + \sqrt{x^2+x+2}\right| + C$；

（2）$\dfrac{1}{3}(x^2+2x-5)^{\frac{3}{2}} - (x+1)\sqrt{x^2+2x-5} + 6\ln|x+1+\sqrt{x^2+2x-5}| + C$；

（3）$\sqrt{x^2+x+1} - \dfrac{3}{2}\ln\left|x+\dfrac{1}{2} + \sqrt{x^2+x+1}\right| + C$；

（4）$-\sqrt{5+x-x^2} + \dfrac{5}{2}\arcsin\dfrac{2x-1}{\sqrt{21}} + C.$

11. 提示：证明

$$\int \dfrac{a_i}{x^i}\mathrm{e}^x\,\mathrm{d}x = -\dfrac{a_i}{i-1}\cdot\dfrac{\mathrm{e}^x}{x^{i-1}} - \dfrac{a_i}{(i-1)(i-2)}\cdot\dfrac{\mathrm{e}^x}{x^{i-2}} - \cdots - \dfrac{a_i}{(i-1)!}\cdot\dfrac{\mathrm{e}^x}{x} + \dfrac{a_i}{(i-1)!}\int\dfrac{\mathrm{e}^x}{x}\,\mathrm{d}x.$$

§3

1. （1）$\dfrac{1}{4}\ln\left|\dfrac{x-1}{x+1}\right| + \dfrac{1}{2(x+1)} + C$；

（2）$-\dfrac{1}{4}\ln|x+1| + \dfrac{5}{4}\ln|x-1| - \dfrac{1}{2}\ln(x^2+1) - \dfrac{3}{2}\arctan x + C$；

（3）$-\dfrac{1}{8}\ln|x+1| - 5\ln|x+2| + \dfrac{41}{8}\ln|x+3| - \dfrac{2}{x+2} - \dfrac{13}{4(x+3)} - \dfrac{3}{4(x+3)^2} + C$；

（4）$-\dfrac{1}{x+2} - \dfrac{3}{2}\arctan(x+2) - \dfrac{x+2}{2(x^2+4x+5)} + C$；

（5）$\dfrac{1}{2}\ln\dfrac{(x+1)^2}{x^2-x+1} + \sqrt{3}\arctan\dfrac{2x-1}{\sqrt{3}} + C$；

（6）$\dfrac{1}{4}\ln\dfrac{x^2+x+1}{x^2-x+1} + \dfrac{1}{2\sqrt{3}}\arctan\dfrac{\sqrt{3}x}{1-x^2} + C$；

（7）$\dfrac{x^3}{3} - \dfrac{5}{2}x^2 + 21x - 80\ln|x+4| + C$；

（8）$x+\dfrac{1}{8}\ln\dfrac{(x-1)^2}{x^2+x+6}-\dfrac{43}{4\sqrt{23}}\arctan\dfrac{2x+1}{\sqrt{23}}+C$；

（9）$\dfrac{1}{4}\ln\left|\dfrac{x+1}{x-1}\right|-\dfrac{1}{2}\arctan x+C$；

（10）$\dfrac{\sqrt{2}}{8}\ln\dfrac{x^2+\sqrt{2}x+1}{x^2-\sqrt{2}x+1}+\dfrac{\sqrt{2}}{4}\arctan(\sqrt{2}x+1)+\dfrac{\sqrt{2}}{4}\arctan(\sqrt{2}x-1)+C$；

（11）$\dfrac{1}{2}\ln\dfrac{x^2+x+1}{x^2+1}+\dfrac{1}{\sqrt{3}}\arctan\dfrac{2x+1}{\sqrt{3}}+C$；

（12）$-\ln|x|+\dfrac{2}{3}\ln|x-1|+\dfrac{1}{6}\ln(x^2+x+1)+\dfrac{1}{\sqrt{3}}\arctan\dfrac{2x+1}{\sqrt{3}}+C$；

（13）$\dfrac{4}{\sqrt{3}}\arctan\dfrac{2x+1}{\sqrt{3}}+\dfrac{x+1}{x^2+x+1}+C$；

（14）$\ln|x|-\dfrac{2}{7}\ln|1+x^7|+C$；

（15）$-\dfrac{x^5+2}{10(x^{10}+2x^5+2)}-\dfrac{1}{10}\arctan(x^5+1)+C$；

（16）$-\dfrac{x^n}{2n(x^{2n}+1)}+\dfrac{1}{2n}\arctan x^n+C$.

4.（1）$\dfrac{1}{6}(x-1)\sqrt{2+4x}+C$；

（2）$2\arcsin\sqrt{\dfrac{x-a}{b-a}}+C$；

（3）$-\dfrac{1}{4}(2x+3)\sqrt{1+x-x^2}+\dfrac{7}{8}\arcsin\dfrac{2x-1}{\sqrt{5}}+C$；

（4）$\ln\left|\dfrac{x^2-1+\sqrt{x^4+1}}{x}\right|+C$；

（5）$\dfrac{1}{2}x^2-\dfrac{1}{2}x\sqrt{x^2-1}+\dfrac{1}{2}\ln(x+\sqrt{x^2-1})+C$；

（6）$\sqrt{x^2-1}+\ln|x+\sqrt{x^2-1}|+C$；

（7）$2\ln(\sqrt{1+x}+\sqrt{x})+C$；

（8）$\dfrac{2x^2-1}{3x^3}\sqrt{x^2+1}+C$；

（9）$2\sqrt{x}-4\sqrt[4]{x}+4\ln(\sqrt[4]{x}+1)+C$；

（10）$\dfrac{3}{25}\left(\dfrac{x-4}{x+1}\right)^{\frac{5}{3}}+C$；

（11）$-\dfrac{3}{2}\ln(\sqrt[3]{x+1}-\sqrt[3]{x-2})-\sqrt{3}\arctan\dfrac{\sqrt[3]{x+1}+2\cdot\sqrt[3]{x-2}}{\sqrt{3}\cdot\sqrt[3]{x+1}}+C$；

（12）$\dfrac{1}{4}\ln\dfrac{\sqrt[4]{1+x^4}-1}{\sqrt[4]{1+x^4}+1}+\dfrac{1}{2}\arctan\sqrt[4]{1+x^4}+C$.

5. 提示：令 $\sqrt{a+x}=t$，则 $\displaystyle\int R(x,\sqrt{a+x},\sqrt{b+x})\mathrm{d}x=\int R_1(t,\sqrt{t^2+c})\mathrm{d}t$，再令 $\sqrt{t^2+c}=t+u$.

6. （1）$\dfrac{1}{3}\ln\left|\dfrac{\tan\dfrac{x}{2}+3}{\tan\dfrac{x}{2}-3}\right|+C$；

（2）$\dfrac{2\sqrt{3}}{3}\arctan\dfrac{2\tan\dfrac{x}{2}+1}{\sqrt{3}}+C$；

（3）$\dfrac{\sqrt{3}}{6}\arctan\left(\dfrac{1}{\sqrt{3}}\tan\dfrac{x}{2}\right)+\dfrac{\sqrt{3}}{6}\arctan\left(\sqrt{3}\tan\dfrac{x}{2}\right)+C$；

（4）$\ln\left|\tan\dfrac{x}{2}+1\right|+C$；

（5）$\dfrac{1}{\sqrt{5}}\arctan\dfrac{3\tan\dfrac{x}{2}+1}{\sqrt{5}}+C$；

（6）$\dfrac{1}{6}\ln\dfrac{(1-\cos x)(2+\cos x)^2}{(1+\cos x)^3}+C$；

（7）$\dfrac{1}{2}\ln\left|\tan\dfrac{x}{2}\right|-\dfrac{1}{4}\tan^2\dfrac{x}{2}+C$；

（8）$\dfrac{1}{\cos(a-b)}\ln\left|\dfrac{\sin(x+a)}{\cos(x+b)}\right|+C$；

（9）$\cot a\cdot\ln\left|\dfrac{\cos x}{\cos(x+a)}\right|-x+C$；

（10）$\dfrac{1}{2}(\sin x-\cos x)-\dfrac{1}{2\sqrt{2}}\ln\left|\tan\left(\dfrac{x}{2}+\dfrac{\pi}{8}\right)\right|+C$；

（11）$-2\cot 2x+C$；

（12）$x-\dfrac{1}{\sqrt{2}}\arctan(\sqrt{2}\tan x)+C$.

7. （1）$\dfrac{1}{x+1}e^x+C$；

（2）$\dfrac{x\ln x}{\sqrt{1+x^2}}-\ln(x+\sqrt{1+x^2})+C$；

（3）$x\ln^2(x+\sqrt{1+x^2})-2\sqrt{1+x^2}\ln(x+\sqrt{1+x^2})+2x+C$；

（4）$\dfrac{2}{3}x^{\frac{3}{2}}\ln^2 x-\dfrac{8}{9}x^{\frac{3}{2}}\ln x+\dfrac{16}{27}x^{\frac{3}{2}}+C$；

（5）$\dfrac{1}{2}e^x[(x^2-1)\sin x-(x-1)^2\cos x]+C$；

（6）$x\ln(1+x^2)-2x+2\arctan x+C$；

（7）$\dfrac{1}{4}(\arcsin x)^2-\dfrac{1}{2}x\sqrt{1-x^2}\arcsin x+\dfrac{1}{4}x^2+C$；

（8）$-\dfrac{2}{\sqrt{3}}\arctan\sqrt{\dfrac{3x+3}{x-3}}+C$；

（9）$(x+1)\arctan\sqrt{x}-\sqrt{x}+C$；

（10）$4\sqrt{x}\sin\sqrt{x}-2(x-2)\cos\sqrt{x}+C$；

（11）$x\tan\dfrac{x}{2}+C$;

（12）$\dfrac{\sqrt{2}}{2}\ln\left|\dfrac{\sqrt{1+\sin x}+\sqrt{2}}{\sqrt{1+\sin x}-\sqrt{2}}\right|+C$;

（13）$\dfrac{1}{2}\sec x\tan x-\dfrac{1}{2}\ln|\sec x+\tan x|+C$;

（14）$(x-\sec x)\mathrm{e}^{\sin x}+C$;

（15）$\dfrac{1}{2}\ln\left|\dfrac{\mathrm{e}^x-1}{\mathrm{e}^x+1}\right|+C$;

（16）$\dfrac{1}{ab}\arctan\dfrac{a\tan x}{b}+C$;

（17）$6\ln\dfrac{\sqrt[6]{x}}{\sqrt[6]{x}+1}+C$;

（18）$\dfrac{x^2-1}{2}\ln\dfrac{1+x}{1-x}+x+C$;

（19）$-\dfrac{1}{4}x^2+\dfrac{1}{4}(\arcsin x)^2+\dfrac{1}{2}x\sqrt{1-x^2}\arcsin x+C$;

（20）$x+\dfrac{1}{1+\mathrm{e}^x}-\ln(1+\mathrm{e}^x)+C$.

第 七 章

§1

5.（1）可积.（2）不可积.（3）不可积.（4）可积.

6. 提示：$\omega_i\left(\dfrac{1}{f}\right)\leqslant\dfrac{1}{m^2}\omega_i(f)$.

8. 提示：

充分性：设$|f(x)|\leqslant M.\ \forall\varepsilon=\sigma>0$,存在划分$P$,使得振幅$\omega_i\geqslant\varepsilon$的小区间的长度之和小于$\varepsilon$,于是

$$\sum_{i=1}^{n}\omega_i\Delta x_i<[2M+(b-a)]\varepsilon.$$

必要性：如果存在$\varepsilon_0>0$与$\sigma_0>0$,对任意划分P,振幅$\omega_i\geqslant\varepsilon_0$的小区间的长度之和不小于$\sigma_0$,于是

$$\sum_{i=1}^{n}\omega_i\Delta x_i\geqslant\sigma_0\varepsilon_0,\text{则当}\lambda=\max_{1\leqslant i\leqslant n}(\Delta x_i)\to0\text{时},\sum_{i=1}^{n}\omega_i\Delta x_i\text{不趋于零}.$$

9. 提示：由于$g(u)$在$[A,B]$连续,所以一致连续,$\forall\varepsilon>0,\exists\delta>0,\forall u',u''\in[A,B]$,只要$|u'-u''|<\delta$,成立$|g(u')-g(u'')|<\varepsilon$.另外设$|g(u)|\leqslant M$.

由于$f(x)$在$[a,b]$可积,由习题8,对上述$\varepsilon>0$与$\delta>0$,存在划分P,使得振幅$\omega_i(f)\geqslant\delta$的小区间的长度之和小于$\varepsilon$,于是

$$\sum_{i=1}^{n}\omega_i(g\circ f)\Delta x_i<[2M+(b-a)]\varepsilon.$$

§ 2

4. （1）$\int_0^1 x\,\mathrm{d}x > \int_0^1 x^2\,\mathrm{d}x$；　　　　　　（2）$\int_1^2 x\,\mathrm{d}x < \int_1^2 x^2\,\mathrm{d}x$；

（3）$\int_{-2}^{-1}\left(\dfrac{1}{2}\right)^x \mathrm{d}x > \int_0^1 2^x\,\mathrm{d}x$；　　　　（4）$\int_0^{\frac{\pi}{2}} \sin x\,\mathrm{d}x < \int_0^{\frac{\pi}{2}} x\,\mathrm{d}x$.

7. 提示：原式可化为 $\dfrac{2}{b-a}\int_a^{\frac{a+b}{2}} [f(x)-f(b)]\,\mathrm{d}x = 0$，由此推出在 $\left(a,\dfrac{a+b}{2}\right)$ 上至少有一点 η，满足 $f(\eta) - f(b) = 0$. 再对 $f(x)$ 在 $[\eta,b]$ 上应用 Rolle 定理.

8. 提示：令 $x = \dfrac{t}{a}$，$\varphi(ax) = \psi(x)$，不等式化为 $f\left(\int_0^1 \psi(x)\,\mathrm{d}x\right) \leqslant \int_0^1 f(\psi(x))\,\mathrm{d}x$. 对区间 $[0,1]$ 作划分 P，任取 $\xi_i \in [x_{i-1}, x_i]$，由 $f''(x) \geqslant 0$，利用 Jensen 不等式（第 5.1 节习题 24），得到 $f\left(\sum\limits_{i=1}^{n} \psi(\xi_i)\Delta x_i\right) \leqslant$

$\sum\limits_{i=1}^{n} f(\psi(\xi_i))\Delta x_i$，再令 $\lambda = \max\limits_{1 \leqslant i \leqslant n}(\Delta x_i) \to 0$，即得到所要证明的不等式.

9. 提示：设 $\int_0^1 f(x)\,\mathrm{d}x = f(\xi)$，$\xi \in (0,1)$. 令 $F(\alpha) = \int_0^\alpha f(x)\,\mathrm{d}x - \alpha\int_0^1 f(x)\,\mathrm{d}x$，则 $F'(\alpha) = f(\alpha) - f(\xi)$. 当 $0 < \alpha < \xi$ 时，$F(\alpha)$ 单调增加，当 $\xi < \alpha < 1$ 时，$F(\alpha)$ 单调减少，由于 $F(0) = 0$，$F(1) = 0$，可知当 $\alpha \in [0,1]$ 时，

$$F(\alpha) = \int_0^\alpha f(x)\,\mathrm{d}x - \alpha\int_0^1 f(x)\,\mathrm{d}x \geqslant 0.$$

10. 提示：令 $F(a) = \int_0^a f(x)\,\mathrm{d}x + \int_0^b f^{-1}(y)\,\mathrm{d}y - ab$，则 $F'(a) = f(a) - b$. 设 $f(T) = b$，则当 $0 < a < T$ 时，$F(a)$ 单调减少，当 $a > T$ 时，$F(a)$ 单调增加，于是 $F(a)$ 在 $a = T$ 取最小值，而最小值为零，所以

$$F(a) = \int_0^a f(x)\,\mathrm{d}x + \int_0^b f^{-1}(y)\,\mathrm{d}y - ab \geqslant 0.$$

11. 提示：由题意可知存在 $\delta > 0$，$f(x)$ 在 $[a-\delta, b+\delta]$ 上可积. 对区间 $[a,b]$ 作 n 等分（n 充分大），再利用

$$\int_a^b \left| f_h(x) - f(x) \right| \mathrm{d}x = \sum_{i=1}^{n} \int_{x_{i-1}}^{x_i} \left| f_h(x) - f(x) \right| \mathrm{d}x \leqslant \sum_{i=1}^{n} (\omega_{i-1} + \omega_i + \omega_{i+1})\Delta x_i.$$

12. 提示：（1）由 $\int_a^b [\lambda f(x) - g(x)]^2 \mathrm{d}x \geqslant 0$，得到对一切实数 λ，成立

$$\lambda^2 \int_a^b f^2(x)\,\mathrm{d}x - 2\lambda\int_a^b f(x)g(x)\,\mathrm{d}x + \int_a^b g^2(x)\,\mathrm{d}x \geqslant 0,$$

所以该两次三项式的判别式不大于零.

（2）不等式两边平方，利用（1）的结果.

13. 提示：设 $0 < m \leqslant g(x) \leqslant M < +\infty$，$\max\limits_{a \leqslant x \leqslant b} f(x) = f(\xi) = A$，不妨设 $A > 0$（$A = 0$ 时等式显然成立）. 对任意的 $0 < \varepsilon < A$，取 $[\alpha,\beta] \subset [a,b]$，使得 $\xi \in [\alpha,\beta]$，且当 $x \in [\alpha,\beta]$ 时，成立 $0 < A - \varepsilon < f(x) \leqslant A$，于是

$$[m(\beta-\alpha)(A-\varepsilon)^n]^{\frac{1}{n}} < \left\{\int_a^b [f(x)]^n g(x)\,\mathrm{d}x\right\}^{\frac{1}{n}} \leqslant [M(b-a)A^n]^{\frac{1}{n}}.$$

由于 $n \to \infty$ 时，有 $[m(\beta - \alpha)]^{\frac{1}{n}} \to 1$，$[M(b-a)]^{\frac{1}{n}} \to 1$，可知当 n 充分大时，$A - 2\varepsilon < \left\{\int_a^b f^n(x)g(x)\,\mathrm{d}x\right\}^{\frac{1}{n}} < A + 2\varepsilon$ 成立.

§ 3

1. （1）$F'(x) = -f(x)$；（2）$F'(x) = \dfrac{f(\ln x)}{x}$；（3）$F'(x) = \dfrac{4\sin^2 x}{4 + (x - \sin x\cos x)^2}$.

2. （1）1；（2）2e；（3）$\dfrac{\pi^2}{4}$；（4）0.

3. 提示：$\displaystyle\int_0^x tf(t)\,\mathrm{d}t < x\int_0^x f(t)\,\mathrm{d}t.$

4. 当 $x=1$，$f(x)$ 取极小值 $-\dfrac{17}{12}$.

5. （1）0；（2）0.

6. （1）$\dfrac{71}{105}$；（2）$\ln 2-\dfrac{1}{2}$；（3）$\dfrac{15}{2\ln 2}+\dfrac{70}{\ln 6}+\dfrac{40}{\ln 3}$；（4）$\dfrac{1}{88}$；（5）$\dfrac{1}{16}$；（6）$\dfrac{1}{2}\pi-1$；

（7）0；（8）$\dfrac{1}{4}\pi-\dfrac{1}{32}\pi^2-\dfrac{1}{2}\ln 2$；（9）$\dfrac{1}{5}(3\mathrm{e}^{\frac{\pi}{2}}-2)$；（10）$\dfrac{\mathrm{e}}{2}(\sin 1-\cos 1)+\dfrac{1}{2}$；

（11）$\dfrac{1}{12}(\pi+2\ln 2-2)$；（12）$\dfrac{2}{9}\mathrm{e}^3+\dfrac{1}{2}\mathrm{e}^2$；（13）$\dfrac{1}{4}(1-\ln 2)$；

（14）$\dfrac{2\sqrt{2}-1}{2}\mathrm{e}^{\sqrt{2}}-\dfrac{1}{2}\mathrm{e}^2$；（15）$\ln(\sqrt{1+\mathrm{e}^2}-1)+\ln(\sqrt{2}+1)-1$；（16）$\dfrac{2\sqrt{3}}{3}$；

（17）$\dfrac{17}{3}-8\ln 2$；提示：令 $t=x+1$.

（18）$\dfrac{\sqrt{2}}{4}\pi$；提示：令 $t=x-\dfrac{1}{x}$，则 $\displaystyle\int_0^1 \dfrac{x^2+1}{x^4+1}\mathrm{d}x=\int_{-\infty}^0 \dfrac{\mathrm{d}t}{2+t^2}.$

（19）$\ln(2+\sqrt{2})-\ln(\sqrt{3}+1)$；提示：令 $x=\dfrac{1}{t}$ 或 $x=\tan t$.

（20）$\dfrac{3}{4}\pi-2$. 提示：令 $x=1+\sin t$.

7. （1）$\dfrac{1}{2}$；（2）$\dfrac{1}{p+1}$；（3）$\dfrac{2}{\pi}$.

8. （1）$\begin{cases}0, & n\text{ 为奇数,}\\ \dfrac{(n-1)!!}{n!!}\cdot\pi, & n\text{ 为偶数;}\end{cases}$ （2）$\begin{cases}0, & n\text{ 为奇数,}\\ \dfrac{(n-1)!!}{n!!}\cdot 2\pi, & n\text{ 为偶数;}\end{cases}$

（3）$a^{2n+1}\dfrac{(2n)!!}{(2n+1)!!}$；（4）$\dfrac{1}{8}\left(\dfrac{(20)!!}{(21)!!}-\dfrac{(22)!!}{(23)!!}\right)$；（5）$\dfrac{(-1)^m m!}{(n+1)^{m+1}}$；

（6）$\begin{cases}\dfrac{1}{2}(\mathrm{e}^2-1), & n=0,\\ \dfrac{1}{2}\mathrm{e}^2\displaystyle\sum_{k=0}^n\left(-\dfrac{1}{2}\right)^k P_n^k+\left(-\dfrac{1}{2}\right)^{n+1}\cdot n!, & n>0,\text{其中 } P_n^k \text{ 为排列数.}\end{cases}$

提示：利用递推公式 $I_n=\dfrac{1}{2}\mathrm{e}^2-\dfrac{n}{2}I_{n-1}$ 及 $I_0=\dfrac{1}{2}(\mathrm{e}^2-1)$.

10. （1）$\dfrac{3}{16}\pi^2$；（2）$\dfrac{1}{4}\pi^2$；（3）$\dfrac{\sqrt{2}}{4}\pi^2$.

11. （1）285；（2）0；（3）$\begin{cases}\dfrac{1}{3}-\dfrac{1}{2}a, & a\leqslant 0,\\ \dfrac{1}{3}a^3-\dfrac{1}{2}a+\dfrac{1}{3}, & 0<a<1,\\ \dfrac{1}{2}a-\dfrac{1}{3}, & a\geqslant 1.\end{cases}$ （4）$14-\ln(7!)$.

13. $\ln\dfrac{\mathrm{e}+1}{2}+\dfrac{1}{2}-\dfrac{1}{2\mathrm{e}^4}.$

14. $f''(1)=2, f'''(1)=5.$ 提示: $f(x)=\dfrac{x^2}{2}\displaystyle\int_0^x g(t)\,\mathrm{d}t-x\int_0^x tg(t)\,\mathrm{d}t+\dfrac{1}{2}\int_0^x t^2 g(t)\,\mathrm{d}t.$

15. $\dfrac{1}{e}.$ 提示: 对等式的两边求定积分, 得到

$$\int_1^e f(x)\,\mathrm{d}x=\int_1^e \ln x\,\mathrm{d}x-(e-1)\int_1^e f(x)\,\mathrm{d}x.$$

16. $\dfrac{5}{4}.$ 提示: 作变量代换 $u=2x-t$, 将等式化为

$$2x\int_{2x-1}^{2x} f(u)\,\mathrm{d}u-\int_{2x-1}^{2x} uf(u)\,\mathrm{d}u=\dfrac{1}{2}\arctan x^2,$$

等式两边对 x 求导, 再以 $x=1$ 代入.

17. $n^2\pi.$

18. $\dfrac{2}{\pi}.$

19. 提示: $g'(x)=af(ax)-f(x)\equiv 0$, 令 $x=1$, 得到对任何 a, 有 $f(a)=\dfrac{f(1)}{a}.$

20. 提示: 积分

$$\int_1^4 f\left(\dfrac{x}{2}+\dfrac{2}{x}\right)\dfrac{\ln x-\ln 2}{x}\mathrm{d}x=\int_1^2 f\left(\dfrac{x}{2}+\dfrac{2}{x}\right)\dfrac{\ln x-\ln 2}{x}\mathrm{d}x+\int_2^4 f\left(\dfrac{x}{2}+\dfrac{2}{x}\right)\dfrac{\ln x-\ln 2}{x}\mathrm{d}x$$

对上面两积分中任意一个作变量代换 $x=\dfrac{4}{t}.$

21. 提示: $\max|f(x)|=(\max|f(x)|-\min|f(x)|)+\min|f(x)|.$
设 $\max|f(x)|=|f(\xi)|, \min|f(x)|=|f(\eta)|$, 则

$$\max|f(x)|-\min|f(x)|=|f(\xi)|-|f(\eta)|\leqslant |f(\xi)-f(\eta)|=\left|\int_\eta^\xi f'(x)\,\mathrm{d}x\right|\leqslant\int_a^b|f'(x)|\,\mathrm{d}x;$$

设 $\dfrac{1}{b-a}\int_a^b f(x)\,\mathrm{d}x=f(\zeta)$, 则 $\min|f(x)|\leqslant |f(\zeta)|=\left|\dfrac{1}{b-a}\int_a^b f(x)\,\mathrm{d}x\right|.$

22. 提示: 令 $F(x)=\displaystyle\int_0^x f(u)(x-u)\,\mathrm{d}u-\int_0^x\left\{\int_0^u f(x)\,\mathrm{d}x\right\}\mathrm{d}u$, 显然 $F(0)=0$, 只需证明 $F'(x)\equiv 0.$

23. 提示:

$$f(x)=f\left(\dfrac{a}{2}\right)+f'\left(\dfrac{a}{2}\right)\left(x-\dfrac{a}{2}\right)+\dfrac{1}{2}f''(\xi)\left(x-\dfrac{a}{2}\right)^2\geqslant f\left(\dfrac{a}{2}\right)+f'\left(\dfrac{a}{2}\right)\left(x-\dfrac{a}{2}\right),$$

对不等式两边积分.
注: 本题也可直接利用 7.2 节习题 8 的结果, 取 $\varphi(t)=t.$

24. 提示:

$$f(x)=f\left(\dfrac{1}{3}\right)+f'\left(\dfrac{1}{3}\right)\left(x-\dfrac{1}{3}\right)+\dfrac{1}{2}f''(\xi)\left(x-\dfrac{1}{3}\right)^2\leqslant f\left(\dfrac{1}{3}\right)+f'\left(\dfrac{1}{3}\right)\left(x-\dfrac{1}{3}\right),$$

将 x 换成 x^2, 再对不等式两边积分.
注: 本题也可直接利用当 $f''(x)\leqslant 0$ 时与 7.2 节习题 8 相对应的结果, 取 $a=1, \varphi(t)=t^2.$

25. 提示: $\displaystyle\int_0^{2\pi} f(x)\sin nx\,\mathrm{d}x=\sum_{k=0}^{n-1}\left(\int_{\frac{2k\pi}{n}}^{\frac{(2k+1)\pi}{n}} f(x)\sin nx\,\mathrm{d}x+\int_{\frac{(2k+1)\pi}{n}}^{\frac{(2k+2)\pi}{n}} f(x)\sin nx\,\mathrm{d}x\right)$

$$=\dfrac{1}{n}\sum_{k=0}^{n-1}\int_0^\pi\left(f\left(\dfrac{2k\pi+t}{n}\right)-f\left(\dfrac{(2k+1)\pi+t}{n}\right)\right)\sin t\,\mathrm{d}t\geqslant 0.$$

26. 提示: 设 $g(x)=\displaystyle\int_0^x f(x)\,\mathrm{d}x$, 则 $g(0)=0, g(\pi)=0.$ 再令 $h(x)=\displaystyle\int_0^x g(x)\sin x\,\mathrm{d}x$, 则 $h(0)=0, h(\pi)$

$$= \int_0^\pi g(x)\sin x\,\mathrm{d}x = \int_0^\pi f(x)\cos x\,\mathrm{d}x = 0.对 h(x) 应用 Rolle 定理,可知存在 \eta \in (0,\pi),使得 h'(\eta) =$$

$g(\eta)\sin\eta = 0,即 g(\eta) = 0.再对 g(x) 应用 Rolle 定理,可知存在 \xi_1 \in (0,\eta), \xi_2 \in (\eta,\pi),使得 $f(\xi_1) = 0, f(\xi_2) = 0.$

§4

1. (1) $\dfrac{3}{2}-\ln 2$;(2) $\dfrac{16}{3}$;(3) $\dfrac{\pi}{2}$;(4) $\mathrm{e}+\dfrac{1}{\mathrm{e}}-2$;(5) $\dfrac{99}{10}\ln 10 - \dfrac{81}{10}$;

(6) $\dfrac{8}{15}$;(7) $\dfrac{3}{8}\pi a^2$;(8) $\dfrac{4}{3}\pi^3 a^2$;(9) $\dfrac{1}{4}(\mathrm{e}^{4\pi}-1)a^2$;(10) $\dfrac{1}{2}\pi a^2 + \pi b^2$;(11) π;

(12) a^2;(13) $\dfrac{1}{2}\pi a^2$;(14) $\dfrac{3}{2}a^2$;提示:令 $x=\dfrac{3at}{1+t^3}, y=\dfrac{3at^2}{1+t^3}, t:0\to+\infty$.

(15) $\sqrt{2}\,\pi a^2$.提示:将曲线方程化成极坐标方程 $r^2 = \dfrac{a^2}{\sin^4\theta + \cos^4\theta}$.

2. 提示:取焦点 $(a,0)$ 为极点,x 轴为极轴,则抛物线的极坐标方程为 $r = \dfrac{2a}{1-\cos\theta}$.求面积函数 $A(\theta) =$

$\dfrac{1}{2}\displaystyle\int_\theta^{\theta+\pi} \dfrac{4a^2}{(1-\cos\theta)^2}\mathrm{d}\theta$ 的极值点,由 $A'(\theta)=0$ 可得到 $\theta = \dfrac{\pi}{2}$.

3. (1) $\dfrac{80\sqrt{10}-8}{27}$;(2) $\dfrac{1}{4}(\mathrm{e}^2+1)$;(3) $\ln(\sec a + \tan a)$;(4) $6a$;(5) $2\pi^2 a$;(6) $8a$;

(7) $\pi a\sqrt{1+4\pi^2} + \dfrac{a}{2}\ln(2\pi+\sqrt{1+4\pi^2})$;(8) $\dfrac{3\pi a}{2}$.

4. $\left(\left(\dfrac{2\pi}{3} - \dfrac{\sqrt{3}}{2} \right)a, \dfrac{3}{2}a \right)$.

5. (1) $\dfrac{\pi h}{6}(2AB+2ab+Ab+aB)$;(2) $\dfrac{4}{3}\pi abc$;(3) $\dfrac{16}{3}a^3$;(4) $\left(\dfrac{2}{3}\pi - \dfrac{8}{9} \right)a^3$.

6. 提示:(1) 作区间 $[a,b]$ 的划分 $P: a = x_0 < x_1 < x_2 < \cdots < x_n = b$,则关于小区域 $\{(x,y)\,|\,x_{i-1}\leq x\leq x_i, 0\leq y \leq f(x)\}$ 绕 y 轴旋转所得的体积有

$$\Delta V_i \approx \pi(x_i^2 - x_{i-1}^2)f(x_i) \approx 2\pi x_i f(x_i)\Delta x_i.$$

(2) 设 $x = r(\theta)\cos\theta, y = r(\theta)\sin\theta, a = r(\alpha)\cos\alpha, b = r(\beta)\cos\beta$.则

$$V = \int_b^a \pi y^2\,\mathrm{d}x - \frac{1}{3}\pi a r^2(\alpha)\sin^2\alpha + \frac{1}{3}\pi b r^2(\beta)\sin^2\beta = \int_b^a \pi y^2\,\mathrm{d}x + \frac{1}{3}\pi\int_a^b \mathrm{d}(y^2 x)$$

$$= \int_\beta^\alpha \pi r^2\sin^2\theta(r'\cos\theta - r\sin\theta)\,\mathrm{d}\theta + \frac{1}{3}\pi\int_\alpha^\beta (3r^2 r'\sin^2\theta\cos\theta + 2r^3\sin\theta\cos^2\theta - r^3\sin^3\theta)\,\mathrm{d}\theta$$

$$= \frac{2\pi}{3}\int_\alpha^\beta r^3(\theta)\sin\theta\,\mathrm{d}\theta.$$

7. (1) $\dfrac{4}{3}\pi ab^2$;(2) (i) $\dfrac{1}{2}\pi^2$,(ii) $2\pi^2$;(3) $\dfrac{32}{105}\pi a^3$;(4) (i) $6\pi^2 a^3$,(ii) $7\pi^2 a^3$;

(5) $2\pi^2 a^2 b$;(6) $\dfrac{8}{3}\pi a^3$;(7) $\dfrac{\pi}{15}(\mathrm{e}^{3\pi}+1)a^3$;(8) $\dfrac{\pi}{4}\left[\sqrt{2}\ln(\sqrt{2}+1) - \dfrac{2}{3} \right]a^3$.

8. $2a^5 - 10a^2 c^3 + 15ac^4 - 6c^5 = 0.$

9. $a = 1.$

10. $b\sqrt{1-\dfrac{\sqrt[3]{2}}{2}}$.

11. （1）$a=\dfrac{\sqrt{2}}{2}$，$\{S_1+S_2\}_{\min}=\dfrac{1}{3}-\dfrac{\sqrt{2}}{6}$；（2）$\dfrac{1}{30}(\sqrt{2}+1)\pi$.

12. 提示：（1）对 $xf'(x)=f(x)+\dfrac{3a}{2}x^2$ 两边关于 x 在 $[0,1]$ 上积分，由 $\displaystyle\int_0^1 f(x)\,\mathrm{d}x=2$，得到 $f(1)=4+\dfrac{a}{2}$. 又

因为 $xf'(x)=f(x)+\dfrac{3a}{2}x^2$ 可化为 $\left(\dfrac{f}{x}\right)'=\dfrac{3a}{2}$，结合 $f(1)=4+\dfrac{a}{2}$，解得 $f(x)=\dfrac{3a}{2}x^2+(4-a)x$，其中常

数 $a\in[-8,4]$.

（2）$\pi\displaystyle\int_0^1 f^2(x)\,\mathrm{d}x=\dfrac{\pi}{30}(a^2+10a+160)$，可知当 $a=-5$ 时区域 S 绕 x 轴旋转所得的旋转体体积

最小.

13. （1）$\dfrac{2\pi\sqrt{p}}{3}\big[(2a+p)^{\frac{3}{2}}-p^{\frac{3}{2}}\big]$；（2）$2\sqrt{2}\,\pi+2\pi\ln(\sqrt{2}+1)$；

（3）$\begin{cases} 2\pi b^2+\dfrac{2\pi a^2 b}{\sqrt{b^2-a^2}}\ln\dfrac{b+\sqrt{b^2-a^2}}{a}, & a<b, \\[3mm] 4\pi ab, & a=b, \\[3mm] 2\pi b^2+\dfrac{2\pi a^2 b}{\sqrt{a^2-b^2}}\arcsin\dfrac{\sqrt{a^2-b^2}}{a}, & a>b; \end{cases}$

（4）$\dfrac{12}{5}\pi a^2$；（5）$\dfrac{32}{5}\pi a^2$；（6）（i）$(4-2\sqrt{2})\pi a^2$；（ii）$2\sqrt{2}\,\pi a^2$.

14. $\dfrac{11\sqrt{5}-1}{6}\pi$.

16. （1）$K=\dfrac{\sqrt{2}}{4}$，$R=2\sqrt{2}$；（2）$K=\dfrac{\sqrt{2}}{4a}$，$R=2\sqrt{2}a$.

17. （1）$K=\dfrac{\sqrt{p}}{(2x+p)^{\frac{3}{2}}}$，$R=\dfrac{(2x+p)^{\frac{3}{2}}}{\sqrt{p}}$；

（2）$K=\dfrac{a^4 b}{\big[(a^2+b^2)x^2-a^4\big]^{\frac{3}{2}}}$，$R=\dfrac{\big[(a^2+b^2)x^2-a^4\big]^{\frac{3}{2}}}{a^4 b}$；

（3）$K=\dfrac{1}{3\sqrt[3]{|axy|}}$，$R=3\sqrt[3]{|axy|}$；

（4）$K=\dfrac{1}{at}$，$R=at$.

18. $(x-3)^2+(y+2)^2=8$.

§5

1. 75kg.

2. $\dfrac{5\sqrt{5}-1}{6}q$.

3. 5.4×10^7 N.

4. $2\pi^2 b\rho\sqrt{a^2+b^2}$.

5. 1.04×10^9 J.

6. $\dfrac{4}{3}\pi gr^4(2\rho-\rho_{水})$.

7. $\dfrac{4}{3}\pi\rho r^4\omega^2$.

8. 9 J.

9. $-\left(\dfrac{729}{7}T^7-\dfrac{243}{5}T^5+9T^3-T-\dfrac{2224}{35}\right)k$.

10. 1.06×10^4 s.

11. 容器改为由曲线 $y=cx^4$ 绕 y 轴旋转所得的旋转曲面.

12. $Q=Q_0\cdot 2^{-\frac{t-t_0}{1600}}$.

13. $y(t)=\sqrt{\dfrac{18}{400}t+\dfrac{1}{25}}\left(0\leqslant t\leqslant\dfrac{64}{3}\right)$. 提示:设 B 物质的浓度为 $y(t)$,则 $\mathrm{d}y=\dfrac{k}{y}\mathrm{d}t$,解得 $y(t)=\sqrt{2kt+c}$. 由

$y(0)=\dfrac{1}{5}$ 与 $y\left(\dfrac{1}{2}\right)=\dfrac{1}{4}$,得到 $k=\dfrac{9}{400},c=\dfrac{1}{25}$.

14. $p(t)=p_{\max}-(p_{\max}-p(t_0))\mathrm{e}^{-\lambda(t-t_0)}$. 提示: $p(t)$ 满足方程 $\mathrm{d}p=\lambda(p_{\max}-p(t))\mathrm{d}t$.

15. 提示:由 $\mathrm{d}N=kN\mathrm{d}t$ 与 $N(0)=N_0$,解得 $N(t)=N_0\mathrm{e}^{kt}$.

16. $1\,000\ln 2$ min. 提示:设废气浓度为 $y(t)$,则 $\mathrm{d}y=-\dfrac{1}{1\,000}y(t)\mathrm{d}t$,解得 $y(t)=\dfrac{a}{100}\mathrm{e}^{-\frac{t}{1\,000}}$.

第 八 章

§1

1. $\dfrac{kq}{x}$.

3. (1) $\dfrac{5}{29}$;(2) $\dfrac{3}{13}$;(3) $\dfrac{2\pi}{\sqrt{3}}$;(4) $\dfrac{\pi}{2ab(a+b)}$;

(5) $a\geqslant0$ 时积分发散;$a<0$ 时积分收敛于 $-\dfrac{1}{2a}$;

(6) $p\leqslant1$ 时积分发散;$p>1$ 时积分收敛于 $\dfrac{1}{p-1}(\ln 2)^{-p+1}$;

(7) 2;(8) $\dfrac{1}{4}$;(9) $\dfrac{\pi}{2\sqrt{2}}$;提示:参考 6.3 节习题 1(10).

(10) 0. 提示:$\displaystyle\int_0^{+\infty}\dfrac{\ln x}{1+x^2}\mathrm{d}x=\int_0^1\dfrac{\ln x}{1+x^2}\mathrm{d}x+\int_1^{+\infty}\dfrac{\ln x}{1+x^2}\mathrm{d}x$,再对右端任一积分作变量代换 $x=\dfrac{1}{t}$.

4. (1) 1;(2) $\dfrac{\pi}{2}$;(3) $\dfrac{8}{3}$;(4) $\dfrac{\pi}{2}$;(5) 积分发散;

(6) $\dfrac{\pi}{\sqrt{2}}$. 提示:作变量代换 $\sqrt{\tan x}=t$.

5. $\displaystyle\lim_{n\to\infty}\ln\dfrac{\sqrt[n]{n!}}{n}=\lim_{n\to\infty}\dfrac{1}{n}\sum_{k=1}^n\ln\dfrac{k}{n}=\int_0^1\ln x\mathrm{d}x=-1$,所以 $\displaystyle\lim_{n\to\infty}\dfrac{\sqrt[n]{n!}}{n}=\dfrac{1}{\mathrm{e}}$.

6. (1) $-\dfrac{\pi}{2}\ln 2$;提示:令 $x=\dfrac{\pi}{2}-t$,再利用例 8.1.11.

(2) $-\dfrac{\pi^2}{2}\ln 2$;提示:令 $x=\pi-t$,由 $\int_0^\pi x\ln\sin x\mathrm{d}x=\int_0^\pi \pi\ln\sin t\mathrm{d}t-\int_0^\pi t\ln\sin t\mathrm{d}t$,得到 $\int_0^\pi x\ln\sin x\mathrm{d}x=$

$\dfrac{\pi}{2}\int_0^\pi \ln\sin x\mathrm{d}x=\pi\int_0^{\frac{\pi}{2}}\ln\sin x\mathrm{d}x.$

(3) $\dfrac{\pi}{2}\ln 2$;提示:$\int_0^{\frac{\pi}{2}}x\cot x\mathrm{d}x=\int_0^{\frac{\pi}{2}}x\mathrm{d}\ln\sin x$,再用分部积分法.

(4) $\dfrac{\pi}{2}\ln 2$;提示:令 $t=\arcsin x$,$\int_0^1\dfrac{\arcsin x}{x}\mathrm{d}x=\int_0^{\frac{\pi}{2}}t\cot t\mathrm{d}t.$

(5) $-\dfrac{\pi}{2}\ln 2$.提示:$\int_0^1\dfrac{\ln x}{\sqrt{1-x^2}}\mathrm{d}x=\int_0^1\ln x\mathrm{d}\arcsin x$,再用分部积分法.

7. (1) π;(2) $\ln 2$;(3) 0.

10. 提示:积分

$$\int_0^{+\infty}f\left(\frac{x}{a}+\frac{a}{x}\right)\frac{\ln x-\ln a}{x}\mathrm{d}x=\int_0^a f\left(\frac{x}{a}+\frac{a}{x}\right)\frac{\ln x-\ln a}{x}\mathrm{d}x+\int_a^{+\infty}f\left(\frac{x}{a}+\frac{a}{x}\right)\frac{\ln x-\ln a}{x}\mathrm{d}x,$$

对上面两积分中任意一个作变量代换 $x=\dfrac{a^2}{t}$.

12. 提示:由 $\int_a^{+\infty}f'(x)\mathrm{d}x$ 的收敛性,可知 $\lim\limits_{x\to+\infty}f(x)$ 存在,再利用第 11 题.

§2

3. (1) 收敛;(2) 收敛;(3) 发散;提示:$\dfrac{1}{1+x|\sin x|}\geqslant\dfrac{1}{1+x}$;

(4) 当 $p-q>1$ 时积分收敛,其余情况下积分发散.

5. (1) 条件收敛;(2) 当 $0<p\leqslant1$ 时积分条件收敛,当 $p>1$ 时积分绝对收敛;

(3) 当 $0<p\leqslant1$ 时积分条件收敛,当 $p>1$ 时积分绝对收敛;

(4) 条件收敛;提示:令 $t=x^2$,积分化为 $\int_0^{+\infty}\dfrac{\sin t}{2\sqrt t}\mathrm{d}t$;

(5) 当 $n=m+1$ 时积分条件收敛,当 $n>m+1$ 时积分绝对收敛,当 $n<m+1$ 时积分发散.

7. (1) 收敛;(2) 收敛;(3) 发散;(4) 当 $p<3$ 时收敛,当 $p\geqslant3$ 时发散;

(5) 当 $p>-1$ 时收敛,当 $p\leqslant-1$ 时发散;

(6) 当 $p>0,q>0$ 时收敛,其余情况下发散;

(7) 当 $p>0,q>-1$ 时收敛,其余情况下发散.

8. (1) 收敛;(2) 收敛;(3) 当 $1<p<2$ 时收敛,其余情况下发散;

(4) 当 $1<p<2$ 时收敛,其余情况下发散;

(5) 当 $p<\dfrac{3}{2}$ 时收敛,当 $p\geqslant\dfrac{3}{2}$ 时发散;提示:当 $x\to\dfrac{\pi}{2}-$ 时,$\tan x\sim\dfrac{1}{\frac{\pi}{2}-x}$;

(6) 当 $p>0$ 时收敛,当 $p\leqslant0$ 时发散;

(7) 当 $\min(p,q)<1$,且 $\max(p,q)>1$ 时收敛,其余情况下发散;

(8) 当 $p>1$ 或 $p=1,q>1$ 时收敛,其余情况下发散.

9. (1) 当 $0<p<2$ 时收敛,其余情况下发散;

(2) 当 $q<p-1$ 时积分绝对收敛,当 $p-1\leqslant q<p$ 时积分条件收敛,当 $q\geqslant p$ 时积分发散;

(3) 当 $0<p<1$ 时积分条件收敛,其余情况下积分发散;提示:注意 $\left|\int_0^A e^{\sin x}\cos x\mathrm{d}x\right|\leqslant e-1$,当 $0<p<$

1 时,利用 Dirichlet 判别法;

（4）当 $1<p<2$ 时积分绝对收敛,当 $0<p\leqslant1$ 时积分条件收敛,其余情况下积分发散;提示:注意 $\int_{k\pi}^{(k+1)\pi}\mathrm{e}^{\sin x}\sin 2x\mathrm{d}x=0$,由此可知 $\left|\int_0^A\mathrm{e}^{\sin x}\sin 2x\mathrm{d}x\right|$ 有界;

（5）当 $p<1$ 时积分绝对收敛,当 $1\leqslant p<3$ 时积分条件收敛,当 $p\geqslant3$ 时积分发散;提示:令 $t=\dfrac{1}{x^2}$, $\int_0^1\dfrac{1}{x^p}\cos\dfrac{1}{x^2}\mathrm{d}x=\dfrac{1}{2}\int_1^{+\infty}t^{\frac{p-3}{2}}\cos t\mathrm{d}t$;

（6）当 $p>1$ 时积分绝对收敛,当 $0<p\leqslant1$ 时积分条件收敛;提示:注意

$$\int_1^{+\infty}\frac{\sin\left(x+\dfrac{1}{x}\right)}{x^p}\mathrm{d}x=\int_1^{+\infty}\frac{\sin\dfrac{1}{x}\cos x+\cos\dfrac{1}{x}\sin x}{x^p}\mathrm{d}x,$$

且当 x 充分大时, $\dfrac{\sin\dfrac{1}{x}}{x^p}$ 与 $\dfrac{\cos\dfrac{1}{x}}{x^p}$ 都是单调减少的.

10. 提示:利用 Cauchy 收敛原理,对任意 $A''>A'>A$,由分部积分法,

$$\int_{A'}^{A''}x\sin x^4\sin x\mathrm{d}x=-\int_{A'}^{A''}\frac{\sin x}{4x^2}\mathrm{d}(\cos x^4)$$

$$=\left(-\frac{\sin x\cos x^4}{4x^2}\right)\Bigg|_{A'}^{A''}+\int_{A'}^{A''}\frac{\cos x^4\cos x}{4x^2}\mathrm{d}x-\int_{A'}^{A''}\frac{\cos x^4\sin x}{2x^3}\mathrm{d}x,$$

显然,当 $A\to+\infty$ 时,上式趋于零.

12. 提示:利用 Cauchy 收敛原理,当 $x\to0+$ 时, $0\leqslant\dfrac{x}{2}f(x)\leqslant\int_{\frac{x}{2}}^xf(t)\mathrm{d}t\to0$.

13. 提示:首先容易知道 $f(x)\geqslant0$;然后利用 Cauchy 收敛原理,当 $x\to+\infty$ 时,有

$$0\leqslant\frac{1}{2}x(\ln x)f(x)\leqslant\int_{\sqrt{x}}^xtf(t)\cdot\frac{1}{t}\mathrm{d}t=\int_{\sqrt{x}}^xf(t)\mathrm{d}t\to0.$$

14. 提示:利用分部积分法,

$$\int_0^{+\infty}f'(x)\sin^2x\mathrm{d}x=\int_0^{+\infty}\sin^2x\mathrm{d}f(x)=-\int_0^{+\infty}f(x)\sin 2x\mathrm{d}x.$$

16. 提示: $\dfrac{\sin x}{x^p+\sin x}=\dfrac{\sin x}{x^p}-\dfrac{\sin^2x}{x^p(x^p+\sin x)}$.

索引

读者意见反馈

为收集对教材的意见建议，进一步完善教材编写并做好服务工作，读者可将对本教材的意见建议通过如下渠道反馈至我社。

咨询电话　400-810-0598

反馈邮箱　hepsci@pub.hep.cn

通信地址　北京市朝阳区惠新东街4号富盛大厦1座
　　　　　高等教育出版社理科事业部

邮政编码　100029

防伪查询说明

用户购书后刮开封底防伪涂层，使用手机微信等软件扫描二维码，会跳转至防伪查询网页，获得所购图书详细信息。

防伪客服电话　（010）58582300